精通Python

微课视频版

未来科技 编著

· 北京 ·

内 容 提 要

《精通 Python（微课视频版）》从初学者角度出发，使用通俗易懂的语言、丰富的实例，详细介绍了 Python 语言的编程知识和应用技术。全书共 4 篇 29 章，基础知识篇包括 Python 概述、Python 语言基础、运算符和表达式、语句和程序结构、列表和元组、字典和集合、字符串；进阶提升篇包括正则表达式、函数、面向对象编程、模块和包、异常处理和程序调试、文件和目录操作；编程应用篇包括数据库编程、Python 界面编程、Python 网络编程、Python Web 编程、Python Web 框架、网络爬虫、Python 进程和线程、Python 游戏编程等。知识的讲解都结合了具体示例或案例进行介绍，涉及的程序代码也给出了详细的注释，读者可轻松学习 Python 编程知识和领会 Python 程序开发的精髓。本书最后以扫码阅读的形式提供了 Python 在界面应用、游戏开发、网站开发、爬虫开发、API 应用、自动化运维、数据处理、人工智能等 8 大应用领域的知识和 47 个经典实战案例，帮助读者学完基础做项目，全面提升实战开发技能。

《精通 Python（微课视频版）》采用 O2O 教学新模式，线下与线上协同，以纸质内容为基础，同时拓展更多超值的线上内容，读者使用手机微信扫一扫即可快速阅读，以开阔知识视野，获取超倍的知识价值。

《精通 Python（微课视频版）》配备了极为丰富的学习资源，除配套的 440 集同步教学视频和素材源文件外，附赠习题库、面试题库、刷题宝和 8 大类应用领域的编程工具及相关的拓展资源。

《精通 Python（微课视频版）》基础知识与案例实战紧密结合，既可作为 Python 初学者的入门教材，也可作为高等院校 Python 编程的专业教学用书和相关培训机构的培训教材，还可作为 Python 程序员的速查手册。

图书在版编目（CIP）数据

精通 Python : 微课视频版 / 未来科技编著. -- 北京 : 中国水利水电出版社, 2021.1

ISBN 978-7-5170-8678-9

Ⅰ. ①精… Ⅱ. ①未… Ⅲ. ①软件工具－程序设计 Ⅳ. ①TP311.561

中国版本图书馆 CIP 数据核字(2020)第 120533 号

书　　名	精通 Python（微课视频版） JINGTONG Python
作　　者	未来科技　编著
出版发行	中国水利水电出版社 （北京市海淀区玉渊潭南路 1 号 D 座　100038） 网址：www.waterpub.com.cn E-mail：zhiboshangshu@163.com 电话：（010）62572966-2205/2266/2201（营销中心）
经　　售	北京科水图书销售中心（零售） 电话：（010）88383994、63202643、68545874 全国各地新华书店和相关出版物销售网点
排　　版	北京智博尚书文化传媒有限公司
印　　刷	北京天颖印刷有限公司
规　　格	203mm×260mm　16 开本　35.5 印张　960 千字
版　　次	2021 年 1 月第 1 版　2021 年 1 月第 1 次印刷
印　　数	0001—5000 册
定　　价	108.00 元

凡购买我社图书，如有缺页、倒页、脱页的，本社营销中心负责调换

前　言

Preface

Python 语言自诞生至今已经历了将近 30 年时间，但是在前 20 年内，国内使用 Python 进行开发的程序员并不多，最近 10 年，Python 语言的热度开始急速提升。一方面，是因为 Python 语言的优点吸引了大量编程人员；另一方面，也是更主要的原因，是当下科学计算、人工智能、大数据和区块链等新技术的发展与 Python 语言相契合。

Python 语言具有丰富的动态特性、简单的语法结构和面向对象的编程特点，并拥有成熟而丰富的第三方库，因此适合于新兴技术领域的开发。Python 能够把用其他语言制作的各种模块（尤其是 C/C++）很轻松地连接在一起，这大大拓展了 Python 的应用范畴。

由于 Python 语言简洁、易读，非常适合编程入门，现在很多学校都开设了 Python 编程课程，甚至连小学生都开始学习 Python 语言。本书从初学者的角度出发，循序渐进地讲解使用 Python 进行编程和应用开发的各项技术。

本书内容

本书分为四大部分，共 29 章，具体结构划分如下。

第 1 篇：基础知识。本篇包括 Python 概述、Python 语言基础、运算符和表达式、语句和程序结构、列表和元组、字典和集合、字符串等基础知识。每章均通过大量的示例和案例进行讲解，便于读者能够快速掌握 Python 语言知识，为以后编程奠定坚实的基础。

第 2 篇：进阶提升。本篇包括正则表达式、函数、面向对象编程、模块和包、异常处理和程序调试、文件和目录操作等内容。学习完本篇内容，读者可以掌握 Python 实战开发中应用的相关技术。

第 3 篇：编程应用。本篇包括数据库编程、Python 界面编程、Python 网络编程、Python Web 编程、Python Web 框架、网络爬虫、Python 进程和线程、Python 游戏编程等内容。学习完本篇，读者将能够开发简单的应用程序，解决基本的实际编程问题。

第 4 篇：项目实战（线上资源，扫码阅读）。本篇通过 8 个完整的项目，引导读者学习如何进行软件项目的实践开发，带领读者亲自体验使用 Python 进行项目开发的全过程。

本书编写特点

➘ 内容全面

本书内容由浅入深，循序渐进，从 Python 语言基础讲起，然后讲解了 Python 的进阶与提高技术，接下来再讲解 Python 的编程应用，最后学习完整的实战项目案例，内容安排合理全面，一站式教学服务，一本就够。

➘ 语言简练

本书语言通俗、简练，读起来不累、不绕，对于重难点技术和知识点，力求简洁明了，避免专业式说明，或者钻牛角尖。这对于初学者学习技术，理解和铭记一些重难点概念和知识是必要的。

➘ **视频教学**

书中每一章节均提供声图并茂的语音视频教学录像，读者可以通过手机扫码观看或者在计算机端下载后观看。这些视频能够引导初学者快速入门，感受编程的快乐和成就感，增强进一步学习的信心，从而快速成为编程高手。

➘ **实例丰富**

通过实例学习是最好的学习方式，本书通过一个知识点、一个例子、一个结果、一段评析、一个综合应用的模式，透彻详尽地讲述了实际开发中所需的各类知识。

➘ **上机机会多**

书中几乎每章都提供了大量案例，帮助读者实践与练习，读者能够通过反复上机练习重新回顾、熟悉所学的知识，并举一反三，为进一步学习做好充分的准备。

本书显著特色

➘ 体验好

扫一扫二维码，随时随地看视频。本书中几乎每个章节都设有二维码，读者朋友可以使用手机微信扫一扫，随时随地看视频（也可在计算机端下载后观看）。

➘ O2O 新模式

O2O 学习新模式，线下线上协同。以纸质内容为基础，同时扩展了更多超值的线上内容，微信扫一扫二维码，即可快速阅读，极大地开阔了读者的知识视野，获取超倍的知识价值。

➘ 资源多

从配套到拓展，资源库一应俱全。本书提供海量的 Python 拓展学习资源，读者可按照前言中的说明下载后学习。

➘ 案例多

实例案例丰富，边学边做更快捷。跟着大量案例去学习，边学边做，从做中学，学习可以更深入、更高效。

➘ 入门易

遵循学习规律，入门实战相结合。本书采用“基础知识+中小实例+实战案例”编写模式和“基础→提高→应用→实战”的学习路线，内容由浅入深，循序渐进，紧密结合实际应用，激发读者学习兴趣。

➘ 服务快

提供在线服务，随时随地可交流。提供 QQ 读者交流群、网站下载等多渠道的贴心、快捷服务。

本书学习资源列表及获取方式

本书学习资源十分丰富，全部资源分布如下：

配套资源

（1）本书配套的同步视频 440 集（可手机扫码观看或者在计算机端下载后观看）。

（2）本书的素材及源文件 914 个。

拓展学习资源

（1）习题库（1100+习题库）。

（2）刷题宝+在线代码测试。

（3）Python 面试题库（400 题）。

（4）编程工具库（Python 基础编程工具+正则表达式编程工具+数据库编程工具+网络编程工具+Web

编程工具+网络爬虫编程工具+界面编程工具+游戏编程工具+大数据处理编程工具+人工智能编程工具）。

以上资源获取及联系方式

（1）读者可以扫描下面的二维码或在微信公众号中搜索“人人都是程序猿”，关注后输入“PY086789”并发送到公众号后台，获取本书资源的下载链接，然后将此链接复制到计算机浏览器的地址栏中，根据提示在计算机端下载。

（2）加入本书 QQ 学习交流群 1020851641，可与作者及广大读者进行学习交流。

本书约定

本书主要以 Windows 操作系统为学习平台，在上机练习本书示例之前，建议先安装或准备下列软件，具体说明可以参考第 1 章内容。

- Python 3.7+。
- Visual Studio Code。
- Windows 命令行 cmd。

针对每节示例可能需要的工具，读者参阅示例所在章节的详细说明进行操作即可。

为了方便读者学习，本书提供 QQ 群、邮箱 zhiboshangshu@163.com 交流服务。有关本书的问题，读者可选择其中一种方式进行交流，我们会在第一时间为您答疑解惑。

本书读者

本书适用读者如下。

- 初学编程的自学者。
- 编程爱好者。
- 大、中专院校的教师和学生。
- 相关培训机构的教师和学员。
- 初、中级程序开发人员。
- 程序测试及维护人员。
- 参加实习的程序员。

关于我们

本书由未来科技 Python 程序开发团队组织编写。

由于编者水平有限，书中疏漏和不足之处在所难免，欢迎读者朋友不吝赐教。广大读者如有好的建议、意见，或在学习本书时遇到疑难问题，可以联系我们，我们会尽快为您解答。

感谢您购买本书，希望本书能成为您编程路上的领路人，祝您学习快乐！

编　者

目　录

第 1 篇　基础知识

第 2 篇 进 阶 提 升

第 3 篇　编 程 应 用

第4篇　项目实战（线上资源，扫码阅读）

1

基础知识

第 1 章　Python 概述

Python 是一门优雅而健壮的编程语言，它继承了传统编译类型语言的强大功能和通用特性，同时也借鉴了脚本类型语言的易用特性。通过丰富的扩展，Python 可以完成各种场景的高级开发，是人工智能、云计算、科学计算、大数据处理、互联网应用等前沿技术开发的首选语言。

【学习重点】

- Python 简介。
- 能够搭建 Python 开发环境。
- 了解 Python 程序的编写。
- 熟悉 Python 开发工具。

1.1　认识 Python

全世界约有 600 多种编程语言，流行语言仅有 20 多种。

在 2020 年 10 月 TIOBE 语言排行榜中，Python 位居第 3 名，受欢迎程度逼近 Java，有望超越 Java；在 IEEE Spectrum 2020 编程语言排行榜中，Python 稳居榜首，且连续夺冠四年。

1.1.1　Python 的历史

1989 年冬，被称为“龟叔”的 Guido van Rossum（贵铎・范・罗萨姆），在为 ABC 语言写插件时，产生了写一种既简洁又实用的编程语言的想法，并开始着手编写。

那时他在荷兰的国家数学和计算机科学研究院上班。因为喜欢 Monty Python 喜剧团，所以将新写的编程语言命名为 Python，中文翻译为蟒蛇。Python 标志如图 1.1 所示，由两条抽象的蟒蛇盘绕组合而成。

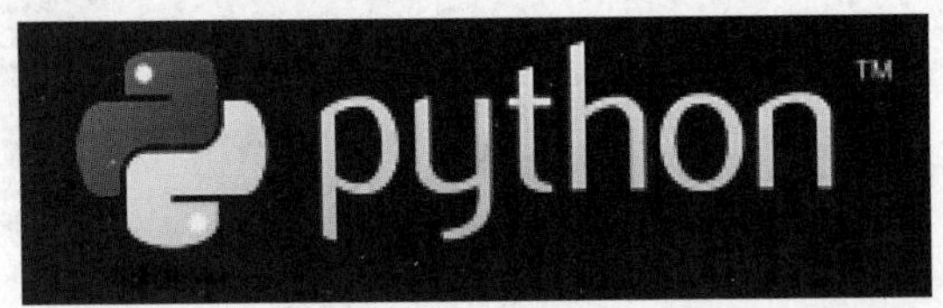

图 1.1　Python 标志

1991 年年初，Python 发布了第一个公开发行版。

2000 年，发布了 Python 2.0 版本，第二个版本最高更新至 2.7 后停止了更新。

2008 年，发布了 Python 3.0 版本，最新版本为 3.8。

1.1.2　Python 的特点

Python 的设计哲学：优雅、明确、简单，现在网上流传着“人生苦短，我用 Python”的口头禅，也说明了 Python 使用简单、开发速度快、节省时间和精力。

具体来说，Python 语言拥有以下多个特点。

- 易于学习：Python 语法简洁、代码清晰、结构简单，学习门槛比较低。
- 易于维护：Python 的成功在于它的源代码是相当容易维护的。
- 跨平台运行：Python 程序可以在任何安装解释器的计算机环境中执行。
- 类库丰富：Python 语言本身功能有限，其最大的优势之一是丰富的库，且在 UNIX、Windows 和 Macintosh 等平台都兼容得很好。
- 互动模式：互动模式的支持，可以在不同的终端输入执行代码，并获得结果，实现互动测试和代码片段调试。
- 可移植：基于其开放源代码的特性，Python 允许被移植到不同的平台和设备终端。
- 可扩展：如果需要一段运行很快的关键代码，或者是想要编写一些不愿开放的算法，可以使用 C 或 C++完成该部分程序，然后在 Python 程序中调用。因此也有人把 Python 称为“胶水语言”，即能够黏合使用不同语言开发的功能模块。
- 数据库：Python 提供了所有主要的商业数据库的接口。
- GUI 编程：Python 支持 GUI，可以创建和移植到很多系统调用。
- 可嵌入：可以将 Python 嵌入到 C/C++程序，使程序获得脚本化的能力。

提示：

Python 解释器提供了几百个内置类和函数库，此外，世界各地程序员通过开源社区贡献了十几万个第三方库，几乎覆盖了计算机技术的各个领域，编写 Python 程序可以大量利用已有的内置库或第三方代码库，因此 Python 具备良好的编程生态。

1.1.3 Python 的应用

在学习之前，应该先了解 Python 都能够做些什么，擅长做些什么。概括起来有以下几个方面。

1. 常规软件开发

Python 支持函数式编程和面向对象编程，能够承担任何种类的软件开发工作，因此常规的软件开发、脚本编写、网络编程等都能够轻松实现。例如，PyQt、PySide、wxPython、PyGTK 是 Python 快速开发桌面应用程序的优秀第三方库。

2. 科学计算

随着 NumPy、SciPy、Matplotlib、Pandas 等扩展库的出现，Python 越来越适用于科学计算，绘制高质量的 2D 和 3D 图像。与科学计算领域最流行的商业软件 MATLAB 相比，Python 是一门通用的程序设计语言，比 MATLAB 所采用的脚本语言的应用范围更广泛，有更多程序库的支持。

虽然 MATLAB 中的很多高级功能和 toolbox 目前还无法被其他软件替代，不过在日常的科研开发之中有很多的工作可以用 Python 代替。例如，使用 SciPy 扩展库可以解决 MATLAB 中的很多科学计算问题，如微分方程、矩阵解析、概率分布等数学问题。

3. 自动化运维

Python 作为运维工程师首选的编程语言，在自动化运维方面已经深入人心，例如 Saltstack 和 Ansible 都是大名鼎鼎的自动化平台。

在很多操作系统里，Python 是标准的系统组件，可以在终端下直接运行 Python。Python 标准库包含了多个调用操作系统功能的模块。例如，通过 pywin32 软件包，Python 能够访问 Windows 的 COM 服务以及其他 Windows API；使用 IronPython，Python 能够直接调用.NetFramework。一般来说，Python 编写的系统管理脚本在可读性、性能、代码重用度、扩展性等方面都优于普通的 Shell 脚本。

4．云计算

Python 广泛应用于科学计算各个领域，从 1997 年开始，NASA 使用 Python 进行各种复杂的科学计算，现在终于发明了一套开源的云计算解决方案 OpenStack（开放协议栈），并对外公开发布。

5．Web 开发

Python 是 Web 开发的主流语言之一，使用 Python 开发的 Web 项目小而精，支持最新的 Web 技术，且数据处理的功能比较强大。基于 Python 的 Web 开发框架有很多，如 Django、Tornado、Flask。其中 Python+Django 架构，应用范围广，开发速度快，学习门槛也很低，能够快速搭建标准的 Web 服务。

在国内，使用 Python 做基础开发的知名网站有豆瓣、知乎、美团、果壳、饿了么、搜狐等；在国外，谷歌在其网络搜索系统中广泛使用 Python，YouTube 视频分享服务也都使用 Python 进行编写。

6．网络爬虫

Python 对于各种网络协议的支持很完善，因此经常被用于编写服务器软件、网络爬虫。第三方库 Twisted 支持异步网络编程和多数标准的网络协议（包含客户端和服务器），并且提供了多种工具，被广泛用于编写高性能的服务器软件。

网络爬虫也称为网络蜘蛛，是大数据行业获取数据的核心工具。能够编写网络爬虫的编程语言有很多，但 Python 绝对是主流工具，其中 Scripy 爬虫框架应用非常广泛。

7．数据分析

Python 是数据分析的主流语言之一。通常情况下，可以使用 C 语言设计一些底层的算法并进行封装，然后用 Python 进行调用。因为算法模块较为固定，所以用 Python 直接进行调用，方便且灵活，可以根据数据分析与统计的需要灵活使用。

Python 也是一个比较完善的数据分析生态系统。例如，Matplotlib 是一个 2D 绘图工具，经常被用来绘制数据图表，有着良好的跨平台交互特性。日常做描述统计用到的直方图、散点图、条形图等都会用到它，几行代码即可绘图。如果在证券行业做数据分析，Python 是必不可少的，日常看到的 K 线图、月线图也可用 Matplotlib 绘制。Pandas 也是 Python 进行数据分析时常用的数据分析包，可对较为复杂的二维或三维数组进行计算，同时还可以处理关系型数据库中的数据。

8．人工智能

在人工智能的应用方面，得益于 Python 强大而丰富的库及数据分析能力。例如，在神经网络、深度学习方面，Python 都能够找到比较成熟的包加以调用。Python 是面向对象的动态语言，且适用于科学计算，这就使得 Python 在人工智能方面备受青睐。虽然人工智能程序不限于 Python，但依旧为 Python 提供了大量的 API，这是因为 Python 当中包含着较多的适用于人工智能开发的模块，如 sklearn 模块等。调用方便、科学计算功能强大是 Python 在 AI 领域最强大的竞争力。

提示：

上面列举了 Python 比较擅长的领域，当然 Python 的应用是比较广泛的，例如，图形图像处理、机器人编程、数据库编程、游戏开发等。

1.2　搭建 Python 开发环境

1.2.1　Python 解释器

要运行 Python 代码，就需要 Python 解释器。Python 语言从规范到解释器都是开源的，任何人都可以通过编写 Python 解释器来执行 Python 代码。接下来简单介绍几种目前比较流行的解释器。

1．CPython

当从 Python 官方网站下载并安装好 Python 后，就直接获得了一个官方版本的 CPython 解释器。这个解释器是用 C 语言开发的，所以叫 CPython。在命令行下运行 python 命令，就启动了 CPython 解释器，如图 1.2 所示。

```
C:\Windows\system32\cmd.exe - python
Microsoft Windows [版本 6.2.9200]
(c) 2012 Microsoft Corporation。保留所有权利。

C:\Users\8>python
Python 3.7.2 (tags/v3.7.2:9a3ffc0492, Dec 23 2018, 23:09:28) [MSC v.1916 64 bit
(AMD64)] on win32
Type "help", "copyright", "credits" or "license" for more information.
>>> 34+45
79
>>>
```

图 1.2　CPython 交互式解释器运行界面

2．IPython

IPython 是基于 CPython 的一个升级版，主要在交互方式上有所增强。例如，CPython 使用“>>>”作为提示符，而 IPython 使用“In [序号]:”和“Out [序号]:”作为提示符，其中 In 为输入命令，Out 为输出命令，如图 1.3 所示。

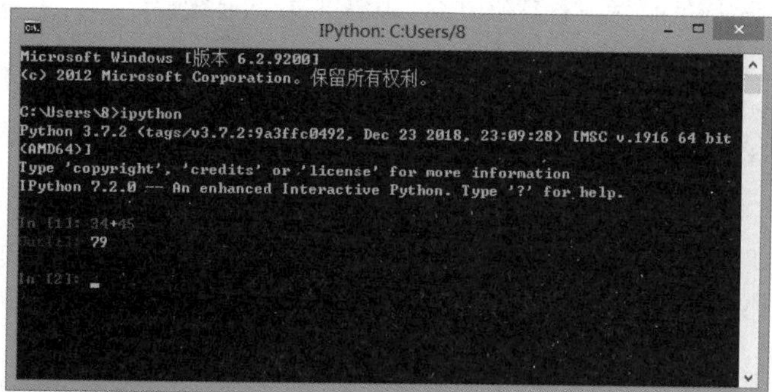

图 1.3　IPython 交互式解释器运行界面

提示：

IPython 和 CPython 在解析 Python 代码时，功能是一样的，执行的结果也完全相同。

3．PyPy

PyPy 采用 JIT 技术，对 Python 代码进行动态编译，所以可以显著提高 Python 代码的执行速度。绝大部分 Python 代码都可以在 PyPy 下运行，但是 PyPy 和 CPython 有一些不同，这就导致相同的 Python 代码在两种解释器下执行可能会有不同的结果。因此，如果代码要在 PyPy 解释器中执行，就需要了解 PyPy 和 CPython 的不同。

4．Jython

Jython 是运行在 Java 平台上的 Python 解释器，它可以把 Python 代码编译成 Java 字节码执行。

5．IronPython

IronPython 的功能和 Jython 类似，只不过 IronPython 是运行在微软.Net 平台上的 Python 解释器，可以直接把 Python 代码编译成.Net 的字节码。

注意：

> Python 的解释器有很多种，但使用最广泛的是 CPython。如果要与 Java 或.Net 平台进行交互，最好的办法不是使用 Jython 或 IronPython 解释器，而是通过网络调用来实现交互，以确保各程序之间的独立性。

1.2.2 系统支持

Python 是跨平台语言，可以在多个操作系统上进行编程，也可以在不同系统上运行，简单说明如下。

- Windows：推荐 Windows 7+。Python 3.5+不支持 Windows XP。
- Mac OS：Mac OS X 10.3（Panther）开始包含 Python。
- Linux：推荐 Ubuntu 版本。

提示：

> 推荐初学者在 Windows 操作系统进行学习和上机练习，本书也主要基于 Windows 操作系统进行讲解。

1.2.3 版本选择

Python 自 1991 年公开发布至今，主要经历了 3 次大的版本升级。

- 1994 年发布 Python 1.0 版本。
- 2000 年发布 Python 2.0 版本。
- 2008 年发布 Python 3.0 版本。

Python 1.x 版本已经过时，不再使用。Python 在 2020 年停止对 Python 2.x 版本的维护支持，当下互联网行业主流已经都是 Python 3.x 版本。因此，推荐初学者从 Python 3.x 版本直接学习，放弃对 Python 2.x 版本的兼容。本书也以 Python 3.x 最新版本为基础进行介绍，不再兼顾 Python 2.x 版本的语法差异。

注意：

> Python 3.x 在设计时没有考虑向下相容性，很多针对早期 Python 版本设计的程序都无法在 Python 3.x 上正常执行。目前大多数第三方库都支持 Python 3.x 版本。

扫一扫，看视频

1.2.4 下载和安装 Python

Python 代码可以在任何文本编辑器中编写，但是运行 Python 代码就需要 Python 解释器。

安装 Python 一般指的是安装官方提供的 CPython 解释器，下面就以 Windows 操作系统为例演示 Python 的安装过程。

【操作步骤】

第 1 步，下载 Python 安装包。访问 Python 官网 https://www.python.org/。

第 2 步，切换到 Downloads 下载页，下载最新版本的 Python，如图 1.4 所示。如果要下载适应不同操作系统的版本，或者其他版本，则在本页单击相应的链接文本即可。

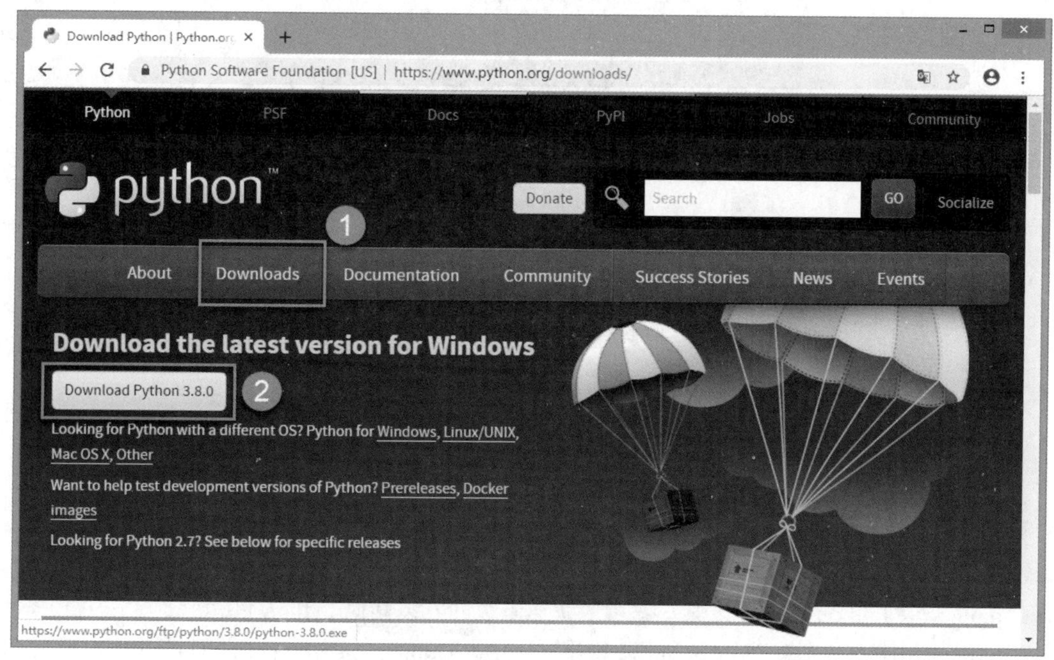

图 1.4　下载 Python 最新版本

第 3 步，下载完毕，在本地双击下载的运行文件进行安装。下面以 Python-3.8.0.exe 为例进行演示，其他版本的操作基本相同。

第 4 步，在打开的安装向导界面中，勾选 Add Python 3.8 to PATH 复选框，然后单击 Customize installation 按钮进行自定义安装，如图 1.5 所示。

图 1.5　自定义安装 Python

提示：

如果单击 Install Now 按钮进行快速安装，将同时安装 IDLE 开发工具、pip 管理工具和帮助文档，以及创建快捷方式和文件关联。

pip 是 Python 包管理工具，可以在线查找、下载、安装和卸载 Python 包。Python 2.7.9+或 Python 3.4+以上版本都自带 pip 工具。如果安装低版本 Python，就需要手动安装 pip 工具。

第 5 步，在自定义安装界面可以勾选需要安装的工具，如图 1.6 所示。建议全部勾选，因为这些工具在开发中都是必需的。

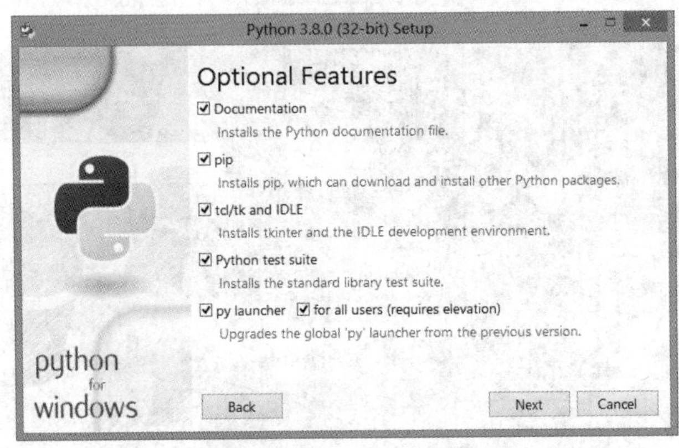

图 1.6　选择安装的工具

各选项简单说明如下。

- Documentation：安装 Python 帮助文档。
- pip：安装 Python 包管理工具，它可以快速下载并安装其他 Python 包。
- td/tk and IDLE：安装 Tkinter 和 IDLE 开发环境。Tkinter 是 Python 的标准 GUI 库，使用 Tkinter 可以快速创建界面应用程序。IDLE 是编写 Python 代码并进行测试的工具，IDLE 也是用 Tkinter 编写而成的。
- Python test suite：安装标准库测试套件。可以组织多个测试用例，进行快速测试。
- py launcher：py 启动程序。
- for all users (requires elevation)：适用所有用户。

第 6 步，单击 Next 按钮，在下面界面中设置安装路径，以及其他高级选项，如图 1.7 所示。

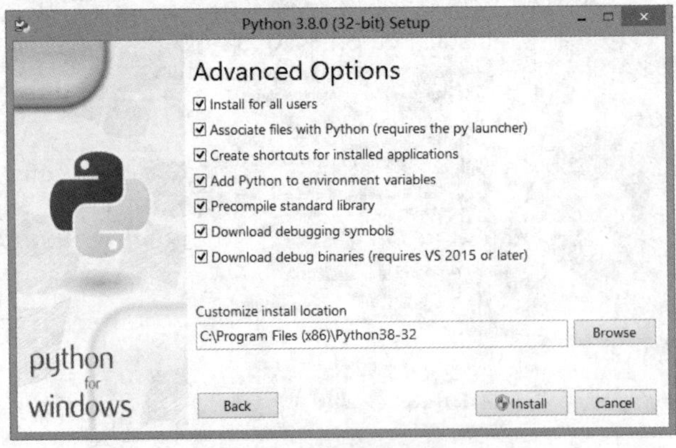

图 1.7　设置高级选项

各选项简单说明如下。

- Install for all users：为所有用户安装。
- Associate files with Python (requires the py launcher)：将 Python 相关文件与 Python 关联，需要安装 py 启动程序，参考上一步选项说明。
- Create shortcuts for installed applications：为已安装的应用程序创建快捷方式。
- Add Python to environment variables：将 python 命令添加到系统环境变量中，这样可以在交互式命令窗口中直接运行 Python，建议勾选该选项。
- Precompile standard library：安装预编译标准库。预编译的目的是提升后续运行速度，如果不打算对核心库做定制，建议勾选该选项。
- Download debugging symbols：下载调试符号。符号是为了定位调试出错的代码行数，如果用作开发环境，建议勾选；如果仅作为运行环境，可以不勾选。
- Download debug binaries (requires VS 2015 or later)：下载调试二进制文件（需要 VS 2015 或更高版本）。该选项表示是否下载用于 VS 的调试符号，如果不使用 VS 作为开发工具，则可以不勾选。

第 7 步，勾选之后，单击 Install 按钮开始下载安装 Python 解释器及其相关组件，然后界面会显示安装进度，如图 1.8 所示，安装过程会根据所选择安装的组件不同持续不同的时间。

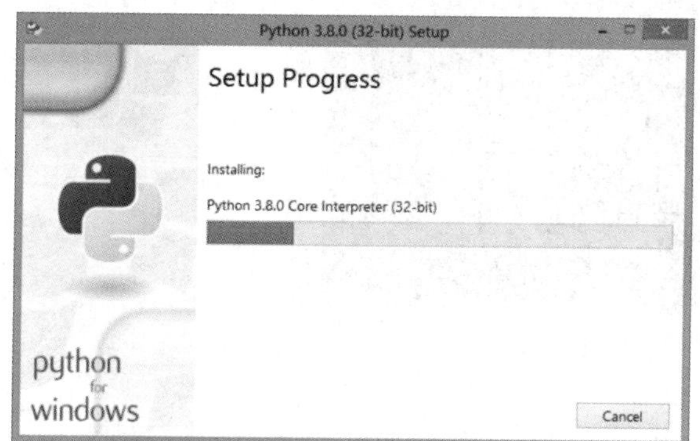

（a）安装核心解释器

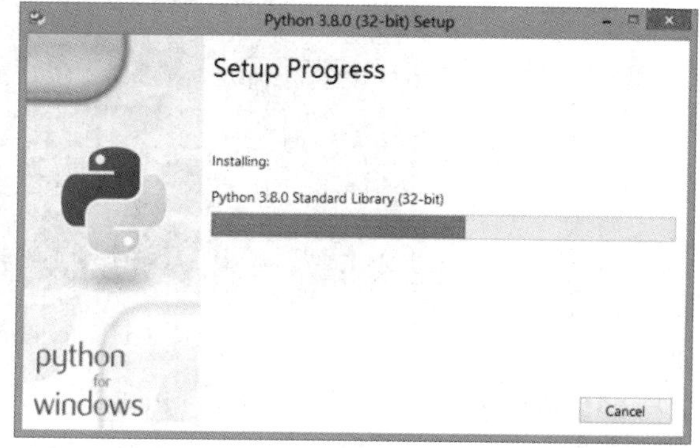

（b）安装标准库

图 1.8　Python 安装进度

第 8 步，安装过程完毕会显示如图 1.9 所示的界面，提示安装成功。

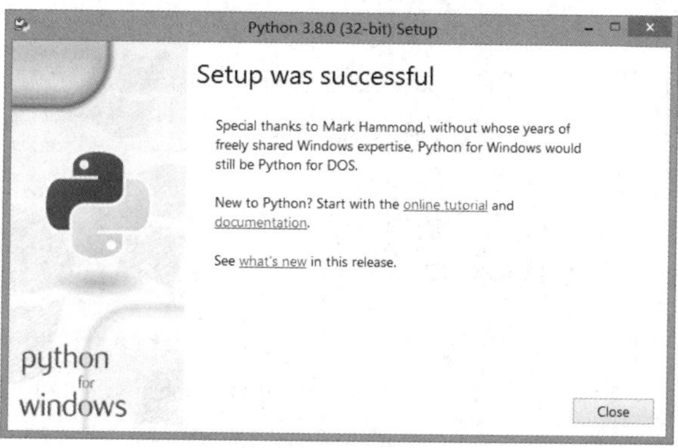

图 1.9　安装成功提示信息

扫一扫，看视频

1.2.5 访问 Python

Python 安装成功之后，在 Windows 系统的“开始”菜单中会显示下面 4 个快捷方式。具体快捷项目会根据安装时所勾选的组件而确定。

（1）IDLE (Python 3.8 32-bit)：启动 Python 集成开发环境界面，如图 1.10 所示。

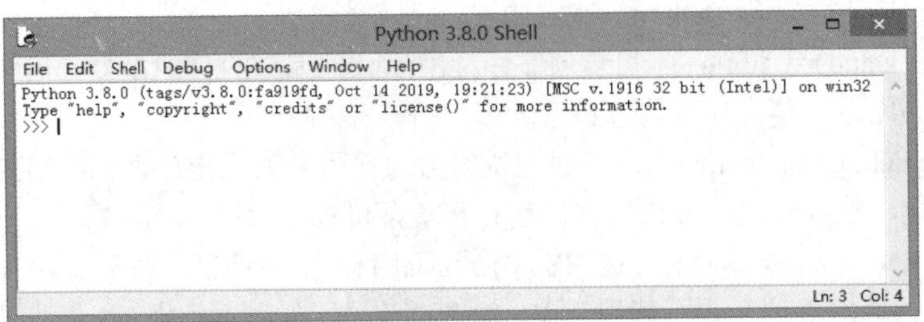

图 1.10　Python 集成开发环境界面

（2）Python 3.8 (32-bit)：进入交互式命令界面，运行 Python 3.8 解释器，如图 1.11 所示。

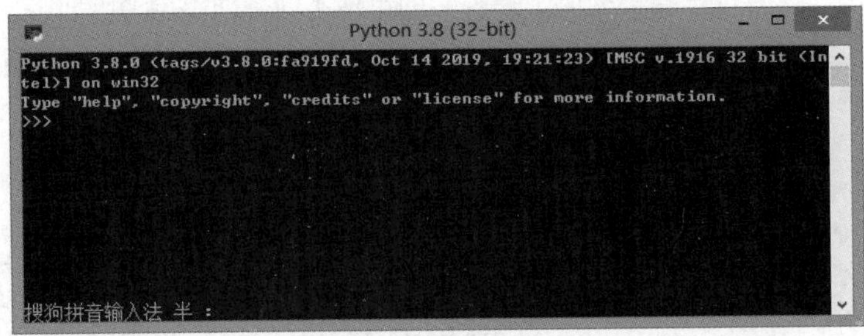

图 1.11　Python 解释器交互界面

（3）Python 3.8 Manuals (32-bit)：Python 3.8 参考手册。

- Python 3.8 的新变化：显示自 Python 2.0 以来的全部新变化。
- 入门教程：针对初学者介绍 Python 的基本使用。
- 标准库参考：作为参考书方便在学习和开发中随时查阅相关类和函数的基本用法。
- 语言参考：讲解 Python 基础内容和基本语法。
- 安装和使用 Python：主要了解各种操作系统中的安装细节。
- 安装 Python 模块：从官方的 PyPI 或者其他来源安装模块。
- 分发 Python 模块：发布模块，供其他人安装。
- 扩展和嵌入：C/C++程序员教程。
- Python/C API 接口：C/C++程序员的参考手册。
- 常见问题：经常被问到的问题和答案。

提示：

上述界面为英文版，不方便学习和参考，建议访问 https://docs.python.org/zh-cn/3.8/，在线参考中文帮助手册。

（4）Python 3.8 Module Docs (32-bit)：Python 3.8 模块参考文档。

1.2.6　测试 Python

扫一扫，看视频

测试 Python 是否安装成功可以有多种方法。下面以 cmd 命令行工具进行测试。

【操作步骤】

第 1 步，打开 Windows 的“运行”对话框，输入 cmd 命令，如图 1.12 所示。

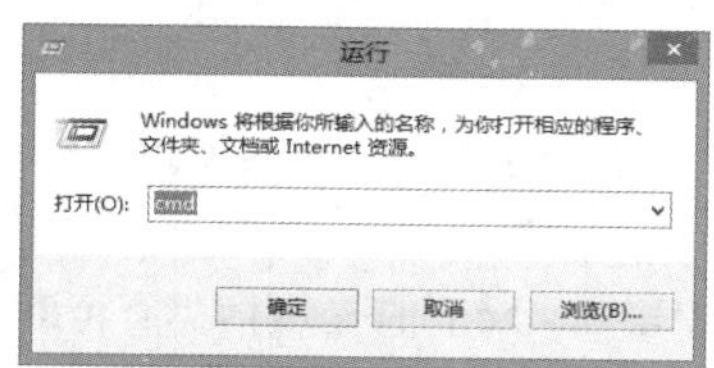

图 1.12　运行 cmd 命令

第 2 步，单击“确定”按钮，打开命令行窗口，在当前命令提示符后面输入下面命令，如图 1.13 所示。

```
> python
```

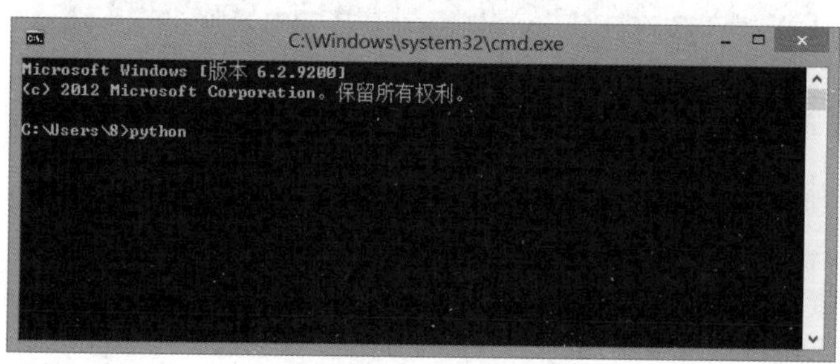

图 1.13　运行 python 命令

第 3 步，按 Enter 键确定，如果显示如图 1.14 所示的提示信息，则说明 Python 安装成功，同时进入 Python 解释器交互模式中。这些提示信息包括 Python 版本号、版本发行的时间、安装包的类型等。

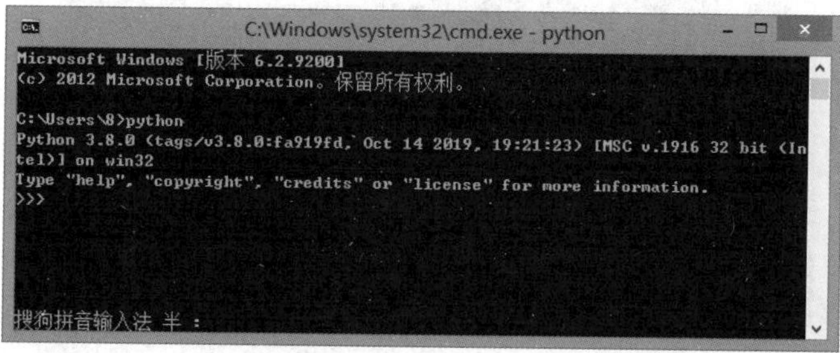

图 1.14　进入 Python 解释器

提示：

如果 cmd 不能够识别 python 命令，说明当前系统没有设置 Python 环境变量，可以在当前系统中添加 Python 安装目录的环境变量。也可以在命令行中使用 cd 命令进入 Python 安装目录，然后再使用 python 命令启动 Python 解释器。

```
> cd C:\Program Files (x86)\Python38-32
> python
```

扫一扫，看视频

1.2.7 运行 Python 脚本

Python 代码可以在 Python 解释器的命令行中直接运行；也可以通过文件形式导入 Python 解释器，再批量执行。

1．命令行运行

（1）使用 IDLE

参考 1.2.5 小节内容，打开 IDLE 交互界面，在>>>命令提示符后面输入如下 Python 代码。

```
print("Hi, Python")
```

按 Enter 键确认运行，则会输出"Hi, Python"的提示信息。print 是 Python 的输出函数，用于在屏幕上打印信息。

（2）使用 Python 解释器

参考 1.2.5 小节内容，双击 Python 3.8 (32-bit)快捷方式，直接打开 Python 解释器，在>>>命令提示符后面输入与上面同样的 Python 代码，按 Enter 键确认运行，输出同样的信息，如图 1.15 所示。

```
Python 3.8 (32-bit)
Python 3.8.0 (tags/v3.8.0:fa919fd, Oct 14 2019, 19:21:23) [MSC v.1916 32 bit (Intel)] on win32
Type "help", "copyright", "credits" or "license" for more information.
>>> print("Hi, Python")
Hi, Python
>>>
```

图 1.15　在 Python 解释器中运行 Python 代码

（3）使用 cmd 命令

在 cmd 窗口中，通过 python 命令也可以打开 Python 解释器，然后在>>>命令提示符后面输入同样的 Python 代码，按 Enter 键确认运行，输出信息如图 1.16 所示。

```
C:\Windows\system32\cmd.exe - python
Microsoft Windows [版本 6.2.9200]
(c) 2012 Microsoft Corporation。保留所有权利。

C:\Users\8>python
Python 3.8.0 (tags/v3.8.0:fa919fd, Oct 14 2019, 19:21:23) [MSC v.1916 32 bit (Intel)] on win32
Type "help", "copyright", "credits" or "license" for more information.
>>> print("Hi, Python")
Hi, Python
>>>
```

图 1.16　在 cmd 窗口中运行 Python 代码

2．执行 Python 文件

在命令行输入 Python 代码比较慢，这种方式仅适合简单的代码测试和快速计算，如果运行大段的 Python 代码，就应该使用 Python 文件。

Python 文件也是文本文件，扩展名为.py，可以通过任何文本编辑器打开并进行编辑。

【示例】新建文本文件，命名为 test1.py，注意扩展名为.py，而不是.txt。在文本文件中输入下面一行代码，然后保存到一个具体目录下面。

```
print("Hi, Python")
```

第 1 步，参考 1.2.5 小节内容，打开 cmd 窗口。

第 2 步，在命令提示符后面输入下面命令行代码。

```
> python C:\Users\8\Documents\www\test1.py
```

提示：

如果文件的路径比较长，可以通过复制/粘贴的方式快速输入，也可以通过鼠标拖曳的方式，即先输入 python 命令，然后按空格键，再把要运行的 Python 文件拖入命令行窗口。

第 3 步，按 Enter 键，确认执行代码，则运行 test1.py 文件，并输出提示信息，如图 1.17 所示。

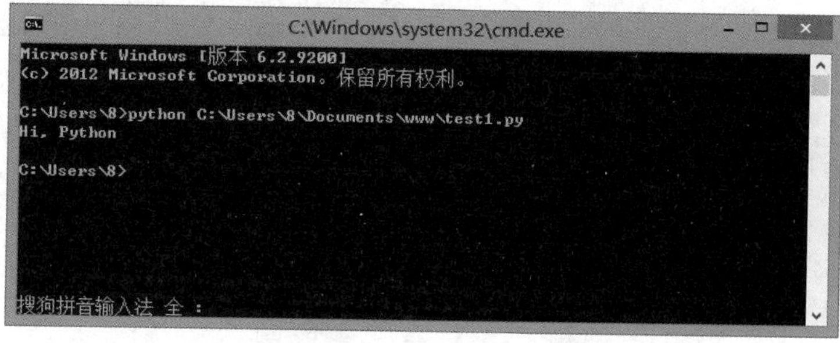

图 1.17　运行 Python 文件

1.3　Python 开发工具

使用任何文本编辑器都可以编写 Python 代码，但是为了提高开发效率，建议选用专业的 Python 开发工具。

1.3.1　使用 IDLE

扫一扫，看视频

IDLE 是 Python 安装包自带的集成开发环境，集成了 Python 解释器、代码编辑器和调试器。IDLE 适用于初学者了解 Python 语法知识，利用它可以方便地创建、运行、测试和调试 Python 程序。

1. 安装和启动 IDLE

IDLE 是与 Python 一起安装的，不过要确保在安装 Python 时勾选了 td/tk and IDLE 组件。该组件默认处于选中状态。

安装 Python 之后，可以选择“开始”→“所有程序”→Python 3.8→IDLE (Python 3.8 32-bit)来启动 IDLE。IDLE 启动后的初始窗口如图 1.18 所示。

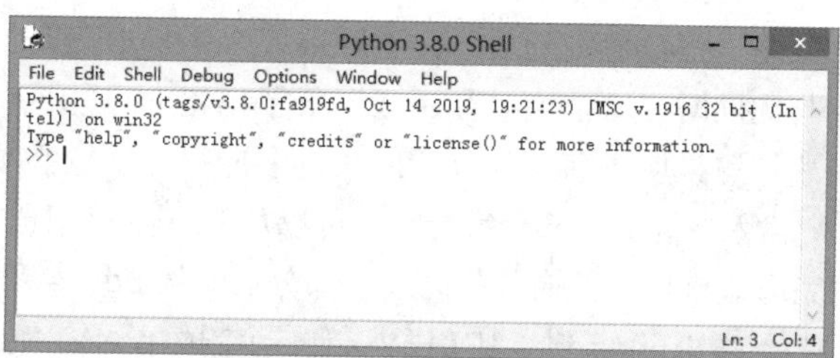

图 1.18　IDLE 启动界面

如图 1.18 所示，IDLE 窗口的标题栏显示有 Python 3.8.0 Shell。直接在>>>命令提示符后面输入代码，就可以在 IDLE 内执行 Python 命令。

除此之外，IDLE 还带有一个用来编辑 Python 程序的编辑器；一个用来解释执行 Python 语句的交互式解释器；一个用来调试 Python 脚本的调试器。

2. 创建 Python 程序

IDLE 为开发人员编辑代码提供了很多便利功能，如自动缩进、语法高亮显示、单词自动完成，以及命令历史等，在这些功能的帮助下，能够有效地提高开发效率。下面结合示例介绍这些功能。

【操作步骤】

第 1 步，利用 IDLE 编辑器创建 Python 程序。新建一个 Python 文件，先从 File 菜单中选择 New File 菜单项，打开一个新窗口。

第 2 步，在新窗口中输入下面代码，如图 1.19 所示。

```
# 提示用户进行输入
int1 = input('请输入一个整数:')
int1 = int(int1)
int2 = input('请再次输入一个整数:')
int2 = int(int2)
if int1 > int2:
    print('%d > %d' % (int1, int2))
else:
    print('%d <= %d' % (int1, int2))
```

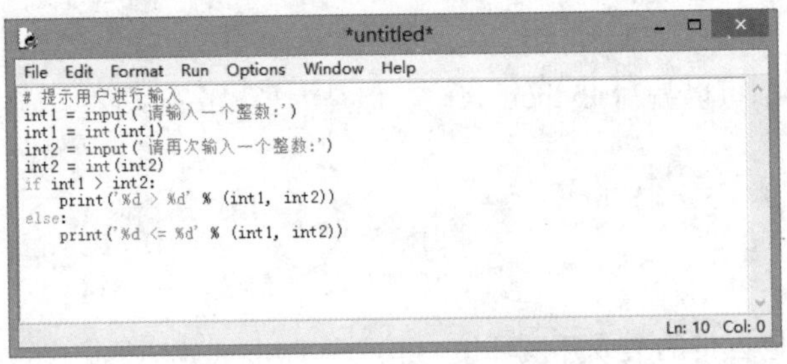

图 1.19　编写 Python 程序

提示：

通过以上示例可以看到，IDLE 提供了自动缩进功能（默认 4 个空格）。如果改变默认的缩进量，可以在 Format 菜单中选择 New indent width 菜单项进行修改。

所谓语法高亮显示，就是给代码不同的元素使用不同的颜色进行显示。默认情况下，关键字显示为橘红色，注释显示为红色，字符串显示为绿色，定义和解释器的输出显示为蓝色，控制台输出显示为棕色。在输入代码时，会自动应用这些颜色突出显示。语法高亮显示的好处是，可以更容易区分不同的语法元素，从而提高可读性；与此同时，语法高亮显示还降低了出错的可能性。比如，如果输入的变量名显示为橘红色，那么就要注意，这说明该名称与预留的关键字冲突，所以必须给变量更换名称。

单词自动完成就是当用户输入单词的一部分字母后，可以从 Edit 菜单中选择 Expand Word 选项，或者直接按“Alt+/”组合键自动完成该单词。当输入单词的一部分后，从 Edit 菜单中选择 Show Completetions 选项，IDLE 就会给出一些提示，按 Enter 键，IDLE 就会自动完成单词输入；如果不合适，可以通过向上、向下方向键进行查找。

第 3 步，创建好程序之后，从 File 菜单中选择 Save 命令保存程序。保存后，文件名会自动显示在窗口顶部的蓝色标题栏中。如果文件中存在尚未存盘的内容，标题栏的文件名前后会显示星号。

3．运行 Python 程序

第 1 步，使用 IDLE 执行程序。从 Run 菜单中选择 Run Module 菜单项，该菜单项的功能是执行当前文件。针对本示例程序，执行效果如图 1.20 所示。

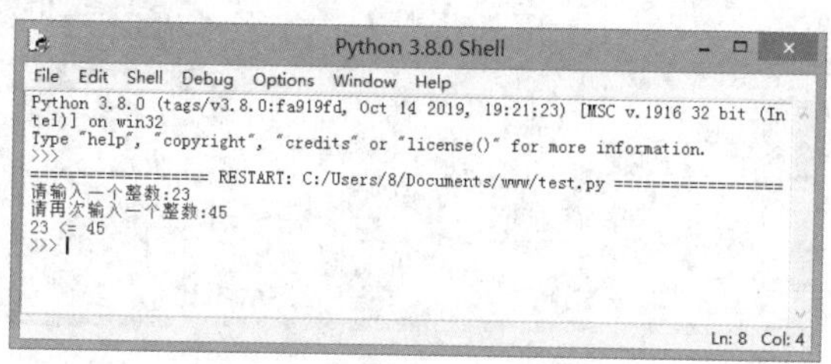

图 1.20　执行 Python 程序

第 2 步，使用 IDLE 调试器。在 Python Shell 窗口中选择 Debug 菜单中的 Debugger 菜单项，即可启动 IDLE 交互式调试器。IDLE 会打开 Debug Control 窗口，并在 Python Shell 窗口中输出“[DEBUG ON]”和>>>提示符，如图 1.21 所示。

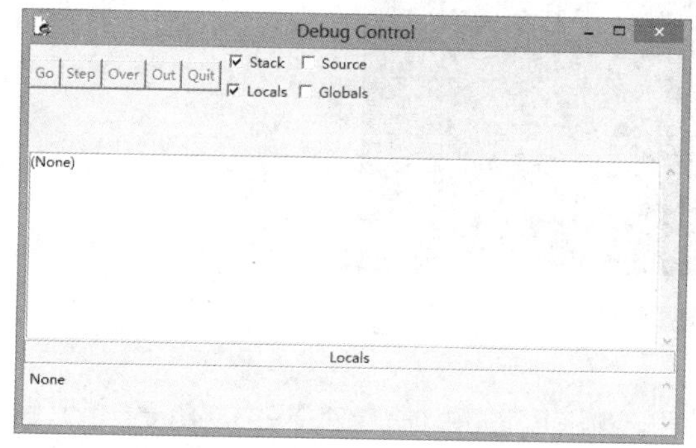

（a）Debug Control 窗口

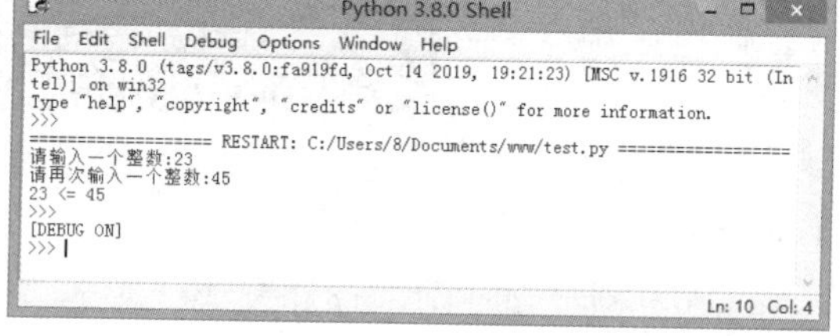

（b）Python Shell 窗口

图 1.21　调试 Python 程序

第 3 步，这样使用 Python Shell 窗口时，就可以在 Debug Control 窗口中查看局部变量和全局变量等有关内容。

第 4 步，如果要退出调试器，可以在 Debug 菜单中再次选择 Debugger 菜单项，IDLE 会关闭 Debug Control 窗口，并在 Python Shell 窗口中输出“[DEBUG OFF]”提示信息。

1.3.2　使用 IPython

扫一扫，看视频

IPython 是一个 Python 交互式命令行解析器。支持变量自动补全、自动缩进，支持 bash shell 命令，内置了很多有用的功能和函数，帮助用户以更高的效率使用 Python。

1．安装 IPython

使用 pip 管理工具可以快速安装 IPython。在 cmd 命令行下输入下面命令，然后按 Enter 键即可自动安装 IPython 及各种依赖包。

```
pip install ipython
```

2. 启动 IPython

启动 IPython 的方法：打开“运行”命令对话框，然后输入 ipython 命令。

单击“确定”按钮之后，即可进入 IPython Shell 交互界面，如图 1.22 所示。

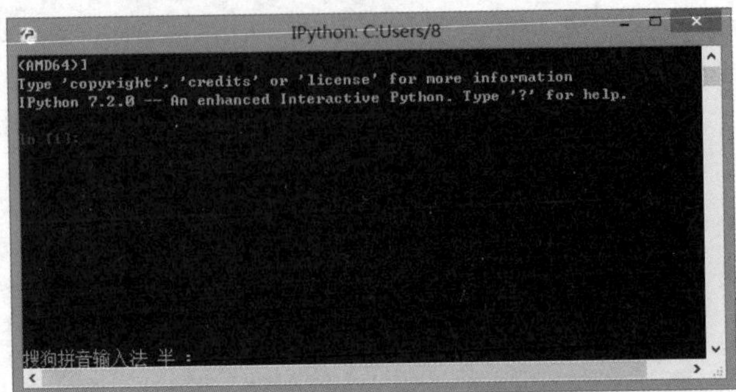

图 1.22　IPython Shell 交互界面

也可以在 cmd 命令行下输入 ipython 命令进入 Ipython Shell 交互界面，如图 1.23 所示。

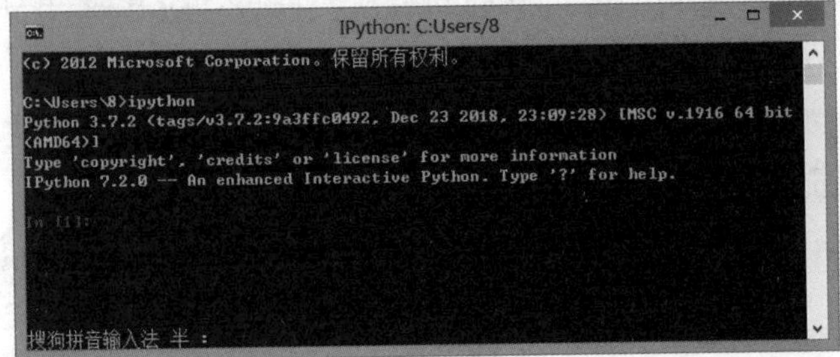

图 1.23　cmd 下 IPython 交互

提示：

Ipython 使用 In[x]和 Out[x]表示输入输出，并显示序号。实际上，In 和 Out 是两个保存历史信息的变量。

3. IPython 操作

IPython 有很多 Python 交互没有的功能，如 Tab 自动补全、对象内省、强大的历史机制、内嵌的源代码编辑、集成 Python 调试器、断点调试等。IPython 和 Python 的最大区别：IPython 会对命令提示符的每一行进行编号。

1.3.3　使用 Visual Studio Code

扫一扫，看视频

Visual Studio Code 是现代 Web 和云应用的跨平台源代码编辑器，由微软在 2015 年 4 月发布。它结合了轻量级文本编辑器的易用性和大型 IDE 的开发功能，具有强大的扩展能力和社区支持，是目前最受欢迎的编程工具。下面介绍基于 Visual Studio Code 搭建 Python 开发环境。

【操作步骤】

第 1 步，安装 Visual Studio Code。访问官网下载 Visual Studio Code，下载地址 https://code.visualstudio.com/Download，注意系统类型和版本。

第 2 步，安装成功之后，启动 Visual Studio Code，在界面左侧单击第 5 个图标按钮，打开扩展面板，然后输入关键词：Python，搜索 Python 插件，如图 1.24 所示。

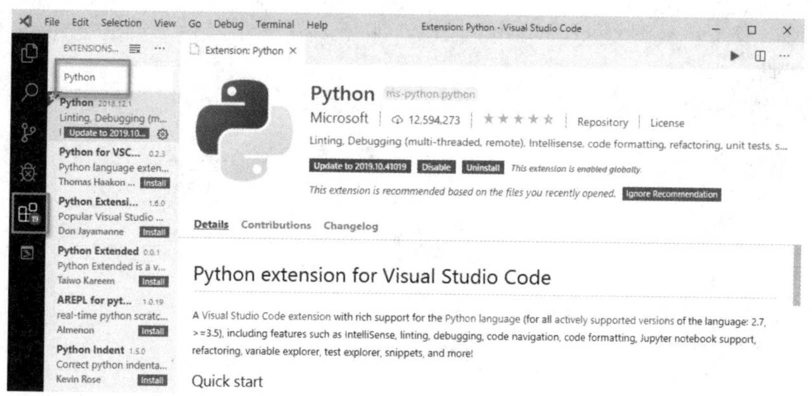

图 1.24　安装 Python 插件

第 3 步，选择列表中第一个 Python 插件，单击 Install 按钮，安装 Python 插件。

注意：

如果在 Windows 10 系统中安装 Python 插件，可以直接使用 Python，而不需要以下第 4~8 步配置 Python 插件的操作。这是因为 Windows 10 中 Windows Terminal 对原始的 cmd 命令行工具进行升级，提供了一个全新的、流行的、功能强大的命令行终端工具，包含了很多来自社区呼声很高的新特性。

第 4 步，配置 Python 插件。在菜单栏中选择 File→Preferences→Settings 命令，打开 Settings 控制页面，在搜索框中输入 Python 关键词，如图 1.25 所示。

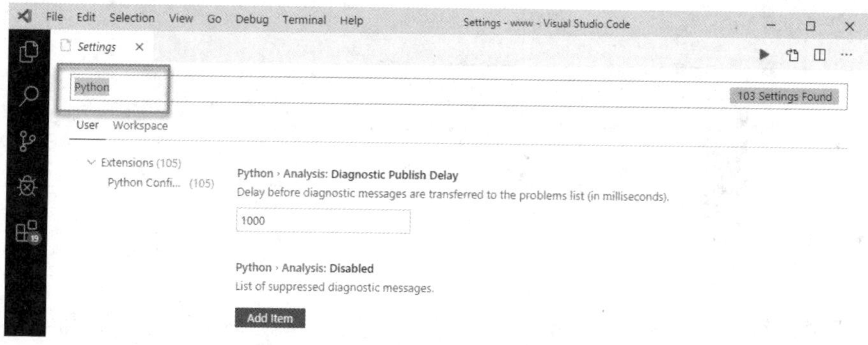

图 1.25　查找 Python 配置项

第 5 步，在搜索列表项中查找 Python:Python Path 设置项，修改 Python 解释器的路径，如图 1.26 所示。

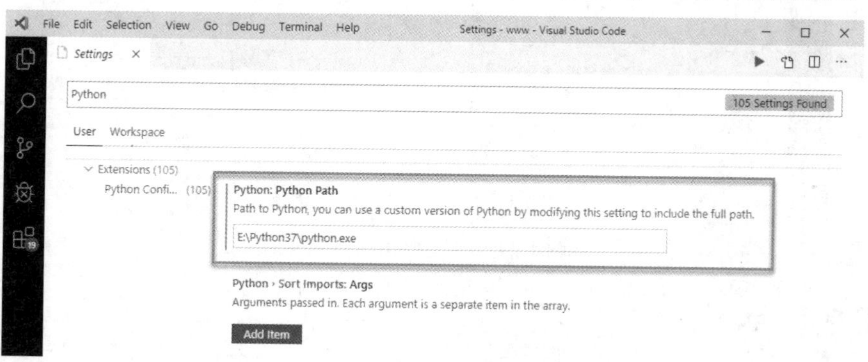

图 1.26　指定调用 Python 解释器的绝对路径

第 6 步，在窗口右上角单击 Open Settings 按钮，如图 1.27 所示。打开 Settings.json 文件，可以看到新添加的设置项代码。

```
"python.pythonPath": "E:\\Python37\\python.exe"
```

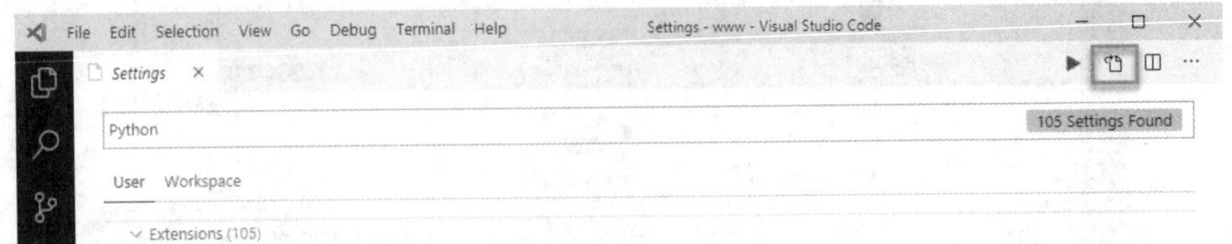

图 1.27 切换到 Settings.json 文件

第 7 步，再手动输入下面代码，添加一个新的设置项目，定义在调试窗口能够正确显示中文字符，否则在调试时，中文字符会显示为乱码。

```
"code-runner.executorMap": {
    "python": "set PYTHONIOENCODING=utf8 && python"
},
```

第 8 步，关闭 Settings 和 settings.json 选项页。

第 9 步，在本地新建一个文件夹，作为项目站点根目录。

第 10 步，在 Visual Studio Code 菜单栏中选择 File→Open Folder 选项，打开上一步新建的项目目录。

第 11 步，在当前项目中新建 Python 文件。选择 File→New File 选项新建文本文件，保存为 test1.py。

第 12 步，在当前文件中输入 Python 代码，就可以进行开发了。例如，输入下面代码，如图 1.28 所示。

```
print("Hi, Python")
```

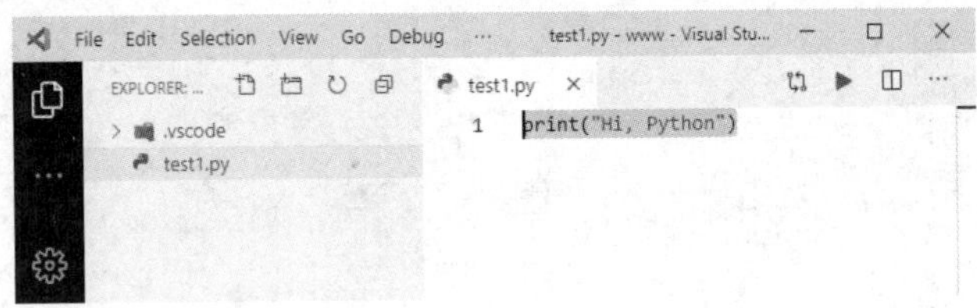

图 1.28 编写 Python 代码

第 13 步，在窗口右上角单击 Run Code 黑色三角箭头按钮，就会调用 Python 解释器来解析代码，同时打开 Output 窗口，显示输出信息，如图 1.29 所示。

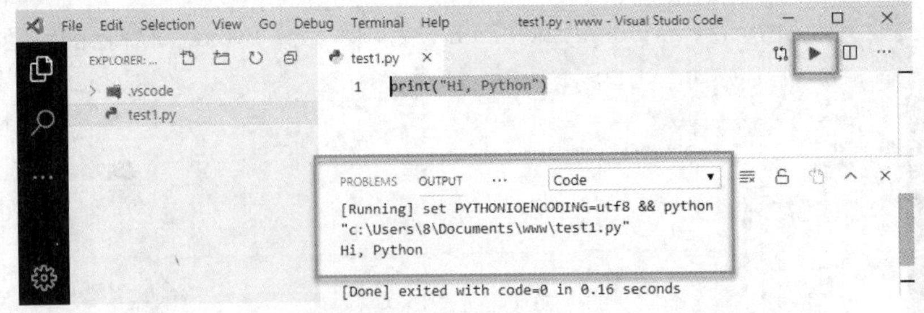

图 1.29 测试 Python 代码

1.3.4 使用 PyCharm

PyCharm 是一款功能强大的 Python 编辑器（IDE），具有跨平台性，带有一整套可以帮助用户在使用

Python 语言开发时提高其效率的工具，如调试、语法高亮、Project 管理、代码跳转、智能提示、自动完成、单元测试、版本控制。此外，该 IDE 提供了一些高级功能，用于支持 Django 框架下的专业 Web 开发。

PyCharm 官网下载地址：http://www.jetbrains.com/pycharm/。PyCharm 提供了两个版本，一个是社区版，免费并且提供源代码程序；另一个就是专业版，可以免费试用。

1.4 案例实战

1.4.1 查看 Python 自带文档

扫一扫，看视频

Python 是自带文档的，在开发中经常需要帮助或参考，可以利用下面两个函数。

- dir：列出指定类或模块包含的全部内容，包括函数、方法、类、变量等。

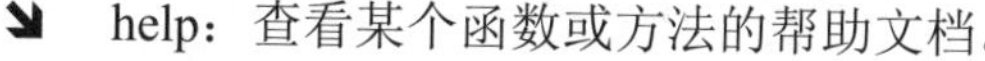

- help：查看某个函数或方法的帮助文档。

【示例】Python 字符串由内建的 str 类代表，那么 str 类包含哪些方法呢？如果要查看 str 类包含的全部内容，可以在交互式解释器中输入如下命令，则会显示所有 str 类的成员，如图 1.30 所示。

```
>>> dir(str)
```

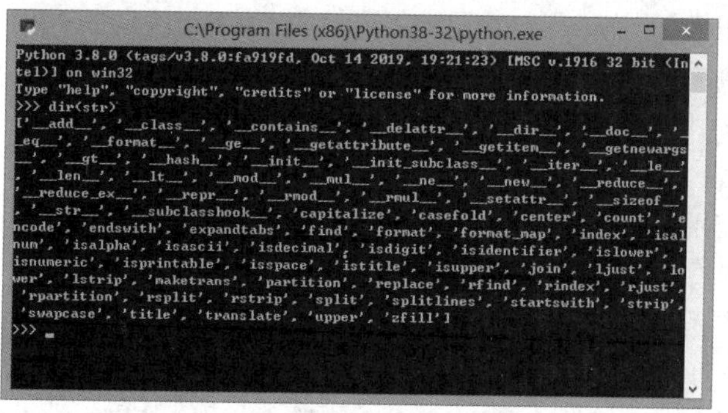

图 1.30　查看 str 类的全部成员

图 1.31 中列出了 str 类提供的所有方法，其中以“__”开头、“__”结尾的方法被约定成私有方法，不希望被外部直接调用。

如果要查看某个方法的用法，可以使用 help 函数。例如，在交互式解释器中输入如下命令，可以查看 title 方法的用法。

```
>>> help(str.title)
```

从图 1.31 中可以看到，str 类的 title 方法的作用是将每个单词的首字母大写，其他字母保持不变。

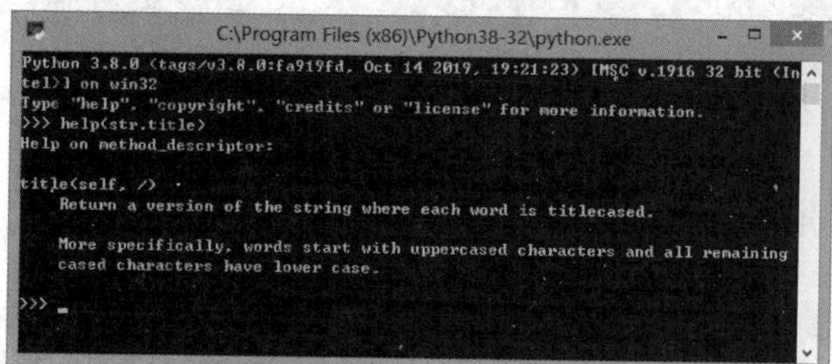

图 1.31　查看 title 方法的用法

扫一扫，看视频

1.4.2 打印格式化字符串

本例练习在交互式命令行中输出格式化的字符串。

【操作步骤】

第 1 步，参考 1.2.6 小节操作步骤打开交互式命令窗口，进入 Python 解释器。

第 2 步，在命令提示符>>>后面输入下面代码，定义待格式化的字符串。

```
>>> s = "Python"
```

第 3 步，按 Enter 键换行，继续输入代码。使用 for 语句迭代字符串 Python 中每个字符。

```
>>> for i in s:
```

第 4 步，按 Enter 键换行，此时可以看到命令提示符显示为“…”。

第 5 步，在命令提示符“…”后面输入 4 个空格，然后输入循环体代码。

```
...     print(i, end="  ")
```

提示：

在 Python 交互式命令行中，>>>表示主提示符，提示解释器在等待用户输入下一条语句。“…”表示次提示符，告诉用户解释器正在等待输入当前语句的其他部分。

Python 有两种主要的方式来完成用户的要求：语句和表达式。

- 语句使用关键字来组成命令，告诉 Python 做什么，语句可以有输出，也可以没有输出。例如，在上面代码中，使用 for 语句完成程序的循环操作。
- 表达式包括函数、运算表达式等，表达式没有关键字。它可以是使用运算符构成的运算表达式，也可以是使用括号调用的函数；它可以接收用户输入，也可以不接收用户输入，有些会有输出，有些则没有。例如，在上面代码中，使用 print 函数输出字符串。

函数 print 包含两个参数，第 1 个参数 i 表示要输出的字符串，第 2 个参数 end 设置分隔符，默认为换行符，这里设置分隔符为多个空格。

第 6 步，按 Enter 键换行，可以继续在 for 循环体内输入代码。如果想结束循环体，可以再次按 Enter 键，Python 解释器开始执行循环结构，并输出格式化后的字符串。演示效果如图 1.32 所示。

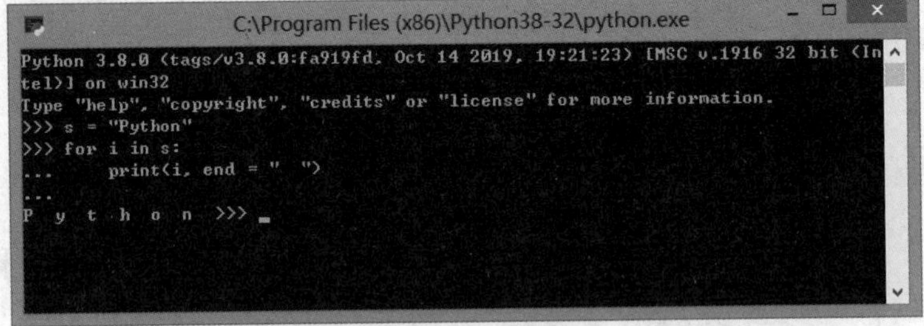

图 1.32 打印格式化的字符串

扫一扫，看视频

1.4.3 把 Python 当作计算器

本案例练习使用 Python 解释器充当一个简单的计算器。用户可以输入算术表达式，Python 会自动计算出相应的结果。例如：

```
>>> 2 + 2
4
>>> 50 - 6*7
8
>>> (50 - 6*7) / 4
2.0
>>> 8 / 5
1.6
```

除法总是返回一个浮点数的值，如果要获得整数结果，可以使用“//”运算符。如果除法计算只取余数，可以使用“%”运算符。

```
>>> 17 / 3                                    # 结果是浮点数
5.666666666666667
>>>
>>> 17 // 3                                   # 舍弃小数部分，只取整数部分
5
>>> 17 % 3                                    # 只取余数
2
>>> 5 * 3 + 2                                 # 加法乘法混合运算
17
```

使用 Python 进行次方运算，即幂运算。

```
>>> 5 ** 2                                    # 5 的平方
25
>>> 2 ** 7                                    # 2 的 7 次方
128
```

等号运算符（=）用于赋值给变量，在下一个交互提示之前没有显示结果。

```
>>> width = 20                                # 20 赋值给变量 width
>>> height = 5 * 9
>>> width * height
900
```

如果混合运算，则将整数操作数转换为浮点数。

```
>>> 4 * 3.75 - 1
14.0
```

在交互模式下，使用“_”符号可以将最后一个打印表达式赋值给变量。这样当使用 Python 作为桌面计算器时，继续计算会比较简洁。例如：

```
>>> tax = 12.5 / 100
>>> price = 100.50
>>> price * tax
12.5625
>>> price + _                       # _相当于最后一个表达式的值 12.5625
113.0625
>>> round(_, 2)                     # _相当于最后一个表达式的值 113.0625，
                                    # round 函数的作用是四舍五入后保留两位小数
113.06
```

1.5 在线支持

扫描，拓展学习

第 2 章　Python 语言基础

Python语法包括词法和句法两部分：词法定义了Python的基本名词规范，如字符编码、命名规则、标识符、关键字、注释、运算符、分隔符等；句法定义了 Python 运算逻辑和程序结构的规范，包括短语、句子和复句的基本规则，如表达式、语句和程序结构等。本章重点介绍词法基础，句法知识将在后续几章介绍。

【学习重点】

- 了解 Python 基本语法规则。
- 正确定义 Python 变量。
- 熟悉 Python 基本数据类型。
- 能够转换数据类型。
- 能够准确判断变量的数据类型。
- 熟练掌握 Python 基本输入和输出方法。

2.1　Python 词法基础

2.1.1　行

扫一扫，看视频

在 Python 中，行可以分为物理行和逻辑行。

- 物理行：就是在窗口中能够看到的代码行，它通过回车符（CR）或换行符（LF）终止，在嵌入式源代码中还可以通过“\n”终止。
- 逻辑行：通过“新行”词符终止，表示一条语句。一般一个物理行就是一个逻辑行。多个物理行也可以构成一个逻辑行，具体方法请参考 2.1.2 小节说明。多条语句也可以在一个物理行内显示，具体方法请参考本节下文说明。

一般情况下，Python 是以新行作为语句的结束符，一条语句占据一行。

【示例】下面两行代码定义两条语句，执行两条输出命令。

```
print("Hi,")                         # 输出字符串 Hi,
print("Python!")                     # 换行输出字符串 Python!
```

Python 允许在同一行中编写多条语句，语句之间使用分号（;）分隔。例如：

```
print("Hi,"); print("Python!")
```

一般不建议在同一行内编写多条语句，这不符合 Python 倡导的编码习惯。

注意：

在一行内输入的多个语句，它们应该属于同一层级的语句块，而不能在同一行的后面语句中开始一个新的代码块。代码块就是相邻的同一缩进级别的一个或多个语句组成的代码段。

2.1.2　连接行

扫一扫，看视频

两个或多个物理行可以连接为一个逻辑行，这样一条语句也可以换行显示。实现方法有两种。

1．显式连接

在行末尾添加续行符（\）。

【示例 1】下面示例在多行中输出显示一条字符串。

```
num = '1_' \
      '2_' \
      '3_'
print(num)                                    # 输出 1_2_3_
```

提示：

上面代码中的缩进不会定义代码块，因为没有冒号。

注意：

续行符后面不能附加任何代码，必须直接换行，行内也不能够包含任何注释。

2．隐式连接

在小括号（()）、中括号（[]）、大括号（{}）内包含多行代码，不需要添加续行符，Python 能够自动把它们视为一个逻辑行。

【示例 2】针对示例 1，也可以按如下方式编写。

```
num = ('1_'
       '2_'
       '3_')
print(num)                                    # 输出 1_2_3_
```

在隐式连接中，行内可以添加注释。

扫一扫，看视频

2.1.3 空行

在 Python 中，空行将被编译器忽略，不被解析。空行的作用：分隔两段不同功能或含义的代码，便于代码阅读和维护。例如，函数、类的方法之间使用空行分隔，表示一段新代码的开始。

注意，在交互模式中，空行也有特殊功能。例如，在标准模式解释器中，一个空行将结束一条多行复合语句，如函数、类、循环结构、条件结构等。

扫一扫，看视频

2.1.4 缩进

大部分编程语言（如 C、Java 等）使用大括号（{}）定义代码块，块内包含多条语句。Python 使用冒号（:）和代码缩进来定义代码块。语法格式如下：

```
语句
命令:
    子语句
    子命令:              ┐
        孙语句    ┐嵌套子  │代码块
        ...       ┘代码块  │
    ...                  ┘
...
```

上一行的冒号与下一行的缩进定义代码块的开始，缩进结束表示一个代码块的结束。缩进可以使用空格键、Tab 键表示，一般 4 个空格，或一个 Tab 键表示一级缩进宽度。

代码块主要应用场景：定义类、定义函数、结构控制、异常处理等。

提示：

一个 Tab 键默认等于 4 个空格宽度，在 IDLE 中可以修改这个默认宽度，一般编辑器都会支持该设置。

【示例 1】 新建 test1.py 文件，输入下面代码实现功能：要求用户输入一个整数，然后判断输入值是否为负数并输出提示，演示效果如图 2.1 所示。

```
num = int(input("请输入一个数:"))          # 要求输入整数，然后把输入的字符串转换为整数值
if num < 0 :                              # 对整数值进行判断：是否小于 0
    print("输入值为负数")
else:                                     # 如果不小于 0，则提示为正数
    print("输入值为正数")
```

```
请输入一个数:56
输入值为正数
>>> |
```

图 2.1　对输入的数值进行判断

如果使用大括号语法表示，则代码如下所示（JavaScript）。

```
var num = parseInt(prompt("请输入一个数:"))  // 要求输入整数，然后把输入的字符串转换为
                                            // 整数值
if (num < 0){                               // 对数值进行简单判断：是否小于 0
     alert("输入值为负数");
}
else {                                      // 如果不小于 0，则提示为正数
     alert("输入值为正数");
}
```

【示例 2】 新建 test2.py 文件，输入下面代码：使用 while 循环筛选 10 以内的偶数。设计方法：如果值与 2 的余数大于 0，表示不能被 2 整除，则忽略，否则输出显示。

```
i = 0                                       # 初始化变量 i 的值为 0
while i < 10:                               # 检测变量 i 的值是否小于 10
     i += 1                                 # 递加变量 i
     if i%2 > 0:                            # 非偶数时跳过输出
          continue                          # 执行下一次循环
     print(i)                               # 输出偶数 2、4、6、8、10
```

注意：

同级代码块的缩进宽度必须相同。例如，如果第 1 句缩进 4 个空格，那么后面同级语句都必须缩进 4 个空格，如果第 2 句缩进 3 个空格，将抛出缩进错误异常：当前行缩进与外部其他同级缩进不匹配。

```
IndentationError: unindent does not match any outer indentation level
```

如果第 3 句缩进 5 个空格，也将抛出缩进错误异常：异常缩进。

```
IndentationError: unexpected indent
```

2.1.5　注释

扫一扫，看视频

被注释的字符不被解析，作用类似注解，以方便代码的阅读和维护。Python 注释的方法包括单行注释和多行注释。

- 单行注释以“#”开头，从符号“#”开始，直到物理换行符为止的所有字符将被 Python 编译器忽略。例如：

```
# 测试程序
print("Hi, Python")                                    # 输出提示信息
```

- 多行注释可以使用多个“#”符号，或者使用成对的'''和"""来定义。例如：

```
#使用多个#定义
    # 第 1 行注释
    # 第 2 行注释

#使用成对的 3 个单引号定义，开头 3 个单引号必须顶格：
'''
    第 1 行注释
    第 2 行注释
    '''

#使用成对的 3 个双引号定义，开头 3 个双引号必须顶格：
"""
    第 1 行注释
    第 2 行注释
    """
```

单行注释可以出现在程序中任意位置，以便对特定语句进行注解；多行注释一般位于程序的开头，或者代码块的开头，用于对 Python 模块、类、函数等添加说明。

注意：

由于 Python 允许使用 3 个引号定义字符串，如果 3 个引号出现在语句之中，那么它包含的信息就不是注释，而是字符串。例如：

```
'''
注意，下面语句中 3 个单引号包含的信息是字符串。
'''
print('''Hi,Python''')
```

扫一扫，看视频

2.1.6 字符编码

Python 3 遵循 Unicode 字符编码规则，这意味着程序中所有字符都是 Unicode 字符。因此用户可以使用汉字来命名变量，但不建议使用，推荐使用 ASCII 字符来命名变量。

Python 允许为源码文件设置不同类型的字符编码。方法如下：

```
#coding: 字符编码类型
```

或

```
#coding= 字符编码类型
```

注意：

定义字符编码的声明必须位于源码文件的第 1 行或第 2 行，且以注释的方式表示。

【示例】下面代码定义源码文件使用简体中文字符编码。

```
#coding:gb2312
```

2.1.7 词符

扫一扫，看视频

词符就是简单描述词法的符号，它是词法结构的最小单元。词符可以是一个字符、一个单词，或者是一个固定值、一个字符串、一个抽象的概念等。

从类别上看，词符包括标识符、关键字、运算符、分隔符、字面值，以及 NEWLINE（新行）、INDENT（缩进）和 DEDENT（突出）3 个特殊词符。

注意：

空格（空白字符，不包含换行符）不是词符，它是词符之间的分界符。

2.1.8 标识符

扫一扫，看视频

标识符就是编程语言中允许作为名字的有效字符串集合，如变量名、类名、函数名等。标识符的第一个字符必须是字母或下划线（_），其他部分由字母、数字或下划线组成。例如：

```
abc_123 = 10                    # 变量命名正确
123_abc=10                      # 变量命名不合法
_abc123=10                      # 变量命名正确
```

注意：

Python 的标识符是严格区分大小写的，没有长度限制。

用户定义的标识符不能使用 Python 关键字和保留字，也不建议使用 Python 内置函数名作为普通标识符，这样会导致内置函数的功能被覆盖。例如：

```
if = 10                         # if 是关键字
print=10                        # 给 print 函数赋值，编译可以通过
print(print)                    # 函数被覆盖，编译报错
```

提示：

Python 3 允许使用非 ASCII 编码的标识符，如双字节的汉字等，但不建议使用。例如：

```
中国 = "China"                  # 初始化变量值
print(中国)                     # 输出 China
```

标识符的命名原则：能够见名知意。例如，表示名字的变量可命名为 name，表示性别的变量可以命名为 sex，表示学生的变量可以命名为 student 等。

标识符的一般命名方法：驼峰命名法，包括两种形式。

- 小驼峰式命名法：第一个单词以小写字母开始，第二个单词的首字母大写。例如：

```
firstName
lastName
```

- 大驼峰式命名法：每一个单词的首字母都采用大写字母。例如：

```
FirstName
LastName
```

另外，还有一种命名法也比较流行，使用下划线（_）连接多个单词。例如：

```
first_name
last_name
```

扫一扫，看视频

2.1.9 关键字和保留字

关键字是 Python 预定的有特殊含义的标识符，这些关键字都具有特定的功能。因此，用户不能把关键字作为普通标识符来使用。

【示例】Python 标准库提供了一个 keyword 模块，可以输出当前版本的所有关键字。在交互式命令行中分别输入下面的命令。

```
>>> import keyword
>>> keyword.kwlist
```

可以显示如下关键字列表信息。

```
['False', 'None', 'True', 'and', 'as', 'assert', 'async', 'await', 'break', 'class',
'continue', 'def', 'del', 'elif', 'else', 'except', 'finally', 'for', 'from',
'global', 'if', 'import', 'in', 'is', 'lambda', 'nonlocal', 'not', 'or', 'pass',
'raise', 'return', 'try', 'while', 'with', 'yield']
```

注意，不同版本的 Python 关键字列表是不同的。

保留字是具有特殊含义的标识符，命名模式是以下划线开头或结尾：

- _*：开头有单下划线，表示模块内私有变量。当以“from module import *”语法格式导入到其文件内时，这些变量不可用，当以“import module”语法格式导入到文件内时，可以使用模块名加点语法（模块名._*）的方式间接访问。
- __*__：开头和结尾都有双下划线，表示 Python 预定义的变量，也称为魔法变量或者魔术方法。
- __*：开头有双下划线，表示类的私有变量，仅能够在类中使用，不能够在类外访问，也不能够继承。

扫一扫，看视频

2.1.10 运算符和分隔符

运算符就是执行特定运算的符号，如+、−、*、/等，详细说明请参考第 3 章内容。

分隔符不执行运算，仅表示语法标志，具体包括：

小括号（()）　中括号（[]）　大括号（{}）　逗号（,）　冒号（:）
点号（.）　分号（;）　@　->

下面赋值运算符，既可以执行运算，也具有分隔代码的作用：

=　+=　-=　*=　/=　//=　%=　@=
&=　|=　^=　>>=　<<=　**=

下面字符与其他字符结合，具有特殊的语义：

'　"　#　\

以上字符将会在各章中结合具体的知识点进行详细说明。

扫一扫，看视频

2.1.11 字面值

字面值也称字面量、固定值，如数字、字符串、常量等。字面值一旦声明，就不再变化。例如：

```
1                                          # 整数字面值
1.2                                        # 浮点数字面值
```

```
3.4j                                        # 复数字面值
"字符串"                                    # 字符串字面值
b'ABCD'                                     # 字节字面值
```

数字和字符串有多种表示方式，详细说明请参考 2.4 节内容。

注意：

数值字面值不包含符号。例如，-1 实际上就是一元运算符“-”和字面值 1 的组合表达式；复数实际上是由一个实数字面值与一个虚数字面值组成。

```
1.2 + 3.4j                                  # 复数由浮点数字面值和虚数字面值组成
```

2.1.12 空白

扫一扫，看视频

空白就是空字符，如空格、Tab 字符、换行符等不可见字符均为空字符。这些空字符在逻辑行的行首具有语法意义，表示缩进。空字符在字符串中具有实际字符的含义。

但是，在其他位置，空字符没有任何语义，不会被解析，主要作用是区分不同的词符。例如：

```
while i                                     # 表示 2 个词符：关键字和标识符
whilei                                      # 表示 1 个词符：标识符
```

使用一个空字符与 10 个空字符没有本质区别，作用相同，即分隔两个词符。因此，可以使用空字符格式化代码显示。

2.2 变　　量

2.2.1 定义变量

扫一扫，看视频

在 Python 中，不需要声明变量，也不需要定义变量类型，直接赋值给变量就可以创建一个变量。语法格式如下：

```
变量名 = 值
```

在 Python 中，等号（=）是主要的赋值运算符，用来给变量赋值。等号左侧是一个变量名，右侧是一个值。

提示：

变量必须先赋值，后使用。Python 还包含其他的附加操作的赋值运算符，详细介绍请参考 3.2 节内容。

【示例 1】下面示例定义常用的简单型变量，并赋值。

```
n = 10                                      # 定义整型变量
f = 1.28                                    # 定义浮点型变量
s = "字符串"                                # 定义字符串型变量
b = True                                    # 定义布尔型变量
```

【示例 2】Python 是一种动态类型的语言，因此不需要声明变量的类型，可以根据值的类型确定变量的类型。

```
n = 10
print(type(n))                              # 输出 <class 'int'>
n = "10"
print(type(n))                              # 输出 <class 'str'>
```

内置函数 type()可以返回变量的类型。上面示例演示了变量 n 从整型转化为字符型的过程。

注意：

在 Python 中，赋值并不是直接将一个值赋给一个变量，这是因为对象是通过引用传递的，在赋值时，无论这个对象是新创建的，还是已存在的，都是将该对象的引用（并不是值本身）赋值给变量。

赋值是一条语句，而不是一个表达式，因此赋值不能够当作表达式参与运算，这一点与 C 等其他语言不同。例如，下面写法将抛出语法错误。

```
x = 1
y = (x = x + 1)
```

扫一扫，看视频

2.2.2 为多个变量赋值

在定义变量时，Python 允许同时为多个变量赋值。具体有两种形式。

1. 多重赋值

【示例 1】下面示例为变量 a、b、c 同时赋值字符串"abc"。

```
a = b = c = "abc"
print(a, b, c)                              # 输出 abc abc abc
```

这种形式也称为链式赋值。使用 print()函数同时输出变量 a、b、c 的值，输出的字符串以空格分隔。使用 id()函数查看 3 个变量在内存中的地址，会发现 3 个变量都指向同一个地址，说明它们都引用同一个值。

```
print(id(a))                                # 输出 352187635784
print(id(b))                                # 输出 352187635784
print(id(c))                                # 输出 352187635784
```

2. 多元赋值

【示例 2】也可以使用下面的方法为不同的变量同时赋值。

```
a, b, c = 1, 2, 3
print(a, b, c)                              # 输出 1 2 3
print(id(a))                                # 输出 8775664788304
print(id(b))                                # 输出 8775664788336
print(id(c))                                # 输出 8775664788368
```

采用多元赋值方式赋值时，等号右边的 3 个值被视为一个元组对象，这个过程也称为解包，详细说明请参考 5.3.5 节内容。

在上面示例中，3 个整数 1、2 和 3 被分别赋值给 a、b 和 c。通常元组需要用小括号括起来，尽管它们是可选的，建议加上小括号可以使代码更具可读性。

```
(a, b, c) = (1, 2, 3)
```

扫一扫，看视频

2.2.3 命名变量

变量的命名需要遵守三条基本规则。

- 必须是有效的标识符。具体说明可参考 2.1.8 小节内容。
- 不能够使用 Python 关键字。
- 严格区分大小写。

同时建议遵守以下约定，这些约定不具有强制性，目的是增强代码的可读性。

- 在变量赋值时，等号左右两边应各保留一个空格。
- 在变量名中，字母统一使用小写形式。
- 变量名要有意义。
- 变量名如果由多个单词组成，可以遵循驼峰法或下划线法命名。具体说明可参考 2.1.8 小节内容。

【示例】下面示例演示了一个简单的购物车计算过程。

```
price = 10                              # 商品价格
weight = 20                             # 商品重量
money = price * weight                  # 购买金额
money -= 5                              # 促销返款
print(money)                            # 显示实际金额 输出 195
```

提示：

用户应该避免使用下划线作为变量名的前缀，如_xxx、__xxx 、__xxx__，具体原因可以参考 2.1.9 节说明。

2.2.4 变量的类型

扫一扫，看视频

Python 变量一般包括如下几个部分。

- 变量的名称。
- 变量的值。
- 变量的类型。
- 变量的内存地址。

Python 变量被赋值后才能够确定类型。例如，n=1，数字 1 是整数，那么变量 n 的类型就是整型；s="hi"，"hi"是字符串，那么变量 s 的类型就是字符串型；b=False，False 是布尔值，那么变量 b 的类型就是布尔型。

常用的变量类型可以分为数字型和非数字型。

- 数字型包括整型（int）、浮点型（float）、复数（complex）、布尔型。
- 非数字型包括字符串、列表、元组、字典、集合。

【示例】下面示例使用变量保存张三同学的个人信息。

```
name = "张三"                           # 字符型
age = 16                                # 整型
men = True                              # 布尔型，整型的一种特殊子型，为整数 1
height = 1.82                           # 浮点型
```

使用 type()函数可以查看每一个变量的类型。

2.2.5 变量之间计算

扫一扫，看视频

在 Python 中，两个数字型变量可以直接进行算术运算。如果是布尔型变量，True 对应数字 1，False 对应数字 0。

字符串变量之间使用加号（+）运算符，可以拼接成新的字符串。使用“*”与整数进行乘运算，可以重复拼接相同的字符串。除此之外，字符串变量不能进行其他算术运算。

【示例】下面示例演示了把 True 和 False 相加，则返回数字 1；两个字符串相加，会拼接一个新的长字符串；字符串乘以整数，可以生成多个重复的字符串。

```
a = True
b = False
c = "Python "
d = "Hi "
print(a + b)                        # 输出 1
print(d + c)                        # 输出 Hi Python
print(c * 5)                        # 输出 Python Python Python Python Python
```

2.3 数据类型

在 Python 3 中，提供了 6 种最基本的数据类型：Number（数字）、String（字符串）、List（列表）、Tuple（元组）、Set（集合）、Dictionary（字典）。它们可以分为以下两类。

- 不可变数据：Number（数字）、String（字符串）、Tuple（元组）。
- 可变数据：List（列表）、Dictionary（字典）、Set（集合）。

本节将重点介绍数字类型。其他数据类型将在后面各章节中详细讲解。

扫一扫，看视频

2.3.1 对象

Python 使用对象模型来描述数据，因此任何类型的值都是一个对象。具体分为以下三种形式。

- 标准类型的对象：包括 Number（数字）、String（字符串）、List（列表）、Tuple（元组）、Set（集合）、Dictionary（字典）。
- 其他内建类型对象：包括类型（Type）、Null 对象（None）、文件、集合/固定集合、函数/方法、模块、类等。例如，类型本身也是一个对象。

```
>>> type(type(42))
<type 'type'>
```

- 内部类型对象，包括代码、帧、跟踪记录、切片、省略、Xrange。一般开发人员不会直接与这些对象打交道。

所有 Python 对象都拥有三个基本特性。

- 身份：也称为对象的 ID 标识，表示该对象的内存地址，使用 id()函数可以获取对象的 ID 号（一组数字）。
- 类型：决定了该对象能够执行什么样的运算，以及应该遵循什么样的操作规则。使用 type()函数可以查看对象的类型。
- 值：表示对象的具体内容或数据。

扫一扫，看视频

2.3.2 数字

Python 3 支持 int（整数）、float（浮点数）、bool（布尔值）、complex（复数）。

提示：

在 Python 3 中，只有一种整数类型 int，表示长整型，不提供 Python 2 中的 long 长整型。

1. 整数

整数包括正整数、0 和负整数。整数的最大值仅与系统位数有关，简单说明如下。

- 32 位：maxInt == 2**(32-1)-1
- 64 位：maxInt == 2**(64-1)-1

【示例 1】可以通过 sys.maxsize 来查看系统最大整数值。

```
import sys                                  # 导入 sys 系统模块
print(sys.maxsize)                          # 输出 9223372036854775807
print(2**(32-1)-1)                          # 输出 2147483647
print(2**(64-1)-1)                          # 输出 9223372036854775807
```

如果整数值超出系统数值范围，会自动转换为高精度计算。

整数类型包括十进制整数、八进制整数、十六进制整数和二进制整数。

- 十进制的整数不能以 0 开头。
- 八进制整数由 0~7 组成，逢八进一，以 0o 或 0O 开头。例如：

```
n = 0o23                                    # 八进制数字
print(n)                                    # 输出相应十进制数字 19
```

- 十六进制整数由 0~9 以及 a~f 组成，逢十六进一，以 0x 或 0X 开头。例如：

```
n = 0x23                                    # 十六进制数字
print(n)                                    # 输出相应十进制数字 35
```

- 二进制整数由 0 和 1 组成，逢二进一，以 0b 或 0B 开头。例如：

```
n = 0b101                                   # 二进制数字
print(n)                                    # 输出相应十进制数字 5
```

2. 浮点数

浮点数就是包含点号的数字，它由整数部分和小数部分组成，中间通过点号连接。也可以使用科学计数法表示。例如：

```
2.5                                         # 简单的浮点数
2.5e2                                       #  = 2.5×10² = 250
2.5e-2                                      #  = 2.5×10⁻² = 0.025
```

其中 e（或 E）表示底数，其值为 10，而 e 后面跟随的是 10 的指数。指数是一个整型数值，可以取正值或负值。上面后两行代码等价于：

```
2.5e2=2.5*10*10 = 250
2.5e-2=2.5*1/10*1/10 = 0.025
```

【示例 2】可以通过 sys.float_info.max 来查看系统最大浮点数。

```
import sys                                  # 导入 sys 系统模块
print(sys.float_info.max)                   # 输出最大浮点数 1.7976931348623157e+308
```

在浮点型数值计算中，可能会出现精度丢失的现象，因此不建议使用浮点数进行高精度计算。例如：

```
print(0.2+0.4)                              # 输出 0.6000000000000001
```

3. 复数

复数由实数部分和虚数部分构成，可以使用 a + bj 形式，或者使用 complex(a,b)表示实数，复数的实部 a 和虚部 b 都是浮点型。

【示例 3】定义两个复数，然后使用复数的 real 和 imag 分别读取实部和虚部的值，最后求两个复数的差值。

```
a = 1.56+1.2j
b = 1 - 1j
print(a.real)                               # 输出实部 1.56
```

```
print(a.imag)                            # 输出虚部 1.2
print(a-b)                               # 实部相减，虚部相减，输出 0.56+2.2j
```

4．布尔值

布尔值包含两个固定的值（True 和 False），其中 True 代表“真”，而 False 代表“假”。布尔值参与数学运算时，True 表示 1，False 表示 0。

当参与布尔运算时，下面值会被解释为 False，俗称为假值。

False　None　0　""　()　[]　{}

所有类型的数字 0（包括浮点型、整型和其他类型）、空序列（如空字符串、元组和列表），以及空的字典都为假；而其他值都被解释为真，其中包括特殊值 True。

因此，所有的值都可以用作布尔值，不需要进行显式类型转换，Python 能够根据布尔运算进行自动转换这些值。

注意：

虽然[]和""都是假值，但是它们本身并不相等。其他不同类型的假值对象也是如此。

2.4 类型转换

数据类型转换主要通过 Python 内建函数实现。本节重点介绍简单值的类型转换。

扫一扫，看视频

2.4.1 转换为字符串

1．使用 str()函数

str()是 Python 最常用的转换为字符串的内建函数，可以接收任意对象，并将其转换为字符串类型。如果参数为字符串，则直接返回一个同类型的对象。

【示例 1】转换 List（列表）对象为字符串。

```
li = [1, 2, 3, 4]
str = str(li)
print(str)                          # 输出字符串 [1, 2, 3, 4]
```

【示例 2】转换 Tuple（元组）对象为字符串。

```
tup =  (1, 2, 3, 4)
str1 = str(tup)
print(str1)                         # 输出字符串 (1, 2, 3, 4)
```

【示例 3】转换 Dictionary（字典）对象为字符串。

```
dic = {'name':'zhangsan','age':23}
str1 = str(dic)
print(str1)                         # 输出字符串 {'name': 'zhangsan', 'age': 23}
```

从以上 3 个示例可以看到，把对象转换为字符串后，原来对象中的特殊符号，如空格符，都会成为字符串的元素之一。

2．使用 repr()函数

虽然 repr()函数与 str()函数类似，都可以接收一个任意类型的对象，返回一个 String 类型的对象，但两者有着本质的区别。

str()函数返回一个更适合用户阅读的字符串，而 repr()函数返回一个更适合 Python 编译器阅读的字符串；repr()函数同时会返回 Python 编译器能够识别的数据细节，而这些细节对一般用户来说没有用处；repr()函数转换后的字符串对象可以通过 eval()函数还原为转换之前的对象，而 str()函数一般不需要 eval()去处理。

【示例 4】比较 str()函数和 repr()函数返回字符串格式的不同。

```
str1 = 'Hello World!'
print(str(str1))                         # 输出字符串 Hello World!
print(repr(str1))                        # 输出字符串 'Hello World!'
```

从以上示例可以看出 str()函数转换后的字符串更符合人的阅读习惯。

3. 使用 eval()函数

eval()函数可以结合 repr()函数将一个转换为 String 类型的对象还原为之前的对象类型。eval()函数也可以执行求值运算，即可以将字符串作为有效的表达式进行求值，并返回计算结果。

【示例 5】下面字符串是一个求和表达式，使用 eval()函数对它进行求和，然后返回值。

```
str1 = "1+2+3+4+5"
val = eval(str1)
print(val)                               # 输出数字 15
```

4. 使用 chr()函数

chr()函数能够将一个整数转换为 Unicode 字符。参数可以是十进制或十六进制形式的数字，范围为 Unicode 字符集。例如：

```
print(chr(0x30))                         # 参数为十六进制，输出字符 0
print(chr(90))                           # 参数为十进制，输出字符 Z
```

5. 使用 hex()、bin()和 oct()函数

hex()函数能够将一个整数转换为十六进制字符串；bin()函数能够将一个整数转换为二进制字符串；而 oct()函数能够将一个整数转换为八进制字符串。

【示例 6】输入 Unicode 编码起始值和终止值，然后打印该范围内所有字符，同时使用 oct()函数和 hex()函数，分别输出这些字符的八进制编码和十六进制编码，如图 2.2 所示。

```
beg = int(input("请输入起始值："))
end = int(input("请输入终止值："))
print("十进制\t 八进制\t 十六进制\t 字符")
for i in range(beg,end+1):
      print("{}\t{}\t{}\t\t{}".format(i,oct(i),hex(i),chr(i)))
```

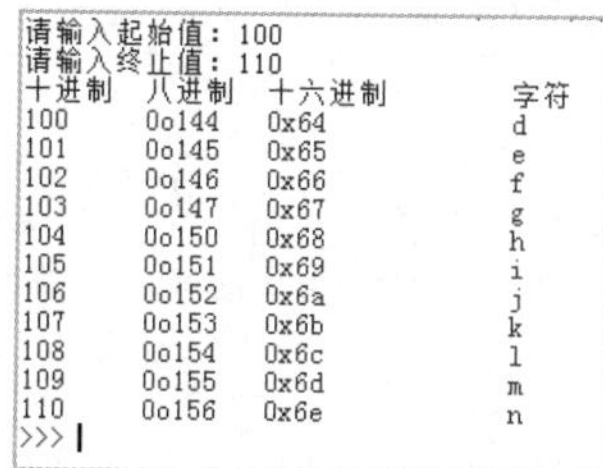

```
请输入起始值: 100
请输入终止值: 110
十进制  八进制  十六进制      字符
100     0o144   0x64          d
101     0o145   0x65          e
102     0o146   0x66          f
103     0o147   0x67          g
104     0o150   0x68          h
105     0o151   0x69          i
106     0o152   0x6a          j
107     0o153   0x6b          k
108     0o154   0x6c          l
109     0o155   0x6d          m
110     0o156   0x6e          n
>>>
```

图 2.2　输出指定范围的 Unicode 编码字符

2.4.2　转换为整数

扫一扫，看视频

使用 int()函数可以把数字字符串或数字转换为整数，语法格式如下：

```
int(x[, base=10]) -> int
```

参数 x 为一个数字或数字字符串；参数 base 用来设置 x 参数的进制。

注意：

如果是数字类型之间的转换，则参数 base 不能使用。

1．浮点数转换为整数

浮点型转为整型会向下取整。例如：

```
print(int(10.9))                          # 输出 10
```

2．字符串转换为整数

字符型数字在转换为整数时，需要指定进制参数 base。例如：

```
print(int("0xa", 16))                     # 输出 10
print(int("1010", 2))                     # 输出 10
```

参数 16 表示字符串"0xa"为十六进制数，使用 int()函数转换以后获得对应的十进制数。字符串数字转换为整数时，如果不指明进制，则会抛出异常。

3．布尔值转换为整数

布尔值 True 将会转换为 1，False 将会转换为 0，此时不需要指定 base 参数。例如：

```
print(int(True))                          # 输出 1
print(int(False))                         # 输出 0
```

4．使用 ord()函数

ord()函数与 chr()函数相反，它能够将一个字符转换为整数值。参数是一个 Unicode 编码的字符，返回对应的十进制整数。例如：

```
print(ord('a'))                           # 输出 97
print(ord('b'))                           # 输出 98
print(ord('c'))                           # 输出 99
```

扫一扫，看视频

2.4.3 转换为浮点数

使用 float()函数可以把数字或数字字符串转换为浮点数。语法格式如下：

```
float(x) -> float
```

参数 x 可以是整数或字符串，当为字符串时，只能出现数字和一个点号（.）的任意组合。如果出现多个点号，则会抛出异常。

【示例】把整数、数字字符串转换为浮点数。

```
print(float(10))                          # 输出 10.0
print(float('100'))                       # 输出 100.0
print(float('.1111'))                     # 输出 0.1111
print(float('.98.'))                      # 抛出 ValueError 异常
```

扫一扫，看视频

2.4.4 转换为复数

使用 complex()函数可以把一个字符串或数字转换为复数。语法格式如下：

```
complex([real[, imag]])
```

参数 real 可以是整数、浮点数或字符串；imag 可以是整数或浮点数。如果第一个参数 real 为字符串，则不需要指定第二个参数。

【示例】下面示例演示把整数、数字字符串转换为复数。

```
print(complex(1, 2))                                    # 输出为 (1+2j)
print(complex(1))                                       # 输出为 (1+0j)
print(complex("1"))                                     # 输出为 (1+0j)
print(complex("1+2j"))                                  # 输出为 (1+2j)
```

2.4.5　转换为布尔值

扫一扫，看视频

使用 bool()函数可以将任意类型的值转换为布尔值。

```
print(bool(2))                                          # 输出为 True
print(bool(0))                                          # 输出为 False
print(bool(45.3))                                       # 输出为 True
print(bool("234"))                                      # 输出为 True
print(bool("abc"))                                      # 输出为 True
print(bool([1,2]))                                      # 输出为 True
```

提示：

除了假值：False、None、0、""、()、[]、{}以外，其他任意值都被转换为 True。

2.5　类 型 检 测

在 Python 中，判断变量的数据类型有两种基本方法，即使用 isinstance()函数或 type()函数。

2.5.1　使用 isinstance()函数

扫一扫，看视频

isinstance()函数能够检测一个值是否为指定类型的实例。语法格式如下：

```
isinstance(object, type)
```

参数 object 为一个对象；参数 type 为类型名（如 int），或者是类型名的列表，如(int,list,float)。返回值为布尔值。

【示例】检测变量 a 的类型。

```
a = 4
print(isinstance(a, int))                               # 输出为 True
print(isinstance(a, str))                               # 输出为 False
print(isinstance(a, (str, int, float)))                 # 输出为 True
print(isinstance(a, (str, list, dict)))                 # 输出为 False
```

2.5.2　使用 type()函数

扫一扫，看视频

type()函数可以返回对象的类型。

【示例 1】使用 type()函数检测几个值的类型。

```
print(type(1))                                          # 输出为 <class 'int'>
print(type(1.0))                                        # 输出为 <class 'float'>
print(type('1'))                                        # 输出为 <class 'str'>
print(type(True))                                       # 输出为 <class 'bool'>
```

```
print(type([2]))                              # 输出为 <class 'list'>
print(type({0: '2'}))                         # 输出为 <class 'dict'>
```

【示例 2】通过判断 type()函数返回值的数据类型与指定类型是否相等，来判断一个值的数据类型。

```
val = 23
if type(val) == int :
    print("检测通过，值为整数")
else:
    print("变量的值非法")
```

提示：

isinstance()函数考虑继承关系，而 type()函数不考虑继承关系。

【示例 3】定义两个类型，创建一个 A 对象，再创建一个继承 A 对象的 B 对象，在分别使用 isinstance()和 type()函数来比较 A()和 A 时，由于它们的类型都是一样的，所以都返回 True。而 B 对象继承于 A 对象，在使用 type()函数来比较 B()和 A 时，不考虑 B()继承自哪里，返回 False。

```
class A:
    pass

class B(A):
    pass

print(isinstance(A(), A))                     # 输出为 True
print(type(A()) == A)                         # 输出为 True
print(isinstance(B(), A))                     # 输出为 True
print(type(B()) == A)                         # 输出为 False
```

提示：

如果要判断两个类型是否相同，推荐使用 isinstance()函数。

2.6 基本输入和输出

在 Python 中输入操作使用 input()函数，输出显示使用 print()函数。有了基本的输入、输出函数，就可以实现简单的人机交互功能。

扫一扫，看视频

2.6.1 使用 input()函数输入

Python 提供了 input()内置函数来接收用户的键盘输入。语法格式如下：

```
input([prompt])
```

可选参数 prompt 为提示信息。input()函数可以接收用户任意形式的输入，并将所有输入默认为字符串进行处理，并返回字符串类型。

【示例】利用 input()函数接收用户输入，然后计算两次输入的数字和并输出。演示效果如图 2.3 所示。

```
print("求两个数的和？")
a = int(input("a: "))
b = int(input("b: "))
print(a + b)
```

```
求两个数的和？
a: 34
b: 45
79
>>> |
```

图 2.3 接收用户输入并求和

提示：

在 Python 2 中，提供了 input()、raw_input()两个细分函数，分别用来接收用户输入的数字和字符串。在 Python 3 中，将这两个函数合并为 input()，仅接收字符串输入，并返回字符串。如果需要接收数字输入，可以使用 int(input())函数进行转换。

2.6.2 使用 print()函数输出

扫一扫，看视频

在 Python 3 中，可以使用 print()内置函数将结果输出到命令行或控制台上显示。

注意：

在 Python 2 中，print 打印显示的命令，而不是调用 print()函数输出。

【示例 1】使用 print()函数输出任意类型的值，如数字、布尔、列表、元组、字典等，这些值都可以直接被输出显示。

```
x = 12                                   # 数字
print(x)                                 # 输出为 12
s = 'Hello'                              # 字符串
print(s)                                 # 输出为 Hello
b = True                                 # 布尔值
print(b)                                 # 输出为 True
l = [1, 2, 'a']                          # 列表
print(l)                                 # 输出为 [1, 2, 'a']
t = (1, 2, 'a')                          # 元组
print(t)                                 # 输出为 (1, 2, 'a')
d = {'a': 1, 'b': 2}                     # 字典
print(d)                                 # 输出为 {'a': 1, 'b': 2}
```

【示例 2】演示如何输出表达式运算，以及合并输出字符串。

```
a = 1                                    # 定义变量 a
b = 2                                    # 定义变量 b
print(a, b)                              # 输出变量 a 和 b 的值的合并字符串 1 2
print(a + b)                             # 输出 a+b 表达式的和 3
print("a""b")                            # 输出两个字符串的和 ab
print("a" + "b")                         # 输出两个字符串的和 ab
print("a", "b")                          # 输出两个字符串的合并字符串 a b
print("a", "b", "c", sep="_")            # 根据间隔符输出多个合并字符串 a_b_c
```

注意：

print()函数可以接收一个或多个参数，并把它们合并输出，合并字符串的间隔符默认为一个空格，也可以使用参数 sep 设置间隔符号。

print()函数输出默认是换行显示的，如果希望在一行内连续输出，可以设置 end 参数。

【示例 3】设置 print 输出显示在一行内，间隔符号为空格。

```
for i in range(0,6):
   print (i, end=" ")                    # 输出为 0 1 2 3 4 5
```

2.7 格式化输出

扫一扫，看视频

2.7.1 使用 print()函数

在 Python 中，print()函数支持格式化输出，与 C 语言的 printf 类似。

1. 格式化输出字符串和整数

【示例 1】输出字符串 Python，并计算、输出它的字符长度。

```
str1 = "%s.length = %d" % ('Python', len('Python'))
print(str1)                                    # 输出为 Python.length = 6
```

%在字符串中表示格式化操作符，它后面必须附加一个格式化符号，具体说明如表 2.1 所示。

%()元组可以包含一个或多个值，如变量或表达式，用来向字符串中%操作符传递值，元组包含元素数量、顺序都必须与字符串中%操作符一一对应，否则将抛出异常。

%()元组必须位于字符串的后面，否则无效。如果字符串中只包含一个%操作符，那么也可以直接传递值。例如：

```
str1 = "Python.length = %d" % len('Python')
print(str1)                                    # 输出为 Python.length = 6
```

表 2.1 Python 格式化符号列表

符　号	描　述
%c	格式化为字符（ASCII 码），仅适用于整数和字符
%r	使用 repr()函数格式化显示
%s	使用 str()函数格式化显示
%d / %i	格式化为有符号的十进制整数，仅适用于数字
%u	格式化为无符号的十进制整数，仅适用于数字
%o	格式化为无符号八进制数，仅适用于整数
%x	格式化为无符号十六进制数（小写形式），仅适用于整数
%X	格式化为无符号十六进制数（大写形式），仅适用于整数
%f / %F	格式化为浮点数，可指定小数点后的精度，仅适用于数字
%e	格式化为科学计数法表示（小写形式），仅适用于数字
%E	作用同%e，用科学计数法格式化浮点数（大写形式），仅适用于数字
%g	%f 和%e 的简写，仅适用于数字
%G	%f 和%E 的简写，仅适用于数字
%%	输出字符%自身

2. 格式化输出不同进制数

【示例 2】演示如何使用 print()函数把数字输出为十六进制、十进制和八进制格式的字符串。

```
n = 1000
print("Hex = %x Dec = %d Oct = %o" % (n, n, n))
# 输出为 Hex = 3e8 Dec = 1000 Oct = 1750
```

3. 格式化输出浮点数

【示例 3】演示如何把数字输出为不同格式的浮点数字符串。

```
pi = 3.141592653
print('pi1 = %10.3f' % pi)                # 总宽度为 10，小数位精度为 3
print("pi2 = %.*f" % (3, pi))             # *表示从后面的元组中读取 3，定义精度
print('pi3 = %010.3f' % pi)               # 用 0 填充空白
print('pi4 = %-10.3f' % pi)               # 左对齐，总宽度 10 个字符，小数位精度为 3
print('pi5 = %+f' % pi)                   # 在浮点数前面显示正号
```

输出字符串如下：

```
pi1 =      3.142
pi2 = 3.142
pi3 = 000003.142
pi4 = 3.142
pi5 = +3.141593
```

在格式化输出数字或字符串时，可以附加辅助指令来完善格式化操作。具体说明如表 2.2 所示。

表 2.2　Python 格式化操作符辅助指令

指　　令	功　　能
-	左对齐显示。提示，默认右对齐显示
+	在正数前面显示加号（+）
#	在八进制数前面显示零（'0'），在十六进制前面显示'0x'或者'0X（取决于用的是'x'还是'X'）
0	显示的数字前面填充'0'而不是默认的空格
%	'%%'输出一个单一的'%'
(键值名)	映射变量（通常用来处理字段类型的参数）
m.n.	m 和 n 为整数，可以组合或单独使用。 其中 m 表示最小显示的总宽度，如果超出，则原样输出；n 表示可保留的小数点后的位数或者字符串的个数
*	定义最小显示宽度或者小数位数

2.7.2　使用 format()函数

扫一扫，看视频

“%”操作符是传统格式化输出的基本方法，从 Python 2.6 版本开始，为字符串数据新增了一种格式化方法 str.format()，它通过“{}”操作符和“:”辅助指令来代替“%”操作符。

下面结合几个实例简单演示 format()函数的具体使用。

【示例 1】 通过位置索引值。

```
print('{0} {1}'.format('Python', 3.0))          # 输出为 Python 3.0
print('{} {}'.format('Python', 3.0))            # 输出为 Python 3.0
print('{1} {0} {1}'.format('Python', 3.0))      # 输出为 3.0 Python 3.0
```

在字符串中可以使用“{}”作为格式化操作符。与“%”操作符不同的是，“{}”操作符可以通过包含的位置值自定义引用值的位置，也可以重复引用。

【示例 2】 通过关键字进行索引。

```
print('{name}年龄是{age}岁。'.format(age=18, name='张三'))
```

输出如下：

```
张三年龄是 18 岁。
```

【示例 3】 通过下标进行索引。

```
l = ['张三', 18]
print('{0[0]}年龄是{0[1]}岁。'.format(l))
```

输出如下：

```
张三年龄是 18 岁。
```

通过使用 format()函数这种便捷的“映射”方式，列表和元组可以“打散”成普通参数传递给 format()函数，字典可以打散成关键字参数给函数。

format()函数包含丰富的格式限定符，附带在“{}”操作符中“:”符号的后面。

1．填充与对齐

“:”符号后面可以附带填充的字符，默认为空格，^、<、>分别表示居中、左对齐、右对齐，后面附带宽度限定值。

【示例 4】下面示例设计输出 8 位字符，并分别设置不同的填充字符和值对齐方式。

```
print('{:>8}'.format('1'))                    # 总宽度为 8，右对齐，默认空格填充
print('{:0>8}'.format('1'))                   # 总宽度为 8，右对齐，使用 0 填充
print('{:a<8}'.format('1'))                   # 总宽度为 8，左对齐，使用 a 填充
```

输出字符串如下：

```
       1
00000001
1aaaaaaa
```

2．精度与类型 f

【示例 5】f 与 float 类型数据配合使用。

```
print('{:.2f}'.format(3.1415926))             # 输出为 3.14
```

其中“.2”表示小数点后面的精度为 2，f 表示浮点数输出。

3．进制数字输出

【示例 6】使用 b、d、o、x 分别输出二进制、十进制、八进制、十六进制数字。

```
n = 100
print('{:b}'.format(n))                       # 输出为 1100100
print('{:d}'.format(n))                       # 输出为 100
print('{:o}'.format(n))                       # 输出为 144
print('{:x}'.format(n))                       # 输出为 64
```

4．千位分隔输出

【示例 7】使用逗号（,）输出金额的千位分隔符。

```
print('{:,}'.format(1234567890))
```

输出字符串如下：

```
1,234,567,890
```

扫一扫，看视频

2.7.3 使用 f-strings 方法

f-strings 是 Python 3.6 新增的一种字符串格式化方法，语法格式如下：

```
f ' <text> { <expression> <optional !s, !r, or !a> <optional : format specifier> } <text> …'
```

在字符串前加上 f 修饰符，然后就可以在字符串中使用{}包含：表达式；输出函数，其中!s 为默认表达式输出方式，表示调用 str()函数，!r 表示调用 repr()函数，!a 表示调用 ascii()函数；各种格式化符号，如 c 表示字符、s 表示字符串、b 表示二进制数、o 表示八进制数、d 表示十进制数、x 表示十六进制数、

f 表示浮点数、%表示百分比数、e 表示科学计数法等。

【示例 1】使用 f-strings 方法在字符串中嵌入变量和表达式。

```
name = "Python"                                    # 字符串
ver = 3.6                                          # 浮点数
print(f"{name}-{ver}、{ver + 0.1}、{ver + 0.2}")
```

输出字符串如下：

```
Python-3.6、3.7、3.8000000000000003
```

【示例 2】在示例 1 中，表达式计算浮点数时发生溢出，可以使用特殊格式化修饰符限定只显示 1 位小数。

```
name = "Python"                                    # 字符串
ver = 3.6                                          # 浮点数
print(f"{name}-{ver}、{ver + 0.1}、{ver + 0.2:.1f}")
```

输出字符串如下：

```
Python-3.6、3.7、3.8
```

注意：

特殊格式化修饰符通过冒号与前面的表达式相连，1f 表示仅显示 1 位小数。

f-strings 可以转换进制。使用特殊格式化修饰符 d 表示十进制，使用 x 表示十六进制，使用 o 表示八进制，使用 b 表示二进制。

【示例 3】把十六进制数字 10 分别转换为用十进制、十六进制、八进制和二进制表示。

```
n = 0x10                                           # 十六进制数字 10
print(f'dec: {n:d}, hex: {n:x}, oct: {n:o}, bin: {n:b}')
```

输出字符串如下：

```
dec: 16, hex: 10, oct: 20, bin: 10000
```

注意：

“{}”内不能包含反斜杠“\”，但可以使用不同的引号或使用三引号。使用引号包含的变量或表达式将不再表示一个变量或表达式，而是当作字符串来处理。如果要表示“{”“}”，则使用“{{”“}}”即可。

【示例 4】如果要在多行中表示字符串，可以使用下面示例方式，在每一行子串前面都加上 f 修饰符。

```
name = "Python"                                    # 字符串
ver = 3.6                                          # 浮点数
s = f"{name}-" \
    f"{ver}"
print(s)                                           # 打印：Python-3.6
```

2.7.4 案例：多种形式格式化输出

扫一扫，看视频

创建变量 name 保存输入的名字，变量 salary 保存输入的薪水，通过格式化字符串的方式输出“你好***，你的工资***元”。案例代码如下所示，演示效果如图 2.4 所示。

```
请输入你的名字:张三
请输入你的薪水:8945.34
你好张三,你的工资8945.34元
你好张三,你的工资8945.34元
你好张三,你的工资8945.3元
你好张三,你的工资8,945.34元
>>> |
```

图 2.4 多种形式格式化输出效果

```
name=input("请输入你的名字:")
salary=float(input("请输入你的薪水:"))
print("你好%s,你的工资%.2f 元"%(name,salary))
print("你好{},你的工资{}元".format(name,salary))
print("你好{},你的工资{:.1f}元".format(name,salary))
print("你好{},你的工资{:,}元".format(name,salary))
```

扫一扫，看视频

2.7.5 案例：使用 format()方法输出可变参数

format()方法能够接收*args、**kargs 这种类型的可变参数，可变参数能够接收一个或者多个参数。可变参数相关知识详细介绍参考第 9 章。案例代码如下所示，演示效果如图 2.5 所示。

```
data = {'name': '张三', 'age': 18}                    # 定义字典变量，详见第 6 章
print('{name}年龄是{age}岁。'.format(**data))
data_1 = ['大家', '好']                               # 定义列表变量，详见第 5 章
data_2 = {'name': '张三', 'age': 18}
print('{}{}，我的名字叫{name},我今年{age}岁!'.format(*data_1, **data_2))
```

```
张三年龄是18岁。
大家好，我的名字叫张三,我今年18岁!
>>>
```

图 2.5 可变参数的输出效果

2.8 案例实战

扫一扫，看视频

2.8.1 判断闰年

本案例设计：要求用户输入一个年份，然后判断该年份是否为闰年。闰年判断的条件：四年一闰，百年不闰，四百年再闰。所以闰年的判断条件是能被 4 整除且不能被 100 整除，或者能被 400 整除，满足条件的即为闰年。案例代码如下：

```
year = int(input("请输入年份:"))                      # 输入一个年份
if (year % 4 == 0 and year % 100 != 0) or (year % 400 == 0):  # 判断是否为闰年
    print(year, "是闰年")                             # 满足条件，打印是闰年
else:
    print(year, "不是闰年")                           # 不满足条件，打印不是闰年
```

扫一扫，看视频

2.8.2 计算圆的周长、面积和体积

假设圆的半径为 r，圆柱的高为 h，求圆周长、圆面积、圆球表面积、圆球体积、圆柱体积。本例设计使用 input()函数要求用户输入数据，然后使用 print()函数输出计算结果，并附加文字说明。案例完整代码如下，演示效果如图 2.6 所示。

```
pi = 3.14                                            # 定义一个变量，赋值为π
r = float(input("请输入圆的半径:"))                   # 输入圆的半径
h = float(input("请输入圆柱的高:"))                   # 输入圆柱的高
c = 2*pi*r                                           # 计算圆的周长
```

```
sa = pi*r**2                                    # 计算圆的面积
sb = 4*pi*r**2                                  # 计算球的表面积
va = 4/3*pi*r**3                                # 计算球的体积
vb = sa*h                                       # 计算圆柱的体积
print("圆的周长为:", c)                          # 打印圆的周长
print("圆的面积为:", sa)                         # 打印圆的面积
print("球的表面积为:", sb)                       # 打印球的表面积
print("球的体积为:", va)                         # 打印球的体积
print("圆柱的体积为:", vb)                       # 打印圆柱的体积
```

```
请输入圆的半径:34
请输入圆柱的高:45
圆的周长为: 213.52
圆的面积为: 3629.84
球的表面积为: 14519.36
球的体积为: 4839.786666666667
圆柱的体积为: 123414.56
>>>
```

图 2.6　计算圆的周长、面积和体积

2.8.3　模拟加载进度条

扫一扫，看视频

通过格式化输出的方式，可以模拟加载进度条。本案例主要使用 time 模块的 sleep()函数模拟加载的进度，然后使用 for 语句逐步打印进度显示条。代码如下所示，演示效果如图 2.7 所示。

```
import time                                     # 导入 time 模块
length = 100                                    # 定义长度变量
for i in range(1, length + 1):                  # 循环遍历 1~100 中的数
    percentage = i / length                     # 求进度条的百分比
    block = '#' * int(i // (length / 20))       # 计算进度条的个数
    time.sleep(0.1)                             # 线程挂起 0.1 秒
    print('\r 加载条: |{:<20}|{:>6.1%}'.format(block, percentage), end='')
                                                # 格式化输出
```

```
PS D:\www_vs> & D:/Python38-32/python.exe d:/www_vs/test1.py
加载条: |##                  | 14.0%

PS D:\www_vs> & D:/Python38-32/python.exe d:/www_vs/test1.py
加载条: |####################|100.0%
PS D:\www_vs>
```

图 2.7　加载进度条的输出效果

注意：

本案例在 IDLE 下运行时会不支持进度条显示效果，如需显示进度条，建议在 PyCharm 或 Visual Studio Code 等模拟环境中运行。可以看出，\r 真正实现了回车的功能，回到某行开头，把前面的输出覆盖掉。

2.8.4　输出平方和立方表

扫一扫，看视频

本案例主要练习使用 print()函数进行格式化输出，代码中使用了 while 语句，使程序根据用户输入的数字循环输出从 1 到输入数字的各个数字的平方和立方表，演示效果如图 2.8 所示。案例代码如下：

```
n = int(input("请输入一个正整数: "))            # 接收用户输入数字
x = 0                                           # 定义循环变量
print("数字\t\t 平方\t\t 立方")                 # 输出表头
```

```
while x < n:                                        # 循环输出表格
    x += 1                                          # 递增循环变量
    print(str(x).rjust(2), str(x*x).rjust(3), sep='\t\t', end=' ')
                                                    # 输出前两列数字，间隔 2 个 Tab 键，结尾不换行
    print('', str(x*x*x).rjust(4), sep='\t\t')
                                                    # 输入第三列数字，间隔 2 个 Tab 键，结尾换行
```

```
请输入一个正整数：10
数字        平方        立方
1           1           1
2           4           8
3           9           27
4           16          64
5           25          125
6           36          216
7           49          343
8           64          512
9           81          729
10          100         1000
>>> |
```

图 2.8　显示数字平方和立方表

提示：

可以使用%格式化操作符或者 format()函数进行格式化输出。例如，使用 format()函数可以简化输出代码。

```
n = int(input("请输入一个正整数："))                    # 接收用户输入数字
x = 0                                                # 定义循环变量
print("数字\t\t 平方\t\t 立方")                        # 输出表头
while x < n:                                         # 循环输出表格
    x += 1                                           # 递增循环变量
    print('{0:2d}\t\t{1:3d}\t\t{2:4d}'.format(x, x*x, x*x*x))
                                                     # 使用 format()格式化函数输出
```

扫一扫，看视频

2.8.5　打印九九乘法表

本案例设计打印九九乘法表。案例完整代码如下，长方形完整格式输出效果如图 2.9 所示。

```
for i in range(1, 10):                               # 循环 1~9，行数
    for j in range(1, 10):                           # 循环 1~9，列数
        print("%d*%d=%2d" % (i, j, i*j), end=" ")    # 输出行数与列数相乘结果
    print("")                                        # 换行输出
```

```
1*1= 1 1*2= 2 1*3= 3 1*4= 4 1*5= 5 1*6= 6 1*7= 7 1*8= 8 1*9= 9
2*1= 2 2*2= 4 2*3= 6 2*4= 8 2*5=10 2*6=12 2*7=14 2*8=16 2*9=18
3*1= 3 3*2= 6 3*3= 9 3*4=12 3*5=15 3*6=18 3*7=21 3*8=24 3*9=27
4*1= 4 4*2= 8 4*3=12 4*4=16 4*5=20 4*6=24 4*7=28 4*8=32 4*9=36
5*1= 5 5*2=10 5*3=15 5*4=20 5*5=25 5*6=30 5*7=35 5*8=40 5*9=45
6*1= 6 6*2=12 6*3=18 6*4=24 6*5=30 6*6=36 6*7=42 6*8=48 6*9=54
7*1= 7 7*2=14 7*3=21 7*4=28 7*5=35 7*6=42 7*7=49 7*8=56 7*9=63
8*1= 8 8*2=16 8*3=24 8*4=32 8*5=40 8*6=48 8*7=56 8*8=64 8*9=72
9*1= 9 9*2=18 9*3=27 9*4=36 9*5=45 9*6=54 9*7=63 9*8=72 9*9=81
>>> |
```

图 2.9　长方形完整格式输出效果

注意：

print("")表示换行，没有该句，输出的乘法表格式会出现错乱。

扫描，拓展学习

提示：

九九乘法表是初级编程经典范例，通过 Python 可以打印长方形完整格式、左上三角形、右上三角形、左下三角形，以及右下三角形五种格式的九九乘法表。感兴趣的读者可以扫描左侧二维码进行练习，主要目的是训练 Python 编码体验和趣味性。

2.8.6　打印杨辉三角

扫一扫，看视频

杨辉三角是一个经典的编程案例，它揭示了多次方二项式展开后各项系数的分布规律。简单地说，就是除第一行，以及每行开头和结尾都为 1 之外，其他每个数都等于它所在行的上一行相邻两个数之和，如图 2.10 所示。

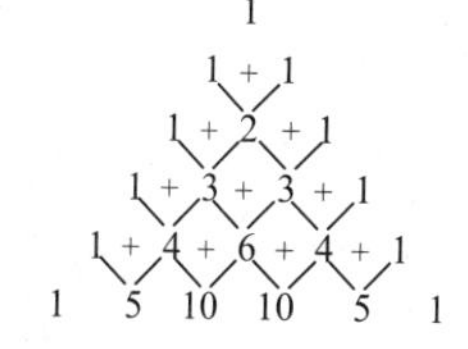

图 2.10　多次方二项式展开后各项系数的分布规律

分析图 2.10 所示数字的排列规律，可以发现：

第 1 步，第 1 行为 1，可以直接输出。

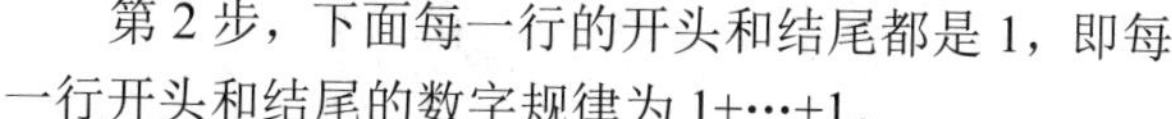

第 2 步，下面每一行的开头和结尾都是 1，即每一行开头和结尾的数字规律为 1+…+1。

第 3 步，从第 3 行开始，其他数都等于该数所在行的上一行相邻两个数之和。

第 4 步，然后加上头、尾数字 1 就等于[1]+[p[0]+p[1]]+[p[1]+p[2]]+…+[1]。

程序设计的完整代码如下，演示效果如图 2.11 所示。

```
t = int(input("请输入幂数："))                    # 接收用户输入的幂数
if t <= 0:                                        # 处理用户输入值，小于等于 0，则默认为 7
    t = 7
    print("请输入正整数，下面演示为幂数为 7 的杨辉三角图形。")
w = 5                                                        # 定义数字显示宽度
# 打印第 1 行
print('%*s' % (int((t-1)*w/2)+9-w, " "), end=" ")           # 打印左侧空格
print('{0:^{1}}'.format(1, w))
# 打印第 2 行
line = [1, 1]
print('%*s' % (int((t-2)*w/2)+8-w, " "), end=" ")           # 打印左侧空格
for i in line:                                               # 打印第 2 行每个数字
    print('{0:^{1}}'.format(i, w), end=" ")
print("")                                                    # 换行显示
# 打印从第 3 行开始的其他行
for i in range(2, t):
    r = []
    for i in range(0, len(line)-1):                          # 按规律生成该行除两端以外的数字
        r.append(line[i]+line[i+1])
    line = [1]+r+[1]                                         # 把两端的数字连上
    print('%*s' % (int((t-i)*w/2)-w, " "), end=" ")                  # 打印左侧空格
    for i in line:                                                   # 打印该行数字
        print('{0:^{1}}'.format(i, w), end=" ")
    print("")                                                        # 换行显示
```

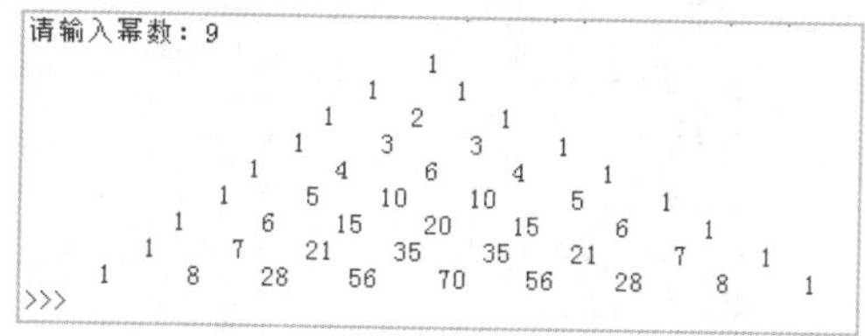

```
请输入幂数：9
                    1
                 1     1
              1     2     1
           1     3     3     1
        1     4     6     4     1
     1     5    10    10     5     1
  1     6    15    20    15     6     1
1    7    21    35    35    21     7     1
1     8    28    56    70    56    28     8     1
>>>
```

图 2.11　设计的杨辉三角图形

2.9 在线支持

扫描，拓展学习

第 3 章　运算符和表达式

运算符就是根据特定算法对操作数执行运算，并返回计算结果的符号。运算符需要与操作数配合使用，组成表达式，才能够发挥作用。运算符、操作数和表达式的关系如下。

- 运算符：代表特定算法的标识。大部分由标点符号表示（如+、-、=等），少数运算符由单词表示（如 in、is、and、or 和 not 等）。
- 操作数：参与运算的对象，包括固定值、变量、对象、表达式等。
- 表达式：表示计算的式子，由运算符和操作数组成。表达式必须返回一个计算值。使用运算符把多个简单的表达式连接在一起，就构成一个复杂的表达式。

【学习重点】

- 了解什么是运算符和表达式。
- 正确使用位运算符和算术运算符。
- 灵活使用逻辑运算符和关系运算符。
- 熟悉赋值运算符和其他运算符。

3.1 算 术 运 算

算术运算又称为四则运算，是对两个操作数执行加、减、乘、除等的计算。

3.1.1 算术运算符

扫一扫，看视频

在 Python 中，算术运算符共计 7 个，包括加（+）、减（-）、乘（*）、除（/）、求余（%）、求整（//）和求幂（**），如表 3.1 所示。

表 3.1　Python 算术运算符

运 算 符	描　　述	示　　例
+	两个对象相加	7 + 2　　# 返回 9 "7" + "2"　　# 返回 "72" True + 1　　# 返回 2 [1, 2] + ["a", "b"]　　# 返回 [1, 2, 'a', 'b'] (1, 2) + ("a", "b")　　# 返回 (1, 2, 'a', 'b')
-	两个数相减	7 - 2　　# 返回 5 7 - True　　# 返回 6
*	两个数相乘 返回一个被重复若干次的字符串	7*2　　# 返回 14 "7" * 2　　# 返回 "77"
/	两个数相除	7 / 2　　# 返回 3.5
%	取模运算，返回除法的余数	7 % 2　　# 返回 1

续表

运 算 符	描 述	示 例
**	幂运算，返回 x 的 y 次幂	7 ** 2　　# 返回 49
//	取整除运算，返回商的整数部分（向下取整）	7 // 2　　# 返回 3

注意：

- 使用 /、//、%运算符时，右侧操作数不能为 0，否则 Python 将抛出异常。
- 加号运算符不仅可以执行数字的相加操作，而且也可以执行字符串连接、对象合并操作等。

拓展：

在 Python 中，浮点数运算经常会出现如下情况。

```
print(1.1+2.2)                          # 输出为 3.3000000000000003
print(1.3-2.2)                          # 输出为 -0.9000000000000001
```

原因分析：浮点数在计算机中实际是以二进制保存的，有些数不精确。例如，0.1 是十进制，转化为二进制后就是一个无限循环的数。

0.00011001100110011001100110011001100110011001100110011001100

而 Python 是以双精度（64 位）来保存浮点数，多余的位会被截掉，对浮点数 0.1 来说，在计算机上实际保存的已不是精确的 0.1，所以直接使用 0.1 参与运算后，结果就有可能出现误差。在某些对精度要求比较高的行业，例如金融行业就需要尽可能地降低误差，提高精度。在 Python 中，可以通过下面两种方法获取特定位数精度值。

- 使用 round()函数。例如：

```
print(round(1.1+2.2, 2))                # 输出为 3.3
print(round(1.3-2.2, 2))                # 输出为 -0.9
```

round()函数返回浮点数的四舍五入值，第 2 个参数指定小数部分的保留位数。

- 使用 Python 提供的 decimal 模块，将浮点数先转换为字符串，再进行运算。

```
from decimal import Decimal             # 导入 decimal 模块
print(Decimal('1.1') + Decimal('2.2'))  # 输出为 3.3
print(Decimal('1.3') - Decimal('2.2'))  # 输出为 -0.9
```

【示例 1】 计算 100 以内所有偶数和。

```
sum=0                                   # 临时汇总变量
for i in range(101):                    # 迭代 100 以内所有数字
    if i%2 == 0:                        # 如果与 2 相除的余数为 0，则是偶数
        sum=sum+i                       # 叠加偶数和
print(sum)                              # 输出为 2550
```

【示例 2】 练习整数乘法、除法、求幂运算。

```
print("9/2=", 9/2)                      # 结果是浮点数（即实数）
print("9//2=", 9//2)                    # 整除，商为结果，去掉余数
print("9**2=", 9**2)                    # 幂次运算。x**y，求 x 的 y 次方
print("9%2=", 9 % 2)                    # 求余数
a = 3                                   # 整数值存为一个对象。变量 a 引用了该对象
b = 4
r = a * a + b * b                       # 变量 r 引用的对象存储了 a、b 的平方和
print(r)
```

输出如下：

```
9/2= 4.5
9//2= 4
9**2= 81
9%2= 1
25
```

3.1.2　案例：快算游戏

扫一扫，看视频

本案例设计一个简单的加法计算器，实现 100 以内快速求和运算。代码如下所示，演示效果如图 3.1 所示。

```
print("100 以内快速求和运算：")
while True:                                          # 无限次玩
    num1 = float(input("数字 1："))                  # 输入 num1
    num2 = float(input("数字 2："))                  # 输入 num2
    if num1 > 100 or num2 > 100:                     # 判断输入有效性
        print("咱们不玩大的，就玩 100 以内的数字，请重新输入")
        continue                                     # 继续游戏
    else:
        sum = round(num1 + num2, 2)                  #计算和
        print("%.2f + %.2f ="%(num1,num2), sum)      #输出计算结果
    print("是否退出？ 退出请按 Q 键，否则，按其他键继续")
    esc = input()                                # 接收键盘指令
    if esc == 'Q':                               # 如果按下 Q（大写），则退出游戏，否则继续
        break                                    # 退出循环，退出游戏
```

```
100以内快速求和运算:
数字1: 45.34
数字2: 45.23
45.34 + 45.23 = 90.57
是否退出？ 退出请按Q键，否则，按其他键继续

数字1: 67.89
数字2: 96.23
67.89 + 96.23 = 164.12
是否退出？ 退出请按Q键，否则，按其他键继续
Q
>>>
```

图 3.1　快速求和游戏效果

在上面案例代码中，通过 while True 无限循环设计重复性游戏结构，然后通过键盘指令，由用户来决定是否终止游戏。在求和运算中，使用 round(num1 + num2, 2)将浮点数求和运算结果的精度控制在两位小数，输出显示时，也通过%.2f 控制两位有效小数的浮点数显示。

3.1.3　案例：数字四则运算器

扫一扫，看视频

本案例设计一个简单的四则运算器，允许用户输入两个数字和四则运算符，然后返回运算结果，演示效果如图 3.2 所示。

```
while True:                                    # 无限循环计算
    x = int(input("  number1: "))              # 输入第 1 个数字
    o = input("[+ - * /]: ")                   # 输入运算符
```

```
    y = int(input("  number2: "))          # 输入第 2 个数字
    operator = {                           # 字典结构，根据输入的运算符返回不同运算结果
        '+': x+y,
        '-': x-y,
        '*': x*y,
        '/': x/y
    }
    result = operator.get(o, '输入运算符 + - * /')   # 根据用户输入的运算符执行运算
    print("   result: %d" % result)                # 显示输出结果
    print()                                        # 输出空行
    Continue = input("是否继续?y/n: ")              # 是否继续
    if Continue == 'y':                            # 如果输入字符 y，则继续
        print()                                    # 输出空行
        continue                                   # 返回继续
    elif Continue == 'n':                          # 如果输入字符 n，则跳出循环
        break
    else:                                          # 输入其他字符，则提示输入错误
        print("输入错误")
```

```
  number1: 54
[+ - * /]: -
  number2: 3
   result: 51

是否继续?y/n: y

  number1: 23
[+ - * /]: +
  number2: 34
   result: 57

是否继续?y/n: n
>>>
```

图 3.2　四则运算器效果

在上面代码中，首先 operator 变量引用一个字典对象，它包含 4 个元素，然后调用字典对象的 get()方法，返回用户输入四则运算表达式，并计算表达式的值，如果用户输入的字符不匹配字典的键，则返回默认值，即返回字符串“输入运算符 + - * /”。

扫一扫，看视频

3.2 赋值运算

赋值运算需要两个操作数。赋值运算符的左侧操作数必须是变量、对象属性或者复合型数据的元素，因此这个操作数也称为左值。例如，下面写法是错误的，这是因为左侧的值是一个固定的值，不允许被赋值。

```
1 = 100                                   # 抛出异常
```

赋值运算符有如下两种形式。

- 简单的赋值运算（=）：把等号右侧操作数的值直接赋值给左侧的操作数，因此左侧操作数的值会发生变化。
- 附加操作的赋值运算：也称为增量赋值运算，赋值之前先对两侧操作数执行某种运算，然后把运算结果再赋值给左侧操作数。

在 Python 中，赋值运算符共计 8 个，与算术运算符存在对应关系，如表 3.2 所示。

表 3.2 Python 赋值运算符

运 算 符	描 述	示 例	
=	直接赋值	c = 10	#变量 c 的值为 10
+=	先相加后赋值	c += a	#等效于 c = c + a
-=	先相减后赋值	c -= a	#等效于 c = c - a
*=	先相乘后赋值	c *= a	#等效于 c = c * a
/=	先相除后赋值	c /= a	#等效于 c = c / a
%=	先取模后赋值	c %= a	#等效于 c = c % a
**=	先求幂后赋值	c **= a	#等效于 c = c ** a
//=	先整除后赋值	c //= a	#等效于 c = c // a

【示例 1】简单练习赋值运算符的运算。

```
a = b = c = d = 10                              # 初始值为 10
a += 2                                          # a 为 12
b -= 2                                          # b 为 8
b **= 2                                         # b 为 64
c /= 2                                          # c 为 5.0
c %= 3                                          # c 为 2.0
d *= 3                                          # d 为 30
d //= 2                                         # d 为 15
print(a, b, c, d)                               # 输出为 12 64 2.0 15
```

增量赋值与普通赋值不仅在写法上不同，在增量赋值中，如果左侧的操作数为可变对象，则会修改原对象，id 不变；而如果左侧操作数为不可变对象，则会赋予一个新值，id 也随之变化。

【示例 2】增量赋值举例。

```
m = 12                                          # 不可变对象
m %= 7
print(m)                                        # 返回 5
m **= 2
print(m)                                        # 返回 25
aList = [1, 'x']                                # 可变对象
aList += [2]
print(aList)                                    # 返回[1, 'x', 2]
```

注意：

Python 不支持其他语言中类似 x++或--x 这样的前置或后置的自增或自减运算。

3.3 比较运算

比较运算也称为关系运算，需要两个操作数，运算返回值是布尔值。

在 Python 中，比较运算符共计 6 个，包括等于（==）、不等于（!=）、大于（>）、小于（<）、大于等于（>=）和小于等于（<=）。

扫一扫，看视频

3.3.1　大小比较

比较大小关系共包含 4 个运算符，两个操作数类型必须相同，运算符如表 3.3 所示。

表 3.3　Python 大小关系运算符

运 算 符	描　述	示　例
>	大于	(10 > 20)　# 返回 False
<	小于	(10 < 20)　# 返回 True
>=	大于等于	(10 >= 20)　# 返回 False
<=	小于等于	(10 <= 20)　# 返回 True

提示：

所有比较运算返回 1 表示真，返回 0 表示假。这分别与 True 和 False 等价。

比较运算符的操作数可以是字符串或数字类型的值。如果是数字，则直接比较大小；如果是字符串，则根据每个字符在字符编码表中的编码值，从左到右按顺序比较字符串中每个字符。

【示例】大小关系运算符示例。

```
print(4 > 3)                    # 返回 True，直接利用数值大小进行比较
print("4" > "3")                # 返回 True，根据字符编码表的编号值比较
print("a" > "b")                # 返回 False，字母 a 编码为 61，字母 b 编码为 62
print("ab" > "ba")              # 返回 False，顺序比较字符编码大小
print("abd" > "abc")            # 返回 True，前两个字符相等，
                                # 此时 c 编码为 63，d 编码为 64，因而返回 True
```

注意：

- 字符比较是区分大小写的，一般小写字符大于大写字符。如果比较不需要区分大小写，则建议使用字符串的 upper()或 lower()方法把字符串统一转换为大写或小写形式之后再进行比较。
- 如果操作数是布尔值，则建议先转换为数字，再进行比较，即 True 为 1，False 为 0。

扫一扫，看视频

3.3.2　相等比较

比较相等关系的两个操作数没有类型限制。如果类型不同，则直接返回 False；如果类型相同，再比较值是否相同，如果相同，则返回 True；否则返回 False。

等值比较运算符包括两个，说明如表 3.4 所示。

表 3.4　Python 相等关系运算符

运 算 符	描　述	示　例
==	比较两个对象是否相等	(10 == 20)　# 返回 False
!=	比较两个对象是否不相等	(10 != 20)　# 返回 True

如果操作数是布尔值，则先转换为数字，True 为 1，False 为 0，再进行比较。

【示例】下面代码比较不同类型的值，其中 a 等于 c，d 等于 e，f 等于 g，h 等于 i，其他变量之间的关系都是不相等的。

```
a = 1                           # 数字
b = "1"                         # 字符串
```

```
c = True                                  # 数字
d = [1, 0]                                # 列表
e = [True, False]                         # 列表
f = (1, 0)                                # 元组
g = (True, False)                         # 元组
h = {"a": 1, "b": 0}                      # 字典
i = {"a": True, "b": False}               # 字典
print(a == b)                             # 返回 False
```

3.3.3　案例：比较数字大小

扫一扫，看视频

【示例 1】要求输入三个整数 x、y、z，通过比较大小，找出其中最大数。代码如下：

```
x = int(input("请输入 x 的值:"))           # 输入变量 x
y = int(input("请输入 y 的值:"))           # 输入变量 y
z = int(input("请输入 z 的值:"))           # 输入变量 z
if x > y and x > z:                        # 如果 x 是最大数
    print("最大数为:", x)                  # 输出 x 的值
elif y > z:                                # 如果 x 不是最大数，而且 y 比 z 大
    print("最大数为:", y)                  # 输出 y 的值
else:                                      # 条件都不成立，z 就是最大数
    print("最大数为:", z)                  # 输出 z 的值
```

【示例 2】在示例 1 的基础上将输入的三个数按照从小到大的顺序输出，完整代码如下：

```
x = int(input("请输入 x 的值:"))           # 输入变量 x
y = int(input("请输入 y 的值:"))           # 输入变量 y
z = int(input("请输入 z 的值:"))           # 输入变量 z
if x > y:                                  # 如果 x 大于 y，交换 x 和 y 的值
    t = x
    x = y
    y = t
if x > z:                                  # 如果 x 大于 z，交换 x 和 z 的值
    t = z
    z = x
    x = t
if y > z:                                  # 如果 y 大于 z，交换 y 和 z 的值
    t = y
    y = z
    z = t
print("三个数的大小顺序是:",x,y,z)         # 经过交换，x、y、z 就按从小到大排好序了
```

3.3.4　案例：比较字符串大小

扫一扫，看视频

在本案例中，要求用户通过输入三个字符串，并比较出这三个字符串的大小。两个字符串进行大小比较时，是按照从左到右的顺序，依次比较相应位置的字符的 ASCII 码值的大小，演示效果如图 3.3 所示。案例完整代码如下：

```
str1 = input('input string:')              # 接收字符串
str2 = input('input string:')
```

```
str3 = input('input string:')
print('before sorted:',str1, str2, str3)  # 打印排序前的字符串的顺序
if str1 > str2:                           # 判断两个字符的大小
    str1, str2 = str2, str1               # 交换两个字符串（第 5 章中元组解包方式交换）
if str1 > str3:
    str1, str3 = str3, str1
if str2 > str3:
    str2, str3 = str3, str2
print('after sorted:',str1, str2, str3)   # 打印排序后的字符串顺序
```

```
input string:Javascript
input string:Java
input string:Python
before sorted: Javascript Java Python
after sorted: Java Javascript Python
>>>
```

图 3.3　比较字符串大小效果

扫一扫，看视频

3.3.5　案例：统计和筛选学生成绩

本案例设计一个简单的程序，计算学生语文成绩的平均分，筛选出优秀生名单，输出最高分，完整代码如下。案例演示效果如图 3.4 所示。

```
china = {                                        # 学生语文成绩表，字典结构
    "张三": 89,
    "李四": 76,
    "王五": 95,
    "赵六": 64,
    "侯七": 86
}
sum = 0                                          # 总分，初始为 0
max = 0                                          # 最高分，初始为 0
max_name = ""                                    # 最高分学生姓名，初始为空
print("语文优秀生名单：")
for i in china:                                  # 迭代成绩表
    sum += china[i]                              # 汇总分数
    if china[i] >= 85:                           # 如果成绩大于等于 85，则为优秀生
        print("    %s(%.2f)" % (i, china[i]))
    if china[i] > max:                           # 过滤最高分
        max = china[i]                           # 记录最高分
        max_name = i                             # 记录最高分的学生姓名
print()                                          # 空行
print("语文平均分：%.2f" % (sum/len(china)))      # 输出平均分
print("语文最高分：%.2f(%s)" % (max, max_name))   # 输出最高分
```

```
语文优秀生名单：
    张三(89)
    王五(95)
    侯七(86)

语文平均分：82.00
语文最高分：95(王五)
>>>
```

图 3.4　统计和筛选学生成绩演示效果

在上面的代码中，使用字典结构记录学生成绩，通过 len()函数获取字典中包含学生的总人数。

3.4　逻辑运算

逻辑运算又称布尔代数，就是布尔值（True 和 False）的“算术”运算。逻辑运算符包括 and（逻辑与）、or（逻辑或）和 not（逻辑非）。

3.4.1　逻辑与运算

扫一扫，看视频

and（逻辑与运算）是 AND 布尔操作。只有当两个操作数都为 True 时，才返回 True，其他均返回 False，具体描述如表 3.5 所示。

表 3.5　逻辑与运算

第一个操作数	第二个操作数	运 算 结 果
True	True	True
True	False	False
False	True	False
False	False	False

【逻辑解析】

逻辑与是一种短路逻辑：如果左侧表达式为 False，则直接短路返回结果，不再运算右侧表达式。运算逻辑如下：

第 1 步，计算第一个操作数（左侧表达式）的值。

第 2 步，检测第一个操作数的值。如果左侧表达式的值为 False，或者可转换为 False（如 None、0、""、()、[]、{}），那么与运算的结果就是 False。

第 3 步，同时结束运算，停止下面操作步骤，直接返回第一个操作数的值。

第 4 步，如果第一个操作数为 True，或者可以转换为 True，则计算第二个操作数（右侧表达式）的值。

第 5 步，检测第二个操作数的值。如果右侧表达式的值为 False，或者可以转换为 False（如 None、0，" "、()、[]、{}），那么逻辑与运算的结果就是 False，否则逻辑与运算的结果就是 True。

第 6 步，运算结果返回第二个操作数的值。

【示例】下面简单演示了逻辑与的运算逻辑。

```
a = 1
b = 1
print(a + b and a - b)  # 左侧表达式转换为布尔值 True，则返回右侧表达式的运算值，输出为 0
print(a - b and a + b)  # 左侧表达式转换为布尔值 False，则直接返回左侧表达式的运算值，
                        # 输出为 0
```

注意：

逻辑运算的操作数不允许包含赋值运算。例如，下面写法都是错误的，将抛出异常。

```
print(a=2 and a)      # 抛出异常
print(1 and a=2)      # 抛出异常
```

可以改成下面写法：

```
a = 2
```

```
print(a and 1)        # 输出 1
print(1 and a)        # 输出 2
```

逻辑与运算的操作数可以是任意类型的表达式，最后返回表达式的运算值，而不是逻辑与运算的布尔值。

提示：

在设计逻辑运算时，应确保逻辑运算符左侧表达式的返回值是一个可以预测的值。右侧表达式不应该包含有效运算，如函数调用等，因为当左侧表达式满足条件时，则直接跳过右侧表达式，给正常运算带来不确定性。

扫一扫，看视频

3.4.2 逻辑或运算

or（逻辑或运算）是布尔 OR 操作。两个操作数中只要有一个为 True，就返回 True；否则返回 False。具体描述如表 3.6 所示。

表 3.6　逻辑或运算符

第一个操作数	第二个操作数	运 算 结 果
True	True	True
True	False	True
False	True	True
False	False	False

【逻辑解析】

逻辑或也是一种短路逻辑：如果左侧表达式为 True，则直接短路返回结果，不再运算右侧表达式。运算逻辑如下：

第 1 步，计算第一个操作数（左侧表达式）的值。

第 2 步，检测第一个操作数的值。如果左侧表达式的值为 True，或可以转换为 True，那么逻辑或运算的结果就是 True。

第 3 步，同时结束运算，停止下面的操作步骤，直接返回第一个操作数的值。

第 4 步，如果第一个操作数为 False，或者可以转换为 False（如 None、0，""、()、[]、{}），则计算第二个操作数（右侧表达式）的值。

第 5 步，检测第二个操作数的值。如果右侧表达式的值为 False，或者可以转换为 False（如 None、0，""、()、[]、{}），那么逻辑或运算的结果就是 False，否则逻辑或运算的结果就是 True。

第 6 步，最后返回第二个操作数的值。

【示例】下面简单演示了逻辑或的运算逻辑。

```
a = 1
b = 1
print(a + b or a - b)   # 左侧表达式转换为布尔值 True，则返回左侧表达式的运算值，输出为 2
print(a - b or a + b)   # 左侧表达式转换为布尔值 False，则返回右侧表达式的运算值，输出为 2
```

扫一扫，看视频

3.4.3 逻辑非运算

not（逻辑非运算）是布尔 NOT 操作。逻辑非运算仅包含一个操作数，直接放在操作数的左侧，首先把操作数的值转换为布尔值，然后取反，并返回取反后的布尔值。

【示例 1】下面列举特殊操作数的逻辑非运算结果。

```
print(not 1)                    # 如果操作数是非 0 的任何数字，则返回 False
print(not 0)                    # 如果操作数是 0，则返回 True
print(not ())                   # 如果操作数是空元组对象，则返回 True
print(not [])                   # 如果操作数是空数列，则返回 True
print(not {})                   # 如果操作数是空字典对象，则返回 True
print(not True)                 # 如果操作数是 True，则返回 False
print(not False)                # 如果操作数是 False，则返回 True
print(not None)                 # 如果操作数是 None，则返回 True
print(not "")                   # 如果操作数是空字符串，则返回 True
```

【示例 2】如果对操作数连续执行两次逻辑非运算操作，就相当于把操作数转换为布尔值。

```
print(not 0)                    # 返回 True
print(not not 0)                # 返回 False
```

注意：

逻辑与和逻辑或运算的返回值不一定是布尔值，但是逻辑非运算的返回值一定是布尔值，而不是表达式的原值。

3.4.4　案例：设计条件运算

扫一扫，看视频

使用逻辑运算可以代替条件语句执行条件运算。下面结合示例进行说明。

【示例 1】设计一个简单的条件语句，选择最大值。

```
a, b = 1, 2
if a > b:                       # 比较大小，提取最大值
    c = a
else:
    c = b
print(c)                        # 输出为 2
```

使用逻辑运算来实现示例 1，代码如下：

```
a, b = 1, 2
c = (a > b and [a] or [b])[0]
print(c)                        # 输出为 2
```

【逻辑解析】

下面对表达式(a > b and [a] or [b])[0]进行逻辑解析。

第 1 步，a > b and [a] or [b]子表达式可以转换为 False and [1] or [2]。

该表达式中 a、b 外的中括号的作用是什么？因为 a 和 b 可能为假值，如果 a 的值为 0，转换为布尔值就是 False，则条件表达式就会被破坏。也就是说，不管 a > b 是否为 True，b 都将被运算。而可变数据只有为空时，转换为布尔值才为 False。0 转换为布尔值为 False，但是[0]转换为布尔值为 True。

```
print(not not 0)                # 输出为 False
print(not not [0])              # 输出为 True
```

第 2 步，因为 and 的优先级高于 or，先执行 and 运算。

第 3 步，False 与[1]进行 and 运算之后，返回 False。

第 4 步，返回的 False 再与[2]进行 or 运算，返回[2]。

第 5 步，通过中括号语法读取元素值即可。

```
(a > b and [a] or [b])[0]
```

提示：

如果 True 和[1]进行 and 运算，则返回[1]。然后[1]和[2]进行 or 运算，不为空的数列[1]转换为布尔值总是为 True，所以直接返回[1]，就不再运算[2]。

可以看到，False 和 True 与其他表达式做布尔运算时，将根据是 and 运算，还是 or 运算，False 和 True 的位置在前还是在后，会有不同的运算顺序。

【示例 2】使用多条件语句设计用户管理模块，对用户身份进行判断。

```
grade = int(input("请输入你的级别："))
if grade == 1:
      print("游客")
elif grade == 2:
      print("普通会员")
elif grade == 3:
      print("高级会员")
elif grade == 4:
      print("管理员")
else:
   print("无效输入")
```

示例 2 使用逻辑运算来进行设计，则实现代码如下：

```
grade = int(input("请输入你的级别："))
str =(grade == 1 and ["游客"] or
       grade == 2 and ["普通会员"] or
       grade == 3 and ["高级会员"] or
       grade == 4 and ["管理员"] or
                     ["无效输入"])[0]
print(str)
```

扫一扫，看视频

3.4.5 案例：特招录取选拔

假设某校招收特长生，设定有如下 3 种招生标准。

第 1 种，如果钢琴等级在 9 级或以上，且计算机等级在 4 级或以上，则直接通过。

第 2 种，如果文化课非常优秀，可以适当降低特长标准，钢琴等级在 5 级或以上，且计算机等级在 2 级或以上。

第 3 种，如果文化课及格，则按正常标准录取，即钢琴等级在 7 级或以上，且计算机等级在 3 级或以上。

根据上述设定条件，编写简单的特招录取检测程序，演示效果如图 3.5 所示。

```
id = int(input("请输入考号："))
whk = float(input("文化课成绩："))
gq = int(input("  钢琴等级："))
jsj =  int(input("计算机等级："))
if id > 20180100  and id < 20181000 :
     if (whk >= 60 and gq >= 7 and jsj >=3) or (gq >= 9 and jsj >=4)
        or (whk >= 90 and gq >= 5 and jsj >=2) :
```

```
        print("恭喜，您被我校录取。")
    else:
        print("很遗憾，您未被我校录取。")
else:
    print("考号输入有误，请重新输入。")
```

```
请输入考号: 20180583
文化课成绩: 86
  钢琴等级: 7
计算机等级: 4
恭喜，您被我校录取。
>>>
```

```
请输入考号: 20180346
文化课成绩: 82
  钢琴等级: 3
计算机等级: 3
很遗憾，您未被我校录取。
>>>
```

图 3.5　特招录取检测演示效果

3.5　位　运　算

位运算就是对二进制数执行计算，是整数的逐位运算。例如，1+1=2，在十进制计算中是正确的，但是在二进制计算中，1+1= 10；对于二进制数 100 执行取反计算，结果等于 001，而不是-100。

在 Python 中，位运算符共有 6 个，分为以下两类。

- 逻辑位运算符：位与（&）、位或（|）、位异或（^）和位非（~）。
- 移位运算符：左移（<<）和右移（>>）。

提示：

位非运算符（~）仅需要一个操作数，其他位运算符都需要两个操作数。

3.5.1　逻辑位运算

扫一扫，看视频

逻辑位运算符与逻辑运算符的运算方式相同，但是运算针对的对象不同。逻辑位运算符针对的是二进制的整数值，而逻辑运算符针对的是非二进制的值。

1．&运算符

&运算符（位与）对两个二进制操作数逐位进行比较，并返回相应的运算结果，具体如表 3.7 所示。

表 3.7　&运算符

第一个数的位值	第二个数的位值	运 算 结 果
1	1	1
1	0	0
0	1	0
0	0	0

提示：

在位运算中数值 1 表示 True，0 表示 False，反之亦然。

【示例 1】12 和 5 进行位与运算，返回值为 4。

```
print(12&5)                                    # 输出为 4
```

如图 3.6 所示是以算式的形式解析 12 和 5 进行位与运算的过程。因为 12 和 5 的二进制只有第 3 位的值都为 1，即全为 True，故通过位与运算，只有第 3 位返回 True，其他位均返回 False，因而其结果为十进制 4。

2. |运算符

|运算符（位或）对两个二进制操作数逐位进行比较，并返回相应的运算结果，具体如表 3.8 所示。

表 3.8　|运算符

第一个数的位值	第二个数的位值	运 算 结 果
1	1	1
1	0	1
0	1	1
0	0	0

【示例 2】 12 和 5 进行位或运算，则输出为 13。

```
print(12|5)                                  # 输出为 13
```

如图 3.7 所示是以算式的形式解析 12 和 5 进行位或运算的过程。因为 12 和 5 的二进制只有第 2 位的值都为 0，则通过位或运算，只有第 2 位返回 False，其他位均返回 True，即其结果为十进制数 13。

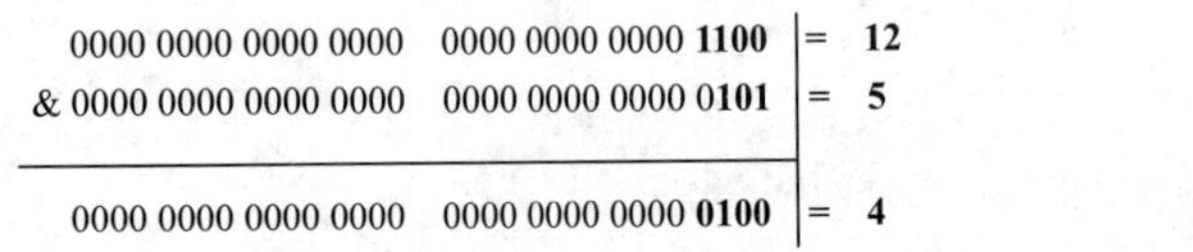

图 3.6　12 和 5 进行位与运算

0000 0000 0000 0000　0000 0000 0000 1100 = 12
| 0000 0000 0000 0000　0000 0000 0000 0101 = 5
0000 0000 0000 0000　0000 0000 0000 1101 = 13

图 3.7　12 和 5 进行位或运算

3. ^运算符

^运算符（位异或）对两个二进制操作数逐位进行比较，并返回相应的运算结果，具体如表 3.9 所示。

表 3.9　^运算符

第一个值的数位值	第二个值的数位值	运 算 结 果
1	1	0
1	0	1
0	1	1
0	0	0

【示例 3】 12 和 5 进行位异或运算，则输出为 9。

```
print(12^5)                                  # 输出为 9
```

如图 3.8 所示以算式的形式解析 12 和 5 进行位异或运算的过程。通过位异或运算，第 1、4 位的值为 True，而第 2、3 位的值为 False。

4. ~运算符

~运算符（位非）对一个二进制操作数逐位进行取反操作。

第 1 步，把运算数转换为二进制整数。

第 2 步，逐位进行取反操作。

第 3 步，把二进制反码转换为十进制浮点数。

【**示例 4**】对 12 进行位非运算，则输出为-13。

```
print(~12)                                    # 输出为 -13
```

如图 3.9 所示是以算式的形式解析对 12 进行位非运算的过程。

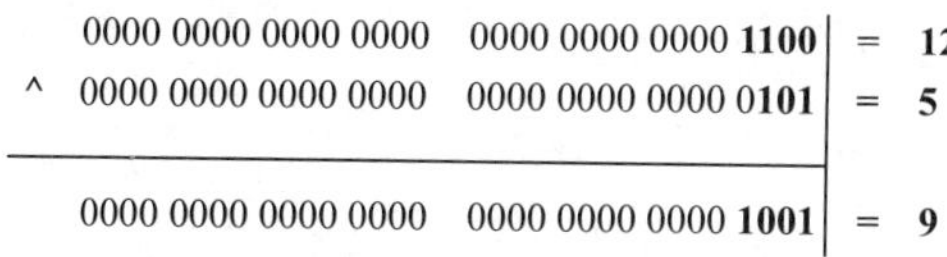

图 3.8　12 和 5 进行位异或运算

~ 0000 0000 0000 0000　0000 0000 0000 1100 = 12

1111 1111 1111 1111　1111 1111 1111 0011 = −13

图 3.9　对 12 进行位非运算

提示：

位非运算实际上就是对数字先进行取负运算，再减 1。例如：

```
print(~12 == -12-1)                          # 返回 True
```

3.5.2　移位运算

扫一扫，看视频

移位运算就是对二进制数进行有规律移位，移位运算可以设计出很多奇妙的效果，在图形图像编程中应用广泛。

1. <<运算符

<<运算符执行左移位运算。在移位运算过程中，符号位始终保持不变，如果右侧空出位置，则自动填充为 0；如果超出 32 位的值，则自动丢弃。

【**示例 1**】把数字 5 向左移动 2 位，则输出为 20。

```
print(5<<2)                                   # 输出为 20
```

演示算式图如图 3.10 所示。

2. >>运算符

>>运算符执行有符号右移位运算。与左移运算操作相反，它把 32 位的二进制数中的所有有效位整体右移。再使用符号位的值填充空位。移动过程中超出的值将被丢弃。

【**示例 2**】把数值 1000 向右移 8 位，则输出为 3。

```
print(1000>>8)                                # 输出为 3
```

演示算式图如图 3.11 所示。

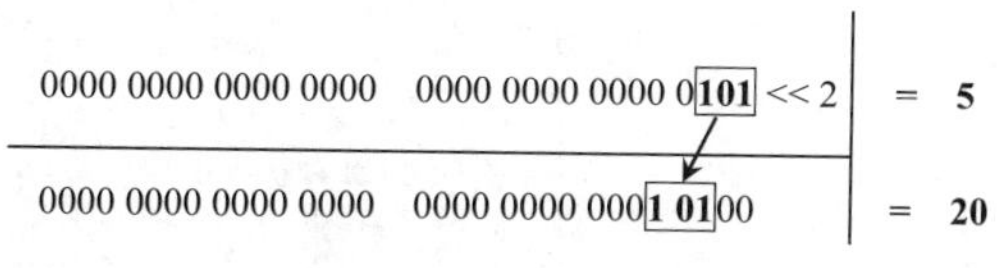

图 3.10　把 5 向左位移 2 位运算

0000 0000 0000 0000　0000 0011 1110 1000 >> 8 = 1000

0000 0000 0000 0000　0000 0000 0000 0011 = 3

1110 1000

图 3.11　把 1000 向右位移 8 位运算

【**示例 3**】把数值-1000 向右移 8 位，则输出为-4。

```
print(-1000>>8)                               # 输出为 -4
```

演示算式图如图 3.12 所示。当符号位值位为 1 时，则有效位左侧的空位全部使用 1 进行填充。

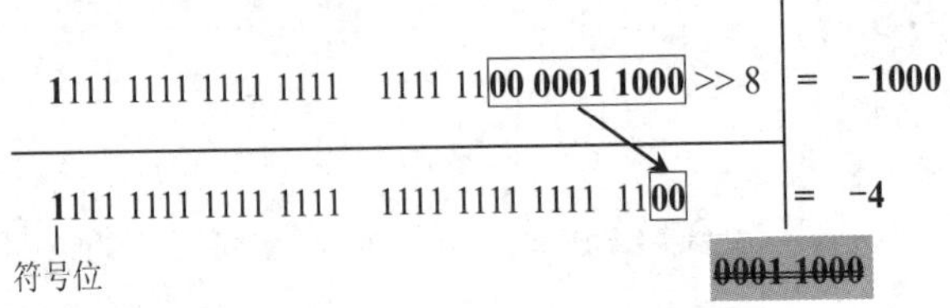

图 3.12　把-1000 向右位移 8 位运算

扫一扫，看视频

3.5.3　案例：加密数字

本案例使用位运算符对用户输入的数字进行加密。加密过程如下：

第 1 步，接收用户输入的数字（仅接收整数）。

第 2 步，对数字执行左移 5 位运算。

第 3 步，对移位后的数字执行按位取反运算。

第 4 步，去掉负号。

完整代码如下，演示效果如图 3.13 所示。

```
password = int(input("请输入密码："))
print("你输入的密码是：%s" % password)
new_pass = -(~(password << 5))
print("加密后的密码是：%s" % new_pass)
old_pass = (~(-new_pass)) >> 5
print("解密后的密码是：%s" % old_pass)
```

```
请输入密码：2342
你输入的密码是：2342
加密后的密码是：74945
解密后的密码是：2342
>>>
```

图 3.13　数字加密演示效果

扫一扫，看视频

3.5.4　案例：计算二进制中 1 的个数

本案例设计输入一个正整数，将这个正整数转化成二进制，并计算该二进制中 1 的个数。

设计思路：假设一个整数变量 number，number&1 有两种可能，即 1 或 0。当结果为 1 时，说明最低位为 1；当结果为 0 时，说明最低位为 0，可以通过>>运算符右移一位，再求 number&1，直到 number 为 0 时。案例完整代码如下，演示效果如图 3.14 所示。

```
while True:
    count = 0                                       # 定义变量统计 1 的个数
    number = int(input("请输入一个正整数:"))          # 输入一个正整数
    temp = number                                   # 备份输入的数字
    if number > 0:                                  # 输入正整数时
        while True:                                 # 无限次循环
            if number & 1 == 1:                     # 最后一位为 1
                count += 1                          # 统计 1 的个数
            number >>= 1                            # 右移一位，并赋值给自己
            if number == 0:                         # 数为 0
                break                               # 退出循环
        print(temp, "的二进制中 1 的个数为:", count)  # 打印结果
```

```
    else:                                          # 输入非正整数时
        print("输入的数不符合规范")                 # 打印提示语句
```

```
请输入一个正整数:11
11 的二进制中1的个数为: 3
请输入一个正整数:12
12 的二进制中1的个数为: 2
请输入一个正整数:13
13 的二进制中1的个数为: 3
请输入一个正整数:14
14 的二进制中1的个数为: 3
请输入一个正整数:15
15 的二进制中1的个数为: 4
请输入一个正整数:16
16 的二进制中1的个数为: 1
请输入一个正整数:17
```

图 3.14　计算二进制中 1 的个数

3.6 其他运算

除了上面介绍的 Python 基本运算符外，下面再介绍另外两类特殊运算符：成员运算符和身份运算符，由于涉及后面章节知识，本节仅简单说明。

3.6.1 成员运算

扫一扫，看视频

成员运算符主要用来测试实例中是否包含指定成员，其包含两个操作数，语法如下：

```
成员 in  实例
成员 not in 实例
```

可检测的实例包括字符串、列表、元组、字典、集合等类型对象。成员运算符说明如表 3.10 所示。

表 3.10　成员运算符

运 算 符	描　述	示　例
in	如果在指定的对象中找到元素值，则返回 True；否则返回 False	str = "abcdef " print("a" in str)　　# 返回 True
not in	如果在指定的对象中没有找到元素值，则返回 True；否则返回 False	str = "abcdef " print("a" not in str)　　# 返回 False

【示例】检测用户输入的数字是否已经存在指定的列表中。如果不存在，则附加到列表中；如果已经存在，则可以继续输入，或者退出。演示效果如图 3.15 所示。

```
list = [1, 2, 3, 4, 5, 6, 7, 8, 9]                 # 定义列表
while True:                                        # 允许连续输入
    num = int(input("请输入一个数字："))            # 接收用户输入的数字
    if num in list:                                # 如果已经存在，则提示
        print("输入的数字已存在.")
    else:                                          # 如果不存在，则添加到列表
        list.append(num)
        print("输入的数字被添加到列表中.")
    print("是否继续输入？(y/n)")                   # 询问是否继续输入
    ok = input()                                   # 接收指令
    if ok == "y":                                  # 继续输入
        continue
    elif ok == "n":                                # 停止输入
```

```
        print(list)                              # 输出最新列表数据
        break
    else:                                        # 否则提示错误
        print("输入错误.")
        break
```

```
请输入一个数字: 1
输入的数字已存在.
是否继续输入？(y/n)
y
请输入一个数字: 34
输入的数字被添加到列表中.
是否继续输入？(y/n)
n
[1, 2, 3, 4, 5, 6, 7, 8, 9, 34]
>>>
```

图 3.15　成员检测演示效果

扫一扫，看视频

3.6.2　身份运算

身份运算符就是比较两个对象的内存地址是否相同，其包含两个操作数，语法如下：

```
对象 is 对象
对象 is not 对象
```

身份运算符说明如表 3.11 所示。

表 3.11　身份运算符

运　算　符	描　　述	示　　例
is	判断两个标识符是否引用同一个对象	a = 1 b = 1 print(a is b)　　# 输出 True
is not	判断两个标识符是不是引用不同的对象	a = 1 b = 1 print(a is not b)　　# 输出 False

提示：

使用 id()函数可以获取对象的内存地址，而 is 运算符是比较两个对象的内存地址是否相同，因此，a is b 相当于 id(a)==id(b)。

注意：

is 与==运算符相似，但存在不同，两者区别为：is 用于判断两个变量引用对象是否为同一个，即内存地址是否相等，而==运算符仅判断变量的类型和值是否相等。

【示例 1】演示了对于可变数据（列表、字典、集合）来说，即便它们的值相同，但是它们是两个不同的对象。

```
a = [1, 2, 3]                        # 定义列表 a
b = [1, 2, 3]                        # 定义列表 b
print(a is b)                        # 输出为 False
print(id(a))                         # 输出为 1033094652552
print(id(b))                         # 输出为 1033094652616
print(a == b)                        # 输出为 True
```

【示例 2】在 Python 中，出于对性能的考虑，但凡是不可变的对象，只要是相同值的对象，就不会重复创建，而是直接引用已经存在的对象。因此对于不可变数据来说，如果两个变量的值相同，则使用 is 可以判断它们是否是同一个对象。

```
a = "1"                                  # 定义字符串 a
b = "1"                                  # 定义字符串 b
print(a is b)                            # 输出为 True
print(id(a))                             # 输出为 590312977552
print(id(b))                             # 输出为 590312977552
print(a == b)                            # 输出为 True
```

3.7 运算符的优先级

扫一扫，看视频

运算符的优先级就是在同一个表达式中，相同条件下运算符参与运算的先后顺序。例如，1+2*3 结果是 7，而不是 9。这是因为乘号的优先级高于加号，右侧两个操作数先被执行乘法运算，运算结果再与左侧操作数相结合，执行加法运算。

Python 常用运算符的优先级说明如表 3.12 所示，优先级从高到低向下排列，同一行内运算符等级相同，它们之间的优先级将根据在表达式中的位置顺序确定（先左后右）。

表 3.12 Python 常用基本运算符优先级

运　算　符	描　　述
(expressions...) [expressions...] {key:value...} {expressions...}	绑定或元组表示式、列表表示式、字典表示式、集合表示式 提示，绑定即分组的意思，就是把多个运算符绑定在一起，通过分组实现优先运算
x[index] x[index:index] x(arguments...) x.attribute	下标、切片、函数调用、属性引用，x 表示对象
await x	await 表达式
**	指数。注意，幂操作符**比其右侧的一元算术或位操作符号优先级弱，如 2**-1 是 0.5
~ + -	按位取反（NOT 布尔运算）、一元加、一元减
* @ / // %	乘、矩阵乘法、除、取模和取整除。注意，%操作符也用于字符串格式化；适用于相同的优先级
+ -	加法、减法
>> <<	右移位、左移位
&	位与（AND 布尔运算）
|	位或（OR 布尔运算）
^	位异或
in not in is is not < <= > >= != ==	比较，包括成员资格测试和身份测试

续表

运 算 符	描 述
not	布尔 NOT
and	布尔 AND
or	布尔 OR
if ... else	条件表达式
lambda	λ 表达式，创建匿名函数

注意：

使用小括号可以改变运算符的优先顺序。例如，(1+2)*3 的结果是 9，而不再是 7。

【示例 1】 随机抽取 4 个 1~10 之间的数字，编写表达式，使用算术运算让它们总是等于 24。注意，每个数字必须使用，且只能使用一次。代码如下：

```
print(((1 + 4) * 4) + 4)
print(4 * ((5 * 3) - 9))
print((2 * (3 + 10)) - 2)
print(((5 * 6) + 1) - 7)
```

【示例 2】 设计一个表达式，求一个数字连续运算 3 次，运算结果总等于 6，如 2+2+2=6。如果这个数字为 1、2、3、4、5、6、7、8、9 时，请编写表达式，确保每个表达式的值都为 6。

- 当数字为 2 时，则表达式为 2+2+2。

```
print(2+2+2)
```

- 当数字为 3 时，则表达式为 3*3-3。

```
print(3*3-3)
```

- 当数字为 5 时，则表达式为 5/5+5。

```
print(5/5+5)
```

- 当数字为 6 时，则表达式为 6-6+6。

```
print(6-6+6)
```

- 当数字为 7 时，则表达式为 7-7/7。

```
print(7-7/7)
```

- 当数字为 4 时，则表达式为 $\sqrt{4}+\sqrt{4}+\sqrt{4}$。

```
print(4**0.5+4**0.5+4**0.5)
```

- 当数字为 8 时，则表达式为 $\sqrt[3]{8}+\sqrt[3]{8}+\sqrt[3]{8}$。

```
print(8**(1/3)+8**(1/3)+8**(1/3))
print(pow(8, 1/3)+pow(8, 1/3)+pow(8, 1/3))
```

- 当数字为 9 时，则表达式为 $\sqrt{9}*\sqrt{9}-\sqrt{9}$。

```
print(9**(1/2)*9**(1/2)-9**(1/2))
print(pow(9, 1/2)*pow(9, 1/2)-pow(9, 1/2))
```

- 当数字为 1 时，可以使用阶乘，则表达式为 (1+1+1)!，3!=3*2*1。

```
import math                          # 导入数学运算模块
print(math.factorial(1+1+1))         # 调用阶乘函数
```

或者使用递归函数定义一个求阶乘函数，代码如下：

```
def factorial(n):                    # 阶乘函数
    if n == 0:                       # 设置终止递归的条件
        return 1
    else:
```

```
        return n * factorial(n - 1)           # 递归求积
print(factorial(1+1+1))
```

3.8 表 达 式

表达式是由运算符、操作数组成的运算式。表达式的功能是执行计算，并返回一个值。

3.8.1 定义表达式

扫一扫，看视频

表达式是一个比较富有弹性的运算单元，简单的表达式就是一个固定值或变量。例如：

```
1                                  # 数字，返回 1
"string"                           # 字符串，返回字符串"string"
a                                  # 变量，返回变量的值
```

它们也是最原始的表达式，一般很少单独使用。

使用运算符把一个或多个简单的表达式连接起来，构成复杂的表达式。复杂的表达式还可以嵌套组成更复杂的表达式。但是，无论表达式的形式如何复杂，最后都要求返回一个值。

Python 在解析复杂的表达式时，先计算最小单元的表达式，然后把返回值投入到外围表达式（上级表达式）的运算，依次逐级上移。

Python 表达式严格遵循“从左到右”的顺序执行运算，但是也会受到每个运算符优先级的影响。同时，为了控制计算，用户可以通过小括号分组提升子表达式的优先级。

注意：

在赋值运算时，先对右侧操作数执行运算，然后赋值给左侧操作数，即从右到左，而不是从左到右。

【示例 1】对于下面这个复杂表达式来说，通过小括号可以把表达式分为 3 组，形成 3 个子表达式，每个子表达式又嵌套多层表达式。

```
(3-2-1)*(1+2+3)/(2*3*4)
```

Python 首先计算“3-2-1”子表达式，然后计算“1+2+3”子表达式，接着计算“2*3*4”子表达式，最后再执行乘法运算和除法运算。其逻辑顺序如下：

```
a = 1+2+3
b = 2*3*4
c = 3-2-1
d = c * a / b
```

【示例 2】对于下面这个复杂表达式，不容易阅读。

```
(a + b > c and a - b < c or a > b > c)
```

使用小括号进行分组优化，则逻辑运算的顺序就非常清楚了，这是一种好的设计习惯。

```
((a + b > c) and ((a - b < c) or (a > b > c)))
```

3.8.2 案例：设计条件表达式

扫一扫，看视频

在程序开发时，经常会使用条件语句，例如：

```
a, b, c = 1, 2, 3
if a>b:
```

```
    c = a
else:
    c = b
```

但是条件语句无法用在表达式中。如果在表达式中应用条件判断，可以有多种实现方法。

方法一，使用条件表达式。语法格式如下：

```
True 表达式  if 条件表达式 else False 表达式
```

如果“条件表达式”为 True，则执行“True 表达式”，否则执行“False 表达式”。

【示例 1】针对上面条件语句示例，使用条件表达式来实现如下：

```
a, b, c = 1, 2, 3
c = a if a>b else b                     # 执行中间的 if 条件表达式
                                        # 如果返回 True，使用左边表达式
                                        # 如果返回 False，使用右边表达式
print(c)                                # 输出 2
```

方法二，可以使用列表结构来模拟条件表达式，语法格式如下：

```
[False 表达式, True 表达式][条件表达式]
```

【示例 2】针对上面条件语句示例，使用二维列表来实现如下：

```
a, b, c = 1, 2, 3
c = [b,a][a>b]                          # 实际等于[b,a][False]，因为 False 被转换为 0
                                        # 所以是[1,2][0]，也就是[1]
                                        # False 返回第 1 个，True 返回第 2 个
print(c)                                # 输出 2
```

方法三，可以使用逻辑运算来模拟条件表达式。

【示例 3】针对上面条件语句示例，使用逻辑运算来实现如下：

```
a, b, c = 1, 2, 3
c = (a > b and [a] or [b])[0]
print(c)
```

具体逻辑分析可以参考 3.4.4 小节讲解。

扫一扫，看视频

3.8.3 案例：优化表达式

表达式的优化包括以下两种方法。

- 运算顺序分组优化。
- 逻辑运算结构优化。

下面重点介绍逻辑优化。

在复杂表达式中一些不良的逻辑结构与人的思维结构相悖，会影响代码阅读，这个时候就应该根据人的思维习惯来优化表达式的逻辑结构。

【示例 1】设计一个筛选学龄人群的表达式。如果使用表达式来描述就是：年龄大于等于 6 岁，且小于 18 岁的人。

```
if age >= 6 and age < 18:
    # 执行语句
```

表达式 age>=6 and age<18 可以很容易阅读和理解。

如果再设计一个更复杂的表达式：筛选所有弱势年龄人群，以便在购票时实施半价优惠。

如果使用表达式描述就是年龄大于等于 6 岁，且小于 18 岁，或者年龄大于等于 65 岁的人。

```
if age >= 6 and age < 18 or age >= 65:
    # 执行语句
```

从逻辑上分析，上面表达式没有错误。但是在结构上分析就比较紊乱，先使用小括号对逻辑结构进行分组，以便阅读。

```
if (age >= 6 and age < 18) or (age >= 65):
    # 执行语句
```

人的思维品质是线性的、有联系的、有参照的，模型如图 3.16 所示。

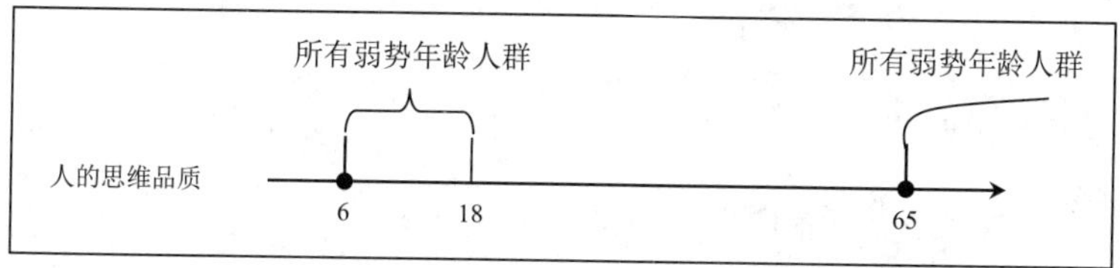

图 3.16　人的思维模型图

如果仔细分析 age >= 6 and age < 18 or age >= 65 表达式的思维逻辑，模型如图 3.17 所示。可以看到它是一种非线性的，呈多线交叉模式。

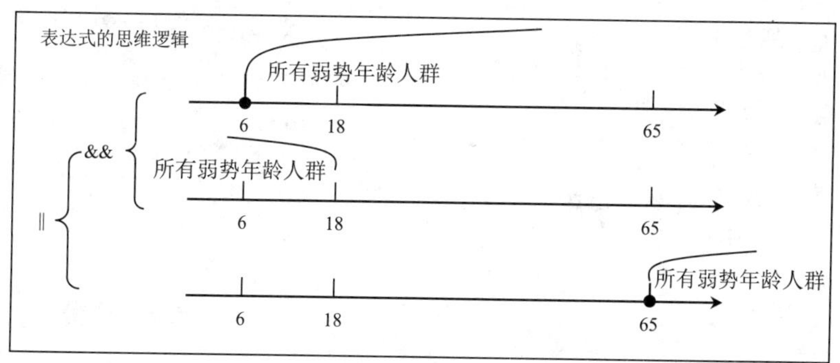

图 3.17　该表达式的思维模型图

对于机器来说，表达式本身没有问题。但是对于阅读者来说，思维比较紊乱，不容易形成一条逻辑线。逻辑结构紊乱的原因：随意混用关系运算符。

如果调整一下表达式的结构顺序，就会非常清晰。

```
if (6 <= age and age < 18) or 65 <= age:
    # 执行语句
```

这里使用统一的大于、小于运算符号，即所有参与比较的项都按照从左到右、从小到大的思维顺序进行排列，而不再恪守变量的左侧位置。

【示例 2】优化逻辑表达式的嵌套。例如，对于下面这个条件表达式：

```
if not(not isA or not isB):
    # 执行语句
```

经过优化如下：

```
if not(not (isA and isB)):
    # 执行语句
```

类似的逻辑表达式嵌套。

```
if not(not isA and not isB):
    # 执行语句
```

经过优化如下：

```
if not(not (isA or isB)):
    # 执行语句
```

注意：

条件表达式不容易阅读，必要时可以考虑使用 if 语句对其进行优化。

3.9 案例实战

扫一扫，看视频

3.9.1 拿鸡蛋问题

假设有一筐鸡蛋，准备取出，如果：

- 1 个 1 个拿，正好拿完。
- 2 个 2 个拿，还剩 1 个。
- 3 个 3 个拿，正好拿完。
- 4 个 4 个拿，还剩 1 个。
- 5 个 5 个拿，还差 1 个。
- 6 个 6 个拿，还剩 3 个。
- 7 个 7 个拿，正好拿完。
- 8 个 8 个拿，还剩 1 个。
- 9 个 9 个拿，正好拿完。

问筐里最少有多少鸡蛋？

案例完整代码如下：

```
for i in range(1, 1000):                                    # 测试 1000 以内有没有符合条件的
    if i % 2 == 1 and i % 3 == 0 and i % 4 == 1 and i % 5 == 1 and i % 6 == 3 and
    i % 7 == 0 and i % 8 == 1 and i % 9 == 0:               # 设置限制条件
        print(i)                                            # 输出为 441
```

扫一扫，看视频

3.9.2 回文数问题

假设 n 是一任意自然数，若将 n 的各位数字反向排列所得自然数 n1 与 n 相等，则称 n 为一回文数。例如，若 n=1234321，则称 n 为一回文数；但若 n=1234567，则 n 不是回文数。

案例完整代码如下：

```
num1 = num2 = int(input("请输入一个自然数:"))             # 输入数据
t = 0                                                     # 设置中间变量
while num2 > 0:                                           # 输入数据大于 0 时
    t = t*10+num2 % 10                                    # 将数据尾数依次存入 t 中
    num2 //= 10                                           # 数据取整
if num1 == t:                                             # 反向排列的数与原数相等
    print(num1, "是一个回文数")                             # 输出是回文数
else:                                                     # 方向排列的数与原数不相等
    print(num1, "不是一个回文数")                           # 输出不是回文数
```

扫一扫，看视频

3.9.3 字母数字个数问题

在本案例中，要求用户输入字符，然后计算出有多少个数字和字母。演示效果如图 3.18

所示。案例完整代码如下：

```
content = input('请输入内容：')               # 输入内容
num = 0                                     # 定义变量 num 统计数字个数
str = 0                                     # 定义变量 str 统计字母个数
for n in content:                           # 循环遍历字符串
    if n.isdecimal() == True:               # 是数字
        num+=1                              # 累加数字个数
    elif n.isalpha() == True:               # 是字母
        str+=1                              # 累加字母个数
    else:                                   # 不是数字和字母
        pass                                # 空语句，不做任何事情
print ('数字个数 ',num)                       # 输出数字个数
print ('字母个数',str)                        # 输出字母个数
```

3.9.4 字符串大小字母转换

扫一扫，看视频

本案例通过用户输入的字符串，将小写的字符转换成大写的字符，将大写的字符转换为小写的字符。演示效果如图 3.19 所示。案例完整代码如下：

```
str = input("请输入字符：")                   # 接收一个字符串
str1 = ''                                   # 定义一个空字符串，用于存储转换后的结果
for cha in str:                             # 循环遍历字符串
    if "a" <= cha <= "z":                   # 判断字符是否是小写
        cha1 = ord(cha) - 32                # 将字符转为 ASCII 值，该值减去 32 变为大写
    elif "A" <= cha <= "Z":                 # 判断字符是否是大写
        cha1 = ord(cha) + 32                # 转为小写字符对应的 ASCII 值
    str1 += chr(cha1)                       # 将 ASCII 值转为字符型
print(str1)                                 # 打印转换后的结果
```

```
请输入内容： Pyhon123456C+Java
数字个数  6
字母个数 10
>>>
```

图 3.18 字母数字个数演示效果

```
请输入字符：javaPython
JAVApYTHON
>>>
```

图 3.19 字符串大小写转换效果

3.9.5 数字计算

扫一扫，看视频

本案例设计如果输入一个尾数是 3 或者 9 的数字，判断至少需要用含有多少个 9 的数字才能整除该数。演示效果如图 3.20 所示。案例完整代码如下：

```
divisor = int(input('输入一个数字[末尾是 3 或 9]：'))  # 接收一个尾数为 3 或者 9 的数字
flag = True                                 # 定义标记变量，初始值设置为 True
count = 1                                   # 定义统计变量，需要使用 9 的个数
num = 9                                     # 定义常数 9
dividend = 9                                # 定义被除数
while flag:                                 # 循环判断
    if dividend % divisor == 0:             # 当被除数能够整除该数时
        flag = False                        # 设置标记变量为 False，跳出循环
    else:
        num *= 10                           # 扩大 10 倍，并赋值给自己
        dividend += num                     # 重新设置被除数
```

```
        count += 1                                  # 统计需要 9 的个数
print('{}个 9 可以被{}整除'.format(count, divisor))  # 打印结果
r = dividend / divisor                              # 整除
print('{}/{} ={}'.format(dividend, divisor, r))     # 打印整除的结果
```

```
输入一个数字[末尾是3或9]: 13
6个9可以被13整除
999999/13 =76923.0
>>>
```

图 3.20　数字计算效果

3.10　在线支持

扫描，拓展学习

第 4 章　语句和程序结构

在计算机语言中，语句就是可执行的命令，用来完成特定的任务。多条语句能够组成一段程序，而完整的项目可能需要成千上万条语句。重要语句主要用于流程控制，如 if 条件判断语句、for 循环语句、while 循环语句、break 中断语句、continue 继续执行语句等。

【学习重点】

- 了解 Python 语句。
- 灵活设计分支结构。
- 灵活设计循环结构。
- 正确使用流程控制语句。

4.1 语　　句

Python 定义了 20 多个语句，分别执行不同的命令。从结构上分析，Python 语句可以分为单句和复句，下面分别进行说明。

4.1.1 表达式和语句

扫一扫，看视频

Python 代码由表达式和语句组成，并由 Python 编译器负责执行。表达式和语句的主要区别如下：

- 表达式是一个值，它的结果一定是一个 Python 对象。当 Python 编译器计算表达式的时候，计算结果可以是任何对象，如 42、1+2、int("123")、range(10)等。

注意：

在 Python 中，任何数据、任何内容都被视为对象，包括代码。

- 语句是一个命令，而不是计算，它不会生成并返回一个对象，而是执行特定任务，完成指定的目标。

4.1.2 单句

扫一扫，看视频

扫描，拓展学习

单句也称单行语句，由关键字和表达式构成，用来完成简单的操作。单句主要包括：

- 表达式语句：用于计算和写入一个值，或者调用过程。其形式为星号表达式。
- 赋值语句：用于将名称绑定到值，以及修改可变对象的属性或项目。
- assert 语句：用于定义断点，用于代码检测和报警。
- pass 语句：空语句。可用作占位符，但不需要执行任何代码。
- del 语句：可以删除对象。注意，不删除被引用的对象，只删除引用。
- return 语句：只能够在函数体内使用，定义函数的返回值。

- yield 语句：定义生成器。类似函数的 return 语句，返回一个值，并且记住返回的位置。
- raise 语句：主动触发异常。
- break 语句：能够中断循环。
- continue 语句：能够跳出本次循环，继续下一次循环。
- import 语句：用来导入外部模块。
- future 语句：可以指示某个特定的模块应该使用在未来版本的 Python 中。
- global 语句：定义全局变量。
- nonlocal 语句：在一个嵌套的函数中修改嵌套作用域中的变量。

扫一扫，看视频

4.1.3 复句

一般情况下，复合语句会跨越多行，由多个单句组成，形成一个语句块。复句以某种方式影响或者控制语句块内各个单句的执行。注意，对于简单形式的复句，复句中多条单句可以并列在一行中显示，此时单句末尾需要加上分号。

下面简单列举并说明四类复句结构。

- if、while 和 for 语句：实现流程控制，详细讲解请参考本章下面各节内容。
- try、except、finally 语句：实现异常处理，详细讲解请参考第 12 章内容。
- with 语句：实现上下文管理，详细讲解请参考第 9 章在线支持中"Python 进阶"专题内容。
- def、class 语句：定义函数和类，详细讲解请参考第 9、10 章内容。

4.2 分支结构

在正常情况下，Python 代码是按顺序从上到下执行的，这被称为顺序结构。如果使用 if、elif 和 else 语句，可以改变流程顺序，允许代码根据条件选择执行方向，这被称为分支结构。

扫一扫，看视频

4.2.1 if 语句

if 语句允许根据特定的条件执行指定的语句，语法格式如下：

```
if condition:
    statement_block
```

如果表达式 condition 的值为真，则执行语句块 statement_block；否则，将忽略语句块 statement_block。流程控制示意如图 4.1 所示。

【示例 1】本示例使用 random.randint()函数随机生成一个 1~100 之间的整数，然后判断该数能否被 2 整除，如果可以整除，则输出显示。

```
import random                          # 导入 random 模块
num = random.randint(1, 100)           # 随机生成一个 1~100 的数字
print(num)                             # 输出随机数
if num % 2 == 0 :                      # 判断变量 num 是否为偶数
    print(str(num) + "是偶数。")
```

在上面代码中，需要用到 random 模块中的 randint()函数，需要先导入该模块，然后在 random 的命名空间下调用 randint()函数。

提示：

如果 statement_block 只包含一条语句，可以与 condition 写在一行，格式如下：

```
if condition: statement_block
```

【示例 2】针对示例 1，可以按如下方式书写。

```
if num % 2 == 0 : print(str(num) + "是偶数。")
```

Python 支持这种格式，但是不推荐这种用法，建议采用缩进语法，更符合 Python 编码规范。

4.2.2　else 语句

扫一扫，看视频

else 语句仅在 if 或 elif 语句的条件表达式为假的时候执行，语法格式如下：

```
if condition:
    statement_block1
else:
    statement_block2
```

如果表达式 condition:的值为真，则执行语句 statement_block1；否则，将执行语句 statement_block2。流程控制示意如图 4.2 所示。

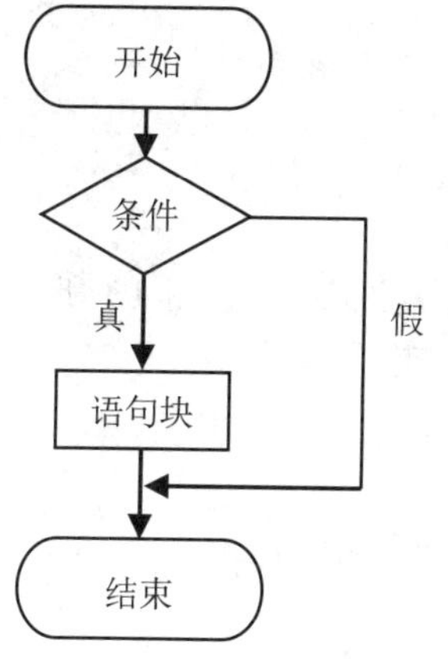

图 4.1　if 语句流程控制示意图

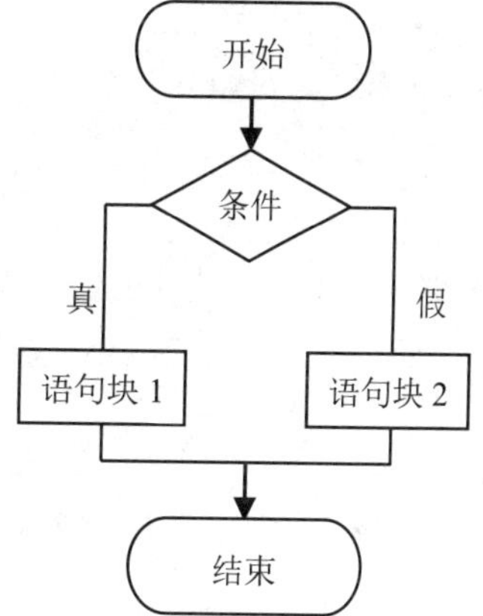

图 4.2　if 和 else 语句组合流程控制示意图

注意：

使用 else 语句时，必须与 if 语句结合，不能够单独使用。

【示例 1】针对上节示例，可以设计二重分支，实现根据条件显示不同的提示信息。

```
import random                          # 导入 random 模块
num = random.randint(1, 100)           # 随机生成一个 1~100 的数字
print(num)                             # 输出随机数
if num % 2 == 0 :                      # 判断变量 num 是否为偶数
    print(str(num) + "是偶数。")
else:
    print(str(num) + "是奇数。")
```

【示例 2】if 和 else 结构可以嵌套，以便设计多重分支结构。

```
import random                          # 导入 random 模块
num = random.randint(1, 100)           # 随机生成一个 1~100 的数字
if  num < 60:
```

```
    print("不及格")
else:
    if (num < 70):
        print("及格")
    else :
        if (num < 85):
            print("良好")
        else :
            print("优秀")
```

扫一扫，看视频

4.2.3 elif 语句

elif 语句与 if 语句配合使用，专门用来设计多分支条件结构。它比上节示例 2 设计的多分支结构更简洁，执行效率更高。语法格式如下：

```
if condition1:
    statement_block1
elif condition2:
    statement_block2
elif condition3:
    statement_block3
…
else
    statement_blockn
```

elif 语句能够根据不同表达式的值，执行不同的语句块，其流程控制示意如图 4.3 所示。

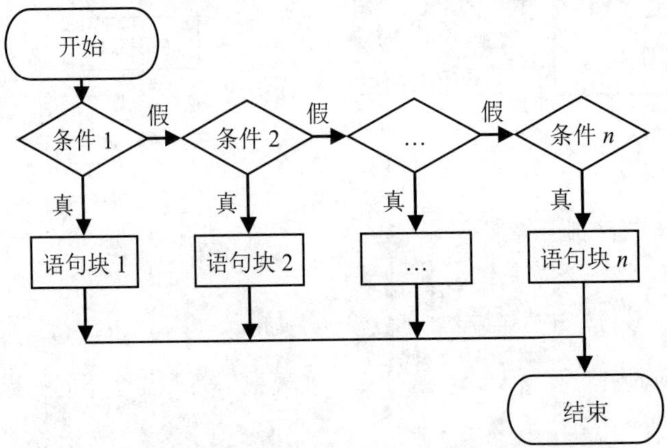

图 4.3 elif 语句流程控制示意图

【示例】使用 elif 语句设计网站登录会员管理模块。

```
id = 1
if id == 1:
    print("普通会员")
elif id == 2:
    print("VIP 会员")
elif id == 3:
    print("管理员")
```

```
else:                                                # 上述条件都不满足时，默认执行的代码
    print("游客")
```

注意：

if 和 elif 语句都需要判断条件表达式的真假，而 else 语句则不需要；另外，elif 和 else 语句都必须与 if 语句结合才能够使用，不能够单独使用。

技巧：

当使用布尔型的变量作为条件表达式时，可以直接使用，格式如下：

```
if exp:
if not exp:
```

不要写成下面的形式：

```
if exp == True
if exp == False
```

当比较一个变量和一个值时，建议把值放在左侧，格式如下：

```
if 1 == n:
```

而不是：

```
if n == 1:
```

这样可以避免少写一个等号，而无法暴露错误。

提示：

elif 语句也允许嵌套条件语句，格式如下：

```
if 表达式 1:
    语句 1
elif 表达式 2:
    语句 2
    if 表达式 3:
        语句 3
    elif 表达式 4:
        语句 4
    else:
        语句 5
else:
    语句 6
```

4.2.4 案例：打印成绩等级

扫一扫，看视频

输入一个百分制成绩，要求输出成绩等级 A、B、C、D、E。90 分以上为 A，80~89 分为 B，70~79 分为 C，60~69 分为 D，60 分以下为 E。

示例完整代码如下所示，演示效果如图 4.4 所示。

```
score = int(input("请输入你的成绩:"))                # 输入百分制成绩
if score >= 0 and score <= 100:                    # 成绩符合规范
    if score < 60:                                 # 成绩在 60 分以下
```

```
        print("你的成绩等级为E")                   # 输出成绩等级 E
    elif score < 70:                              # 成绩在 60~69 分
        print("你的成绩等级为D")                   # 输出成绩等级 D
    elif score < 80:                              # 成绩在 70~79 分
        print("你的成绩等级为C")                   # 输出成绩等级 C
    elif score < 90:                              # 成绩在 80~89 分
        print("你的成绩等级为B")                   # 输出成绩等级 B
    else :                                        # 成绩在 90 分及其以上
        print("你的成绩等级为A")                   # 输出成绩等级 A
else :                                            # 成绩不符合规范
    print("你输入的成绩不符合规范！")
```

扫一扫，看视频

4.2.5 案例：出租车计费问题

假设某城市的出租车计费方式为：起步 2 千米内 5 元，2 千米以上每千米收费 1.3 元，9 千米以上每千米收费 2 元，不足 1 千米的算 1 千米，燃油附加费 1 元。编写程序，输入千米数，计算出所需的出租车费用。

示例完整代码如下所示，演示效果如图 4.5 所示。

```
import math                                            # 导入 math 函数
distance = math.ceil(float(input("请输入行驶路程:")))    # 向上取整千米数
cost = 0                                               # 定义费用
if distance >= 0:                                      # 输入千米数合法
    if distance <= 2:                                  # 2 千米内
        cost = 5+1                                     # 计算费用
        print("需要的费用为:", cost)
    elif distance <= 9:                                # 2 千米以上，9 千米以内
        cost = 5 + (distance-2)*1.3 + 1                # 计算费用
        print("需要的费用为:", cost)
    else:  # 9 千米以上
        cost = 5 + (9-2)*1.3 + (distance-9)*2 + 1      # 计算费用
        print("需要的费用为:", cost)
else:                                                  # 千米数不合法
    print("输出的数据不符合规范！")
```

```
请输入你的成绩:78
你的成绩等级为C
>>>
```

图 4.4 成绩等级效果

```
请输入行驶路程:35
需要的费用为: 67.1
>>>
```

图 4.5 出租车费用计算效果

4.3 循 环 结 构

在程序开发中，存在大量的重复性操作或计算，这些任务必须依靠循环结构来完成。Python 定义了 while 和 for 两种类型循环语句。

扫一扫，看视频

4.3.1 while 语句

while 语句是最基本的循环结构，语法格式如下：

```
while condition:
    statement_block
```

当表达式 condition 的值为真时，将执行 statement_block 语句块，执行结束后，再返回到 condition 表达式继续进行判断。直到表达式的值为假才跳出循环，执行下一行语句。while 循环语句的流程控制示意如图 4.6 所示。

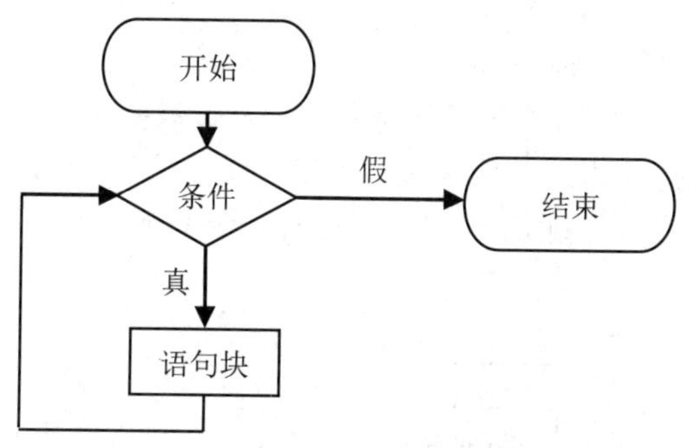

图 4.6 while 语句流程控制示意图

【示例 1】使用 while 语句输出 1~100 之间的偶数。

```
n = 0                                   # 声明并初始化循环变量
while n <= 100:                         # 循环条件
    n += 1                              # 递增循环变量
    if n % 2 == 0:
        print(n)                        # 执行循环操作
```

可以通过设置条件表达式永远为 True 来设计无限循环。无限循环在服务器上适应客户端的实时请求时非常有用，可以使用 Ctrl+C 组合键强制退出当前的无限循环。

【示例 2】本示例通过无限循环判断用户输入的年份是否为闰年。

```
while True:
    year = int(input("输入年份："))
    if (year % 4 == 0 and year % 100 != 0) or (year % 4 == 0 and year % 400 == 0):
        print(year, "是闰年。")
```

判断闰年的方法：四年一闰，百年不闰，四百年再闰。

拓展：

while 循环可以使用 else 语句。当 while 的条件表达式为 False 时，执行 else 的语句块。

【示例 3】本示例循环输出小于 5 的正整数，如果大于等于 5，则提示信息。

```
count = 0
while count < 5:
    print(count, " 小于 5")
    count = count + 1
else:
    print(count, " 大于或等于 5")
```

提示：

与 if 语句一样，如果 while 循环只有一条语句，可以将该语句与 while 写在同一行中。例如：

```
while True: print("无限循环")
```

扫一扫，看视频

4.3.2 for 语句

for 语句可以遍历任何可迭代的对象，如列表、元组、字符串等。语法格式如下：

```
for variable in sequence:
    statement_block
```

首先，Python 将对 sequence 进行一次计算，创建一个迭代器，产生一个可迭代的对象；然后，按照迭代器返回值的顺序，对迭代器提供的每一个元素执行一次读取操作，并把读取的元素依次赋值给变量 variable；最后，执行循环体内语句块。当元素读取完毕，或者对象为空，或者迭代器触发异常时，则立即停止循环，跳出循环体到下一行继续执行。for 语句的流程控制示意如图 4.7 所示。

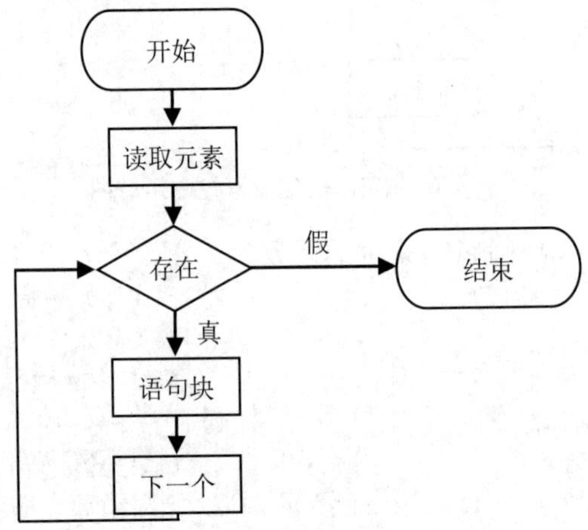

图 4.7 for 语句流程控制示意图

【示例 1】使用 for 语句迭代有序列表。本示例将依次读取列表中的每个元素，并打印出来。

```
lg = ["C", "C++", "Perl", "Python"]
for x in lg
    print(x)
```

【示例 2】使用 for 设计数字循环。如果需要遍历数字序列，可以使用内置 range()函数，它能够生成指定范围的数字序列。本示例将生成一个从 0 到 4 的数字序列，然后使用 for 语句迭代打印出来。

```
for i in range(5):
    print(i)                                    # 打印 0 1 2 3 4
```

【补充】

range()函数可以创建一个整数列表，一般用在 for 循环中。语法格式如下：

```
range(start, stop[, step])
```

参数说明如下。

- start：计数从 start 开始，默认从 0 开始，如 range(5)等价于 range(0, 5)。
- stop：计数到 stop 结束，不包括 stop，如 range(0, 5)是[0, 1, 2, 3, 4]。
- step：步长，默认为 1，如 range(5)等价于 range(0, 5, 1)。

【示例 3】求可被 17 整除的所有三位数。

```
for num in range(100, 1000):
    if num % 17 == 0:
        print(num, end=" ")
```

输出为：

```
102 119 136 153 170 187 204 221 238 255 272 289 306 323 340 357 374 391 408 425 442
459 476 493 510 527 544 561 578 595 612 629 646 663 680 697 714 731 748 765 782 799
816 833 850 867 884 901 918 935 952 969 986
```

【示例 4】使用 for 遍历字符串。字符串也是有序序列，因此可以使用 for 语句直接迭代。

```
str = "Python"
for i in str:
   print(i)                                      # 逐一显示字母 P、y、t、h、o、n
```

也可以使用如下方式进行遍历。

```
str = "Python"
for i in range(len(str)):
     print(str[i])                               # 逐一显示字母 P、y、t、h、o、n
```

提示：

for 循环可以使用 else 语句。当迭代的元素不存在时，执行 else 的语句块。

拓展：

while 和 for 语句都可以嵌套使用。通过嵌套循环可以设计复杂的数据处理程序。

【示例 5】本示例求 100 以内的所有素数。

```
for i in range(2, 100):                          # 遍历 2~99 之间的所有整数
    for j in range(2, i):                        # 遍历 2 到当前数字之间的所有整数
        if(i % j == 0):                          # 如果被左侧任意一个数字整除，则不是素数
            break
    else:                                        # 不被任意一个左侧数字整除，则打印素数
        print(i, end=" ")
```

输出为：

```
2 3 5 7 11 13 17 19 23 29 31 37 41 43 47 53 59 61 67 71 73 79 83 89 97
```

提示：

素数又称质数，就是只能被 1 和自身整除的整数。

【示例 6】本示例演示了三重嵌套的循环结构。有 1、2、3、4 共 4 个数字，求能组成多少个互不相同且无重复数字的三位数。

```
cnt = 0                                          # 汇总个数
for i in range(1, 5):                            # 百位数
    for j in range(1, 5):                        # 十位数
        for k in range(1, 5):                    # 个位数
            if i != j and i != k and j != k:  # 如果百位数、十位数和个位数都不相同
                print(i*100+j*10+k, end=" ")     # 输出结果
                cnt += 1                         # 计数
print()
print(cnt, "个")
```

输出为：

```
123 124 132 134 142 143 213 214 231 234 241 243 312 314 321 324 341 342 412 413 421
423 431 432
24 个
```

扫一扫，看视频

4.3.3 案例：水仙花数

打印出 1000 以内的所有“水仙花数”，“水仙花数”是指一个三位数，其各位数字立方和等于该数本身。例如，153 是一个“水仙花数”，因为 153=1**3＋5**3＋3**3。

```
153 是水仙花数
370 是水仙花数
371 是水仙花数
407 是水仙花数
>>>
```

图 4.8　水仙花数效果

案例完整代码如下所示，演示效果如图 4.8 所示。

```
n = 100                                         # 初始值
while n < 1000:                                 # 循环 100~1000 以内的数
    i = n % 10                                  # 取个位数
    j = n // 10 % 10                            # 取十位数
    k = n // 100                                # 取百位数
    if n == i**3 + j**3 + k**3:                 # 是否满足水仙花数
        print(n, "是水仙花数")                   # 打印水仙花数
    n = n + 1
```

扫一扫，看视频

4.3.4 案例：兔生崽

有一对兔子，从出生后第 3 个月起每个月都生一对兔子，小兔子长到第 3 个月后每个月又生一对兔子，假如兔子都不死，请输出前 20 个月中每个月有多少对兔子。

设计思路：兔子每个月的规律数是 1、1、2、3、5、8、13、21、34……，该数列是一个斐波那契数列，即第 3 个数是前两个数的和。

案例完整代码如下所示，演示效果如图 4.9 所示。

```
first = second = 1                                  # 定义前两个月的个数
for month in range(1,21):                           # 遍历前 20 个月
    if month > 2:                                   # 第 3 个月之后
        third = first + second                      # 当月的兔子数
        first = second                              # 前 2 个月兔子数改为前 1 个月兔子数
        second = third                              # 前 1 个月兔子数改为当月兔子数
        print("第%d 个月有%d 对兔子"%(month,third))  # 打印当月兔子数
    else:                                           # 第 1 个月和第 2 个月
        print("第%d 个月有%d 对兔子"%(month,first))  # 打印兔子数
```

```
第1个月有1对兔子
第2个月有1对兔子
第3个月有2对兔子
第4个月有3对兔子
第5个月有5对兔子
第6个月有8对兔子
第7个月有13对兔子
第8个月有21对兔子
第9个月有34对兔子
第10个月有55对兔子
第11个月有89对兔子
第12个月有144对兔子
第13个月有233对兔子
第14个月有377对兔子
第15个月有610对兔子
第16个月有987对兔子
第17个月有1597对兔子
第18个月有2584对兔子
第19个月有4181对兔子
第20个月有6765对兔子
>>>
```

图 4.9　兔子生崽效果

4.4　流 程 控 制

使用 break、continue、return 语句可以中途改变分支结构、循环结构的流程方向，以便根据程序设计需要，随时改变流程方向。

提示：

return 语句将在函数一章中详细说明，本节不再介绍。

4.4.1　break 语句

break 语句只能用在循环体内，结束当前 for 或 while 语句的执行。一般与 if 语句配合使用，设计在特定条件下终止循环。语法格式如下：

```
while condition1:
    statement_block1
    if condition2:
        break
    statement_block2
```

或者

```
for variable in sequence:
    statement_block1
    if condition2:
        break
    statement_block2
```

其中条件表达式 condition2 作为一个监测条件，一旦该条件为 True，就会立即终止循环。break 语句流程控制示意如图 4.10 所示。

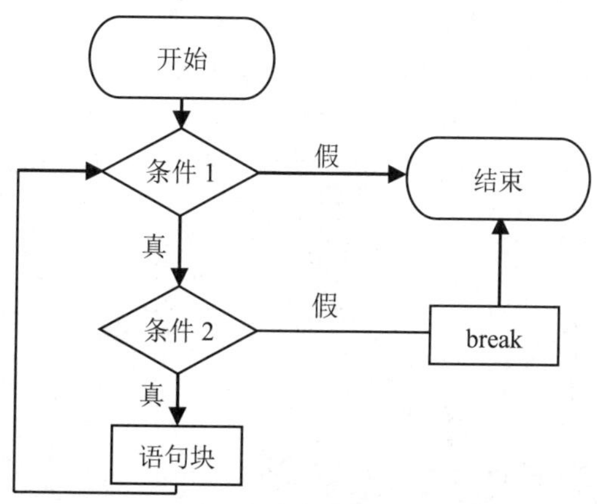

图 4.10　break 语句流程控制示意图

【示例】 求一个整数，加上 100 后是一个完全平方数，再加上 168 又是一个完全平方数。

```
import math                                    # 导入 math 模块
num = 1                                        # 从 1 开始累计推算
while True:
```

```
    if math.sqrt(num + 100)-int(math.sqrt(num + 100)) == 0 and math.sqrt(num +
268)-int(math.sqrt(num + 268)) == 0:
        print(num)                                         # 输出 21
        break
    num += 1
```

在上面的代码中，当求得一个整数满足题干所设置的条件之后，使用 break 语句立即跳出循环，避免无限求值。本案例调用 math 模块中的 sqrt()函数，用于开平方根。当一个数字开平方根后等于它的整数部分，说明它是一个完全平方数。

提示：

在嵌套循环中，break 语句能够停止执行当前循环，返回外层循环，并开始执行下一行代码。

扫一扫，看视频

4.4.2 continue 语句

continue 语句只能用在循环体内，一般与 if 语句配合使用，设计当满足特定条件时跳过执行本次循环中剩余的代码，并在条件允许的情况下继续执行下一次循环。语法格式如下：

```
while condition1:
    statement_block1
    if condition2:
        continue
    statement_block2
```

或者

```
for variable in sequence:
    statement_block1
    if condition2:
        continue
    statement_block2
```

其中条件表达式 condition2 作为一个监测条件，一旦该条件为 True，就会立即停止 statement_block2 代码块的执行，返回循环的起始位置，检测条件，如果为 True，则继续执行下一次循环。continue 语句流程控制示意如图 4.11 所示。

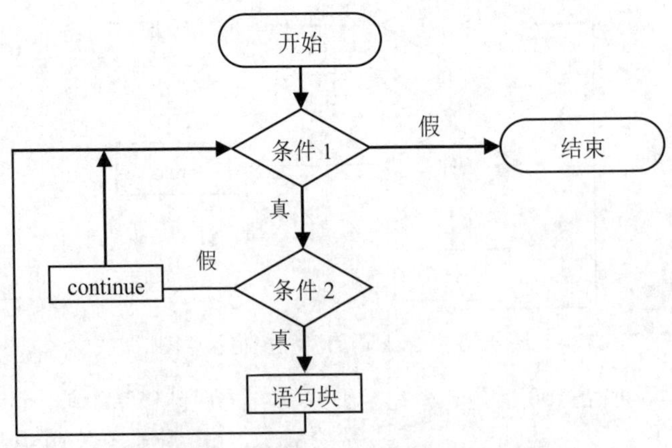

图 4.11　continue 语句流程控制示意图

【示例】本示例使用 continue 语句过滤列表中的非整数值。

```
a = [1, "hi", 2, "good", "4", "", 3, 4, 5.3, 8] # 定义并初始化列表 a
b = []                                           # 定义临时列表 b
for i in a:                                      # 遍历列表 a
    if type(i) != int:                           # 如果为非整数，则返回，继续下一次循环
        continue
    b.append(i)                                  # 把数字寄存到列表 b
print(b)                                         # 输出 [1, 2, 3, 4, 8]
```

通过上面的示例可以看出，continue 语句具有筛选或删除的功能，筛选列表中的特定元素，或者删除某些不需要的成分。

4.4.3 pass 语句

扫一扫，看视频

pass 语句也称为空语句，不做任何事情，一般用作占位符，保持程序结构的完整性。

【示例】本示例筛选 10 以内的偶数，使用 pass 语句定义占位符，方便以后需要时对程序进行补充。

```
for i in range(1, 10):
    if i % 2 == 0:                          # 如果是偶数，打印出来
        print(i, end=" ")                   # 输出 2 4 6 8
    else:                                   # 如果是奇数，忽略
        pass
```

提示：

在 Python 中，有时会看到一个空函数。

```
def fun():
    pass
```

该处的 pass 语句便是一个占位符，因为如果定义一个空函数，没有包含任何语句，程序会报错。如果还没有设计好函数的具体代码，可以先使用 pass 代替，使程序可以正常运行。

4.4.4 案例：质数求解

扫一扫，看视频

```
1   2   3   5   7
11  13  17  19  23
29  31  37  41  43
47  53  59  61  67
71  73  79  83  89
97
>>>|
```

图 4.12 质数求解效果

质数又称为素数，是指在大于 1 的自然数中，除了 1 和它本身以外不再有其他因数的自然数。本案例请求解出 1~100 之间的所有质数。

案例完整代码如下所示，演示效果如图 4.12 所示。

```
from math import sqrt                       # 导入 sqrt 模块
count = 0                                   # 定义统计变量，控制输出
flag = True                                 # 定义标记变量，判断是否是质数
for m in range(1, 101):                     # 遍历 1~100 中的数
    h = int(sqrt(m + 1))                    # 对该数求根号，能够减少系统开支
    for i in range(2, h + 1):               # 从 2 开始遍历，直到该数的平方根
        if m % i == 0:                      # 判断该数能否整除 2 平方根之间的数
            flag = False                    # 如果能够整除，则设置标记变量为 False
            break                           # 跳出内层循环，不再遍历
    if flag == True:                        # 循环结束，判断标记变量是否为 True
        print('%-3d' % m, end=' ')          # 为真，则打印该变量
```

```
            count += 1                              # 统计变量自增
            if count % 5 == 0:                      # 每当有 5 个质数时，换行输出
                print()
        flag = True                                 # 遍历下一个数时，将标记变量重置为 False
```

扫一扫，看视频

4.4.5　案例：优化质数求解

本案例是在上一节示例基础上优化算法，提升迭代速度。

【示例 1】看下面的设计方法，演示效果如图 4.13 所示。

```
from time import *                          # 导入 time
begin = time()                              # 开始时间
i = 2                                       # 从 2 开始判断质数
while i <= 100:                             # 遍历 100 以内的数
    flag = True                             # 设置标记，默认是质数
    j = 2                                   # 设置除数
    while j < i:                            # 遍历小于 i 的除数
        if i % j == 0:                      # 是否能被整除
            flag = False                    # 能整除，则不是质数
        j += 1                              # 判断下一个除数
    if flag:                                # 是质数
        print(i, end=" ")                   # 打印该质数
    i += 1                                  # 判断下一个数是否是质数
end = time()                                # 结束时间
print("\n 总共用时:", end - begin)           # 打印程序用时
```

在上述代码中，可以看出程序执行的时间并不是很长，但是当求更大数以内的质数时，程序用时将会有明显变化，通常在计算程序耗时时会注释掉打印语句，因为打印语句比较消耗时间。上述代码中，举例求 10000 以内的质数，演示效果图 4.14 所示。

```
2 3 5 7 11 13 17 19 23 29 31 37 41 43 47 53 59 61 67 71 73 79 83 89 97
总共用时: 0.06582403182983398
>>> |
```

图 4.13　质数求解效果

```
总共用时: 9.371924877166748
>>> |
```

图 4.14　未改进质数求解效果

【示例 2】通过 break 优化程序，运行效果如图 4.15 所示。

```
from time import *
begin = time()
i = 2
while i <= 10000:
    flag = True
    j = 2
    while j < i:
        if i % j == 0:
            flag = False
            break                           # 中间有一个不符合，直接跳出循环
        j += 1
    if flag:
        pass                                # 占位
    i += 1
```

```
end = time()
print("\n 总共用时:", end - begin)
```

【示例 3】通过数学方法优化程序，运行效果如图 4.16 所示。

```
from time import *
begin = time()
i = 2
while i <= 10000:
    flag = True
    j = 2
    while j <= i ** 0.5:                          # 只算包含平方根以内的因数
        if i % j == 0:
            flag = False
            break
        j += 1
    if flag:
        pass
    i += 1
end = time()
print("\n 总共用时:", end - begin)
```

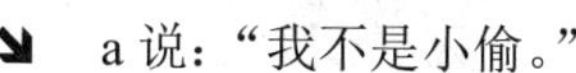
总共用时：0.9344973564147949
>>>

图 4.15　break 优化效果

总共用时：0.045842647552490234
>>>

图 4.16　数学方法和 break 优化效果

4.5　案例实战

4.5.1　抓小偷

扫一扫，看视频

警察抓了 a、b、c、d 四名犯罪嫌疑人，其中有一人是小偷，审讯口供如下。

- a 说：“我不是小偷。”
- b 说：“c 是小偷。”
- c 说：“小偷肯定是 d。”
- d 说：“c 胡说！”

在上面陈述中，已知有三个人说的是实话，一个人说的是假话，请编写程序推断谁是小偷。示例完整代码如下所示，演示效果如图 4.17 所示。

c是小偷
>>>

图 4.17　抓小偷结果

```
for i in range(1, 5):
    if 3 == ((i != 1) + (i == 3) + (i == 4) + (i != 4)):
        str = chr(96 + i)                    # 将 1、2、3、4 转化为 a、b、c、d
print(str + '是小偷')                          # 打印结果
```

将 a、b、c、d 分别表示为 1、2、3、4，循环遍历每个犯罪嫌疑人。假设循环变量 i 为小偷，则使用变量 i 代入表达式，分别判断每个嫌疑人的口供，判断是否为真，而且为真的只能有 3 个。

4.5.2　阿姆斯特朗数

扫一扫，看视频

阿姆斯特朗数是指如果一个 n 位正整数等于其各位数字的 n 次方之和，则称该数为“阿姆斯特朗数”。其中，当 n 为 3 时是一种特殊的“阿姆斯特朗数”，被称为“水仙花数”。例如，1634 是一个“阿姆斯特朗数”，因为 1634=1**4＋6**4＋3**4+4**4。

请输入一个数，编写程序判断该数是否为阿姆斯特朗数。案例完整代码如下所示，演示效果如图 4.18 所示。

```
请输入一个数：153
153是阿姆斯特朗数
请输入一个数：156
156不是阿姆斯特朗数
请输入一个数：1634
1634是阿姆斯特朗数
请输入一个数：
```

图 4.18　阿姆斯特朗数效果

```
while True:
    n = int(input("请输入一个数: "))                # 输入一个整数，其他类型的数没做异常处理
    l = len(str(n))                                # 获取该数的长度
    s = 0                                          # 定义求和变量
    t = n                                          # 将 n 值赋值给 t，对 t 做运算
    while t > 0:                                   # 循环遍历 t，将 t 拆分
        d = t % 10                                 # 获取 t 的个位数
        s += d ** l                                # 将 t 的个位数的 l 次方累加到 s 中
        t //= 10                                   # 对 t 做整除运算
    if n == s:                                     # 判断原来数 n 和求和后的数 s 是否相等
        print("%d 是阿姆斯特朗数" % n)               # 打印 n 是阿姆斯特朗数
    else:
        print("%d 不是阿姆斯特朗数" % n)             # 打印 n 不是阿姆斯特朗数
```

扫一扫，看视频

4.5.3　数字组合

计算由 1、2、3、4 这 4 个数字组成的每位数字不一样的三位数。

案例完整代码如下所示，演示效果如图 4.19 所示。

```
123  124  132  134  142  143  213  214  231  234  24
1  243  312  314  321  324  341  342  412  413  421
423  431  432
>>>
```

图 4.19　各位数字都不同的三位数

```
for i in range(1, 5):                                      # 百位数字
    for j in range(1, 5):                                  # 十位数字
        for k in range(1, 5):                              # 个位数字
            if(i != j and i != k and j != k):              # 都不相等
                print(i*100+j*10+k, end="  ")              # 输出该数字组合的三位数
```

扫一扫，看视频

4.5.4　小球反弹运动

假设有一个小球，从 100 米高空自由落下，每次落地后反跳回原高度的一半再落下，求当小球第 10 次落地时，共运行了多少米？第 10 次反弹的高度是多少？

案例完整代码如下所示，演示效果如图 4.20 所示。

```
总距离：sum = 299.609375
第10次反弹高度：height = 0.09765625
>>>
```

图 4.20　小球反弹高度效果

```
sum = 0                                    # 定义反弹经过的总距离
hei = 100.0                                # 定义起始高度
tim = 10                                   # 定义反弹次数
for i in range(1, tim + 1):                # 遍历反弹的次数
    if i == 1:
        sum = hei                          # 从第 1 次开始，落地时的距离
    else:
        sum += 2 * hei                     # 从第 2 次开始，落地时的距离
```

```
                                            # 应该是反弹到最高点的高度乘以 2
    hei /= 2                                # 计算下次的高度
print('总距离：sum = {0}'.format(sum))       # 打印反弹经过的总距离
print('第 10 次反弹高度：height = {0}'.format(hei))  # 打印第 10 次反弹的高度
```

4.6　在线支持

扫描，拓展学习

第 5 章　列表和元组

从本章开始，我们将分章学习 Python 内置、复合型数据结构：列表、元组、字典、集合和字符串，这些结构构成了 Python 数据操作的基础。本章将重点讲解序列，包括列表和元组。在程序设计中，序列是数据高效存储和处理的基本载体。

【学习重点】

- 认识 Python 数据结构。
- 认识序列。
- 灵活使用列表。
- 正确使用元组。

5.1　序　　列

序列（sequence）就是一块连续存放多个值的内存空间，多个值按顺序排列。在 Python 中，序列主要包括列表、元组、字符串和字节串。

扫一扫，看视频

5.1.1　内置数据结构

Python 内置四类容器用来存储数据：列表、元组、字典和集合，它们都是 Python 语言的核心内容，可以直接使用，不需要额外导入。另外，字符串、bytes（字节串）和 bytearray（字节数组）也是内置复合型数据结构。

这些类型的数据结构都是可迭代对象，不同点比较如下：

- 列表、字典、集合和 bytearray 是可变数据结构，不仅可以读，而且也可以写。
- 元组、字符串和 bytes 是不可变数据结构，仅支持读操作。

提示：

所有可变类型都是不可 hash（哈希）的，所有不可变类型都可以 hash。例如：

```
a = "abc"
print(hash(a))                               # 输出为 173783441086895171
```

从数据排列规律进行比较如下：

- 列表、元组和字符串是有序数据，也称序列。通过下标进行索引。
- 字典、集合是无序数据。其中，字典可以通过键名进行索引映射。

扫一扫，看视频

5.1.2　索引

在序列中，每个值称为元素，每个元素都会自动分配一个数字编号，称为下标（或索引），通过编号可以访问元素。

下标值从 0 开始。编号为 0，表示第 1 个元素；编号为 1，表示第 2 个元素；编号为 2，表示第 3 个元素；编号为 n，表示第 $n+1$ 个元素；以此类推。示意如图 5.1 所示。

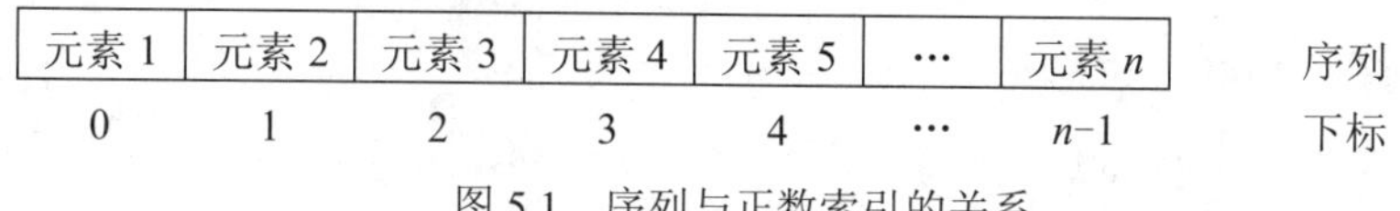

图 5.1　序列与正数索引的关系

下标值也可以为负值，负数下标表示从右往左开始计数，最后一个元素的下标值为-1，倒数第 2 个元素的下标值为-2，以此类推。示意如图 5.2 所示。

元素 1	元素 2	元素 3	元素 4	元素 5	…	元素 n	序列
$1-n-1$	$2-n-1$	$3-n-1$	$4-n-1$	$5-n-1$	…	-1	下标

图 5.2　序列与负数索引的关系

1．基本语法

使用中括号语法可以访问序列中的元素，语法格式如下：

```
序列[下标值]
```

通过上述语法，不仅可以读取指定下标位置的元素的值；如果允许，还可以为指定位置的元素赋值。

【示例 1】本示例演示了如何使用中括号语法先读取第 1 个元素的值，然后修改其值。

```
list1 = [1, 2, 3, 4]
print(list1[0])                                    # 读取第一个元素的值，打印为 1
list1[0] = 100                                     # 修改第一个元素的值
print(list1[0])                                    # 输出 100
```

当下标值超出序列的范围，将抛出异常。

```
IndexError: list index out of range                # 索引错误：列表索引超出范围
```

2．序列的长度

使用 len()函数可以获取序列的长度，即元素的个数。

【示例 2】本示例分别定义一个字符串和一个列表，然后使用 len()获取它们的长度。

```
str1 = "Python"                                    # 字符串
list1 = [1, 2, 3, 4]                               # 列表
print(len(list1))                                  # 输出 4
print(len(str1))                                   # 输出 6
```

3．元素的下标

使用序列对象的 index()方法可以获取指定元素的下标值。该方法的详细说明可以参考 5.2.3 小节内容。

【示例 3】针对示例 2，使用 index()方法分别获取字符串 Python 中字母 y 和列表[1, 2, 3, 4]中数字 2 的下标值。

```
str1 = "Python"                                    # 字符串
list1 = [1, 2, 3, 4]                               # 列表
print(str1.index("y"))                             # 输出 1
print(list1.index(2))                              # 输出 1
```

5.1.3　切片

扫一扫，看视频

使用索引可以获取单个元素，使用切片可以获取序列中指定范围内的元素。切片适用于

列表、元组、字符串、range 对象等不同类型的序列对象。

切片操作符：

```
[:]
[::]
```

切片使用 2 个冒号分隔 3 个整数来表示，基本语法格式如下：

```
obj[start_index:end_index:step]
```

obj 表示序列对象，包含的 3 个参数说明如下。

- start_index：表示开始下标位置，默认为 0，包含该位置。
- end_index：表示结束下标位置，默认为序列长度，不包含该位置。如果 start_index 索引元素不位于 end_index 索引元素的左侧，则返回结果为空序列。
- step：表示切片的步长，默认为 1，但是不能为 0。当步长省略时，可以同步省略最后一个冒号。

提示：

切片操作不会因为下标越界而抛出异常，而是简单地在序列尾部截断或者返回一个空序列，因此切片操作具有更强的健壮性。

【示例 1】本示例使用切片获取列表中不同部分的元素。

```
L = [1, 2, 3, 4, 5, 6, 7]
print(L[0:5])                                    # 输出为 [1, 2, 3, 4, 5]
print(L[4:6])                                    # 输出为 [5, 6]
print(L[2:2])                                    # 输出为 []
print(L[-1:-3])                                  # 输出为 []
print(L[-3:-1])                                  # 输出为 [5, 6]
```

技巧：

- obj[:end_index]：表示获取从 0 开始到 end_index-1 结束所有索引对应的元素。
- obj[start_index:]：表示获取 start_index 对应的元素，以及后面所有的元素。
- obj[:]：表示获取所有的元素。

【示例 2】下面示例演示了上述 3 个技巧的使用。

```
str = "Python"
print(str[:5])                                   # 输出为 Pytho
print(str[2:])                                   # 输出为 thon
print(str[-2:])                                  # 输出为 on
print(str[:-3])                                  # 输出为 Pyt
print(str[:])                                    # 输出为 Python
```

【示例 3】本示例定义一个元组，然后通过设置不同的 step 参数值，可以从 start_index 索引对应的元素开始，每 step 个元素取出来一个，直到取到 end_index-1 对应的元素为止。

```
t = (1, 2, 3, 4, 5, 6, 7, 8, 9, 10)
print(t[0:9:])                                   # 输出为 (1, 2, 3, 4, 5, 6, 7, 8, 9)
print(t[0:9:2])                                  # 输出为 (1, 3, 5, 7, 9)
print(t[0:9:4])                                  # 输出为 (1, 5, 9)
print(t[::4])                                    # 输出为 (1, 5, 9)
print(t[0:9:-2])                                 # 输出为 ()
```

注意：

当 step 为负数时，表示从右到左反向截取元素，即从 start_index 索引对应的元素开始，反向每 step 个元素提取一个，直到 end_index+1 对应的元素为止。此时 start_index 对应的元素要位于 end_index 对应的元素的右侧，否则返回空对象。当 step 为 0 时，会抛出 ValueError 异常。

5.1.4　序列运算

扫一扫，看视频

1．加法运算

两个类型相同的序列可以进行加法操作，功能等效于合并操作。

【示例 1】本示例分别演示了列表相加和元组相加的操作，效果类似于合并成员。

```
L1 = [1, 2, 3]
L2 = [4, 5, 6]
L3 = L1 + L2
print(L3)                          # 输出为 [1, 2, 3, 4, 5, 6]
t1 = (1, 2, 3)
t2 = (4, 5, 6)
t3 = t1 + t2
print(t3)                          # 输出为 (1, 2, 3, 4, 5, 6)
```

2．乘法运算

一个序列对象乘以一个正整数 *n*，表示重复合并该序列 *n* 次。

【示例 2】本示例分别演示了列表和元组乘法操作，效果类似于重复合并成员。

```
L1 = [1, 2, 3]
L2 = L1 * 4
print(L2)                          # 输出为 [1, 2, 3, 1, 2, 3, 1, 2, 3, 1, 2, 3]
t1 = (1, 2, 3)
t2 = t1 * 4
print(t2)                          # 输出为 (1, 2, 3, 1, 2, 3, 1, 2, 3, 1, 2, 3)
```

5.1.5　成员检测

扫一扫，看视频

使用 in 和 not in 运算符可以检测指定的序列成员是否存在。例如：

```
str = "Python"
print("p" in str)                  # 输出为 False
print("p" not in str)              # 输出为 True
```

更详细说明和示例可以参考 5.2.7 小节内容。

5.1.6　常用函数

扫一扫，看视频

Python 3 内置了大量序列操作的函数，简单说明如下，在后面章节中将结合具体知识点进行详细说明和演示。

- list()：将序列转换为列表。
- str()：将序列转换为字符串。
- tuple()：将序列转换为元组。
- len()：获取序列长度。
- max()：获取序列包含的最大值。

- min()：获取序列包含的最小值。
- sum()：计算元素的和（只有数字型才可以）。
- reversed()：反向序列中的元素。
- sorted()：对序列中的元素进行排序。
- enumerate()：将序列组合为一个索引序列，其中每个元素为包含下标和值的元组，多用在 for 循环中。
- zip()：将两个序列压缩为一个索引序列，其中每个元素为包含两个序列相同下标位置的值的元组。
- any()：返回布尔值，序列中有一个元素的值为真就返回 True，都为假时才返回 False。
- all()：返回布尔值，序列中全部为真时返回 True，只要有一个为假就返回 False。

5.2 列　　表

列表（list）是 Python 最基本的数据结构之一，它具有如下特点：

- 有序的数据结构。可以通过下标索引访问内部数据。
- 可变的数据类型。可以随意添加、删除和更新列表内的数据，列表对象会自动伸缩，确保内部数据无缝隙有序排列。
- 内部数据统称为元素，元素的值可以重复，可以为任意类型的数据，如数字、字符串、列表、元组、字典和集合等。
- 列表的字面值使用中括号包含所有元素，元素之间使用逗号分隔。

扫一扫，看视频

5.2.1 定义列表

在 Python 中，定义列表有两种方法，简单说明如下。

1. 中括号语法

列表的语法格式如下：

```
[元素 1, 元素 2, 元素 3, … , 元素 n]
```

以中括号作为起始和终止标识符，其中包含零个或多个元素，元素之间通过逗号分隔。

【示例 1】本示例演示了使用中括号语法定义多个列表对象的方法。

```
list1 = ['a', 'b', 'c']                    # 定义字符串列表
list2 = [1, 2, 3]                          # 定义数字列表
list3 = ["a", 1, 2.4]                      # 定义混合类型的列表
list4 = []                                 # 定义空列表
```

使用“=”运算符直接将一个列表赋值给变量，即可创建列表对象。

注意：

Python 对列表元素的类型没有严格的限制，每个元素可以是不同的类型，但是从代码的可读性和程序的执行效率考虑，建议统一列表元素的数据类型。

2. 使用 list()函数

使用 list()函数可以将元组、range 对象、字符串，或者其他类型的可迭代数据转换为列表。

【示例 2】使用 list()函数把常用的可迭代数据都转换为列表对象。

```
list1 = list((1, 2, 3))                    # 元组
list2 = list([1, 2, 3])                    # 列表
list3 = list({1, 2, 3})                    # 集合
list4 = list(range(1, 4))                  # 数字范围
list5 = list('Python')                     # 字符串
list6 = list({"x": 1, "y": 2, "z": 3})     # 字典
list7 = list()                             # 空列表
print(list1, list2, list3, list4, list5, list6, list7)
print(list1[0], list2[1], list3[2], list4[0], list5[4], list6[1])
```

输出显示为：

```
[1, 2, 3] [1, 2, 3] [1, 2, 3] [1, 2, 3] ['P', 'y', 't', 'h', 'o', 'n'] ['x', 'y',
'z'] []
1 2 3 1 o y
```

5.2.2　删除列表

扫一扫，看视频

当列表不再使用时，可以使用 del 命令手动删除列表。例如：

```
list1 = ['a', 'b', 'c']                    # 定义字符串列表
del list1                                  # 删除列表
print(list1)                               # 再次访问列表，将抛出错误
```

提示：

如果列表对象所指向的值不再有其他对象指向，Python 将同时删除该值。

5.2.3　访问列表

扫一扫，看视频

1．访问元素

使用 print()函数可以查看列表的数据结构，而使用中括号语法可以直接访问列表的元素。语法格式如下：

```
list[index]
```

list 表示列表对象，index 表示下标索引值。index 起始值为 0，即第 1 个元素的下标值为 0，最后一个元素的下标值为列表长度减 1。

【示例 1】本示例定义了一个列表 list1，然后使用下标读取第 2 个元素的值。

```
list1 = ['a', 'b', 'c']                    # 定义字符串列表
print(list1[1])                            # 访问第 2 个元素，输出为 b
```

注意：

index 可以为负值，负数的索引表示从右往左数，由-1 开始，-1 表示最后一个元素，负列表长度表示第 1 个元素。例如：

```
print(list1[-1])                           # 访问最后一个元素，输出为 c
```

但是，如果指定下标超出列表的范围，将抛出异常。

2．修改元素

修改列表元素的语法与访问列表元素的语法类似。语法格式如下：

```
list[index] = value
```

等号左侧为列表元素，右侧为要赋予的值，值的类型不限。

【示例 2】本示例定义了一个列表，包含 2 个元素，然后重新修改第 1 个和第 2 个元素的值。

```
a = ["a", "b"]                        # 定义列表
a[0] = 1                              # 修改第 1 个元素的值
a[1] = 2                              # 修改第 2 个元素的值
print(a)                              # 输出为 [1, 2]
```

注意：

通过该方式修改元素只能修改可变数据结构，不可修改不可变数据结构。例如，下面代码定义了一个字符串，可以通过下标访问元素的值，但是不可以通过下标修改元素的值。

```
str = "hello"
print(str[1])                         # 输出为 e
str[1] = 'h'                          # 抛出异常 TypeError
```

3. 列表长度

使用 len()函数可以统计列表元素的个数。例如，针对示例 1，可以使用下面代码获取列表的长度。

```
list1 = ['a', 'b', 'c']               # 定义列表
print(len(list1))                     # 输出为 3
```

【示例 3】本示例演示了使用 len()函数获取列表长度，然后使用 while 语句遍历列表元素，把每个元素的字母转换为大写形式。

```
list1 = ['a', 'b', 'c']               # 定义列表
i = 0                                 # 循环变量
while i < len(list1):                 # 遍历列表
    list1[i] = list1[i].upper()       # 读取每个元素，然后转换为大写形式，再写入
    i += 1                            # 递增变量
print(list1)                          # 输出为 ['A', 'B', 'C']
```

4. 统计元素次数

使用列表对象的 count()方法可以统计指定元素在列表对象中出现的次数。

【示例 4】本示例统计了数字 4 在列表中出现了 3 次。

```
list1 = [1, 2, 3, 4, 5, 5, 4, 3, 2, 1, 4]
print(list1.count(4))                 # 输出为 3
```

如果指定元素不存在，则返回 0。

5. 获取元素下标

使用列表对象的 index()方法可以获取指定元素的下标索引值。语法格式如下：

```
list.index(value, start, stop)
```

list 表示列表对象。参数 value 表示元素的值。start 和 stop 为可选参数，start 表示起始检索的位置，包含 start 所在位置；stop 表示终止检索的位置，不包含 stop 所在的位置。

index()方法将在指定范围内，从左到右查找第 1 个匹配的元素，然后返回它的下标索引值。

【示例 5】本示例获取数字 4 在列表下标位置 5 及后面出现的索引位置，返回 6，即第 7 个元素。

```
list1 = [1, 2, 3, 4, 5, 5, 4, 3, 2, 1, 4]
print(list1.index(4, 5))              # 输出为 6
```

【示例 6】本示例获取数字 4 在列表下标位置 7~12 之间出现的索引位置，返回 10，即第 11 个元素。

```
list1 = [1, 2, 3, 4, 5, 5, 4, 3, 2, 1, 4, 2, 4]
print(list1.index(4, 7, 12))          # 输出为 10
```

注意：

如果列表对象中不存在指定的元素，将会抛出异常。

5.2.4 遍历列表

扫一扫，看视频

遍历列表就是对列表中每个元素执行一次访问，这种操作在程序设计中会频繁应用，如过滤、筛选数据，或者对每个值执行一次处理等。

Python 支持多种遍历列表的方法，具体说明如下。

1．使用 while 语句

while 语句遍历列表不是常用的方法，语法格式如下：

```
i = 0
while i < len(list):
    # 处理语句
    i += 1
```

i 变量用来作为下标索引；list 表示列表对象；len()函数取列表对象的长度。在处理语句块中，可以通过 list(i)访问列表对象中每个元素的值。

【示例 1】针对上一节示例 2，可以使用 while 语句快速把每个元素的字母转换为大写形式。

```
list1 = ['a', 'b', 'c']                    # 定义列表
i = 0                                      # 定义初始值
while i < len(list1):                      # 遍历列表
    list1[i] = list1[i].upper()            # 读取每个元素，然后转换为大写形式，再写入
    i += 1                                 # 下标自增
print(list1)                               # 输出为 ['A', 'B', 'C']
```

2．使用 for 语句

这是最常用的方法，语法格式如下：

```
for item in list:
   # 处理语句
```

item 变量用来临时存储每个元素的值；list 表示列表对象。在处理语句块中，可以引用 item 变量访问列表对象中每个元素的值。

【示例 2】针对上一节示例 2，可以使用 for 语句快速把每个元素的字母转换为大写形式。

```
list1 = ['a', 'b', 'c']                    # 定义列表
for i in list1:                            # 遍历列表
    list1[list1.index(i)] = i.upper()      # 读取每个元素，然后转换为大写形式，再写入
print(list1)                               # 输出为 ['A', 'B', 'C']
```

在上面的示例中，使用 list1.index(i)反向索取每个元素的下标值，这种操作存在很大风险。如果列表中出现重复的元素，则 list1.index(i)返回的总是第一次出现的下标值。

【示例 3】针对示例 2，如果为 list 添加一个元素，值为 b，当使用 for 遍历列表时，list1.index(i)返回的 b 元素下标值总是为 1。

```
list1 = ['a', 'b', 'c', 'b']               # 定义列表
for i in list1:                            # 遍历列表
    print(list1.index(i))
```

输出为：

```
0
```

```
1
2
1
```

解决这个问题，可以使用下面方法进行规避。

3. 使用 enumerate()函数

enumerate()函数可以将一个可迭代的对象转换为一个索引序列，常用在 for 循环中。语法格式如下：

```
enumerate(sequence, [start=0])
```

参数 sequence 表示一个序列、迭代器，或者其他支持迭代的对象；start 表示下标起始位置。enumerate()函数将返回一个 enumerate（枚举）对象。

【示例 4】本示例先将列表转换为枚举对象，然后再转换为列表对象。

```
list1 = ['a', 'b', 'c', 'b']          # 定义列表
enum = enumerate(list1)               # 转换为索引序列
list2 = list(enum)                    # 转换为列表
print(list2)                          # 输出为 [(0, 'a'), (1, 'b'), (2, 'c'), (3, 'b')]
```

通过 print(list2)输出的信息可以看到，两个 b 元素的下标值是不同的，一个是 1，一个是 3。

【示例 5】针对本节示例 3，如果使用 for 循环遍历 enumerate 对象，就可以避免元素重复时所获取下标值重复问题。

```
list1 = ['a', 'b', 'c', 'b']                  # 定义列表
for index, value in enumerate(list1):         # 遍历 enumerate 对象
    list1[index] = value.upper()              # 读取每个元素，然后转换为大写形式，再写入
print(list1)                                  # 输出为 ['A', 'B', 'C', 'B']
```

在上面代码中，index 可以获取列表中当前元素的下标值，value 可以获取列表中当前元素的值。

扫一扫，看视频

5.2.5 添加元素

为列表对象添加元素的方法有多种，具体说明如下。

1. 使用 append()方法

使用列表对象的 append()方法可以在当前列表尾部追加元素。语法格式如下：

```
list.append(obj)
```

list 表示列表对象；参数 obj 表示要添加到列表末尾的值。没有返回值，仅修改原列表。

提示：

使用 append()方法可以动态创建列表。例如，在程序中，先定义一个空列表，然后根据用户需求，使用 append()方法动态添加元素。

【示例 1】本示例为列表 list1 追加了一个元素 b，追加的元素被添加在列表的尾部。

```
list1 = ['a', 'b', 'c']               # 定义列表
list1.append("b")                     # 追加一个元素
print(list1)                          # 输出为 ['a', 'b', 'c', 'b']
```

append()是添加元素速度最快的方法。整个操作不改变列表在内存中的地址。

拓展：

Python 采用基于值的内存自动管理模式，当为对象修改值时，并不是真的直接修改变量的值，而是使变量指向新的值，这对于 Python 所有类型的变量都是一样的。例如：

```
a = [1,2,3]                           # 定义变量
print(id(a))                          # 返回对象的内存地址：436677206664
a = [1,2]                             # 修改变量的值
print(id(a))                          # 返回新值的内存地址：436707196104
```

列表中包含的是元素值的引用，而不是直接包含元素值。如果直接修改序列变量的值，则与 Python 普通变量的情况是一样的。

【示例 2】如果通过下标修改序列中元素的值，或者通过列表对象的方法来增加和删除元素时，列表对象在内存中的地址是不变的，仅仅是元素的引用地址发生了变化。

```
a = [1,2,4]
b = [1,2,3]
print(a == b)                         # True，值相等
print(id(a) == id(b))                 # False，不等，地址不同
print(id(a[0]) == id(b[0]))           # True，相等，第一个元素的值的地址相同
a = [1,2,3]
print(id(a))                          # 内存地址：463072066184
a.append(4)                           # 添加元素，列表地址不变
print(id(a))                          # 内存地址：463072066184
a[0] = 5                              # 修改元素，列表地址不变
print(id(a))                          # 内存地址：463072066184
```

2．使用 extend()方法

使用列表对象的 extend()方法可以将另一个迭代对象的所有元素添加到当前列表对象的尾部。通过 extend()方法增加列表元素也不会改变当前列表对象的内存首地址，属于原址操作。

【示例 3】本示例使用 extend()方法连续为列表 list1 添加一组元素，操作过程中，列表的值不断地发生变化，但是列表对象的内存地址一直没有变化。

```
a = [1, 2, 4]
print(id(a))                          # 首地址：878351704712
a.extend([7, 8, 9])                   # 追加序列
print(a)                              # 列表的值：[1, 2, 4, 7, 8, 9, 11, 13]
print(id(a))                          # 地址：878351704712
a.extend([11, 13])                    # 继续追加序列
print(a)                              # 列表的值：[1, 2, 4, 7, 8, 9, 11, 13]
print(id(a))                          # 地址：878351704712
```

3．使用 insert()方法

使用列表对象的 insert()方法可以将元素添加到指定下标位置。语法格式如下：

```
list.insert(index, obj)
```

参数 index 表示插入的索引位置；obj 表示要插入列表中的对象。该方法没有返回值，只是在原列表指定位置插入对象。

【示例 4】本示例为列表 a 添加一个元素 6，下标位置为 3。

```
a = [1, 2, 3, 4]
print(id(a))                          # 地址：47959883021
a.insert(3, 6)                        # 在下标为 3 的位置插入元素 6
print(a)                              # 输出为 [1, 2, 3, 6, 4]
print(id(a))                          # 地址：47959883021
```

提示：

insert()方法操作的索引超出范围时，如果是正索引，等效于 append()方法；如果是负索引，等效于 insert(0, object)方法。例如：

```
a.insert(30, 100)              # 在下标为 30 的位置插入元素 100
print(a)                       # 输出为 [1, 2, 3, 6, 4, 100]
a.insert(-30, 100)             # 在下标为-30 的位置插入元素 100
print(a)                       # 输出为 [100, 1, 2, 3, 6, 4, 100]
```

注意：

由于列表的内存自动管理功能，insert()方法会引起插入位置之后所有元素的移位，这会影响处理速度。因此，应尽量在列表尾部增加或删除元素。类似的还有后面介绍的 remove()方法，以及使用 pop()函数弹出列表非尾部元素，使用 del 命令删除列表非尾部元素的情况。

4. 使用+运算符

与 extend()方法的功能类似，使用+运算符可以将两个列表对象合并为一个新的列表对象。

【示例 5】本示例定义两个列表对象，然后使用加号运算符把它们合并为一个新列表对象。

```
a = [1, 2, 4]
b = [1, 2, 3]
c = a + b                      # 合并列表对象
print(c)                       # 输出为 [1, 2, 4, 1, 2, 3]
```

提示：

+运算符实际上并不是在原列表中添加元素，而是创建了一个新列表，并将原列表中的元素和参数对象依次复制到新列表中。由于涉及大量元素的复制，该操作速度较慢，在涉及大量元素添加时不建议使用该方法。

5. 使用*运算符

使用*运算符可以扩展列表对象，将列表与整数相乘，生成一个新列表，新列表是原列表中元素的重复。

【示例 6】本示例定义一个列表对象，然后使用乘号运算符把列表的元素重复扩展 4 倍。

```
a = [1, 2, 3]
b = a*4                        # 重复扩展列表元素 4 次
print(b)                       # 输出为 [1, 2, 3, 1, 2, 3, 1, 2, 3, 1, 2, 3]
print(id(a))                   # 地址：928536814216
print(id(b))                   # 地址：928536814280
```

注意：

当使用*运算符将包含列表的列表重复并创建新列表时，并不是复制原列表的值，而是复制已有元素的引用。因此，当修改其中一个值时，相应的引用也会被修改。

【示例 7】使用*运算符为列表元素扩展 2 次，为列表对象扩展 3 次，最后不管怎么扩展，当修改列表元素的值时，其扩展的元素也同时被更新，因为它们都引用同一个值的地址。

```
x = [[1,2] * 2] * 3
print(x)                       # 输出为 [[1, 2, 1, 2], [1, 2, 1, 2], [1, 2, 1, 2]]
x[0][0] = 3
print(x)                       # 输出为 [[3, 2, 1, 2], [3, 2, 1, 2], [3, 2, 1, 2]]
```

```
x = [[1,2]] * 3
x[0][0] = 4
print(x)                                  # 输出为 [[4, 2], [4, 2], [4, 2]]
```

5.2.6　删除元素

扫一扫，看视频

删除列表对象元素的方法也有多种，具体说明如下。

1．使用 del 命令

使用 del 命令可以删除列表中指定位置的元素。

【示例 1】本示例简单演示使用 del 命令删除列表 a 中下标值为 2 的元素。

```
a = [1, 2, 3, 4]
print(id(a))                              # 地址：372590994056
del a[2]                                  # 删除下标值为 2 的元素
print(a)                                  # 输出为 [1, 2, 4]
print(id(a))                              # 地址：372590994056
```

2．使用 pop()方法

使用列表的 pop()方法可以删除并返回指定位置上的元素。语法格式如下：

```
list.pop([index=-1])
```

参数 index 表示要移除列表元素的索引值，默认值为-1，即删除最后一个列表值。如果给定的索引值超出了列表的范围，将抛出异常。

【示例 2】本示例删除列表 a 中的最后一个元素，然后输出列表和删除元素的值。

```
a = [1, 2, 3, 4]
e = a.pop()                               # 删除最后一个元素
print(a)                                  # 输出为 [1, 2, 3]
print(e)                                  # 输出为 4
```

3．使用 remove()方法

使用列表对象的 remove()方法可以删除首次出现的指定元素。语法格式如下：

```
list.remove(obj)
```

参数 obj 表示列表中要移除的对象，即列表元素的值。该方法没有返回值，如果列表中不存在要删除的元素，则抛出异常。

【示例 3】本示例尝试使用 remove()方法删除列表中的重复元素 2。

```
a = [1, 2, 3, 4, 2, 3, 4, 2, 3, 2, 4]
for i in a:                               # 遍历列表 a
    if 2 == i:                            # 设置删除条件
        a.remove(i)                       # 删除元素 2
print(a)                                  # 输出为 [1, 3, 4, 3, 4, 3, 4]
```

仅就上面示例中的列表对象来说，操作结果是正确的，然而，示例 3 的代码设计存在缺陷。如果是下面列表对象，重新执行删除操作，会发现并没有把所有的 2 都删除。演示代码如下：

```
a = [1, 2, 2, 2, 2, 3, 4, 2, 3, 2, 4]
for i in a:                               # 遍历列表 a
    if 2 == i:                            # 设置删除条件
```

```
        a.remove(i)                                  # 删除元素 2
print(a)                                             # 输出为 [1, 3, 4, 2, 3, 2, 4]
```

【分析原因】

第 1 个示例的列表中没有连续的 2，而第 2 个示例的列表中存在连续的 2。在删除列表元素时，Python 会自动对列表内存进行收缩，并移动列表元素以保证所有元素之间没有空隙。同理，在增加列表元素时，也会自动扩展内存，并对元素进行移动，以保证元素之间没有空隙。每当插入或删除一个元素之后，该元素位置后面所有元素的索引值都改变了。所以，在 for 循环遍历中，就会遗漏掉部分元素。

【正确方法】

```
a = [1, 2, 2, 2, 2, 3, 4, 2, 3, 2, 4]
for i in a[::]:                                      # 遍历切片
    if 2 == i:                                       # 设置删除条件
        a.remove(i)                                  # 删除元素 2
print(a)                                             # 输出为 [1, 3, 4, 3, 4]
```

在上面的代码中，a[::]表示列表切片，包含列表 a 中所有元素的新列表，这样当删除列表 a 中的元素时，这个列表切片不会受到影响。

或者：

```
a = [1, 2, 2, 2, 2, 3, 4, 2, 3, 2, 4]
for i in range(len(a)-1, -1, -1):                    # 从后往前检查
    if a[i] == 2:                                    # 设置删除条件
        del a[i]                                     # 删除元素 2
print(a)                                             # 输出为 [1, 3, 4, 3, 4]
```

在上面的代码中，range(len(a)−1, −1, −1)等价于 range(10, −1, −1)，即生成一个列表[10, 9, 8, 7, 6, 5, 4, 3, 2, 1, 0]，遍历该列表，获取一个下标值，然后反向查找并删除列表 a 中的元素 2。反向操作是为了避免删除一个元素后，不会对后面将要被检查的元素的下标值产生影响。

【比较】

- pop()方法是弹出索引对应的值，remove()方法是删除列表对象中最左边的一个值。
- pop()方法针对的是元素的索引进行操作，remove()方法针对的是元素的值进行操作。
- del 是一条命令，而不是方法，使用频率不及 pop()和 remove()方法。

4．使用 clear()方法

使用列表对象的 clear()方法可以删除列表中所有的元素。该方法没有参数，也没有返回值。

【示例 4】使用 clear()方法清除列表 a 中的所有元素，最后输出 a 为空列表。

```
a = [1, 2, 3, 4]
a.clear()                                            # 删除所有元素
print(a)                                             # 输出为 []
```

扫一扫，看视频

5.2.7 检测元素

使用 in 关键字可以检测一个列表中是否存在指定的值，如果存在，则返回 True；否则返回 False。使用 not in 关键字也可以检测一个值，返回值与 in 关键字相反。

【示例 1】本示例演示了 in 关键字的用法。

```
a = [1, 2, 3, 4]
print(1 in a)                                        # True
print(11 in a)                                       # False
```

```
b = [[1], [2], [3]]
print(1 in b)                                        # False
print([1] in b)                                      # True
```

【示例 2】本示例演示如何使用 not in 关键字去除指定列表中的重复元素。

```
a = [1, 2, 3, 4, 2, 4, 3, 2, 1, 3]                   # 待检测列表
b = []                                               # 临时备用列表
for i in a:                                          # 迭代列表 a
    if i not in b:                                   # 检测当前元素是否存在于临时列表 b 中
        b.append(i)                     # 如果不存在，则添加到列表 b 中
print(b)                                # 输出为 [1, 2, 3, 4]
```

5.2.8　切片操作

扫一扫，看视频

在 5.1.3 小节中介绍了序列的切片操作，由于列表是可变序列，因此不仅可以使用切片来截取列表中的任何部分，获取一个新的列表，也可以通过切片来修改和删除列表中的部分元素，甚至可以通过切片操作为列表对象增加元素。

【示例 1】使用切片读取列表元素。

```
list1 = [3, 4, 5, 6, 7, 9, 11, 13, 15, 17]
print(list1[::])                       # 返回包含所有元素的新列表
print(list1[::-1])                     # 倒序读取所有元素：[17, 15, 13, 11, 9, 7, 6, 5, 4, 3]
print(list1[::2])                      # 偶数位置，隔一个取一个：[3, 5, 7, 11, 15]
print(list1[1::2])                     # 奇数位置，隔一个取一个：[4, 6, 9, 13, 17]
print(list1[3::])                      # 从下标 3 开始的所有元素：[6, 7, 9, 11, 13, 15, 17]
print(list1[3:6])                      # 下标在 3 和 6 之间的所有元素：[6, 7, 9]
print(list1[0:100:1])                  # 前 100 个元素，自动截断
print(list1[100:])                     # 下标 100 之后的所有元素，自动截断：[]
print(list1[100])                      # 直接使用下标访问会发生越界：IndexError: list index out
                                       # of range
```

【示例 2】使用切片原地修改列表元素。

```
list1 = [3, 5, 7]
list1[len(list1):] = [9]               # 在尾部追加元素
print(list1)                           # 输出为 [3, 5, 7, 9]
list1[:3] = [1, 2, 3]                  # 替换前 3 个元素
print(list1)                           # 输出为 [1, 2, 3, 9]
list1[:3] = []                         # 删除前 3 个元素
print(list1)                           # 输出为 [9]
list1 = list(range(10))                # 修改为 0~9 的数字列表
print(list1)                           # 输出为 [0, 1, 2, 3, 4, 5, 6, 7, 8, 9]
list1[::2] = [0]*5                     # 替换偶数位置上的元素
print(list1)                           # 输出为 [0, 1, 0, 3, 0, 5, 0, 7, 0, 9]
list1[0:0] = [1]                       # 在索引为 0 的位置插入元素
print(list1)                           # 输出为[1, 0, 1, 0, 3, 0, 5, 0, 7, 0, 9]
list1[::2] = [0]*3                     # 切片不连续，两个元素个数必须一样多，否则将抛出异常，本行
                                       # 代码将无法运行
List1[:3] = 123                        # 对切片赋值时，只能使用序列
                                       # 否则将会抛出 TypeError 异常
```

【示例 3】使用 del 与切片结合来删除列表元素。

```
list1 = [3,5,7,9,11]
del list1[:3]                                # 删除前 3 个元素
print(list1)                                 # 输出为 [9, 11]
list1 = [3,5,7,9,11]
list1[:3] = []                               # 删除前 3 个元素
print(list1)                                 # 输出为 [9, 11]
list1 = [3,5,7,9,11]
del list1[::2]                               # 删除偶数位置上的元素
print(list1)                                 # 输出为 [5, 9]
```

切片操作都是列表元素的浅复制。所谓浅复制，是指生成一个新的列表，并且把原列表中所有元素的引用都复制到新列表中。如果原列表中只包含整数、实数、复数等基本类型或元组、字符串这样的不可变类型的数据，浅复制生成的新列表不会受原对象的影响。但是对于可变类型的数据，原对象的变动会影响新列表。

【示例 4】简单比较列表引用和浅复制的异同。

➘ 列表引用

```
list1 = [3, 5, 7]
list2 = list1                                # 赋值操作，list2 与 list1 指向同一个内存
list2[1] = 8                                 # 修改其中一个对象会影响另一个
print(list1 == list2)                        # 两个列表的元素完全一样，输出为 True
print(list1 is list2)                        # 两个列表是同一个对象，输出为 True
print(id(list1))                             # 内存地址相同，输出为 64002089608
print(id(list2))                             # 输出为 64002089608
```

➘ 列表切片复制

```
list1 = [3, 5, 7]
list2 = list1[::]                            # 切片复制，浅复制
list2[1] = 8                                 # 修改其中一个对象不会影响另一个
print(list1 == list2)                        # 两个列表的元素不一样，输出为 False
print(list1 is list2)                        # 两个列表是同一个对象，输出为 False
print(id(list1))                             # 内存地址不相同，输出为 705625744008
print(id(list2))                             # 输出为 705625744072
```

如果原列表中包含列表之类的可变数据类型，由于浅复制时只是把子列表的引用复制到新列表中，这样修改任何一个都会影响另外一个。

```
x = [1, 2, [3,4]]
y = x[:]                                     # 切片复制
x[0] = 5                                     # 修改第 1 个元素的值
print(x)                                     # 输出为[5, 2, [3, 4]]
print(y)                                     # 输出为[1, 2, [3, 4]]
x[2].append(6)                               # 修改第 3 个元素的值的元素
print(x)                                     # 输出为[5, 2, [3, 4, 6]]
print(y)                                     # 输出为[1, 2, [3, 4, 6]]
```

扫一扫，看视频

5.2.9 列表复制

在 Python 中，对象赋值实际上就是引用对象。当创建一个对象，然后把它赋值给一个变量的时候，Python 只是把这个对象的引用赋值给变量。

【示例 1】上一小节介绍了使用切片实现浅复制，本示例在上一小节示例 4 的基础之上使用 copy()

函数执行浅复制。

```
import copy                              # 导入 copy 模块
x = [1, 2, [3,4]]
y = copy.copy(x)                         # copy()函数浅复制
x[0] = 5                                 # 修改第 1 个元素的值
print(x)                                 # 输出为[5, 2, [3, 4]]
print(y)                                 # 输出为[1, 2, [3, 4]]
x[2].append(6)                           # 修改第 3 个元素的值的元素
print(x)                                 # 输出为[5, 2, [3, 4, 6]]
print(y)                                 # 输出为[1, 2, [3, 4, 6]]
```

【示例 2】使用 deepcopy()函数执行深复制，包含对象内的可变类型对象的复制，所以原对象的改变不会影响深复制后列表对象的元素内容。

```
import copy                              # 导入 copy 模块
x = [1, 2, [3,4]]
y = copy.deepcopy(x)                     # deepcopy()函数深复制
x[0] = 5                                 # 修改第 1 个元素的值
print(x)                                 # 输出为[5, 2, [3, 4]]
print(y)                                 # 输出为[1, 2, [3, 4]]
x[2].append(6)                           # 修改第 3 个元素的值的元素
print(x)                                 # 输出为[5, 2, [3, 4, 6]]
print(y)                                 # 输出为[1, 2, [3, 4]]
```

5.2.10　列表打包和解包

扫一扫，看视频

为了方便应用，使用 zip()函数可以将多个可迭代的对象打包为一个对象，多个对象中的元素根据索引组成一个元组，然后返回由这些元组组成的列表。语法格式如下：

```
zip([iterable, …])
```

参数 iterable 是一个或多个迭代器。返回一个可迭代的 zip 对象，使用 list()函数可以把 zip 对象转换为列表。

【示例 1】把 a 和 b 两个列表对象打包为一个 zip 对象，然后使用 list()函数转换列表进行显示。

```
a = [1, 2, 3]
b = [4, 5, 6]
c = zip(a, b)                            # 返回 zip 对象
print(list(c))                           # 把 zip 对象转换为列表：[(1, 4), (2, 5), (3, 6)]
```

提示：

如果各个迭代器的元素个数不一致，则返回 zip 对象的长度与最短的参数对象相同。

使用*号运算符可以对 zip 对象进行解包。语法格式如下：

```
zip(*zip)
```

参数 zip 为 zip 对象。返回值为多维矩阵式。

【示例 2】把 a1、a2、a3 三个列表对象打包为一个 zip 对象，然后使用 zip(*)函数解包显示。

```
a1 = [1, 2, 3]
a2 = [4, 5, 6]
a3 = [7, 8, 9, 10, 11]
c = zip(a1, a2, a3)                      # 返回 zip 对象
b1, b2, b3 = zip(*c)                     # 与 zip 相反，zip(*)可以解压
```

```
print(list(b1))                                 # 输出为 [1, 2, 3]
print(list(b2))                                 # 输出为 [4, 5, 6]
print(list(b3))                                 # 输出为 [7, 8, 9]
```

扫一扫，看视频

5.2.11 列表排序

在 Python 中，列表排序有多种方法，具体说明如下。

1. 倒序

使用列表的 reverse()方法可以反转列表中的元素，也可以使用 Python 内置函数 reversed()对可迭代的对象进行反转，并返回反转后的新对象。

reverse()方法语法格式如下：

```
list.reverse()
```

该方法没有参数，也没有返回值，仅对原列表的元素进行反向排序。例如：

```
a = [1, 2, 3]
a.reverse()                                     # 倒序
print(a)                                        # 输出为 [3, 2, 1]
```

提示：

reversed()函数需要传入一个序列对象，并返回一个新的序列对象。

2. 基本排序

使用列表对象的 sort()方法可以进行自定义排序，也可以使用 Python 内置函数 sorted()对可迭代的对象进行排序，然后返回新的对象。

sorted()函数的语法格式如下：

```
sorted(iterable [, key[, reverse]])
```

参数说明如下。

- iterable：可迭代对象。
- key：定义进行比较的关键字，它会从迭代对象的每个元素中提取比较的关键字，如 key = str .lower。默认值是 None，表示直接比较元素。
- reverse：排序规则，reverse = True 降序，reverse = False 升序（默认）。

简单的升序排序只需要使用 sorted()函数，它返回一个新的对象，新对象的元素将基于小于运算符(__lt__)的魔术方法进行排序。例如：

```
a = [5, 2, 3, 1, 4]
b = sorted(a)                                   # 升序排序
print(b)                                        # 输出为 [1, 2, 3, 4, 5]
```

也可以使用 list.sort()方法来排序，此时 list 本身将被修改。list.sort()方法包含 2 个可选参数：进行比较的关键字和排序规则，具体语法格式与 sorted()函数相同。例如：

```
a = [5, 2, 3, 1, 4]
a.sort()                                        # 升序排序
print(a)                                        # 输出为 [1, 2, 3, 4, 5]
```

【小结】

下面简单比较四种排序方法的异同。

- reverse()和 reversed()用于翻转元素的顺序，sort()和 sorted()用于对元素进行排序。
- reverse()、reversed()、sort()和 sorted()都作用于可迭代对象，如列表、字典等。

- reverse()和 sort()不能够直接用于不可变对象，如元组和字符串等。reversed()和 sorted()可以用于不可变对象，但是先转换为列表，并返回新的列表对象。
- reverse()和 sort()直接改变对象自身内元素的顺序，没有返回值。
- reversed()和 sorted()将返回一个新的排序后的列表对象。

注意：

通过序列的切片也可以实现翻转序列的效果。例如：

```
a = [1, 2, 3]
b = a[::-1]                                              # 倒序
print(b)                                                 # 输出为 [3, 2, 1]
```

3．key 参数/函数

【示例 1】通过 key 指定的函数来忽略字符串的大小写。

```
str1 = "This is a test string from Andrew"
str2 = sorted(str1.split())                              # 大小写混排
str3 = sorted(str1.split(), key=str.lower)               # 全部小写排序
print(str2)  # 输出为 ['Andrew', 'This', 'a', 'from', 'is', 'string', 'test']
print(str3)  # 输出为 ['a', 'Andrew', 'from', 'is', 'string', 'test', 'This']
```

【示例 2】通过对象包含的元素进行排序。下面示例将根据学生成绩单中的年龄进行排序。

```
L1 = [
    ('zhangsan', 'A', 15),
    ('lisi', 'B', 12),
    ('wangwu', 'B', 10),
]
L2 = sorted(L1, key=lambda t: t[2])                      # 根据年龄排序
print(L2)   # 输出为 [('wangwu', 'B', 10), ('lisi','B', 12), ('zhangsan', 'A', 15)]
```

5.2.12 列表推导式

扫一扫，看视频

推导式又称解析式，是 Python 语言独有的特性。推导式是可以从一个序列构建另一个新的序列的结构体。共有三种推导：列表推导式、字典推导式、集合推导式。

列表推导式的语法格式如下：

```
[表达式 for 变量 in 列表]
[表达式 for 变量 in 列表 if 条件]
```

【示例 1】使用 range()函数生成一个 10 以内的数字列表，然后根据这个列表推导出新列表 b，其每个元素都是列表 a 对应元素的 2 倍。

```
a = range(1,10)                  # 生成列表 [1,2,3,4,5,6,7,8,9]
b = [i*2 for i in a]             # 迭代列表 a，取每个元素乘以 2，生成新列表 b
print(b)                         # 输出为 [2, 4, 6, 8, 10, 12, 14, 16, 18]
```

提示：

列表推导式[i*2 for i in a]相当于：

```
b = []                           # 定义空列表
for i in a:                      # 迭代列表 a
        b.append(i*2)            # 取每个元素乘以 2，附加在列表 b 尾部
print(b)                         # 输出为 [2, 4, 6, 8, 10, 12, 14, 16, 18]
```

【示例 2】在示例 1 的基础上设置一个过滤条件 i%2==0，即只有元素值是偶数的才可以乘以 2，然后被放入新列表。

```
a = range(1,10)                    # 生成列表 [1,2,3,4,5,6,7,8,9]
b = [i*2 for i in a if i%2==0]     # 迭代列表 a，取偶数元素乘以 2，生成新列表 b
print(b)                           # 输出为 [4, 8, 12, 16]
```

从结果可以看出，如果设置了条件，会先筛选再变换，即先筛掉不满足条件的元素，再进行变换运算。可以同时加多个筛选条件，如对大于 5 且是偶数的元素进行乘法运算等。

【示例 3】与 zip 结合，将 a、b 两个列表中相对应的值组合起来，形成一个新列表。例如，包含 x 坐标的列表与 y 坐标的列表形成相对应的点坐标[x, y]列表。

```
a = [-1, -2, -3, -4, -5, -6, -7, -8, -9, -10] # 列表 a
b = [1, 2, 3, 4, 5, 6, 7, 8, 9, 10]           # 列表 b
xy = [[x, y] for x, y in zip(a, b)]           # 打包两个列表，然后把元组又拆解为列表
print(xy)  # 输出为[[-1, 1], [-2, 2], [-3, 3], [-4, 4], [-5, 5], [-6, 6], [-7, 7],
# [-8, 8], [-9, 9], [-10, 10]]
```

【示例 4】使用多层推导结构，将一个嵌套列表转换成一个一维列表。

```
a = [[1, 2, 3], [4, 5, 6], [7, 8, 9]]
b = [j for i in a for j in i]                 # 嵌套推导式
print(b)                                      # 输出为 [1, 2, 3, 4, 5, 6, 7, 8, 9]
```

对于列表推导式的多层 for 循环，尤其是 3 层以上的或带复杂筛选条件的，牺牲了可读性，直接用多个 for 循环实现会更直观。

扫一扫，看视频

5.2.13 案例：列表元素组合

有列表 nums = [2, 7, 11, 15, 1, 8]，请找到列表中任意相加等于 9 的元素集合，如[(2, 7), (1, 8)]。案例完整代码如下所示，演示效果如图 5.3 所示。

```
[(2, 7), (1, 8)]
>>>
```

图 5.3 列表元素效果

```
nums = [2, 7, 11, 15, 1, 8]                  # 初始化列表
new_nums = []                                # 定义新的列表
for i in range(len(nums)-1):                 # 遍历列表
    for j in range(i+1, len(nums)):
        if nums[i] + nums[j] == 9:           # 比较列表中两个元素的值是否满足条件
            n = (nums[i], nums[j])           # 保存在元组中
            new_nums.append(n)               # 将元组添加在列表中
print(new_nums)
```

提示：

使用嵌套列表推导式设计如下：

```
nums = [2, 7, 11, 15, 1, 8]
new_nums = [(nums[i],nums[j]) for i in range(len(nums)-1) for j in range(i+1,
len(nums)) if nums[i] + nums[j] ==9]
print(new_nums)
```

扫描，拓展学习

5.2.14 案例：学生管理系统

本案例通过列表实现学生管理系统。将学生的姓名、性别、年龄、班级都存储在列表中，实现查看、删除和添加学生信息功能。

限于篇幅，本小节案例源码、解析和演示将在线展示，请读者扫描阅读。

5.2.15　案例：列表推导式的应用

扫一扫，看视频

推导式具有语法简洁、运行速度快等优点。它的性能会比循环要好。主要用于初始化一个列表、集合和字典。下面结合案例演示列表推导式的具体应用。

【示例 1】 过滤掉长度小于 3 的字符串列表，并将剩下的转换成大写字母。

```
>>> names = ['Bob','Tom','alice','Jerry','Wendy','Smith']
>>> [name.upper() for name in names if len(name)>3]
['ALICE', 'JERRY', 'WENDY', 'SMITH']
```

【示例 2】 求(x,y)其中 x 是 0~5 之间的偶数，y 是 0~5 之间的奇数组成的元祖列表。

```
>>> [(x,y) for x in range(5) if x%2==0 for y in range(5) if y %2==1]
[(0, 1), (0, 3), (2, 1), (2, 3), (4, 1), (4, 3)]
```

【示例 3】 求 M 中 3、6、9 组成的列表。

```
>>> M = [[1,2,3],
...      [4,5,6],
...      [7,8,9]]
>>> M
[[1, 2, 3], [4, 5, 6], [7, 8, 9]]
>>> [row[2] for row in M]
[3, 6, 9]
#或者用下面的方式
>>> [M[row][2] for row in (0,1,2)]
[3, 6, 9]
```

【示例 4】 针对示例 3 中 M，求 M 中斜线 1、5、9 组成的列表。

```
>>> M = [[1, 2, 3], [4, 5, 6], [7, 8, 9]]
>>> [M[i][i] for i in range(len(M))]
[1, 5, 9]
```

【示例 5】 求 M、N 矩阵中元素的乘积。

```
>>> M = [[1,2,3],
...      [4,5,6],
...      [7,8,9]]
>>> N = [[2,2,2],
...      [3,3,3],
...      [4,4,4]]
>>> [M[row][col]*N[row][col] for row in range(3) for col in range(3)]
[2, 4, 6, 12, 15, 18, 28, 32, 36]
>>> [[M[row][col]*N[row][col] for col in range(3)] for row in range(3)]
[[2, 4, 6], [12, 15, 18], [28, 32, 36]]
>>> [[M[row][col]*N[row][col] for row in range(3)] for col in range(3)]
[[2, 12, 28], [4, 15, 32], [6, 18, 36]]
```

【示例 6】 将字典中 age 键按照条件赋新值。

```
>>> bob = {'pay': 3000, 'job': 'dev', 'age': 42, 'name': 'Bob Smith'}
>>> sue = {'pay': 4000, 'job': 'hdw', 'age': 45, 'name': 'Sue Jones'}
```

```
>>> people = [bob, sue]
>>> [rec['age']+100 if rec['age'] >= 45 else rec['age'] for rec in people]  # 注意 for 位置
[42, 145]
```

【示例 7】一个由男人列表和女人列表组成的嵌套列表,取出姓名中带有两个以上字母 e 的姓名，组成列表。

```
>>> names = [['Tom','Billy','Jefferson','Andrew','Wesley','Steven','Joe'],
            ['Alice','Jill','Ana','Wendy','Jennifer','Sherry','Eva']]
>>> [name for lst in names for name in lst if name.count('e')>=2]
                                                    #注意遍历顺序，这是实现的关键
            ['Jefferson', 'Wesley', 'Steven', 'Jennifer']
```

5.3　元　　组

元组（tuple）是只读列表，也是 Python 最基本的数据结构之一，它具有如下特点：

- 有序的数据结构。可以通过下标索引访问内部数据。
- 不可变的数据类型。不能够添加、删除和更新元组内的数据。
- 内部数据统称为元素，元素的值可以重复，可以为任意类型的数据，如数字、字符串、列表、元组、字典和集合等。
- 列表的字面值使用小括号包含所有元素，元素之间使用逗号分隔。

扫一扫，看视频

5.3.1　定义元组

在 Python 中，定义元组有两种方法，简单说明如下。

1．小括号语法

元组的语法格式如下：

```
(元素 1, 元素 2, 元素 3, … , 元素 n)
```

以小括号作为起始和终止标识符，其中包含零个或多个元素，元素之间通过逗号分隔。

【示例 1】演示使用小括号语法定义多个元组对象的方法。

```
t1 = ('a', 'b', 'c')                                # 定义字符串元组
t2 = (1, 2, 3)                                      # 定义数字元组
t3 = ("a", 1, [1, 2, 3])                            # 定义混合类型的元组
t4 = ()                                             # 定义空元组
```

使用=运算符可以直接将一个元组赋值给变量，即可创建元组对象。

空元组可以应用在函数中，为函数传递一个空值，或者返回一个空值。如果在定义函数时，必须传递一个元组，但是又无法确定具体的值，这时可以使用空元组进行传递。

提示：

在 Python 中，元组虽然是以小括号作为语法分隔符，但是小括号不是必需的，可以允许一组值使用逗号分隔来表示一个元组。

【示例 2】针对示例 1 代码，可以省略小括号，同样能够定义元组。

```
t1 = 'a', 'b', 'c'                        # 定义字符串元组
t2 = 1, 2, 3                              # 定义数字元组
t3 = "a", 1, [1, 2, 3]                    # 定义混合类型的元组
```

注意：

如果要创建仅包含一个元素的数组，则需要在元素后面附加一个逗号，表示它是一个元组，否则会被解析为一个值。例如：

```
t1 = (1,)                              # 小括号语法
t2 = 1,                                # 附加逗号
t3 = (1)                               # 逻辑分隔符
t4 = 1                                 # 简单值
print(type(t1))                        # 输出为 <class 'tuple'>
print(type(t2))                        # 输出为 <class 'tuple'>
print(type(t3))                        # 输出为 <class 'int'>
print(type(t4))                        # 输出为 <class 'int'>
print(t2)                              # 输出为 (1,)
```

提示：

与列表一样，Python 对元组元素的类型没有严格的限制，每个元素可以是不同的类型，但是从代码的可读性和程序的执行效率考虑，建议统一元组元素的数据类型。

2. 使用 tuple()函数

使用 tuple()函数可以将列表、range 对象、字符串或者其他类型的可迭代数据转换为元组。

【示例 3】使用 list()函数把常用的可迭代数据都转换为元组对象。

```
t1 = tuple((1, 2, 3))                     # 元组
t2 = tuple([1, 2, 3])                     # 列表
t3 = tuple({1, 2, 3})                     # 集合
t4 = tuple(range(1, 4))                   # 数字范围
t5 = tuple('Python')                      # 字符串
t6 = tuple({"x": 1, "y": 2, "z": 3})      # 字典
t7 = tuple()                              # 空元组
print(t1, t2, t3, t4, t5, t6, t7)
```

输出显示为：

```
(1, 2, 3) (1, 2, 3) (1, 2, 3) (1, 2, 3) ('P', 'y', 't', 'h', 'o', 'n') ('x', 'y',
'z') ()
```

5.3.2　删除元组

扫一扫，看视频

当元组不再使用时，可以使用 del 命令手动删除元组。例如：

```
t1 = tuple(range(4))                   # 定义数字元组
del t1                                 # 删除元组
print(t1)                              # 再次访问元组，将抛出错误
```

提示：

如果元组对象所指向的值不再有其他对象指向，Python 将同时删除该值。

扫一扫，看视频

5.3.3 访问元组

1. 访问元素

使用中括号和索引可以直接访问元组的元素。语法格式如下：

```
tuple[index]
```

tuple 表示元组对象；index 表示下标索引值。index 起始值为 0，即第 1 个元素的下标值为 0，最后一个元素的下标值为元组长度减 1。

【示例 1】 定义一个元组 t1，然后使用下标读取第 2 个元素的值。

```
t1 = (1, 2, 3)                    # 定义数字元组
print(t1[1])                      # 访问第 2 个元素，输出为 2
```

注意：

index 可以为负值，负数的索引表示从右往左数，由-1 开始，-1 表示最后一个元素，负元组长度表示第 1 个元素。例如：

```
print(t1[-1])                     # 访问第 3 个元素，输出为 3
```

但是，如果指定下标超出元组的范围，将抛出异常。

2. 元组长度

使用 len()函数可以统计元组的元素个数。

【示例 2】 本示例演示了使用 len()函数获取元组长度，然后使用 while 语句遍历元组，把每个元素的字母转换为大写形式。

```
t1 = ('a', 'b', 'c')              # 定义元组
i = 0                             # 初始化迭代变量
while i < len(t1):                # 遍历元组
    print(t1[i].upper(), end=" ") # 读取每个元素，然后转换为大写形式并输出
    i += 1                        # 递增迭代变量
```

3. 统计元素个数

使用元组对象的 count()方法可以统计指定元素在元组对象中出现的次数。

【示例 3】 本示例统计了数字 4 在元组中出现了 3 次。

```
t1 = (1, 2, 3, 4, 5, 5, 4, 3, 2, 1, 4)
print(t1.count(4))                # 输出为 3
print(t1.count(20))               # 输出为 0
```

如果指定元素不存在，则返回 0。

4. 获取元素下标

使用元组对象的 index()方法可以获取指定元素的下标索引值。用法与列表对象的 index()方法相同。

【示例 4】 本示例获取数字 4 在元组下标位置 5 及后面出现的索引位置，返回 6，即第 7 个元素。

```
t1 = (1, 2, 3, 4, 5, 5, 4, 3, 2, 1, 4)
print(t1.index(4, 5))             # 输出为 6
```

注意：

如果元组对象中不存在指定的元素，将会抛出异常。

5. 转换为索引序列

enumerate()函数可以将一个元组对象组合为一个索引序列，同时列出数据和数据下标。用法可以参考 5.2.4 小节说明。

【示例 5】本示例先将元组转换为枚举对象，然后再转换为元组对象。

```
t1 = ('a', 'b', 'c', 'b')              # 定义元组
enum = enumerate(t1)                   # 转换为索引序列
t2 = tuple(enum)                       # 转换为元组
print(t2)                              # 输出为 ((0, 'a'), (1, 'b'), (2, 'c'), (3, 'b'))
```

5.3.4　元组与列表比较

扫一扫，看视频

元组是不可变的序列，而列表是可变的序列。具体比较说明如下。

1. 相同点

- 定义元组与定义列表的方式相似，但是语法表示不同，元组使用小括号表示，而列表使用中括号表示。
- 元组的元素与列表的元素一样按定义的次序进行排序。元组的索引与列表一样从 0 开始，所以一个非空元组的第一个元素总是 t[0]。
- 负数索引与列表一样从元组的尾部开始计数，倒数第 1 个元素为-1。
- 与列表一样也可以使用切片。当分隔一个元组时，也会得到一个新的元组。
- 可以使用 in 或 not in 运算符查看一个元素是否存在于元组或列表中。

2. 不同点

元组是只读序列，与列表相比，没有写操作的相关方法。

- 不能增加元素，因此元组没有 append()和 extend()方法。
- 不能删除元素，因此元组没有 remove()和 pop()方法。
- 列表不能够作为字典的键使用，而元组可以作为字典的键使用。例如：

```
d1 = {(1, 2): 1}                               # 使用元组作为键
print(d1[(1, 2)])                              # 输出为 1
d2 = {[1, 2]: 1}                               # 使用列表作为键
print(d2[[1, 2]])                              # 抛出语法错误
```

3. 元组的优点

元组比列表操作速度快。

- 如果定义一个常量集，并且仅用于读取操作，建议优先选用元组结构。
- 如果对一组数据进行“写保护”，建议使用元组，而不是列表。如果必须要改变这些值，则需要执行从元组到列表的转换。

4. 相互转换

从效果上看，元组可以冻结一个列表，而列表可以解冻一个元组。

- 使用内置的 tuple()函数可以将一个列表转换为元组。
- 使用内置的 list()函数可以将一个元组转换为列表。

扫一扫，看视频

5.3.5 案例：变量交换

通过元组的解包特性，可以交换两个变量的值，这是元组的常用操作。

提示，解包和封包是 Python 语言的一个特性，所谓解包，就是当把一个可迭代对象赋值给多个变量时，Python 会自动把每个元素拆分给每个变量，例如，a,b,c=[1,2,3]，等效于 a=1，b=2，c=3。所谓封包，就是当把多个值以逗号间隔赋值给一个变量时，Python 自动把多个值封装为一个元组，然后赋值给变量，变量也就变为元组，例如，a=1,2,3，等效于 a=(1,2,3)。另外，在函数的参数传递过程中，也存在封包和解包特性，详细说明请参考 9.2.5 节内容。

```
a: 2
b: 1
>>> |
```

图 5.4 元组解包效果

示例代码如下所示，演示效果如图 5.4 所示。

```
a = 1
b = 2
a,b = b,a                              # 元组 b,a 解包
print ('a:',a)                         # 输出为 a: 2
print ('b:',b)                         # 输出为 b: 1
```

扫一扫，看视频

5.3.6 案例：元组使用场景

元组的使用场景比较多，下面结合案例介绍常用的几种使用场景。

➘ 格式化输出

```
name = 'zhangsan'
gender = 'male'
tup = (name,gender)
print('name:%s, age:%s' %(name,gender))      # 输出 name:zhangsan, age:male
print('name:%s, age:%s' %tup)                # 输出 name:zhangsan, age:male
```

➘ 多重赋值

```
tup = ('lisi', 'male', 18)
name, gender, age = tup                      # 元组的解包
print(name, gender, age)                     # 输出 lisi male 18
```

➘ 数据切片

```
tup = (3, 4, 5, 6, 7, 9, 11, 13, 15, 17)
print(tup[::])              # 返回包含所有元素的新元组
print(tup[::-1])            # 逆序的所有元素：(17, 15, 13, 11, 9, 7, 6, 5, 4, 3)
print(tup[::2])             # 偶数位置，隔一个取一个：(3, 5, 7, 11, 15)
print(tup[1::2])            # 奇数位置，隔一个取一个：(4, 6, 9, 13, 17)
print(tup[3::])             # 从下标 3 开始的所有元素：(6, 7, 9, 11, 13, 15, 17)
print(tup[3:6])             # 下标在(3, 6)之间的所有元素：(6, 7, 9)
print(tup[0:100:1])         # 前 100 个元素，自动截断
print(tup[100:])            # 下标 100 之后的所有元素，自动截断：()
print(tup[100])             # 直接使用下标访问会发生越界：
                            # IndexError: list index out of range
```

➘ 保护数据

元组只能读取，如果将列表转换为元组，可以保护数据不被改写。

```
name_list = ["zhangsan", "lisi", "wangwu"]
```

```
name_tuple = tuple(name_list)
print(name_tuple)                      # 输出('zhangsan', 'lisi', 'wangwu')
name_list = list(name_tuple)
print(name_list)                       # 输出['zhangsan', 'lisi', 'wangwu']
```

5.4　案例实战

5.4.1　模拟栈操作

扫一扫，看视频

栈（stack）也称堆栈，是一种运算受限的线性表，即仅允许在表的一端进行插入和删除运算。这一端被称为栈顶，另一端称为栈底。向一个栈插入新元素称作进栈，把顶部新插入的元素栈删除称作出栈，示意如图 5.5 所示。

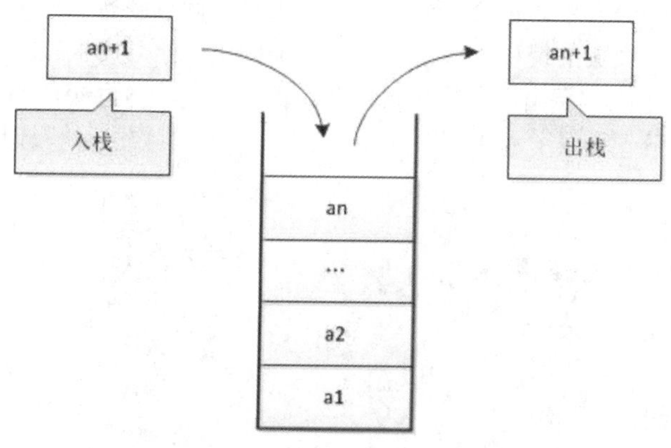

图 5.5　栈进和栈出

栈遵循先进后出、后进先出原则，类似的行为在生活中比较常见，如叠放物品，叠在上面的总是先使用。还有弹夹中的子弹，以及文本框中输入和删除字符操作等。

【示例】运用栈运算来设计一个进制转换的问题。定义一个函数，接收十进制的数字，然后返回一个二进制的字符串表示。

【设计思路】

把十进制数字转换为二进制值，实际上就是把数字与 2 进行取余，然后再使用相除结果与 2 继续取余。在运算过程中把每次的余数推入栈中，最后再出栈组合为字符串即可。

例如，把 10 转换为二进制的过程为：10/2 == 5 余 0，5/2 == 2 余 1，2/2 == 1 余 0，1 小于 2 余 1，进栈后为 0101，出栈后为 1010，即 10 转换为二进制值为 1010。

【实现代码】

```
def d2b (num):
    a = []                                  # 定义栈
    b = ''                                  # 临时二进制字符串
    while (num>0) :                         # 逐步求余
        r = num % 2                         # 获取余数
        a.append(r)                         # 把余数推入栈中
        num = num // 2                      # 获取相除后整数部分值，准备下一步求余
    while (len(a)):                         # 依次出栈，然后拼接为字符串
```

```
        b += str(a.pop())
    return "0b" + b                                    # 返回二进制字符串
```

【应用代码】

```
print(d2b(59))                                         # 调用自定义类型转换函数，返回 0b111011
print(bin(59))                                         # 使用内置函数，返回 0b111011
```

十进制转二进制时，余数是 0 或 1，同理，十进制转八进制时，余数为 0~8 的整数，但是十进制转十六进制时，余数为 0~9 之间的数字加上 A、B、C、D、E、F（对应 10、11、12、13、14 和 15），因此，还需要对栈中的数字进行转化。

扫一扫，看视频

5.4.2 模拟队列操作

队列也是一种运算受限的线性表，不过与栈操作不同，队列只允许在一端进行插入操作，在另一端进行删除操作。队列遵循先进先出、后进后出的原则，类似的行为在生活中比较常见，如排队购物、任务排序等。在动画设计中，也会用到队列操作来设计回调函数。

【示例】本示例是一个经典的编程游戏：有一群猴子排成一圈，按 1,2,3,…,*n* 依次编号。然后从第 1 只开始数，数到第 m 只，则把它踢出圈，然后从它后面再开始数，当再次数到第 *m* 只时，继续把它踢出去，以此类推，直到只剩下一只猴子为止，那只猴子就叫作大王。要求编程模拟此过程，输入 *m*、*n*，输出最后那个大王的编号。

【实现代码】

```
# n 表示猴子个数，m 表示踢出位置
def f(n, m):
    # 将猴子编号并放入列表
    arr = []
    for i in range(1, n+1):
        arr.append(i)
    # 当列表内只剩下一个猴子时跳出循环
    while(len(arr) > 1):
        for i in range(m-1):                           # 定义排队轮转的次数
            arr.append(arr.pop(0))                     # 队列操作，完成猴子的轮转
        arr.pop(0)                                     # 踢出第 m 个猴子
    return arr[0]                                      # 返回包含最后一个猴子的位置编号
```

【应用代码】

```
print(f(5, 3))                                         # 编号为 4 的猴子胜出
print(f(8, 6))                                         # 编号为 1 的猴子胜出
```

扫一扫，看视频

5.4.3 设计二维列表

Python 不直接支持二维列表，如果设置元素的值等于列表，可以模拟二维列表结构。如果嵌套的每个列表中每个元素的值也为列表，则可以模拟三维列表。以此类推，通过列表嵌套的形式可以设计多维数据结构。

在二维列表中，数据以行、列的形式表示，外层列表下标表示元素所在的行，内层列表下标表示元素所在的列。其结构形式类似数据库中的数据表。

【示例 1】直接使用中括号语法定义二维列表。本示例设计一个课程表，然后输出显示。

```
kech = [                                               # 课程二维列表
```

```
    ["高等数学","计算机专业导论","HTML5 程序设计","Python 程序设计","C 语言程序设计",
    "Java 程序设计"],
    ["离散数学基础","算法设计与分析","计算机组成原理","C#程序设计","C++程序设计", "数据
    结构"],
    ["线性代数","数据库系统原理","计算机网络","操作系统","编译原理","软件工程"],
    ["信息安全数学基础","软件安全","Linux 内核分析","计算机系统结构","面向对象软件开发实
    践","软件测试方法和技术实践"]
    ]
grade = ("一","二","三","四")                          # 年级数字的元组
print("计算机专业课程设计表")                            # 打印表头
for i in range(4):                                     # 打印行
    print("大%s 课程"% grade[i], end="\t")              # 输出行标题
    for n in kech[i]:                                  # 打印列
        print('{:<12}'.format(n), end="\t")            # 输出课程名称
  print()                                              # 换行显示
```

在上面示例中，使用中括号语法直接定义一个二维列表，包含计算机专业全部课程，行为年级，列为学科，演示效果如图 5.6 所示。

```
计算机专业课程设计表
大一课程	高等数学	计算机专业导论	HTML5程序设计	Python程序设计	C语言程序设计	Java程序设计
大二课程	离散数学基础	算法设计与分析	计算机组成原理	C#程序设计	C++程序设计	数据结构
大三课程	线性代数	数据库系统原理	计算机网络	操作系统	编译原理	软件工程
大四课程	信息安全数学基础	软件安全	Linux内核分析	计算机系统结构	面向对象软件开发实践	软件测试方法和技术实践
>>>
```

图 5.6　计算机专业课程表

访问二维列表的元素，可以采用的语法格式如下：

```
list[行下标][列下标]
```

行下标表示外层列表的索引位置，列下标表示内层列表的索引位置。

【示例 2】 使用嵌套的 for 循环定义二维列表，本示例设计一个 4 行 4 列的二维列表。

```
row = []                                  # 行列表
for i in range(1, 5):                     # 行循环
    row.append([])                        # 定义二维空列表
    for j in range(1, 5):                 # 列循环
        row[i-1].append(10*i+j)           # 为二维空列表添加值
print(row)
```

输出为：

```
[
    [11, 12, 13, 14],
    [21, 22, 23, 24],
    [31, 32, 33, 34],
    [41, 42, 43, 44]
]
```

【示例 3】 也可以使用列表推导式定义二维列表。针对示例 1，可以按如下方法设计。

```
row = [[10*i+j for j in range(1, 5)] for i in range(1, 5)]
print(row)
```

5.4.4　学生成绩明细单

扫描，拓展学习

设计一个列表，计划存储 4 名学生的成绩，包括语文、数学和英语三门科目。分别给这

4 名学生添加相应的学科分数，求出总分第一名的学生和各科目的成绩明细。限于篇幅，本小节示例源码、解析和演示将在线展示，请读者扫描阅读。

扫描，拓展学习

5.4.5 购物车

设计一个简单的购物车程序，将想要购买的商品信息添加到购物车中。

限于篇幅，本小节示例源码、解析和演示将在线展示，请读者扫描阅读。

扫描，拓展学习

5.4.6 挂号就诊系统

编写一个程序，反映病人到医院挂号看病的情况。通过模拟病人挂号就诊这一过程，系统主要功能如下。

- 挂号：输入挂号病人的名字，将其加入挂号队列中。
- 就诊：挂号队列中最前的病人前往就诊，并将其从挂号队列中移除。
- 查看已挂号人数：将挂号队列中的病人从前往后显示出来。
- 挂号人满不再预约：显示已经挂号的病人，结束程序。

限于篇幅，本小节示例源码、解析和演示将在线展示，请读者扫描阅读。

5.5 在 线 支 持

扫描，拓展学习

第 6 章　字典和集合

在 Python 语言中，字典是唯一的映射类型。在映射类型里，哈希值（键，key）和指向的对象（值，value）是一对一的关系。序列类型与映射类型在存取数据的方式上是不同的，具体比较如下。

- 序列只能使用数字类型的值作为下标，映射可以使用任意不可变类型的值作为键。
- 序列中的数据是有序排列的，而映射中的数据是无序排列的。
- 序列通过下标来索引值，而映射使用键直接来映射值，相对而言，映射取值更方便、速度更快。

【学习重点】

- 认识字典和集合。
- 灵活使用字典。
- 灵活使用集合。

6.1　字　　典

字典（dict）与列表一样，也是可变数据结构，作为 Python 最基本的数据类型之一，字典具有如下特点：

- 无序的数据结构。字典内的数据随机排列。
- 可变的数据类型。可以随意添加、删除和更新字典内的数据，字典对象会自动伸缩，确保内部数据无缝隙排列在一起。
- 通过键映射访问内部数据，不能够通过下标索引访问内部数据。
- 内部数据统称为元素，每个元素都由键和值组成。
- 键名必须是哈希值，即确保键名的唯一性、不可变性。值可以为任意类型的数据。
- 字典的字面值使用大括号包含所有元素，元素之间使用逗号分隔，键和值之间使用冒号分隔。

6.1.1　定义字典

扫一扫，看视频

字典由键和值成对组成，也被称为关联数组或哈希表。在 Python 中，定义字典有以下三种方法，简单说明如下。

1. 使用大括号语法

字典的语法格式如下：

```
{键1: 值1, 键2: 值2, 键3: 值3, … , 键n: 值n}
```

以大括号作为起始和终止标识符，其中包含零个或多个元素，元素之间通过逗号分隔。元素由键和值组成，键与值之间通过冒号分隔。

【示例 1】本示例演示了使用大括号语法定义多个字典对象的方法。

```
dict1 = {'a': 1, 'b': 2, 'c': 3}                    # 定义字符串字典
dict2 = {1: "a", 2: "b", 3: "c"}                    # 定义数字字典
dict3 = {"a": 1, 1: "a", 2.4: "浮点数"}              # 定义混合类型的字典
dict4 = {}                                          # 定义空字典
```

使用=运算符直接将一个字典赋值给变量，即可创建字典对象。

注意：

- 定义字典时，键在前，值在后，键必须是唯一的，值可以不唯一。如果键相同，则值取最后一个。
- 键必须是不可变的数据类型，如数字、字符串或者元组，但不能够使用列表、字典、集合等可变类型的对象。
- 值可以是任意数据类型，可以为整数、浮点数、字符串等基本类型，甚至是列表、元组、字典、集合，以及其他自定义类型的对象。

2. 使用 dict()函数

使用 dict()函数可以创建空字典，也可以将已有数据转换为字典。

（1）定义空字典

```
dict1 = dict()                              # 空字典
```

（2）映射函数

具体语法格式如下：

```
dict(zip)
```

参数 zip 表示一个 zip 对象，即通过 zip()函数将两个列表或元组打包为 zip 对象。注意，zip 对象只能包含两个序列对象，一个用作键集，一个用作值集。

【示例 2】本示例使用 dict()函数把常用的可迭代数据都转换为字典对象。

```
t1 = (1,2,3)                                # 定义键元组
t2 = ("a","b","c")                          # 定义值元组
d = dict(zip(t1,t2))                        # 把两个元组合并为一个字典
print(d)                                    # 输出为 {1: 'a', 2: 'b', 3: 'c'}
```

（3）传入键值对

dict()函数也可以接收一个或多个键值对，然后把它们转换为字典对象。语法格式如下：

```
dict(键 1=值 1, 键 2=值 2, 键 3=值 3, … , 键 n=值 n)
```

注意：

与大括号语法定义字典不同，其中的键名必须符合标识符的命名规则，具体说明可以参考 2.1.8 小节内容。

【示例 3】为 dict()传入 3 对名值对，然后定义一个 dict1 字典对象。

```
dict1 = dict(a='a', b=True, c=3)
print(dict1)                                # 输出为 {'a': 'a', 'b': True, 'c': 3}
```

（4）可迭代对象

如果可迭代对象的每个元素是元组，元组内包含两个元素，则可以使用 dict()函数把它转换为字典类型的对象。

【示例 4】为 dict()传入一个可迭代数据集，其中每个元素的值为元组，元组内只能够包含两个元素。

```
dict1 = dict([('one', 1), ('two', 2), ('three', 3)])          # 可迭代对象
dict2 = dict((('one', 1), ('two', 2), ('three', 3)))          # 可迭代对象
print(dict1)                           # 输出为 {'one': 1, 'two': 2, 'three': 3}
print(dict2)                           # 输出为 {'one': 1, 'two': 2, 'three': 3}
```

（5）使用 enumerate()

在 5.2.4 小节中已经介绍了 enumerate()函数的用法。对于普通的序列，使用 enumerate()函数可以将它组合为一个索引序列，然后就可以使用 dict()函数把它转换为字典对象。

【示例 5】先将列表转换为枚举对象，然后再转换为字典对象。

```
list1 = ['a', 'b', 'c', 'b']                # 定义字典
```

```
enum = enumerate(list1)                    # 转换为索引序列
dict1 = dict(enum)                         # 转换为字典
print(dict1)                               # 输出为 {0: 'a', 1: 'b', 2: 'c', 3: 'b'}
```

注意：

字典对象赋值实际上就是引用对象。当创建一个对象，然后把它赋值给另一个变量的时候，Python 并没有复制这个对象，而只是复制了这个对象的引用。原字典改变，被赋值的变量也会随之改变。

3．使用 fromkeys()

使用字典类型的 fromkeys()函数可以根据一个序列创建一个新字典，语法格式如下：

```
dict.fromkeys(seq[, value])
```

dict 表示字典对象，参数 seq 表示一个序列对象，该序列对象的元素将被设置为字典的键，value 为可选参数，设置每个键的初始值。该函数将返回一个新的字典对象实例。

【示例 6】本示例以数字元组中的数字作为键，新创建一个字典，所有元素的默认值都为 False。

```
t = range(3)                               # 定义数字范围的元组
dict1 = dict.fromkeys(t, False)            # 以元组内数字为键，以 False 为默认值定义字典
print(dict1)                               # 输出为 {0: False, 1: False, 2: False}
```

6.1.2　删除字典

扫一扫，看视频

当字典不再使用时，可以使用 del 命令手动删除字典。例如：

```
dict1 = {'a': 1, 'b': 2, 'c': 3}           # 定义字典
del list1                                  # 删除字典
print(list1)                               # 再次访问字典，将抛出错误
```

提示：

如果字典对象所指向的值不再有其他对象指向，Python 将同时删除该值。

6.1.3　访问字典

扫一扫，看视频

1．使用中括号语法

使用 print()函数可以查看字典的数据结构，而使用中括号语法可以直接访问字典的元素。语法格式如下：

```
dict[key]
```

dict 表示字典对象；key 表示键。

【示例 1】定义一个字典对象 dict1，然后使用中括号语法读取键为 a 的值。

```
dict1 = {'a':1, 'b':2, 'c':3}              # 定义字典
print(dict1["a"])                          # 访问键为 a 的元素，输出为 1
```

2．使用 get()

使用中括号语法访问字典元素时，如果指定的键不存在，Python 将抛出异常。为了避免此类问题，在访问之前可以使用 in 运算符进行检测，也可以使用 get()方法访问。语法格式如下：

```
dict.get(key[, default])
```

dict 表示字典对象；参数 key 表示键；default 表示默认值。当指定的键不存在时，将返回默认值，如果没有设置默认值，将返回 None 特殊值。

【示例 2】定义一个字典对象 dict1，然后使用 get()方法读取键为 d 的值。由于不存在，则直接返回

None 特殊值，而不是抛出异常。

```
dict1 = {'a':1, 'b':2, 'c':3}                    # 定义字典
print(dict1.get("d"))                            # 访问键为 d 的元素，输出为 None
```

也可以设置一个默认值：

```
print(dict1.get("e", "你访问的键不存在"))         # 输出为“你访问的键不存在”
```

3. 字典长度

使用 len()函数可以统计字典元素的个数。

【示例 3】针对示例 2，可以使用下面代码获取字典长度。

```
dict1 = {'a':1, 'b':2, 'c':3}                    # 定义字典
print(len(dict1))                                # 输出为 3
```

4. 使用 str()

使用 str()函数可以把字典对象转换为结构化字符串表示，方便打印或阅读字典内容。返回值类似于 print()函数的输出结果。不过，str()函数可以用在表达式中。

【示例 4】针对示例 3，可以使用 str()函数把字典对象转换为字符串表示。

```
dict1 = {'a': 1, 'b': 2, 'c': 3}                 # 定义字典
print(str(dict1))                                # 表示为 {'a': 1, 'b': 2, 'c': 3}
print(dict1)                                     # 输出为 {'a': 1, 'b': 2, 'c': 3}
```

扫一扫，看视频

6.1.4 遍历字典

Python 支持多种遍历字典的方法，具体说明如下。

1. 使用 for 语句

这是最常用的方法，语法格式如下：

```
for key in dict:
    # 处理语句
```

key 变量用来临时存储每个元素的键；dict 表示字典对象。在处理语句块中，可以通过 key 变量访问字典对象中每个元素的键名，也可以通过键访问对应值。

【示例 1】使用 for 语句快速把字典中每个元素的键和值输出显示。

```
dict1 = {'a': 1, 'b': 2, 'c': 3}                 # 定义字典
for i in dict1:  # 遍历字典
    print("%s=%s" % (i, dict1[i]))               # 输出键和值
```

输出为：

```
a=1
b=2
c=3
```

在上面的示例中，i 表示键，使用 dict1[i]可以访问每个元素的值。

2. 遍历键

使用字典对象的 keys()方法可以获取字典所有键的列表。

【示例 2】使用 keys()方法获取键集，然后遍历键集，输出每个元素的键和值。

```
dict1 = {'a': 1, 'b': 2, 'c': 3}                 # 定义字典
for key in dict1.keys():                         # 遍历键
    print("%s=%s" % (key, dict1[key]))           # 输出键和值
```

输出结果与示例 1 相同。

3．遍历值

使用字典对象的 values()方法可以获取字典所有值的列表。

【示例 3】使用 values()方法获取值集，然后遍历值集，输出每个元素的值。

```
dict1 = {'a': 1, 'b': 2, 'c': 3}                # 定义字典
for value in dict1.values():                    # 遍历值
    print(value, end=" ")                       # 输出所有值 1 2 3
```

4．遍历字典项

使用字典对象的 items()方法可以获取字典中全部的项目。语法格式如下：

```
dict.items()
```

dict 表示字典对象，返回值为可遍历的项目列表，每个项目就是一个元组，每个元组的第 1 个元素为键，第 2 个元素为值。

【示例 4】使用 items()方法获取字典的所有项，并输出显示。

```
dict1 = {'a': 1, 'b': 2, 'c': 3}                # 定义字典
for item in dict1.items():                      # 遍历字典项目列表
    print(item)                                 # 输出显示每个项目
```

输出为：

```
('a', 1)
('b', 2)
('c', 3)
```

5．遍历键值对

字典对象的 items()方法返回一个元组列表。如果想要获取具体的键值对，可以在 for 语句中设置两个变量来接收元组中对应的元素值。

【示例 5】在 for 语句中使用 key 和 value 变量分别来接收具体映射的键和值。

```
dict1 = {'a': 1, 'b': 2, 'c': 3}                # 定义字典
for key,value in dict1.items():                 # 遍历元组列表
    print("%s=%s" %(key, value))                # 输出显示键值对
```

输出为：

```
a=1
b=2
c=3
```

提示：

for key,value in dict1.items()与 for (key,value) in dict1.items()完全等价。

6.1.5　添加元素

扫一扫，看视频

1．直接赋值

使用中括号语法和等号运算符可以快速为字典添加新元素。语法格式如下：

```
dict[key] = value
```

dict 表示字典对象；参数 key 表示要添加到字典的键；value 表示要设置的值。

【示例 1】为字典 dict1 追加了两个元素 d 和 e，追加的元素被添加在字典的尾部。

```
dict1 = {'a': 1, 'b': 2, 'c': 3}                # 定义字典
```

```
dict1["d"] = 4                          # 添加一个元素
dict1["e"] = 5                          # 添加一个元素
print(dict1)                            # 输出为 {'a': 1, 'b': 2, 'c': 3, 'd': 4, 'e': 5}
```

在字典中，每个键都是唯一的。如果出现重复，则后面的值对将覆盖掉前面同名键所映射的值。

2．使用 setdefault()

使用字典对象的 setdefault()方法可以添加一个键，并设置默认值。语法格式如下：

```
dict.setdefault(key, default=None)
```

dict 表示字典对象；参数 key 表示要添加的键；default 表示要设置的默认值。添加成功之后，返回默认值。

【示例 2】针对示例 1，也可以使用 setdefault()方法来添加元素。

```
dict1 = {'a': 1, 'b': 2, 'c': 3}      # 定义字典
dict1.setdefault("d", 4)              # 添加一个元素
dict1.setdefault("e", 5)              # 添加一个元素
result = dict1.setdefault("e",6)      # 字典包含 e 键，返回 e 键的值
print(result)                         # 输出为 5
print(dict1)                          # 输出为 {'a': 1, 'b': 2, 'c': 3, 'd': 4, 'e': 5}
```

注意：

与 get()方法功能相似，如果在字典对象中包含有给定的键，则返回该键对应的值；否则返回为该键设置的默认值。

【小结】

直接赋值来添加元素是一种很方便的方法，但是最佳方法是使用 setdefault()，该方法可以保证把一个不存在的键初始化为一个指定的默认值，如果指定的键已经存在，则什么也不做，确保已有键的关联值保持不变，避免覆盖。

扫一扫，看视频

6.1.6　删除元素

在 Python 中，删除字典元素的方法有多种，说明如下。

1．使用 del 命令

使用 del 命令可以删除字典中不需要的元素。

【示例 1】使用 del 命令删除 6.1.5 小节的示例 1 中新增加的元素。

```
dict1 = {'a': 1, 'b': 2, 'c': 3, 'd': 4, 'e': 5}              # 定义字典
del dict1["d"]                        # 删除键 d
del dict1["e"]                        # 删除键 e
print(dict1)                          # 输出为 {'a': 1, 'b': 2, 'c': 3}
del dict1["f"]                        # 删除不存在的键，抛出异常 KeyError
```

2．使用 pop()

使用字典对象的 pop()方法可以删除字典中给定的键及其对应的值，返回值为被删除的值。语法格式如下：

```
dict.pop(key[,default])
```

dict 表示字典对象；参数 key 表示要删除的键；default 表示默认值，如果没有指定的 key，将返回 default 参数值。

【示例 2】本示例使用 pop()方法分别删除键为 a、b、c 的元素，并返回对应的值。

```
dict1 = {'a': 1, 'b': 2, 'c': 3, 'd': 4, 'e': 5}   # 定义字典
print(dict1.pop("a"))                               # 输出为 1
print(dict1.pop("b"))                               # 输出为 2
print(dict1.pop("c"))                               # 输出为 3
print(len(dict1))                                   # 输出为 2，元素个数为 2
print(dict1.pop("f"))                               # 不指定默认值，抛出异常 KeyError
print(dict1.pop("f","该键不存在"))                   # 输出为“该键不存在”
```

3．使用 popitem()

使用字典对象的 popitem()方法可以随机删除字典元素，该方法没有参数，返回值为一对键和值组成的元组。

【**示例 3**】使用 while 语句循环删除字典中所有的元素，并输出显示每个元素对应的键值对。

```
dict1 = {'a': 1, 'b': 2, 'c': 3, 'd': 4, 'e': 5}   # 定义字典
while len(dict1) > 0:                               # 迭代字典
    print(dict1.popitem())                          # 输出删除的键值对，以元组形式返回
print(dict1)                                        # 字典为空，输出为 {}
dict1.popitem()                                     # 删除空字典，抛出异常 KeyError
```

输出为：

```
('e', 5)
('d', 4)
('c', 3)
('b', 2)
('a', 1)
{}
```

4．使用 clear()

使用 popitem()方法清空字典不是最有效的方法，建议使用 clear()方法，该方法能够快速清空字典所有的元素。clear()方法没有参数，也没有返回值。

【**示例 4**】针对示例 3，可以使用 clear()方法快速清空字典对象。

```
dict1 = {'a': 1, 'b': 2, 'c': 3, 'd': 4, 'e': 5}   # 定义字典
dict1.clear()                                       # 清空字典
print(dict1)                                        # 字典为空，输出为 {}
```

6.1.7 修改元素

扫一扫，看视频

修改元素与添加元素的操作是相同的，如果指定的键不存在，则添加元素；如果指定的键存在，则修改元素的值。

【**示例**】本示例修改键 d 和键 e 的值。

```
dict1 = {'a': 1, 'b': 2, 'c': 3, 'd': 4, 'e': 5}   # 定义字典
dict1["d"] = "d"                                    # 修改键 d 的值
dict1["e"] = "e"                                    # 修改键 e 的值
dict1["f"] = "f"                                    # f 键不存在，添加 f 键的值
print(dict1)      # 输出为 {'a': 1, 'b': 2, 'c': 3, 'd': 'd', 'e': 'e', 'f': 'f'}
```

6.1.8 检测元素

扫一扫，看视频

使用 in 运算符可以检测一个字典中是否存在指定的键，如果存在，则返回 True；否则

返回 False。使用 not in 运算符也可以检测一个值，返回值与 in 关键字相反。

【示例】如果删除一个不存在的键，Python 将抛出异常，因此在删除之前，建议使用 in 运算符先检测删除的键是否存在。

```
dict1 = {'a': 1, 'b': 2, 'c': 3, 'd': 4, 'e': 5}    # 定义字典
if "d" in dict1:                                     # 先检测是否存在
    del dict1["d"]                                   # 删除键 d
if "e" in dict1:                                     # 先检测是否存在
    del dict1["e"]                                   # 删除键 e
print(dict1)                                         # 输出为 {'a':1, 'b':2, 'c':3}
```

扫一扫，看视频

6.1.9 合并字典

使用字典对象的 update()方法可以合并两个字典对象。语法格式如下：

```
dict.update(dict2)
```

dict 表示字典对象；参数 dict2 表示要添加到指定字典 dict 里的字典。

【示例】定义两个字典对象，然后使用 update()方法合并它们。

```
dict1 = {'a': 1, 'b': 2, 'c': 3}                  # 定义字典对象 1
dict2 = {'c': 33, 'd': 4, 'e': 5}                 # 定义字典对象 2
dict1.update(dict2)                               # 合并两个字典对象
print(dict1)           # 输出为 {'a': 1, 'b': 2, 'c': 33, 'd': 4, 'e': 5}
```

如果两个字典对象存在相同的键，则直接被替换成参数对象所传入的键值。例如，在上面的示例中，dict1 和 dict2 两个字典对象都包含 c 键，则最后被更新为 c 键值为 33。

扫一扫，看视频

6.1.10 复制字典

使用字典对象的 copy()方法可以复制字典，也可以使用 copy 模块的相关方法执行复制操作。具体说明如下。

1. 浅复制

浅复制就是只复制外层对象，其包含的元素仍然指向对应原对象的子对象。

（1）使用 copy()方法

使用字典对象的 copy()方法可以浅复制字典，语法格式如下：

```
dict.copy()
```

该方法没有参数，返回一个字典的浅复制。

【示例 1】演示使用 copy()方法浅复制字典对象。

```
dict1 = {'a': 1, 'b': [2, 3]}                 # 定义字典
dict2 = dict1.copy()                          # 浅复制字典对象
print(dict2)                                  # 输出为 {'a': 1, 'b': [2, 3]}
dict1["b"][1] = 33                            # 修改原字典对象中键为 b 的列表元素值
print(dict2)                                  # 输出为 {'a': 1, 'b': [2, 33]}
```

在上面的示例中，可以看到 copy()方法是浅复制，字典元素的值如果是可变类型的对象，如列表、字典、集合等，则依然保留对原对象的引用，修改原对象中的元素值，则复制后的字典对象的元素值也会跟随变化。

（2）使用 copy 模块

【示例 2】上面介绍了使用 copy()方法实现浅复制，本示例演示使用 copy 模块中的 copy()函数执

行浅复制。

```
import copy                             # 导入 copy 模块
dict1 = {'a': 1, 'b': [2, 3]}           # 定义字典
dict2 = copy.copy(dict1)                # 浅复制字典对象
print(dict2)                            # 输出为 {'a': 1, 'b': [2, 3]}
dict1["b"][1] = 33                      # 修改原字典对象中键为 b 的列表元素值
print(dict2)                            # 输出为 {'a': 1, 'b': [2, 33]}
```

2．深复制

深复制将会递归复制对象的所有子对象。使用 copy 模块的 deepcopy()函数可以执行深复制。

【示例 3】在示例 2 的基础上使用 deepcopy()函数替换 copy()函数，执行深复制。

```
import copy                             # 导入 copy 模块
dict1 = {'a': 1, 'b': [2, 3]}           # 定义字典
dict2 = copy.deepcopy(dict1)            # 深复制字典对象
print(dict2)                            # 输出为 {'a': 1, 'b': [2, 3]}
dict1["b"][1] = 33                      # 修改原字典对象中键为 b 的列表元素值
print(dict2)                            # 输出为 {'a': 1, 'b': [2, 3]}
```

通过上面的示例可以看到，虽然对原始对象的子对象进行修改，但不会影响复制后的字典对象。

6.1.11 字典推导式

扫一扫，看视频

字典推导和列表推导的用法类似，只不过语法标识是把中括号改为大括号，同时字典推导的表达式必须包含键和值两部分组成，由冒号分隔。字典推导式的语法格式如下：

```
{键表达式:值表达式 for 一个或一组变量 in 可迭代对象}
{键表达式:值表达式  for 一个或一组变量 in 可迭代对象 if 条件表达式}
```

【示例 1】使用字典推导式把字典中大小写键进行合并。

```
a = {'a': 10, 'b': 34, 'A': 7, 'Z': 3}                          # 原字典
b = {                                                           # 推导后字典
    k.lower(): a.get(k.lower(), 0) + a.get(k.upper(), 0)        # 设计键值对组合形式
    for k in a.keys() if k.lower() in ['a', 'b']            # 设计推导式
}
print(b)                                                    # 输出为 {'a': 17, 'b': 34}
```

【示例 2】快速互换原字典的键和值。

```
a = {'a': 1, 'b': 2}                                        # 原字典
b = {v: k for k, v in a.items()}                            # 推导字典
print(b)                                                    # 输出为 {1: 'a', 2: 'b'}
```

【示例 3】使用字典推导式以字符串及其索引位置定义字典。

```
str1 = ['import', 'is', 'with', 'if', 'file', 'exception'] # 字符串列表
a = {key: val for val, key in enumerate(str1)} # 用字典推导式以字符串及其位置定义字典
print(a) # 输出为 {'import': 0, 'is': 1, 'with': 2, 'if': 3, 'file': 4, 'exception': 5}
b = {str1[i]: len(str1[i]) for i in range(len(str1))}
print(b) # 输出为 {'import': 6, 'is': 2, 'with': 4, 'if': 2, 'file': 4, 'exception': 9}
c = {k: len(k)for k in str1}                        # 相比上一个写法简单很多
print(c) # 输出为 {'import': 6, 'is': 2, 'with': 4, 'if': 2, 'file': 4, 'exception': 9}
```

6.1.12 案例：统计字符

扫一扫，看视频

设计一个字符串，利用字典的方法统计出每个字符出现的次数。

案例完整代码如下所示，演示效果如图 6.1 所示。

```
str = 'life is short i need python'            # 定义字符串
str = str.replace(" ", "")                     # 去除字符串中的空格
dic = dict()                                   # 定义空字典
for cha in str:                                # 遍历字符串
    if cha in dic:                             # 字典有该字符
        dic[cha] += 1                          # 该字符的值自增
    else:                                      # 字典没有该字符
        dic[cha] = 1                           # 初始化字符值
for key in dic:                                # 遍历字典
    print(key, dic[key])                       # 打印结果
```

```
l 1
i 3
f 1
e 3
s 2
h 2
o 2
r 1
t 2
n 2
d 1
p 1
y 1
>>>
```

图 6.1　统计字符个数效果

扫一扫，看视频

6.1.13　案例：用户登录系统

创建一个字典对象，用来保存用户名和密码，通过接收用户输入的用户名，判断该用户是否存在。如果不存在，则提示创建用户；如果存在，则提示输入密码。当密码输入正确时，显示登录系统；当密码输入不正确时，提示还有几次机会。

案例完整代码如下所示，演示效果如图 6.2 所示。

```
users = {'张三':'123456','李四':'111111','王五':'234567'} # 用户字典，保存用户名和密码
count = 2                                                 # 输入密码的次数
while True:                                               # 循环使用系统
    print('*'*40)
    name = input(('欢迎登录系统！\n请输入用户名:'))         # 接收用户名
    if name in users:                                     # 用户是否存在
        while count >= 0:                                 # 3 次输入密码机会
            password = input('请输入密码:')                # 接收密码
            if users[name] == password:                   # 密码正确
                print('登录成功!')
                break                                     # 成功登录，退出密码输入
            else:
                print('密码输入错误！你还有%d 次机会'%count)  # 剩余密码次数
                count -= 1                                # 密码次数减 1
        else:
            print('您的次数已用完!再见!')
        break                                             # 密码次数用完或成功退出系统
    else:                                                 # 用户名不存在
        flag = input('用户名不存在！\n是否创建用户[y/n]:')   # 是否创建用户
        if flag == 'y':                                   # 创建用户
```

```
    while True:                                # 用户创建失败时，执行循环
        name = input('请创建用户名:')          # 接收用户名
        if name in users:                      # 创建用户已存在
            print('用户已存在!')
        else:                                  # 创建用户名正确
            password = input('请设置密码:')
            repassword = input('请确认密码:')
            if password == repassword:         # 两次密码输入正确
                users[name] = password         # 添加用户信息
                print('用户创建成功!')
                break                          # 成功创建，退出创建循环
            else:                              # 密码输入不一致，重新创建用户
                print('两次密码输入不一致!')
else:                                          # 不创建用户
    print('欢迎再次使用系统!再见!')
    break                                      # 退出系统
```

```
****************************************
欢迎登录系统!
请输入用户名:赵六
用户名不存在!
是否创建用户[y/n]:y
请创建用户名:赵六
请输入密码:000000
请确认密码:000000
用户创建成功!
****************************************
欢迎登录系统!
请输入用户名:赵六
请输入密码:123456
密码输入错误! 你还有2次机会
请输入密码:111111
密码输入错误! 你还有1次机会
请输入密码:000000
登录成功!
>>> |
```

图 6.2　用户登录系统效果

6.2　集　　合

在 Python 中，集合（set）类似于数学中的集合概念，它具有以下特点。

- 无序的数据结构。集合内的数据随机排列。
- 可变的数据类型。可以随意读写集合内的数据。
- 不能够直接映射或索引内部数据。但可以迭代或检查数据。
- 内部数据统称为元素，每个元素必须是唯一的、不可变的。因此集合是一组无序排列的可哈希的值。元素可以是数字、字符串或者元组，但不能使用列表、字典、集合等可变类型数据。
- 集合的字面值使用大括号包含所有元素，元素之间使用逗号分隔。

6.2.1　定义集合

扫一扫，看视频

在 Python 中，定义集合有两种方法，简单说明如下。

1．大括号语法

集合的语法格式如下：

```
{元素 1, 元素 2, 元素 3, … , 元素 n}
```

以大括号作为起始和终止标识符，其中包含零个或多个不可变对象的元素，元素之间通过逗号分隔。

【示例 1】下面示例演示了使用大括号语法定义多个集合对象的方法。

```
set1 = {'a', 'b', 'c'}                    # 定义字符串集合
set2 = {1, 2, 3}                          # 定义数字集合
set3 = {"a", 1, (1, 2, 3)}                # 定义混合类型的集合
set4 = {}                                 # 定义空集合
```

使用=运算符直接将一个集合赋值给变量，即可创建集合对象。

注意：

在 Python 中，集合是无序的，每次输出集合的元素时，元素的排列顺序也不同，且与运行环境相关。例如：

```
{'c', 'a', 'b'}
{1, 2, 3}
{1, 'a', (1, 2, 3)}
{}
```

2．使用 set()函数

使用 set()函数可以将列表、元组等其他可迭代的对象转换为集合。

【示例 2】下面示例使用 set()函数把常用的可迭代数据都转换为集合对象。

```
set1 = set((1, 2, 3))                     # 元组
set2 = set([1, 2, 3])                     # 列表
set3 = set({1, 2, 3})                     # 集合
set4 = set(range(1, 4))                   # 数字范围
set5 = set('Python')                      # 字符串
set6 = set({"x": 1, "y": 2, "z": 3})      # 字典
print(set1, set2, set3, set4, set5, set6)
```

输出显示为：

```
{1, 2, 3} {1, 2, 3} {1, 2, 3} {1, 2, 3} {'h', 't', 'P', 'n', 'y', 'o'} {'z',
'x', 'y'}
```

如果是字符串，返回的集合将包含全部不重复的字符集合。如果是字典对象，将会使用字典对象的键作为集合的值。

注意：

- 在创建空集合时，只能使用 set()函数，不能使用大括号语法实现，因为字典和集合都使用大括号作为语法标识符，使用大括号{}表示创建一个空字典对象。
- 在创建集合时，如果出现重复的元素，那么将只保留一个元素。
- 当把列表、元组转换为集合时，会去掉重复的元素，例如：

```
set1 = set((1, 2, 3, 2, 1, 3))            # 元组
print(set1)                               # 输出为 {1, 2, 3}
```

扫一扫，看视频

6.2.2 删除集合

当集合不再使用时，可以使用 del 命令手动删除集合。例如：

```
set1 = {'a', 'b', 'c'}                    # 定义字符串集合
del set1                                  # 删除集合
```

```
print(set1)                                          # 再次访问集合，将抛出错误
```

提示：

如果集合对象所指向的值不再有其他对象指向，Python 将同时删除该值。

6.2.3 访问集合

扫一扫，看视频

集合对象是一组无序排列的可哈希的值，因此集合元素可以作为字典的键，集合相当于字典的键集。因此使用 in 和 not in 运算符可以检查元素，使用 len()函数获取集合长度（元素个数），使用 for 循环可以迭代集合的元素。

【示例 1】使用 for 语句遍历集合对象，然后输出显示每个元素的值。

```
set1 = {'a', 'b', 'c'}                               # 定义集合
for i in set1:                                       # 遍历集合元素
    print(i)                                         # 输出集合元素
```

输出为：

```
b
a
c
```

集合本身是无序的，不可以为集合创建索引，或执行切片操作，也没有键可用来映射集合中的元素，因此无法直接访问特定元素的值。

【示例 2】如果要访问集合元素，可以先把集合转换为列表或元组，然后通过下标进行访问。

```
set1 = {'a', 'b', 'c'}                               # 定义字符串集合
set1 = list(set1)                                    # 转换为列表
print(set1[0])                                       # 每次输出值是不确定的
```

注意：

通过这种方式获取的元素值是随机的，每次取值未必相同，与运行环境相关。

6.2.4 添加元素

扫一扫，看视频

在 Python 中，添加集合元素的方法有两种，说明如下。

1. 使用 add()

使用集合对象的 add()方法可以为集合添加元素，语法格式如下：

```
set.add(value)
```

set 表示集合对象；参数 value 表示要添加的元素值。

【示例 1】使用 add()方法直接为集合对象添加一个新元素。

```
set1 = {'a', 'b', 'c'}                               # 定义集合
set1.add("d")                                        # 添加新元素
print(set1)                                          # 输出为 {'d', 'a', 'c', 'b'}
```

注意：

如果添加的元素在集合中已存在，则不执行任何操作。

2. 使用 update()

使用集合对象的 update()方法可以一次把一个或多个元素添加到当前集合中。语法格式如下：

```
set.update(value)
```

set 表示集合对象；参数 value 可以是一个值、一个元组、一个列表或者一个字典。

【示例 2】使用 update()方法为集合对象添加多个新元素。

```
set1 = {'a', 'b', 'c'}                    # 定义集合
set1.update("d")                          # 添加 1 个新元素
set1.update({1: 1, 2: 2})                 # 以字典形式添加 2 个元素
set1.update("d", "e", "f")                # 以元组形式添加 3 个元素
set1.update(["h", "i", "j"])              # 以列表形式添加 3 个元素
print(set1)           # 输出为 {1, 2, 'a', 'd', 'h', 'c', 'j', 'i', 'b', 'f', 'e'}
```

注意：

当使用 update()添加字符串时，要注意格式。例如，下面两行代码的结果是不同的。

```
a = set()                                 # 定义空集合
b = set()                                 # 定义空集合
a.update({"Python"})                      # 添加集合，集合元素为字符串
b.update("Python")                        # 添加字符串
print(a)                                  # 输出为 {'Python'}
print(b)                                  # 输出为 {'t', 'P', 'n', 'y', 'o', 'h'}
```

因此，要把字符串作为一个元素添加到集合中，需要把字符串作为一个对象的元素来添加。

同理，当创建一个元素的集合时，如果参数为元组，应该使用下面的格式。

```
a = set(('Python',))                      # 定义包含一个元素的集合
```

下面两种写法都是错误的。

```
b = set(('Python'))                       # 错误方法
c = set('Python')                         # 错误方法
```

扫一扫，看视频

6.2.5 删除元素

在 Python 中，删除集合元素的方法有多种，说明如下。

1．使用 remove()

使用集合对象的 remove()方法可以移除集合中指定的元素，该方法没有返回值，在原对象上操作。语法格式如下：

```
set.remove(item)
```

set 表示集合对象；参数 item 表示要删除的元素项目。

【示例 1】调用 remove()方法删除集合中指定的元素。

```
set1 = {'a', 'b', 'c'}                    # 定义集合
set1.remove("a")                          # 删除 a 元素
print(set1)                               # 输出为 {'c', 'b'}
set.remove("d")                           # 删除 d 元素，抛出异常 KeyError
```

2．使用 discard()

使用集合对象的 discard()方法也可以移除指定的集合元素。语法格式如下：

```
set.discard(item)
```

set 表示集合对象；参数 item 表示要删除的元素项目。

提示：

remove()方法在移除一个不存在的元素时会发生错误，而discard()方法不会。

【示例2】调用discard()方法删除集合中的a和d元素。虽然d元素并不存在，但是discard()方法并不抛出异常，当发现该元素不存在时，不执行删除操作。

```
set1 = {'a', 'b', 'c'}                  # 定义集合
set1.discard("a")                       # 删除 a 元素
set1.discard("d")                       # 删除 d 元素
print(set1)                             # 输出为 {'c', 'b'}
```

3．使用clear()

使用集合对象的clear()方法可以清空集合中所有元素。该方法没有参数，也没有返回值。

【示例3】使用clear()方法清空集合元素，变成一个空集合对象。

```
set1 = {'a', 'b', 'c'}                  # 定义集合
set1.clear()                            # 清空元素
print(set1)                             # 输出为 set()
```

4．使用pop()

使用集合对象的pop()方法可以随机移除一个元素。该方法没有参数，返回值为删除的元素。

【示例4】使用pop()方法随机删除集合中的每个元素，然后把删除的元素组成一个新的列表对象。

```
set1 = {'a', 'b', 'c'}                  # 定义集合
list1 = []                              # 定义空列表
for i in range(len(set1)):              # 循环遍历集合
    val = set1.pop()                    # 随机删除元素
    list1.append(val)                   # 把删除元素附加到列表中
print(set1)                             # 输出为 set()
print(list1)                            # 输出为 ['a', 'b', 'c']
```

注意：

当把字典、字符串转换为集合的时候，pop()方法是随机删除元素；当集合是由列表、元组转换而成的时候，pop()方法是从左边删除元素。例如：

```
set1 = set([9,4,5,2,6,7,1,8])           # 把列表转换为集合
print(set1)                             # 输出为 {1, 2, 4, 5, 6, 7, 8, 9}
print(set1.pop())                       # 输出为 1
print(set1)                             # 输出为 {2, 4, 5, 6, 7, 8, 9}
```

6.2.6 检测元素

扫一扫，看视频

使用in关键字可以检测一个集合中是否存在指定的元素，如果存在，则返回True；否则返回False。使用not in关键字也可以检测一个值，返回值与in关键字相反。

【示例】如果使用remove()方法删除一个不存在的元素，Python将抛出异常，因此在删除之前，可以使用in运算符先检测删除的元素是否存在。

```
set1 = {'a', 'b', 'c', 'd'}             # 定义集合
if "a" in set1:                         # 检测 a 是否存在
    set1.remove("a")                    # 删除 a 元素
if "d" in set1:                         # 检测 d 是否存在
```

```
    set1.remove("d")                        # 删除 d 元素
print(set1)                                 # 输出为 {'c', 'b'}
```

6.2.7 合并集合

扫一扫，看视频

使用集合对象的 update()方法可以合并两个集合对象。语法格式如下：

```
set.update(set2)
```

set 表示集合对象，参数 set2 表示要添加到指定集合 set 里的集合。

【示例】定义两个集合对象，然后使用 update()方法合并它们。

```
set1 = {'a', 'b', 'c', 3}                   # 定义集合对象 1
set2 = {1, 2, 3, 'c'}                       # 定义集合对象 2
set1.update(set2)                           # 合并两个集合对象
print(set1)                                 # 输出为 {'b', 1, 3, 2, 'c', 'a'}
```

如果两个集合对象存在相同的元素，则重复元素只会出现一次。

6.2.8 复制集合

扫一扫，看视频

使用集合对象的 copy()方法可以复制集合，语法格式如下：

```
set.copy()
```

该方法没有参数，返回一个集合的副本。

【示例 1】本示例演示使用 copy()方法复制集合对象。

```
set1 = {'a', 'b', 'c'}                      # 定义集合对象 1
set2 = set1.copy()                          # 复制集合对象 1
print(set2)                                 # 输出为 {'b', 'c', 'a'}
```

【示例 2】使用 copy 模块的 copy()方法复制集合。

```
import copy                                 # 导入 copy 模块
set1 = {'a', 'b', 'c'}                      # 定义集合对象 1
set2 = copy.copy(set1)                      # 复制集合对象 1
print(set2)                                 # 输出为 {'b', 'a', 'c'}
```

6.2.9 集合推导式

扫一扫，看视频

集合推导式与列表推导式语法格式相似，都是对一组元素全部执行相同的操作，但集合是一种无序、无重复的数集。集合推导式的语法格式如下：

```
{表达式 for 变量 in 可迭代对象}
{表达式 for 变量 in 可迭代对象 if 条件表达式}
```

与列表推导式比较：集合推导式不使用中括号，而使用大括号；推导结果集中没有重复元素；推导结果是一个集合，而列表是一个序列。

【示例 1】本示例使用集合推导式把列表中的元素值放大一倍，然后生成一个集合，其中重复元素 2 被忽略一个。

```
s = {i*2 for i in [1, 1, 2]}                # 集合推导式
print(s)                                    # 输出为 {2, 4}
```

【示例 2】使用集合可以实现数据去重。本示例设计生成 10 个不重复的随机数（100 内）。

```
# 导入 random(随机数) 模块
```

```
import random
s = set()                                      # 定义空集合
while len(s) != 10 :                           # 如果集合长度不为 10，则重复生成
    s = {random.randint(1,100)  for i in range(10)}  # 使用集合推导式随机生成 10 个数
print(s)                                       # 输出类似 {99, 37, 38, 41, 73, 75, 12, 13, 16, 89}
```

6.2.10 并集

扫一扫，看视频

并集也称为合集，即把两个集合的所有元素加在一起，组成一个新的集合。在 Python 中，并集的方法有两种，具体说明如下。

1. 使用“|”运算符

【示例 1】使用“|”运算符求两个集合的并集。

```
a = {1, 2, 3, 4}                               # 集合 a
b = {3, 4, 5, 6}                               # 集合 b
c = a | b                                      # 求并集
print(c)                                       # 输出为 {1, 2, 3, 4, 5, 6}
```

2. 使用 union()

使用集合对象的 union()方法可以合并两个集合，语法格式如下：

```
set1.union(set2)
```

其中，set1 和 set2 都表示一个具体的集合对象。

也可以使用 set 类型的 union()函数实现相同的操作，语法格式如下：

```
set.union(set1, set2, …, setn)
```

set 表示集合类型；set1, set2, ..., setn 表示两个或多个集合对象；set 的 union()函数能够把这些集合对象合并为一个新的集合对象并返回。

【示例 2】针对示例 1，可以使用 union()方法或函数合并 a 和 b 集合。

```
a = {1, 2, 3, 4}                               # 集合 a
b = {3, 4, 5, 6}                               # 集合 b
c = set.union(a, b)                            # 使用 union()函数求并集
d = a.union(b)                                 # 使用 union()方法求并集
print(c)                                       # 输出为 {1, 2, 3, 4, 5, 6}
print(d)                                       # 输出为 {1, 2, 3, 4, 5, 6}
```

6.2.11 交集

扫一扫，看视频

交集就是计算两个集合共有的元素，即两个集合重复的元素，你有我也有。在 Python 中，获取交集的方法具体说明如下。

1. 使用“&”运算符

【示例 1】使用“&”运算符求两个集合的交集。

```
a = {1, 2, 3, 4}                               # 集合 a
b = {3, 4, 5, 6}                               # 集合 b
c = a & b                                      # 求交集
print(c)                                       # 输出为 {3, 4}
```

2．使用 intersection()

使用集合对象的 intersection()方法可以求两个集合的交集，语法格式如下：

```
set1.intersection(set2)
```

其中，set1 和 set2 都表示一个具体的集合对象。

也可以使用 set 类型的 intersection()函数实现相同的操作，语法格式如下：

```
set.intersection(set1, set2, …, setn)
```

set 表示集合类型；set1, set2, …, setn 表示两个或多个集合对象；set 的 intersection()函数能够计算出这些集合对象共有的交集并返回。

【示例 2】针对示例 1，可以使用 intersection()方法或函数求 a 和 b 两个集合的交集。

```
a = {1, 2, 3, 4}                    # 集合 a
b = {3, 4, 5, 6}                    # 集合 b
c = set.intersection(a, b)          # 使用 intersection()函数求交集
d = a.intersection(b)               # 使用 intersection()方法求交集
print(c)                            # 输出为 {3, 4}
print(d)                            # 输出为 {3, 4}
```

3．使用 intersection_update()

集合对象的 intersection_update()方法可以获取两个或更多集合中都重叠的元素，即计算交集。语法格式如下：

```
set1.intersection_update(set2, set3, …, setn)
```

其中，set1, set2, set3, …, setn 都表示一个具体的集合对象。计算的交集将覆盖掉 set1 集合。

提示：

intersection_update()方法不同于 intersection()方法，因为 intersection()方法是返回一个新的集合，而 intersection_update()方法是在原集合上移除不重叠的元素。

intersection_update()方法等效于：

```
set1 = set.intersection(set1, set2, …, setn)
```

【示例 3】针对示例 1，可以使用 intersection_update()方法求 a 和 b 两个集合的交集。

```
a = {1, 2, 3, 4}                    # 集合 a
b = {3, 4, 5, 6}                    # 集合 b
a.intersection_update(b)            # 求 a 和 b 的交集
print(a)                            # 输出为 {3, 4}
```

扫一扫，看视频

6.2.12　差集和对称差集

1．使用“-”运算符

差集就是由所有属于集合 A，但是不属于集合 B 的元素组成的集合，也称为 A 与 B 的差集，即我有而你没有的元素。

如果求集合 A 与集合 B 的差集，最直接的方法是使用减号运算符。

【示例 1】使用“-”运算符求两个集合的差集。

```
a = {1, 2, 3, 4}                    # 集合 a
b = {3, 4, 5, 6}                    # 集合 b
c = a - b                           # 求 a 与 b 的差集
print(c)                            # 输出为 {1, 2}
```

a 与 b 的差集，就是先获取 a 与 b 的并集，然后从中去掉 b 中元素即可。反之，如果求 b 与 a 的差集，则返回的集合应该为{5, 6}。

2. 使用“^”运算符

使用“^”运算符可以求两个集合的对称差集，即求 A 与 B 的差集和 B 与 A 的差集的并集。

【示例 2】使用“^”运算符求两个集合的对称差集。

```
a = {1, 2, 3, 4}                          # 集合 a
b = {3, 4, 5, 6}                          # 集合 b
c = a ^ b                                 # 求 a 与 b 的对称差集
print(c)                                  # 输出为 {1, 2, 5, 6}
```

上面的代码可以分解为如下代码表示。

```
a = {1, 2, 3, 4}                          # 集合 a
b = {3, 4, 5, 6}                          # 集合 b
c = a - b                                 # 求 a 与 b 的差集
d = b - a                                 # 求 b 与 a 的差集
e = c | d                                 # 求 c 与 d 的并集
print(e)                                  # 输出为 {1, 2, 5, 6}
```

3. 使用 difference()

使用集合对象的 difference()方法可以求差集，与“-”运算符的功能相同。语法格式如下：

```
set1.difference(set2)
```

set1 和 set2 都表示集合对象，返回的是 set1 与 set2 的差集。

【示例 3】针对示例 1，可以使用 difference()方法求两个集合的差集。

```
a = {1, 2, 3, 4}                          # 集合 a
b = {3, 4, 5, 6}                          # 集合 b
c = a.difference(b)                       # 求 a 与 b 的差集
print(c)                                  # 输出为 {1, 2}
```

4. 使用 difference_update()

difference_update()方法也可以求两个集合的差集，与 difference()方法的区别是 difference()方法返回一个新集合，而 difference_update()方法是直接在原集合中进行计算，没有返回值。

【示例 4】针对示例 3，可以使用 difference_update()方法代替设计。

```
a = {1, 2, 3, 4}                          # 集合 a
b = {3, 4, 5, 6}                          # 集合 b
a.difference_update(b)                    # 求 a 与 b 的差集
print(a)                                  # 输出为 {1, 2}
```

5. 使用 symmetric_difference()

使用集合对象的 symmetric_difference()方法可以求对称差集，与“^”运算符的功能相同。语法格式如下：

```
set1.symmetric_difference(set2)
```

set1 和 set2 都表示集合对象，返回的是 set1 与 set2 的对称差集。

【示例 5】针对示例 2，可以使用 symmetric_difference() 方法代替设计，求两个集合的对称差集。

```
a = {1, 2, 3, 4}                          # 集合 a
b = {3, 4, 5, 6}                          # 集合 b
c = a.symmetric_difference(b)             # 求 a 与 b 的对称差集
print(c)                                  # 输出为 {1, 2, 5, 6}
```

6．使用 symmetric_difference_update()

symmetric_difference_update()方法也可以求两个集合的对称差集，与 symmetric_difference()方法的区别是 symmetric_difference ()方法返回一个新集合，而 symmetric_difference_update()方法是直接在原集合中进行计算，没有返回值。

【示例 6】针对示例 5，可以使用 symmetric_difference_update()方法代替设计。

```
a = {1, 2, 3, 4}                          # 集合 a
b = {3, 4, 5, 6}                          # 集合 b
a.symmetric_difference_update(b)          # 求 a 与 b 的对称差集
print(a)                                  # 输出为 {1, 2, 5, 6}
```

扫一扫，看视频

6.2.13 检测集合关系

Python 提供了 3 个方法来检测两个集合之间的关系，同时支持使用关系运算符来检测两个集合的关系。具体说明如下：

1．子集

使用 issubset()方法可以检测当前集合是否为参数集合的子集。语法格式如下：

```
set1.issubset(set2)
```

set1 和 set2 都是集合对象。如果 set1 是 set2 的子集，则返回 True；否则返回 False。

提示：

如果集合 A 的任意一个元素都是集合 B 的元素，那么集合 A 就是集合 B 的子集，集合 A 和集合 B 元素个数可以相等。

【示例 1】使用 issubset()方法检测 a 是否为 b 的子集。

```
a = {1, 2}                                # 集合 a
b = {1, 2, 3, 4}                          # 集合 b
c = a.issubset(b)                         # 检测 a 是否为 b 的子集
print(c)                                  # 输出为 True
```

提示：

也可以使用<=运算符检测 A 是否为 B 的子集。语法格式如下：

```
A<=B
```

【示例 2】使用<=运算符检测 a 是否为 b 的子集。

```
a = {1, 2}                                # 集合 a
b = {1, 2, 3, 4}                          # 集合 b
c = a <=b                                 # 检测 a 是否为 b 的子集
print(c)                                  # 输出为 True
```

注意：

如果集合 A 的任意一个元素都是集合 B 的元素，并且集合 B 中含有集合 A 中没有的元素，那么集合 A 就是集合 B 的真子集，可以使用<运算符检测 A 是否为 B 的真子集。语法格式如下：

```
A<B
```

【示例 3】针对示例 2，使用<运算符检测 a 是否为 b 的真子集。

```
a = {1, 2}                              # 集合 a
b = {1, 2 }                             # 集合 b
c = a < b                               # 检测 a 是否为 b 的真子集
print(c)                                # 输出为 False
```

2．父集

与 issubset()方法相对，使用 issuperset()方法可以检测当前集合是否为参数集合的父集。语法格式如下：

```
set1.issuperset(set2)
```

set1 和 set2 都是集合对象。如果 set1 是 set2 的父集，则返回 True；否则返回 False。

提示：

如果集合 B 的任意一个元素都是集合 A 的元素，那么集合 A 就是集合 B 的父集。集合 A 和集合 B 元素个数可以相等。

【示例 4】 针对示例 1，可以使用 issuperset()方法检测 b 是否为 a 的父集。

```
a = {1, 2}                              # 集合 a
b = {1, 2, 3, 4}                        # 集合 b
c = b.issuperset(a)                     # 检测 b 是否为 a 的父集
print(c)                                # 输出为 True
```

提示：

也可以使用>=运算符检测 A 是否为 B 的父集。语法格式如下：

```
A>=B
```

【示例 5】 针对示例 4，使用>=运算符检测 b 是否为 a 的父集。

```
a = {1, 2}                              # 集合 a
b = {1, 2, 3, 4}                        # 集合 b
c = b >= a                              # 检测 b 是否为 a 的父集
print(c)                                # 输出为 True
```

提示：

同样，也可以使用>运算符检测 A 是否为 B 的真父集。语法格式如下：

```
A>B
```

【示例 6】 针对示例 5，使用>运算符检测 b 是否为 a 的真父集。

```
a = {1, 2}                              # 集合 a
b = {1, 2, 3, 4}                        # 集合 b
c = b > a                               # 检测 b 是否为 a 的真父集
print(c)                                # 输出为 True，说明两人集合不相交
```

3．不相交

使用 isdisjoint()方法可以检测两个集合是否不相交，如果没有重复的元素，则返回 True，否则返回 False。

【示例 7】 检测 a 和 b 两个集合是否存在交集。

```
a = {1, 2}                              # 集合 a
b = {3, 4}                              # 集合 b
c = a.isdisjoint(b)                     # 检测 a 和 b 是否不存在交集
print(c)                                # 输出为 True，说明两个集合不相交
```

提示：

可以使用!=运算符检测两个集合 A 和 B 是否不相交。语法格式如下：

```
A != B
```

扫一扫，看视频

6.2.14 案例：不重复的随机数

输入想要获得不重复随机数的个数和随机数的范围，输出该随机数生成的集合。案例完整代码如下所示，演示效果如图 6.3 所示。

```
import random                                    # 导入随机数函数
s= set()                                         # 定义空集合
num_range = int(input('请输入随机数的范围:'))      # 数值范围
count = int(input('请输入随机数的个数:'))          # 随机数个数
while len(s) < count:                            # 循环生成随机数
    num = random.randint(1,num_range)            # 生成范围内的随机数
    s.add(num)                                   # 将不重复的随机数添加到集合中
print(s)                                         # 打印集合
```

```
请输入随机数的范围:100
请输入随机数的个数:13
{64, 98, 36, 68, 74, 47, 49, 84, 52, 24, 62, 90, 94}
>>>
```

图 6.3 不重复随机数效果

6.2.15 案例：设计不可变集合

不可变集合使用 frozenset()函数创建，该函数包含一个参数，指定一个可迭代的对象，它可以将列表、元组、字典等对象转换为不可变集合。不可变集合结构和特点与 set 集合相同，功能和用法也基本相同。与可变集合 set 不同点：不可变集合创建后就不能再添加、修改和删除元素。

不可变集合的应用场景：集合的元素必须是哈希值，因此可以使用不可变集合定义集合元素，从而实现设计嵌套结构的集合对象。

通常情况下，我们希望只修改值，而不修改键，下面案例展示了将两个城市作为键，两个城市之间的距离作为值。案例完整代码如下所示，演示效果如图 6.4 所示。

```
{frozenset({'Beijing', 'Tianjin'}): 123,
 frozenset({'Guangzhou', 'Shenzhen'}): 234,
 frozenset({'Chongqing', 'Chengdu'}): 345,
 frozenset({'Hangzhou', 'Shanghai'}): 456}
>>>
```

图 6.4 不可变集合的使用效果

```
import pprint                                                    # 导入 pprint 模块
city_distance = dict()                                           # 定义空字典
city_relationship1 = frozenset(['Beijing','Tianjin'])            # 不可变类型的集合作为键
city_relationship2 = frozenset(['Guangzhou','Shenzhen'])
city_relationship3 = frozenset(['Chongqing','Chengdu'])
city_relationship4 = frozenset(['Hangzhou','Shanghai'])
city_distance[city_relationship1] = 123                          # 设置键对应值
city_distance[city_relationship2] = 234
city_distance[city_relationship3] = 345
city_distance[city_relationship4] = 456
pprint.pprint(city_distance)                                     # 打印结果
```

6.3　案例实战

6.3.1　把列表作为字典的值

扫一扫，看视频

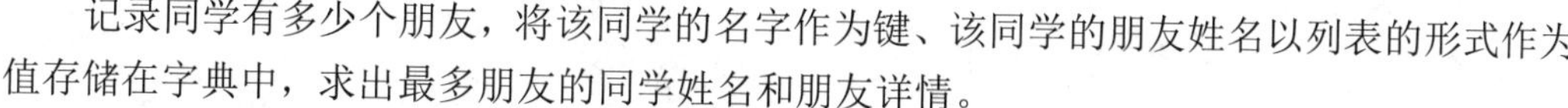

记录同学有多少个朋友，将该同学的名字作为键、该同学的朋友姓名以列表的形式作为值存储在字典中，求出最多朋友的同学姓名和朋友详情。

案例完整代码如下所示，演示效果如图 6.5 所示。

```
import pprint                                                # 导入 pprint 模块
friendlist = dict()                                          # 定义对象关系字典
while True:                                                  # 循环输入
    grilfriends = list()                                     # 定义朋友列表
    name = input('请输入姓名:')                              # 输入姓名
    while True:                                              # 循环输入朋友
        grilfriend_name = input('请输入朋友姓名:')           # 输入朋友姓名
        grilfriends.append(grilfriend_name)                  # 添加到朋友列表中
        flag = input('是否结束输入朋友[y/n]:')               # 是否结束输入朋友
        if flag == 'y' or flag == 'Y':                       # 结束输入
            break                                            # 退出输入朋友
    friendlist[name] = grilfriends                           # 将姓名作为键，朋友列表作为值，添加
    flag = input('是否结束输入[y/n]:')                       # 是否结束输入姓名
    if flag == 'y' or flag == 'Y':                           # 结束输入
        break                                                # 退出输入姓名
sumgf = 0                                                    # 定义朋友总个数
for key, val in friendlist.items():                          # 遍历对象关系字典
    if len(val) > sumgf:                                     # 获取最大朋友总数
        sumgf = len(val)                                     # 赋值
        name = key                                           # 获取该最大朋友个数的姓名
pprint.pprint(friendlist)                                    # 打印对象关系字典
print('{}朋友最多，有{}个，分别是:{}'.format(name, sumgf, friendlist[name]))
                                                             # 最多朋友
```

```
请输入姓名:张三
请输入朋友姓名:老李
是否结束输入朋友[y/n]:n
请输入朋友姓名:老朱
是否结束输入朋友[y/n]:n
请输入朋友姓名:老王
是否结束输入朋友[y/n]:y
是否结束输入[y/n]:n
请输入姓名:李四
请输入朋友姓名:小朱
是否结束输入朋友[y/n]:n
请输入朋友姓名:小王
是否结束输入朋友[y/n]:n
请输入朋友姓名:小谢
是否结束输入朋友[y/n]:n
请输入朋友姓名:老王
是否结束输入朋友[y/n]:y
是否结束输入[y/n]:y
{'张三': ['老李', '老朱', '老王'], '李四': ['小朱', '小王', '小谢', '老王']}
李四朋友最多，有4个，分别是:['小朱', '小王', '小谢', '老王']
>>>
```

图 6.5　列表作为字典值效果

扫一扫，看视频

6.3.2 转换 dict 和 json 数据

在 Python 语言中，JSON 类型的字符串与 dict 字典对象之间的转换是必不可少的操作。Python 内置 json 模块，通过 import json 导入即可使用。Dict 与 JSON 字符串相互转换需要用到以下两个方法。有关于 JSON 模块更多内容，请参考 11.4.4 节介绍，

- loads()：将 JSON 字符串转换为 dict 对象。
- dumps()：将 dict 对象转换为 JSON 字符串。

本案例演示如何在两者之间进行转换，案例完整代码如下所示，演示效果如图 6.6 所示。

```
# dict 转 json 数据
import json                                            # 导入 json 模块
dic = {}                                               # 定义空字典
dic['id'] = 2019123456                                 # 向字典中添加键值对
dic['name'] = 'zhangsan'
dic['gender'] = 'male'
dic['age'] = 18
print('dic type is:', type(dic))                       # 打印字典类型
print(dic)                                             # 打印字典中的数据
jso = json.dumps(dic)                                  # 将 dict 对象转换为 JSON 字符串
print('dict transform json:', type(jso))               # 打印转换后的 JSON 字符串
print(jso)                                             # 打印 JSON 字符串

# json 转 dict 数据
# 定义 json 数据
jso = '{"id": "2019234567", "name": "lihua", "gender": "female", "age": 18}'
print('json type is:', type(jso))                      # 打印 JSON 字符串
dic = json.loads(s=jso)                                # 将 JSON 字符串转换为 dict 对象
print('json transform dict:', type(dic))               # 打印转换后的 dict 对象
print(dic)                                             # 打印 dict 对象
```

```
dic type is: <class 'dict'>
{'id': 2019123456, 'name': 'zhangsan', 'gender': 'male', 'age': 18}
dict transform json: <class 'str'>
{"id": 2019123456, "name": "zhangsan", "gender": "male", "age": 18}
json type is: <class 'str'>
json transform dict: <class 'dict'>
{'id': '2019234567', 'name': 'lihua', 'gender': 'female', 'age': 18}
>>>
```

图 6.6 转换 dict 和 json 数据

扫一扫，看视频

6.3.3 使用字典实现 switch 结构

Python 不支持 switch/case 语句，但是可以通过字典，手动设计实现该语句的结构功能。案例完整代码如下所示，演示效果如图 6.7 所示。

```
def get_monday():                                      # 定义函数
    return '星期一'                                    # 返回星期一
def get_tuesday():
    return '星期二'                                    # 返回星期二
def get_wednesday():
    return '星期三'                                    # 返回星期三
```

```
def get_thursday():
    return '星期四'                                # 返回星期四
def get_friday():
    return '星期五'                                # 返回星期五
def get_saturday():
    return '星期六'                                # 返回星期六
def get_sunday():
    return '星期日'                                # 返回星期日
def get_default():
    return '不知道星期几'                          # 模拟 switch 语句中的 default 语句功能
switcher = {                                       # 通过字典映射来实现 switch/case 功能
    1 : get_monday,                                # 通过键不同，调用不同的函数
    2 : get_tuesday,
    3 : get_wednesday,
    4 : get_thursday,
    5 : get_friday,
    6 : get_saturday,
    7 : get_Sunday
}
day = input('今天是一周第几天？：')                # 手动输入一个天数
if day.isdigit():                                  # 判断是否是数字
    day = int(day)                                 # 转换为 int 型
else:
    day = 0                                        # 设置 day 值为 0
day_name = switcher.get(day, get_default)()        # 当 day 不在字典映射中时，调用
                                                   # get_default
print('今天%s'%day_name)                           # 打印信息
```

```
======================== RESTART: D:\www_vs\test1.py ========================
今天是一周第几天？：1
今天星期一
>>>
======================== RESTART: D:\www_vs\test1.py ========================
今天是一周第几天？：4
今天星期四
>>>
```

图 6.7　字典实现 switch/case 效果

6.3.4　通讯录

本案例设计一个通讯录，保存联系人的信息，提供增加、删除、查询和修改联系人的功能。主要使用 Python 的 dict 结构存储联系人的信息：姓名、电话。

限于篇幅，本小节案例源码、解析和演示将在线展示，请读者扫描阅读。

扫描，拓展学习

6.3.5　设计三级菜单

本案例使用 dict 结构设计一个三级菜单，并允许用户逐级查找。

限于篇幅，本小节案例源码、解析和演示将在线展示，请读者扫描阅读。

扫描，拓展学习

6.3.6 信息管理系统

扫描，拓展学习

本案例结合列表和字典两种数据结构，设计一个信息管理系统，该系统能够实现存储多列字段信息。限于篇幅，本小节案例源码、解析和演示将在线展示，请读者扫描阅读。

6.4 在线支持

扫描，拓展学习

第 7 章 字 符 串

在 Python 中，字符串就是一串字符的组合，它是不可变的、有限字符序列，包括可见字符、不可见字符（如空格符等）和转义字符。Python 通过 str 类型提供大量方法来操作字符串，如字符串的替换、删除、截取、复制、连接、比较、查找、分隔等。本章将详细介绍操作字符串的一般方法。

【学习重点】

- 定义字符串。
- 字符串长度和编码。
- 字符串连接和截取。
- 字符串查找和替换。
- 熟悉字符串的其他常规操作。

7.1 字符串基础

7.1.1 定义字符串

扫一扫，看视频

1. 单行字符串

在 Python 中，使用单引号（'）或双引号（"）可以定义字符串。语法格式如下：

```
'单选字符串'
"单行字符串"
```

单引号和双引号常用于表示单行字符串，也可以在字符串中添加换行符（\n）间接定义多行字符串。

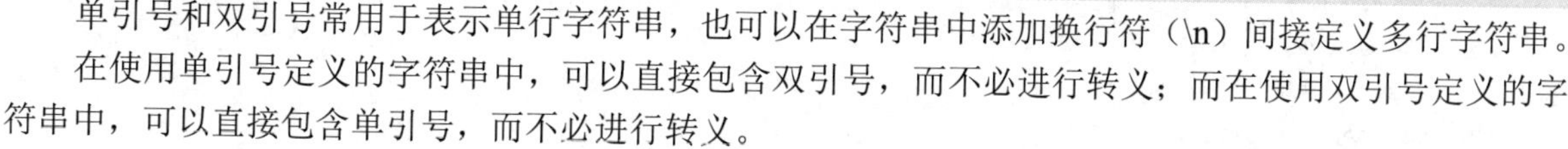

在使用单引号定义的字符串中，可以直接包含双引号，而不必进行转义；而在使用双引号定义的字符串中，可以直接包含单引号，而不必进行转义。

【示例 1】定义两个字符串，分别包含单引号和双引号，为了避免使用转义字符，则分别使用单引号和双引号定义字符串。

```
str1 = "it's Python"                    # 使用双引号定义字符串
str2 = 'it "is" Python'                 # 使用单引号定义字符串
print(str1)                             # 输出为 it's Python
print(str2)                             # 输出为 it "is" Python
```

注意：

Python 不支持字符类型，单个字符也算一个字符串。

2. 多行字符串

单引号、双引号定义多行字符串时，需要添加换行符\n，而三引号不需要添加换行符，语法格式如下：

```
'''多行
字符串'''
"""多行
字符串"""
```

同时字符串中可以包含单引号、双引号、换行符、制表符，以及其他特殊字符，对于这些特殊字符不需要使用反斜杠（\）进行转义。另外，三引号中还可以包含注释信息。

三引号可以帮助开发人员从引号和转义字符的泥潭里面解脱出来，确保字符串的原始格式。

【示例 2】本示例使用三引号定义一个 SQL 字符串。

```
str3 = """
CREATE TABLE users (                    # 表名
name VARCHAR(8),                        # 姓名字段
id INTEGER,                             # 编号字段
pass INTEGER)                           # 密码字段
"""
print(str3)
```

输出为：

```
CREATE TABLE users (                    # 表名
name VARCHAR(8),                        # 姓名字段
id INTEGER,                             # 编号字段
pass INTEGER)                           # 密码字段
```

【示例 3】本示例定义一段 HTML 字符串，这时使用三引号定义非常方便，如果使用转义字符逐个转义特殊字符就非常麻烦。

```
str1 = """
<!doctype html>
<html>
  <head>
     <meta charset="utf-8">
     <title>test</title>
  </head>
  <body>
    <script>
      document.write('<meta charset="utf-8">');
    </script>
  </body>
</html>
"""
print(str1)
```

输出显示为下面一块字符串。

```
<!doctype html>
<html>
  <head>
    <meta charset="utf-8">
  <title>test</title>
  </head>
  <body>
   <script>
     document.write('<meta charset="utf-8">');
   </script>
  </body>
</html>
```

3. 使用 str()函数

使用 str()函数可以创建空字符串，也可以将任意类型的对象转换为字符串。

【示例 4】下面示例演示了使用 str()函数创建字符串的不同形式。

```
str1 = str()                    # 定义空字符串，返回""
str2 = str([])                  # 把空列表转换为字符串，返回"[]"
str3 = str([1, 2, 3])           # 把列表转换为字符串，返回"[1, 2, 3]"
str4 = str(None)                # 把 None 转换为字符串，返回" None "
```

提示：

str()函数的返回值由类型的__str__魔术方法决定。

【示例 5】下面示例自定义一个 list 类型，定义__str__魔术方法的返回值为 list 字符串表示，同时去掉左右两侧的中括号分隔符。

```
class Mylist(list):                     # 自定义 list 类型，继承于 list
    def __init__(self, value):          # 类型初始化函数
        self.value = list(value)        # 把接收的参数转换为列表并存储起来
    def  __str__(self):                 # 类型字符串表示函数
        # 把传入的值转换为字符串，并去掉左右两侧的中括号分隔符
        return str(self.value).replace("[", "").replace("]","")

s = str(Mylist([1,2,3]))                # 把自定义类型实例对象转换为字符串
print(s)                                # 打印为"1, 2, 3"，默认为"[1, 2, 3]"
```

7.1.2 转义字符

扫一扫，看视频

在 Python 字符串中如果显示特殊字符，必须经过转义才能够显示。例如，换行符需要使用“\n”表示，制表符需要使用“\t”表示，单引号需要使用“\'”表示，双引号需要使用“\"”表示，等等。

Python 可用的字符转义序列说明如表 7.1 所示。

表 7.1 Python 可用的字符转义序列说明

转 义 序 列	含 义
\newline（下一行）	忽略反斜杠和换行
\\	反斜杠(\)
\'	单引号(')
\"	双引号(")
\a	ASCII 响铃(BEL)
\b	ASCII 退格(BS)
\f	ASCII 换页(FF)
\n	ASCII 换行(LF)
\r	ASCII 回车(CR)
\t	ASCII 水平制表(TAB)
\v	ASCII 垂直制表(VT)
\ooo	八进制值 ooo 的字符。与标准 C 中一样，最多可接收 3 个八进制数字

续表

转义序列	含　义
\xhh	十六进制值 hh 的字符。与标准 C 不同，只需要 2 个十六进制数字
\N{name}	Unicode 数据库中名称为 name 的字符 【提示】只在字符串字面值中识别的转义序列
\uxxxx	16 位的十六进制值为 xxxx 的字符。4 个十六进制数字是必需的 【提示】只在字符串字面值中识别的转义序列
\Uxxxxxxxx	32 位的十六进制值为 xxxxxxxx 的字符。任何 Unicode 字符可以这种方式被编码。8 个十六进制数字是必需的 【提示】只在字符串字面值中识别的转义序列

【示例 1】本示例分别使用转义字符、八进制数字、十六进制数字表示换行符。

```
str1 = "Hi,\nPython"              # 使用转义字符\n 表示换行符
str2 = "Hi,\12Python"             # 使用八进制数字 12 表示换行符
str3 = "Hi,\x0aPython"            # 使用十六进制数字 0a 表示换行符
```

输出为：

```
Hi,
Python
Hi,
Python
Hi,
Python
```

【示例 2】如果八进制数字不满 3 位，则首位自动补 0。如果八进制数字超出 3 位，十六进制数字超出 2 位，超出数字将视为普通字符显示。

```
str1 = "Hi,\012Python"            # 使用 3 位八进制数字表示换行符
str2 = "Hi,\12Python"             # 使用 2 位八进制数字表示换行符
str3 = "Hi,\x0a0Python"           # 最多允许使用 3 位八进制数字
                                  # 最多允许使用 2 位十六进制数字
```

输出为：

```
Hi,
Python
Hi,
Python
Hi,
0Python
```

扫一扫，看视频

7.1.3　原始字符串

在 Python 3 中，字符串常见有 3 种形式：普通字符串（str）、Unicode 字符串（unicode）和原始字符串（也称为原义字符串）。

原始字符串的出现目的：解决在字符串中显示特殊字符。在原始字符串里，所有的字符都直接按照字面的意思来使用，不支持转义序列和非打印的字符。

原始字符串的这个特性让一些工作变得非常方便。例如，在使用正则表达式的过程中，正则表达式字符串，通常是由代表字符、分组、匹配信息、变量名和字符类等特殊符号组成，当使用特殊字符时，

“\字符”格式的特殊字符容易被转义，这时使用原始字符串就会派上用场。

可以使用 r 或 R 来定义原始字符串，这个操作符必须紧靠在第一个引号前面。语法格式如下：

```
r"原始字符串"
R"原始字符串"
```

【示例】定义文件路径的字符串时，会使用很多反斜杠，如果每个反斜杠都用转义字符来表示会很麻烦，可以采用下面代码来表示。

```
str1 = "E:\\a\\b\\c\\d"                    # 转义字符
str2 = r"E:\a\b\c\d"                       # 不转义，使用原始字符串
print(str1)                                # 输出为 E:\a\b\c\d
print(str2)                                # 输出为 E:\a\b\c\d
```

7.1.4　Unicode 字符串

扫一扫，看视频

从 Python 1.6 开始支持 Unicode 字符串，用来表示双字节、多字节字符，实现与其他字符编码的格式转换。在 Python 中，定义 Unicode 字符串与定义普通字符串一样简单，语法格式如下：

```
u'Unicode 字符串'
U"Unicode 字符串"
```

引号前面的操作符 u 或 U 表示创建的是一个 Unicode 字符串。如果想加入特殊字符，可以使用 Unicode 编码。例如：

```
str1 =  u'Hello\u0020World!'
print(str1)                                # 输出为 Hello World!
```

被替换的\u0020 标识符表示在给定位置插入编码值为 0x0020 的 Unicode 字符（空格符）。

Unicode 字符串的作用：u 操作符后面字符串将以 Unicode 格式进行编码，防止因为源码储存格式问题，导致再次使用时出现乱码。

提示：

unicode()和 unichr()函数可以作为 Unicode 版本的 str()和 chr()。unicode()函数可以把任何 Python 的数据类型转换成一个 Unicode 字符串，如果对象定义了__unicode__()魔术方法，它还可以把该对象转换成相应的 Unicode 字符串。unichr()函数和 chr()函数功能基本一样，只不过返回 Unicode 的字符。

7.1.5　字符编码类型

扫一扫，看视频

字符编码就是把字符集中的字符编码为指定集合中某一个对象，以便文本在计算机中存储和传递。常用字符编码类型如下。

1．ASCII

ASCII 全称为美国国家信息交换标准码，是最早的标准编码，使用 7 个或 8 个二进制位进行编码，最多可以给 256 个字符分配数值，包括 26 个大写与小写字母、10 个数字、标点符号、控制字符及其他符号。

2．GB2312

GB2312 是一个简体中文字符集，由 6763 个常用汉字和 682 个全角的非汉字字符组成。GB2312 编码使用两个字节表示一个汉字，所以理论上最多可以表示 256×256=65 536 个汉字。这种编码方式仅在

中国通行。

3．GBK

GBK 编码标准兼容 GB2312，并对其进行扩展，也采用双字节表示。共收录汉字 21 003 个、符号 883 个，提供 1894 个造字码位，简、繁体字融于一库。

4．Unicode

Unicode 是为了解决传统字符编码方案的局限而产生的，它为每种语言中的每个字符设定了统一并且唯一的二进制编码，以满足跨语言、跨平台进行文本转换、处理的要求。Unicode 通常用两个字节表示一个字符，原有的英文编码从单字节变成双字节，只需要把高字节全部填为 0 即可。

扫一扫，看视频

7.1.6 字符编码和解码

在编码转换时，通常以 Unicode 作为中间码，即先将一种类型的字符串解码（decode）成 Unicode，再从 Unicode 编码（encode）成另一种类型的字符串。

1．使用 encode()

使用字符串对象的 encode()方法可以根据参数 encoding 指定的编码格式将字符串编码为二进制数据的字节串。语法格式如下：

```
str.encode(encoding='UTF-8',errors='strict')
```

str 表示字符串对象；参数 encoding 表示要使用的编码类型，默认为"UTF-8"；参数 errors 设置不同错误的处理方案，默认为'strict'，表示遇到非法字符就会抛出异常，其他取值包括'ignore'（忽略非法字符）、'replace'（用“?”替换非法字符）、'xmlcharrefreplace'（使用 XML 的字符引用）、'backslashreplace'，以及通过 codecs.register_error()注册的任何值。

【示例 1】本示例使用 encode()方法对“中文”字符串进行编码。

```
u = '中文'                          # 指定字符串类型对象 u
str1 = u.encode('gb2312')          # 以 gb2312 对 u 进行编码，获得 bytes 类型对象
print(str1)                        # 输出为 b'\xd6\xd0\xce\xc4'
str2 = u.encode('gbk')             # 以 gbk 编码对 u 进行编码，获得 bytes 类型对象
print(str2)                        # 输出为 b'\xd6\xd0\xce\xc4'
str3 = u.encode('utf-8')           # 以 utf-8 对 u 进行编码，获得 bytes 类型对象
print(str3)                        # 输出为 b'\xe4\xb8\xad\xe6\x96\x87'
```

2．使用 decode()

与 encode()方法操作相反，使用 decode()方法可以解码字符串，即根据参数 encoding 指定的编码格式将二进制数据的字节串解码为字符串。语法格式如下：

```
str.decode(encoding='UTF-8',errors='strict')
```

str 表示被 decode()解码的字节串，该方法的参数与 encode()方法的参数用法相同。最后返回解码后的字符串。

【示例 2】针对示例 1，可以使用下面代码对编码字符串进行解码。

```
u1 = str1.decode('gb2312')              # 以 gb2312 编码对字符串 str 进行解码，
                                        #获得字符串类型对象
print(u1)                               # 输出为 '中文'
u2 = str1.decode('utf-8')               # 报错：因为 str1 是 gb2312 编码的
```

```
# UnicodeDecodeError: 'utf-8' codec can't decode byte 0xd6 in position 0: invalid
continuation byte
```

注意：

encode()和 decode()方法的参数编码格式必须一致，否则将抛出上面代码所示的异常。

7.1.7　字节串

扫一扫，看视频

字节串（bytes）也称字节序列，是不可变的序列，存储以字节为单位的数据。

提示：

bytes 类型是 Python 3 新增的一种数据类型。字节串与字符串的比较：

- 字符串由多个字符构成，以字符为单位进行操作。默认为 Unicode 字符,字符范围为 0~65535。字符串　　是字符序列，它是一种抽象的概念，不能直接存储在硬盘，用以显示供人阅读或操作。
- 字节串由多个字节构成，以字节为单位进行操作。字节是整型值，取值范围为 0~255。字节串是字节序列，因此可以直接存储在硬盘。

除了操作单元不同外，字节串与字符串的用法基本相同。它们之间的映射被称为解码或编码。

定义字节串的方法如下。

1. 使用字面值

以 b 操作符为前缀的 ASCII 字符串。语法格式如下：

```
b"ASCII 字符串"
b"转义序列"
```

字节是 0~255 之间的整数，而 ASCII 字符集范围为 0~255，因此它们之间可以直接映射。通过转义序列可以映射更大规模的字符集。

【示例 1】下面示例使用字面值直接定义字节串。

```
# 创建空字节串的字面值
b''
b''''''
B""
B""""""
# 创建非空字节串的字面值
b'ABCD'
b'\x41\x42'
```

2. 使用 bytes()函数

使用 bytes()函数可以创建一个字节串对象，简明语法格式如下：

```
bytes()                                 # 生成一个空的字节串，等同于 b''
bytes(整型可迭代对象)                   # 用可迭代对象初始化一个字节串
                                        # 元素必须为[0,255]中的整数
bytes(整数 n)                           # 生成 n 个值为零的字节串
bytes('字符串', encoding='编码类型')    # 使用字符串的转换编码生成一个字节串
```

【示例 2】下面示例使用 bytes()函数创建多个字节串对象。

```
a = bytes()                             # 等效于 b''
b = bytes([10,20,30,65,66,67])          # 等效于 b'\n\x14\x1eABC'
```

```
c = bytes(range(65,65+26))                # 等效于 b'ABCDEFGHIJKLMNOPQRSTUVWXYZ'
d = bytes(5)                              # 等效于 b'\x00\x00\x00\x00\x00'
e = bytes('hello 中国','utf-8')           # 等效于 b'hello \xe4\xb8\xad\xe5\x9b\xbd'
```

提示：

bytes 类型与 str 类型可以相互转换。简单说明如下：

- str 转换为 bytes

```
bytes = str.encode('utf-8')
bytes = bytes(str, encoding=' utf-8')
```

- bytes 转换为 str

```
str = bytes.decode('utf-8')
str = str(bytes)
```

在上面两段类型转换代码中，str 和 bytes 分别表示具体的字符串和字节串对象，而不是类型。

拓展：

字节串是不可变序列，使用 bytearray()可以创建可变的字节序列，也称为字节数组（bytearray）。数组是每个元素类型完全相同的一组列表，因此可以使用操作列表的方法来操作数组。bytearray()函数的简明语法格式如下：

```
bytearray()                               # 生成一个空的可变字节串，等同于 bytearray(b'')
bytearray(整型可迭代对象)                  # 用可迭代对象初始化一个可变字节串，
                                          # 元素必须为[0,255]中的整数
bytearray(整数 n)                          # 生成 n 个值为零的可变字节串
bytearray(字符串, encoding='utf-8')        # 用字符串的转换编码生成一个可变字节串
```

扫一扫，看视频

7.1.8 字符串的长度

在 5.2.3 小节中曾经介绍过 len()函数，使用它能够统计序列元素的个数。因此，计算字符串的长度也可以使用 len()函数。例如：

```
s1 = "中国 China"                          # 定义字符串
print(len(s1))                            # 输出为 7
```

从上面结果可以看到，在默认情况下，len()函数计算字符串的长度是区分字母、数字和汉字的，每个汉字视为一个字符。

但是，在实际开发中，有时候需要获取字符串的字节长度。在 UTF-8 编码中，每个汉字占用 3 个字节；而在 GBK 或 GB2312 中，每个汉字占用 2 个字节。例如：

```
s1 = "中国 China"                          # 定义字符串
print(len(s1.encode()))                   # 输出为 11
print(len(s1.encode("gbk")))              # 输出为 9
```

从上面代码可以看到，两行输出代码的结果并不相同，第 1 行 print(len(s1.encode()))使用默认的 UTF-8 编码，则字节长度为 11，即每个汉字占用 3 个字节；而第 2 行 print(len(s1.encode("gbk")))使用 GBK 编码，则字节长度为 9，即每个汉字占用 2 个字节。

因此，由于不同字符占用字节数不同，当计算字符串的字节长度时，需要考虑使用编码进行计算。在 Python 中，字母、数字、特殊字符一般占用 1 个字节，汉字一般占用 2~4 个字节。

7.1.9 访问字符串

Python 不支持单字符类型，单字符在 Python 中也是作为一个字符串使用。Python 访问字符串中的字符有两种方式。

1. 索引访问

在 Python 中，字符串是一种有序序列，字符串里的每一个字符都有一个数字编号标识其在字符串中的位置，从左至右依次是 0、1、2、…、n-1，从右至左依次是-1、-2、-3、…、-n（其中 n 是字符串的长度）。

【示例 1】通过索引来访问字符串中的某个字符。

```
str1 = "Python"                          # 定义字符串
print(str1[2])                           # 读取第 3 个字符，输出为 t
print(str1[-2])                          # 读取倒数第 2 个字符，输出为 o
```

2. 切片访问

使用切片可以获取字符串中某个范围的子字符串。语法格式如下：

```
str[start:end:step]
```

参数 start 为起点；end 为终点；step 为步长，返回字符串由从 start 到 end-1 的字符组成。详细说明可以参考 5.1.3 小节中的内容。

【示例 2】下面是简单的字符串切片访问。

```
str1 = '123456789123456789'
print(str1[0:6])                         # 输出为 123456
print(str1[1:20:2])                      # 输出为 246813579
```

【示例 3】下面示例演示一些复杂的字符串切片操作。

```
str1 = 'abcdefghijklmnopqrstuvwxyz'
# 正切片
print(str1[:20])                         # 不指定 start，则从第 1 个字符开始，输出为
                                         # abcdefghijklmnopqrst
print(str1[20:])                         # 不指定 end，则直到结尾字符，输出为 uvwxyz
print(str1[:-6])                         # 指定 end 为负数，则从右向左倒数第 6 个字符，输出
                                         # 为 abcdefghijklmnopqrst
print(str1[:])                           # 不指定 start 和 end，相当于 print(str1)
print(str1[::3])                         # 仅指定步长，输出为 adgjmpsvy
# 反切片
print(str1[::-1])                        # 倒序输出为 zyxwvutsrqponmlkjihgfedcba
print(str1[:19:-1])                      # 倒序输出最后 6 个字符 zyxwvu
print(str1[-10:-19:-1])                  # 倒序输出中间 9 个字符 qponmlkji
```

提示：

当切片的第 3 个参数为负数时，表示逆序输出，即输出顺序为从右到左，而不是从左到右。

【示例 4】判断回文数的问题。下面示例通过字符串的切片操作，可以快速判断一个数是不是回文数。

```
num = input('请输入一个数:')              # 接收数值
if num == num[::-1]:                     # 通过切片反向输出该数
    print('该数是回文数')                 # 输出是回文数
```

```
else:
    print('该数不是回文数')                         # 输出不是回文数
```

扫一扫，看视频

7.1.10 遍历字符串

在字符串过滤、筛选和编码时，经常需要遍历字符串。遍历字符串的方法有多种，具体说明如下。

1. 使用 for 语句

【示例 1】使用 for 语句遍历字符串，然后把每个字符都转换为大写形式并输出。

```
s1 = "Python"                                  # 定义字符串
L = []                                         # 定义临时备用列表
for i in s1:                                   # 迭代字符串
    L.append(i.upper())                        # 把每个字符转换为大写形式
print("".join(L))                              # 输出大写字符串 PYTHON
```

2. 使用 range()

使用 range()函数，然后把字符串长度作为参数传入。

【示例 2】针对示例 1，也可以按以下方式遍历字符串。

```
s1 = "Python"                                  # 定义字符串
L = []                                         # 定义临时备用列表
for i in range(len(s1)):                       # 根据字符串长度遍历字符串下标数字，
                                               # 从 0 开始，直到字符串长度
    L.append(s1[i].upper())                    # 把每个字符转换为大写形式
print("".join(L))                              # 输出大写字符串 PYTHON
```

3. 使用 enumerate()

在 5.2.4 小节曾经介绍过 enumerate()函数，该函数可以将一个可迭代的对象组合为一个索引序列。

【示例 3】针对示例 1，使用 enumerate()函数将字符串转换为索引序列，然后再迭代操作。

```
s1 = "Python"                                  # 定义字符串
L = []                                         # 定义临时备用列表
for i, char in enumerate(s1):                  # 把字符串转换为索引序列，然后再遍历
    L.append(char.upper())                     # 把每个字符转换为大写形式
print("".join(L))                              # 输出大写字符串 PYTHON
```

4. 使用 iter()

使用 iter()函数可以生成迭代器。语法格式如下：

```
iter(object[, sentinel])
```

参数 object 表示支持迭代的集合对象；sentinel 是一个可选参数，如果传递了第 2 个参数，则参数 object 必须是一个可调用的对象（如函数），此时，iter()函数将创建一个迭代器对象，每次调用这个迭代器对象的__next__()方法时，都会调用 object。

【示例 4】针对示例 1，使用 iter()函数将字符串生成迭代器，然后再遍历操作。

```
s1 = "Python"                                  # 定义字符串
L = []                                         # 定义临时备用列表
for item in iter(s1):                          # 把字符串生成迭代器，然后再遍历
    L.append(item.upper())                     # 把每个字符转换为大写形式
print("".join(L))                              # 输出大写字符串 PYTHON
```

5. 逆序遍历

逆序遍历就是从右到左反向迭代对象。

【示例5】本示例演示了3种逆序遍历字符串的方法。

```
s1 = "Python"                                  # 定义字符串
print("1. 通过下标逆序遍历：")
for i in s1[::-1]:                             # 取反切片
    print(i, end=" ")                          # 输出为 n o h t y P
print("\n2. 通过下标逆序遍历：")
for i in range(len(s1)-1, -1, -1):             # 从右到左按下标值反向读取字符串中每个字符
    print(s1[i], end=" ")                      # 输出为 n o h t y P
print("\n3. 通过 reversed()逆序遍历：")
for i in reversed(s1):                         # 倒序之后，再遍历输出
    print(i, end=" ")                          # 输出为 n o h t y P
```

输出为：

```
1. 通过下标逆序遍历：
n o h t y P
2. 通过下标逆序遍历：
n o h t y P
3. 通过 reversed()逆序遍历：
n o h t y P
```

7.1.11 案例：判断两个字符串是否为变形词

扫一扫，看视频

假设给定两个字符串 str1、str2，判断这两个字符串中出现的字符是否一致，字符数量是否一致，当两个字符串的字符和数量一致时，则称这两个字符串为变形词。例如：

str1 = "python"，str2 = "thpyon"，返回 True。

str1 = "python"，str2 = "thonp"，返回 False。

本小节案例代码如下所示，演示效果如图 7.1 所示。

```
def is_deformation(str1, str2):                # 定义变形词函数
    if str1 is None or str2 is None or len(str1) != len(str2):   # 当条件不符合时
        return False                           # 返回 False
    if len(str1) == 0 and len(str2) == 0:      # 当两个字符串长度都为 0 时
        return True                            # 返回 True
    dic = dict()                               # 定义一个空字典
    for char in str1:                          # 循环遍历字符串 str1
        if char not in dic:                    # 判断字符是否在字典中
            dic[char] = 1                      # 不存在时，赋值为 1
        else:                                  # 存在时
            dic[char] = dic[char] + 1          # 字符的值累加
    for char in str2:                          # 循环遍历字符串 str2
        if char not in dic:                    # 当 str2 的字符不在字典中时
            return False                       # 返回 False
        else:                                  # 当 str2 和 str1 的字符种类一致时
            dic[char] = dic[char] - 1          # 字典中的字符值自减 1
            if dic[char] < 0:                  # 字符的值小于 0，即字符串的字符数量不一致
                return False                   # 返回 False
    return True                                # 返回 True
```

```
str1 = 'python'                                          # 定义字符串 str1
str2 = 'thpyon'                                          # 定义字符串 str2
str3 = 'hello'                                           # 定义字符串 str3
str4 = 'helo'                                            # 定义字符串 str4
print(str1, str2, 'is deformation:', is_deformation(str1, str2))   # 返回 True
print(str3, str4, 'is deformation:', is_deformation(str3, str4))   # 返回 False
```

```
python thpyon is deformation: True
hello helo is deformation: False
>>> |
```

图 7.1　判断两个字符串是否为变形词效果

扫描，拓展学习

7.1.12　案例：字节串的应用

在 7.1.7 小节中介绍了字节串的基本知识和用法，本节通过三个案例展示字节串在实际开发中的应用。限于篇幅，本节示例源码、解析和演示将在线展示，请读者扫描阅读。

7.2　字符串操作

Python 字符串是不可变对象，所有修改都会生成新的字符串，占用新的内存空间。Python 为字符串对象提供了功能丰富的方法，使用 print(dir(str))可以查看字符串方法列表。

扫一扫，看视频

7.2.1　连接字符串

连接字符串是最常用的操作，方法有以下多种。

1．加号

使用加号运算符可以连接两个字符串。

【示例 1】本示例简单演示了使用加号连接两个字符串。

```
s1 = "Hi,"                                # 定义字符串 1
s2 = "Python"                             # 定义字符串 2
s3 = s1 + s2                              # 使用加号运算符连接字符串
print(s3)                                 # 输出为 Hi,Python
```

2．使用 join()

使用字符串对象的 join()方法可以将序列中的元素以指定的字符连接生成一个新的字符串。语法格式如下：

```
separate.join(sequence)
```

separate 表示分隔符，用于连接序列中各元素的字符串。参数 sequence 表示要连接的元素序列。最后返回通过指定字符连接序列中元素后生成的新字符串。

【示例 2】使用空字符作为分隔符，然后调用 join()方法把元组中每个元素连接起来，生成一个新的字符串并返回。

```
s1 = "Hi,"                                # 定义字符串 1
s2 = "Python"                             # 定义字符串 2
sep = ""                                  # 分隔符
```

```
s3 = sep.join((s1, s2))                         # 使用 join()方法连接字符串
print(s3)                                       # 输出为 Hi,Python
```

【示例 3】使用下划线作为分隔符，然后调用 join()方法把字符串中每个字符连接起来，生成一个新的字符串。

```
L='Python'
s = '_'.join(L)
print(s)                                        # 输出为 P_y_t_h_o_n
```

【示例 4】使用下划线作为分隔符，然后调用 join()方法把集合中每个元素连接起来，生成一个新的字符串。

```
L = {'P', 'y', 't', 'h', 'o', 'n'}
s = '_'.join(L)
print(s)                                        # 输出为 t_h_P_o_y_n
```

注意：

集合元素的排列顺序是无序的。

【示例 5】使用下划线作为分隔符，然后调用 join()方法把字典中每个键名连接起来，生成一个新的字符串。

```
L = {'name':"张三",'gender':'male','from':'China','age':18}
s = '_'.join(L)
print(s)                                        # 输出为 name_gender_from_age
```

注意：

参数 sequence 参与迭代的部分必须是字符串类型，不能包含数字或其他类型。例如，下面写法是错误的。

```
L = (1, 2, 3)
s = '_'.join(L)                                 # 抛出异常 TypeError
```

以下两种也不能使用 join()。

```
L = ('ab', 2)
L = ('AB', {'a', 'cd'})
```

3．使用格式化

在 2.6 和 2.7 节曾经介绍了 print()函数和字符串对象的 format()方法，使用它们可以定义格式化字符串。当然，使用它们也可以连接多个字符串，下面看一个示例，详细说明请参考 2.6 节内容，在后面小节中还会详细讲解。

【示例 6】使用符号“%”连接一个字符串和一组变量，字符串中的特殊标记会被自动用右边变量组中的变量替换。

```
s1 = "Hi,"                                      # 定义字符串 1
s2 = "Python"                                   # 定义字符串 2
print("%s%s" % (s1, s2))                        # 输出为 Hi,Python
```

4．直接连接

在 Python 中，只要把两个字符串放在一起，中间有空白或者没有空白，两个字符串将自动连接为一个字符串。

【示例 7】本示例演示了直接连接字符串的方法。

```
s1 = "Hi,""Python"                              # 直接连接两个字符串
print(s1)                                       # 输出为 Hi,Python
```

```
s2 = "Hi," "Python"                        # 直接连接两个字符串
print(s2)                                  # 输出为 Hi,Python
```

注意：

上述方法只能用在字符串字面值之间，不能够用在字符串变量之间。

5．使用逗号

在 print()函数中，如果两个字符串被逗号分隔，那么这两个字符串将被连接输出，但是字符串之间会多出一个空格。例如：

```
print("Hi,", "Python")                     # 输出为 Hi, Python
```

注意：

上述方法仅能用在 print()函数内，如果用在其他场合，将被视为元组对象。例如：

```
s2 = "Hi,", "Python"                       # 转换为元组
print(s2)                                  # 输出为 ('Hi,', 'Python')
```

6．多行字符串拼接

多行字符串拼接方法实际上就是字符串的多行显示，具体说明请参考 2.1.2 小节内容。

【示例 9】简单演示如何拼接多行字符串。

```
s1 = (
    "Hi,"
    "Python"
)                                          # 字符串的多行拼接
print(s1)                                  # 输出为 Hi,Python
```

【小结】

在连续执行多个字符串连接时，使用加号运算符（+）效率比较低下。因为 Python 字符串是不可变类型，当连接两个字符串时，会生成一个新的字符串，生成新的字符串就需要重新申请内存，当连续相加的字符串很多时，如 a+b+c+d+e+f+…，需要重复申请内存。

使用 join()方法相对比较复杂，但对多个字符进行连接时效率会很高，只会有一次内存的申请。而且当对序列字符串进行连接的时候，首选使用 join()方法。

但是，如果连接的个数较少，加号连接的效率反而比 join()方法连接的效率要高。

扫一扫，看视频

7.2.2 修改字符串

字符串是不可变类型，因此改变一个字符串的元素需要新建一个字符串。常见的修改字符串的方法如下。

【示例 1】将字符串转换成列表后修改值，然后再生成新的字符串。

```
s = 'abcdef'                               # 原字符串
s1 = list(s)                               # 将字符串转换为列表
s1[4] = 'E'                                # 将列表中的第 5 个字符修改为 E
s1[5] = 'F'                                # 将列表中的第 6 个字符修改为 F
s = ''.join(s1)                            # 用空字符串将列表中的所有字符重新连接为字符串
print(s)                                   # 输出新字符串为 'abcdEF'
```

【示例 2】通过字符串序列切片方式实现。

```
s='Hello World'
```

```
s=s[:6] + 'Python'                          # s 前 6 个字符串+'Python'
print(s)                                    # 输出为 'Hello Python'
s=s[:3] + s[8:]                             # s 前 3 个字符串+s 第 8 位之后的字符串
print(s)                                    # 输出为 'Helthon'
```

【示例 3】使用字符串对象的 replace()方法。该方法的详细介绍请参考 7.2.3 小节内容。

```
s='abcdef'
s=s.replace('a','A')                        # 用 A 替换 a
s=s.replace('bcd','123')                    # 用 123 替换 bcd
print(s)                                    # 输出为 'A123ef'
```

【示例 4】通过给一个变量赋值，或者重新赋值。

```
s1 = 'Hello World'
s2 = ' Python'                              # 变量赋值
s1 = s1+s2                                  # 重新赋值
print(s1)                                   # 输出为 'Hello World Python'
```

7.2.3　大小写转换

扫一扫，看视频

在 Python 中，字符串对象提供了 5 种方法，用以实现字符串的大小写转换。

1. 使用 lower()

字符串对象的 lower() 方法能够把字符串中所有大写字符转换为小写形式，并返回小写格式的字符串。语法格式如下：

```
str.lower()
```

该方法没有参数，返回值为小写后生成的字符串。例如：

```
str = "PYTHON"                              # 定义字符串
print(str.lower())                          # 输出为 python
```

注意：

返回值为新生成的字符串，存在于另一片内存片段中。下面几个方法类似，不再重复说明。

提示：

可以使用 islower()方法检测字符串是否为纯小写的格式。例如：

```
print("PYTHON".islower())                   # 输出为 False
print("python".islower())                   # 输出为 True
```

注意：

字符串中至少要包含一个字母，否则直接返回 False，如纯数字或空字符串。

2. 使用 upper()

字符串对象的upper()方法能够把字符串中所有小写字符转换为大写形式，并返回大写格式的字符串。语法格式如下：

```
str.upper()
```

该方法没有参数，返回值为大写后生成的字符串。例如：

```
str = "Python"                              # 定义字符串
print(str.upper())                          # 输出为 PYTHON
```

提示：

可以使用 isupper()方法检测字符串是否为纯大写的格式。例如：

```
print("PYTHON".isupper())                # 输出为 True
print("python".isupper())                # 输出为 False
```

注意：

字符串中至少要包含一个字母，否则直接返回 False，如纯数字或空字符串。

3. 使用 title()

字符串对象的 title()方法将会返回标题化的字符串，即字符串中每个单词首字母大写，其余字母均为小写。语法格式如下：

```
str.title()
```

该方法没有参数，返回值为生成的新字符串。例如：

```
str = "i love python"                    # 定义字符串
print(str.title())                       # 输出为 I Love Python
```

提示：

可以使用 istitle()方法检测字符串是否为"标题化"的格式。例如：

```
str = "i love python"                    # 定义字符串
str1 = str.title()                       # 转换为 I Love Python
print(str.istitle())                     # 输出为 False
print(str1.istitle())                    # 输出为 True
```

注意：

字符串中至少要包含一个字母，否则直接返回 False，如纯数字或空字符串。

拓展：

使用 istitle()方法进行判断时，会对每个单词的边界进行检测：一个完整的单词不应该包含非字母的字符，如空格、数字、连字符等各种特殊字符。当界定单词的边界后，会检测非首字母是不是全部小写，否则会返回 False。

```
print("Word15word2".istitle())           # 输出为 False
print("Word15Word2".istitle())           # 输出为 True
print("Wordaword2".istitle())            # 输出为 True
print("Word1aword2".istitle())           # 输出为 False
print("Word1aWord2".istitle())           # 输出为 False
```

在上面代码中，Word15word2 和 Word1aword2 被解析为 2 个单词，而 Wordaword2 被解析为 1 个单词。

4. 使用 capitalize()

字符串对象的 capitalize()方法能够将字符串的第一个字母变成大写，其他字母变成小写。语法格式如下：

```
str.capitalize()
```

该方法没有参数，返回值为生成的新字符串。例如：

```
str = "I Love Python"                    # 定义字符串
print(str.capitalize())                  # 输出为 I love python
```

提示：

对于 8 位字节编码的字符串，需要根据本地环境确定大小写形式。

拓展：

Python 没有提供 iscapitalize()方法，用来检测字符串首字母是否为大写格式。下面自定义 iscapitalize()来完善字符串大小写格式。

```
# 检测函数，与 capitalize()对应
def iscapitalize(s):
    if len(s.strip()) > 0 and not s.isdigit(): # 非空或非数字字符串，则进一步检测
        return s == s.capitalize()        # 使用 capitalize()把字符串转换为首字母大
                                          # 写形式，然后比较，如果相等，则返回 True，
                                          # 否则返回 False
    else:                                 # 如果为空，或者数字，则直接返回 False
        return False

# 检测代码
s1 = " "                                  # 定义空字符串
s2 = "123"                                # 定义数字字符串
s3 = "python"                             # 定义小写格式字符串
s4 = "Python"                             # 定义首字母大写格式字符串
s5 = "I Love Python"                      # 定义句子字符串
s6 = "Python 3.7"                         # 定义包含数字的字符串
print(iscapitalize(s1))                   # 输出为 False
print(iscapitalize(s2))                   # 输出为 False
print(iscapitalize(s3))                   # 输出为 False
print(iscapitalize(s4))                   # 输出为 True
print(iscapitalize(s5))                   # 输出为 False
print(iscapitalize(s6))                   # 输出为 True
```

注意：

在扩展 iscapitalize()函数时，需要考虑两个特殊情况：纯数字字符串和空字符串，对于这两种情况，return s == s.capitalize()都会返回 True，所以需要考虑先条件过滤，再进行判断。

5．使用 swapcase()

使用字符串对象的 swapcase()方法可以将字符串的大小写字母进行转换。语法格式如下：

```
str.swapcase();
```

该方法没有参数，返回大小写字母转换后生成的新字符串。例如：

```
str = "I Love Python"                    # 定义字符串
print(str.swapcase())                    # 输出为 i lOVE pYTHON
```

7.2.4　字符串检测

扫一扫，看视频

上一小节介绍了 islower()、isupper()、istitle()这三种方法，它们分别用来检测字符串是否为小写、大写，或者首字母大写格式。下面将继续介绍两组字符串检测的专用方法。

1．数字和字母检测

使用下面几种方法可以检测字符串是否为字母、数字或者两者混合。

- isdigit()：如果字符串只包含数字，则返回 True；否则返回 False。
- isdecimal()：如果字符串只包含十进制数字，则返回 True；否则返回 False。

- isnumeric()：如果字符串中只包含数字字符，则返回 True；否则返回 False。
- isalpha()：如果字符串中至少有一个字符，并且所有字符都是字母，则返回 True；否则返回 False。
- isalnum()：如果字符串中至少有一个字符，并且所有字符都是字母或数字，则返回 True；否则返回 False。

注意：

isdigit()、isdecimal()和 isnumeric()方法都用来检测数字，但是也略有差异，简单比较如下。

（1）isdigit()

- True：Unicode 数字、全角数字（双字节）、byte 数字（单字节）。
- False：汉字数字、罗马数字、小数。
- Error：无。

（2）isdecimal()

- True：Unicode 数字、全角数字（双字节）。
- False：汉字数字、罗马数字、小数。
- Error：byte 数字（单字节）。

（3）isnumeric()

- True：Unicode 数字、全角数字（双字节）、汉字数字。
- False：罗马数字、小数。
- Error：byte 数字（单字节）。

【示例 1】分别使用上述 3 种方法检测 Unicode 数字、全角数字、byte 数字、汉字数字和罗马数字。

```
n1 = "1"                                    # Unicode 数字
print(n1.isdigit())                         # True
print(n1.isdecimal())                       # True
print(n1.isnumeric())                       # True
n2 = "1"                                    # 全角数字（双字节）
print(n2.isdigit())                         # True
print(n2.isdecimal())                       # True
print(n2.isnumeric())                       # True
n3 = b"1"                                   # byte 数字（单字节）
print(n3.isdigit())                         # True
print(n3.isdecimal())  # AttributeError 'bytes' object has no attribute 'isdecimal'
print(n3.isnumeric())  # AttributeError 'bytes' object has no attribute 'isnumeric'
n4 = "IV"                                   # 罗马数字
print(n4.isdigit())                         # False
print(n4.isdecimal())                       # False
print(n4.isnumeric())                       # False
n5 = "四"                                   # 汉字数字
print(n5.isdigit())                         # False
print(n5.isdecimal())                       # False
print(n5.isnumeric())                       # True
```

提示：

罗马数字包括Ⅰ、Ⅱ、Ⅲ、Ⅳ、Ⅴ、Ⅵ、Ⅶ、Ⅷ、Ⅸ、Ⅹ等，汉字数字包括一、二、三、四、五、六、七、八、九、十、百、千、万、亿、兆、零、壹、贰、叁、肆、伍、陆、柒、捌、玖、拾等。

2. 特殊字符检测

特殊字符包括空白（空格、制表符、换行符等）、可打印字符（制表符、换行符不是，而空格是），以及是否满足标识符定义规则。具体说明如下。

- isspace()：如果字符串中只包含空白，则返回 True；否则返回 False。
- isprintable()：如果字符串中的所有字符都是可打印的字符，或者字符串为空，则返回 True；否则返回 False。
- isidentifier()：如果字符串是有效的 Python 标识符，则返回 True；否则返回 False。

【示例 2】简单演示 isspace()、isprintable()和 isidentifier()方法的使用。

```
print(' '.isspace())                    # 空格 True
print('\t'.isprintable())               # 制表符 False
print(' '.isprintable())                # 空格 True
print("3a".isidentifier())              # False
print(' '.isidentifier())               # 空格 False
```

7.2.5 字符串填充

扫一扫，看视频

1. 使用 center()

使用 center()方法可以设置字符串居中显示。语法格式如下：

```
str.center(width[, fillchar])
```

str 表示字符串对象。参数 width 表示字符串的总宽度，单位为字符；fillchar 表示填充字符，默认值为空格。

center()方法将根据 width 设置的宽度居中，然后使用 fillchar 参数填充空余区域，默认填充字符为空格。

【示例 1】设置一个总宽度为 20 的字符串，然后定义子字符串 Python 居中显示，剩余空间填充为下划线。

```
s1 = "Python"                           # 定义字符串
s2 = s1.center(20, "_")                 # 定义字符串居中显示，设置总宽度为 20 个字符
print(s2)                               # 输出为 _______Python_______
print(len(s2))                          # 输出为 20
```

提示：

如果参数 width 小于字符串的长度，则直接输出字符串，不再填充字符。

```
print("Python".center(3))               # 输出为 Python
```

2. 使用 ljust()和 rjust()

ljust()方法能够返回一个原字符串左对齐，并使用指定字符填充至指定长度的新字符串。rjust()方法与 ljust()方法操作相反，它返回一个原字符串右对齐，并使用指定字符填充至指定长度的新字符串。语法格式如下：

```
str.ljust(width[, fillchar])
str.rjust(width[, fillchar])
```

参数说明与 center()相同。

提示：

如果指定的长度小于原字符串的长度，则返回原字符串。

【示例 2】针对示例 1，分别使用 ljust()和 rjust()方法设置字符串左对齐和右对齐显示，同时定义字符串总宽度为 20 个字符。

```
s1 = "Python"                          # 定义字符串
s2 = s1.ljust(20, "_")                 # 定义字符串左对齐，设置总宽度为 20 个字符
print(s2)                              # 输出为 Python______________
s3 = s1.rjust(20, "_")                 # 定义字符串右对齐，设置总宽度为 20 个字符
print(s3)                              # 输出为 ______________Python
```

3．使用 zfill()

zfill()方法实际上是 rjust()方法的特殊用法，它能够返回指定长度的字符串，原字符串右对齐，前面填充 0。语法格式如下：

```
str.zfill(width)
```

参数 width 指定字符串的长度。

【示例 3】设计随机生成一个 1~999 之间的整数，为了整齐显示随机数，本示例使用 zfill()设置随机数总长度为 3。

```
import random                          # 导入随机数模块
n = random.randint(1,999)              # 随机生成一个 1~999 之间的整数
print(str(n).zfill(3))                 # 输出并设置字符串宽度固定为 3
```

扫一扫，看视频

7.2.6 字符串检索

1．使用 count()

count()方法用于统计字符串里某个子字符串出现的次数。语法格式如下：

```
str.count(sub, start= 0,end=len(string))
```

str 表示字符串。参数 sub 表示要计算的子字符串；start 表示字符串开始统计的位置，默认为第 1 个字符（索引值为 0）；end 表示字符串中结束统计的位置，默认为字符串的最后一个位置。该方法返回子字符串在字符串中出现的次数。

【示例 1】计算字符串后半句中长字的个数。

```
str = "海水朝朝朝朝朝朝朝落，浮云长长长长长长长消"
sub = "长";
print(str.count(sub, 11, 21))          # 输出为 7
```

2．使用 endswith()和 startswith()

endswith()方法用于判断字符串是否以指定的子串结尾，如果以指定后缀结尾，则返回 True；否则返回 False。语法格式如下：

```
str.endswith(suffix[, start=0[, end= len(str)]])
```

str 表示字符串对象。参数 suffix 可以是一个字符串或者一个元素；start 表示检索字符串中的开始位置，默认值为 0；end 表示检索字符中的结束位置，默认值为字符串的长度。

startswith()方法用于判断字符串是否以指定的子串开头，用法与 endswith()方法相同。

```
str.startswith(suffix[, start=0[, end= len(str)]])
```

【示例 2】以示例 1 的字符串为例，然后使用 endswith()和 startswith()方法检测字符串“海”是否在字符串的开头或结尾。

```
str = "海水朝朝朝朝朝朝朝落，浮云长长长长长长长消"
sub = "海";
```

```
print(str.startswith(sub))                 # 输出为 True
print(str.endswith(sub))                   # 输出为 False
```

3．使用 find()和 rfind()

find()方法能够检测字符串中是否包含指定的子字符串。语法格式如下：

```
str.find(sub, start= 0,end=len(string))
```

str 表示字符串。参数 sub 表示要搜索的子字符串；start 表示字符串开始搜索的位置，默认为第 1 个字符（索引值为 0）；end 表示字符串中结束搜索的位置，默认为字符串的最后一个位置。

如果指定 start（开始）和 end（结束）范围，则检查是否包含在指定范围内。如果在指定范围内包含指定子字符串，返回的索引值是在字符串中的起始位置。如果不包含子字符串，则返回-1。

【示例 3】使用 find()方法检索“长”在字符串中的索引位置。

```
str = "海水朝朝朝朝朝朝朝落，浮云长长长长长长长消"
sub = "长";                                  # 要检索的字符串
print(str.find(sub))                        # 在整个字符串中检索，输出为 13
print(str.find(sub,14))                     # 从下标 14 位置开始检索，输出为 14
print(str.find(sub,10,13))                  # 从下标 10~13 范围开始检索，输出为-1，没有找到
```

注意：

检索范围包含起始点位置，但不包含终止点位置。

rfind()方法与 find()方法功能相同，用法也相同，但是它返回搜索字符串最后一次出现的下标位置，如果没有匹配项，则返回-1。

【示例 4】针对示例 3，如果把 find()方法替换为 rfind()方法，则将会返回字符串中最后一个“长”字的下标位置。

```
str = "海水朝朝朝朝朝朝朝落，浮云长长长长长长长消"
sub = "长";                                  # 要检索的字符串
print(str.rfind(sub))                       # 在整个字符串中检索，输出为 19
print(str.rfind(sub,14))                    # 从下标 14 位置开始检索，输出为 19
print(str.rfind(sub,10,13))                 # 从下标 10~13 范围开始检索，输出为 -1，没有找到
```

4．使用 index()和 rindex()

index()与 find()方法的功能和用法相同，rindex()与 rfind()方法的功能和用法相同。唯一区别是：当 index()和 rindex()方法搜索不到子字符串时，将抛出 ValueError 错误。

【示例 5】针对示例 3、示例 4，本示例使用 index()和 rindex()方法替换 find()和 rfind()方法。

```
str = "海水朝朝朝朝朝朝朝落，浮云长长长长长长长消"
sub = "长";                                  # 要检索的字符串
print(str.index(sub))                       # 在整个字符串中检索，输出为 13
print(str.index(sub,14))                    # 从下标 14 位置开始检索，输出为 14
print(str.index(sub,10,13))                 # 抛出 ValueError 异常
print(str.rindex(sub))                      # 在整个字符串中检索，输出为 19
print(str.rindex(sub,14))                   # 从下标 14 位置开始检索，输出为 19
print(str.rindex(sub,10,13))                # 抛出 ValueError 异常
```

7.2.7 替换字符串

扫一扫，看视频

1．使用 replace()

使用 replace()方法可以执行字符串替换操作。语法格式如下：

```
str.replace(old, new[, max])
```

str 表示字符串对象。参数 old 表示将被替换的子字符串；new 表示新字符串，用于替换 old 子字符串；max 表示可选参数，设置替换不超过的最大次数。

该方法将返回字符串中的 old（旧字符串）替换成 new（新字符串）后生成的新字符串，如果指定第 3 个参数 max，则替换不超过 max 次。如果搜索不到子串 old，则无法替换，直接返回原字符串。

【示例 1】本示例演示了 replace()方法的使用方法。

```
str = "www.mysite.cn"
str1 = str.replace("mysite", "qianduankaifa")      # 替换字符串
print(str)                                          # 输出为 www.mysite.cn
print(str1)                                         # 输出为 www.qianduankaifa.cn
```

2．使用 expandtabs()

使用 expandtabs()方法可以把字符串中的 Tab 符号（'\t'）转为空格，Tab 符号（'\t'）默认的空格数是 8。语法格式如下：

```
str.expandtabs(tabsize=8)
```

参数 tabsize 指定转换字符串中的 Tab 符号转为空格的字符数，默认值为 8。

【示例 2】本示例演示了 expandtabs()方法的使用方法。

```
str = "Hi,\tPython"
str1 = str.expandtabs(2)                            # 替换字符串
print(str)                                          # 输出为 Hi,     Python
print(str1)                                         # 输出为 Hi,Python
```

注意：

expandtabs(8)不是将\t 直接替换为 8 个空格，而是根据 Tab 字符前面的字符数确定替换宽度。

```
print(len("1\t".expandtabs(8)))                     # 输出为 8，添加 7 个空格
print(len("12\t".expandtabs(8)))                    # 输出为 8，添加 6 个空格
print(len("123\t".expandtabs(8)))                   # 输出为 8，添加 5 个空格
print(len("1\t1".expandtabs(8)))                    # 输出为 9，添加 7 个空格
print(len("12\t12".expandtabs(8)))                  # 输出为 10，添加 6 个空格
print(len("123\t123".expandtabs(8)))                # 输出为 11，添加 5 个空格
print(len("123456781\t".expandtabs(8)))             # 输出为 16，添加 7 个空格
print(len("1234567812345678\t".expandtabs(8))) # 输出为 24，添加 8 个空格
```

通过上面的示例比较可以看到：Python 先根据字符串宽度及 Tab 键设置的宽度，确定需要填充的空格数，Tab 键之后的字符数不受影响。

3．使用 translate()和 maketrans()

translate()方法能够根据参数表翻译字符串中的字符。语法格式如下：

```
str.translate(table)
bytes.translate(table[, delete])
bytearray.translate(table[, delete])
```

str 表示字符串对象；bytes 表示字节串；bytearray 表示字节数组。参数 table 表示翻译表，翻译表通过 maketrans()函数生成。translate()方法返回翻译后的字符串，如果设置了 delete 参数，则将原来 bytes 中属于 delete 的字符删除，剩下的字符根据参数 table 进行映射。

maketrans()函数用于创建字符映射的转换表。语法格式如下：

```
str.maketrans(intab,outtab[,delchars])
```

```
bytes.maketrans(intab,outtab)
bytearray.maketrans(intab,outtab)
```

第 1 个参数是字符串，表示需要转换的字符。第 2 个参数也是字符串，表示要转换的目标，两个字符串的长度必须相同，为一一对应的关系。第 3 个参数为可选参数，表示要删除的字符组成的字符串。

【示例 3】使用 str.maketrans()函数生成一个大小写字母映射表，然后把字符串全部转换为小写。

```
a = "ABCDEFGHIJKLMNOPQRSTUVWXYZ"            # 大写字符集
b = "abcdefghijklmnopqrstuvwxyz"            # 小写字符集
table = str.maketrans(a,b)                  # 创建映射表
s = "PYTHON"
print(s.translate(table))                   # 输出为 python
```

【示例 4】针对示例 1，可以设置需要删除的字符，如 THON。

```
a = "ABCDEFGHIJKLMNOPQRSTUVWXYZ"            # 大写字符集
b = "abcdefghijklmnopqrstuvwxyz"            # 小写字符集
d = "THON"                                  # 删除字符集
t1 = str.maketrans(a,b)                     # 创建字符映射转换表
t2 = str.maketrans(a,b,d)                   # 创建字符映射转换表，并删除指定字符
s = "PYTHON"                                # 原始字符串
print(s.translate(t1))                      # 输出为 python
print(s.translate(t2))                      # 输出为 py
```

【示例 5】针对示例 4，可以把普通字符串转为字节串，然后使用 translate()方法先删除再转换。

```
a = b"ABCDEFGHIJKLMNOPQRSTUVWXYZ"           # 大写字节型字符集
b = b"abcdefghijklmnopqrstuvwxyz"           # 小写字节型字符集
d = b"THON"                                 # 删除字节型字符集
t1 = bytes.maketrans(a, b)                  # 创建字节型字符映射转换表
s = b"PYTHON"                               # 原始字节串
s = s.translate(None, d)                    # 若 table 参数为 None，则只删除不映射
s = s.translate(t1)                         # 执行映射转换
print(s)                                    # 输出为 b'py'
```

注意：

如果 table 参数不为 NONE，则先删除再映射。

7.2.8　分割字符串

扫一扫，看视频

1．使用 partition()和 rpartition()

使用 partition()方法可以根据指定的分隔符将字符串进行分割。语法格式如下：

```
str.partition(sep)
```

参数 sep 表示分隔的子字符串（分隔符）。如果字符串中包含指定的分隔符，则返回一个包含 3 个元素的元组，第 1 个元素为分隔符左边的子字符串，第 2 个元素为分隔符本身，第 3 个元素为分隔符右边的子字符串。

【示例 1】使用点号分割 URL 字符串。

```
str = "www.mysite.com"
t = str.partition(".")                      # 根据第 1 个点号分割字符串
print(t)                                    # 输出为 ('www', '.', 'mysite.com')
```

提示：

如果字符串不包含指定的分隔符，则返回一个包含 3 个元素的元组，第 1 个元素为整个字符串，第 2 个元素和第 3 个元素为空字符串。例如：

```
str = "www.mysite.com"
t = str.partition("|")                    # 根据竖线分割字符串
print(t)                                  # 输出为 ('www.mysite.com', '', '')
```

rpartition()方法类似于 partition()方法，只是该方法是从目标字符串的右边开始搜索分隔符。如果字符串中包含指定的分隔符，则返回一个包含 3 个元素的元组，第 1 个元素为分隔符左边的子字符串，第 2 个元素为分割符本身，第 3 个元素为分隔符右边的子字符串。

【示例 2】针对示例 1，下面使用 rpartition()方法分隔 URL 字符串。

```
str = "www.mysite.com"
t = str.rpartition(".")                   # 根据最后一个点号分割字符串
print(t)                                  # 输出为 ('www.mysite', '.', 'com')
```

注意：

如果在字符串中只搜索到一个 sep，则 partition()和 rpartition()方法的结果是相同的。

2．使用 split()、rsplit()和 splitlines ()

使用 split()方法能够通过指定分隔符对字符串进行切分，返回分割后的字符串列表。语法格式如下：

```
str.split(sep="", num=-1)
```

参数 sep 表示分隔符，默认为所有的空字符，包括空格、换行(\n)、制表符(\t)等。参数 num 表示分割的次数，如果参数 num 有指定值，则分割 num+1 个子字符串，默认为-1，即分隔全部字符串。

【示例 3】针对示例 1，下面使用 split()方法以点号为分隔符分隔 URL 字符串。

```
str = "www.mysite.com"
t = str.split(".")                        # 分割字符串
print(t)                                  # 输出为 ['www', 'mysite', 'com']
```

如果设置分割次数为 1，则可以这样设计：

```
str = "www.mysite.com"
t = str.split(".", 1)                     # 分割字符串
print(t)                                  # 输出为 ['www', 'mysite.com']
```

rsplit()方法与 split()方法功能和用法相同，唯一的区别是：rsplit()方法从字符串右侧开始分割。因此，如果不设置第 2 个参数，则返回结果与 split()方法相同。例如：

```
str = "www.mysite.com"
t = str.rsplit(".")                       # 分割字符串
print(t)                                  # 输出为 ['www', 'mysite', 'com']
```

如果设置分割次数为 1，则输出结果与 split()方法不同。例如：

```
str = "www.mysite.com"
t = str.rsplit(".", 1)                    # 分割字符串
print(t)                                  # 输出为 ['www.mysite', 'com']
```

splitlines()方法实际上就是 split()方法的特殊应用，即以行（'\r'、'\r\n'、\n'）为分隔符来分割字符串，返回一个包含各行字符串作为元素的列表。语法格式如下：

```
str.splitlines([keepends])
```

参数 keepends 默认为 False，如果为 False，则每行元素中不包含行标识符；如果为 True，则元素中保留行标识符。

【示例 4】本示例简单演示了 splitlines()方法的基本使用。

```
str = 'a\n\nb\rc\r\nd'
t1 = str.splitlines()                  # 不包含换行符
t2 = str.splitlines(True)              # 包含换行符
print(t1)                              # 输出为 ['a', '', 'b', 'c', 'd']
print(t2)                              # 输出为 ['a\n', '\n', 'b\r', 'c\r\n', 'd']
```

7.2.9　修剪字符串

扫一扫，看视频

1．使用 strip()

使用 strip()方法可以移除字符串头尾指定的字符或字符序列，返回移除后的新字符串。语法格式如下：

```
str.strip([chars]);
```

参数 chars 为将要移除字符串头尾指定的字符序列，默认为空格或换行符。

注意：

该方法只能删除开头或结尾的字符，不能删除中间部分的字符。

【示例 1】使用 strip()删除字符串首尾空格和换行符。

```
str1 = "   Python\n   "
str2 = str1.strip()                    # 清除首尾空格和换行符
print(len(str1))                       # 输出为 13
print(len(str2))                       # 输出为 6
print(str2)                            # 输出为 Python
```

【示例 2】可以清除首尾指定字符，本示例使用 strip()删除字符串首尾中的数字 0，但是对于字符串中间包含的 0 不清除。

```
str1 = "0100101101010100"
str2 = str1.strip("0")                 # 清除首尾数字 0
print(len(str1))                       # 输出为 16
print(len(str2))                       # 输出为 13
print(str2)                            # 输出为 1001011010101
```

2．使用 lstrip()和 rstrip()

lstrip()和 rstrip()方法是 strip()方法的特殊应用，分别用来清除字符串左侧和右侧的字符或字符序列。语法格式如下：

```
str.lstrip([chars])
str.rstrip([chars])
```

参数 chars 表示要截取的字符或字符序列，默认值为空格或换行符。

【示例 3】无论 strip()方法，还是 lstrip()和 rstrip()方法，可以清除指定的字符串，字符串可以是一个字符或者多个字符，匹配时不是按照整体进行匹配，而是逐个进行匹配。

```
str1 = "234.3400000"
str2 = str1.rstrip("0")                # 清除尾部数字 0
print(len(str1))                       # 输出为 11
```

```
print(len(str2))                        # 输出为 6
print(str2)                             # 输出为 234.34
```

扫一扫，看视频

7.2.10　截取字符串

截取字符串主要通过切片来实现，在 7.1.3 小节访问字符串时曾经介绍过使用切片访问字符串的方法，实际上切片访问字符串就是截取并返回一段子字符串。具体方法请参考 5.1.3 小节或 7.1.3 小节内容。

【示例】下面再通过一个简单的示例练习使用切片截取字符串。

```
str = '0123456789'
print(str[0:3])                         # 截取第 1 个到第 3 个字符：012
print(str[:])                           # 截取字符串的全部字符：0123456789
print(str[6:])                          # 截取第 7 个字符到结尾：6789
print(str[:-3])                         # 截取从开始到倒数第 3 个字符：0123456
print(str[2])                           # 截取第 3 个字符：2
print(str[-1])                          # 截取倒数第 1 个字符：9
print(str[::-1])                        # 创造相反的字符串：9876543210
print(str[-3:-1])                       # 截取倒数第 3 个到倒数第 1 个字符：78
print(str[-3:])                         # 截取倒数第 3 个到结尾的字符：789
print(str[:-5:-3])                      # 逆序截取：96
```

扫一扫，看视频

7.2.11　案例：打印菱形

通过对字符串的操作，打印出菱形，代码如下所示，演示效果如图 7.2 所示。

```
n = int(input('Num:'))                  # 接收用户输入的数
for i in range(1,n):                    # 遍历菱形上半部分
      a = '*' * i                       # 需要打印的个数
      print (a.center(n,' '))           # 居中输出
for i in range(n,0,-1):                 # 遍历菱形下半部分
      a = '*' * i                       # 需要打印的个数
      print (a.center(n,' '))           # 居中输出
```

```
Num:8
    *
    **
   ***
   ****
  *****
  ******
 *******
********
 *******
  ******
  *****
   ****
   ***
    **
    *
>>> |
```

图 7.2　打印菱形效果

7.2.12　案例：模拟上传图片文件

扫一扫，看视频

```
请输入上传文件:photo.png
图片文件可以上传
>>> |
```

图 7.3　模拟上传图片文件效果

通常在上传文件的时候对文件的格式有要求，如上传图片的文件时，格式可以为.png、.jpg、.gif 等，只有符合该格式的文件才可以上传，通过对字符串操作，模拟上传图片文件，代码如下所示。演示效果如图 7.3 所示。

```
filename = input('请输入上传文件:')                          # 接收文件
if filename != '':                                           # 文件不为空
    if filename.find('.') == -1 or filename.find('.') == len(filename) - 1:
        # 文件格式不含"."或者以"."结尾
        print('文件格式不正确')                              # 输出文件格式不正确
    else:                                                    # 文件格式正确
        if filename.endswith(('png', 'jpg', 'gif')):         # 符合图片文件格式
            print('图片文件可以上传')                        # 输出可以上传
        else:                                                # 不符合图片文件格式
            print('文件格式不正确，不能上传!')               # 输出不可以上传
```

7.3　案 例 实 战

7.3.1　模拟通讯录操作

扫一扫，看视频

本案例模拟通讯录操作，保存三条好友信息，分别为姓名、电话、地址。假定用户输入的格式符合如下规范。

- 输入信息顺序分别为姓名、电话、地址。
- 姓名和电话之间用“:”分隔，电话和地址之间用“,”分隔。
- 每个好友信息输入完，末尾需要加上“;”。
- 姓名、电话、地址前后可能有空格。

设计在程序开始时，输入信息“张三:15811112222,北京;李四:18811112222,上海;”，会在屏幕上打印如下信息。

```
张三    15811112222    北京
李四    18811112222    上海
```

代码如下所示，演示效果如图 7.4 所示。

```
friends = list()                                    # 定义好友列表，存储通讯录好友信息
while True:                                         # 无限次输入好友信息
    friendInfo = input('请输入好友信息:')
    if friendInfo !='':                             # 输入信息不为空
        if friendInfo.count(':') == friendInfo.count(',') == friendInfo
        .count(';'):                                # 输入信息符合规范
            friendsList = friendInfo.split(';')     # 分隔好友，得到好友列表信息
            for info in friendsList:                # 遍历好友信息
                if info != '':                      # 好友信息不为空
                    friendName = info.split(':')[0].strip()
```

```
                                            # 获取姓名信息并去除前后空格
                    friendPhone = info.split(',')[0].split(':')[1].strip()
                                            # 获取电话信息并去除前后空格
                    friendAddress = info.split(',')[1].strip()
                                            # 获取地址信息并去除前后空格
                    if friendPhone.isdigit() and len(friendPhone) == 11:
                                            # 电话为 11 的数字
                        friendList = [friendName,friendPhone,friendAddress]
                                            # 将信息保存在列表中
                        friends.append(friendList)
                                            # 追加信息在通讯录中
                    else:
                        print('电话格式输入不正确!')
        else:
            print('好友信息格式输入不正确!')
    else:
        print('输入信息不能为空!')
    for friend in friends:                  # 遍历通讯录
        for item in friend:                 # 遍历好友信息
            print(item,end = '\t')          # 打印信息
        print()                             # 换行
    flag = input('是否退出[y/n]:')          # 是否退出系统
    if flag == 'y':
        break
```

```
请输入好友信息:张三    :  15811112222  , 北京; 李四 :18811112222, 上海;
张三    15811112222     北京
李四    18811112222     上海
是否退出[y/n]:n
请输入好友信息:王五: 17711112222, 深圳;
张三    15811112222     北京
李四    18811112222     上海
王五    17711112222     深圳
是否退出[y/n]:y
>>> |
```

图 7.4　模拟通讯录效果

扫一扫，看视频

7.3.2　封装 translate()方法

在 7.2.7 小节中介绍了封装 translate()方法的基本使用，本小节以案例形式演示如何对 translate()方法进行简单封装，以方便用户使用。

【实现代码】

自定义函数 new_translate()，设计包含 4 个参数，具体说明如下。

- frm：表示被映射字符串集，字节型，默认值为空。
- to：表示映射字符串集，字节型，默认值为空。
- delete：表示删除字符集，字节型，默认值为空。
- keep：表示删除需要保留的字符集，字节型，默认值为 None。

提示：

delete 和 keep 有重叠时，delete 优先。

```
def new_translate(frm=b'', to=b'', delete=b'', keep=None):
    if len(to) == 1:
        to = to * len(frm)                        # 如果 to 只有一个字符，将字符的数量
                                                  # 与 frm 设置相等，这样才能一一对应
    # 构建一个映射表
    trans = bytes.maketrans(frm, to)
    if keep is not None:                          # 如果有保留字
        allchars = bytes.maketrans(b'', b'')      # 获取空映射表的所有字符
        # 从 keep 中去除 delete 中包含的字符,即 keep 与 delete 有重合时,优先考虑 delete
        keep = keep.translate(allchars, delete)
        # delete 为从全体字符中除去 keep，即不在 keep 的都删掉
        delete = allchars.translate(allchars, keep)
    # 闭包
    def my_translate(s):
        return s.translate(trans, delete)
    return my_translate
```

【应用代码】

```
# 只保留数字
digits_only = new_translate(keep=b'0123456789')
print(digits_only(b'http://www.mysite.cn/test#654321'))    # 输出为 b'654321'
# 删除所有数字
no_digits=new_translate(delete=b'0123456789') # 输出为 b'http://www.mysite.cn/test#'
print(no_digits(b'http://www.mysite.cn/test#654321'))
# 用*替换数字
digits_to_hash = new_translate(frm=b'0123456789', to=b'*')
                                 # 输出为 b'http://www.mysite.cn/test#******'
print(digits_to_hash(b'http://www.mysite.cn/test#654321'))
                                 # delete 与 keep 有重合时的情况
trans = new_translate(delete=b'20', keep=b'0123456789')
print(trans(b'http://www.mysite.cn/test#654321'))          # 输出为b'65431'
```

7.3.3 最长无重复子序列

扫一扫，看视频

假设给定一个字符串，请找出其中不含有重复字符的最长子串的长度。

案例完整代码如下：

```
def DistinctSubstring(str):                    # 定义最长无重复子序列函数
    max_sublength = 0                          # 定义最长子序列
    char_dict = dict()                         # 定义空字典
    cur = 0                                    # 定义当前序列中字符坐标的位置
    for i in range(len(str)):                  # 遍历字符串
        # 判断当前字符是否在字典中，而且当前序列坐标小于字典中存储字符的位置
        if str[i] in char_dict and cur <= char_dict[str[i]]:
            cur = char_dict[str[i]] + 1        # 设置当前字符坐标为该字符的下标
        else:
            # 取当前最大子序列长度和最大子序列长度中最长的
            max_sublength = max(max_sublength, i - cur + 1)
        char_dict[str[i]] = i                  # 添加当前字符到字典中
```

```
    return max_sublength                          # 返回最大无重复子序列长度

str = 'ababcbbd'                                  # 定义字符串
maxlength = DistinctSubstring(str)                # 调用函数
print(maxlength)                                  # 返回 3
```

7.3.4 KMP 算法实现字符串匹配

扫描，拓展学习

字符串匹配就是判断字符串 str1 是否是字符串 str2 的子串。本例演示通过 KMP 算法实现字符串匹配。限于篇幅，本节示例源码、解析和演示将在线展示，请读者扫描阅读。

7.4 在线支持

扫描，拓展学习

2

进阶提升

第 8 章 正则表达式

正则表达式是非常强大的字符串操作工具，其语法形式为一个特殊的字符序列，常用来对字符串进行匹配操作。Python 从 1.5 版本开始新增 re 模块，提供 Perl 风格的正则表达式支持。本章将详细介绍正则表达式的基本语法，以及 Python 正则表达式标准库的基本用法。

【学习重点】

- 了解正则表达式的相关概念。
- 掌握正则表达式的基本语法。
- 熟悉 Python 的 re 模块。
- 能够使用正则表达式解决实际问题。

8.1 认识正则表达式

正则表达式又称规则表达式（Regular Expression），在代码中简写为 regex、regexp 或 RE，常被用来匹配符合指定模式（规则）的文本。现代计算机编程语言都支持利用正则表达式进行字符串操作。

实际上，正则表达式就是一种逻辑模板，是用事先定义好的一组特定字符，以及这些特定字符的任意组合，组成一个“正则表达式字符串”，这个“正则表达式字符串”用来表达对字符串的一种过滤逻辑。

给定一个正则表达式和一个被操作的字符串，可以达到以下目的。

- 验证被操作字符串是否符合正则表达式的匹配逻辑。
- 通过正则表达式，从被操作字符串中获取特定的信息，或者修改字符串。

Python 支持 Perl 风格的正则表达式语法。下面先了解与正则表达式相关的几个概念。

- grep：grep 是一种强大的文本搜索工具，它能使用特定模式匹配（包括正则表达式）搜索文本，并默认输出匹配行。
- egrep：由于 grep 更新的速度无法与技术更新的速度同步。为此，贝尔实验室推出了 egrep，即扩展的 grep，这大大增强了正则表达式的能力。
- POSIX：在 grep 发展的同时，其他一些开发人员也根据自己的喜好开发出了具有独特风格的版本。但问题也随之而来，有的程序支持某个元字符，而有的程序则不支持，因此就有了 POSIX。POSIX 是一系列标准，确保了操作系统之间的可移植性。但 POSIX 和 SQL 一样没有成为最终的标准，而只能作为一个参考。
- Perl：1987 年，Larry Wall 发布了 Perl 编程语言，它汲取了多种语言精华，并内部集成了正则表达式的功能，以及巨大的第三方代码库 CPAN。Perl 经历了从 Perl 1 到现在 Perl 6 的发展，最终成了 POSIX 之后的另一个标准。
- PCRE：1997 年，Philip Hazel 开发了 PCRE 库，它是能够兼容 Perl 正则表达式的一套正则引擎，其他开发人员可以将 PCRE 整合到自己的语言中，为用户提供丰富的正则功能。

8.2 在 Python 中使用正则表达式

Python 通过 re 模块支持正则表达式，re 模块拥有全部的正则表达式功能。使用 re 模块的一般步骤如下。

【操作步骤】

第 1 步，在 Python 中使用 import 命令导入 re 模块。

```
import re
```

第 2 步，设计正则表达式字符串。正则表达式字符串与普通字符串相同，可以使用单引号或双引号定义。

注意：

对于正则表达式字符串中的反斜杠（\），需要添加“\”进行转义，否则会破坏元字符的匹配功能。例如，在下面正则表达式字符串中，“\d”会被解析为任意数字，而在普通字符串中，“\d”被解析为字母 d。

```
'\d'
```

为了避免错误，可以再加一个反斜杠，对反斜杠进行转义。例如：

```
'\\d'
```

考虑到正则表达式字符串中可能会包含大量的特殊字符和反斜杠，因此可以在普通字符串前面加上 r 或 R 定义原始字符串，禁止字符转义。例如：

```
r'\d'
```

或

```
R'\d'
```

第 3 步，使用 re.compile()函数将正则表达式字符串编译为正则表达式对象（Pattern 实例）。

第 4 步，使用 Pattern 实例处理文本并获得匹配结果（Match 实例）。

第 5 步，使用 Match 实例获取匹配信息。

整个操作过程示意如图 8.1 所示。

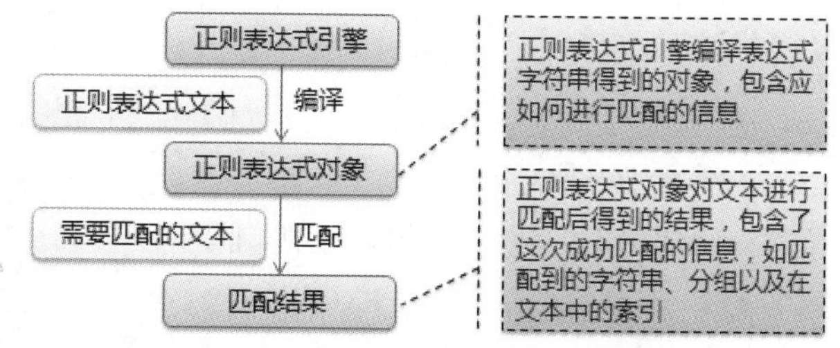

图 8.1　正则表达式执行过程示意图

提示：

在 Python 的 re 模块中，提供了两套功能相同并一一对应的方法：一套是附加在 re 类对象上的 Python 类方法，也称为 re 函数，如 re.match()；另一套是附加在 Pattern 对象上的实例方法，如 pattern.match()。

re 函数需要传入正则表达式字符串，以及匹配模式，然后将其转换为正则表达式对象，最后再执行匹配操作。

而使用 Pattern 实例方法之前，需要使用 re.compile(pattern[, flags])函数将正则表达式字符串和匹配模式编译成 Pattern 对象，这样可以在代码中重复使用一个正则表达式对象。

【完整示例】

```
# 第 1 步，导入正则表达式模块
import re

# 第 2 步，设计正则表达式字符串
pattern = 'hello'

# 第 3 步，将正则表达式字符串编译成 Pattern 对象
pattern = re.compile(pattern)

# 第 4 步，使用 Pattern 实例处理文本
match = pattern.match('hello world!')

# 第 5 步，使用 Match 实例获取匹配信息
if match:                                    # 获得匹配结果，无法匹配时将返回 None
    print(match.group())                     # 使用 group()方法获取匹配结果的分组信息
else:
    print("None")
```

最后输出为：

```
Hello
```

8.3 正则表达式基本语法

在形式语言理论中，正则表达式被称为“规则语言”，而不是编程语言。

在 Python 中，“正则表达式”这个概念包含两层含义：一个是正则表达式字符串；另一个是正则表达式对象。正则表达式字符串是正则表达式的文本表示，它经过编译后就成为正则表达式对象。正则表达式对象具有匹配功能。正则表达式字符串由两部分构成：元字符和普通字符。元字符是具有特殊含义的字符，如“.”和“?”；普通字符是仅指代自身的普通字符，如数字、字母等。本节将详细介绍各种元字符的含义和用法。

扫一扫，看视频

8.3.1 行定界符

行定界符描述一行字符串的边界。具体说明如下。

- ^：表示行的开始。
- $：表示行的结尾。

提示：

在多行匹配模式中，行定界符能够匹配每一行的行首和行尾位置。

【示例 1】本示例定义一个被操作字符串“html、htm”，一个正则表达式“^htm”，然后调用 re.findall() 函数执行匹配，匹配结果存储于 matches 变量中，最后输出显示匹配结果。

```
import re                                    # 导入正则表达式模块
```

```
subject = "html、htm"                         # 定义字符串
pattern = '^htm'                              # 正则表达式
matches = re.findall(pattern, subject)        # 执行匹配操作
print(matches)                                # 输出为 ['htm']
```

上面示例将匹配到字符串中行开始位置的“htm”字符串。如果使用下面的正则表达式，则可以匹配结尾的“htm”字符串。

```
pattern = 'htm$'
```

提示：

有关 re.findall()函数的用法请参考 8.4.3 小节介绍。

【示例 2】分别过滤行首为 H 和行尾为 m 的元素，并输出显示。

```
import re                                     # 导入正则表达式模块
lines = ["Hello world.", "hello world.", "ni hao", "Hello Tom"]    # 待过滤的列表
results = []                                  # 临时列表
for line in lines:                            # 遍历列表
    if re.findall(r"^H", line):               # 找行首字符是 H 的文本行
        results.append(line)                  # 添加到临时列表中
print(results)                                # 输出为 ['Hello world.', 'Hello Tom']
results = []                                  # 临时列表
for line in lines:                            # 遍历列表
    if re.findall(r"m$", line):               # 找行尾字符是 m 的文本行
        results.append(line)                  # 添加到临时列表中
print(results)                                # 输出为 ['Hello Tom']
```

8.3.2　单词定界符

扫一扫，看视频

单词定界符描述一个单词的边界，具体说明如下。

- \b：表示单词边界。
- \B：表示非单词边界。

提示：

在正则表达式中，单词是由 26 个字母（含大小写）和 10 个数字组成的任意长度且连续的字符串。单词与非单词类字符相邻的位置称为单词边界。

【示例 1】使用\b 定界符匹配一个完整的“htm”单词。

```
import re                                     # 导入正则表达式模块
subject = "html、htm"                         # 定义字符串
pattern = r'\bhtm\b'                          # 正则表达式
matches = re.findall(pattern, subject)        # 执行匹配操作
print(matches)                                # 输出为 ['htm']
```

注意：

在 r'\bhtm\b'中需要添加 r 前缀，表示该字符串不可转义，避免把\b 解析为 ASCII 退格（BS）。

【示例 2】使用单词定界符\b 匹配每一个单词。

```
import re                                     # 导入正则表达式模块
text = "apple took itake tattle tabled tax yed temperate"    # 定义字符串
print (re.findall(r"\bta.*\b", text))         # ta 开头的最长子句子，
```

```
                                        # 输出为 ['tattle tabled tax yed temperate']
print (re.findall(r"\bta\S*?\b", text))  # ta 开头的单词，输出为 ['tattle',
                                        # 'tabled', 'tax']
print (re.findall(r"\bta\S*?ed\b", text))# ta 开头 ed 结尾的单词，输出为 ['tabled']
```

提示：

在正则表达式的开始处使用\b 字符匹配单词开始位置，在正则表达式的结束处使用\b 字符匹配单词结束位置。

【示例 3】本示例使用 r"\Bphone"正则表达式，从 text 中找出 iphone、telephone 单词。其中\B 表示非单词边界位置。

```
import re                                                 # 导入正则表达式模块
text = "phone phoneplus iphone telephone telegram"        # 定义字符串
words = text.split()                                      # 转换为列表
results = []                                              # 临时列表
for word in words:                                        # 遍历列表对象
    if re.findall(r"\Bphone", word):                      # 如果在单词内找到 phone
        results.append(word)                              # 存储到临时列表
print(results)                               # 输出为 ['iphone', 'telephone']
```

8.3.3 字符类

扫一扫，看视频

字符类也称为字符集，就是一个字符列表，表示匹配字符列表中的任意一个字符。使用方括号（[...]）可以定义字符类。例如，[abc]，可以匹配 a、b、c 中的任意一个字母。

【示例 1】下面正则表达式定义了匹配 html、HTML、Html、hTmL 或 HTml 的字符类。

```
import re                                                 # 导入正则表达式模块
pattern = '[hH][tT][mM][lL]'                              # 定义正则表达式
str = " html、HTML、Html、hTmL 或 HTml"                     # 定义字符串
print(re.findall(pattern, str))    # 输出为 ['html', 'HTML', 'Html', 'hTmL', 'HTml']
```

注意：

所有的特殊字符在字符集中都失去了其原有的特殊含义，仅表示字符本身。在字符集中如果要使用[、]、-或^，可以在[、]、-或^字符前面加上反斜杠，或者把[、]和-放在字符集中第 1 个字符位置，把“^”放在非第 1 个字符位置。

【示例 2】下面正则表达式可以匹配一些特殊字符。

```
import re                                                 # 导入正则表达式模块
pattern = '[-\[\]^.*]'                                    # 定义特殊字符集
str = "[]-\.*^"                                           # 定义字符串
print(re.findall(pattern, str))          # 输出为 ['[', ']', '-', '.', '*', '^']
```

8.3.4 选择符

扫一扫，看视频

选择符类似字符类，可以实现选择性匹配。使用“|”可以定义选择匹配模式，类似 Python 运算中的逻辑或。

“|”代表左右表达式任意匹配一个，它总是先尝试匹配左侧的表达式，一旦成功匹配，则跳出匹配

右边的表达式。如果“|”没有被包括在小括号中，则它的匹配范围是整个正则表达式。

【示例】下面字符模式可以匹配“html”，也可以匹配“Html”。

```
pattern = 'h|Html'
```

提示：

字符类一次只能匹配一个字符，而选择符“|”一次可以匹配任意长度的字符串。在 8.3.11 小节中将会举例说明。

8.3.5　范围符

扫一扫，看视频

使用字符类需要列举所有可选字符，当可选字符比较多时就比较麻烦。不过在字符类中可以使用连字符“-”定义字符范围。

连字符左侧字符为范围起始点，右侧字符为范围终止点。

注意：

字符范围都是根据字符编码表的位置关系来确定的。

【示例】定义多个字符类，匹配任意指定范围的字符。

```
pattern = '[a-z]'                    # 匹配任意一个小写字母
pattern = '[A-Z]'                    # 匹配任意一个大写字母
pattern = '[0-9]'                    # 匹配任意一个数字
pattern = '[\u4e00-\u9fa5]'          # 匹配中文字符
pattern = '[\x00-\xff]'              # 匹配单字节字符
```

8.3.6　排除符

扫一扫，看视频

在字符类中，除了范围符外，还有一个元字符：排除符（^）。将“^”放到方括号内最左侧，表示排除字符列表，也就是将反转该集合的意义。类似 Python 运算中的逻辑非。

【示例】定义多个排除字符类，匹配指定范围外的字符。

```
pattern = '[^0-9]'                   # 匹配任意一个非数字
pattern = '[^\x00-\xff]'             # 匹配双字节字符
```

8.3.7　限定符

扫一扫，看视频

限定符也称为数量词，用来指定正则表达式的一个给定字符、字符类或子表达式必须要出现多少次才能满足匹配。具体说明如表 8.1 所示。

表 8.1　限定符列表

限 定 符	说　　明
*	匹配前面的字符或子表达式 0 次或多次。例如，zo*能匹配“z”和“zoo”。等价于{0,}
+	匹配前面的字符或子表达式 1 次或多次。例如，zo+能匹配“zo”和“zoo”，但不能匹配“z”。等价于{1,}
?	匹配前面的字符或子表达式 0 次或 1 次。例如，“do(es)?”可以匹配“do”或“does”中的“do”。等价于{0,1}

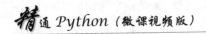

续表

限定符	说明
{n}	n 是非负整数。匹配确定的 n 次。例如，"o{2}"不能匹配"Bob"中的"o"，但能匹配"food"中的两个 o
{n,}	n 是非负整数。至少匹配 n 次。例如，"o{2,}"不能匹配"Bob"中的"o"，但能匹配"fooood"中的所有 o
{n,m}	m 和 n 均为非负整数，其中 n≤m。最少匹配 n 次，且最多匹配 m 次。例如，"o{1,3}"将匹配"foooood"中的前三个 o。注意，在逗号和两个数之间不能有空格

【示例 1】使用限定符匹配字符串"goooooogle"中前面 4 个字符 o。

```
import re                                    # 导入正则表达式模块
subject = "goooooogle"                       # 定义字符串
pattern = "o{1,4}"                           # 正则表达式
matches = re.search(pattern, subject)        # 执行匹配操作
matches = matches.group()                    # 读取匹配的字符串
print(matches)                               # 输出为 oooo
```

除了{n}外，所有限定符都具有贪婪性，因为它们会尽可能多地匹配字符，只要在它们的后面加上一个"?"就可以实现非贪婪或最小匹配。

【示例 2】以示例 1 为基础，在字符模式中为{1,4}限定符补加一个"?"后缀，定义该限定符为非贪婪匹配，则最后仅匹配字符串"goooooogle"中前面 1 个字符 o。

```
import re                                    # 导入正则表达式模块
subject = "goooooogle"                       # 定义字符串
pattern = "o{1,4}?"                          # 正则表达式
matches = re.search(pattern, subject)        # 执行匹配操作
matches = matches.group()                    # 读取匹配的字符串
print(matches)                               # 输出为
```

扫一扫，看视频

8.3.8 任意字符

点号（.）能够匹配除换行符\n 之外的任何单字符。如果要匹配点号（.）自己，需要使用"\"进行转义。

注意：

在 DOTALL 模式下也能够匹配换行符，具体介绍请参考 8.3.13 小节内容。

【示例】使用点号元字符匹配字符串"goooooogle"中前面 6 个字符。

```
import re                                    # 导入正则表达式模块
subject = "goooooogle"                       # 定义字符串
pattern = ".{1,6}"                           # 正则表达式
matches = re.search(pattern, subject)        # 执行匹配操作
matches = matches.group()                    # 读取匹配的字符串
print(matches)                               # 输出为 gooooo
```

扫一扫，看视频

8.3.9 转义字符

转义字符"\"能够将特殊字符变为普通字符，如"."" * ""^""$"等，其功能与 Python

字符串中的转义字符类似。

提示：

如果把特殊字符放在中括号内定义字符集，也能够把特殊字符变成普通字符，如[*]等效于“*”，都可以用来匹配字符“*”。

【示例】 为了匹配 IP 地址，使用转义字符“\”把元字符（.）进行转义，然后配合限定符匹配 IP 字符串。

```
import re                                    # 导入正则表达式模块
subject = "127.0.0.1"                        # 定义字符串
pattern = "([0-9]{1,3}\.?){4}"               # 正则表达式
matches = re.search(pattern, subject)        # 执行匹配操作
matches = matches.group()                    # 读取匹配的字符串
print(matches)                               # 输出为 127.0.0.1
```

在上面的示例中，如果不使用转义字符，则点号（.）将匹配所有字符。

8.3.10　反斜杠

扫一扫，看视频

反斜杠字符“\”除了能够转义之外，还具有其他功能，具体说明如下。

1. 定义非打印字符

具体说明如表 8.2 所示。

表 8.2　非打印字符列表

非打印字符	说　明
\cx	匹配由 x 指明的控制字符。例如，\cM 匹配一个 Control-M 或回车符。x 的值必须为 A~Z 或 a~z 之一。否则，将 c 视为一个原义的'c'字符
\f	匹配一个换页符。等价于\x0c 和\cL
\n	匹配一个换行符。等价于\x0a 和\cJ
\r	匹配一个回车符。等价于\x0d 和\cM
\s	匹配任何空白字符，包括空格、制表符、换页符等。等价于[\f \n\r\t\v]
\S	匹配任何非空白字符。等价于[^ \f \n\r\t\v]
\t	匹配一个制表符。等价于\x09 和\cI
\v	匹配一个垂直制表符。等价于\x0b 和\cK

2. 预定义字符集

具体说明如表 8.3 所示。

表 8.3　预定义字符集列表

预定义字符	说　明
\d	匹配一个数字字符。等价于[0-9]
\D	匹配一个非数字字符。等价于[^0-9]
\s	匹配任何空白字符，包括空格、制表符、换页符等。等价于[\f \n\r\t\v]
\S	匹配任何非空白字符。等价于[^ \f \n\r\t\v]
\w	匹配包括下划线的任何单词字符。等价于[A-Za-z0-9_]
\W	匹配任何非单词字符。等价于[^A-Za-z0-9_]

3. 定义断言的限定符

具体说明如表 8.4 所示。

表 8.4　定义断言的限定符列表

断言限定符	说　明
\b	单词定界符
\B	非单词定界符
\A	字符串的开始位置，不受多行匹配模式的影响
\Z	字符串的结束位置，不受多行匹配模式的影响

扫一扫，看视频

8.3.11　小括号

在正则表达式中，小括号有两个作用，简单说明如下。

1. 定义独立单元

小括号可以改变选择符和限定符的作用范围。

【示例】定义两个正则表达式字符串。

```
pattern = '(h|H)tml'
pattern = '(goo){1,3}'
```

在上面代码中，第 1 行正则表达式定义选择符范围为两个字符，而不是整个正则表达式；第 2 行正则表达式定义限定符限定的是 3 个字符，而不仅仅是左侧的第一个字符。

2. 分组

小括号的第 2 个作用就是分组，即定义子表达式，子表达式相当于一个独立的正则表达式，后面要学到的反向引用与子表达式有直接的关系。子表达式能够临时存储其匹配的字符，然后可以在后面进行引用。

正则表达式允许多次分组、嵌套分组，从表达式左边开始，第一个左括号“(”的编号为 1，然后每遇到一个分组的左括号“(”，编号就加 1。例如：

```
pattern = '(a(b(c)))'
```

上面表达式中，编号 1 的子表达式为 abc，编号 2 的子表达式为 bc，编号 3 的子表达式为 c。

除了默认的编号外，也可以为分组定义一个别名。语法格式如下：

```
(?P<name>...)                                    #注意，字母 P 为大写
```

例如，下面表达式可以匹配字符串 abcabcabc。

```
(?P<id>abc){3}                                   #注意，字母 P 为大写
```

扫一扫，看视频

8.3.12　反向引用

在正则表达式中，如果遇到分组，将导致子表达式匹配的字符被存储到一个临时缓冲区中，所捕获的每个子匹配都按照在正则表达式中从左至右的顺序进行编号，从 1 开始，连续编号直至最大 99 个子表达式。

每个缓冲区都可以使用“\n”访问，其中 n 为一个标识特定缓冲区的编号。

【示例】定义一串字符，然后使用“([ab])\1”匹配两个重复的字母 a 或 b。

```
import re                                    # 导入正则表达式模块
subject = "abcdebbcde"                       # 定义字符串
pattern = r"([ab])\1"                        # 正则表达式
matches = re.search(pattern, subject)        # 执行匹配操作
matches = matches.group()                    # 读取匹配的字符串
print(matches)                               # 输出为 bb
```

对于正则表达式“([ab])\1”，子表达式“[ab]”虽然可以匹配“a”或者“b”，但是捕获组一旦匹配成功，反向引用的内容也就确定了。如果捕获组匹配到“a”，那么反向引用也只能匹配“a”，同理，如果捕获组匹配到的是“b”，那么反向引用也就只能匹配“b”。由于后面反向引用“\1”的限制，要求必须是两个相同的字符，在这里也就是“aa”或者“bb”才能匹配成功。

也可以使用别名进行引用。语法格式如下：

```
(?P=name)                                    #注意，字母 P 为大写
```

例如，下面表达式可以匹配字符串 1a1、2a2、3a3 等。

```
(?P<num>\d)a(?P=num)                         #注意，字母 P 为大写
```

8.3.13　特殊构造

扫一扫，看视频

小括号不仅可以分组，也可以构造特殊的结构，具体说明如下。

1．不分组

使用下面语法可以设计小括号不分组，仅作为独立单元用于“|”或重复匹配。

```
(?:…)
```

例如，下面表达式仅用于界定逻辑作用范围，不用来分组。

```
(?:\w)*                                      # 匹配零个或多个单词字符
(?:html|htm)                                 # 匹配 html，或者匹配 htm
```

2．定义匹配模式

使用下面语法可以定义表达式的匹配模式。

```
(?aiLmsux)正则表达式字符串
```

aiLmsux 中的每个字符代表一种匹配模式，具体说明请参考 8.3.14 小节介绍。

(?aiLmsux)只能够用在正则表达式的开头，可以多选。例如，下面表达式可以匹配 a，也可以匹配 A。

```
(?i)a
```

3．注释

使用下面语法可以在正则表达式中添加注释信息，“#”后面的文本作为注释内容将被忽略掉。

```
(?#注释信息)
```

例如，在下面表达式中添加一句注释，以便表达式阅读和维护。

```
a(?#匹配字符 abc)bc
```

上面表达式仅匹配字符串 abc，小括号内的内容将被忽略。

4．正前瞻

使用下面语法可以定义表达式后面必须满足特定的匹配条件。

```
(?=…)
```

例如，下面表达式仅匹配后面包含数字的字母 a。

```
a(?=\d)
```

注意：

后向匹配仅作为一个限定条件，其匹配的内容不作为表达式的匹配结果。

5．负前瞻

使用下面语法可以定义表达式后面必须不满足特定的匹配条件。

```
(?!…)
```

例如，下面表达式仅匹配后面不包含数字的字母 a。

```
a(?!\d)
```

注意：

后向不匹配仅作为一个限定条件，其匹配的内容不作为表达式的匹配结果。

6．正回顾

使用下面语法可以定义表达式前面必须满足特定的匹配条件。

```
(?<=…)
```

例如，下面表达式仅匹配前面包含数字的字母 a。

```
(?<=\d)a
```

注意：

前向匹配仅作为一个限定条件，其匹配的内容不作为表达式的匹配结果。

7．负回顾

使用下面语法可以定义表达式前面必须不满足特定的匹配条件。

```
(?<!…)
```

例如，下面表达式仅匹配前面不包含数字的字母 a。

```
(?<!\d)a
```

注意：

前向不匹配仅作为一个限定条件，其匹配的内容不作为表达式的匹配结果。

8．条件匹配

使用下面语法可以定义条件匹配表达式。

```
(?(id/name)yes-pattern| no-pattern)
```

id 表示分组编号，name 表示分组的别名，如果对应的分组匹配到字符，则选择 yes-pattern 子表达式执行匹配；如果对应的分组没有匹配字符，则选择 no-pattern 子表达式执行匹配；| no-pattern 可以省略，直接写成下面语法。

```
(?(id/name)yes-pattern)
```

【示例】下面表达式可以匹配 HTML 标签（如<b>、<div>等）。

```
import re                                    # 导入正则表达式模块
pattern = '((<)?/?\w+(?(2)>))'               # 定义正则表达式
str = "<b>html</b><span>html</span>"         # 定义字符串
print(re.findall(pattern, str))
```

输出为：

```
[('<b>', '<'), ('html', ''), ('</b>', '<'), ('<span>', '<'), ('html', ''),
('</span>', '<')]
```

返回的结果为一个列表，每个列表元素包含分组匹配信息的元组，其中元组的第 1 个元素为匹配的标签信息。

8.3.14 匹配模式

扫一扫，看视频

正则表达式可以包含一些可选的标志修饰符，用来控制匹配的模式。修饰符主要用来调整正则表达式的解释，扩展正则表达式在匹配、替换等操作时的某些功能，增强了正则表达式的能力。不同的语言都有自己的模式设置，Python 中的主要模式修饰符说明如表 8.5 所示。

表 8.5 正则表达式的匹配模式修饰符

修 饰 符	常 量	说 明
re.I	re.IGNORECASE	在匹配过程中，忽略大小写
re.L	re.LOCALE	执行本地化匹配。使预定义字符类\w、\W、\b、\B、\s、\S 取决于当前区域设定
re.M	re.MULTILINE	多行匹配模式。将改变“^”和“$”元字符的行为
re.S	re.DOTALL	使“.”元字符能够匹配包括换行符在内的所有字符，即改变“.”元字符的行为，使其还包括换行符在内的任意字符（默认“.”元字符不匹配换行符）
re.U	re.UNICODE	根据 Unicode 字符集解析字符。使预定字符类\w、\W、\b、\B、\s、\S、\d、\D 取决于 Unicode 定义的字符属性
re.A	re.ASCII	仅执行 8 位的 ASCII 码字符匹配，即只匹配 ASCII 字符
	re.DEBUG	查看正则表达式的匹配过程。没有内联标记
re.X	re.VERBOSE	冗余模式。在这个模式下正则表达式可以是多行，忽略空白字符，且可以加入注释

这些标志修饰符主要用在正则表达式处理函数的 flag 参数中，为可选参数。多个标志可以通过按位 OR（|）来指定，如 re.I | re.M，被设置成 I 和 M 标志。

【示例】设计匹配模式不区分大小写，并允许多行匹配。

```
import re                                          # 导入正则表达式模块
subject = 'My username is Css888!'                 # 定义字符串
pattern = r'css\d{3}'                              # 正则表达式
matches = re.search(pattern, subject, re.I | re.M) # 执行匹配操作
matches = matches.group()                          # 读取匹配的字符串
print(matches)                                     # 输出为 Css888
```

8.3.15 案例：匹配 QQ 号

扫一扫，看视频

腾讯 QQ 号是从 10000 开始的，如 12345。

【模式分析】

- QQ 的首位号码是不会以 0 开始的，可用[1-9]匹配。
- QQ 是从 10000 开始，至少有 5 位，后 4 位可用[0-9] {4,}匹配。

【实现代码】

```
import re                                   # 导入正则表达式模块
subject1 = "12345"                          # 定义字符串
subject2 = "1234"                           # 定义字符串
subject3 = "01234"                          # 定义字符串
subject4 = "123456789"                      # 定义字符串
pattern = "[1-9][0-9]{4,}"                  # 正则表达式
print(re.findall(pattern, subject1))        # 返回 ['12345']
print(re.findall(pattern, subject2))        # 返回 []
print(re.findall(pattern, subject3))        # 返回 []
print(re.findall(pattern, subject4))        # 返回 ['123456789']
```

扫一扫，看视频

8.3.16 案例：匹配货币的输入格式

货币的输入格式有多种情况，如 12345 和 12,345 等。

【模式分析】

- 货币可以为一个 0 或以 0 开头，如果为负数，可用 ^(0|-?[1-9][0-9]*)$。
- 货币通常情况下不为负数，当支持小数时，小数点后至少有一位数值或者两位，可用^[0-9]+(\.[0-9]{1,2})?$。
- 输入货币时可能会需要用到逗号分隔，可以设置 1~3 个数字，后面跟着任意个逗号+3 个数字，其中逗号可选，可用 ^([0-9]+|[0-9]{1,3}(,[0-9]{3})*)(\.[0-9]{1,2})?$。

【实现代码】

```
import re                                   # 导入正则表达式模块
subject1 = "12,345.00"                      # 定义字符串
subject2 = "10."                            # 定义字符串
subject3 = "-1234"                          # 定义字符串
subject4 = "123,456,789"                    # 定义字符串
subject5 = "10.0"                           # 定义字符串
subject6 = "0123"                           # 定义字符串
pattern = "^([0-9]+|[0-9]{1,3}(,[0-9]{3})*)(\.[0-9]{1,2})?$"       # 正则表达式
print(re.findall(pattern, subject1))        # 返回 [('12,345', ',345', '.00')]
print(re.findall(pattern, subject2))        # 返回 []
print(re.findall(pattern, subject3))        # 返回 []
print(re.findall(pattern, subject4))        # 返回 [('123,456,789', ',789', '')]
print(re.findall(pattern, subject5))        # 返回 [('10', '', '.0')]
print(re.findall(pattern, subject6))        # 返回 [('0123', '', '')]
```

8.4 使用 re 模块

正则表达式不是 Python 内置组件，主要通过 re 模块实现对正则表达式的支持，re 模块拥有独特的语法和独立的处理引擎，执行效率不及 Python 内置的 str 的方法，但功能十分强大。

8.4.1　正则表达式对象

扫一扫，看视频

Pattern 对象是一个编译好的正则表达式，通过 Pattern 提供的一系列方法可以对文本进行匹配操作。Pattern 不能直接实例化对象，可以使用 re.compile()函数构造对象。语法格式如下：

```
re.compile(pattern[, flags])
```

参数说明如下。

- pattern：一个正则表达式字符串。
- flags：可选，表示匹配模式，如忽略大小写、多行模式等，具体内容请参考 8.3.14 小节说明。

【示例 1】 使用 compile()函数构建一个正则表达式对象，用来匹配一个或多个数字，然后调用正则表达式对象的 match()方法，检查字符串'a1b2c3d4e5f6'中起始位置是否为数字，也可以传递第 2 个参数设置起始位置。

```
import re                              # 导入正则表达式模块
pattern = re.compile(r'\d+')           # 用于匹配至少一个数字
subject = 'a1b2c3d4e5f6'
m = pattern.match(subject)             # 查找头部，没有匹配
print(m)                               # 输出为 None
m = pattern.match(subject, 1)          # 从第 2 个字符的位置开始匹配
print(m)                               # 输出为 <re.Match object; span=(1, 2), match='1'>
```

拓展：

Pattern 提供了几个可读属性用于获取正则表达式相关信息，简单说明如下。

- pattern：正则表达式的字符串表示。
- flags：以数字形式返回匹配模式。
- groups：表达式中分组的数量。
- groupindex：以表达式中有别名的组的别名为键，以该组对应的编号为值的字典，没有别名的组不包含在内。

【示例 2】 定义一个正则表达式对象，然后使用 pattern、flags、groups 和 groupindex 访问正则表达式的字符串表示、匹配模式、分组数和别名字典集。

```
import re                                              # 导入正则表达式模块
p = re.compile(r'(\w+)(\w+)(?P<a>.*)', re.DOTALL)      # 创建正则表达式对象
print("p.pattern:", p.pattern)                 # 输出为 p.pattern: (\w+)(\w+)(?P<a>.*)
print("p.flags:", p.flags)                     # 输出为 p.flags: 48
print("p.groups:", p.groups)                   # 输出为 p.groups: 3
print("p.groupindex:", p.groupindex)           # 输出为 p.groupindex: {'a': 3}
```

Pattern 提供了多个实例方法，与 re 模块函数相对应，简单说明如下。

- pattern.match(string[, pos[, endpos]])

该方法与 re.match()函数功能相同，它能够从参数 string 字符串的 pos 下标处起尝试匹配 pattern。如果匹配成功，则返回一个 Match 对象；如果无法匹配，或者匹配未结束就已到达 endpos 下标位置，则返回 None。

提示：

pos 和 endpos 的默认值分别为 0 和 len(string)。

注意：

该方法并不是完全匹配，具体使用可以参考 8.4.3 小节 re.match()函数的示例。

➘ search(string[, pos[, endpos]])

该方法与 re.search()函数功能相同，它能够从参数 string 的 pos 下标处起尝试匹配 pattern。如果无法匹配，则将 pos 加 1 后重新尝试匹配，直到 pos=endpos 时，如匹配成功，则返回一个 Match 对象；如果无法匹配，则返回 None。

【示例 3】将正则表达式编译成 Pattern 对象，然后使用 search()查找匹配的子串，不存在能匹配的子串时将返回 None，本示例如果使用 match()将无法成功匹配。

```
import re                                # 导入正则表达式模块
subject = 'www.mysite.cn'                # 定义字符串
pattern = re.compile(r'cn')              # 将正则表达式编译成 Pattern 对象
match = pattern.search(subject)          # 执行查找操作
if match:
    print(match.group())                 # 使用 Match 对象的 group 获得分组信息
                                         # 输出为 cn
```

➘ findall(string[, pos[, endpos]])

该方法与 re.findall()函数的功能相同，搜索 string，以列表形式返回全部能匹配的子串。

➘ finditer(string[, pos[, endpos]])

该方法与 re.findall()函数的功能相同，搜索 string，返回一个顺序访问每一个匹配结果（Match 对象）的迭代器。

【示例 4】将正则表达式编译成 Pattern 对象，然后使用 finditer()查找匹配的子串，并返回一个匹配对象的迭代器，最后使用 for 语句遍历迭代器，输出每个匹配信息。

```
import re                                # 导入正则表达式模块
subject = 'Cats are smarter than dogs'   # 定义字符串
pattern = re.compile(r'\w+', re.I)       # 将正则表达式编译成 Pattern 对象
iter = pattern.finditer(subject)         # 执行匹配操作
for m in iter:                           # 遍历迭代器
    print(m.group())                     # 读取每个匹配对象包含的匹配信息
```

输出为：

```
Cats
are
smarter
than
dogs
```

➘ sub(repl, string[, count])

该方法与 re.sub()函数的功能相同，使用参数 repl 替换 string 中每一个匹配的子串，然后返回替换后的字符串。

➘ subn(repl, string[, count])

该方法与 re.sub()函数的功能相同，但是返回替换字符串，以及替换的次数。

【示例 5】定义正则表达式对象，匹配字符串中非单词类字符，然后使用 subn()方法把它们替换为下划线，同时会返回替换的次数。

```
import re                                # 导入正则表达式模块
subject = 'Cats are smarter than dogs'   # 定义字符串
pattern = re.compile(r'\W+')             # 将正则表达式编译成 Pattern 对象
matches = pattern.subn("_", subject)     # 执行替换操作
print(matches)                           # 输出为 ('Cats_are_smarter_than_dogs', 4)
```

- split(string[, maxsplit])

该方法与 re.split()函数的功能相同，按照能够匹配的子串将 string 分隔，返回列表。maxsplit 用于指定最大分隔次数，不指定将全部分隔。

8.4.2 匹配对象

扫一扫，看视频

Match 对象表示一次匹配的结果，包含本次匹配的相关信息，可以使用 Match 对象的属性和方法来获取这些信息。简单列表说明如下。

1. 属性

- string：匹配的文本字符串。
- re：匹配时使用的 Pattern 对象。
- pos：在文本中正则表达式开始匹配的索引位置。
- endpos：在文本中正则表达式结束匹配的索引位置。
- lastindex：最后一个被捕获的分组在文本中的索引。如果没有被捕获的分组，则值为 None。
- lastgroup：最后一个被捕获分组的别名。如果这个分组没有别名或者没有被捕获的分组，则值为 None。

2. 方法

- group([group1,…])：获取一个或多个分组匹配的字符串，如果指定多个参数时，将以元组形式返回。参数可以使用编号，也可以使用别名。编号 0 代表整个匹配的结果。不填写参数时，返回 group(0)。如果没有匹配的分组，则返回 None；如果执行了多次匹配，则返回最后一次匹配的分组结果。
- groups()：以元组形式返回全部分组匹配的字符串。相当于调用 group(1,2,…,last)。
- groupdict()：以字典的形式返回定义别名的分组信息，字典元素为一个以别名为键、以该组匹配的子串为值，没有别名的组不包含在内。
- start([group])：返回指定的组截获的子串在 string 中的起始索引（子串第一个字符的索引）。group 默认值为 0。
- end([group])：返回指定的组截获的子串在 string 中的结束索引（子串最后一个字符的索引+1）。group 默认值为 0。
- span([group])：返回(start(group), end(group))。
- expand(template)：将匹配到的分组代入 template 中，然后返回。template 中可以使用\id 或\g<id>、\g<name>引用分组，但不能使用编号 0。\id 与\g<id>是等价的，但\10 将被认为是第 10 个分组，如果想表达\1 之后是字符'0'，只能使用\g<1>0。

【示例】演示匹配对象的属性和方法的基本使用。

```
import re                                    # 导入正则表达式模块
m = re.match(r'(\w+) (\w+)(?P<sign>.*)', 'hello world!')
print("m.string:", m.string)                 # 输出为 m.string: hello world!
print("m.re:", m.re)                         # 输出为 m.re: re.compile('(\\w+)(\\w+)
                                             # (?P<sign>.*)')
print("m.pos:", m.pos)                       # 输出为 m.pos: 0
print("m.endpos:", m.endpos)                 # 输出为 m.endpos: 12
print("m.lastindex:", m.lastindex)           # 输出为 m.lastindex: 3
```

```
print("m.lastgroup:", m.lastgroup)          # 输出为 m.lastgroup: sign
print("m.group(1,2):", m.group(1, 2))       # 输出为 m.group(1,2): ('hello', 'world')
print("m.groups():", m.groups())            # 输出为 m.groups(): ('hello', 'world', '!')
print("m.groupdict():", m.groupdict())      # 输出为 m.groupdict(): {'sign': '!'}
print("m.start(2):", m.start(2))            # 输出为 m.start(2): 6
print("m.end(2):", m.end(2))                # 输出为 m.end(2): 11
print("m.span(2):", m.span(2))              # 输出为 m.span(2): (6, 11)
print(r"m.expand(r'\2 \1\3'):", m.expand(r'\2 \1\3')) # 输出为 m.expand(r'\2 \1\3'):
                                            # world hello!
```

扫一扫，看视频

8.4.3 匹配字符串

在 Python 中，可以使用 re 模块提供的 match()、search()、findall()和 finditer()等方法来匹配字符串。

1. 使用 match()

使用 match()函数可以从字符串的起始位置开始匹配一个正则表达式，如果不是起始位置匹配，match()将返回 None。语法格式如下：

```
re.match(pattern, string, flags=0)
```

参数说明如下。

- pattern：正则表达式。
- string：要匹配的字符串。
- flags：匹配模式，用于控制正则表达式的匹配方式，如是否区分大小写、多行匹配等。

如果匹配成功，该方法将返回一个匹配对象；否则返回 None，然后使用匹配对象的方法来获取匹配表达式，具体说明请参考 8.4.2 小节内容。

提示：

match()函数适合验证字符串，检验字符串是否符合特定格式。

【示例 1】使用 match()函数匹配字符串中的 www 起始字符。

```
import re                                   # 导入正则表达式模块
subject = 'www.mysite.cn'                   # 定义字符串
pattern = 'www'                             # 正则表达式
matches = re.match(pattern, subject)        # 执行匹配操作
print(matches)               # 输出为 <re.Match object; span=(0, 3), match='www'>
print(matches.group())       # 输出为 www
```

【示例 2】使用 match()函数匹配一句话，然后使用小括号语法获取不同部分的单词。同时定义匹配模式为 re.M|re.I，即不区分大小写和允许多行匹配。

```
import re                                   # 导入正则表达式模块
subject = 'Cats are smarter than dogs'      # 定义字符串
pattern = '(.*) are (.*?) (.*)'             # 正则表达式
matches = re.match(pattern, subject, re.M|re.I)   # 执行匹配操作
if matches:
    print(matches.groups())                 # 输出为 ('Cats', 'smarter', 'than dogs')
    print(matches.group(1))                 # 输出为 Cats
    print(matches.group(2))                 # 输出为 smarter
```

```
    print(matches.group(3))                         # 输出为 than dogs
else:
    print("No match!")
```

2. 使用 search()

使用 search()函数可以获取第一个成功的匹配，该函数没有起始位置限制。语法格式如下：

```
re.search(pattern, string, flags=0)
```

参数说明如下。

- pattern：正则表达式。
- string：要匹配的字符串。
- flags：匹配模式，用于控制正则表达式的匹配方式，如是否区分大小写、多行匹配等。

如果匹配成功，search()将返回一个匹配的对象；否则返回 None，然后使用匹配对象的 group(num) 或 groups()方法来读取匹配的字符串。

【示例 3】针对示例 1，可以使用 search()来代替 match()函数。

```
import re                                           # 导入正则表达式模块
subject = 'www.mysite.cn'                           # 定义字符串
pattern = 'www'                                     # 正则表达式
matches = re.search(pattern, subject)               # 执行匹配操作
print(matches)                  # 输出为 <re.Match object; span=(0, 3), match='www'>
print(matches.group())          # 输出为 www
```

【示例 4】针对示例 2，也可以使用 search()函数来代替匹配。

```
import re                                           # 导入正则表达式模块
subject = 'Cats are smarter than dogs'              # 定义字符串
pattern = '(.*) are (.*?) (.*)'                     # 正则表达式
matches = re.search(pattern, subject, re.M|re.I)    # 执行匹配操作
if matches:
    print(matches.groups())             # 输出为 ('Cats', 'smarter', 'than dogs')
    print(matches.group(1))             # 输出为 Cats
    print(matches.group(2))             # 输出为 smarter
    print(matches.group(3))             # 输出为 than dogs
else:
    print("No match!")
```

提示：

re.match()与 re.search()的用法和功能相似，它们都仅执行一次匹配，不同点为 re.match()只匹配字符串的开始，如果字符串开始不符合正则表达式，则匹配失败，返回 None；而 re.search()可以检索整个字符串，直到能够找到一个匹配。

3. 使用 findall()

使用 findall()函数可以在指定字符串中找到正则表达式所匹配的所有子串，并返回一个列表，如果没有找到匹配的，则返回空列表。语法格式如下：

```
re.match(pattern, string, flags=0)
```

参数说明如下。

- pattern：正则表达式。
- string：要匹配的字符串。
- flags：匹配模式，用于控制正则表达式的匹配方式，如是否区分大小写，多行匹配等。

【示例 5】针对示例 2，本示例使用 findall()函数找出字符串中所有的单词。

```
import re                                              # 导入正则表达式模块
subject = 'Cats are smarter than dogs'                 # 定义字符串
pattern = r'\b\w+?\b'                                  # 正则表达式，匹配非单词字符
matches = re.findall(pattern, subject, re.M|re.I)      # 执行匹配操作
if matches:
    print(matches)          # 输出为 ['Cats', 'are', 'smarter', 'than', 'dogs']
else:
    print("No match!")
```

注意：

当正则表达式中包含分组信息时，findall()将返回子表达式（小括号）所匹配到的结果，如果包括多个小括号，则返回多个子表达式匹配到的结果。如果没有小括号，则返回整个表达式所匹配的结果。

【示例 6】本示例比较了同一个表达式添加小括号与不添加小括号所匹配结果的不同。

```
import re                                   # 导入正则表达式模块
string = "a  b  c  d"                       # 定义字符串
regex1 = re.compile("((\w)\s+\w)")          # 带多个括号
print(regex1.findall(string))               # 输出为 [('a  b', 'a'), ('c  d', 'c')]
regex2 = re.compile("(\w)\s+\w")            # 带一个括号
print(regex2.findall(string))               # 输出为 ['a', 'c']
regex3 = re.compile("\w\s+\w")              # 不带括号
print(regex3.findall(string))               # 输出为 ['a  b', 'c  d']
```

4．使用 finditer()

finditer()与 findall()函数用法相同，但是 finditer()返回的结果为迭代器。finditer()与正则表达式对象的 finditer()方法的返回结果相同，用法基本相似，示例代码可以参考 8.4.1 节示例 4。

扫一扫，看视频

8.4.4　替换字符串

使用 sub()和 subn()函数可以替换字符串中的匹配项。语法格式如下：

```
re.sub(pattern, repl, string, count=0, flags=0)
re.subn(pattern, repl, string, count=0, flags=0)
```

sub()函数返回替换后的字符串，subn()函数以元组的形式返回替换后的字符串和替换次数。

参数说明如下。

- pattern：正则表达式。
- repl：替换的字符串，也可为一个函数。
- string：要被查找替换的原始字符串。
- count：模式匹配后替换的最大次数，默认 0 表示替换所有的匹配。
- flags：匹配模式，用于控制正则表达式的匹配方式，如是否区分大小写、多行匹配等。

【示例 1】使用 sub()替换日期字符串中的连字符，使用斜杠分隔日期中的年月日。

```
import re                                   # 导入正则表达式模块
subject = '2019-10-10'                      # 定义字符串
pattern = r'-'                              # 正则表达式，匹配连字符
matches = re.sub(pattern, "/", subject)     # 执行替换操作
print(matches)                              # 输出为 2019/10/10
```

【示例 2】在 sub()中传递替换函数，通过替换函数对匹配的字符执行复杂的操作。

```
import re                                        # 导入正则表达式模块

# 替换函数：将匹配的数字乘以 2
def f(matched):
    value = int(matched.group(1))                # 获取匹配对象中包含的第 1 个分组字符
    return str(value * 2) + " "                  # 将匹配的数字乘以 2，然后以字符形式返回

subject = '123456789'                            # 定义字符串
pattern = '(\d)'                                 # 正则表达式，匹配数字
matches = re.sub(pattern, f, subject)            # 执行替换操作
print(matches)                                   # 输出为 2 4 6 8 10 12 14 16 18
```

8.4.5　分隔字符串

扫一扫，看视频

使用 split()函数可以按匹配的子串分隔字符串，并返回分隔的元素列表。语法格式如下：

```
re.split(pattern, string[, maxsplit=0, flags=0])
```

参数说明如下。

- pattern：正则表达式。
- string：要匹配的字符串。
- maxsplit：分隔次数，默认为 0，即不限制次数。
- flags：匹配模式，用于控制正则表达式的匹配方式，如是否区分大小写、多行匹配等。

【示例】使用 split()函数分隔一句话，以空格为分隔符，提取该字符串中包含的单词。

```
import re                                        # 导入正则表达式模块
subject = 'Cats are smarter than dogs'           # 定义字符串
pattern = '\s+'                                  # 正则表达式，匹配空字符
matches = re.split(pattern, subject)             # 执行分隔操作
print(matches)                  # 输出为 ['Cats', 'are', 'smarter', 'than', 'dogs']
```

8.4.6　案例：过滤敏感词

扫一扫，看视频

利用 re 模块中的 sub()函数将文档语句中含有的敏感词汇替换成“*”。案例代码如下：

```
import re                                        # 导入 re 模块
def filterwords(keywords,text):                  # 定义过滤函数
    return re.sub('|'.join(keywords),'**',text)  # 用'**'替换 text 中含的 keywords
keywords = ('上海','外滩')                        # 定义敏感词
text = '上海外滩很漂亮'                           # 测试内容
print(filterwords(keywords,text))                # 打印结果：****很漂亮
```

8.4.7　案例：分组匹配

扫一扫，看视频

分组匹配主要用到的函数包括 group()、groups()、groupdict()。group()方法用于访问分组匹配的字符串；groups()方法是把匹配结果以元组的方式返回，是一个元组；groupdict()方法是把匹配结

果以字典的方式返回。

案例完整代码如下所示，演示效果如图 8.2 所示。

```
import re                                              # 导入 re 模块
pattern = r'[a-zA-Z0-9]{9,11}@(163|126|qq).com'        # 定义正则表达式，匹配邮箱
subject = '987654321@163.com'                          # 定义字符串
matches= re.match(pattern, subject)                    # 执行匹配操作
print(matches.groups())                                # 打印分组匹配结果

pattern = r'[a-zA-Z0-9]{9,11}@(163|126|qq).com'        # 定义正则表达式，匹配邮箱
subject = '987654321@qq.com'                           # 定义字符串
matches = re.match(pattern, subject)                   # 执行匹配操作
print(matches.groups())                                # 打印分组匹配结果

pattern = r'[a-zA-Z0-9]{9,11}@(.*),[\w]*@(.*),[\w]*@(.*)'
                                                       # 定义正则表达式，匹配多个邮箱
subject = '987654321@163.com,abcefgh@126.com,123456789@qq.com' # 定义多个字符串
matches = re.match(pattern, subject)                   # 执行匹配操作
print(matches.group())                                 # 打印 group 分组结果
print(matches.groups())                                # 打印 groups 分组结果

# 定义分组匹配的正则表达式并起别名，匹配用户名和邮箱
pattern = r'(?P<username>\w*) "(?P<mail>[a-zA-Z0-9]{6,11}@[a-z0-9]*\.[a-z]{1,3})"'
subject = 'administrator "admin12345@163.com" '        # 定义字符串
matches = re.match(pattern, subject)                   # 执行匹配操作那个
print(matches.groupdict())                             # 打印 groupdict 匹配结果
```

```
('163',)
('qq',)
987654321@163.com,abcefgh@126.com,123456789@qq.com
('163.com', '126.com', 'qq.com')
{'username': 'administrator', 'mail': 'admin12345@163.com'}
>>>
```

图 8.2　分组匹配操作效果

扫一扫，看视频

8.4.8　案例：匹配手机号码

常见手机号格式为 11 位数字，其中前两位数字可以为 13、14、15、17、18、19 或者前 3 位以 166 开头等，如 13012345678。

【模式分析】

- 以 13、14、15、17、18 开头的前 3 位，可用 13[0-9]|14[0-9]|15[0-9]|17[0-9]|18[0-9]。
- 以 166 开头，可以直接用 166 表示。
- 以 19 开头的前 3 位，可用 19[8|9]。
- 后 8 位的数字，可用 d{8}。

【实现代码】

```
import re                                              # 导入 re 模块
regex = r'^(13[0-9]|14[0-9]|15[0-9]|166|17[0-9]|18[0-9]|19[8|9])\d{8}$'
                                                       # 定义正则表达式字符串
pattern = re.compile(regex, re.I)                      # 生成正则表达式对象
phone1 = '13012345678'                                 # 定义字符串
```

```
phone2 = '19912345678'                                # 定义字符串
phone3 = '1581234567'                                 # 定义字符串
phone4 = '12812345678'                                # 定义字符串
matches1 = pattern.match(phone1)                      # 执行匹配操作
matches2 = pattern.match(phone2)                      # 执行匹配操作
matches3 = pattern.match(phone3)                      # 执行匹配操作
matches4 = pattern.match(phone4)                      # 执行匹配操作
print(not not matches1)                               # 返回 True
print(not not matches2)                               # 返回 True
print(not not matches3)                               # 返回 False
print(not not matches4)                               # 返回 False
```

8.4.9　案例：匹配身份证号

扫一扫，看视频

身份证可以分为一代和二代，一代身份证号码共计 15 位数字，二代身份证号码共计 18 位数字，尾数可能包含特殊字符 x 或 X，如 11010120000214842x。一代身份证比较少见，本例仅匹配二代身份证。二代身份证号码组成：

6 位数字地址码 ＋8 位数字出生日期码 ＋3 位顺序码 ＋1 位校验码

【模式分析】

- 6 位数字地址码：根据省、市、区、县分配，各地略不同，可以用[1-9][0-9]{5}表示。
- 8 位数字出生日期码：4 位年+2 位月+2 位日，可以用 19[0-9]{2}|20[0-9]{2}，2 位月可以用 0[1-9]|1[0-2]，2 位日可用 0[1-9]|1[0-9]|2[0-9]|3[01]。
- 3 位顺序码：可用[0-9]{3}。
- 1 位校验码：可用[0-9xX]。

【实现代码】

```
import re                                             # 导入 re 模块
regex = r"^[1-9][0-9]{5}(?P<year>19[0-9]{2}|20[0-9]{2})(?P<month>0[1-9]|1[0-2])
(?P<day>0[1-9]|1[0-9]|2[0-9]|3[01])[0-9]{3}[0-9xX]$"  # 定义正则表达式字符串
pattern = re.compile(regex, re.I)                     # 生成正则表达式对象
id1 = '11010120000214842x'                            # 定义字符串
id2 = '11010120000214842X'                            # 定义字符串
id3 = '110101200002148421'                            # 定义字符串
id4 = '11010120000214842'                             # 定义字符串
matches1 = pattern.match(id1)                         # 执行匹配操作
matches2 = pattern.match(id2)                         # 执行匹配操作
matches3 = pattern.match(id3)                         # 执行匹配操作
matches4 = pattern.match(id4)                         # 执行匹配操作
print(not not matches1)                               # 返回 True
print(not not matches2)                               # 返回 True
print(not not matches3)                               # 返回 True
print(not not matches4)                               # 返回 False
```

8.5　案 例 实 战

下面结合实战练习编写正则表达式解决实际问题。

8.5.1　匹配十六进制颜色值

扫一扫，看视频

十六进制颜色值字符串格式如下：

```
#ffbbad
#Fc01DF
#FFF
#ffE
```

【模式分析】

- 表示一个十六进制字符，可以用字符类[0-9a-fA-F]来匹配。
- 其中字符可以出现 3 次或 6 次，需要使用量词和分支结构。
- 使用分支结构时，需要注意顺序。

【实现代码】

```
import re                                            # 导入正则表达式模块
regex = '#[0-9a-fA-F]{6}|#[0-9a-fA-F]{3}'            # 定义正则表达式字符串
pattern = re.compile(regex, re.I)                    # 生成正则表达式对象
string = "#ffbbad #Fc01DF #FFF #ffE"                 # 定义字符串
print(pattern.findall(string))   # 输出为 ['#ffbbad', '#Fc01DF', '#FFF', '#ffE']
```

8.5.2　匹配时间

扫一扫，看视频

以 24 小时制为例，时间字符串格式如下：

```
23:59
02:07
```

【模式分析】

- 共 4 位数字，第 1 位数字可以为 [0-2]。
- 当第 1 位为"2"时，第 2 位可以为 [0-3]，其他情况时，第 2 位为[0-9]。
- 第 3 位数字为[0-5]，第 4 位为 [0-9]。

【实现代码】

```
import re                                            # 导入正则表达式模块
regex = '^([01][0-9]|[2][0-3]):[0-5][0-9]$'          # 定义正则表达式字符串
pattern = re.compile(regex)                          # 生成正则表达式对象
print(not not  pattern.match("23:59"))               # 输出为 True
print(not not  pattern.match("02:07"))               # 输出为 True
print(not not  pattern.match("43:12"))               # 输出为 False
```

如果要求匹配"7:9"格式，也就是说，时分前面的"0"可以省略。优化后的代码如下：

```
import re                                            # 导入正则表达式模块
regex = '^(0?[0-9]|1[0-9]|[2][0-3]):(0?[0-9]|[1-5][0-9])$'   # 定义正则表达式字符串
pattern = re.compile(regex)                          # 生成正则表达式对象
print(not not  pattern.match("7:9"))                 # 输出为 True
print(not not  pattern.match("02:07"))               # 输出为 True
print(not not  pattern.match("13:65"))               # 输出为 False
```

8.5.3　匹配日期

扫一扫，看视频

常见日期格式为 yyyy-mm-dd，如 2018-06-10。

【模式分析】

- 年，4 位数字即可，可用 19[0-9]{2}|20[0-9]{2}。
- 月，共 12 个月，分两种情况"01"、"02"、…、"09"和"10"、"11"、"12"，可用[1-9]|0[1-9]|1[0-2]。
- 日，最大 31 天，可用(0[1-9]|[12][0-9]|3[01])。

【实现代码】

```
import re                                                         # 导入正则表达式模块
regex = '^19[0-9]{2}|20[0-9]{2}-(0?[1-9]|1[0-2])-(0?[1-9]|[12][0-9]|3[01])$'
                                                                  # 定义正则表达式字符串
pattern = re.compile(regex)                                       # 生成正则表达式对象
print(not not  pattern.match("2019-06-10"))                       # 输出为 True
print(not not  pattern.match("2019-6-1"))                         # 输出为 True
print(not not  pattern.match("2019-16-41"))                       # 输出为 False
```

8.5.4 匹配成对的 HTML 标签

扫一扫，看视频

成对的 HTML 标签的格式如下：

```
<title>标题文本</title>
<p>段落文本</p>
```

【模式分析】

- 匹配一个开标签，可以使用正则 <[^>]+>。
- 匹配一个闭标签，可以使用 <\/[^>]+>。
- 要匹配成对标签，就需要使用反向引用，其中开标签<[\^>]+>改成<(\w+)[^>]*>，使用小括号的目的是后面使用反向引用，闭标签使用了反向引用<\/\1>。
- [\d\D]表示这个字符是数字或者不是数字，因此也就匹配任意字符。

【实现代码】

```
import re                                                         # 导入正则表达式模块
regex = r'<(\w+)[^>]*>[\d\D]*<\/\1>'                              # 定义正则表达式字符串
pattern = re.compile(regex, re.I)                                 # 生成正则表达式对象
print(not not  pattern.match("<title>标题文本</title>"))          # 输出为 True
print(not not  pattern.match("<p>段落文本</p>"))                  # 输出为 True
print(not not  pattern.match("<div>非法嵌套</p>"))                # 输出为 False
```

8.5.5 匹配物理路径

扫一扫，看视频

物理路径字符串格式如下：

```
F:\study\javascript\regex\regular expression.pdf
F:\study\javascript\regex\
F:\study\javascript
```

【模式分析】

- 整体模式是盘符:\文件夹\文件夹\文件夹\。
- 其中匹配"F:\"，需要使用[a-zA-Z]:\\，盘符不区分大小写。注意，“\”字符需要转义。
- 文件名或者文件夹名，不能包含一些特殊字符，此时需要排除字符类[^\\:*<>|"?\r\n/]来表示合

法字符。

- 名字不能为空名，至少有一个字符，也就是要使用量词“+”。因此匹配“文件夹\”，可用[^\\:*<>|"?\r\n/]+\\。
- “文件夹\”可以出现任意次，就是 ([^\\:*<>|"?\r\n/]+\\)*。其中括号表示其内部正则是一个整体。
- 路径的最后一部分可以是“文件夹”，没有“\”，因此需要添加([^\\:*<>|"?\r\n/]+)?。
- 最后拼接成一个比较复杂的正则表达式。

【实现代码】

```
import re                                                     # 导入正则表达式模块
regex = r'^[a-zA-Z]:\\([^\\:*<>|"?\r\n/]+\\)*([^\\:*<>|"?\r\n/]+)?$'
                                                              # 定义正则表达式字符串
pattern = re.compile(regex, re.I)                             # 生成正则表达式对象
print(not not  pattern.match("F:\\python\\regex\\index.html"))    # 输出为 True
print(not not  pattern.match("F:\\python\\regex\\"))          # 输出为 True
print(not not  pattern.match("F:\\python"))                   # 输出为 True
print(not not  pattern.match("F:\\"))                         # 输出为 True
```

扫一扫，看视频

8.5.6 货币数字的千位分隔符表示

货币数字的千位分隔符格式，如“12345678”表示为“12,345,678”。

【操作步骤】

第 1 步，根据千位把相应的位置替换成“,”，以最后一个逗号为例，解决方法：(?=\d{3}$)。

```
import re                                   # 导入正则表达式模块
regex = r'(?=\d{3}$)'                       # 定义正则表达式字符串
pattern = re.compile(regex)                 # 生成正则表达式对象
string = "12345678"                         # 定义字符串
string = pattern.sub(',', string)           # 替换字符串
print(string)                               # 输出为 12345,678
```

其中(?=\d{3}$)匹配\d{3}$前面的位置，而\d{3}$ 匹配的是目标字符串最后 3 位数字。

第 2 步，确定所有的逗号。因为逗号出现的位置要求后面 3 个数字一组，也就是\d{3}至少出现一次。此时可以使用量词“+”。

```
import re                                   # 导入正则表达式模块
regex = r'(?=(\d{3})+$)'                    # 定义正则表达式字符串
pattern = re.compile(regex)                 # 生成正则表达式对象
string = "12345678"                         # 定义字符串
string = pattern.sub(',', string)           # 替换字符串
print(string)                               # 输出为 12,345,678
```

第 3 步，匹配其余数字，会发现问题如下：

```
import re                                   # 导入正则表达式模块
regex = r'(?=(\d{3})+$)'                    # 定义正则表达式字符串
pattern = re.compile(regex)                 # 生成正则表达式对象
string = "123456789"                        # 定义字符串
string = pattern.sub(',', string)           # 替换字符串
print(string)                               # 输出为 123,456,789
```

因为上面正则表达式从结尾向前数，只要是 3 的倍数，就把其前面的位置替换成逗号。如何解决匹配的位置不能是开头？

第 4 步，匹配开头可以使用“^”，但要求该位置不是开头，可以考虑使用 (?<!^)。实现代码如下：

```
import re                                    # 导入正则表达式模块
regex = r'(?<!^)(?=(\d{3})+$)'               # 定义正则表达式字符串
pattern = re.compile(regex)                  # 生成正则表达式对象
string = "123456789"                         # 定义字符串
string = pattern.sub(',', string)            # 替换字符串
print(string)                                # 输出为 123,456,789
```

第 5 步，如果要把“12345678　123456789”替换成“12,345,678　123,456,789”。此时需要修改正则表达式，需要把里面的开头“^”和结尾“$”修改成“\b”。实现代码如下：

```
import re                                    # 导入正则表达式模块
regex = r'(?<!\b)(?=(\d{3})+\b)'             # 定义正则表达式字符串
pattern = re.compile(regex)                  # 生成正则表达式对象
string = "12345678  123456789"               # 定义字符串
string = pattern.sub(',', string)            # 替换字符串
print(string)                                # 输出为 12,345,678  123,456,789
```

其中，(?<!\b)要求当前是一个位置，但不是\b 前面的位置，其实 (?<!\b) 说的就是\B。因此，最终正则表达式就变成了\B(?=(\d{3})+\b)。

第 6 步，进一步格式化。千分符表示法一个常见的应用就是货币格式化。例如：

```
1888
```

格式化为：

```
$ 1888.00
```

有了前面的铺垫，可以很容易实现。具体代码如下：

```
import re                                    # 导入正则表达式模块

# 货币格式化函数
def format(num):
    string = '{:.2f}'.format(num)
    regex = r'\B(?=(\d{3})+\b)'              # 定义正则表达式字符串
    pattern = re.compile(regex)              # 生成正则表达式对象
    string = pattern.sub(',', string)        # 替换字符串
    return "$" + string                      # 返回格式化的货币字符串

print(format(1888))                          # 输出为 $1,888.00
print(format(234345.456))                    # 输出为 $234,345.46
```

8.5.7　验证密码

扫一扫，看视频

密码长度一般为 6~12 位，由数字、小写字符和大写字母组成，但必须至少包括两种字符。如果写成多个正则表达式来判断比较容易，但要写成一个正则表达式就比较麻烦。

【操作步骤】

第 1 步，简化思路。不考虑“但必须至少包括两种字符”条件，可以这样来实现：

```
regex = '^[0-9A-Za-z]{6,12}$'
```

第 2 步，判断是否包含某一种字符。

假设要求必须包含数字，此时可以使用(?=.*[0-9])。因此，正则变成如下：

```
regex = '(?=.*[0-9])^[0-9A-Za-z]{6,12}$'
```

第 3 步，同时包含具体两种字符。

假设同时包含数字和小写字母，可以用 (?=.*[0-9])(?=.*[a-z])。因此，正则变成如下：

```
regex = '(?=.*[0-9])(?=.*[a-z])^[0-9A-Za-z]{6,12}$'
```

第 4 步，把原题变成下列几种情况之一。

- 同时包含数字和小写字母。
- 同时包含数字和大写字母。
- 同时包含小写字母和大写字母。
- 同时包含数字、小写字母和大写字母。

以上 4 种情况是或的关系，实际上可以不用第 4 种情况。最终实现代码如下：

```
import re                                              # 导入正则表达式模块
regex = r'((?=.*[0-9])(?=.*[a-z])|(?=.*[0-9])(?=.*[A-Z])|(?=.*[a-z])(?=.*[AZ]))
^[0-9A-Za-z]{6,12}$'                                   # 定义正则表达式字符串
pattern = re.compile(regex)                            # 生成正则表达式对象
print(not not  pattern.match("1234567"))               # False 全是数字
print(not not  pattern.match("abcdef"))                # False 全是小写字母
print(not not  pattern.match("ABCDEFGH"))              # False 全是大写字母
print(not not  pattern.match("ab23C"))                 # False 不足 6 位
print(not not  pattern.match("ABCDEF234"))             # True 大写字母和数字
print(not not  pattern.match("abcdEF234"))             # True 三者都有
```

【模式分析】

上面的正则看起来比较复杂，只要理解了第 2 步，其余就全部理解了。

```
'(?=.*[0-9])^[0-9A-Za-z]{6,12}$'
```

对于这个正则表达式，只需要弄明白 (?=.*[0-9])^ 即可。

分开来看就是(?=.*[0-9])和“^”。

表示开头前面还有个位置（当然也是开头，即同一个位置，想想之前的空字符类）。

(?=.*[0-9])表示该位置后面的字符匹配“.*[0-9]”，即有任意多个任意字符，后面再跟个数字，就是接下来的字符，必须包含一个数字。

“至少包含两种字符”的意思就是说，不能全部都是数字，也不能全部都是小写字母，也不能全部都是大写字母。

那么要求“不能全部都是数字”，实现的正则表达式是：

```
regex = '(?!^[0-9]{6,12}$)^[0-9A-Za-z]{6,12}$'
```

三种“都不能”的最终实现代码如下：

```
import re                                              # 导入正则表达式模块
regex = r'(?!^[0-9]{6,12}$)(?!^[a-z]{6,12}$)(?!^[A-Z]{6,12}$)^[0-9A-Za-z]{6,12}$'
                                                       # 定义正则表达式字符串
pattern = re.compile(regex)                            # 生成正则表达式对象
print(not not  pattern.match("1234567"))               # False 全是数字
print(not not  pattern.match("abcdef"))                # False 全是小写字母
print(not not  pattern.match("ABCDEFGH"))              # False 全是大写字母
```

```
print(not not  pattern.match("ab23C"))                # False 不足6位
print(not not  pattern.match("ABCDEF234"))            # True 大写字母和数字
print(not not  pattern.match("abcdEF234"))            # True 三者都有
```

8.6 在线支持

扫描，拓展学习

第 9 章　函　　数

在开发过程中，经常需要重复使用一些代码，如数据访问、文件操作、字符串处理等，如果每次都重复编写相同的代码，不仅费时费力，后期维护麻烦，而且代码执行效率低，使用函数可以解决这些问题。函数可以封装一段代码，允许反复调用并可以预编译，提升执行效率。

Python 同时支持函数式编程，灵活使用函数，可以编写出功能强大、简洁、优雅的代码。Python 函数分为两类：一类是内置的预定义函数，用户只需要根据函数名调用即可；另一类是自定义函数，由用户自己定义、用来实现特定功能的函数。

【学习重点】

- 定义和调用函数。
- 正确使用函数参数和返回值。
- 正确使用匿名函数和变量作用域。
- 掌握闭包和递归函数。
- 初步了解函数式编程的编码风格。

9.1　定义和调用函数

Python 提供了很多内置函数，也允许用户自定义函数。本节主要介绍如何定义和调用函数。

扫一扫，看视频

9.1.1　定义函数

在 Python 中，可以使用 def 语句定义函数。语法格式如下：

```
def 函数名([参数列表]):
    函数体
```

函数代码块以 def 关键词开头，后面是函数名和小括号()，在小括号中可以定义参数。函数的主体以冒号开始，并且缩进显示。

【示例 1】 定义一个无参函数。当函数体内代码不需要外部传入参数时，也能够独立运行，那么就可以定义无参数的函数。

```
def hi():
    print("Hi,Python.")
```

在上面的代码中，函数体仅包含一行语句，输出一条提示信息。

注意：

当函数没有参数时，也必须添加一对小括号，否则将抛出语法错误。

【示例 2】 定义一个空函数。

```
def no():
    pass
```

所谓空函数，就是不执行任何操作的函数，在函数体内使用 pass 空语句填充函数体。如果缺少了 pass，将会抛出语法错误。

提示：

空函数的作用：可以作为占位符备用，在函数的具体功能还没有实现前，可以先定义空函数，让代码能运行起来，事后再编写函数体代码。

【示例 3】 定义一个有参函数。当函数体内代码必须依赖外部传入参数时，那么就可以定义有参数的函数。

```
def abs(x):
    if x >= 0:                          # 如果参数值大于等于 0，则直接返回
        return x
    else:                               # 如果参数值小于 0，则取反后再返回
        return -x
```

在上面的代码中，求一个数字的绝对值，因此必须要传入一个数字，然后返回该数字的绝对值。

提示：

函数的参数放在函数名后面的小括号内，可以设置一个或多个参数，以逗号进行分隔。函数的返回值通过 return 语句设置。

注意：

在函数体内，一旦执行 return 语句，函数将返回结果，并立即停止函数的运行。如果没有 return 语句，执行完函数体内所有代码后，也会返回特殊值（None）。如果明确让函数返回 None，可以按如下方式编写。

```
return None
```

简写为

```
return
```

拓展：

- 技巧 1

在定义函数时，如果在函数体第一行使用"""或""添加多行注释时，则在调用函数时，会自动提示注释信息。

【示例 4】 针对示例 3，本示例在 abs()函数体第一行添加一段注释，则当调用函数时，显示如图 9.1 所示的提示信息。

```
def abs(x):
    """abs(float x)
    功能：求绝对值。
    参数：x，为数字。
    返回值：x 的绝对值。
    """
    if x >= 0:                          # 如果参数值大于等于 0，则直接返回
        return x
    else:                               # 如果参数值小于 0，则取反后再返回
        return -x
```

因此，建议用户在函数体第一行添加函数的帮助信息，如函数的功能、参数类型和作用、返回值类型等信息。

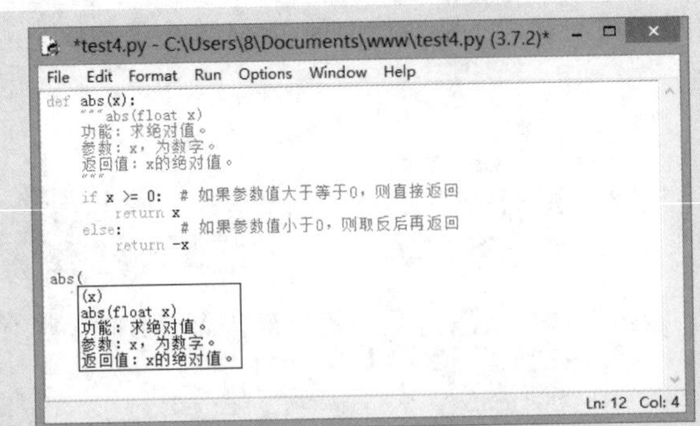

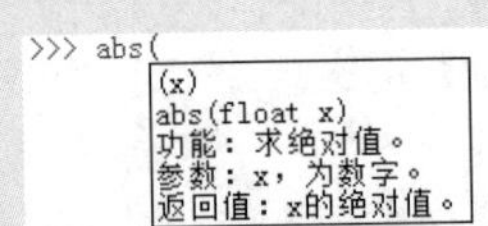

图 9.1　自动提示注释信息

➘ 技巧 2

在 Python 交互环境中定义函数时，函数定义结束后，需要按两次 Enter 键，才能结束函数定义，回到“>>>”提示符下，重新开始输入新的命令，如图 9.2 所示。

如果把函数 sum()保存到 test5.py 文件中，可以在该文件的当前目录下启动 Python 解释器，使用如下命令导入 sum()函数，如图 9.3 所示。

```
from test5 import sum
```

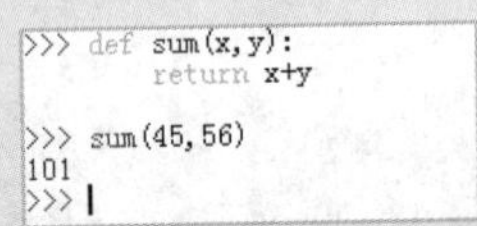

图 9.2　按两次 Enter 键结束函数定义

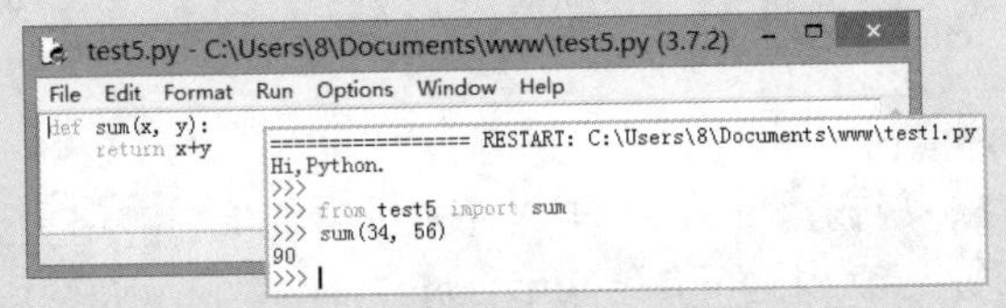

图 9.3　导入外部文件中的函数

注意：

test5 是文件名（不含.py 扩展名），sum 是函数名（不含小括号）。

扫一扫，看视频

9.1.2　调用函数

定义函数之后，函数体内的代码是不能够自动执行的，只有当调用函数的时候，函数体内的代码才被执行。使用小括号可以直接调用一个函数。语法格式如下：

```
函数名([参数列表])
```

如果在定义函数时没有设置参数，则调用函数时不需要传入参数。

如果在定义函数时设置了多个参数，则调用函数时必须传入同等数量的参数；否则将抛出 TypeError 错误。如果传入的参数数量是对的，但参数类型不能被函数所接收，也会抛出 TypeError 错误，并且给出错误信息。

【示例 1】针对上一小节示例定义的函数，下面使用小括号语法，分别调用无参函数、空函数和有参函数。

```
hi()                                  # 无参调用
no()                                  # 空函数调用
abs(-45)                              # 有参调用
```

提示：

调用函数有以下 3 种形式。

➘ 语句

如示例 1 中 3 个函数都是以语句形式调用。

➘ 表达式

函数都有返回值，因此调用函数之后，实际上得到的就是一个值，值可以参与表达式运算。例如，下面代码将函数返回值（45）乘以 2，然后把表达式的运算结果（90）再赋值给变量 num。

```
num = abs(-45) * 2                              # 表达式形式调用
```

➘ 参数

把函数调用作为参数传递给另一个函数。例如：

```
print(abs(-45))                                 # 参数形式调用
```

注意：

函数都是先定义后调用。在定义阶段，Python 只检测语法，不执行代码。如果在定义阶段发现语法错误，将会提示错误，但是不会判断逻辑错误，只有在调用函数时，才会判断逻辑错误。

【示例 2】本示例将比较语法错误和逻辑错误的不同。

```
# 语法没有问题，逻辑有问题
def test1():
    if not name:                                # 逻辑错误：变量没有定义
        name = "0"
    print(name)

# 语法有问题，逻辑没有问题
def test2(name):
    if not name                                 # 语法错误：漏掉了冒号
        name = "0"
    print(name)
```

提示：

Python 内置了很多有用的函数，用户可以直接调用。要调用一个函数，需要知道函数的名称、作用和参数。可以在 Python 官方网站查看文档：http://docs.python.org/3/library/functions.html#函数名，也可以在交互式命令行中，通过“help(函数名)”命令查看指定函数的帮助信息。

9.1.3　定义嵌套函数

扫一扫，看视频

Python 允许创建多级嵌套的函数，就是允许在函数内部定义函数，这些内部函数都遵循各自的作用域和生命周期等规则。

【示例】对于嵌套函数来说，内层函数可以访问外层函数作用域中的变量，但是外层函数不能够访问内层函数作用域中的变量。

```
def outer():                                    # 外层函数
    x = 1
    def inner():                                # 内层函数
        print(x)                                # 输出为 1
    inner()
outer()
```

实际上，理解了 Python 作用域就很容易正确判断函数嵌套之间的关系。在访问变量 x 的过程中，会首先在本地作用域中寻找，即在 inner()函数内寻找，如果寻找不到，就会在外层作用域中寻找，其外层是 outer()函数。x 是定义在 outer 作用域范围内的 local（本地）变量。

在外层函数中调用 inner()函数，实际上 inner 只是一个变量名，也会遵循 Python 的变量查找规则，即先在 outer()函数的作用域中寻找名为 inner 的 local（本地）变量。

9.2 函数的参数和返回值

函数提供两个接口实现与外部进行交互，其中参数作为入口，接收外部信息；返回值作为出口，把运算结果反馈给外部。

扫一扫，看视频

9.2.1 形参和实参

函数的参数包括以下两种类型。

- 形参：在定义函数时声明的参数变量，仅在函数内部可见。
- 实参：在调用函数时实际传入的值。

【示例 1】定义 Python 函数时，可以设置零个或多个参数。

```
def f(a, b):                                  # 定义形参 a 和 b
    return a+b

# 定义实参 x 和 y
x = 1
y = 2
print(f(x, y))                                # 调用函数并传入实参变量
```

在上面的示例中，a、b 就是形参，而在调用函数时传入的变量 x、y 就是实参。在执行函数时，Python 把实参变量的值赋值给形参变量，实现参数的传递。

根据实参的类型不同，可以把实参分为两种类型。

- 固定值：实参为不可变对象，如数字、布尔值、字符串、元组。
- 可变值：实参为可变对象，如列表、字典和集合。

【示例 2】本示例演示了实参的类型不同，会产生不同结果。

```
# 测试函数
def fun(obj):
    obj += obj                                # 改变形参
    return obj                                # 返回形参

# 传递固定值
a = 1                                         # 原值
b = fun(a)                                    # 调用函数，传入数字
print(a)                                      # 原值不变，输出为 2
print(b)                                      # 函数返回值，输出为 2
```

```
# 传递可变值
a = [1]                          # 原值
b = fun(a)                       # 调用函数，传入列表
print(a)                         # 原值被修改，输出为 [1, 1]
print(b)                         # 函数返回值，输出为 [1, 1]
```

通过上面的示例演示可以看到，当传递固定值时，改变形参的值后，实参的值不变；当传递可变值时，改变形参的值后，实参的值也会发生变化。

9.2.2　位置参数

扫一扫，看视频

位置参数就是根据位置关系把实参的值有序传递给形参。在一般情况下，实参和形参应该是一一对应的，不能够错位传递，否则会引发异常或者运行错误。

提示：

> 在调用函数时，实参和形参必须保持一致，具体说明如下：
>
> - 在没有设置默认参数和可变参数的情况下，实参和形参的个数必须相同。
> - 在没有设置关键字参数和可变参数的情况下，实参和形参的位置必须对应。
> - 在一般情况下，实参和形参的类型必须保持一致。

在 Python 中，内置函数会自动检查传入值的个数和类型，如果个数或类型不一致，则会引发异常。例如，调用内置函数 abs()，并传入字符串，则抛出 TypeError 错误。

```
>>> abs("a")
Traceback (most recent call last):
  File "<pyshell#0>", line 1, in <module>
    abs("a")
TypeError: bad operand type for abs(): 'str'
```

对于自定义函数，Python 会自动检查实参个数，如果实参和形参个数不一致，将抛出 TypeError 错误。但是 Python 不会检查传入值的类型与形参类型是否保持一致。

提示：

> 如果实参与形参的位置顺序不对应，虽然 Python 不会自动检查，但是容易引发异常或逻辑错误。

【示例】下面示例为自定义函数 abs()添加参数类型检查的功能，只允许传入整数或浮点数。

```
def abs(x):
    """abs(float x)
    功能：求绝对值。
    参数：x，为数字。
    返回值：x 的绝对值。
    """
    if not isinstance(x, (int, float)):          # 检测参数类型是否为整数或浮点数
        raise TypeError('参数类型不正确')          # 如果参数类型不对，则抛出异常
    if x >= 0:                                   # 如果参数值大于等于 0，则直接返回
        return x
    else:                                        # 如果参数值小于 0，则取反后再返回
        return -x
```

提示：

有关 isinstance()函数的用法介绍请参考 2.5.1 小节内容。

添加了参数检查后，如果传入错误的参数类型，函数就可以抛出一个错误。

```
>>> abs("a")
Traceback (most recent call last):
  File "<pyshell#0>", line 1, in <module>
    abs("a")
  File "C:\Users\8\Documents\www\test1.py", line 8, in abs
    raise TypeError('参数类型不正确')
TypeError: 参数类型不正确
```

提示：

有关错误和异常处理的相关知识请参考第 12 章介绍。

扫一扫，看视频

9.2.3 关键字参数

在调用函数时，实参一般是按顺序传递给形参的。例如：

```
def test(a, b, c):
    print("a=", a)
    print("b=", b)
    print("c=", c)

test(1, 2, 3)                          # 实参和形参位置顺序相同，一一映射
```

输出为：

```
a= 1
b= 2
c= 3
```

实参 1、2、3 按顺序传入函数，函数能够按顺序把它们分配给形参变量 a、b、c。

关键字参数能够打破参数的位置关系，根据关键字映射实现给形参赋值。例如：

```
def test(a, b, c):
    print("a=", a)
    print("b=", b)
    print("c=", c)

test(c=3, a=1, b=2)                    # 实参和形参位置不一致
```

输出为：

```
a= 1
b= 2
c= 3
```

提示：

关键字参数是针对调用函数时传递的实参而言，而位置参数是针对定义函数时设置的形参而言。

可以混合使用位置参数和关键字参数，一般位置参数在前，关键字参数在后。例如，第 1 个参数直

接传递值，第 2、3 个参数使用关键字进行传递。

```
def test(a, b, c):
    print("a=", a)
    print("b=", b)
    print("c=", c)

test(1, c=3, b=2)                                    # 混合传递参数
```

输出为：

```
a= 1
b= 2
c= 3
```

注意：

一旦使用关键字参数后，其后不能够使用位置参数。因为这样会重复为一个形参赋值，应确保形参和实参个数相同。例如，下面用法是错误的：

```
test(c=3, b=2, 1)                                    # 抛出 SyntaxError 错误
```

9.2.4　默认参数

扫一扫，看视频

调用 Python 内置函数 int()，可以传递一个参数，也可以传递两个参数。例如，在 Python 交互环境中输入如下代码。

```
>>> int("10")
10
>>> int("10",8)
8
```

int()函数的第 2 个参数用来设置转换进制，默认是十进制（base=10）。因此，默认参数的作用是能够简化函数调用，当需要的时候，也允许传入额外的参数来覆盖默认参数值。

在自定义函数时，可以为函数形参设置默认值即定义默认参数，语法格式如下：

```
def 函数名 (参数 1, 参数 2,…, 参数 n=默认值 n, 参数 n+1=默认值 n+1,…):
    函数体
```

当定义函数时，如果某个参数的值不经常变动，就可以考虑将这个参数设置为默认参数。使用默认参数之后，位置参数必须放在前面，默认参数放在后面。位置参数和默认参数没有个数限制。

【示例 1】 本示例定义一个计算 x 的 n 次方函数。

```
def power(x, n):
    s = 1                                            # 临时记录乘积
    while n > 0:
        n = n - 1                                    # 递减次方次数
        s = s * x                                    # 累积乘积
    return s                                         # 返回 n 次方结果
```

假设计算平方的次数最多，就可以把参数 n 的默认值设定为 2。代码如下：

```
def power(x, n=2):
    s = 1                                            # 临时记录乘积
    while n > 0:
```

```
        n = n - 1                          # 递减次方次数
        s = s * x                          # 累积乘积
    return s                               # 返回 n 次方结果
```

当调用 power()函数时，如果仅计算平方，就不需要传入两个参数了。

```
>>> power(34)
1156
```

提示：

默认参数是在定义函数时赋值的，且仅赋值一次。当调用函数时，如果没有传入实参值，函数就会使用默认值。

注意：

应避免使用可变对象作为参数的默认值。

【示例 2】本示例设计一个汇总函数，当传入一个值之后，存储在可变参数 scores 中。

```
def sum(num, scores = []):
    scores.append(num)                     # 把参数 num 的值存储到可变参数 scores 中
    return scores                          # 返回存储的值

result = sum(12)                           # 第一次调用，传入值为 12
print(result)                              # 输出为 [12]
result = sum(24)                           # 第一次调用，传入值为 24
print(result)                              # 输出为 [12, 24]
```

预设程序运行的结果是[12]、[24]，但是实际结果是[12]、[12, 24]。出现问题的原因在于 scores 参数的默认值是一个列表对象，而列表是一个可变类型，那么使用 append()方法添加列表元素时，不会为 scores 重新创建一个新的列表，而是在原来对象的基础上执行操作。

因此，对于默认参数，如果默认值是不可变类型，那么多次调用函数是不会相互干扰的；如果默认值是可变参数，那么在调用函数时就要重新初始化可变参数，避免多次调用的相互干扰。

扫一扫，看视频

9.2.5 可变参数

可变参数就是允许定义能和多个实参相匹配的形参。当无法确定实参个数时，使用可变参数是最佳选择。定义可变参数有两种形式，具体说明如下。

1. 单星号形参

当定义函数时，在形参名称前添加一个星号前缀，就可以定义一个可变的位置参数，其语法格式如下：

```
def 函数名(*param):
    pass
```

声明一个类似*param 的可变参数时，从此处开始直到结束的所有位置参数都将被收集，并汇集成一个名为 param 的元组中。在函数体内可以使用 for 语句遍历 param 对象，读取每个元素，实现对可变位置参数的读取。

【示例 1】定义一个求和函数，能够把参数中所有数字进行相加并返回。

```
def sum(*nums):
    i = 0                                  # 临时变量
    for n in nums:                         # 遍历可变参数
```

```
        if(isinstance(n, (int, float))):        # 如果是整数或浮点数
            i += n                              # 求和
    return i

print(sum(1, 2, 3, 4))                          # 输出为 10
print(sum(1, 2, 3, 4, "a", "b"))                # 输出为 10
print(sum(1, 2.3, 4.4, 5.67))                   # 输出为 13.370000000000001
```

通过上面的代码可以看到，使用可变参数进行参数传递，设计求和函数会显得非常方便。

拓展：

Python 也允许传入单星号实参。在调用函数时，当在实参前添加星号（*）前缀，Python 会自动遍历该实参对象，提取所有元素，并按顺序转换为位置参数。因此，要确保被添加星号的实参为可迭代对象。这个过程也被称为解包位置参数。

【示例 2】针对示例 1，可以使用下面方式调用函数 sum()，并传入可遍历数据对象。

```
def sum(*nums):
    i = 0                                       # 临时变量
    for n in nums:                              # 遍历可变参数
        if(isinstance(n, (int, float))):        # 如果是整数或浮点数
            i += n                              # 求和
    return i

a = (2, 4, 6, 8, 10)                            # 元组
print(sum(*a, 2, 3, 4, 1))                      # 输出为 40
b = [2, 4, 6, 8, 10]                            # 列表
print(sum(*b, 2, 3, 4, 1))                      # 输出为 40
c = {2, 4, 6, 8, 10}                            # 集合
print(sum(*c, 2, 3, 4, 1))                      # 输出为 40
d = {2: "a", 4: "b", 6: "c", 8: "d", 10: "e"}   # 字典，键必须为数字，对键进行求和
print(sum(*d, 2, 3, 4, 1))                      # 输出为 40
```

2. 双星号形参

当定义函数时，在形参名称前添加两个星号前缀，就可以定义一个可变的关键字参数，其语法格式如下：

```
def 函数名(**param):
    pass
```

声明一个类似**param 的可变参数时，从此处开始直到结束的所有关键字参数都将被收集，并汇集在一个名为 param 的字典中。在函数体内可以使用 for 语句遍历 param 对象，读取每个元素，实现对可变关键字参数的读取。

【示例 3】定义一个求和函数，能够接收关键字传递的参数，并把所有键、值进行汇总，如果值为数字，则叠加并记录，最后返回一个元组，包含可汇总的键的列表，以及汇总值的和。

```
def sum(**nums):
    i = 0                                       # 临时变量
    temp = []                                   # 临时列表
    for key, value in nums.items():             # 遍历字典类型的可变参数
        if(isinstance(value, (int, float))):    # 如果是整数或浮点数
            i += value                          # 把值叠加到临时变量中
            temp.append(key)                    # 把键添加到临时列表中
```

```
    return (temp, i)                           # 以元组格式返回键和值的汇总

a = sum(a=1, b=2, c=3, d=4)                    # 调用函数，传入 4 个键值对
print(" + ".join(a[0]), "=", a[1])             # 输出为 a + b + c + d = 10
```

拓展：

Python 也允许传入双星号实参。在调用函数时，当在实参前添加双星号（**）前缀，Python 会自动遍历该实参对象，提取所有元素，并转换为关键字参数。因此，要确保被添加双星号的实参为字典对象。这个过程也被称为解包关键字参数。

【示例 4】针对示例 3，先定义一个字典对象，然后再调用函数 sum()，并传入字典对象作为可变参数，则也可以得到相同的结果。

```
def sum(**nums):
    i = 0                                      # 临时变量
    temp = []                                  # 临时列表
    for key, value in nums.items():            # 遍历字典类型的可变参数
        if(isinstance(value, (int, float))):   # 如果是整数或浮点数
            i += value                         # 把值叠加到临时变量中
            temp.append(key)                   # 把键添加到临时列表中
    return (temp, i)                           # 以元组格式返回键和值的汇总

d = {"a": 1, "b": 2, "c": 3, "d": 4}           # 定义字典对象
a = sum(**d)                                   # 调用函数，传入字典对象
print(" + ".join(a[0]), "=", a[1])             # 输出为 a + b + c + d = 10
```

【示例 5】利用可变参数可以定义创建字典对象的函数。

```
def dict(**kwargs):                  # 创建字典对象的函数
    return kwargs

d = dict(a=1, b=2, c=3, d=4, e=5)    # 调用函数
print(d)                             # 输出为 {'a': 1, 'b': 2, 'c': 3, 'd': 4, 'e': 5}
```

通过上面的代码可以使用 dict(a=1,b=2,c=3)方式快速创建一个字典。

扫一扫，看视频

9.2.6 混合使用参数

位置参数、默认参数、关键字参数和可变参数可以混合使用。混用时的位置顺序如下：

- 在定义函数时，形参位置顺序：位置参数在前，默认参数在后。

```
(位置参数，默认参数，可变位置参数，可变关键字参数)        # 默认参数会被重置
(位置参数，可变位置参数，默认参数，可变关键字参数)        # 默认参数保持默认
```

- 在调用函数时，实参位置顺序：位置参数在前，关键字参数在后。

```
#推荐顺序
(位置参数，关键字参数，可变位置参数，可变关键字参数)
(位置参数，可变位置参数，关键字参数，可变关键字参数)
#可选顺序
(可变位置参数，位置参数，关键字参数，可变关键字参数)
(位置参数，可变位置参数，可变关键字参数，关键字参数)
(可变位置参数，位置参数，可变关键字参数，关键字参数)
```

【示例 1】定义一个函数，包含位置参数和默认参数，在调用函数时，使用位置参数和关键字

参数。

```
def f(name, age, sex=1):
     print("name=", name, end="  ")
     print("age=", age, end="  ")
     print("sex=", sex)

f('zhangsan', 25, 0)
f(age= 25, name = 'zhangsan')
f(age= 25, sex = 0, name = 'zhangsan')
```

输出为：

```
name= zhangsan  age= 25  sex= 0
name= zhangsan  age= 25  sex= 1
name= zhangsan  age= 25  sex= 0
```

【示例 2】可变位置参数和可变关键字参数混用：可变位置参数在前，可变关键字参数在后。

```
def f(*args, **kwargs):
     print("args=", args, end="  ")                    # 输出可变位置参数
     print("kwargs=", kwargs)                           # 输出可变关键字参数

if __name__ == '__main__':                              # 如果本模块被直接执行，则调用下面函数
     f(1, 2, 3, 4)
     f(a=1, b=2, c=3)
     f(1, 2, 3, 4, a=1, b=2, c=3)
     f('a', 1, None, a=1, b='2', c=3)
```

输出为：

```
args= (1, 2, 3, 4)  kwargs= {}
args= ()  kwargs= {'a': 1, 'b': 2, 'c': 3}
args= (1, 2, 3, 4)  kwargs= {'a': 1, 'b': 2, 'c': 3}
args= ('a', 1, None)  kwargs= {'a': 1, 'b': '2', 'c': 3}
```

【示例 3】可变位置参数与位置参数和默认参数混合使用。

```
# 可变位置参数放在位置参数的后面，默认参数放在所有参数的最后
def f(x, *args, a=4):
    print("x=", x, end="  ")
    print("a=", a, end="  ")
    print("args=", args)
# 调用函数
f(1, 2, 3, 4, 5, 6, 7, 8, 9, 10, a=100)                 # 修改默认值
f(1, 2, 3, 4, 5, 6, 7, 8, 9, 10)                        # 保留默认值
```

输出为：

```
x= 1  a= 100  args= (2, 3, 4, 5, 6, 7, 8, 9, 10)
x= 1  a= 4  args= (2, 3, 4, 5, 6, 7, 8, 9, 10)

# 可变位置参数放在所有参数的最后，默认参数放在位置参数的后面
def f(x, a=4, *args):
    print("x=", x, end="  ")
    print("a=", a, end="  ")
    print("args=", args)
```

```
# 调用函数
f(1, 2, 3, 4, 5, 6, 7, 8, 9, 10)                    # 修改默认值
f(1, *(2, 3, 4, 5, 6, 7, 8, 9, 10))                 # 修改默认值
```

输出为：

```
x= 1  a= 2  args= (3, 4, 5, 6, 7, 8, 9, 10)
x= 1  a= 2  args= (3, 4, 5, 6, 7, 8, 9, 10)
```

【示例 4】可变关键字参数与位置参数和默认参数混合使用。

```
# 默认参数要放在位置参数的后面，可变关键字参数放在最后
def f(x, a=4, **kwargs):
    print("x=", x, end="  ")
    print("a=", a, end="  ")
    print("kwargs=", kwargs)

f(1, y=2, z=3)                                       # 使用默认参数
f(1, 5, y=2, z=3)                                    # 修改默认参数
```

输出为：

```
x= 1  a= 4  kwargs= {'y': 2, 'z': 3}
x= 1  a= 5  kwargs= {'y': 2, 'z': 3}
```

注意：

默认参数不能够放在可变关键字参数的后面，否则将抛出语法错误。

【示例 5】位置参数、默认参数、可变位置参数和可变关键字参数混用。

```
# 如果保持使用默认参数的默认值时，默认参数的位置应该位于可变位置参数之后
def f(x, *args, a=4, **kwargs):                      # 注意参数位置和顺序
    print("x=", x, end="  ")
    print("a=", a, end="  ")
    print("args=", args, end="  ")
    print("kwargs=", kwargs)

# 直接传递值
f(1, 5, 6, 7, 8, y=2, z=3)                           # 调用函数，不修改默认参数
# 传递可变参数
f(1, *(5, 6, 7, 8), **{"y": 2, "z": 3})              # 调用函数，不修改默认参数

# 当需要修改默认参数的默认值时，默认参数应放在可变位置参数之前，位置参数之后
def f(x, a=4, *args, **kwargs):                      # 注意参数位置和顺序
    print("x=", x, end="  ")
    print("a=", a, end="  ")
    print("args=", args, end="  ")
    print("kwargs=", kwargs)

# 直接传递值
f(1, 5, 6, 7, 8, y=2, z=3)                           # 调用函数，修改默认参数 a 为 5
# 传递可变参数
f(1, 5, 6, *(7, 8), **{"y": 2, "z": 3})              # 调用函数，修改默认参数 a 为 5
```

输出为：

```
x= 1  a= 4  args= (5, 6, 7, 8)  kwargs= {'y': 2, 'z': 3}
x= 1  a= 4  args= (5, 6, 7, 8)  kwargs= {'y': 2, 'z': 3}
x= 1  a= 5  args= (6, 7, 8)  kwargs= {'y': 2, 'z': 3}
x= 1  a= 5  args= (6, 7, 8)  kwargs= {'y': 2, 'z': 3}
```

9.2.7 函数的返回值

扫一扫，看视频

在 Python 函数体内，使用 return 语句可以设置函数的返回值。语法格式如下：

```
return [表达式]
```

注意：

如果一个函数没有 return 语句，其实它有一个隐含的 return 语句，返回值是 None，类型是 NoneType。与 return 或 return None 等效，都是返回 None。

【示例 1】下面 3 个函数的返回值都是 None。

```
def f1():
    pass

def f2():
    return

def f3():
    return None

print(f1())                                    # 输出为 None
print(f2())                                    # 输出为 None
print(f3())                                    # 输出为 None
```

return 语句还具有结束函数调用的作用。

【示例 2】把 return 语句放在函数体内第 2 行，这将导致函数体内后面语句无法被执行，因此仅看到输出 1，第 3 行代码没有执行。

```
def f():
    print(1)
    return                                     # 结束函数调用
    print(2)                                   # 该行语句没有被执行
f()                                            # 调用函数
```

在函数体内可以设计多条 return 语句，但只有一条可以被执行，如果没有一条 return 语句被执行，同样会隐式调用 return None 作为返回值。

【示例 3】在排序函数中，经常会用到如下设计，通过比较两个元素的大小，确定它们的排列顺序。

```
def f(x, y):
    if(x < y):
        return 1
    elif(x > y):
        return -1
    else:
        return 0
```

```
print(f(3, 4))                    # 输出为 1
print(f(4, 3))                    # 输出为 -1
```

函数的返回值可以是任意类型，但是返回值只能是单值，值可以是包含多个元素的对象，如列表、字典等，因此要返回多个值，可以考虑把多个值放在列表、元组、字典等对象中再返回。

【示例 4】在本示例中，虽然 return 语句后面跟随多个值，但是 Python 会把它们隐式封装成一个元组对象返回。

```
def f():
    return 1, 2, 3, 4
print(f())                        # 返回 (1, 2, 3, 4)
```

9.3 匿名函数

匿名函数就是没有名字的函数，不使用 def 语句来定义，使用 lambda 运算符定义，也称为函数表达式。

扫一扫，看视频

9.3.1 定义匿名函数

在 Python 中，使用 lambda 运算符可以定义匿名函数，语法格式如下：

```
fn = lambda [arg1 [,arg2,...,argn]]:expression
```

具体说明如下：

- [arg1 [,arg2,...,argn]]：可选参数，表示匿名函数的参数，参数个数不限，参数之间通过逗号分隔。
- expression：必选参数，为一个表达式定义函数体，并能够访问冒号左侧的参数。
- fn 表示一个变量，用来接收 lambda 表达式的返回值，返回值为一个匿名函数对象，通过 fn 变量可以调用该匿名函数。

lambda 是一个表达式，而不是一个语句块，它具有如下几个特点：

- 与 def 语句的语法相比较，lambda 不需要小括号，冒号（:）左侧的值列表表示函数的参数；函数不需要 return 语句，冒号右侧表达式的运算结果就是返回值。
- 与 def 语句的功能相比较，lambda 的结构单一，功能有限。lambda 的主体是一个表达式，而不是一个代码块，因此不能够包含各种命令，如 for、while 等结构化语句，仅能够在 lambda 表达式中封装有限的运算逻辑。

lambda 表达式也会产生一个新的局部作用域，拥有独立的命名空间。在 def 定义的函数中嵌套 lambda 表达式，lambda 表达式可以访问外层 def 定义的函数中可用的变量。

【示例 1】定义一个无参匿名函数，直接返回一个固定值。

```
t = lambda : True                 # 分号前无任何参数
t()                               # 输出为 True
```

等价于 def func(): return True。

【示例 2】定义一个带参数的匿名函数，用来求两个数字的和。

```
# 求和匿名函数
sum = lambda a,b: a + b           # 直接赋值给变量，然后像普通函数一样调用
```

```
# 调用匿名函数
print(sum(10, 20))                              # 输出为 30
print(sum(20, 20))                              # 输出为 40
```

其中，sum = lambda a,b: a + b 就等效于 def sum(a, b): return a + b。

【示例 3】通过一行代码把字符串中的各种空字符转换为空格。

```
print((lambda s:' '.join(s.split()))("this is\na\ttest"))   # 直接在后面传递实参
```

输出为：

```
this is a test
```

上面一行代码等价于：

```
s = "this is\na\ttest"                          # 根据空字符把字符串转换为列表
s = ' '.join(s.split())                         # 用 join 函数转换一个列表为字符串
print(s)
```

【示例 4】在匿名函数中设置默认值。

```
c = lambda x,y=2: x+y                           # 设置默认值
print(c(10))                                    # 仅传递一个参数，使用默认值 2，输出为 12
```

【示例 5】快速转换为字典对象。

```
c = lambda **arg: arg                           # arg 返回的是一个字典
d = c(a=1, b=2, c=3)
print(d)                                        # 输出为 {'a': 1, 'b': 2, 'c': 3}
```

【示例 6】通过匿名函数设置字典排序的主键。

```
infors = [
    {"name": "a", "age": 15},
    {"name": "b", "age": 20},
    {"name": "c", "age": 10}
]
infors.sort(key=lambda x: x['age'])             # 根据 age 关键字对字典进行排序
print(infors)
```

输出为：

```
# [{'name': 'c', 'age': 10}, {'name': 'a', 'age': 15}, {'name': 'b', 'age': 20}]
```

【示例 7】通过匿名函数设计一个高阶函数。

```
def test(a, b, func):
    return func(a, b)

num = test(34, 26, lambda x, y: x-y)            # 接收一个函数作为参数
print(num)                                      # 输出为 8
```

【示例 8】通过匿名函数过滤出能够被 3 整除的元素。

```
d =[1,2,4,67,85,34,45,100,456,34]
d = filter(lambda x:x%3==0,d)
print(list(d))                                  # 输出为[45, 456]
```

提示：

过滤器函数 filter(function,iterable)包含两个参数，参数 function 是筛选函数，参数 iterable 是可迭代对象。filter()可以从序列中过滤出符合条件的元素，d = filter(lambda x:x%3==0,d)的含义就是从序列 d 中筛选出符合函数 lambda x:x%3= =0 的新序列。

扫一扫，看视频

9.3.2 案例：序列处理函数和 lambda 表达式

本案例介绍使用序列处理函数来操作序列对象，包括 filter()、map()、reduce()和 sorted()。

- filter(function, iterable)：根据函数过滤元素。
- map(function, iterable, ...)：根据函数映射一个新的序列。
- reduce(function, iterable[, initializer])：根据函数对元素执行汇总计算，并返回汇总的值。
- sorted(iterable, key= function, reverse=False)：根据函数对元素进行排序。

注意：

在 Python 2 中 reduce()是内置函数，而在 Python 3 中归为 functools 模块，因此需要导入该模块。

案例完整代码如下所示，演示效果如图 9.4 所示。

```
from functools import reduce                                     # 导入 reduce 函数
d = [1, -2, 4, 67, -85, 34, 45, -100, 456, -34]                  # 定义列表

#1. map 映射一个序列
print(list(map(lambda x: x * 2 + 5, d)))         # 使用 lambda 表达式映射列表
print([x * 2 + 5 for x in d])                    # 使用列表推导式实现相同的功能

#2. map 映射两个序列
map_list1 = map(lambda x, y: x * y + 1, [10, 9, 8, 7, 6], [5, 4, 3, 2, 1])
                                                 # 操作两个集合
print(list(map_list1))                           # 打印结果
# 当两个序列长度不一致时，以最短的序列为准
map_list2 = map(lambda x, y: x * y + 1,[10, 9, 8, 7, 6], [5, 4, 3, 2])
                                                 # 操作两个长度不等的集合
print(list(map_list2))                           # 打印结果

#3. filter 过滤序列
print(list(filter(lambda x: x % 3 == 0, d))) # 使用 lambda 表达式过滤列表
print([x for x in d if x % 3 == 0])              # 使用列表推导式实现相同的功能

#4. reduce 汇总序列
print(reduce(lambda x, y: x+y, [1, 2, 3]))       # 使用 reduce 汇总列表元素的值
print(reduce(lambda x, y: x+y, d))
print(reduce(lambda x, y: x+y, d, 4))            # 对集合元素进行求和运算，起步先加 4

#5. sorted 排序序列
print(sorted(d, key=lambda x: abs(x)))           # 根据绝对值排序集合中的元素
```

```
[7, 1, 13, 139, -165, 73, 95, -195, 917, -63]
[7, 1, 13, 139, -165, 73, 95, -195, 917, -63]
[51, 37, 25, 15, 7]
[51, 37, 25, 15]
[45, 456]
[45, 456]
6
386
390
[1, -2, 4, 34, -34, 45, 67, -85, -100, 456]
>>>
```

图 9.4　序列处理函数和 lambda 表达式效果

9.4 变量作用域

变量作用域（scope）是指变量在程序中可以被访问的有效范围，也称为命名空间、变量的可见性。Python 的作用域是静态的，在源代码中定义变量的位置决定了该变量能被访问的范围，即 Python 变量的作用域由变量所在源代码中的位置决定。

9.4.1 定义作用域

扫一扫，看视频

在 Python 中，并不是所有的语句块中都会产生作用域。只有模块、类、函数才会产生作用域。

【示例】下面示例分别使用 class 和 def 创建作用域，并演示访问作用域内变量的方法。

```
class C():                                  # 定义类
    n = 1                                   # 定义类变量

def f():                                    # 定义函数
    n = 2                                   # 定义局部变量
    print(n)                                # 访问局部变量

print(C.n)                                  # 通过名字空间访问类变量
f()                                         # 通过调用函数访问局部变量
print(n)                                    # 直接访问变量 n，将抛出 NameError 异常
                                            # 在全局作用域内，变量 n 不可见
```

在作用域中定义的变量，一般只能在作用域内可见，不允许在作用域外直接访问。

提示：

在条件、循环、异常处理、上下文管理器等语句块中不会创建作用域。

9.4.2 作用域类型

扫一扫，看视频

在 Python 中，作用域可以分为四种类型，简单说明如下。

1. L（local）级：局部作用域

每当函数被调用时都会创建一个新的局部作用域，包括 def 函数和 lambda 表达式函数。如果是递归函数，每次调用也都会创建一个新的局部作用域。在函数体内，除非使用 global 关键字声明变量的作用域为全局作用域，否则默认都为局部变量。局部作用域不会持续存在，存在的时间依赖于函数的生命周期。所以，一般建议尽量避免定义全局变量，因为全局变量在模块运行的过程中会一直存在，并一直占用内存空间。

2. E（enclosing）级：嵌套作用域

嵌套作用域也是函数作用域，与局部作用域是相对关系。相对于上一层的函数而言，嵌套作用域也是局部作用域。

对于一个函数而言，L 表示定义在此函数内部的局部作用域，而 E 是定义在此函数的上一层父级函

数中的局部作用域。

3．G（global）级：全局作用域

每一个模块都是一个全局作用域，在模块中声明的变量都具有全局作用域。从外部来看，全局变量就是一个模块对象的属性。

注意：

全局作用域的作用范围仅限于单个模块文件内。

4．B（built-in）级：内置作用域

在系统内置模块里定义的变量，如预定义在 built-in 模块内的变量。

扫一扫，看视频

9.4.3 LEGB 解析规则

变量名的 LEGB 解析规则：当在函数中使用未确定的变量名时，Python 会按照优先级依次搜索 4 个作用域，以此来确定该变量名的意义。

```
局部作用域 > 嵌套作用域 > 全局作用域 > 内置作用域
```

具体解析步骤如下：

第 1 步，在局部作用域（L）中搜索变量。

第 2 步，如果在局部作用域中没有找到变量，则跳转到上一层嵌套结构中，访问 def 或 lambda 函数的嵌套作用域（E）。

第 3 步，如果在函数作用域中没有找到同名变量，则向上访问全局作用域（G）。

第 4 步，如果在全局作用域中也没有找到同名变量，最后访问内置作用域（B）。

根据上述顺序，在第一处找到的位置停止搜索，并读取变量的值。如果在整个作用域链上都没有找到，则会抛出 NameError 异常。

【示例 1】比较全局作用域和局部作用域的优先级关系。

```
n = 1                                    # 全局变量
def f():                                 # 局部作用域
    n = 2                                # 局部变量
    print(n)

f()
print(n)
```

输出为：

```
2
1
```

在上面的代码中，有一个全局变量 n，值为 1，在函数 f()内定义局部变量 n，值为 2，在函数内部输出 n 变量值时，会优先搜索局部作用域，所以打印输出 2，在全局作用域打印 n 为 1。

【示例 2】在示例 1 的基础上再添加一个嵌套作用域，然后比较局部作用域、嵌套作用域和全局作用域之间的优先级关系。

```
n = 1                                    # 全局变量
def f():                                 # 嵌套作用域
    n = 2                                # 局部变量
    print(n)
    def sub():                           # 局部作用域
```

```
        print(n)
    sub()
f()
print(n)
```

输出为：

```
2
2
1
```

对于 sub()函数来说，当前局部作用域中没有变量 n，所以在 L 层找不到，然后在 E 层搜索，当在嵌套函数 f()中找到变量 n 后，就直接读取并打印输出，不再进一步搜索 G 层全局作用域。

【示例 3】 在示例 1 基础上调整 print(n)和 n = 2 两条语句的顺序。

```
n = 1                                          # 全局变量
def f():                                       # 局部作用域
    print(n)
    n = 2                                      # 局部变量

f()
print(n)
```

输出为：

```
UnboundLocalError: local variable 'n' referenced before assignment
```

在 Python 预编译期，局部变量 n 被定义，但没有赋值。当执行程序时，不会到全局作用域去搜索变量 n。当使用 print()打印变量 n 时，局部变量 n 并没有绑定对象，即没有被赋值，抛出变量在分配前被引用的错误。所以，在引用一个变量之前，一定要先赋值。

为什么本例会触发 UnboundLocalError 异常，而不是 NameError：name 'n' is not defined。Python 模块代码在执行之前，并不会经过预编译，但是函数体代码在运行前会经过预编译，因此不管变量名绑定在哪个函数作用域上，都能被编译器知道。Python 虽然是一个静态作用域语言，但变量访问是动态的，直到在程序运行时，才会发现变量引用问题。

【示例 4】 在示例 1 基础上删除局部变量 n = 2。

```
n = 1                                          # 全局变量
def f():                                       # 局部作用域
    print(n)

f()
print(n)
```

输出为：

```
1
1
```

在上面的示例中，先访问局部作用域，没有找到变量 n，所以在打印时直接找到了全局变量 n，然后读取并输出。

9.4.4　跨域修改变量

扫一扫，看视频

一个非 L 层的变量相对于 L 层变量而言，默认是只读，而不能修改。如果希望在 L 层中修改定义在非 L 层的变量，可为其绑定一个新的值，Python 会认为是在当前的 L 中引入了一个新的变量，即便内外两个变量重名，却也有着不同的意义，而且在 L 层中修改新变量不会影响到非 L 层的变量。如果希望在 L 层中修改非 L 层中的变量，则可以使用 global、nonlocal 关键字。

1. global 关键字

【示例 1】如果希望在 L 层中修改 G 层中的变量，可以使用 global 关键字。

```
n = 1                           # 全局变量，初始值为 1
def f():                        # 嵌套作用域
    def sub():                  # 局部作用域
        global n                # 声明全局变量 n
        print(n)
        n = 2                   # 修改全局变量 n 的值为 2
    return sub
f()()
print(n)
```

输出为：

```
1
2
```

在上面的代码中，使用 global 关键字之后，在 sub()函数中使用的 n 变量就是全局作用域中的 n 变量，而不会新生成一个局部作用域中的 n 变量。

2. nonlocal 关键字

使用 nonlocal 关键字可以实现在 L 层中修改 E 层中的变量。这是 Python 3 新增的特性。

【示例 2】针对示例 1，修改其中代码，把全局变量移到嵌套作用域中，然后使用 nonlocal n 命令在本地作用域中修改嵌套作用域中变量 n 的值。

```
def f():                        # 嵌套作用域
    n = 1                       # 嵌套变量，初始值为 1
    def sub():                  # 局部作用域
        nonlocal n              # 声明非本地变量 n
        n = 2                   # 修改非本地变量 n 的值为 2
        print(n)
    sub()
    print(n)
f()
```

输出为：

```
2
2
```

在上面的代码中，由于声明了 nonlocal，这样在 sub()函数中使用的 n 变量就是 E 层（即 f()函数中）声明的 n 变量，所以输出两个 2。

扫一扫，看视频

9.4.5 案例：修改嵌套作用域变量

除了使用 nonlocal 关键字外，也可以使用列表等可变类型的容器间接修改嵌套作用域变量。本例比较演示这两种嵌套作用域变量的修改方法。

```
# 使用列表等可变容器包含待修改的值
def demo1():                    # 定义函数
        x = 2                   # 定义嵌套作用域变量
        list1 = [x,]            # 定义嵌套作用域列表并赋值 x
```

```
        def demo2():                                  # 定义内部函数
                list1[0] = list1[0] + 1               # 修改嵌套作用域变量的值
                return list1[0]                       # 返回列表
        return demo2                                  # 返回内部函数
print(demo1()())                                      # 调用函数，返回 3

# 使用 nonlocal 关键字声明嵌套变量
def func1():                                          # 定义函数
        x = 2                                         # 定义嵌套作用域变量 x
        def func2():                                  # 定义内部函数
                nonlocal x                            # 声明 x 为 nonlocal 变量
                x += 1                                # 修改嵌套作用域变量 x
                return x                              # 返回 x
        return func2                                  # 返回内部函数
print(func1()())                                      # 调用函数，返回 3
```

9.4.6 案例：比较全局变量和局部变量

扫一扫，看视频

使用下面两个 Python 内置函数可以访问全局变量和局部变量。

- globals()：以字典类型返回当前位置的全部全局变量。
- locals()：以字典类型返回当前位置的全部局部变量。

注意：

通过 globals()和 locals()返回的字典对象可以读、写全局变量和局部变量。

下面案例简单比较了全局变量和局部变量的不同用法。

```
d = 4                                                 # 定义全局变量 d
def test1(a,b):                                       # 定义函数
    c = 3                                             # 定义局部变量 c
    print('全局变量 d:',globals()['d'])               # 直接打印全局变量 d
    print("局部变量集={0}".format(locals()))          # 打印本地变量
    print("全局变量集={0}".format(globals()))         # 打印全局变量
    d = 5                                             # 试图修改全局变量 d
test1(1,2)                                            # 调用函数
print('globals variable d:%d'%d)                      # 打印全局变量 d

d = 4                                                 # 定义全局变量 d
def test2(a,b):                                       # 定义函数
    c = 3                                             # 定义局部变量
    global d                                          # 声明 d 是全局变量
    print('全局变量 d:%d'%d)                          # 直接访问 d 全局变量
    print("局部变量集={0}".format(locals()))          # 打印本地变量
    print("全局变量集={0}".format(globals()))         # 打印全局变量
    d = 5                                             # 修改全局变量
test2(1,2)                                            # 调用函数
print('全局变量 d:%d'%d)                              # 打印全局变量 d
```

打印结果如下：

```
全局变量 d: 4
局部变量集={'a': 1, 'b': 2, 'c': 3}
```

```
全局变量集={'__name__': '__main__', '__doc__': None, '__package__': None,
'__loader__': <_frozen_importlib_external.SourceFileLoader object at 0x032DF820>,
'__spec__': None, '__annotations__': {}, '__builtins__': <module 'builtins'
(built-in)>, '__file__': 'd:/www_vs/test1.py', '__cached__': None, 'd': 4, 'test1':
<function test1 at 0x032B8808>}
全局变量 d: 4
_______________________________________________
全局变量 d: 4
局部变量集={'a': 1, 'b': 2, 'c': 3}
全局变量集={'__name__': '__main__', '__doc__': None, '__package__': None,
'__loader__': <_frozen_importlib_external.SourceFileLoader object at 0x032DF820>,
'__spec__': None, '__annotations__': {}, '__builtins__': <module 'builtins'
(built-in)>, '__file__': 'd:/www_vs/test1.py', '__cached__': None, 'd': 4, 'test1':
<function test1 at 0x032B8808>, 'test2': <function test2 at 0x03488100>}
全局变量 d: 5
```

9.5 闭包和装饰器

Python 支持函数闭包和装饰器的特性，它们都是特殊结构的嵌套函数，具有特殊的功能和用途。

扫一扫，看视频

9.5.1 定义闭包

闭包就是一个在函数调用时所产生的、持续存在的上下文活动对象。

1. 形成原理

函数被调用时，会产生一个临时的上下文活动对象（namespaces），它是函数作用域的顶级对象，作用域内所有局部变量、参数、内层函数等都将作为上下文活动对象的属性而存在。

在默认情况下，当调用函数后，上下文活动对象会被立即释放，避免占用系统资源。但是，当函数内的局部变量、参数、内层函数等被外界引用时，则这个上下文活动对象暂时会继续存在，直到所有外部引用全部被注销。

但是，函数作用域是封闭的，外界无法访问。那么在什么情况下，外界可以访问到函数内的私有成员呢？

根据作用域链，内层函数可以访问外层函数的私有成员。如果内层函数引用了外层函数的私有成员，同时内层函数又被传递给外部变量，那么闭包体就形成了。这个外层函数就是一个闭包体，当它被调用后，这个函数的上下文活动对象就暂时不被注销，其上下文环境会持续存在，通过内层函数，可以不断读、写外层函数的私有成员。

2. 闭包结构

典型的闭包体是一个嵌套结构的函数。内层函数引用外层函数的私有成员，同时内层函数又被外界引用，当外层函数被调用后，就形成了闭包，这个函数也称为闭包函数。

下面是一个典型的闭包结构。

```
def outer(x):                                  # 外层函数
     def inner(y):                             # 内层函数
          return x + y                         # 访问外层函数的参数
```

```
    return inner                          # 通过返回内层函数，实现外部引用
f = outer(5)                              # 调用外层函数，获取引用内层函数
print(f(6))                               # 调用内层函数，原外层函数的参数继续存在
```

【示例 1】在嵌套结构的函数中，外层函数使用 return 语句返回内层函数，在内层函数中包含了对外层函数作用域中变量的引用，一旦形成闭包体，就可以利用返回的内层函数的__closure__内置属性访问外层函数闭包体。

```
def outer(x):                             # 外层函数，闭包体
    def inner():                          # 内层函数
        print(x)                          # 引用外层函数的形参变量
    return inner                          # 返回内层函数

func = outer(1)                           # 调用外层函数
print(func.__closure__)                   # 访问闭包体
func()                                    # 调用内层函数
```

输出为：

```
(<cell at 0x00000011DA3CB888: int object at 0x000007FD0495E350>,)
1
```

【示例 2】使用闭包实现优雅的打包，定义临时寄存器。

```
def f():                                  # 外层函数
    a = 0                                 # 私有变量初始化
    def sub(x):                           # 返回内层函数
        nonlocal a                        # 声明非本地变量 a
        a = a + x                         # 递加参数
        return a                          # 返回局部变量
    return sub
add = f()                                 # 调用外层函数，生成执行函数
add(1)                                    # 加 1
add(12)                                   # 加 12
add(23)                                   # 加 23
sum = add(34)                             # 加 34
print(sum)                                # 输出为 70
```

在上面的示例中，通过外层函数设计一个闭包体，定义一个持久的寄存器。当调用外层函数生成上下文对象之后，就可以利用返回的内层函数不断地向闭包体内的局部变量 a 递加值，该值会一直存在。

9.5.2 函数装饰器

扫一扫，看视频

装饰器是 Python 的一个重要特性，本质上它就是一个以函数作为参数，并返回一个函数的函数。装饰器可以为一个函数在不需要做任何代码变动的前提下增加额外功能，常用于有切面需求的场景。例如，插入日志、增加计时逻辑、性能测试、事务处理、缓存、权限校验等场景。有了装饰器，开发人员就可以抽离出大量与函数功能本身无关的雷同代码并不断重用。

装饰器的语法以“@”开头，接着是装饰器函数的名称和可选的参数，然后是被装饰的函数。具体语法格式如下：

```
@decorator(dec_opt_args)
def func_decorated(func_opt_args):
pass
```

其中，decorator 表示装饰器函数；dec_opt_args 表示装饰器可选的参数；func_decorated 表示被装饰

的函数；func_opt_args 表示被装饰的函数的参数。

下面结合示例介绍函数装饰器的用法。

【示例 1】定义一个简单的函数。

```
def foo():
    print('I am foo')
```

为函数增加新的功能：记录函数的执行日志。

```
def foo():
    print('I am foo')
    print("foo is running")                  # 添加日志处理功能
```

假设现在有很多函数都需要增加这个需求：打印日志。

为了减少重复代码，可以定义一个函数：专门处理日志，日志处理完之后再执行业务代码。

```
def logging(func):                           # 日志处理函数
    print("%s is running" % func.__name__)   # 打印当前函数正在执行
    func()                                   # 调用参数函数

def foo():                                   # 业务函数
    print('I am foo')

logging(foo)                                 # 添加日志处理功能
```

【示例 2】Python 使用“@”作为装饰器的语法操作符，方便应用装饰函数。针对示例 1，下面使用“@”语法应用装饰器函数。

```
def logging(func):                           # 日志处理函数
    def sub():                               # 嵌套函数
        print("%s is running" % func.__name__)   # 打印当前函数正在执行
        func()                               # 调用参数函数
    return sub                               # 返回嵌套函数

@logging                                     # 应用装饰函数
def foo():                                   # 业务函数
    print('I am foo')

foo()                                        # 调用业务处理函数
```

装饰器相当于执行了装饰函数 logging 后，又返回被装饰函数 foo。因此 foo()被调用时相当于执行了两个函数，等价于 logging(foo)()。

扫一扫，看视频

9.5.3 案例：为装饰器设计参数

1. 对带参数的函数进行装饰

【示例 1】设计业务函数需要传入两个参数并计算值，因此需要对装饰器函数内部的嵌套函数进行改动。

```
def logging(func):                           # 日志处理函数
    def sub(a, b):                           # 嵌套函数
        print("%s is running" % func.__name__)   # 打印当前函数正在执行
        return func(a, b)                    # 调用参数函数
    return sub                               # 返回嵌套函数
```

```
@logging                                        # 应用装饰函数
def foo(a, b):                                  # 业务函数
    return a + b

sum = foo(2, 5)                                 # 调用业务处理函数
print(sum)                                      # 返回 7
```

2. 解决函数参数数量不确定的问题

【示例 2】示例 1 展示了参数个数固定的应用场景，不过可以使用 Python 的可变参数*args 和**kwargs 来解决参数数量不确定的问题。

```
def logging(func):                              # 日志处理函数
    def sub(*args,**kwargs):                    # 嵌套函数
        print("%s is running" % func.__name__)  # 打印当前函数正在执行
        return func(*args,**kwargs)             # 调用参数函数
    return sub                                  # 返回嵌套函数

@logging                                        # 应用装饰函数
def bar(a,b):                                   # 业务函数
  print(a+b)

@logging                                        # 应用装饰函数
def foo(a,b,c):                                 # 业务函数
  print(a+b+c)

bar(1,2)                                        # 返回 3
foo(1,2,3)                                      # 返回 6
```

输出结果：

```
bar is running
3
foo is running
6
```

3. 装饰器带参数

【示例 3】在某些情况下，装饰器函数可能也需要参数，这时就需要使用高阶函数来进行设计。针对示例 2，为 logging 装饰器再嵌套一层函数，然后在外层函数中定义一个标志参数 lock，默认参数值为 True，表示开启日志打印功能；如果为 False，则关闭日志功能。

```
def logging(lock = True):                       # 日志处理函数
    def _logging(func):                         # 2 层嵌套函数
        def sub(*args,**kwargs):                # 3 层嵌套函数
            if lock:                            # 如果允许打印日志
                print("%s is running" % func.__name__)  # 打印当前函数正在执行
            return func(*args,**kwargs)         # 调用参数函数
        return sub                              # 返回 3 层嵌套函数
    return _logging                             # 返回 2 层嵌套函数

@logging()                                      # 应用装饰函数，默认开启日志处理
def bar(a,b):                                   # 业务函数
  print(a+b)
```

```
@logging(False)                                   # 应用装饰函数，关闭日志处理
def foo(a,b,c):                                   # 业务函数
  print(a+b+c)

bar(1,2)                                          # 返回 3
foo(1,2,3)                                        # 返回 6
```

输出结果：

```
bar is running
3
6
```

在上面的代码中，foo(1,2,3)等价于 logging(False)(foo)(1,2,3)。

扫一扫，看视频

9.5.4 案例：解决装饰器的副作用

使用装饰器可以简化代码编写，但是它也有一个缺点：被装饰的原函数的元信息被覆盖了，如函数的__doc__（文档字符串）、__name__（函数名称）、__code__.co_varnames（参数列表）等。

例如，针对上一节示例 3，输入下面代码。

```
print(bar.__name__)
```

将打印 sub，而不是 bar，这种情况在使用反射函数时就会带来问题。不过使用 functools.wraps()函数可以解决这个问题。

【示例】导入 functools 模块，然后使用 functools.wraps()函数恢复参数函数的元信息，这样当调用装饰器函数之后，被装饰函数的元信息重新被恢复原来的状态。

```
import functools                                  # 导入 functools 模块
def logging(lock = True):                         # 日志处理函数
    def _logging(func):                           # 2 层嵌套函数
        @functools.wraps(func)                    # 恢复参数函数的元信息
        def sub(*args,**kwargs):                  # 3 层嵌套函数
            if lock:                              # 如果允许打印日志
                print("%s is running" % func.__name__)  # 打印当前函数正在执行
            return func(*args,**kwargs)           # 调用参数函数
        return sub                                # 返回 3 层嵌套函数
    return _logging                               # 返回 2 层嵌套函数

@logging()                                        # 应用装饰函数，默认开启日志处理
def bar(a,b):                                     # 业务函数
  print(a+b)

@logging(False)                                   # 应用装饰函数，关闭日志处理
def foo(a,b,c):                                   # 业务函数
  print(a+b+c)

print(bar.__name__)                               # 返回 bar
```

扫一扫，看视频

9.5.5 案例：设计函数调用日志装饰器

下面案例将完善装饰器的功能，使其能够适应带参数和不带参数等不同的应用需求。在

装饰函数时，可以按默认设置把日志信息写入当前目录下的 out.log 文件中，也可以指定一个文件，日志信息主要包含函数调用的时间。

案例完整代码如下：

```
from functools import wraps              # 导入 functools 模块中的 wraps 函数
import time                              # 导入 time 模块
from os import path                      # 导入 os 模块中的 path 子模块

def logging(arg='out.log'):              # 日志处理函数
    if callable(arg):                    # 判断参数是否为函数，不带参数的装饰器将调用这个分支
        @wraps(arg)                      # 恢复参数函数的元信息
        def sub(*args, **kwargs):        # 嵌套函数
            # 设计日志信息字符串
            log_string = arg.__name__ + " was called " + \
                time.strftime("%Y-%m-%d %H:%M:%S", time.localtime())
            print(log_string)                  # 打印信息
            logfile = 'out.log'                # 指定存储的文件
            # 打开 logfile，并写入内容
            with open(logfile, 'a') as opened_file:
                # 现在将日志打到指定的 logfile
                opened_file.write(log_string + '\n')
            return arg(*args, **kwargs)        # 调用参数函数
        return sub                             # 返回嵌套函数
    else:                                      # 带参数的装饰器调用这个分支
        def _logging(func):                    # 2 层嵌套函数
            @wraps(func)                       # 恢复参数函数的元信息
            def sub(*args, **kwargs):          # 3 层嵌套函数
                if isinstance(arg, str):       # 如果指定文件路径
                    if path.splitext(arg)[1] == ".log":  # 筛选 log 文件
                        logfile = arg          # 自定义文件名
                    else:
                        logfile = 'out.log'    # 默认文件名
                    # 设计日志信息字符串
                    log_string = func.__name__ + " was called " + \
                        time.strftime("%Y-%m-%d %H:%M:%S", time.localtime())
                    print(log_string)          # 打印信息
                    # 打开 logfile，并写入内容
                    with open(logfile, 'a') as opened_file:
                        # 将日志打到指定的 logfile
                        opened_file.write(log_string + '\n')
                return func(*args, **kwargs)   # 调用参数函数
            return sub                         # 返回 3 层嵌套函数
        return _logging                        # 返回 2 层嵌套函数

@logging                                 # 应用装饰函数，按默认文件记录日志信息
def bar(a, b):                           # 业务函数
    print(a+b)

@logging("foo.log")                      # 应用装饰函数，指定日志文件
def foo(a, b, c):                        # 业务函数
```

```
    print(a+b+c)

bar(2, 3)                                  # 调用业务函数
foo(2, 3, 3)                               # 调用业务函数
```

执行程序，输出结果如下：

```
bar was called 2019-11-10 14:02:45
5
foo was called 2019-11-10 14:02:45
8
```

在当前目录下会看到生成的日志文件：foo.log 和 out.log，打开 out.log 文件可以看到记录的每一次调用函数的日志信息，包括调用时间，如图 9.5 所示。

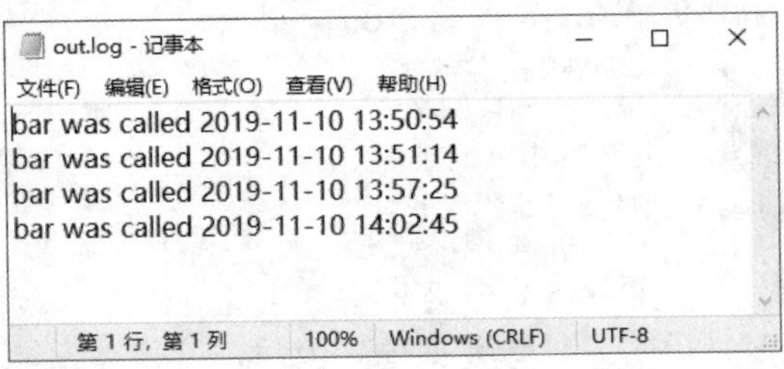

图 9.5　日志文件存储的信息

扫一扫，看视频

9.5.6　案例：使用 lambda 表达式定义闭包结构

使用 lambda 表达式定义的匿名函数与 def 函数一样，也拥有独立的作用域。当在嵌套结构的闭包体中使用 lambda 表达式替代 def 函数，有时会使代码更加简洁、易读。

```
# 1. 不使用 lambda 表达式
def demo(n):                               # 定义外层函数
    def fun(s):                            # 定义内层函数
        return s ** n                      # 返回 s 的 n 次幂
    return fun                             # 通过返回内层函数，实现外部引用
a1 =demo(2)                                # 调用外层函数，获取引用内层函数
a = a1(8)                                  # 调用内层函数，原外层函数的参数继续存在
print(a)                                   # 返回 64
# 2. 使用 lambda 表达式
def demo(n):                               # 定义外层函数
    return lambda s : s ** n               # 使用 lambda 表达式，并返回结果
a = demo(2)                                # 调用外层函数，获取引用内层函数
print(a(8))                                # 调用内层函数，返回 64
# 3. 完全使用 lambda 表达式定义闭包结构
demo = lambda n: lambda s : s**n
a = demo(2)                                # 调用外层函数，获取引用内层函数
print(a(8))                                # 调用内层函数，返回 64
```

扫一扫，看视频

9.5.7　案例：解决闭包的副作用

闭包的优点：

- 实现在外部访问函数内的变量。函数是独立的作用域，它可以访问外部变量，但外部无法访

问内部变量。

- 避免变量污染。使用 global、nonlocal 关键字，可以开放函数内部变量，但是容易造成内部变量被外部污染。
- 使函数变量常驻内存，为可持续保存数据提供便利。

闭包的缺点：

- 常驻内存会增大内存负担。无节制地滥用闭包，容易造成内存泄漏。

  解决方法：如果没有必要，就不要使用闭包，特别是在循环体内无限生成闭包；在退出函数之前，将不用的局部变量全部删除。
- 破坏函数作用域。闭包函数能够改变外层函数内变量的值。所以，如果把外层函数当作对象使用，把闭包函数当作公用方法，把内部变量当作私有属性，就一定要小心。

  解决方法：不要随便改变外层函数内变量的值。
- 闭包函数所引用的外层函数的变量是延迟绑定的，只有当内层函数被调用时，才会搜索、绑定变量的值，这会带来不确定性。

  解决方法：生成闭包函数的时候就立即绑定变量。

下面结合示例介绍如何解决闭包的第 3 个缺点。

【示例 1】下面示例分别使用 lambda 表达式和嵌套结构的函数定义闭包，返回两个闭包函数，在闭包函数内引用了外层函数的变量 i，计算参数的 i 次方。

```
# 使用 lambda 表达式
def demo():                                      # 定义外层函数
    for i in range(1,3):                         # 循环生成两个内层函数
        yield lambda x : x ** i                  # 求值 x 的 i 次方，企图使用外层函数的 i
demo1, demo2 = demo()                            # 以生成器的形式生成两个闭包函数，并赋值
print(demo1(2), demo2(3))                        # 延迟调用闭包函数，打印结果

# 使用嵌套结构函数
def demo():                                      # 定义外层函数
    result = list()                              # 定义空列表
    for i in range(1,3):                         # 循环生成两个内层函数
        def func(x):                             # 定义内层函数
            return x ** i                        # 返回 x 的 i 次方，企图使用外层函数的 i
        result.append(func)                      # 将内层函数添加到列表中
    return result                                # 返回内层函数列表
demo1, demo2 = demo()                            # 以列表的形式赋值
print(demo1(2), demo2(3))                        # 延迟调用闭包函数，打印结果
```

由于延迟绑定的缘故，当调用闭包函数时，两个函数所搜索的外层变量 i 的值此时都为 2，打印结果如下：

```
4 9
4 9
```

【示例 2】针对示例 1 存在的问题，可以使用形参的默认值立即绑定变量。

```
# 使用 lambda 表达式
def demo():                                      # 定义外层函数
    for i in range(1,3):                         # 循环生成两个内层函数
        yield lambda x, i = i: x ** i            # 将外层函数的 i 赋值给内层函数的形参 i
demo1, demo2 = demo()                            # 以生成器的形式生成两个闭包函数，并赋值
```

```
print(demo1(2), demo2(3))                      # 延迟调用闭包函数，打印结果

# 使用嵌套结构函数
def demo():                                    # 定义外层函数
    result = list()                            # 定义空列表
    for i in range(1,3):                       # 循环生成两个内层函数
        def func(x, i=i):                      # 将外层函数的 i 赋值给内层函数的形参 i
            return x ** i                      # 返回 x 的 i 次方
        result.append(func)                    # 将内层函数添加到列表中
    return result                              # 返回内层函数列表
demo1, demo2 = demo()                          # 以列表的形式赋值
print(demo1(2), demo2(3))                      # 延迟调用闭包函数，打印结果
```

在生成内层函数时，把外层变量 i 的值赋值给内层函数的形参 i，立即绑定变量，这样在内层函数中访问时，就是形参变量 i，而不是外层函数的变量 i。此时两个闭包函数引用 i 的值就与循环过程中 i 的值保持一致，分别为 1 和 2，打印结果如下：

```
2 9
2 9
```

9.6 递归函数

递归就是调用自身的一种方法，是循环运算的一种算法模式，在程序设计中广泛应用。

扫一扫，看视频

9.6.1 定义递归函数

递归函数就是一个函数直接或间接地调用自身。一般来说，递归需要有边界条件、递归前进段和递归返回段。当边界条件不满足时，递归前进；当边界条件满足时，递归返回。在递归调用的过程中，系统会为每一层的调用进行缓存，因此递归运算会占用大量的系统资源，过多的递归次数容易导致内存溢出。

递归必须由以下两部分组成。

- 递归调用的过程。
- 递归终止的条件。

在没有限制的情况下，递归运算会无终止地调用自身。因此，在递归运算中要结合 if 语句进行控制，只有在某个条件成立时才允许执行递归，否则不允许调用自身。

递归运算的应用场景如下。

1. 求解递归问题

主要解决一些数学运算，如阶乘函数、幂函数和斐波那契数列。

【示例 1】使用递归运算来设计阶乘函数。

```
def f(x):
    if (x < 2):  return 1                      # 递归终止的条件
    else:   return x * f(x - 1)                # 递归调用的过程

print(f(5))                                    # 返回 5 的阶乘值为 120
```

在这个过程中，利用 if 语句把递归结束的条件和递归运算分开。

2．解析递归型数据结构

很多数据结构都具有递归特性，如 DOM 文档树、多级目录结构、多级导航菜单、家族谱系结构等。对于这类数据结构，使用递归算法进行遍历比较合适。

【示例 2】Python 递归遍历目录下所有文件。有关目录的详细操作和说明请参考后面章节内容。

```
import os
# 遍历 filepath 下所有文件，包括子目录
def gci(filepath):
    files = os.listdir(filepath)
    for fi in files:
        fi_d = os.path.join(filepath,fi)
        if os.path.isdir(fi_d):
            gci(fi_d)
        else:
            print(fi_d)

# 递归遍历 test 目录下所有文件
gci('test')
```

3．适合使用递归法解决问题

有些问题最适合采用递归的方法求解，如汉诺塔问题。

【示例 3】使用递归运算设计汉诺塔演示函数。参数说明：n 表示金片数；a、b、c 表示柱子，注意排列顺序。返回说明：当指定金片数和柱子名称时，将输出整个移动的过程。

```
def f(n, a, b, c):
    if(n == 1):                                          # 当为 1 片时，直接移动
        print("移动【盘子%s】从【%s 柱】到【%s 柱】"%(n, a, c))
                                                         # 直接让参数 a 移给 c
    else:
        f(n - 1, a, c, b)                                # 调整参数顺序，让参数 a 移给 b
        print("移动【盘子%s】从【%s 柱】到【%s 柱】"%(n, a, c))
        f(n - 1, b, a, c)                                # 调整参数顺序，让参数 b 移给 c

f(3, "A", "B", "C")                                      # 调用汉诺塔函数
```

运行结果如下：

```
移动【盘子 1】从【A 柱】到【C 柱】
移动【盘子 2】从【A 柱】到【B 柱】
移动【盘子 1】从【C 柱】到【B 柱】
移动【盘子 3】从【A 柱】到【C 柱】
移动【盘子 1】从【B 柱】到【A 柱】
移动【盘子 2】从【B 柱】到【C 柱】
移动【盘子 1】从【A 柱】到【C 柱】
```

9.6.2　尾递归

扫一扫，看视频

尾递归是递归的一种优化算法，它从最后开始计算，每递归一次就算出相应的结果，并把当前的运算结果（或路径）放在参数里传给下一层函数。在递归的尾部，立即返回最后的结果，不需要递归返回，因此不用缓存中间调用对象。

【示例】下面是阶乘的一种普通线性递归运算。

```
def f(n):
    return 1 if (n == 1) else n * f(n - 1)

print(f(5));                                          # 120
```

使用尾递归算法后，则可以使用如下方法。

```
def f(n, a):
    return a if (n == 1)  else f(n - 1, a * n)

print(f(5 , 1));                                      # 120
```

当 n = 5 时，线性递归的递归过程如下：

```
f(5) = {5 * f(4)}
     = {5 * {4 * f(3)}}
     = {5 * {4 * {3 * f(2)}}}
     = {5 * {4 * {3 * {2 * f(1)}}}}
     = {5 * {4 * {3 * {2 * 1}}}}
     = {5 * {4 * {3 * 2}}}
     = {5 * {4 * 6}}
     = {5 * 24}
     = 120
```

而尾递归的递归过程如下：

```
f(5) = f(5, 1)
     = f(4, 5)
     = f(3, 20)
     = f(2, 60)
     = f(1, 120)
     = 120
```

很容易看出，普通递归比尾递归更加消耗资源，每次重复的过程调用都使得调用链条不断加长，使系统不得不使用栈进行数据保存和恢复，而尾递归就不存在这样的问题，因为它的状态完全由变量 n 和 a 保存。

提示：

从理论上分析，尾递归也是递归的一种类型，不过它的算法具有迭代算法的特征。上面的阶乘尾递归可以改写为下面的迭代循环。

```
n = 5
w = 1
for i in range(1, n + 1):
    w = w * i
print(w)
```

扫一扫，看视频

9.6.3 递归与迭代

递归和迭代都是循环运算的一种方法。简单比较如下。

- 在程序结构上，递归是重复调用函数自身实现循环，迭代是通过循环语句实现循环。

- 在结束方式上，递归遇到终止条件时会递归返回后结束，迭代则直接结束循环。
- 在执行效率上，迭代的效率明显高于递归。因为递归需要占用大量系统资源，如果递归次数很大，系统资源可能会不够用。
- 编程实现：递归可以很方便地把数学公式转换为程序，易理解、易编程。迭代虽然效率高，不需要系统开销，但不容易理解，编写复杂问题时比较麻烦。

注意：

> 在实际应用中，能不用递归就不用递归，递归都可以用迭代来代替。

【示例】下面以斐波那契数列为例进行说明。

斐波那契数列就是一组数字，从第 3 项开始，每一项都等于前两项之和。例如：

1、1、2、3、5、8、13、21、34、55、89、144、233、377、610、987、1597、2584、4181

使用递归函数计算斐波那契数列，其中最前面的两个数字是 0 和 1。

```
def fibonacci (n):
    return  n if (n < 2)  else fibonacci(n - 1) + fibonacci(n - 2)

print(fibonacci(19))                                    # 4181
```

尝试传入更大的数字，会发现递归运算的次数加倍递增，速度加倍递减，返回值加倍放大。如果尝试计算 100 的斐波那契数列，则需要等待很长时间。

下面使用迭代算法来设计斐波那契数列，代码如下，测试瞬间完成，基本没有任何延迟。

```
def fibonacci(n):
    a = [0, 1]                                          # 记录数列的列表，第 1、2 个元素值确定
    for i in range(2, n+1):                             # 从第 3 个数字开始循环
        a.append(a[i-2] + a[i-1])                       # 计算新数字，并存入列表
    return a[n]                                         # 返回指定位数的数列结果

print(fibonacci(19))                                    # 4181
```

下面使用高阶函数来进行设计，把斐波那契数列函数封装在一个闭包体内，然后返回斐波那契数列函数，在闭包内使用 memo 字典持久记录每级斐波那契数列函数的求值结果，在下一次求值之前，先在字典中检索是否存在同级（数列的个数，字典的键）计算结果，如果存在，则直接返回，避免重复行计算；如果没有找到结果，则调用斐波那契数列函数进行求和。实现代码如下：

```
def fibonacci():
    memo = {0:0, 1:1}                                   # 存储器，字典格式
    def fib(n):
        result = memo.get(n,None)                       # 读取键值，如果不存在，则设置默认值为 None
        if not isinstance(result, (int, float)): # 检测参数类型是否为整数或浮点数
            result = fib(n - 1) + fib(n - 2)   # 递归调用
            memo[n] = result                   # 记录指定键的计算结果
        return result
    return fib

fibonacci = fibonacci()                                 # 生成闭包体
print(fibonacci(100))                                   # 354224848179261915075
```

可以看到，求 100 的斐波那契数列基本上不会延迟，而如果使用原始方法将会出现延迟，甚至宕机。

扫一扫，看视频

9.6.4 案例：猴子吃桃

有一只猴子，第 1 天摘下若干个桃子，当即吃了一半，不解馋，又多吃了一个。第 2 天早上又将剩下的桃子吃掉一半，又多吃了一个。以后每天早上都吃了前一天剩下的一半零一个。到第 10 天早上想再吃时，见只剩下一个桃子了。求第 1 天共摘了多少个桃子。

【设计思路】

第 10 天的时候，还剩下一个桃子，所以 peach(10) = 1。

第 1~9 天的时候，peach(day − 1) = peach(day) / 2 – 1，由此可知，peach(day) = (peach(day + 1) +1) * 2，采用递归思路即可求解。

【实现代码】

```
def peach(day:int) ->int:                       # 定义函数
    if day == 10:                               # 第 10 天
        return 1                                # 剩下 1 个桃子
    else:                                       # 第 1~9 天
        return (peach(day + 1) + 1) * 2         # 递归求解
print(peach(1))                                 # 返回 1534
```

提示：

Python 从 3.5 版本开始，引入了类型注解，用于类型检查，防止运行时出现参数和返回值类型、变量类型不符合。注解方法：

```
变量:类型 = 初始值
def 函数名(参数:类型)->返回值类型:
    pass
```

注解不会影响程序的运行，不会报正式的错误，只有提醒，PyCharm 目前支持类型检查，参数类型错误会黄色提示。

扫一扫，看视频

9.6.5 案例：角谷定理

角谷定理：任意输入一个大于 1 的自然数，如果为偶数，则将它除以 2；如果为奇数，则将它乘以 3 加 1。经过如此有限次运算后，总可以得到自然数值 1，求经过多少次可得到自然数 1。

案例代码如下所示，演示效果如图 9.6 所示。

```
num = int(input('请输入一个自然数:'))            # 输入任意自然数
times = 0                                       # 定义次数变量
def func(num):                                  # 定义函数
    global times                                # 声明使用全局变量
    if num == 1:                                # 为 1 时
        return times                            # 返回次数
    if num % 2 == 0:                            # 为偶数时
        times += 1                              # 累加次数
        num /= 2                                # 做运算
        print('第%d 步，得到结果:%d'%(times,num))
        func(num)                               # 递归调用
    else:                                       # 为奇数时
```

```
            times += 1                                  # 累加次数
            num = num * 3 + 1                           # 做运算
            print('第%d 步，得到结果:%d'%(times,num))
            func(num)                                   # 递归调用
func(num)                                               # 执行函数
print('总共经过了%d 步得到了自然数 1'%times)              # 打印总次数
```

```
请输入一个自然数:13
第1步，得到结果:40
第2步，得到结果:20
第3步，得到结果:10
第4步，得到结果:5
第5步，得到结果:16
第6步，得到结果:8
第7步，得到结果:4
第8步，得到结果:2
第9步，得到结果:1
总共经过了9步得到了自然数1
>>> |
```

图 9.6　角谷定理效果

9.7 案例实战

9.7.1 函数合成

扫一扫，看视频

高阶函数是函数式编程最显著的特征，其形式应至少满足下列条件之一。

- 函数可以作为参数被传入（即回调函数），如函数合成运算。
- 可以返回函数作为输出，如函数柯里化运算。

compose（函数合成）和 curry（柯里化）是函数式编程两种最基本的运算，它们都利用了函数闭包的特性和思路来进行设计。

【问题提出】

在函数式编程中，经常见到如下表达式运算。

```
a(b(c(x)));
```

这是“包菜式”多层函数调用，不是很优雅。为了解决函数多层调用的嵌套问题，需要用到函数合成。合成语法形式如下：

```
f = compose(a, b, c)                               # 合成函数
f(x)
```

例如：

```
def compose(f, g):                                 # 两个函数合成
    def sub(x):
        return f(g(x))
    return sub

def add(x): return x + 1                           # 加法运算
def mul(x): return x * 5                           # 乘法运算
f = compose(mul, add)                              # 合并加法运算和乘法运算
print(f(2))                                        # 输出为 15
```

在上面的代码中，compose()函数的作用就是组合函数，将函数串联起来执行。将多个函数组合起来，一个函数的输出结果是另一个函数的输入参数，一旦第 1 个函数开始执行，就会像多米诺骨牌一样推导

执行了。

注意：

使用 compose()函数要注意以下 3 点。

- compose()的参数是函数，返回的也是一个函数。
- 除了初始函数（最右侧的一个）外，其他函数的接收参数都是上一个函数的返回值，即初始函数的参数可以是多元的，而其他函数的接收值是一元的。
- compose()函数可以接收任意的参数，所有的参数都是函数，且执行方向是自右向左的，初始函数一定放到参数的最右侧。

【设计思路】

既然函数像多米诺骨牌式执行，可以使用递归或迭代，在函数体内不断地执行参数中的函数，将上一个函数的执行结果作为下一个执行函数的输入参数。

【实现代码】

下面来完善 compose()实现，实现无限函数合成。

```
# 函数合成，从右到左合成函数
def compose(*arguments):
    _arguments = arguments                    # 缓存外层参数
    length = len(_arguments)                  # 缓存长度
    index = length                            # 定义游标变量
    # 检测参数，如果存在非函数参数，则抛出异常
    while (index):
        index = index-1
        if not callable(_arguments[index]):
            raise NameError('参数必须为函数!')

    # 在返回的内层函数中执行运算
    def sub(*args, **kwargs):
        index = length-1                      # 定位到最后一个参数下标
        # 调用最后一个参数函数，并传入内层参数
        result =_arguments[index](*args, **kwargs)
        # 迭代参数函数
        while (index):
            index = index-1
            # 把右侧函数的执行结果作为参数传给左侧参数函数，并调用
            result = _arguments[index](result)
        return result                         # 返回最左侧参数函数的执行结果
    return sub                                # 返回内层函数

#  反向函数合成，即从左到右合成函数
def composeLeft (*arguments):
    list = []                                 # 定义临时列表
    for i in arguments:                       # 遍历参数列表
        list.insert(0, i)                     # 倒序排列，因为元素为函数，无法调用内置函数
    return compose(*list)                     # 调用 compose()函数
```

在上面实现的代码中，compose()实现从右到左进行合成，也提供了从左到右的合成，即 composeLeft()，同时在 compose()内添加了一层函数的校验，允许传递一个或多个参数。

【应用代码】

```
add = lambda x : x + 5                              # 加法运算
mul = lambda x : x * 5                              # 乘法运算
sub = lambda x : x - 5                              # 减法运算
div = lambda x : x / 5                              # 除法运算

fn = compose(div, sub, mul,  add);
print(fn(50));                                      # 输出为 54
fn = composeLeft(mul, div, sub, add);
print(fn(50));                                      # 输出为 50
fn = compose(add, mul, sub, div);
print(fn(50));                                      # 输出为 30
fn = compose(add, compose(mul, sub, div));
print(fn(50));                                      # 输出为 30
fn = compose(compose(add, mul), sub, div);
print(fn(50));                                      # 输出为 30
```

最后 3 种组合方式都返回 30。注意，排列顺序要保持一致。

9.7.2 函数柯里化

扫一扫，看视频

【问题提出】

函数合成是把多个单一参数的函数合成为一个多参数的函数运算。例如，a(x)和 b(x)组合为 a(b(x))，则合成为 f(a, b, x)。

注意：

这里的 a(x)和 b(x)都只能接收一个参数。如果接收多个参数，如 a(x, y)和 b(a, b, c)，那么函数合成就比较麻烦。

与函数合成相反的运算就是函数柯里化。所谓柯里化，就是把一个多参数的函数转化为一个单一参数的函数。有了柯里化运算之后，就能让所有函数只接收一个参数，实现分步运算。

【设计思路】

定义一个闭包体，先记录函数部分所需要的参数，然后异步接收剩余参数。也就是说，把多参数的函数分解为多步运算的函数，以实现每次调用函数时，仅需要传递更少或单个参数。例如，下面是一个简单的求和函数 add()。

```
def add (x, y):
    return x + y
```

每次调用 add()，需要同时传入 2 个参数，如果希望每次仅传入 1 个参数，可以这样进行柯里化：

```
def add(x):                                         # 柯里化
    def sub(y):
        return x + y
    return sub

print(add(2)(6))                                    # 输出为 8，连续调用
add1 = add(200)
print(add1(2))                                      # 输出为 202，分步调用
```

函数 add()接收一个参数，并返回一个函数，这个返回的函数可以再接收一个参数，最后返回两个参

数之和。从某种意义上讲，这是一种对参数的“缓存”，是一种非常高效的函数式运算方法。

【实现代码】

设计 curry 可以接收一个函数，即原始函数，返回的也是一个函数，即柯里化函数。这个返回的柯里化函数在执行过程中会不断地返回一个存储了传入参数的函数，直到触发了原始函数执行的条件。例如，设计一个 add()函数，计算两个参数之和。

```
def add (x, y):
    return x + y
```

柯里化函数：

```
curryAdd = curry(add)
```

这个 add()需要两个参数，但是执行 curryAdd()时可以传入一个参数，当传入的参数少于 add()需要的参数时，add()函数并不会执行，curryAdd()就会将这个参数记录下来，并且返回另外一个函数，这个函数可以继续接收传入参数。如果传入参数的总数等于 add()需要参数的总数，就执行原始参数，返回想要的结果。或者没有参数限制，最后根据空的小括号调用作为执行原始参数的条件，返回运算结果。

curry 实现的封装代码如下：

```
# 柯里化函数
def curry(fn, *args, **kwargs) :
    # 把传入的第 2 个及以后参数进行缓存
    _args = list(args)
    _kwargs = dict(kwargs)
    if not callable(fn):                          # 检测第 1 个参数是否为函数，否则抛出异常
        raise NameError('第 1 个参数必须为函数!')
    _argLen = fn.__code__.co_argcount              # 记录原始函数的形参个数

    def wrap(*args, **kwargs) :                   # curry 函数
        # 把当前参数与前面传递的参数进行合并
        _args.extend(list(args))
        _kwargs.update(dict(kwargs))
        _len = len(args) + len(kwargs)            # 记录当前调用传入的参数个数
        _len_all = len( _args) + len(_kwargs)     # 记录传入的参数总数
        def act(*args, **kwargs) :                # 当重复调用时，对参数进行合并处理
            # 把当前参数与前面传递的参数进行合并
            _args.extend(list(args))
            _kwargs.update(dict(kwargs))
            _len = len(args) + len(kwargs)        # 记录当前调用传入的参数个数
            _len_all = len( _args) + len(_kwargs)           # 记录传入的参数总数
            # 如果参数等于原始函数的参数个数，
            # 或者调用时没有传递参数，即触发执行条件
            if ( ( _argLen == 0  and  _len == 0) or
                 (_argLen > 0 and  _len_all ==  _argLen)  ) :
                # 执行原始函数，并把每次传入的参数传递给原始函数，停止 curry
                return fn( *_args, **_kwargs)
            return act                                      # 返回处理函数

        # 如果参数等于原始函数的参数个数，
        # 或者调用时没有传递参数，即触发了执行条件
        if ( (_argLen == 0 and _len ==0 ) or
             (_argLen > 0 and  _len_all == _argLen) ) :
```

```
            # 执行原始函数，并把每次传入参数传入进去，返回执行结果，停止 curry
            return fn( *_args, **_kwargs )
        return act                                      # 返回处理函数
    return wrap                                         # 返回 curry 函数
```

【应用代码】

➘ 应用函数无形参限制

【示例 1】设计求和函数没有形参限制，柯里化函数将根据空小括号作为最后调用原始函数的条件。

```
# 求和函数，参数不限
def add(*arguments):
    # 迭代所有参数值，返回最后汇总的值
    sum = 0
    for i in arguments:
        if isinstance(i, (int, float)):         # 检测参数类型是否为整数或浮点数
            sum = sum + i                        # 求和
    return sum

# 柯里化函数
curried = curry(add)
print(curried(1)(2)(3)())                        # 6
curried = curry(add)
print(curried(1, 2, 3)(4)())                     # 10
curried = curry(add,1)
print(curried(1, 2)(3)(3)())                     # 10
curried = curry(add,1,5)
print(curried(1, 2, 3, 4)(5)())                  # 21
```

➘ 应用函数有形参限制

【示例 2】设计求和函数，返回 3 个参数之和。

```
def add(a,b,c):                                  # 求和函数，3 个参数之和
    return a + b + c

# 柯里化函数
curried = curry(add,2)
print(curried(1)(2))                             # 5
curried = curry(add,2,1)
print(curried(2))                                # 5
curried = curry(add)
print(curried(1)(2)(6))                          # 9
curried = curry(add)
print(curried(1, 2, 6))                          # 9
```

提示：

curry 函数的设计不是固定的，可以根据具体应用场景灵活定制。curry 主要有 3 个作用：缓存参数、暂缓函数执行、分解执行任务。

9.7.3　贪心算法解决付款问题

扫描，拓展学习

付款问题：超市的 POS 机要找给顾客数量最少的现金。例如，要找 24 元，如果 POS 机

给顾客找出 24 个元的，就非常麻烦，最好找一个 20 元的和 4 个 1 元的，采用贪心法解决该问题时，贪心选择是每次都找面值最大的金额，剩下的零钱再用面值较小的金额去找。

限于篇幅，本节示例源码、解析和演示将在线展示，请读者扫描阅读。

扫描，拓展学习

9.7.4 归并排序

归并排序是一种稳定的排序算法，就是将两个序列经过排序后合并成一个序列，该算法采用分治的思想，将复杂的问题拆分成简单的问题，通过简单问题得到的答案合并成复杂问题的答案。

限于篇幅，本节示例源码、解析和演示将在线展示，请读者扫描阅读。

扫描，拓展学习

9.7.5 折半查找

在传统的算法中，折半查找属于分治技术的典型应用，但是由于折半查找与需要查找的值每比较一次，比较的结果就使得查找的区间减半，所以准确地说，折半查找应该归属于减治的应用范畴，在使用折半查找时，前提条件是待查找的序列是有序的。

限于篇幅，本节示例源码、解析和演示将在线展示，请读者扫描阅读。

9.8 在线支持

扫描，拓展学习

第 10 章　面向对象编程

面向对象编程（Object Oriented Programming，OOP）是一种程序设计思想，它比面向过程编程有更强的灵活性和扩展性，面向过程编程把程序视为一系列命令的集合，而面向对象编程把程序视为一系列对象的集合。对于复杂的应用程序来说，使用面向对象的方法进行设计会更便捷高效。在 Python 中，所有内容都被视为对象，用户也可以自定义对象。对象的数据类型就是面向对象编程中的类（Class）的概念。本章将讲解 Python 类型和对象的相关知识和编程技巧。

【学习重点】

- 了解面向对象的概念。
- 掌握类的定义及实例化。
- 掌握声明类成员。
- 熟悉继承和多态的实现。
- 了解抽象类和魔术方法。
- 掌握接口的使用。
- 能够以面向对象的思维进行程序设计。

10.1　认识面向对象编程

计算机程序一般是由多个独立的单元或对象组合而成，每个对象都能够独立接收信息、处理信息和向其他对象发送信息。面向对象编程具有如下开发优势：

- 面向对象符合人类看待事物的一般规律。
- 采用面向对象的方法可以使系统各部分各司其职、各尽所能。为编程人员敞开了一扇大门，使其编写的代码更简洁、更易于维护，并且具有更强的可重用性。

10.1.1　类和对象

类和对象的概念源于人们认识自然、认识社会的过程。类是对对象的抽象，对象是类的具体实现。在 Python 中，类是一个抽象的概念，它封装了对象的属性和功能，把具有相同属性和功能的一类实例概括为类。

例如，人是动物的一类，是一种富有思维的高级动物，而张三、李四、王五等就是具体的人，这些具体的人就是对象，人则为一类动物，而动物又是人的基类。

类和对象之间的关系如图 10.1 所示，其中虚线框代表类，实线框代表对象。

- 从上往下看，是属性和功能不断派生、扩展的过程。例如，动物是能够活动的生物，一般以有机物为食，能感觉，可运动。人类是人科动物，经过不断进化，可以直立行走，能够制造工具，并创造了语言、意识和社会等。

- 从下往上看，是逻辑和结构不断抽象、概括的过程。例如，张三今年 20 岁，走起路来飞快；李四性别女，说起话来比唱歌好听。把他们概括为包含姓名、性别和年龄等属性的人，抽象为都拥有行走和说话的功能。

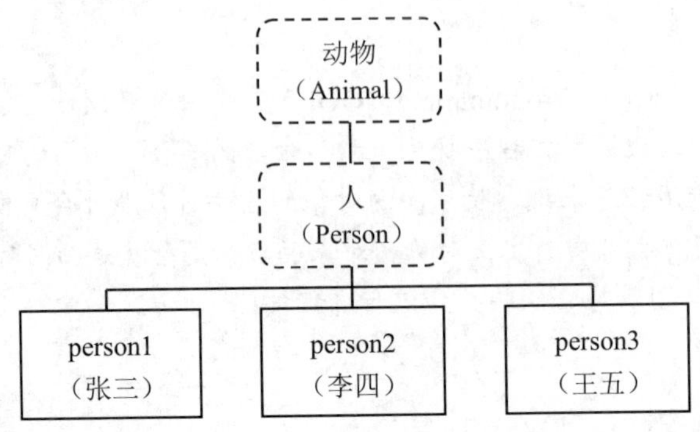

图 10.1　类和对象之间的关系示意图

类提供了一种组合数据和功能的方法。创建一个新类意味着创建一个新的对象类型，从而允许创建一个该类型的新实例。每个类的实例可以拥有保存自己状态的属性。一个类的实例也可以有改变自己状态的方法（定义在类中）。

Python 的类提供了面向对象编程的所有标准特性：类继承机制允许指定多个基类，派生类可以覆盖基类的任何方法，一个方法可以调用基类中同名的方法。对象可以包含任意数量和类型的数据。与模块一样，类也拥有 Python 语言的动态特性：类在运行时创建，可以在创建后修改。

10.1.2　类成员

类成员，也称为类的变量，描述类的各种概念。在 Python 中主要包括 3 种类成员：字段、方法和属性。

例如，定义一个 Person 类，设计该类包含成员字段 name、sex 和 age，以及成员方法 say()，如图 10.2 所示。

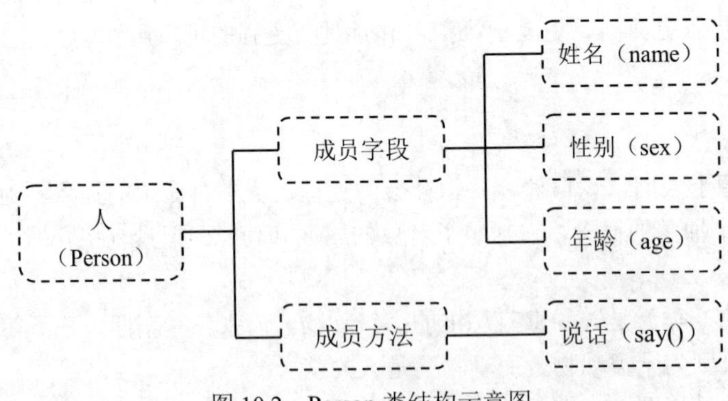

图 10.2　Person 类结构示意图

实例化 Person 类，获得一个具体实例 person1，定义该对象的字段：name 为“张三”、sex 为“男”、age 为 20，调用该对象的方法 say()，输出 name 值，则显示为“我是张三”，示意如图 10.3 所示。

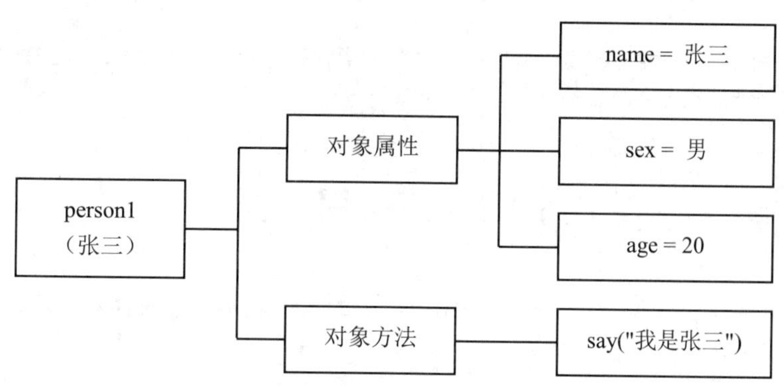

图 10.3　Person 类的一个对象示意图

如果再实例化 Person 类，获得另一个具体实例 person2，定义该对象的字段：name 为“李四”、sex 为“女”、age 为 18，调用该对象的方法 say()，输出 name 字段值，则显示为“我是李四”，示意如图 10.4 所示。

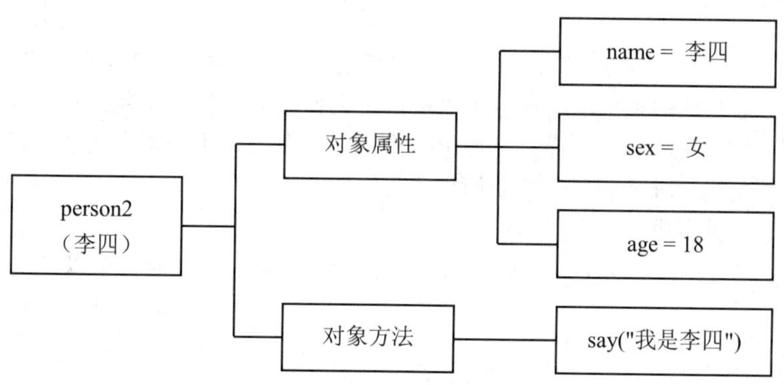

图 10.4　Person 类的一个对象示意图

10.1.3　类的基本特性

面向对象程序设计具有 3 个基本特性。

➘　继承

不同类型之间可能会存在部分代码重叠，例如，共享数据或方法，但是我们又不想重写雷同的代码，于是就利用继承机制来快速实现代码的“复制”。继承机制简化了类的创建，提高了代码的可重用性。

➘　封装

封装就是信息隐藏，将类的使用和实现分开，只保留有限的接口（即方法）与外部联系。对于开发人员来说，只要知道类的使用即可，而不用关心类的实现过程，以及涉及的技术细节。这样可以让开发人员把更多的精力集中于应用层面开发，同时也避免了程序之间的依赖和耦合。

➘　多态

多态是指接口的多种不同的实现方式。同一操作作用于不同的对象，可以有不同的解释，产生不同的执行结果。Python 是弱类型语言，天生支持多态，多态关注的不是传入对象是否符合指定类型，而关注的是传入对象是否有符合要执行的方法，如果有就执行，因此也称为鸭子类型。

提示：

鸭子类型是一种编程思想，例如，A 是否为 B 的子类，不是由继承决定的，而是由 A 和 B 的方法和属性决定的。类似集合特性，当集合 B 有的，集合 A 都有，就认为 A 和 B 是一类的。

10.2 使 用 类

使用类之前，需要先定义类，然后再实例化类，类的实例就是一个具体对象，调用对象的属性和方法就可以访问类的成员，完成特定任务。

10.2.1 定义类

扫一扫，看视频

在 Python 中，使用 class 关键字可以定义一个类，具体语法格式如下：

```
class 类名:
    '''帮助信息（可选）'''
    类主体
```

根据惯例，类名一般使用大写字母开头，如果类名包含两个单词，第 2 个单词的首字母也可以大写。提示，这种惯例不是强制性的规范，用户也可以根据个人使用习惯进行命名。

类帮助信息与函数的帮助信息一样，一般位于类主体的首行，用来指定类的帮助信息，在创建类实例时，当输入类名和左括号时，会显示帮助信息。

类主体由各种类成员组成。

【示例 1】定义空类。在定义类时，如果暂时没有设计好具体的功能，可以使用 pass 语句定义占位符，暂时先设计为空类。

```
class No:
    pass
```

空类不执行任何操作，也不包含任何成员信息。

【示例 2】定义一个包含两个类成员的 Student 类型，其中 name 为类的字段，saying()作为类的方法。

```
class Student:
    name = "学生"
    def saying(self):
        return "Hi,Python"
```

在类中，包含 self 参数的函数称为实例方法，实例方法的第一个参数指向实例对象，通过类或实例对象可以访问类的成员。

10.2.2 实例化类

扫一扫，看视频

类与函数一样都是静态代码，必须被调用时才会执行。使用小括号语法可以调用类，将返回一个对象，它是类的实例，这个过程称为类的实例化。语法格式如下：

```
实例对象 = 类名()
```

【示例】针对上一小节示例 2，可以实例化 Student 类，然后通过点语法使用实例对象访问类的成员。

```
class Student:
    name = "学生"
```

```
    def saying(self):
        return "Hi,Python"

student1 = Student()
print(student1.name)                        # 输出为学生
print(student1.saying())                    # 输出为 Hi,Python
```

10.2.3　初始化类

扫一扫，看视频

Python 类拥有一个名为__init__()的魔术方法，被称为初始化函数，该方法在类的实例化过程中会自动被调用。因此，利用__init__()初始化函数可以初始化类，为类的实例化对象配置初始值。

【示例 1】 定义一个 Student 类，包含一个初始化函数__init__和一个方法 saying()。在初始化函数中包含 3 个参数，其中 self 表示实例对象，必须设置 name 和 age 为初始化配置参数，用于实例化类过程中设置初始值。在 saying()方法中输出实例对象的初始值信息。

```
class Student:
    def __init__(self, name, age):
        self.name = name
        self.age = age
    def saying(self):
        return "我的名字是{}，今年{}岁了。".format(self.name, self.age)

student1 = Student("张三", 19)
print(student1.saying())
```

输出为：

```
我的名字是张三，今年 19 岁了。
```

self 代表类的实例，而不是类自身。在 Python 类中，与普通的函数不同，所有方法都必须有一个额外的参数（self），它作为第 1 个参数而存在，代表类的实例对象。通过 self.__class__可以访问实例对象的类。

【示例 2】 本示例简单演示了类中 self 和 self.__class__分别代表什么。

```
class Test:
    def prt(self):
        print(self)
        print(self.__class__)

test1 = Test()
test1.prt()
```

输出为：

```
<__main__.Test object at 0x000000F54E772518>
<class '__main__.Test'>
```

从执行结果可以很明显地看出，self 代表的是类的实例，代表当前对象的地址，而 self.class 则指向类。

【示例 3】 self 可以换成任意变量名，也能够正常执行。由于 self 表示本身的含义，在 Python 中 self 定义为类型的实例对象，与其他语言中的 this 含义相似。

```
class Test:
    def prt(who):
        print(who)
```

```
        print(who.__class__)

test = Test()
test.prt()
```

输出为：

```
<__main__.Test object at 0x0000009569BF70F0>
<class '__main__.Test'>
```

扫一扫，看视频

10.2.4 案例：定义学生类

本案例定义一个学生类，包含学生姓名、性别、学号等信息，实例化对象之后，调用introduce()方法可以打印个人信息。

```
class Student:                                  # 定义学生类
    def __init__(self,id,name,gender):          # 初始化构造函数
        self.id = id                            # 学生编号
        self.name = name                        # 学生姓名
        self.gender = gender                    # 学生性别
    def introduce(self):                        # 自我介绍的 introduce 方法
        print('大家好！我是:{}，性别:{}，学号:{}'.format(self.name,self.gender,
        self.id))

# 实例化类
stu1 = Student('2019123456','张三','男')
stu2 = Student('2019234567','赵六','男')
stu3 = Student('2019345678','李华','女')
# 打印信息
stu1.introduce()
stu2.introduce()
stu3.introduce()
```

执行程序，输出结果为：

```
大家好！我是:张三，性别:男，学号:2019123456
大家好！我是:赵六，性别:男，学号:2019234567
大家好！我是:李华，性别:女，学号:2019345678
```

扫一扫，看视频

10.2.5 案例：定义员工类

本案例定义一个员工类，包含员工姓名、部门、年龄等信息，并添加统计员工总人数的功能。

```
class Employee:                                 # 定义员工类
    '''
    员工类                                      # 文档说明
    '''
    count = 0                                   # 统计员工数量

    def __init__(self, name, age, department):  # 初始化类
        self.name = name                        # 员工姓名
        self.age = age                          # 员工年龄
```

```
        self.department = department                 # 所属部门
        Employee.count += 1                          # 每创建一个员工类，员工人数自增

# 实例化类
emp1 = Employee('zhangsan', 19, 'A')
emp2 = Employee('lisi', 20, 'B')
emp3 = Employee('wangwu', 22, 'A')
emp4 = Employee('zhaoliu', 18, 'C')
# 打印员工人数
print('总共创建%d 个员工对象' % Employee.count)
```

执行程序，输出结果为：

```
总共创建 4 个员工对象
```

10.3　类　成　员

在 Python 中，类的成员包括字段、方法和属性。

10.3.1　字段

扫一扫，看视频

字段用来存储值。Python 字段包括普通字段（也称动态字段）和静态字段。下面通过一个简单的示例来认识普通字段和静态字段的不同和用法。

【示例】定义 Province 类，其中包含 country 和 name 两个字段，其中 country 为静态字段，name 为普通字段。

```
class Province:
    country = '中国'                            # 静态字段，保存在类中
    def __init__(self, name):
        self.name = name                        # 普通字段，保存在对象中

# 访问普通字段
obj = Province('北京')                          # 实例化
print(obj.name)                                 # 通过实例对象访问普通字段
# 访问静态字段
print(Province.country)                         # 通过类直接访问静态字段
print(obj.country)                              # 通过实例对象间接访问静态字段
```

提示：

在所有成员中，只有普通字段保存在实例对象中，即创建了多少个实例对象，在内存中就有多少个普通字段。其他成员都保存在类中，不管创建了多少个实例对象，在内存中只创建一份。

【小结】

下面简单比较普通字段和静态字段的不同。

- 保存位置：普通字段保存在实例对象中，静态字段保存在类对象中。
- 归属对象：普通字段属于实例对象，静态字段属于类对象。
- 访问方式：普通字段必须通过实例对象来访问；静态字段可以通过类对象直接访问，也可以通过实例对象来访问。建议最好使用类访问，在必要的情况下再使用实例对象进行访问，但是

实例对象无权修改静态字段。

- 存储方式：普通字段在每个实例对象中都保存一份，静态字段在内存中仅保存一份。
- 加载方式：普通字段只在实例化类的时候创建，静态字段在类的代码被加载时创建。
- 应用场景：如果在每个实例对象中字段的值都不相同，那么可以使用普通字段；如果在每个实例对象中字段的值都相同，那么可以使用静态字段。

扫一扫，看视频

10.3.2 方法

方法与函数的用法基本相同，用来完成特定的任务，或者执行特定的行为。Python 方法包括普通方法、类方法和静态方法。

- 普通方法

由实例对象拥有，并由实例对象调用。

在类结构中，未添加类方法和静态方法装饰器的函数都可以为普通方法。

对于普通方法来说，第一个参数必须是实例对象，一般以 self 作为第一个参数的名称，也可以使用其他名字进行命名。

当使用实例对象调用普通方法时，系统会自动把实例对象传递给第一个参数。

当使用类对象调用普通方法时，系统会把它视为普通函数，不会自动传入实例对象。

提示：

在普通方法中，可以通过 self 访问类的成员、也可以访问实例的私有成员，如果存在相同名称的类成员和实例成员，则实例成员优先级高于类成员。

- 类方法

由类对象拥有，由类调用，也允许实例对象调用。

定义类方法时，需要使用修饰器@classmethod 标识。

对于类方法来说，第一个参数必须是类对象，一般以 cls 作为第一个参数的名称，当然也可以使用其他名字进行命名。当调用类方法时，系统会自动把类对象传递给第一个参数。

使用实例对象和类对象都可以访问类方法。在类方法中，可以通过 cls 访问类对象的属性和方法，其主要作用就是修改类的属性和方法。

- 静态方法

使用修饰器@staticmethod 标识。无默认参数，如果要在静态方法中引用类属性，可以通过类对象或实例对象实现。

【示例 1】本示例简单演示了如何定义普通方法、类方法和静态方法。

```
class Test:
    name = 'Test'
    def __init__(self, name):
        self.name = name
    def ord_func(self):
        """ 普通方法，至少包含一个 self 参数 """
        print('普通方法')
        print(self.name)
    @classmethod
    def class_func(cls):
        """ 类方法，至少包含一个 cls 参数 """
```

```
        print('类方法')
        print(cls.name)
    @staticmethod
    def static_func():
        """ 静态方法，无默认参数"""
        print('静态方法')
        print(name)                                  # 抛出异常
f = Test("test")                                     # 实例化类
f.ord_func()                                         # 实例对象调用普通方法
f.class_func()                                       # 实例对象调用类方法
f.static_func()                                      # 实例对象调用静态方法
Test.class_func()                                    # 类对象调用类方法
Test.static_func()                                   # 类对象调用静态方法
Test.ord_func()                                      # 类对象调用普通方法，抛出异常
```

运行结果如下：

```
普通方法                                             # 实例对象调用普通方法
test                                                 # 输出 test
静态方法                                             # 实例对象调用静态方法
类方法                                               # 实例对象调用类方法
Test                                                 # 输出 Test
类方法                                               # 类对象调用类方法
Test                                                 # 输出 Test
静态方法                                             # 类对象调用静态方法
```

通过比较可以看到：

- 三种类型的方法都可以由实例对象调用，类对象只能调用类方法和静态方法。如果类对象直接调用普通方法，将失去 self 默认参数，以普通函数的方式调用。
- 调用方法时，自动传入的参数也不同，普通方法传入的是实例对象，而类方法传入的是类对象。
- 当调用普通方法时，可以读、写普通字段，也可以只读静态字段；当调用类方法时，只能够访问静态字段的值；静态方法只能通过参数传入或者类对象间接访问类的字段。

【示例 2】本示例演示了实例对象如何使用类方法修改静态字段的值。

```
class People():
    country = '中国'
     # 类方法，使用 classmethod 进行修饰
    @classmethod
    def get(cls):
        return cls.country
    @classmethod
    def set(cls,country):
        cls.country = country

p = People()                                         # 实例化类
print(p.get())                                       # 通过实例对象引用
print(People.get())                                  # 通过类对象引用
p.set('美国')                                        # 通过实例对象调用类方法，修改静态字段
print(p.get())                                       # 通过实例对象引用类方法
```

运行结果如下：

```
中国
中国
美国
```

【示例 3】本示例演示了在静态方法中如何使用类对象访问静态字段。

```
class People():
    country = '中国'
    @staticmethod                                # 静态方法
    def get():
        return People.country                    # 通过类对象访问静态字段

p = People()                                     # 实例化类
print(People.get())                              # 使用类对象调用静态方法
print(p.get())                                   # 使用实例对象调用静态方法
```

运行结果如下：

```
中国
中国
```

扫一扫，看视频

10.3.3 属性

在 Python 中，属性（property）是一个特殊的概念，它实际上是普通方法的变种。使用@property 修饰器进行标识，可以把类的方法变成属性。

【示例 1】本示例简单比较方法和属性的不同。

```
class Test:
    _name = "test"                               # 静态字段
    def get_name(self):                          # 普通方法
        return self._name                        # 返回_name 字段值
    # 定义属性
    @property
    def name(self):                              # 属性
        return self._name                        # 返回_name 字段值

obj = Test()                                     # 实例化类
print(obj.get_name())                            # 调用方法，输出为 test
print(obj.name)                                  # 读取属性，输出为 test
```

通过上面的代码可以看到，属性有 3 个特征。

- 在普通方法的基础上添加@property 修饰器，可以定义属性。
- 在属性函数中，第一个参数必须是实例对象，一般以 self 作为第一个参数的名称，也可以使用其他名字进行命名。
- 在调用属性函数时，不需要使用小括号。

属性由方法演变而来，在 Python 中如果没有属性，完全可以使用方法代替属性实现其功能。属性存在的意义是访问属性时可以模拟出与访问字段完全相同的语法形式。

【示例 2】设计一个数据库分页显示的功能模块。在向数据库请求数据时，能够根据用户请求的当前页数及预定的每页显示的记录数计算将要显示的从第 m 条到第 n 条的记录起止数。最后，可以根据 m 和 n 去数据库中请求数据。

```
class Pager:
```

```
    def __init__(self, current_page):
        self.current_page = current_page    # 用户当前请求的页（第 1 页、第 2 页、……）
        self.per_items = 10                 # 每页默认显示 10 条数据
    @property
    def start(self):                        # 属性：计算起始数
        val = (self.current_page - 1) * self.per_items
        return val
    @property
    def end(self):                          # 属性：计算终止数
        val = self.current_page * self.per_items
        return val

p = Pager(3)                                # 实例化类，计算第 3 页的起止数
print(p.start)                              # 记录的起始值，即 m 值，输出为 20
print(p.end)                                # 记录的终止值，即 n 值，输出为 30
```

通过上面的示例可以看到，属性与字段虽然都用来读、写值，但是在属性内部封装了一系列的逻辑，并最终将计算结果返回，而字段仅仅记录一个值。

属性的访问方式有 3 种：读、写、删，对应的修饰器为@property、@方法名.setter、@方法名.deleter。

【示例 3】上面的示例仅演示了如何读取属性值，下面结合一个简单示例演示如何读取、修改和删除属性。本示例设计一个商品报价类，初始化参数为原价和折扣，然后可以读取商品实际价格，也可以修改商品原价或者删除商品的价格属性。

```
class Goods(object):
    def __init__(self, price, discount=1):          # 初始化函数
        self.orig_price = price                     # 原价
        self.discount = discount                    # 折扣
    @property
    def price(self):                                # 读取属性
        new_price = self.orig_price * self.discount # 实际价格 = 原价 * 折扣
        return new_price
    @price.setter
    def price(self, value):                         # 写入属性
        self.orig_price = value
    @price.deleter
    def price(self):                                # 删除属性
        del self.orig_price

obj = Goods(120, 0.7)                               # 实例化类
print(obj.price)                                    # 获取商品价格
obj.price = 200                                     # 修改商品原价
del obj.price                                       # 删除商品原价
print(obj.price)                                    # 不存在，将抛出异常
```

注意：

如果定义只读属性，则可以仅定义@property 和@price.deleter 修饰器函数。

10.3.4　构造属性

扫一扫，看视频

使用 property()构造函数可以把属性操作的函数绑定到字段上，这样可以快速定义属性，

具体语法格式如下：

```
class property([fget[, fset[, fdel[, doc]]]])
```

参数说明如下。

- fget：获取属性值的普通方法。
- fset：设置属性值的普通方法。
- fdel：删除属性值的普通方法。
- doc：属性描述信息。

该函数返回一个属性，定义的属性与使用@property 修饰器定义的属性具有相同的功能。

【示例】针对上一小节示例 3，本示例把它转换为 property()构造函数生成属性的方式来设计。

```
class Goods(object):
    def __init__(self, price, discount=1):                    # 初始化函数
        self.orig_price = price                                # 原价
        self.discount = discount                               # 折扣
    def get_price(self):                                       # 读取属性
        new_price = self.orig_price * self.discount            # 实际价格 = 原价 * 折扣
        return new_price
    def set_price(self, value):                                # 写入属性
        self.orig_price = value
    def del_price(self):                                       # 删除属性
        del self.orig_price
    # 构造 price 属性
    price = property(get_price, set_price, del_price, "可读、可写、可删属性：商品价格")

obj = Goods(120, 0.7)                                          # 实例化类
print(obj.price)                                               # 获取商品价格
obj.price = 200                                                # 修改商品原价
del obj.price                                                  # 删除商品原价
print(obj.price)                                               # 不存在，将抛出异常
```

obj 是 Goods 的实例化，obj.price 将触发 get_price()方法，obj.price = 200 将触发 set_price()方法，del obj.price 将触发 del_price()方法。

property()构造函数中的前三个参数函数分别对应的是获取属性的方法、设置属性的方法，以及删除属性的方法。外部对象可以通过访问 price 的方式达到获取、设置或删除属性的目的。如果允许用户直接调用这三个方法，使用体验不及属性，同时存在安全隐患。

扫一扫，看视频

10.3.5 成员访问限制

类的所有成员都有以下两种形式。

- 公有成员：在任何地方都能访问。
- 私有成员：只有在类的内部才能访问。

私有成员和公有成员的定义方式不同：私有成员命名时，前两个字符必须为下划线，特殊成员除外，如__init__、__call__、__dict__等。

【示例】在类 Test 中定义两个成员：字段 a 是公有属性，字段 b 是私有属性。a 可以通过实例对象直接访问，而 b 只能在类内访问，如果在外部访问 b，只能通过公有方法间接访问。

```
class Test:
    def __init__(self):                                        # 初始化函数
```

```
        self.a= '公有字段'                        # 公有字段
        self.__b = "私有字段"                     # 私有字段
    def get(self):                               # 公共方法
        return self.__b                          # 返回私有字段的值

test = Test()                                    # 实例化类
print(test.a)                                    # 直接访问公有字段，输出为公有字段
print(test.get())                                # 间接访问私有字段，输出为私有字段
print(test.__b)                                  # 直接访问私有字段，将抛出异常
```

提示：

如果非要访问私有属性，也可以通过如下方式访问。

对象._类__属性名

例如，针对上面示例，可以使用下面代码强制访问私有属性。

```
print(test._Test__b)                             # 强制访问私有字段，输出为私有字段
```

10.3.6 案例：四则运算

扫一扫，看视频

设计一个 MyMath 类，该类能够实现简单的加、减、乘、除四则运算，代码如下所示，演示效果如图 10.5 所示。

```
class MyMath:                                    # 定义 MyMath 类
    def __init__(self, a, b):                    # 初始化类
        self.a = a
        self.b = b
    def addition(self):                          # 定义加法
        return self.a + self.b
    def subtraction(self):                       # 定义减法
        return self.a - self.b
    def multiplication(self):                    # 定义乘法
        return self.a * self.b
    def division(self):                          # 定义除法
        if self.b == 0:                          # 除数为 0 时不做运算，默认返回 None
            print('除数不能为 0')
        else:
            return self.a / self.b
while True:                                      # 无限次使用计算器
    a = int(input('参数 a:'))
    b = int(input('参数 b:'))
    myMath = MyMath(a, b)
    print('加法结果:',myMath.addition())
    print('减法结果:',myMath.subtraction())
    print('乘法结果:',myMath.multiplication())
    if myMath.division() != None:                # 除数不为 0 时，返回值不为 None
        print('除法结果:',myMath.division())
    flag = input('是否退出运算[y/n]:')
    if flag == 'y':
        break
```

```
参数a:2
参数b:4
加法结果: 6
减法结果: -2
乘法结果: 8
除法结果: 0.5
是否退出运算[y/n]:n
参数a:4
参数b:0
加法结果: 4
减法结果: 4
乘法结果: 0
除数不能为0
是否退出运算[y/n]:y
>>>
```

图 10.5　四则运算效果

扫一扫，看视频

10.3.7　案例：圆类

本案例设计一个圆类，该类能够表示圆的位置和大小，能够计算圆的面积和周长，能够对圆的位置进行修改，然后创建圆的实例对象，并进行相应的操作，代码如下所示，演示效果如图 10.6 所示。

```
圆的面积:50
圆的周长:25
圆的初始位置: (2, 4)
修改后圆的位置: (3, 4)
>>>
```

图 10.6　圆类效果

```
class Circle:                                          # 圆类
    def __init__(self, x, y, r):                       # 初始化函数
        self.x = x
        self.y = y
        self.r = r
    def get_position(self):                            # 获取圆位置函数
        return (self.x,self.y)                         # 位置信息以元组方式返回
    def set_position(self, x, y):                      # 设置圆位置函数
        self.x = x
        self.y = y
    def get_area(self):                                # 圆面积计算函数
        return 3.14 * self.r**2
    def get_circumference(self):                       # 圆周长计算函数
        return 2 * 3.14 * self.r
circle = Circle(2,4,4)                                 # 实例化圆类
area = circle.get_area()                               # 计算圆的面积
circumference = circle.get_circumference()             # 计算圆的周长
print('圆的面积:%d'%area)
print('圆的周长:%d'%circumference)
print('圆的初始位置:',circle.get_position())
circle.set_position(3,4)                               # 修改圆的位置
print('修改后圆的位置:',circle.get_position())
```

10.4　类的特殊成员

Python 内置了一组特殊的类成员，它们拥有特殊的名称，开头和结尾以双下划线标识，这些成员可以直接访问，具有特殊的用途，俗称魔法变量或魔术方法，下面将详细介绍。

10.4.1 __doc__

扫一扫，看视频

__doc__表示类的描述信息，通过类对象直接访问。

提示：

类的描述信息就是在定义类时，其内第一行的注释信息。

【示例】定义一个空类，然后直接使用类对象访问__doc__属性，获取类的描述信息。

```
class Test:
    """Test 空类
暂时没有任何代码
    """
    pass

print(Test.__doc__)
```

输出为：

```
Test 空类
暂时没有任何代码
```

10.4.2 __module__和__class__

扫一扫，看视频

__module__表示当前操作的对象在哪个模块中，__class__表示当前操作的对象属于哪个类。

【示例 1】定义 Student 类，然后实例化之后，通过实例对象访问__module__和__class__属性，获取模块名称和类的名称。

```
class Student:
    def __init__(self, name, age):
        self.name = name
        self.age= age

student = Student("张三", 19)
print(student.__class__)
print(student.__module__)
```

输出为：

```
<class '__main__.Student'>
__main__
```

其中，__main__表示当前文档。

注意：

如果使用类对象访问__module__和__class__属性，将获取如下信息。

```
print(student.__class__)
print(student.__module__)
```

输出为：

```
<class 'type'>
```

```
__main__
```

对于类对象和实例对象，__module__返回的值都是相同的，而 student.__class__表示数据类型。

【示例 2】针对示例 1，将 Student 类定义代码保存为 test1.py，然后在相同目录下 test2.py 文件中输入如下代码。

```
from test1 import Student

student = Student("张三", 19)
print(student.__class__)
print(student.__module__)
```

从 test1.py 模块中导入 Student 类，然后实例化之后，使用实例对象访问__class__和__module__属性，输出信息如下：

```
<class 'test1.Student'>
test1
```

扫一扫，看视频

10.4.3 __new__

__new__表示类的实例化函数，该函数将在调用类创建实例对象时被自动执行，并且先于__init__函数之前执行。注意，__new__函数会返回一个实例，而__init__函数会返回 None。

注意：

所有对象都是通过 new 方法实例化的，在__new __函数里面调用了 init 方法，所以在实例化的过程中先执行的是 new 方法，而不是 init 方法。

【示例 1】本示例中重写了__new__函数，这将导致__init__函数不能够被自动执行。

```
class F:
    def __init__(self,name):                    # 初始化函数
        self.name = name
        print("Foo __init__")
    def __new__(cls, *args, **kwargs):          # 实例化创建函数
        print("Foo __new__",cls, *args, **kwargs)

f = F("test")                                   # 实例化
```

输出为：

```
Foo __new__ <class '__main__.F'> test
```

通过上面的示例可以看出，没有执行__init__方法，因此在一般情况下，都不要去重构__new__方法。

【示例 2】如果在实例化之前就对自定义类进行定制，可以考虑使用__new__方法，new 方法就是用来创建实例的，重构 new 方法，必须以返回值的形式继承父类的 new 方法。

```
class F:
    def __init__(self,name):
        self.name = name
        print("Foo __init__")
    def __new__(cls, *args, **kwargs):          # cls 表示传入的类 F
        cls.name = "test"                       # 创建对象是定义静态变量
        return object.__new__(cls)              # 继承父类的__new__方法

f = F("ok")                                     # 实例化类
```

```
print(F.name)                                  # 输出为 test
print(f.name)                                  # 输出为 ok
```

提示：

类的生成、调用顺序依次是__new__ 、__init__ 、__call__。

【示例 3】__new__方法在继承一些不可变的类时会用到，如 int、str、tuple。下面创建一个永远保留两位小数的 float 类型。

```
class RoundFloat(float):
    def __new__(cls, value):
        return super().__new__(cls, round(value, 2))

print(RoundFloat(3.14159))                     # 输出为 3.14
```

10.4.4 __init__

扫一扫，看视频

__init__表示类的初始化函数，该函数将在实例化类的过程中被自动调用，主要任务是完成类的初始化配置，如设置类的初始值、配置运行环境等。例如，在数据库访问类中，可以在初始化函数中完成数据库的登录和验证工作，避免每次访问数据库都需要进行登录和验证操作。

【示例】设计一个数据库操作类，在__init__初始化函数中完成数据库的连接操作。

```
import MySQLdb
class DB:
    def __init__(self, name, password):          # 初始化函数，完成数据库连接操作
        self.__name = name
        self.__password = password
        self.__db = MySQLdb.connect("localhost", name, password, "DatabaseName",
        charset='utf-8')
    def getData(self, sql):                      # 查询数据
        pass
    def updateData(self, id):                    # 更新记录
        pass
    def delData(self, id):                       # 删除记录
        pass
```

10.4.5 __call__

扫一扫，看视频

当使用小括号调用类对象时，将触发执行__new__函数，即创建类的实例，同时还会触发初始化函数__init__的执行。而当使用小括号调用实例对象时，将触发执行__call__函数。

【示例】设计一个加法器的类，允许当类实例化时初始传入多个被加数字，然后调用对象，可以继续传入多个数字，并返回它们的和。

```
class Add:
    '''Add 加法器类
# 可以在实例化时传入多个数字，调用对象时也可以继续传入多个数字，然后返回它们的和
    '''
    def __init__(self, *args):
        self.__sum = 0                           # 配置存储器变量
```

```
        for i in args:                                   # 迭代参数列表
            if(isinstance(i, (int, float))):             # 检测参数值是否为数字
                self.__sum += i                          # 叠加数字
    def __call__(self, *args):       # 当调用对象时，可以传入多个值，并返回和
        for i in args:               # 迭代参数列表
            if(isinstance(i, (int, float))):             # 检测参数值是否为数字
                self.__sum += i                          # 叠加数字
        return self.__sum
    def __del__(self):                                   # 析构函数
        self._sum = 0                                    # 恢复存储器为 0

add = Add()                                              # 实例化类
print(add(3,4,5))                                        # 执行求和运算，输出为 12
add = Add(1,2,3)                                         # 初始化时先传入多个被加数字
print(add(3,4,5))                                        # 执行求和运算，输出为 18
```

扫一扫，看视频

10.4.6 __dict__

__dict__能够获取类对象或实例对象包含的所有成员。

【示例】定义一个 Test 类，包含一个静态字段 ver 与两个方法__init__和 func，同时定义两个普通字段 name 和 password。

```
class Test:
    ver = 'test'
    def __init__(self, name, password):
        self.name = name
        self.password = password
    def func(self, *args, **kwargs):
        print ('func')

print (Test.__dict__)                    # 获取类的成员，即静态字段、方法
# 输出为 {'__module__': '__main__', 'ver': 'test', '__init__': <function Test.__
init__ at 0x0000002C297A9730>, 'func': <function Test.func at 0x0000002C297A97B8>,
'__dict__': <attribute '__dict__' of 'Test' objects>, '__weakref__': <attribute
'__weakref__' of 'Test' objects>, '__doc__': None}

obj1 = Test('other', 10000)              # 实例化
print (obj1.__dict__)                    # 获取对象 obj1 的成员
                                         # 输出：{'name': 'other', 'password': 10000}

obj2 = Test('this', 3888)                # 实例化
print (obj2.__dict__)                    # 获取对象 obj2 的成员
                                         # 输出：{'name': 'this', 'password': 3888}
```

扫一扫，看视频

10.4.7 __str__

__str__函数能够返回实例对象的字符串表示。如果为类定义了__str__方法，那么在打印实例对象时，默认会输出该方法的返回值。

【示例】为 Test 类定义了__str__方法，设计当打印 Test 类的实例对象时，显示提示性的字符串表示。

```
class Test:
    def __str__(self):
        return "Test 类的实例"

test = Test()
print(test)                                          # 输出为 Test 类的实例
```

10.4.8 __getitem__、__setitem__和__delitem__

扫一扫，看视频

__getitem__、__setitem__和__delitem__这三个函数主要用于序列的索引、切片，以及字典的映射操作，分别表示获取、设置和删除数据。

【示例 1】使用__getitem__、__setitem__和__delitem__函数来模拟设计一个字典操作类，实现基本的字典操作功能，如添加元素、访问元素和删除元素。

```
class Dict:                                          # 模拟字典类
    def __init__(self, **args):                      # 初始化字典对象
        self.__item = args
    def __getitem__(self, key):                      # 访问字典元素
        return self.__item.get(key)
    def __setitem__(self, key, value):               # 添加字典元素
        if key in self.__item: del self.__item[key]  # 先检测是否存在，如果存在先删除
        return self.__item.setdefault(key, value)    # 设置新键
    def __delitem__(self, key):                      # 删除字典元素
        return self.__item.pop(key, None)
dict = Dict()                           # 构建一个空字典对象
print(dict['a'])                        # 自动触发执行 __getitem__，输出为 None
dict['b'] = 'test'                      # 自动触发执行 __setitem__
print(dict['b'])                        # 自动触发执行 __getitem__，输出为 test
del dict['b']                           # 自动触发执行 __delitem__
print(dict['b'])                        # 自动触发执行 __getitem__，输出为 None
dict = Dict(a=1,b=2,c=3)                # 构建一个包含 3 个键值对的字典对象
print(dict['a'])                        # 自动触发执行 __getitem__，输出为 1
dict['b'] = 'test'                      # 自动触发执行 __setitem__
print(dict['b'])                        # 自动触发执行 __getitem__，输出为 test
del dict['b']                           # 自动触发执行 __delitem__
print(dict['b'])                        # 自动触发执行 __getitem__，输出为 None
```

提示：

在 Python 2.0 中提供了__getslice__()、__setslice__()和__delslice__() 3 个函数，它们能够让类的实例对象拥有列表的切片功能。Python 3.0 废除了这 3 个函数，而是借助 slice 类整合到了__getitem__()、__setitem__()和__delitem__()中。

【示例 2】使用__getitem__()、__setitem__()和__delitem__()来模拟__getslice__()、__setslice__()和__delslice__()函数功能。

```
class List:
    def __init__(self, *args):          # 初始化列表对象
```

```
        self.__item = list(args)
    def __getitem__(self, index):        # 读取切片，参数 index 表示 slice（切片）实例
        if isinstance(index, slice):
            return self.__item[index.start:index.stop:index.step]
        return self.__item
    def __setitem__(self, index, value):# 写入切片，参数 index 表示 slice（切片）实例
        if isinstance(index, slice):
            self.__item[index.start:index.stop:index.step] = value
        return self.__item
    def __delitem__(self, index):        # 删除切片，参数 index 表示 slice（切片）实例
        if isinstance(index, slice):
            del self.__item[index.start:index.stop:index.step]
        return self.__item

L = List(1,2,3,4,5,6)                    # 实例化列表对象
print(L[2:4])                            # 读取切片，输出为[3,4]
L[-1:5] = [1,2,3]                        # 写入切片
print(L[::])                             # 输出为 [1, 2, 3, 4, 5, 1, 2, 3, 6]
del L[3:5]                               # 删除切片
print(L[::])                             # 输出为 [1, 2, 3, 1, 2, 3, 6]
```

当执行切片操作时，__getitem__()、__setitem__()和__delitem__()函数的第 2 个参数为 slice 对象，即切片对象，使用该对象的 start、stop 和 step 属性可以获取切片的起始下标值、终点下标值和步长。

扫一扫，看视频

10.4.9 __iter__

__iter__函数用于返回迭代器，对于列表、字典、元组等可迭代对象来说，之所以可以进行 for 循环，是因为类型内部定义了__iter__函数。

【示例】为 Test 类定义了__iter__函数，设计__iter__函数返回一个可迭代的对象，这样当实例化 Test 类之后，就可以使用 for 语句迭代实例对象了。

```
class Test:
    def __init__(self, sq=[]):           # 初始化参数为一个空列表对象
        self.sq = sq                     # 存储列表对象到本地字段中
    def __iter__(self):                  # 设计迭代器
        return iter(self.sq)             # 返回用 iter()函数包装的迭代器，迭代参数列表

obj = Test([1, 2, 3, 4])                 # 实例化 Test 类，并传入列表参数[1, 2, 3, 4]
for i in obj:                            # 迭代实例对象 obj
    print(i)
```

输出为：

```
1
2
3
4
```

提示：

iter()函数用来生成迭代器，可以把一个支持迭代的集合对象生成可迭代的对象。

上面的代码等效于下面的代码。

```
obj = iter([1,2,3,4])
for i in obj:
    print(i)
```

注意：

如果没有设计__iter__函数，那么使用 for 语句迭代 Test 的实例对象，将会抛出如下所示的错误。

```
TypeError: 'Test' object is not iterable
```

10.4.10　__del__

扫一扫，看视频

__del__表示析构函数，当实例对象在内存中被释放时，会被自动触发执行。

【示例】在上一小节示例基础上添加析构函数，设计当不需要访问数据库时自动关闭数据库连接。

```
class DB:
    def __init__(self, name, password):          # 初始化函数
        self.__name = name
        self.__password = password
        self.__db = MySQLdb.connect("localhost", name, password, "DatabaseName",
        charset='utf-8')
    def __del__(self):                           # 析构函数
        self.__db.close()                        # 关闭数据库连接
```

提示：

Python 能够自动管理内存，用户在使用时无须关心内存的分配和释放，Python 解释器能够自动执行，所以析构函数的调用是由解释器在进行垃圾回收时自动触发执行的。

10.4.11　__getattr__、__setattr__和__delattr__

扫一扫，看视频

__getattr__、__setattr__和__delattr__这三个函数主要用于对象的属性操作，分别表示获取、设置和删除属性值。

注意：

通过__dict__包含的信息进行属性查找，在实例对象以及对应类对象中没有找到指定属性，将调用类的__getattr__函数，如果没有定义这个函数，将抛出 AttributeError 异常。因此，__getattr__是属性查找的最后一步操作。

【示例】下面示例演示了如何使用__getattr__、__setattr__和__delattr__，为类设置属性操作的基本行为，演示效果如图 10.7 所示。

```
class Student:                                   # 定义 Student 类
    def __init__(self,id, name, gender):         # 初始化函数
        self.id = id                             # 定义属性
        self.name = name
        self.gender = gender
    def __getattr__(self, item):                 # 定义获取容器中指定属性的行为
        print('no attribute', item)
        return False
```

```
    def __setattr__(self, key, value):                    # 定义设置容器中指定属性的行为
        self.__dict__[key] = value
    def __delattr__(self, item):                          # 定义删除容器中指定属性的行为
        print('beginning remove',item)
        self.__dict__.pop(item)                           # 删除指定属性
        print('remove finished')
student = Student('2019123456', '张三','male')           # 实例化类
print(student.age)                                        # 获取不存在的 age 属性值
student.age = 18                                          # 设置属性
print(student.age)                                        # 打印 age 属性值
print(student.__dict__)                                   # 打印类中所有对象的成员
del student.age                                           # 删除 age 属性
print(student.__dict__)                                   # 打印类中所有对象的成员
```

```
no attribute age
False
18
{'id': '2019123456', 'name': '张三', 'gender': 'male', 'age': 18}
beginning remove age
remove finished
{'id': '2019123456', 'name': '张三', 'gender': 'male'}
>>> |
```

图 10.7　属性操作效果

扫一扫，看视频

10.4.12　案例：重写比较运算符

Python 为比较运算符提供了一组魔术方法，当使用比较运算符进行运算时，将触发这些方法的调用。简单说明如下：

- __lt__(self,other)：小于（<）。
- __le__(self,other)：小于或等于（<=）。
- __gt__(self,other)：大于（>）。
- __ge__(self,other)：大于或等于（>=）。
- __eq__(self,other)：等于（==）。
- __ne__(self,other)：不等于（!=）。

【示例】本例重写比较运算符，根据句子的长度来判断大小关系，而不是字符的编码顺序，示例代码如下所示。

```
class Sentence(str):                                      # 定义 Sentence 类
    def __init__(self, a):                                # 初始化类
        if isinstance(a, str):                            # 判断是否是字符串
            self.len = len(a)                             # 赋值 len 属性值为字符串长度
        else:
            print('TypeError')                            # 打印错误信息
    def __gt__(self, other):                              # 重写>运算符
        if self.len > other.len:                          # 判断是否大于其他字符串长度
            return True
        else:
            return False
    def __ge__(self, other):                              # 重写>=运算符
```

```
        if self.len >= other.len:                    # 判断是否大于等于其他字符串长度
            return True
        else:
            return False
    def __lt__(self, other):                         # 重写<运算符
        if self.len < other.len:                     # 判断是否小于其他字符串长度
            return True
        else:
            return False
    def __le__(self, other):                         # 重写<=运算符
        if self.len <= other.len:                    # 判断是否小于等于其他字符串长度
            return True
        else:
            return False
    def __eq__(self, other):                         # 重写==运算符
        if self.len == other.len:                    # 判断是否等于其他字符串长度
            return True
        else:
            return False
    def __ne__(self, other):                         # 重写!=运算符
        if self.len != other.len:                    # 判断是否不等于其他字符串长度
            return True
        else:
            return False
a = Sentence('Hello world')
b = Sentence('Nice to meet you')
print(a>b)                                           # 打印 False
print(a>=b)                                          # 打印 False
print(a<b)                                           # 打印 True
print(a<=b)                                          # 打印 True
print(a==b)                                          # 打印 False
print(a!=b)                                          # 打印 True
```

10.5　继　承

继承是面向对象编程的基本特性之一，通过继承不仅可以实现代码重用，而且可以构建类与类之间的关系。

10.5.1　定义继承

扫一扫，看视频

在 Python 中，新建的类可以继承自一个或者多个类，被继承的类称为父类、基类或超类，新建的类称为子类或派生类。

定义继承的基本语法格式如下：

```
class 子类(基类列表):
    '''帮助信息（可选）'''
    类主体
```

基类列表指定子类要继承的父类，可以是一个或多个，基类之间通过逗号分隔。如果不指定基类，则将继承 Python 对象系统的根类 object。

【示例 1】创建一个基类 Parent 及其派生类 Son1 和 Son2。在基类中定义一个字段 name 用来标识身份，定义一个方法 get()访问当前实例的 name 属性。然后创建两个子类 Son1 和 Son2，设计它们都继承自 Parent，拥有 get()方法，最后创建 Son1 和 Son2 的实例对象，在实例对象上调用 get()方法，输出当前实例对象的 name 属性。

```
class Parent:                           # 定义父类
    name = "父类"                       # 身份标识字段
    def get(self):                      # 方法
        return self.name
class Son1(Parent):                     # 定义子类 1，继承自 Parent
    name = "子类 1"
class Son2(Parent):                     # 定义子类 2，继承自 Parent
    name = "子类 2"

son1 = Son1()                           # 实例化子类 1
print(son1.get())                       # 输出为子类 1
son2 = Son2()                           # 实例化子类 2
print(son2.get())                       # 输出为子类 2
```

在 Python 中，类的继承分为单继承和多继承。单继承就是基类只有一个，如示例 1 所示。多继承就是基类可以有多个，多个父类通过逗号分隔，如示例 2 所示。

【示例 2】创建两个基类 Parent1 和 Parent2，及其派生类 Son。这样派生类 Son 将继承基类 Parent1 和 Parent2 的所有公有成员。

```
class Parent1:                          # 定义父类 1
    name = "父类 1"
    def get(self):
        return self.name
class Parent2:                          # 定义父类 2
    name = "父类 2"
    def set(self, val):
        self.name = val
class Son(Parent1, Parent2):            # 定义子类，继承自 Parent1 和 Parent2
    name = "子类"

son = Son()                             # 实例化子类
print(son.get())                        # 调用 get()方法，输出为子类
son.set("test")                         # 调用 set()方法，修改 name 属性
print(son.get())                        # 调用 get()方法，输出为 test
```

扫一扫，看视频

10.5.2 __base__和__bases__

在 Python 中，每个类对象都有__base__和__bases__属性，它们表示类的基类。如果是单继承，使用__base__可以获取父类；如果是多继承，使用__bases__可以获取所有父类，并以元组类型返回。

【示例 1】设计一个单继承的示例，然后使用__base__和__bases__访问基类。

```
class Parent:                          # 定义父类
    name = "父类"
class Son(Parent):
    name = "子类"

print(Son.__base__)                    # 输出为 <class '__main__.Parent'>
print(Son.__bases__)                   # 输出为 (<class '__main__.Parent'>,)
```

【示例 2】设计一个多继承的示例，然后使用__base__和__bases__访问基类。

```
class Parent1:                         # 定义父类 1
    name = "父类 1"
class Parent2:                         # 定义父类 2
    name = "父类 2"
class Son(Parent1, Parent2):
    name = "子类"

print(Son.__base__)                    # 输出为 <class '__main__.Parent1'>
print(Son.__bases__)                   # 输出为 (<class '__main__.Parent1'>,
                                       # <class '__main__.Parent2'>)
```

10.5.3　接口和抽象类

扫一扫，看视频

继承有两种作用：代码重用和接口兼容。在 Python 中，没有 interface 关键字，如果要模仿接口的概念，可以定义接口类，声明需要兼容的基类。在接口类中，可以定义一个或多个接口名（函数名），且并未实现接口的功能，子类继承接口类（接口继承），并且实现接口的功能。

接口继承的设计原则：做出一个良好的抽象，这个抽象规定了一个兼容接口，使得外部调用者无须关心具体细节，可一视同仁地处理实现了特定接口的所有对象。在程序设计中这被称为归一化。

【示例 1】下面示例设计一个简单的类，规定了统一的方法，在方法中通过 pass，省略了具体的功能，这样的方法被称为抽象方法。当接口类被继承时，由派生类实现部分或者全部功能。

```
class Life:                            # 定义接口类，即一个接口
    def eat(self):                     # 抽象方法下同
        pass
    def sleep(self):
        pass
    def play(self):
        pass
# 调用接口
class People(Life):                    # 继承 Life 接口，通过该类实现具体功能
    def eat(self):
        print("吃饭")
    def sleep(self):
        print("睡觉")
    def play(self):
        print("打豆豆")
#实例对象
ren = People()
ren.eat()
```

抽象类是一种特殊的类，它基于类抽象而来，与普通类的不同之处：抽象类中包含抽象方法，没有具体功能，不能被实例化，只能被继承，且子类必须实现抽象方法。

在 Python 中，通过第三方模块实现对抽象类的支持，如 abc 模块。抽象类常用于协同工作。

提示：

抽象类与接口有点类似，但本质不同，简单比较如下。

- 抽象类是一组类的相似性，包括数据属性和函数属性，而接口只强调函数属性的相似性。
- 在继承抽象类的时候，应尽量避免多继承；而在继承接口的时候，鼓励多继承接口，使用多个专门的接口，而不使用单一的总接口。
- 在抽象类中，可以对一些抽象方法做出基础实现；在接口类中，任何方法都只是一种规范，具体的功能需要子类实现。

【示例 2】利用第三方 abc 模块在 Python 中定义抽象类。

注意：

在 Python 中，不要以有无执行体来区分是否为抽象类，而是根据是否有@abc.abstractmethod 装饰器作为标准。

```
import abc                                          # 导入 abc 模块
class InMa(metaclass=abc.ABCMeta):                  # 定义抽象类
    @abc.abstractmethod                             # 定义抽象方法
    def login(self):
        pass
    @abc.abstractmethod
    def regist(self):
        pass
class Login(InMa):                                  # 继承抽象类
    def login(self, name, pwd):                     # 实现抽象方法功能
        if self.name == "name" and self.password == "pwd":
            print("恭喜登录成功")
        else:
            print("登录失败")
class Regist(Login):
    def __init__(self,name,pwd):
        self.name = name
        self.password = pwd
    def regist(self):
        print("恭喜注册成功")
        print("username:",self.name)
        print("password:",self.password)
# 实例对象
people = Regist("Jaue","qqq")
people.regist()
people.login("Jaue","qqq")
```

运行结果如下：

```
恭喜注册成功
username: Jaue
password: qqq
恭喜登录成功
```

10.5.4 类的组合

除了继承之外，代码重用的另一种方式就是组合。组合是指在一个类中使用另一个类的对象作为数据属性，也称为类的组合。

【示例 1】简单演示类的组合形式。

```
class Teacher:                                              # 教师类
    def __init__(self, name, gender, course):
        self.name = name
        self.gender = gender
        self.course = course
class Course:                                               # 课程类
    def __init__(self, name, price, period):
        self.name = name
        self.price = price
        self.period = period
course_obj = Course('Python', 15800, '5months')             # 新建课程对象

# 老师与课程的关系
t_c = Teacher('egon', 'male', course_obj)                   # 新建老师实例，组合课程对象
print(t_c.course.name)                                      # 打印该老师所授的课程名
```

通过上面的代码可以看到，组合与继承都能够有效利用已有类资源的重要方式，但是二者使用方式不同。

通过上面代码可以看到，组合与继承都能够有效利用已有类的资源，但是二者使用方式不同。

- 通过继承建立派生类与基类之间的关系，这是一种“是”的关系，如教授是教师，教授属于教师职业的一种。
- 使用组合建立类与组合类之间的关系，这是一种“有”的关系，如教授有生日、教授有课程安排等，教授与生日、课程等类有关联，但不是从属关系。

【示例 2】下面示例使用组合方式演示教授有生日、教授教 Python 课程的关系。

```
class BirthDate:                                            # 生日类
    def __init__(self,year,month,day):
        self.year=year
        self.month=month
        self.day=day
class Couse:                                                # 课程类
    def __init__(self,name,price,period):
        self.name=name
        self.price=price
        self.period=period
class Teacher:                                              # 教师类
    def __init__(self,name,gender):
        self.name=name
        self.gender=gender
    def teach(self):
        print('teaching')
class Professor(Teacher):                                   # 教授类
```

```
    def __init__(self,name,gender,birth,course):
        Teacher.__init__(self,name,gender)          # 调用父类方法，初始化参数
                                             # 也可以使用 super().__init__(name,gender)
# 通常使用 super()，省略 self 参数，利于维护，因为 super()指代父类，而父类可能会改变
        self.birth=birth
        self.course=course

p1=Professor('egon','male',
             BirthDate('1998','1','20'),
             Couse('Python','58000','4 months'))
print(p1.birth.year,p1.birth.month,p1.birth.day)
print(p1.course.name,p1.course.price,p1.course.period)
```

输出为：

```
1998 1 20
Python 58000 4 months
```

扫一扫，看视频

10.5.5　方法重写与扩展

基类的成员都会被派生类继承，当基类中的某个方法不完全适用于派生类时，就需要在派生类中重写父类的这个方法，即当子类定义了一个和超类相同名字的方法时，那么子类的这个方法将覆盖掉基类同名的方法。

【示例 1】定义两个类：Bird 类定义了鸟的基本功能：吃，SongBird 是 Bird 的子类，SongBird 会唱歌。

```
class Bird:                                  # Bird类，基类
    def eat(self):                           # eat()方法
        print('Bird，吃东西…')
class SongBird(Bird):                        # SongBird()类，派生类
    def eat(self):                           # 重写基类eat()方法
        print('SongBird，吃东西…')
    def song(self):                          # 扩展 song()方法
        print('SongBird，唱歌…')
bird = Bird()
songBird = SongBird()
bird.eat()                                   # 输出为 Bird，吃东西…
songBird.eat()                               # 输出为 SongBird，吃东西…
songBird.song()                              # 输出为 SongBird，唱歌…
```

【示例 2】定义 3 个类：Fruit、Apple 和 Orange，其中 Fruit 是基类，Apple 和 Orange 是派生类，其中 Apple 继承了 Fruit 基类的 harvest 方法，而 Orange 重写了 harvest 方法。

```
class Fruit:                                 # 基类
    color = '绿色'                            # 字段
    def harvest(self, color):                # 方法
        print(f"现在是{color}")
        print(f"初始是{Fruit.color}")

class Apple(Fruit):                          # 派生类 1
    color = "红色"                            # 字段
```

```
    def __init__(self):                          # 方法
        print("苹果")

class Orange(Fruit):                             # 派生类 1
    color = "橙色"                               # 字段
    def __init__(self):
        print("\n 橘子")
    def harvest(self, color):                    # 重写 harvest 方法
        print(f"现在是{color}")
        print(f"初始是{Fruit.color}")

apple = Apple()                                  # 实例化 Apple 类
apple.harvest(apple.color)                       # 在 Apple 中调用 harvest 方法
                                                 # 并将 Apple()的 color 变量传入
orange = Orange()                                # 实例化 Orange 类
orange.harvest(orange.color)                     # 在 Orange 中调用 harvest 方法
                                                 # 并将 Orange()的 color 变量传入
```

执行程序，输出结果为：

```
苹果
现在是红色
初始是绿色

橘子
现在是橙色
初始是绿色
```

10.5.6　案例：自行车类的继承

扫一扫，看视频

本案例设计一个自行车 Bike 类，包含品牌字段、颜色字段和骑行功能，然后再派生出以下子类：折叠自行车类，包含骑行功能；电动自行车类，包含电池字段、骑行功能。

```
class Bike:                                      # 定义自行车类
    def __init__(self, brand, color):            # 初始化函数
        self.oral_brand = brand
        self.oral_color = color
    @property                                    # 属性
    def brand(self):
        return self.oral_brand                   # 返回字段值
    @brand.setter
    def brand(self,b):
        self.oral_brand = b                      # 设置字段值
    @property                                    # 属性
    def color(self):
        return self.oral_color                   # 返回字段值
    @color.setter
    def color(self,c):
        self.oral_color = c                      # 设置字段值
    def riding(self):                            # 定义骑行方法
```

```
        print('自行车可以骑行')
class Folding_Bike(Bike):                                       # 定义折叠自行车类
    def __init__(self, brand, color):                           # 初始化函数
        super().__init__(brand, color)                          # 调用父类方法
    def riding(self):                                           # 重写父类方法
        print('折叠自行车:{}{}可以折叠'.format(self.color,self.brand))
class Electric_Bike(Bike):                                      # 定义电动车类
    def __init__(self,brand, color, battery):                   # 初始化函数
        super().__init__(brand, color)                          # 调用父类方法
        self.oral_battery = battery
    @property                                                   # 属性
    def battery(self):
        return self.oral_battery                                # 返回字段值
    @battery.setter
    def battery(self,b):
        self.oral_battery = b                                   # 设置字段值
    def riding(self):                                           # 重写父类方法
        print('电动车:{}{}使用{}电池'.format(self.color,self.brand,self.battery))
f_bike = Folding_Bike('捷安特','白色')                          # 实例化折叠自行车类
f_bike.riding()
f_bike.color = '黑色'                                           # 设置字段值
f_bike.riding()
e_bike = Electric_Bike('小刀','蓝色','55V20Ah')                 # 实例化电动车类
e_bike.riding()
e_bike.battery = '60V20Ah'                                      # 设置字段值
e_bike.riding()
```

执行程序，输出结果为：

```
折叠自行车:白色捷安特可以折叠
折叠自行车:黑色捷安特可以折叠
电动车:蓝色小刀使用 55V20Ah 电池
电动车:蓝色小刀使用 60V20Ah 电池
```

扫一扫，看视频

10.5.7 案例：抽象类继承和接口整合

本例设计机动车基类，包含刹车功能，定义两个抽象类，包括收费类和空调类。采用鸭子模型提供了 3 个接口函数，包括刹车函数、收费函数和空调函数。派生出 3 个子类：

- 公交车类，包含刹车、收费功能。
- 出租车类，包含刹车、收费、空调功能。
- 电影院类，包含收费、空调功能。

```
公交车具有刹车功能!
公交车具有收费功能!
出租车具有刹车功能!
出租车具有收费功能!
出租车具有空调功能!
电影院具有收费功能!
电影院具有空调功能!
>>> |
```

图 10.8 抽象和继承效果

案例代码如下所示，演示效果如图 10.8 所示。

```
import abc                                                      # 导入 abc 模块
class Vehicle:                                                  # 定义机动车父类
    def stop(self):                                             # 定义父类方法
        print('汽车有刹车功能!')
class Charge(metaclass=abc.ABCMeta):                            # 定义收费抽象类
    @abc.abstractmethod
```

```
    def charge(self):                              # 定义收费抽象方法
        pass
class Air_condition(metaclass=abc.ABCMeta):        # 定义空调抽象类
    @abc.abstractmethod
    def air_condition(self):                       # 定义空调抽象方法
        pass
class Bus(Vehicle,Charge):                         # 定义公交车类，继承机动车类和收费接口
    def charge(self):                              # 实现收费抽象方法
        print('公交车具有收费功能!')
    def stop(self):                                # 重写机动车父类刹车方法
        print('公交车具有刹车功能!')
class Taxi(Vehicle,Charge,Air_condition):  # 定义出租车类，继承机动车类及收费和空调接口
    def charge(self):                      # 实现收费抽象方法
        print('出租车具有收费功能!')
    def air_condition(self):               # 实现空调抽象方法
        print('出租车具有空调功能!')
    def stop(self):                        # 重写父类机动车刹车方法
        print('出租车具有刹车功能!')
class Cinema(Charge,Air_condition):        # 定义电影院类，继承收费和空调接口
    def charge(self):                      # 实现收费抽象方法
        print('电影院具有收费功能!')
    def air_condition(self):               # 实现空调抽象方法
        print('电影院具有空调功能!')
def vehicle_stop(vehicle):                 # 定义机动车刹车函数
    vehicle.stop()                         # 调用机动车刹车方法
def charge_cost(charge):                   # 定义收费函数
    charge.charge()                        # 调用收费方法
def air(air_condition):                    # 定义空调函数
    air_condition.air_condition()          # 调用空调方法
bus = Bus()                                # 实例化公交车类
vehicle_stop(bus)                          # 调用刹车方法
charge_cost(bus)                           # 调用收费方法
taxi = Taxi()                              # 实例化出租车类
vehicle_stop(taxi)                         # 调用刹车方法
charge_cost(taxi)                          # 调用收费方法
air(taxi)                                  # 调用空调方法
cinema = Cinema()                          # 实例化电影院类
charge_cost(cinema)                        # 调用收费方法
air(cinema)                                # 调用空调方法
```

10.6　元　　类

10.6.1　认识元类

扫一扫，看视频

在 Python 中，元类（metaclass）就是创建类的类，即类的模板。例如，当类 A 被实例化后返回类 B，那么类 A 就是元类。其用法形式如下：

```
B = A()                                    # 调用元类 A，创建类 B
```

```
object = B()                                # 调用类B，创建实例对象
```

在 Python 中，一切皆为对象，如 int、string、function、class，而所有对象都是通过类来创建的。任何对象都可以通过__class__访问创建自身的类。同理，一个类可以通过__class__访问创建自身的元类。代码如下所示：

```
B .__class__ == A
```

【示例】下面示例使用 type 元类创建一个类，然后使用__class__访问 type。

```
Class = type(None)                          # 调用 type 元类，创建类
print(Class.__class__)                      # 访问元类，输出为 <class 'type'>
```

通过上面示例可以看到，type()构造函数可以创建类，这是因为 type 是一个元类。

提示：

实际上 type 是 Python 用来创建所有类的元类，即元类的根类。

扫一扫，看视频

10.6.2 使用 type()创建类

在 Python 中，类也是一个对象，当使用 class 关键字创建类时，Python 会自动创建对应的类对象。使用 type()函数可以直接创建类对象，语法格式如下：

```
class type(name, bases, dict)
```

参数说明如下。

- name：类的名称。
- bases：基类组成的元组。
- dict：类的属性字典，包含类中定义的成员变量，以及映射的值。

如果只有一个参数，则返回参数对象的类型；如果有 3 个参数，则返回新的类型对象。

【示例 1】使用 type()构造函数创建一个空类。

```
Test = type("Test",(),{})
print(Test)
```

输出为：

```
<class '__main__.Test'>
```

在上面的代码中，type()函数接收的第一个参数 Test 是该类的类名，同时使用 Test 作为存储该类对象的引用变量。变量名与类名可以不同，不过建议采用相同的名称，避免代码复杂化。

【示例 2】使用 type()构造函数还可以添加类的成员，以及继承的基类。

```
class Parent:                               # 定义基类
    def get(self):                          # 访问属性 name 的方法
        return self.name

def echo(self):                             # 定义输出函数，输出实例对象的 name 属性值
    print(self.name)

Test = type("Test",(Parent,),{"name":"test", "echo":echo}) # 使用 type()构造类对象

print(Test)                                 # 输出为 <class '__main__.Test'>
print(hasattr(Test, 'echo'))                # 输出为 True，说明 echo 是 Test 的属性
test = Test()                               # 实例化 Test 类
test.echo()                                 # 调用 echo()方法，打印 test
print(test.get())                           # 调用 get()方法，返回 test
```

可以先创建一个类，然后根据需要再动态添加成员。例如，针对上面的 Test 类，可以继续添加如下普通方法：

```
def set(self,val):                          # 定义一个动态函数
    self.name = val
Test.set = set                              # 绑定 set()函数为 Test 类对象的方法
print(hasattr(Test, 'get'))                 # 返回 True，说明绑定成功
test = Test()                               # 实例化类
test.set("new")                             # 调用 set()方法修改 name 属性值
print(test.name)                            # 访问 name 属性值，返回 True
```

通过上面示例的完整演示，可以看到 Python 中的类其实就是一个对象，并且可以动态创建。

10.6.3　使用 metaclass 声明元类

扫一扫，看视频

在定义类的时候，可以使用 metaclass 关键字声明当前类的元类。语法格式如下：

```
class 类名(metaclass = callable):
    #执行代码
```

如果指定了 metaclass，Python 将使用 callable 来生成当前类。其中 callable 表示一个可调用的对象，如函数、方法、lambda 函数表达式、类对象，以及实现了__call__方法的实例对象。

提示：

调用类对象（即类的实例化）实际上就是调用__new__方法，调用实例对象实际上就是调用__call__方法。

“class 类名(metaclass = callable)”的运行逻辑如下：

```
类名 = callable(类名, 基类元组, 类成员字典)
```

3 个参数与 type()构造函数的参数一一对应。在 callable 函数体内，可以根据需要修改 3 个参数，然后传递给 type()，调用 type()，并返回创建的新类。

【示例 1】下面示例演示使用 metaclass 关键字初始化元类的基本用法。

```
class Meda(type):                           # 定义元类，并继承 type 根类
    def __new__(cls, name, bases, attr):    # 实例化函数
        attr['info'] = '由 Meda 元类创建'      # 定义本地属性
        return super().__new__(cls, name, bases, attr)  # 调用父类 type 创建类并返回

class Test(metaclass = Meda):               # 新建类，声明元类
    def get(self):                          # 普通方法，获取本地 info 字段信息
        return self.info

test = Test()                               # 实例化
print(test.info)                            # 访问对象的 info 属性，打印“元类创建”
print(test.get())                           # 调用对象的 get()方法，打印“元类创建”
```

在上面示例中，首先创建一个类 Meda，实现元类的功能，并继承 type 根类。在这个类的__new__方法中传入 4 个参数。

当实例化 type 类时，也就是调用该类的__new__方法生成新类，其中第一个参数 cls 为默认参数，表示当前类，后面 3 个参数对应 type()函数的参数。因此，上面写法与直接调用 type()函数生成类的逻辑是完全一样的，只不过展现的形式不同。

在新建 Test 类的时候，使用 metaclass = Meda 指定该类的元类，虽然使用 class 关键字定义了本类，但是在实际执行的时候，这个类是以 metaclass 指定的元类来创建的。

【示例 2】Python 的原生 list 不支持 add 方法，本例通过元类为新建的列表类型添加该方法，以方便快速添加元素。

```
class ListMeta(type):                          # 添加 add 方法的列表元类
    def __new__(cls, name, bases, attrs):
        # 在类属性中添加 add 函数，通过匿名函数映射到 append 函数上
        attrs['add'] = lambda self, value: self.append(value)
        return super().__new__(cls, name, bases, attrs)

class MyList(list, metaclass=ListMeta):        # 自定义列表类型，继承 list，元类为 ListMeta
    pass

lt = MyList()                                  # 实例化自定义列表类
lt.add(1)                                      # 添加元素
lt.add(2)                                      # 添加元素
print(lt)                                      # 打印 [1, 2]
```

提示：

在 Python 2 版本中，支持在类中定义__metaclass__魔法变量，设置类的元类。语法格式如下：

```
class 类名:
    __metaclass__ = 元类对象
```

当创建类的时候，Python 会在类中寻找__metaclass__。如果找到了，就用它来创建类，如果没有找到，会继续在基类中寻找。如果在父类中找不到__metaclass__，就会在模块层级中寻找，如果还是找不到__metaclass__，Python 就会用 type 来创建这个类。

扫一扫，看视频

10.6.4 自定义元类

如果一个类没有声明自己的元类，默认元类是 type，当然用户也可以通过继承 type 来自定义元类。

元类可以用来设计复杂的逻辑操作，如自省、修改继承，以及改变类的默认属性等。但是 metaclass 本身比较简单，主要作用如下：

- 影响类的初始化过程。
- 对生成的类进行动态修改。

自定义元类的方法有两种。

- 方法一，使用类的实例化函数构造新类。

【示例 1】下面示例演示了使用类的__new__方法创建新类的基本模式。

```
class Meda(type):                              # 定义元类，继承 type
    def __new__(cls, *arg):                    # 实例化函数
        print("__new__被执行")
        return super().__new__(cls, *arg)      # 使用 type 的__new__()方法创建类并返回

    # 下面函数仅作为测试比较，实际应用时不需要定义
    def __init__(self, *arg):                  # 初始化函数
        print("__init__被执行")
    # 下面函数仅作为测试比较，实际应用时不需要定义
```

```
    def __call__(self):                          # 调用函数
        print("__call__被执行")

class Test(metaclass = Meda):                    # 定义类，设置元类
    pass
```

运行上面示例代码，会在控制台输出下面信息，说明当为一个类设置元类时，实际上就是调用元类，实例化元类并返回新类。

```
__new__被执行
__init__被执行
```

而实例化 Test 类时，在控制台输出下面信息。

```
__call__被执行
```

➘ 方法二，使用函数等可调用对象返回一个类。

【示例 2】下面示例设计通过元类修改当前类的属性名为大写。

```
def upper_attr(class_name, class_parents, class_attr): # 把类的成员名转换为大写形式
    uppercase_attr = {}                          # 临时字典
    for name, val in class_attr.items():         # 遍历属性集
        if name.startswith('__'):                # 如果是内部属性，则保持默认名称
            uppercase_attr[name] = val
        else:                                    # 如果为非内部属性，则把名称改为大写形式
            uppercase_attr[name.upper()] = val
    return type(class_name, class_parents, uppercase_attr)
                                                 # 调用 type()函数，使用修改后的属性构造新类

class Test(metaclass = upper_attr):              # 新建类，设置元类为 upper_attr()函数对象
    a = '0'
print(hasattr(Test, 'a'))                        # 检测成员 a，返回 False，说明已不是类成员
print(hasattr(Test, 'A'))                        # 检测成员 A，返回 True，说明是类成员
test = Test()                                    # 实例化类
print(test.A)                                    # 访问实例属性 A，返回 0
```

10.6.5 案例：创建 Employee 类

扫一扫，看视频

本例通过元类的方式创建一个雇员类，类成员通过字典结构提前定义，最后使用 type()函数把它们构造为一个完整的新类。示例代码如下所示。

```
def __init__(self, name, telphone, gender):# 模拟类的 init 方法
    self.name = name                            # 定义属性
    self.telphone = telphone
    self.gender = gender
def say_hello(self):                            # 模拟类方法
    print('Hello,I am {}, I come from {}, my telphone is {}'.format(self.name,
    country, self.telphone))                    # 打印信息
    return None
class_name = 'Employee'                         # 定义类的名称
class_bases = (object,)                         # 定义基类组成的元组
country = 'China'                               # 定义类的属性
class_dic = {                                   # 定义类的命名空间变量
```

```
    'country': country,
    '__init__': __init__,
    'say_hello': say_hello,
}
Employee = type(class_name,class_bases,class_dic)      # 使用 type 构造类对象
employee = Employee('zhangsan','15811112222','male')   # 实例化类
print(Employee)                                        # 打印类
print(isinstance(Employee,type))                   # 判断 Employee 是否是 type 类型
print(employee.say_hello())                        # 调用类方法
print(employee.country)                            # 打印类命名空间中 country 的属性值
```

执行程序，输出结果如下：

```
<class '__main__.Employee'>
True
Hello,I am zhangsan, I come from China, my telphone is 15811112222
None
China
```

10.6.6 案例：用元类实现 ORM

扫描，拓展学习

ORM（Object Relational Mapping）框架采用元数据来描述对象与数据库之间映射的细节，本例使用元类来实现一个简单的 ORM。

限于篇幅，本节示例源码、解析和演示将在线展示，请读者扫描阅读。

10.7 案例实战

扫一扫，看视频

10.7.1 迭代器

迭代，顾名思义，就是不停地代换。在程序设计里，表示同一个变量，使用不同的值来代替运算。

1. 可迭代对象

可迭代对象表示一个数据集合对象，且可以通过__iter__( )方法或__getitem__( )方法访问对象中的元素，它们是 Python 实现外部访问可迭代对象内部数据的通用接口。这两个方法的具体作用如下。

- __iter__( )：可以使用 for 循环遍历对象。
- __getitem__( )：可以通过“对象[index]”的方式访问元素。

在 Python 中，迭代是通过 for 语句来完成的。凡是可迭代对象都可以直接使用 for 循环访问，for 语句其实做了两件事：

- 调用__iter__()方法获取一个迭代器。
- 循环调用__next__()方法访问元素。

可迭代的对象包括两类：

- 集合数据类型，如 list（列表）、set（集合）、dict（字典）、tuple（元组）、str（字符串）等。
- 迭代器和生成器。

提示：

使用 collections 模块的 Iterable 类型可以验证一个对象是否为可迭代对象：

```
from collections.abc import Iterable          # 导入 Iterable 类型
print(isinstance('', Iterable))               # 返回 True，说明字符串是可迭代对象
```

2. 迭代器

迭代器（iterator）是一个可以记住遍历位置的对象。迭代器对象从集合的第一个元素开始访问，直到所有的元素被访问完结束。迭代器只能往前访问，不会往回访问。

- 使用 iter()函数可以把一个数据集合对象转换为迭代器对象。
- 使用 next()函数可以不断访问迭代器对象中下一个元素。

提示：

通常集合类型的数据会把所有的元素都存储在内存中，而迭代器和生成器仅在读取每个元素时，才动态生成。因此，当创建一个包含大容量的数据对象时，使用迭代器会更加高效。

【示例 1】简单演示如何把列表转换为迭代器，然后读取每个元素的值。

```
list=[1,2,3,4]                            # 定义列表
it = iter(list)                           # 创建迭代器对象
print (next(it), end=" ")                 # 输出迭代器的下一个元素
print (next(it), end=" ")                 # 输出迭代器的下一个元素
print (next(it), end=" ")                 # 输出迭代器的下一个元素
print (next(it), end=" ")                 # 输出迭代器的下一个元素
```

输出结果为：

```
1 2 3 4
```

【示例 2】迭代器对象可以使用 for 语句进行遍历。针对示例 1，可以使用如下代码遍历元素的值。

```
list=[1,2,3,4]                            # 定义列表
it = iter(list)                           # 创建迭代器对象
for x in it:                              # 遍历迭代器对象
    print (x, end=" ")
```

提示：

凡是可作用于 for 循环的对象都是 Iterable（可迭代）类型；凡是可作用于 next() 函数的对象都是 Iterator（迭代器）类型。例如：

```
from collections.abc import Iterable      # 导入 Iterable 类型
from collections.abc import Iterator      # 导入 Iterator 类型
list = [1, 2, 3, 4]                       # 定义列表
it = iter(list)                           # 创建迭代器对象
print(isinstance(list, Iterable))         # 返回 True，说明 list 是可迭代类型
print(isinstance(it, Iterable))           # 返回 True，说明 it 是可迭代类型
print(isinstance(list, Iterator))         # 返回 False，说明 list 不是迭代器类型
print(isinstance(it, Iterator))           # 返回 True，说明 it 是迭代器类型
```

3. 自定义迭代器

自定义迭代器类型，需要在类中实现两个魔术方法：__iter__()和__next__()。

__iter__()方法返回一个特殊的迭代器对象，这个迭代器对象实现了__next__()方法，并通过 StopIteration 异常标识迭代的终止。

__next__()方法会返回下一个迭代器对象。

【示例 3】本示例将创建一个返回数字的迭代器，初始值为 1，逐步递增 1。

```
class Add:                                  # 自定义类
    def __iter__(self):                     # 魔术函数，当迭代器初始化时调用
        self.a = 1                          # 初始设置 a 为 1
        return self
    def __next__(self):                     # 魔术函数，当调用 next()函数时调用
        x = self.a                          # 临时缓存递增变量值
        self.a += 1                         # 递增变量 a 的值
        return x                            # 返回递增之前的值

add = Add()                                 # 实例化 Add 类型
myiter = iter(add)                          # 调用 iter()函数，初始化为迭代器对象
print(next(myiter))                         # 调用 next()函数，返回 1
print(next(myiter))                         # 调用 next()函数，返回 2
print(next(myiter))                         # 调用 next()函数，返回 3
print(next(myiter))                         # 调用 next()函数，返回 4
print(next(myiter))                         # 调用 next()函数，返回 5
```

在上面的示例中，如果不断调用 next()函数，将会连续输出递增值。如果要限定输出的次数，可以使用 StopIteration 异常。

StopIteration 异常用于标识迭代的完成，防止出现无限循环。在__next__()方法中可以设置在完成指定循环次数后触发 StopIteration 异常来结束迭代。

【示例 4】设计在 20 次迭代后停止输出。

```
class Add:                                  # 自定义类
    def __iter__(self):                     # 魔术函数，当迭代器初始化时调用
        self.a = 1                          # 初始设置 a 为 1
        return self
    def __next__(self):                     # 魔术函数，当调用 next()函数时调用
        if self.a <= 20:
            x = self.a                      # 临时缓存递增变量值
            self.a += 1                     # 递增变量 a 的值
            return x                        # 返回递增之前的值
        else:
            raise StopIteration             # 抛出异常

add = Add()                                 # 实例化 Add 类型
myiter = iter(add)                          # 调用 iter()函数，初始化为迭代器对象
for x in myiter:                            # 遍历迭代器
    print(x, end=" ")                       # 输出迭代器中每个元素的值
```

输出结果为:

```
1 2 3 4 5 6 7 8 9 10 11 12 13 14 15 16 17 18 19 20
```

【示例 5】创建一个迭代类，它既可以作为可迭代的集合对象，也可以作为可迭代的迭代器。

```
class MyIterator():                         # 自定义迭代类型
    def __init__(self):                     # 类型初始化函数
        self.list = []                      # 新增列表
        self.position = 0                   # 记录迭代的位置，初始为 0
    def __iter__(self):                     # 迭代器初始化函数
        return self                         # 返回一个迭代器
```

```
    def __next__(self):                              # 执行迭代函数
        if self.position < len(self.list):           # 设置可迭代的次数，小于列表长度
            item = self.list[self.position]          # 读取列表中指定位置的元素值
            self.position += 1                       # 递增迭代位置
            return item                              # 返回读取的元素值
        else:
            raise StopIteration                      # 迭代到尾部，抛出异常
    def add(self,name):                              # 定义添加元素的方法
        self.list.append(name)                       # 在列表中添加元素

# a 对象既是一个迭代器，也是一个可迭代对象
a = MyIterator()                                     # 获取一个可迭代的集合对象
a.add("张三")                                        # 添加值
a.add("李四")                                        # 添加值
a.add("王五")                                        # 添加值
print(next(a))                                       # 打印 "张三"
print(next(a))                                       # 打印 "李四"
print(next(a))                                       # 打印 "王五"

b = MyIterator()                                     # 获取一个可迭代的集合对象
b.add(1)                                             # 添加值
b.add(2)                                             # 添加值
b.add(3)                                             # 添加值
iterator = iter(b)                                   # 使用iter()方法获取可迭代对象的迭代器
print(next(iterator))                                # 打印 1
print(next(iterator))                                # 打印 2
print(next(iterator))                                # 打印 3
```

10.7.2 生成器

扫一扫，看视频

在 Python 中一边循环一边计算的机制称为生成器（generator）。对于集合类型来说，它的所有数据都存储在内存中，如果有海量的数据，将会非常占用内存，且操作效率也不是很高。

例如，如果仅仅需要访问前面几个元素，那么后面绝大多数元素占用的空间都是不必要的。如果每个元素的值可以按照某种算法生成，那么就可以在循环的过程中不断推算出后续的元素，这样就不必创建完整的数据集合，从而节省大量的空间。因此，生成器仅仅保存了一套生成数值的算法，并且没有让这个算法现在就开始执行，而是在需要时才开始计算并返回每一个值。

生成器的工作原理：生成器是一种特殊的迭代器，作为可迭代的对象，它能够迭代的关键是因为拥有一个 next()方法，如果重复调用 next()方法，就可以获取每个元素的值，直到捕获一个异常。

创建生成器的方法有以下两种。

- 通过推导式生成。

【示例 1】使用推导式生成一个生成器。同时与列表推导式进行比较，比较它们在语法形式上的异同。

```
L = [x * x for x in range(10)]   # 列表推导式
g = (x * x for x in range(10))   # 生成器推导式
print(L)                         # 打印：[0, 1, 4, 9, 16, 25, 36, 49, 64, 81]
print(g)                         # 打印：<generator object <genexpr> at 0x033B5990>
```

从上面的代码可以看到，只要把一个列表推导式的[]改成()就可以创建一个生成器。

➘ 使用 yield 关键字生成。

如果一个函数中包含 yield 关键字，那么这个函数就不再是一个普通函数，而是一个生成器函数。调用函数就可以创建一个生成器对象。

提示：

在函数体内，yield 相当于 return，都能够返回其后面表达式的值。但是，yield 不是完全等价于 return，return 是直接结束函数的调用，而 yield 是挂起运行的函数，并记住返回的位置，当再次调用__next__函数时，将从 yield 所在位置的下一条语句开始继续执行。

【示例 2】使用 yield 关键字创建一个生成器。

```
def test(n):                          # 生成器函数
    for i in range(n):                # 迭代列表
        yield i*i                     # 定义生成器中每个元素的值并返回
g = test(10)                          # 调用生成器函数，生成一个生成器对象
print(g)                              # 打印：<generator object test at 0x01575990>
```

访问生成器的值有两种方式：使用 next 和使用 for。

next 有两种方式：通过调用生成器的 generator.__next__()魔术方法，或者直接调用 next(generator)函数。也可以使用 for 循环迭代每个元素，获取 next 的返回值（每循环一次，就取其中一个值）。

【示例 3】使用生成器函数创建一个生成器对象，然后分别使用 next()函数、__next__()方法和 for 循环，读取全部元素值。

```
def test(n):                          # 生成器函数
    for i in range(n):                # 迭代列表
        yield i*i                     # 定义生成器中每个元素的值并返回

g = test(5)                           # 调用生成器函数，生成一个生成器对象
print(next(g))                        # 读取第 1 个元素值
print(g.__next__())                   # 读取第 2 个元素值
for i in g:                           # 读取后面 3 个元素值
    print(i)
```

输出结果为：

```
0
1
4
9
16
```

生成器对象还有一个 send()方法，该方法能够向生成器函数内部投射一个值，作为 yield 表达式整体运行的结果，使用 send()方法可以强行修改上一次 yield 表达式的值。

【示例 4】设计当迭代生成器过程中，使用 send()方法中途改变迭代的次数。

```
def down(n):                          # 生成器函数
    while n >= 0:                     # 设置递减循环的条件
        m = yield n                   # 定义每次迭代生成的值并返回
        if m:                         # 当条件为 True，则改写递减变量的值
            n = m
        else:                         # 正常情况下，m 为大于 0 的数字，则递减
            n -= 1
d = down(5)                           # 调用生成器函数
```

```
for i in d:
    print(i)                           # 打印元素
    if i == 5:                         # 当打印完第 1 个元素后，修改 yield 表达式的值为 3
        d.send(3)
```

运行结果如下：

```
5
2
1
0
```

如果不设置 if i == 5: d.send(3)，则将连续打印递减正整数：5 4 3 2 1 0。

【示例 5】使用列表推导式可以输出斐波那契数列的前 N 个数字，主要用到元组的多重赋值：a,b = b, a+b，其实相当于 t =a+b , a =b , b =t，所以不必定义临时变量 t，就可以输出斐波那契数列的前 n 个数字。列表推导式是一次生成数列中所有求值，会占用大量内容。现在，使用生成器函数，仅存储计算方法，这样就会节省大量空间。

```
def fib(max):                          # 生成器函数
    n, a, b = 0, 0, 1                  # 初始
    while n < max:
        yield b                        # 返回变量 b 的可=值
        a, b = b, a+b                  # 多重赋值
        n = n+1                        # 递增值
    return 'done'

g = fib(6)                             # 创建生成器大小
while True:
    try:
        x = next(g)                    # 读取下一个元素的值
        print(x)
    except StopIteration as e:         # 不捕获异常
        print(e.value)
        break
```

运行程序，输出结果如下：

```
1
1
2
3
5
8
Done
```

10.7.3　静态字段和类方法

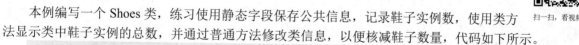

扫一扫，看视频

本例编写一个 Shoes 类，练习使用静态字段保存公共信息，记录鞋子实例数，使用类方法显示类中鞋子实例的总数，并通过普通方法修改类信息，以便核减鞋子数量，代码如下所示。

```
class Shoes:                           # 定义鞋子类
    numbers = 0                        # 静态字段
    def __init__(self, name, brand):   # 初始化类
        self.name = name
```

```
        self.brand = brand
        Shoes.numbers += 1                                 # 初始化类时，累加鞋子数量
    def useless(self):                                     # 定义没用的鞋子方法
        Shoes.numbers -= 1                                 # 鞋子数量减 1
        if Shoes.numbers == 0:                             # 鞋子数量为 0 时
            print('{} was the last one'.format(self.name)) # 打印最后一双鞋名字
        else:
            print('you have {:d} shoes'.format(Shoes.numbers))  # 打印鞋子数量
    def print_shoes(self):                                 # 定义鞋子的详情方法
        print('you got {:s} {:s}'.format(self.name, self.brand))
    @classmethod                                           # 声明类方法
    def how_many(cls):                                     # 定义鞋子数量方法
        print('you have {:d} shoes.'.format(cls.numbers))

shoes1 = Shoes('三叶草','ADIDAS')                          # 实例化类
shoes1.print_shoes()                                       # 打印鞋子信息
Shoes.how_many()                                           # 打印鞋子数量

shoes2 = Shoes('AJ','NIKE')                                # 实例化类
shoes2.print_shoes()                                       # 打印鞋子信息
Shoes.how_many()                                           # 打印鞋子数量

shoes1.useless()                                           # shoes1 没用了
shoes2.useless()                                           # shoes2 没用了
Shoes.how_many()                                           # 打印鞋子数量
```

执行程序，输出结果如下：

```
you got 三叶草 ADIDAS
you have 1 shoes.
you got AJ NIKE
you have 2 shoes.
you have 1 shoes
AJ was the last one
you have 0 shoes.
```

扫一扫，看视频

10.7.4 向量加减运算

Python 提供了一组与运算符相关的魔术方法，其中包括加、减、乘、除等基本四则运算，方便用户根据运算对象的特殊需求，进行个性化定制。在 10.4.12 节介绍过比较运算符的魔术方法，本节讲重点介绍四则运算符的魔术方法，简单说明如下：

- __add__(self,other)：相加（+）。
- __sub__(self,other)：相减（-）。
- __mul__(self,other)：相乘（*）。
- __truediv__(self,other)：真除法（/）。
- __floordiv__(self,other)：整数除法（//）。
- __mod__(self,other)：取余运算（%）。

本案例编写一个向量 Vector 类，重写加法和减法，实现向量之间的加减运算，代码如下：

```
class Vector:                                    # 定义向量类
    def __init__(self, x, y):                    # 初始化类
        self.x = x
        self.y = y
    def __str__(self):                           # 输出格式
        return 'Vector(%d,%d)'%(self.x,self.y)
    def __add__(self,other):                     # 重写加法方法，参数 other 是 Vector 类型
        return Vector(self.x + other.x, self.y+other.y)
    def __sub__(self,other):                     # 重写减法方法，参数 other 是 Vector 类型
        return Vector(self.x - other.x, self.y - other.y)
vector1 = Vector(3,5)                                          # 实例化类
vector2 = Vector(4,-6)
print(vector1,'+',vector2,'=',vector1 + vector2)               # 向量加法运算
print(vector1,'-' ,vector2,'=',vector1 - vector2)              # 向量减法运算
```

执行程序，输出结果如下：

```
Vector(3,5) + Vector(4,-6) = Vector(7,-1)
Vector(3,5) - Vector(4,-6) = Vector(-1,11)
```

10.7.5　点与矩形

扫一扫，看视频

本案例编写一个矩形类 Rect，包含宽度 width 和高度 height 两个属性，矩形的面积 area()和矩形的周长 perimeter()两个方法，再编写一个具有位置参数的矩形类 PlainRect，继承 Rect 类，包含两个坐标属性和一个判点是否在矩形内的方法，其中确定位置用左上角的矩形坐标表示，示例代码如下：

```
class Rectangle:                                               # 定义矩形类
    def __init__(self, width = 10, height = 10):               # 初始化类
        self.width = width
        self.height = height
    def area(self):                                            # 定义面积方法
        return self.width * self.height
    def perimeter(self):                                       # 定义周长方法
        return 2 * (self.width + self.height)
class PlainRectangle(Rectangle):                               # 定义有位置参数的矩形
    def __init__(self, width, height, startX, startY):         # 初始化类
        super().__init__(width, height)                        # 调用父类方法
        self.startX = startX
        self.startY = startY
    def isInside(self, x, y):                                  # 定义点与矩形位置方法
        if (x>=self.startX and x<=(self.startX+self.width)) and (y>=self.startY
and y<=(self.startY+self.height)):                             # 点在矩形上的条件
            return True
        else:
            return False
plainRectangle = PlainRectangle(10,5,10,10)                    # 实例化类
print('矩形的面积:',plainRectangle.area())                     # 调用面积方法
print('矩形的周长:',plainRectangle.perimeter())                # 调用周长方法
if plainRectangle.isInside(15,11):                             # 判断点是否在矩形内
    print('点在矩形内')
```

```
else:
    print('点不在矩形内')
```

执行程序，输出结果如下：

```
矩形的面积：50
矩形的周长：30
点不在矩形内
```

10.8 在线支持

扫描，拓展学习

第 11 章　模 块 和 包

Python语言的最大特色之一就是基于模块化开发，不仅在Python标准库中包含了大量的模块，而且还有丰富的第三方模块，用户也可以自定义模块。借助这些种类齐全、应用丰富、功能强壮的模块库，Python 具有强大的应用开发能力，也提升了开发者的开发效率。

【学习重点】

- 了解模块。
- 能够正确创建模块和导入模块。
- 了解 Python 包结构。
- 掌握如何导入和使用标准模块。
- 了解第三方模块的下载、安装和基本使用。

11.1　认 识 模 块

在计算机程序的开发过程中，随着程序代码越写越多，在一个文件里代码就会越来越长，越来越不容易维护。为了编写可维护的代码，需要把很多个类和函数进行分组，分门别类地放到不同的文件里，这样每个文件包含的代码就相对减少了，维护起来也变得轻松，很多编程语言都采用这种方式来组织代码。

在 Python 中，一个以.py 为扩展名的文件就叫作一个模块（Module），每一个模块在 Python 里都是一个独立的文件。模块可以包含直接运行的代码、类定义、函数定义等任何 Python 源代码。模块可以被其他模块、脚本，甚至是交互式解析器导入（import）使用，也可以被其他程序引用。导入的源代码会直接被解析运行。

使用模块的好处：

- 提高代码的可维护性。
- 提高代码的可重用性。
- 避免命名冲突，避免代码污染。

Python 模块可以分为 3 种类型。

- 内置标准模块，又称标准库，如 sys、time、json 模块等。

提示：

> Python 模块一般都位于安装目录下 Lib 文件夹中，执行 help("modules")命令，可以查看已经安装的所有模块列表。

- 第三方开源模块：这类模块可以通过“pip install 模块名”进行在线安装。如果 pip 安装失败，也可以直接访问模块所在官网下载安装包，在本地离线安装。
- 自定义模块：由开发者自己开发的模块，方便在其他程序或脚本中使用。

注意：

自定义模块的名称不能与系统模块重名，否则有覆盖掉内置模块的风险。例如，自定义一个 sys.py 模块后，就不能再使用系统的 sys 模块。

11.2 使用模块

Python 内置了很多非常有用的模块，只要成功安装 Python，就可以使用。

扫一扫，看视频

11.2.1 导入模块

使用 import 语句导入模块，语法格式如下：

```
import module1[, module2[,… moduleN]
```

import 关键字后面是一组模块的列表，多个模块之间使用逗号分隔。module1、module2 和 moduleN 等表示模块名称，即 Python 文件名，模块名称不包含.py 扩展名。

当 Python 解释器在源代码中解析到 import 关键字时，会自动在搜索路径中搜寻对应的模块，如果发现就会立即导入。

提示：

搜索路径是一个目录列表，供 Python 解释器在导入模块时进行参考，可以事先配置，或者在源代码中设置。

【示例 1】本示例用 import 语句从 Python 标准库中导入 sys 模块。

```
import sys                                    # 导入 sys 模块

for i in sys.modules:                         # 遍历所有导入的模块
    print(i, end="、")
```

sys 是 Python 的内置模块，当执行 import sys 命令后，Python 在 sys.path 变量所列目录中寻找 sys 模块文件的路径。导入成功，会运行这个模块的源码并进行初始化，然后就可以使用该模块了。

导入 sys 模块之后，可以使用 dir(sys)方法查看该模块中可用的成员。sys.modules 是一个字典对象，每当导入新的模块，sys.modules 会自动记录该模块。

提示：

一般建议 import 命令放在脚本文档的顶端。在一个文档中，不管执行了多少次 import 命令，一个模块仅导入一次，这样可以防止滥用 import 命令。

访问模块中的变量、函数、类等对象时，可以使用点语法，在变量名、函数名和类名前面添加模块前缀，如 sys.modules、sys. argv（命令行参数列表）、sys.path（搜索路径列表）等。

如果模块名比较长，在导入模块时可以给它起一个别名，语法格式如下：

```
import module as 别名
```

在导入模块语句的后面添加 as 关键字，设置一个简单、好记的别名。然后，在脚本中就可以使用别名来访问模块内的变量、函数和类等对象。

【示例 2】本示例使用 import 命令导入 random 模块，设置一个别名 r，然后就可以使用 r 访问该模块中的函数 randint()，随机生成 10 个 1~10 之间的随机数。

```
import random as r                          # 导入随机生成器模块

for i in range(10):                         # 随机生成 10 个 1~10 的整数
    print(r.randint(1, 10), end=" ")
```

11.2.2 搜索路径

扫一扫，看视频

搜索路径类似环境变量，它由一系列目录名组成，Python 解释器能够依次从这些目录中去寻找所要导入的模块。

搜索路径是在 Python 编译或安装的时候确定的，安装新的库应该也会修改。搜索路径被存储在 sys 模块的 path 变量中。例如，在交互式命令行中输入下面代码。

```
>>> import sys
>>> sys.path
```

输出为：

```
['', 'E:\\Python37\\Lib\\idlelib', 'E:\\Python37\\python37.zip', 'E:\\Python37\\
DLLs', 'E:\\Python37\\lib', 'E:\\Python37', 'C:\\Users\\8\\AppData\\Roaming\\
Python\\Python37\\site-packages', 'E:\\Python37\\lib\\site-packages']
```

sys.path 输出一个列表，如果第一项是空字符串''，则表示当前目录，即执行 Python 解释器的目录，对于脚本来说就是运行脚本所在的目录。如果第一项不是空字符串，则它也表示完整的当前目录。

一般 Python 会按如下顺序搜索模块。

第 1 步，当前目录。

第 2 步，PYTHONPATH（环境变量）下的每个目录。

第 3 步，Python 安装目录。

手动添加搜索路径有 3 种方法，具体说明如下：

1. 临时添加

可以直接在脚本中为 sys.path 列表添加目录项。例如：

```
import sys
sys.path.append("E:/path/")
print(sys.path)
```

输出为：

```
['c:\\Users\\8\\Documents\\www', 'E:\\Python37\\python37.zip', 'E:\\Python37\\
DLLs', 'E:\\Python37\\lib', 'E:\\Python37', 'C:\\Users\\8\\AppData\\Roaming\\
Python\\Python37\\site-packages', 'E:\\Python37\\lib\\site-packages', 'E:/path/']
```

这样就可以在列表的尾部看到新添加的目录。

2. 添加.pth 文件

.pth 类型的文件是 Python 专用的目录列表文件。把该类型的文件置于 Python 安装目录下 Lib/site-packages 文件夹中，Python 编译器就会自动搜索，并添加其中的目录。

【示例】通过一个简单示例演示如何添加和使用.pth 文件。

第 1 步，新建文本文件，保存为 test.pth，文件名可以任意，然后在其中输入下面目录。

```
E:/test
```

第 2 步，把 test.pth 文件放置到 Python 安装目录下 Lib/site-packages 文件夹中。

第 3 步，在 E:/test 目录下新建 hi.py 文件，在其中输入如下代码。

```
def hello():
    print("Hi,Python")
```

第 4 步，新建 Python 文件，输入下面的代码，使用 import 语句导入 hi 模块。

第 5 步，使用点语法，调用 hi 模块下的函数 hello()。

```
import hi
hi.hello()
```

提示：

创建.pth 文件后，应该重新打开测试文件，重新导入模块的 Python 文件，否则添加的目录可能会找不到。新建模块文件时，文件名不要与搜索路径下的文件出现重名，否则会被覆盖。

3. 添加环境变量

具体步骤如下：

第 1 步，在“计算机”图标上右击，然后在快捷菜单中选择“属性”命令。

第 2 步，在打开的窗口中选择“高级系统设置”链接，打开“系统属性”对话框，如图 11.1（a）所示。

第 3 步，单击“环境变量”按钮，打开“环境变量”对话框，如图 11.1（b）所示。

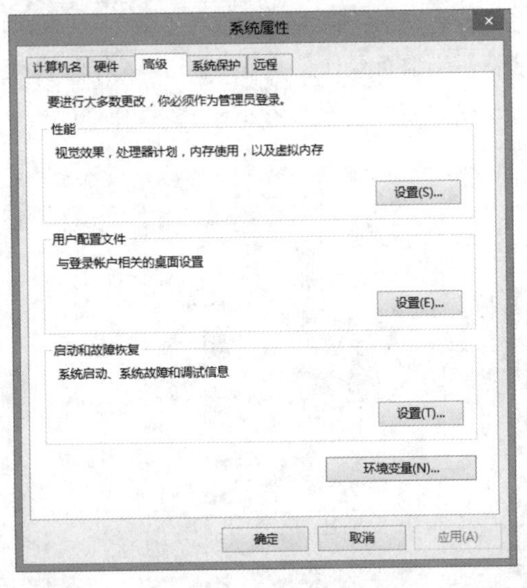

（a）

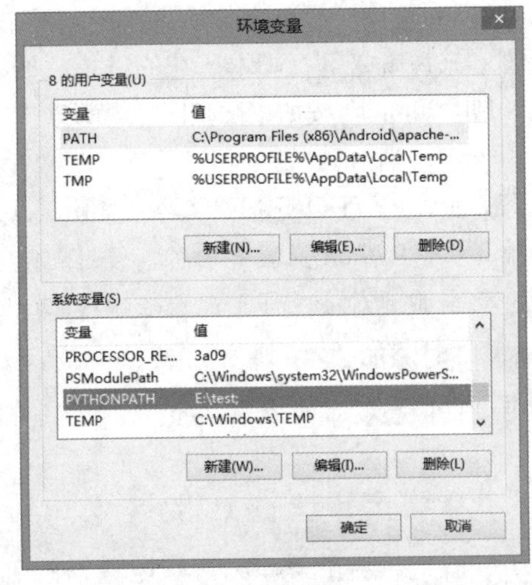

（b）

图 11.1　打开环境变量与编辑系统环境变量

第 4 步，在“环境变量”对话框中添加或编辑 PYTHONPATH 系统环境变量，然后添加相应的目录即可，多个目录之间通过分号分隔。操作演示图如图 11.2 所示。

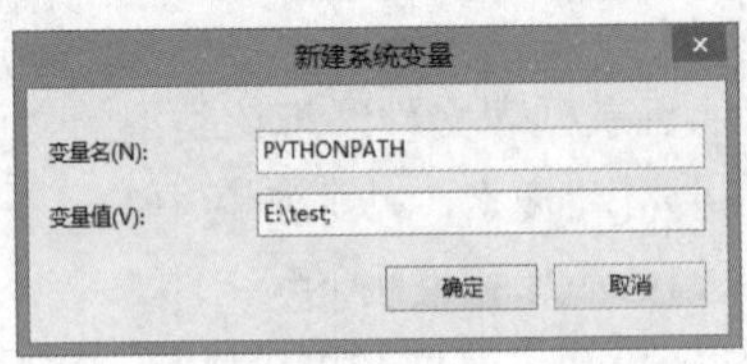

图 11.2　添加环境变量

提示：

使用环境变量添加搜索路径，可以适用不同版本的 Python，而.pth 类型的文件仅被 Python 3.0 新版本支持。

11.2.3　导入成员

扫一扫，看视频

使用 import 导入模块时，Python 都会创建一个新的命名空间，并在该命名空间中执行.py 文件的所有代码，同时访问模块中的变量、函数或类名时，都需要添加模块名前缀。

可以使用 from...import 语句将模块中具体的函数、类或变量等成员导入当前命名空间中直接使用，语法格式如下：

```
from 模块 import 成员
```

模块成员包括变量、函数或者类等，可以同时导入多个成员，多个成员之间使用逗号进行分隔，如果想要导入全部成员，可以使用通配符代替。例如：

```
from 模块 import  *
```

提示：

当导入模块中所有成员之后，可以使用 print(dir())函数查看导入的所有成员内容。例如，下面代码把 time 模块中所有成员都导入当前命令空间中。

```
from time  import *                                    # 导入 time 模块中所有成员内容
print(dir())                                           # 显示当前命名空间中所有成员
```

输出为：

```
['__annotations__', '__builtins__', '__cached__', '__doc__', '__file__',
'__loader__', '__name__', '__package__', '__spec__', 'altzone', 'asctime',
'clock', 'ctime', 'daylight', 'get_clock_info', 'gmtime', 'localtime', 'mktime',
'monotonic', 'monotonic_ns', 'perf_counter', 'perf_counter_ns', 'process_time',
'process_ time_ns', 'sleep', 'strftime', 'strptime', 'struct_time',
'thread_time', 'thread_ time_ns', 'time', 'time_ns', 'timezone', 'tzname']
```

在上面输出列表中，除了系统默认的下面几个魔术成员外，其他都为 time 模块包含的成员。

```
['__annotations__', '__builtins__', '__cached__', '__doc__', '__file__',
'__loader__', '__name__', '__package__', '__spec__']
```

注意：

使用 from...import 语句时，要确保当前命名空间内不存在与导入名称一致的内容，否则将会引发冲突。最后导入的同名变量、函数或者类名将会覆盖掉前面的内容。因此，如果无法确定这种风险，则建议使用 import 语句直接导入模块，不直接导入模块成员。

11.2.4　使用标准模块

扫一扫，看视频

Python 内置了很多标准模块，涵盖了核心功能、线程和进程、数据表示、文件格式、邮件和新闻消息处理、网络协议、国际化、多媒体相关模块、数据存储、工具和实用程序、其他模块等。其中核心功能又包括运行时服务、文字模式匹配、操作系统接口、数学运算、对象永久保存、网络和 GUI 等方面。其中常用模块说明如表 11.1 所示。

表 11.1　常用模块说明

模　块	说　明
sys	Python 解释器及其环境操作
os	访问操作系统的各种功能和服务
time	提供时间相关的各种操作函数
datetime	提供日期和时间相关的各种操作函数
calendar	提供日历相关的各种操作函数
urllib	用于读取服务器上的数据
json	用于 JSON 序列化和反序列化操作
re	执行正则表达式匹配和替换操作
math	提供标准数学运算函数
decimal	用于控制数字运算的精度、有效数位和四舍五入等运算操作
shutil	用于文件高级操作，如复制、移动和命名等操作
tkindar	用于 GUI 编程
logging	提供灵活的记录事情、错误、警告和调试信息等日志信息的功能

除了表 11.1 列出的标准模块外，Python 还提供了很多功能模块，读者可以参考 Python 文档详细了解。

【示例】Python 标准模块众多，下面结合 JSON 模块简单演示，了解如何使用它们。

第 1 步，使用 import 语句导入 JSON 模块，先使用 dir()函数查看该模块包含的所有函数和属性。

```
import json
print(dir(json))
```

输出为：

```
['JSONDecodeError', 'JSONDecoder', 'JSONEncoder', '__all__', '__author__',
'__builtins__', '__cached__', '__doc__', '__file__', '__loader__', '__name__',
'__package__', '__path__', '__spec__', '__version__', '_default_decoder',
'_default_encoder', 'codecs', 'decoder', 'detect_encoding', 'dump', 'dumps',
'encoder', 'load', 'loads', 'scanner']
```

第 2 步，使用 load()函数解码 JSON 数据，该函数返回 Python 字段的数据类型。可以使用下面命令查看该函数的基本用法。

```
print(help(json.loads))
```

第 3 步，把 JSON 字符串转换为 Python 字典对象。

```
import json                                          # 导入 JSON 模块

str = '{"a":1,"b":2,"c":3,"d":4,"e":5}';             # 定义 JSON 字符串
text = json.loads(str)                               # 转换为 JSON 对象
print(text)
```

输出为：

```
{'a': 1, 'b': 2, 'c': 3, 'd': 4, 'e': 5}
```

扫一扫，看视频

11.2.5　使用第三方模块

除了使用 Python 内置的标准模块外，也可以使用第三方模块。访问 http://pypi.python.org/pypi，可以查看 Python 开源模块库，截至 2020 年 10 月，已经收录了 265141 个来自全世界 Python 开发者贡献的模块，几乎涵盖了想用 Python 做的任何事情，如图 11.3 所示。

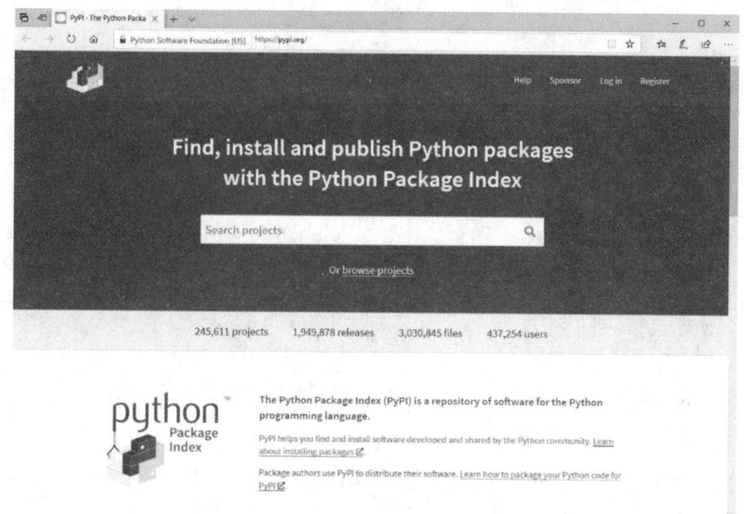

图 11.3 Python 第三方模块库

提示：

也可以访问 https://www.lfd.uci.edu/~gohlke/pythonlibs/，下载 Python 扩展包的 Windows 二进制文件。

使用第三方模块时，首先需要下载并安装该模块，然后就可以像使用标准模块一样导入并使用。下面重点介绍如何下载和安装模块，具体方法有两种。

1. 下载模块并安装

在 PyPI 首页搜索模块，找到需要的模块后，单击 Download files 进入下载页面，然后可以选择下载二进制安装文件（.whl），或者源代码压缩包（.gz）。

- 对于二进制文件来说，可以参考下面的安装方法，使用 pip 命令进行安装，安装时把模块名替换为二进制安装文件即可。注意，在命令行下要改变当前目录到安装文件的目录下。
- 对于源代码压缩包，先解压，并进入目录，然后执行下面的命令完成安装。
- 编译源码

```
>python setup.py build
```

- 安装源码

```
>python setup.py install
```

2. 使用 pip 命令安装

直接通过 Python 提供的 pip 命令安装。pip 命令的语法格式如下：

```
>pip install 模块名
```

pip 命令会自动下载模块包并完成安装。pip 命令默认会连接在国外的 Python 官方服务器下载，下载后直接导入使用即可，如图 11.4 所示。

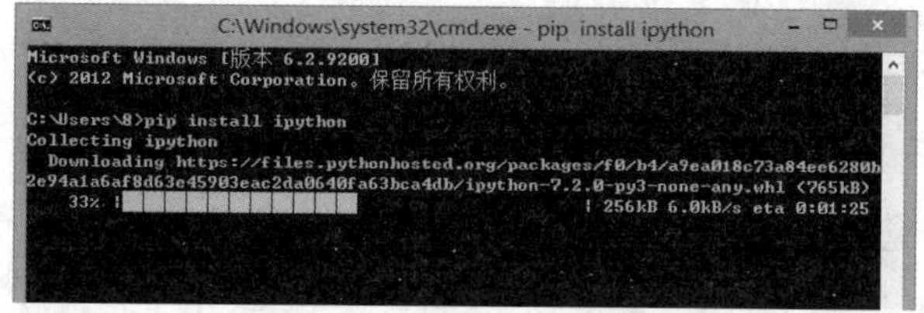

图 11.4 使用 pip 命令安装 Python 第三方模块库

提示：

使用下面的命令可以卸载指定模块。

```
>pip uninstall 模块名
```

使用下面的命令可以显示已经安装的第三方模块。

```
>pip list
```

11.2.6　模块兼容性

扫一扫，看视频

在导入模块时，可以使用别名来兼容不同的版本或模块差异，这样在运行时可以根据当前环境选择最合适的模块。

【示例】在 Python 2.6 之前 simplejson 是独立的第三方库，从 Python 2.6 开始被内置，如果要兼容不同的版本，可以采用下面的写法进行兼容。

```
try:
    import json                              # python >= 2.6
except ImportError:
    import simplejson as json                # python <= 2.5
```

这样就可以优先导入 json，如果用户使用的是老版本 Python，就可以降级使用 simplejson。当导入 simplejson 时，使用 as 指定别名为 json，确保后续代码引用 json 都可以正常工作。

由于 Python 是动态语言，只要在脚本中保持相同的函数接口和用法，无论导入哪个模块，后续代码都能正常工作，不需要大范围修改源代码。

11.2.7　自定义模块

扫一扫，看视频

自定义模块的一般步骤如下。

第 1 步，新建 Python 文件，文件命名格式如下：

```
模块名 + .py
```

文件名即模块名，因此文件名不能够与 Python 内置模块重名。该文件名必须符合标识符规范。

第 2 步，在该文件中编写 Python 源码，可以是变量、函数、类等功能代码。

第 3 步，把 Python 文件置于搜索路径中，如当前目录下等。

第 4 步，在脚本中使用 import 语句导入模块，然后就可以使用模块代码了。

【示例】演示一个简单的自定义模块设计过程。

新建 test1.py 模块文件，然后输入下面代码。

```
#!/usr/bin/env python3
# -*- coding: utf-8 -*-

'test1 模块'

__author__ = '张三'

import sys
```

```
def saying():
    args = sys.argv
    if len(args)==1:
        print('Hello, world!')
    elif len(args)==2:
        print('Hello, %s!' % args[1])
    else:
        print('参数太多!')

if __name__=='__main__':
    saying()
```

【代码解析】

第 1 行注释指定由哪个解释器来执行脚本。在脚本中，第 1 行以“#!”开头的代码表示命令项。这里设计 test1.py 文件可以直接在 UNIX/Linux/Mac 上运行。

第 2 行注释表示 test1.py 文件使用标准 UTF-8 编码。因为 Python 2.0 默认使用 ASCII 编码，不支持中文，Python 3.0 默认支持 UTF-8 编码，支持中文。如果要兼容 Python 2.0 版本，在模块的开头应该加入#coding=utf-8 声明。

第 4 行是一个字符串，表示模块的文档注释，任何模块代码的第 1 个字符串都被视为模块的文档注释。

第 6 行使用__author__变量设置作者信息，这样当公开源代码后可以署名版权。

以上是 Python 模块的标准文件模板，当然也可以不写。下面才是模块的功能代码部分。

第 8 行导入 sys 内置模块，因为下面代码需要用到 sys 模块的属性。

```
import sys
```

导入 sys 模块后，使用 sys 名字就可以访问 sys 模块中的所有功能。sys.argv 变量以列表的格式存储了命令行的所有参数，其中第 1 个参数永远是该.py 文件的名称。

最后两行代码：

```
if __name__=='__main__':
    saying()
```

当在命令行直接运行模块文件时，Python 解释器会把一个魔术变量__name__设置为'__main__'，而如果在其他地方导入该模块时，__name__变量值等于模块名称，所以就不会调动 saying()函数。因此这个条件语句可以让一个模块通过命令行运行时执行一些额外的代码，如做一些简单测试等。

【代码测试】

在命令行运行 test1.py 模块文件，如图 11.5 所示。

```
>python hello.py
Hello, world!
>python hello.py a
Hello, a!
>python hello.py a b c
参数太多!
```

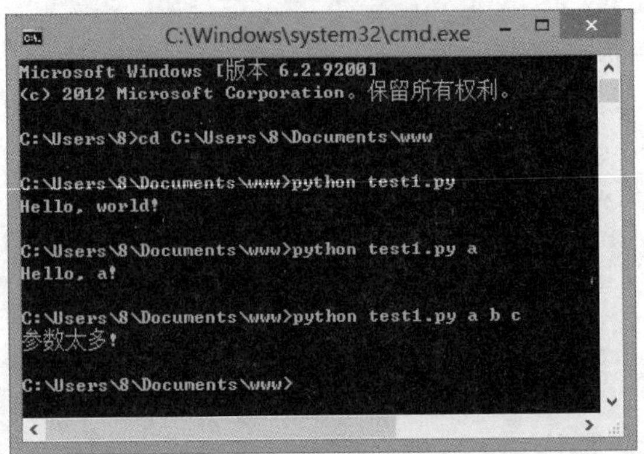

图 11.5　在命令行运行模块文件

在 Python 交互环境中导入 test1 模块，然后再调用模板中的函数 saying()。

```
>>> import test1
>>> test1.saying()
Hello, world!
>>>
```

在交互环境中导入 test1 模板之后，没有直接打印“Hello, world!”，因为__name__=="__main__"为 False，无法执行条件语句中的 saying()代码。只有调用 test1.saying()函数时，才会打印“Hello, world!”。

11.3　使　用　包

包是一个有层次的文件目录结构，它定义了由多个模块或多个子包组成的 Python 应用程序执行环境。使用包可以组织和规范代码，避免模块重名问题。

11.3.1　认识包

当使用的模块文件越来越多时，就需要对模块文件进行规划。例如，把负责数据库交互的文件放在一个文件夹，把与页面交互的文件放在另一个文件夹中，如此等等。

同时为了避免模块命名冲突，Python 引入了按目录来组织模块的方法，称为包（Package）。一个文件夹就是一个包，包可以相互嵌套，就像文件目录一样，如图 11.6 所示。包的名字就是文件夹的名字，包名通常全部小写，避免使用下划线。

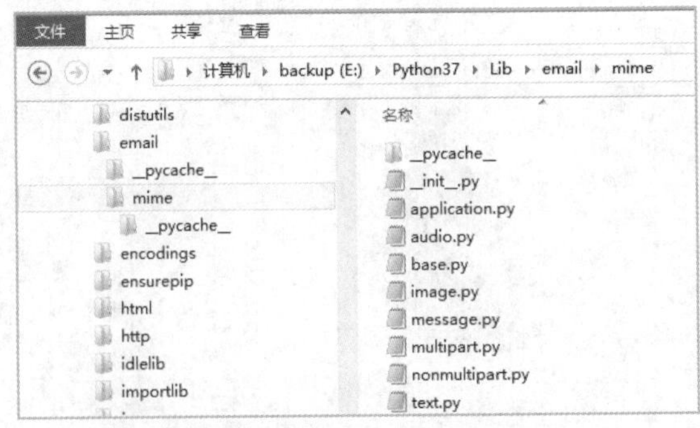

图 11.6　Python 包结构

在图 11.6 中，顶层的 email 包封装了 mime 子包，mime 子包还可以封装子包，通过包的层层嵌套，能够划分出一个又一个的命名空间。因此，包是模块的集合，是比模块更高一级的封装。

在包目录中，__init__.py 用于标识当前文件夹是一个包。在 Python 2 中，包就是文件夹，但该文件夹下必须包含__init__.py 文件，该文件的内容可以为空，__init__.py 用于标识当前文件夹是一个包。在 Python 3 中，即使目录下没有包含__init__.py 文件，也能创建包，不过建议创建包时加上__init__.py 文件。

11.3.2 创建包

扫一扫，看视频

创建包实际上就是创建文件夹，同时在该文件夹中建立一个名称为__init__.py 的 Python 文件。__init__.py 文件可以为空，也可以编写任意 Python 代码，在导入包时将自动执行__init__.py 文件包含的代码。

【示例】在当前工作目录中，新建 ecommerce（电子商务）文件夹，设计为一个应用项目，同时新建 main.py 文件，作为项目的启动程序。在 ecommerce 包里再添加一个 payments 文件夹，新建嵌套的子包，用来管理不同的付款方式，文件夹的层次结构如下所示：

```
parent_directory/                              # 当前工作目录
    main.py                                    # 项目入口程序
    ecommerce/                                 # 项目应用的包
        __init__.py                            # 包初始化程序
        database.py                            # 数据管理模块
        products.py                            # 产品管理模块
        payments/                              # 支付方式的子包
            __init__.py                        # 包初始化程序
            paypal.py                          # 支付模块 1
            authorizenet.py                    # 支付模块 2
```

其中，products.py 文件定义了 Product 类。

```
class Product:
    pass
```

database.py 文件定义了 Database 类。

```
class Database:
    pass
```

11.3.3 导入包

扫一扫，看视频

创建包之后，就可以在包中创建模块，然后再使用 import 语句从包中加载模块。模块的导入方式有两种：绝对路径导入和相对路径导入。

1. 绝对路径导入

通过指定包、模块、成员的完整路径进行导入。

【示例 1】以上一节的示例项目为例，在 main.py 中访问 produces 模块中的 Product 类，可以使用如下方法之一进行导入。

```
# 方法 1
import ecommerce.products                      # 导入包中模块
product = ecommerce.products.Product()         # 通过“包.模块.类”方式调用类
```

```
# 方法 2
from ecommerce.products import Product          # 导入类
product = Product()                             # 直接调用类

# 方法 3
from ecommerce import products                  # 从包中导入模块
product = products.Product()                    # 通过"模块.类"方式调用类
```

import 语句使用点号作为分隔符分隔包、模块、成员。

注意：

import 语句只能导入模块或成员，不要使用 import 语句导入包，因为在脚本中不可以通过包访问模块，包对象只包含特殊的内置成员，如__doc__、__file__、__loader__、__name__、__package__、__path__、__spec__。

提示：

如果模块中包含很多成员，建议使用第 1 种或第 3 种方法导入模块；如果模块中仅包含很少的成员，或者仅需要模块中个别成员，则可以考虑使用第 2 种方法导入具体的成员。

2．相对路径导入

在包（package）中如果知道父模块的名称，那么就可以使用相对路径导入。具体方法有两种：

- .　　在导入路径前面添加 1 个点号，表示当前目录
- ..　　在导入路径前面添加 2 个点号，表示父级目录

【示例 2】以上一节的示例项目为例，当前在 products 模块中工作，想从相邻的 database 模块导入 Database 类，就可以使用下面相对路径导入。

```
from .database import Database                  # 点号表示使用当前目录中的 database 模块
```

如果当前在 ecommerce.payments.paypal 模块中工作，需要引用父包中的 database 模块，就可以使用下面的相对路径导入。

```
from ..database import Database                 # 使用两个点号表示访问上一级的目录
```

如果在 ecommerce 中新定义一个 contact 包，该包里新建 email 模块，需要将 email 模块的 sendEmail 函数导入到 paypal 模块中，则导入方法如下：

```
from ..contact.email import sendEmail
```

注意：

使用相对路径导入模块或成员时，都必须从项目入口程序开始执行，不能够把模块作为脚本直接执行，否则 Python 解释器将以当前模块作为入口程序，当前目录作为工作目录，就无法理解整个项目的目录层级关系。因此，如果不以一个完整的项目进行运行，就不要使用相对路径导入内容。

11.4 案 例 实 战

本节将结合实例介绍常用内置模块的简单应用。

扫一扫，看视频

11.4.1 使用日期和时间模块

在开发中经常需要处理日期和时间，转换日期格式等操作。Python 提供了 time、datetime 和 calendar 三个与时间相关的模块。熟悉这些标准模块的基本功能和使用，可以满足日常开发的需求。

1. time 模块

在 time 模块中，通常有 3 种时间表示方式：

➘ 时间戳

时间戳表示从 1970 年 1 月 1 日 00:00:00 开始按秒计算的时间偏移量，以浮点型表示。可以使用 time 模块的 time()或 clock()等函数获取。例如：

```
import time                              # 导入 time 模块
now = time.time()                        # 返回当前时间的时间戳，浮点数的小数
print(now)                               # 输出为 1554098010.7896364
```

提示：

时间戳适合做日期运算，但是对于 1970 年之前的日期和太遥远的日期就无法表示了，UNIX 和 Windows 只支持到 2038 年。

➘ 格式化的时间字符串

可以根据需要选取各种日期、时间显示格式，其中最简单的方法是使用 localtime()和 asctime()函数。例如：

```
import time                              # 导入 time 模块
now = time.asctime(time.localtime())     # 返回本地时间格式
print(now)                               # 输出为 Mon Apr  1 16:28:52 2020
```

在上面的代码中，先使用 localtime()函数获取本地当前时间，返回为元组对象，然后使用 asctime()函数进行格式化显示。

也可以使用 time 模块的 strftime()函数来格式化日期。例如：

```
import time
# 格式化成 2020-04-01 11:22:33 形式
print(time.strftime("%Y-%m-%d %H:%M:%S", time.localtime()))
# 格式化成 Mon Apr 01 11:22:33 2020 形式
print(time.strftime("%a %b %d %H:%M:%S %Y", time.localtime()))
```

输出为：

```
2020-04-01 16:45:02
Mon Apr 01 16:45:02 2020
```

提示：

有关时间格式的参数说明可以参考 11.5 节在线支持部分。

➘ 时间元组

很多 Python 函数使用一个元组包含 9 个数字来处理时间，这 9 个元素分别是年、月、日、时、分、秒、一周中的第几天（tm_wday）、一年中的第几天（tm_yday）、是否为夏时令（tm_isdst）。具体说明如表 11.2 所示。

表 11.2　时间元组组成说明

序　号	属　性	字　段	值
0	tm_year	4 位数年	2008
1	tm_mon	月	1~12
2	tm_mday	日	1~31
3	tm_hour	小时	0~23

续表

序　号	属　性	字　段	值
4	tm_min	分钟	0~59
5	tm_sec	秒	0~61（60 或 61 是闰秒）
6	tm_wday	一周的第几日	0~6（0 是周一）
7	tm_yday	一年的第几日	1~366（儒略历）
8	tm_isdst	夏令时	1 表示夏令时，0 表示非夏令时，-1 表示未知，默认为-1

例如，下面使用 localtime()函数获取当前时间的元组。

```
import time                                   # 导入时间模块
now = time.localtime()                        # 获取当前本地时间
print(now)
```

输出为：

```
time.struct_time(tm_year=2020, tm_mon=4, tm_mday=5, tm_hour=11, tm_min=16,
tm_sec=47, tm_wday=4, tm_yday=95, tm_isdst=0)
```

2．datetime 模块

datetime 模块重新封装了 time 模块，提供更多接口，包含 6 个类，简单说明如下：

- date：日期对象，常用属性有 year、month、day。
- time：时间对象。
- datetime：日期时间对象，常用属性有 hour、minute、second、microsecond。
- timedelta：时间间隔，用于时间的加减，即两个时间点之间的长度。
- tzinfo：时区对象，由于是抽象类，不能直接实现。
- timezone：tzinfo 的子类，用于表示相对于世界标准时间（UTC）的偏移量。

【示例 1】使用 datetime 模块中 datetime 类的 now()函数获取当前时间，然后分别使用 date()、time()、today()函数分别获取日期、时间和日期格式信息。

```
import datetime                               # 导入日期和时间模块
now = datetime.datetime.now()                 # 获取当前时间
print(now)                                    # 输出为 2020-04-06 06:41:11.889616
print(now.date())                             # 输出为 22020019-04-06
print(now.time())                             # 输出为 06:41:11.889616
today = datetime.date.today()                 # 获取当前日期
print(today)                                  # 输出为 2020-04-06
```

【示例 2】获取时间差。本示例使用 now()函数获取当前时间，然后计算一个 for 循环执行 10 万次所花费的时间，单位为毫秒。

```
import datetime                               # 导入日期和时间模块
start = datetime.datetime.now()               # 获取起始时间
sum = 0
for i in range(100000):
    sum += i
print(sum)
end = datetime.datetime.now()                 # 获取结束时间
len= (end - start).microseconds               # 计算时间差，并获取毫秒时间
print(len)                                    # 输出为 31022
```

差值不只是可以查看相差多少秒，还可以查看天（days）、秒（seconds）和微秒（microseconds）。

【示例 3】计算当前时间向后 8 个小时的时间。

```
import datetime                               # 导入日期和时间模块
d1 = datetime.datetime.now()                  # 获取现在时间
d2 = d1 + datetime.timedelta(hours = 8)       # 获取 8 小时后的时间戳
print(d2)                                     # 输出为 2020-04-06 16:48:57.475166
```

timedelta 类用来计算两个 datetime 对象的差值，构造函数的语法格式如下：

```
datetime.timedelta(days=0, seconds=0, microseconds=0, milliseconds=0, minutes=0,
hours=0, weeks=0)
```

其中参数都可选，默认值为 0。使用这种方法可以计算：天（days）、小时（hours）、分钟（minutes）、秒（seconds）、微秒（microseconds）。

3．calendar 模块

calendar 模块用来处理年历和月历。例如：

```
import calendar
cal = calendar.month(2020, 7)
print(cal)
```

输出为：

```
     July 2020
Mo Tu We Th Fr Sa Su
       1  2  3  4  5
 6  7  8  9 10 11 12
13 14 15 16 17 18 19
20 21 22 23 24 25 26
27 28 29 30 31
```

提示：

更多日期和时间模块的详细说明可以参考 11.5 节的在线支持。

11.4.2 使用随机数模块

扫一扫，看视频

random 模块主要用于生成随机数。该模块提供的常用函数说明如下：

- random.random()：用于生成一个 0~1.0 范围内的随机浮点数（$0 \leqslant n < 1.0$）。
- random.uniform(a, b)：用于生成一个指定范围内的随机浮点数（$a \leqslant n < b$）。
- random.randint(a, b)：用于生成一个指定范围内的随机整数（$a \leqslant n \leqslant b$）。
- random.randrange([start=0], stop[, step=1])：从指定范围内，按指定步长递增的集合中获取一个随机数。其中参数 start 表示范围起点，包含在范围内；参数 stop 表示范围终点，不包含在范围内；参数 step 表示递增的步长。
- random.choice(sequence)：从序列 sequence 对象中获取一个随机元素。注意，choice ()函数抽取的元素可能会出现重复。
- random.shuffle(x[, random])：用于将一个列表中的元素打乱。
- random.sample(sequence, k)：从指定序列 sequence 中随机获取指定长度的片段，参数 k 表示关键字参数，必须设置，获取元素的个数。注意，sample()函数抽取的元素是不重复的，同时不会修改原有序列。

【示例 1】使用 random 模块随机生成各种类型的数据。

```
import random                                # 导入随机生成器模块

print(random.random())                       # 随机产生一个 0~1 之间的小数
print(random.randint(1,3))                   # 随机产生一个 1~3 之间的整数，包括 1 和 3
print(random.randrange(1,3))                 # 随机产生大于等于 1 且小于 3 的整数，不包括 3
print(random.choice([1,2,[3,5]]))            # 从括号内随机选择一个 1,2 或者[3,5]
print(random.sample([1,'23',[4,5]],3))       # 列表元素任意 3 个组合
print(random.uniform(1,3))                   # 随机产生一个大于 1 小于 3 的小数
```

【示例 2】使用 random 模块生成一个 4 位验证码。

```
import random                                # 导入随机生成器模块
code_list = []
for i in range(4):
    num1 = random.randint(0, 9)              # 随机生成一个 0~9 的数字
    str1 = chr(random.randint(65, 90))       # 随机生成一个 65~90 之间的数字，然后转成字母
    s = random.choice([num1,str1])           # 随机从数字和字母中选择一个元素
    code_list.append(str(s))
code = ''.join(code_list)
print(code)
```

扫一扫，看视频

11.4.3 使用加密模块

Python 的 hashlib 模块用来进行 hash 或者 md5 加密，这种加密是不可逆的，也称为摘要算法。该模块支持 Openssl 库提供的所有算法，包括 md5、sha1、sha224、sha256、sha512 等。

该模块常用的属性和方法说明如下。

- algorithms_available：列出所有可用的加密算法，如（'md5', 'sha1', 'sha224', 'sha256', 'sha384', 'sha512'）。
- digest_size：加密后的哈希对象的字节大小。
- md5()或 sha1()等：创建一个 md5 或者 sha1 等加密模式的哈希对象。
- update(arg)：用字符串参数来更新哈希对象，如果同一个哈希对象重复调用该方法，如 m.update(a); m.update(b)，则等于 m.update(a+b)。
- digest()：以二进制数据字符串返回摘要信息。
- hexdigest()：以十六进制数据字符串返回摘要信息。
- copy()：复制哈希对象。

【示例】本示例是一个简单的加密示例。

```
import hashlib                               # 导入加密模块

string = "Python"                            # 待加密的字符串
md5 = hashlib.md5()                          # md5 加密
md5.update(string.encode('utf-8'))           # 注意转码
res = md5.hexdigest()                        # 返回十六进制数据字符串值
print("md5 加密结果:",res)

sha1 = hashlib.sha1()                        # sha1 加密
sha1.update(string.encode('utf-8'))
res = sha1.hexdigest()                       # 返回十六进制数据字符串值
```

```
print("sha1 加密结果:",res)

sha256 = hashlib.sha256()                              # sha256 加密
sha256.update(string.encode('utf-8'))
res = sha256.hexdigest()                               # 返回十六进制数据字符串值
print("sha256 加密结果:",res)

sha384 = hashlib.sha384()                              # sha384 加密
sha384.update(string.encode('utf-8'))
res = sha384.hexdigest()                               # 返回十六进制数据字符串值
print("sha384 加密结果:",res)

sha512= hashlib.sha512()                               # sha512 加密
sha512.update(string.encode('utf-8'))
res = sha512.hexdigest()                               # 返回十六进制数据字符串值
print("sha512 加密结果:",res)
```

11.4.4　使用 JSON 模块

扫一扫，看视频

JSON（JavaScript Object Notation）是一种轻量级的数据交换格式。JSON 模块提供了 4 个方法用来实现 Python 对象与 JSON 数据进行快速交换，简单说明如下。

- dumps()：将 Python 对象序列化为 JSON 字符串表示。
- dump()：将 Python 对象序列化为 JSON 字符串，然后保存到文件中。
- loads()：把 JSON 格式的字符串反序列化为 Python 对象。
- load()：读取文件内容，然后反序列化为 Python 对象。

【示例 1】下面示例设计将字典对象序列化为 JSON 字符串，然后再反序列化为 Python 的字典类型的对象。

```
import json                                 # 导入 JSON 模块

a = {"name":"Tom", "age":23}                # 定义字典对象
b = json.dumps(a)                           # 将字典对象序列化为 JSON 字符串
print(b)                                    # 打印 JSON 字符串
c = json.loads(b)                           # 将 JSON 字符串反序列化为字典对象
print(c['name'])                            # 访问字典对象 name 键的值
```

执行程序，输出结果如下：

```
{"name": "Tom", "age": 23}
Tom
```

【示例 2】下面示例设计将字典对象序列化为字符串，然后使用 dump()方法保存到 test.json 文件中，再使用 load()方法从 test.json 文件中读取字符串，并转换为字典对象。

```
import json                                 # 导入 JSON 模块
a = {"name":"Tom", "age":23}                # 定义字典对象
with open("test.json", "w", encoding='utf-8') as f:
    # indent 表示格式化保存字符串，默认为 None，小于 0 为零个空格
    json.dump(a,f,indent=4)                 # 将字典对象序列化为字符串，
                                            # 然后保存到 test.json 文件中
    # f.write(json.dumps(a, indent=4))      # 与 json.dump()效果一样
```

```
with open("test.json", "r", encoding='utf-8') as f:
    b = json.load(f)                          # 从 test.json 中读取内容，
                                              # 然后把内容转换为 Python 对象
    f.seek(0)                                 # 重新把文件指针移到文件开头
    c = json.loads(f.read())                  # 与 json.load(f)执行效果一样
print(b)
print(c)
```

执行程序，输出结果如下：

```
{'name': 'Tom', 'age': 23}
{'name': 'Tom', 'age': 23}
```

提示：

Python 对象与 JSON 对象相互转换的对应关系如表 11.3 所示。

表 11.3 Python 对象与 JSON 对象相互转换表

Python 对象	JSON 对象
dict	object
list, tuple	array
str	string
int, float	number
True	true
False	false
None	null

扫一扫，看视频

11.4.5 使用图像模块

PIL（Python Imaging Library）是 Python 图像处理标准库，功能强大，简单易用。PIL 仅支持到 Python 2.7，升级后的版本改为 Pillow，支持 Python 3 版本，并增加了很多新特性。

1. 安装 Pillow

在命令行下通过 pip 命令安装。

```
pip install pillow
```

2. 操作图像

在 PIL 中，图像的常用属性和方法简单概况如下。

- 图像的基本操作
  - Image.open(file[, mode])：打开图像，生成 Image 对象。file 表示要打开的图像文件，mode 表示图像模式。
  - Image.new(mode,size[,color])：创建图像，生成 Image 对象。
  - image.show()：显示图像。
  - image.save(file[, format])：保存图像。参数 format 表示文件格式，如果省略，将根据 file 的扩展名确定。
  - image.copy()：复制图像。
- 图像的基本属性

    ✧ image.format：图像来源，如果图像不是从文件读取，则值为 None。
    ✧ image.size：图像大小。
    ✧ image.mode：图像模式。
- 图像变换操作
    ✧ image.resize((width,height))：改变图像大小。
    ✧ image.rotate(angle)：旋转图像。angle 表示角度，逆时针旋转。
    ✧ image.transpose(method)：翻转图像。参数 method 为常量，表示翻转方式。
    ✧ image.convert(mode)：转换图像模式。
    ✧ image.filter(filter)：对图像进行特效处理。
- 图像合成、裁切和分离
    ✧ image.blend(img1,img2,alpha)：合成两张图片，alpha 表示 img1 和 img2 的比例。
    ✧ image.crop(box)：根据 box 参数裁切图片，生成裁切的 Image 对象。
    ✧ image.paste(img, box)：粘贴 box 大小的区域到原图像中。
    ✧ r,g,b= image.split()：根据通道分离图像，r、g、b 表示返回的单色图像对象。
    ✧ image.merge("RGB",(r,g,b))：根据颜色通道，将 r、g、b 合成为单一图像。
- 图像的像素点操作
    ✧ image.point(function)：对图片中的每一个点执行 function 函数。
    ✧ image.getpixel((x,y))：获取指定像素点的颜色值。
    ✧ image.putpixel((x,y),(r,g,b))：设置指定像素点的颜色值。

【示例 1】先打开一个图像文件，然后获取其尺寸，再缩小图像大小，最后命名为 thumbnail.jpg 保存到当前目录下。

```
from PIL import Image
im = Image.open('python.jpg')                        # 打开一个 jpg 图像文件，注意是当前路径
w, h = im.size                                       # 获得图像尺寸
print('Original image size: %sx%s' % (w, h))
im.thumbnail((w//2, h//2))                           # 缩放到 50%
print('Resize image to: %sx%s' % (w//2, h//2))
im.save('thumbnail.jpg', 'jpeg')                     # 把缩放后的图像用 jpeg 格式保存
```

【示例 2】打开一个图像，然后旋转 90°，之后再显示出来。

```
from PIL import Image
im = Image.open('python.jpg')                        # 打开图像文件
dst_image = im.rotate(90)                            # 旋转图像
dst_image.show()                                     # 显示图像
```

注意：

如果在调用 show()方法时，找不到临时文件，无法显示图像。这可能是该库的一个 Bug，说明当前所用版本还没有解决，解决方法：

打开 PIL 安装目录：Python\Lib\site-packages\PIL，找到 ImageShow.py 文件，打开文件修改以下条件语句中 get_command()函数的 return 代码，把"&& ping -n 2 127.0.0.1 >NUL "改为"&& ping -n 2 127.0.0.1 -n 5 >NUL "。

```
if sys.platform == "win32":
    class WindowsViewer(Viewer):
        format = "PNG"
        options = {"compress_level": 1}
```

```
        def get_command(self, file, **options):
            return (
                'start "Pillow" /WAIT "%s" '
                "&& ping -n 2 127.0.0.1 -n 5 >NUL"
                '&& del /f "%s"' % (file, file)
            )
    register(WindowsViewer)
```

【示例 3】PIL 的 ImageDraw 模块提供了一系列绘图方法，可以直接绘图。本示例利用该模块的方法生成字母验证码图片，将其命名为 code.jpg，然后保存到当前目录中。

```
# 第 1 步，从 PIL 模块中导入图像类、绘图类、图像字体类和图像特效类
from PIL import Image, ImageDraw, ImageFont, ImageFilter
# 第 2 步，初始化设置
import random                                          # 导入随机数模块
def rndChar():                                         # 随机字母
    return chr(random.randint(65, 90))
def rndColor():                                        # 随机颜色 1
    return (random.randint(64, 255), random.randint(64, 255), random.randint(64, 
255))
def rndColor2():                                       # 随机颜色 2
    return (random.randint(32, 127), random.randint(32, 127), random.randint(32, 
127))
width = 60 * 4                                         # 初始化图像宽度，单位为像素
height = 60                                            # 初始化图像高度，单位为像素
# 第 3 步，创建图像对象、字体对象、绘图对象
# 创建对象
image = Image.new('RGB', (width, height), (255, 255, 255))    # 创建 Image 对象
font = ImageFont.truetype('arialuni.ttf', 36)                 # 创建 Font 对象
draw = ImageDraw.Draw(image)                                  # 创建 Draw 对象
# 生成麻点背景
for x in range(width):                                        # 使用随机颜色绘图
    for y in range(height):
        draw.point((x, y), fill=rndColor())
# 在画布上生成随机字符
for t in range(4):                                            # 输出 4 个随机字符
    draw.text((60 * t + 10, 10), rndChar(), font=font, fill=rndColor2())
image = image.filter(ImageFilter.BLUR)                        # 模糊化处理
# 第 4 步，保存图像
image.save('code.jpg', 'jpeg')                                # 保存图像
```

11.5 在线支持

扫描，拓展学习

第 12 章　异常处理和程序调试

在程序运行过程中，难免会遇到各种各样的问题，有些问题是开发人员疏忽造成的，有些问题是用户操作失误造成的，还有一些问题是在程序运行过程中无法预测的原因导致的，如写入文件时硬盘空间不足，从网络抓取数据时网络掉线等。Python 内置了一套异常处理机制，帮助开发人员妥善处理各种异常，避免程序因为这些问题而终止运行。本章将讲解如何在 Python 程序中处理异常和进行程序调试。

【学习重点】

- 认识异常。
- 使用 try 语句捕获异常。
- 自定义异常。
- 正确调试程序。

12.1　认 识 异 常

12.1.1　为什么要使用异常处理机制

在程序运行的过程中，或多或少会遇到各种错误。如果发生了错误，最简单的应对方法是设计返回一个错误提示，这样能够知道出错的原因。例如，当调用函数 open()打开文件时，定义出错时返回-1。但是在复杂的程序设计中，如果完全依赖这种返回信息，开发人员就必须额外编写大量的检验代码，规定各种错误的返回值，以便能够识别错误，显然这是一种很笨拙的方法。

Python 内置了一套异常处理机制，它能够降低程序开发的复杂度。当预测某些代码可能会出错时，使用 try 语句块来运行这些代码。

- 如果发生了错误，则不会再继续执行，直接跳转至 except 语句块进行错误处理。
- 如果没有错误发生，则 except 语句块不会被执行。
- 如果发生了不同类型的错误，可以设计不同的 except 语句块来分别处理不同的错误。

使用 try...except 语句组合来捕获错误，还可以跨越多层调用。例如，假设在函数 main()中调用函数 foo()，在函数 foo()中调用函数 bar()，结果调用函数 bar()时出错了，这时如果在 main()函数中能够捕获到错误，然后立即进行处理，这样就不需要在每个可能出错的函数中去捕获错误。只要在合适的层次上捕获错误就可以了，从而减少错误跟踪的麻烦。

12.1.2　语法错误

在编写 Python 代码的过程中，常见的错误有两种类型：语法错误和异常错误。下面先介绍语法错误。

语法错误就是程序的写法不符合编程语言的规则。对于语法错误，在编写程序的过程中应该努力避免，在程序调试中消除。Python 常见的语法错误如下。

- 拼写错误

关键字拼写错误会提示 SyntaxError 错误（语法错误），变量名、函数名拼写错误会提示 NameError

错误等。

- 不符合语法规范

例如，多加或缺少括号、冒号等符号，以及表达式书写错误等。

- 缩进错误

Python 以缩进作为代码块的主要标志。在同一个程序或者项目中，应该保持相同的缩进风格。

12.1.3 异常错误

异常就是在程序执行过程中，发生的超出预期的事件，在异常事件发生时，将会影响程序的正常执行。一般情况下，当 Python 程序无法正常处理时，就会发生一个异常。出现异常的原因：

- 在程序设计过程中，由于疏忽或者考虑不周造成的错误。这时可以在调试或运行过程中根据异常提示信息，找到出错的位置和代码，并对错误代码进行分析、测试和排错。
- 有些异常是不可避免的，如读写超出权限、内存溢出、传入的参数类型不一致等。对于这类异常，可以主动对异常进行捕获，并妥善进行处理，防止程序意外终止。
- 主动抛出一个异常。在程序设计中，用户也可以主动抛出异常，提示用户注意特定场景下，程序会无法继续执行。

当 Python 脚本发生异常时，需要捕获异常，并妥善处理。如果异常未被处理，程序将会终止运行，因此为程序添加异常处理，能使程序更健壮。

12.1.4 Python 内置异常

在 Python 中，异常也是一种类型，所有的异常对象都继承自 BaseException 基类，所以使用 except 语句不但可以捕获该类型的错误，还可以捕获所有子类型的错误。用户自定义的异常并不直接继承 BaseException，所有的异常类都是从 Exception 继承，且都在 exceptions 模块中定义。Python 自动将所有异常名称放在内建命名空间中，所以程序不必导入 exceptions 模块即可使用异常。

扫描，拓展学习

Python 内置了很多异常，可以向用户准确反馈出错信息。Python 内置异常类型说明请扫描左侧二维码进行参考，其中缩进排版的层级表示异常之间的继承关系。

12.1.5 如何解读错误信息

出错并不可怕，可怕的是不知道如何排除错误。正确解读错误信息是排除错误的第一步。

【示例】下面结合示例介绍如何跟踪异常，请先阅读如下示例代码。

```
def a(s):                                    # 自定义函数 a
    return 10 / int(s)                       # 数学运算
def b(s):                                    # 自定义函数 b
    return a(s) * 2                          # 调用函数 a
def c():                                     # 自定义函数 c
    b('0')                                   # 调用函数 b
c()                                          # 调用函数 c
```

如果错误没有被捕获，它就会一直往上抛出异常，最后被 Python 解释器捕获，打印错误信息，然后退出程序。执行本示例程序，输出结果如下：

```
1  Traceback (most recent call last):
2    File "d:/www_vs/test1.py", line 7, in <module>
3      c()                                            # 调用函数 c
4    File "d:/www_vs/test1.py", line 6, in c
5      b('0')                                         # 调用函数 b
6    File "d:/www_vs/test1.py", line 4, in b
7      return a(s) * 2                                # 调用函数 a
8    File "d:/www_vs/test1.py", line 2, in a
9      return 10 / int(s)                             # 数学运算
10 ZeroDivisionError: division by zero
```

仔细查看错误信息，从上到下可以看到整个错误的函数调用链：

第 1 行，提示用户这是错误的跟踪信息。

第 2、3 行，调用函数 c()出错，出错位置在文件 test1.py 第 7 行。

第 4、5 行，调用函数 b('0')出错，出错位置在文件 test1.py 第 6 行。

第 6、7 行，在文件 test1.py 第 4 行，执行 return a(s) * 2 代码时出错。

第 8、9 行，在文件 test1.py 第 2 行，执行 return 10 / int(s)代码时出错。

第 10 行，打印错误信息，根据错误类型 ZeroDivisionError，可以判断 int(s)本身没有出错，但是 int(s)返回 0，在计算 10 / 0 时出错，除数不能够为 0。至此，找到错误的源头并进行预防。

12.2 异常处理

当发生异常时，需要对异常进行捕获，然后进行妥善处理。Python 提供了多个异常处理语句，方便开发者使用。

12.2.1 使用 try 和 except

扫一扫，看视频

Python 使用 try 和 except 语句组合可以捕获并处理异常，其语法结构如下：

```
try:
    语句块                                   # 可能产生异常的代码
except 异常名称 [ as 别名]:                  # 要处理的异常类型
    语句块                                   # 当异常发生时执行
```

异常名称为可选参数，设置要捕获的异常类型，如果不指定异常类型，则表示捕获全部异常类型。设置别名，主要是在异常处理代码块中方便引用异常对象。

当程序出现异常时，except 子句将捕获异常，捕获之后可以忽略异常，或者输出错误提示信息，或者进行补救，但是程序将继续执行。

【示例 1】设计捕获所有的异常。本示例在 try 子句中编写一个错误的除法运算，然后使用 except 子句捕获这个错误。

```
try:
    5/0                                      # 设置错误运算
except:                                      # 捕获所有的异常
    print('不能除以 0')                      # 提示错误信息
print('程序继续执行')                        # 继续执行代码
```

输出结果如下：

```
不能除以 0
程序继续执行
```

【示例 2】设计捕获指定的异常。本示例尝试打开一个不存在的文件，然后再捕获 IOError 类型异常。

```
try:
    f = open("a.txt", "r")                                      # 打开并不存在的文件
except IOError as e:                                            # 捕获 IOError 类型异常
    print("错误编号：%s，错误信息：%s" %(e.errno, e.strerror)) # 显示错误信息
```

输出结果如下：

```
错误编号：2，错误信息：No such file or directory
```

提示：

使用 Exception 类型可以捕获所有常规异常。

```
try:
    f = open("a.txt", "r")                                      # 打开并不存在的文件
except Exception as e:                                          # 捕获 IOError 类型异常
    print("错误编号：%s，错误信息：%s" %(e.errno, e.strerror))   # 显示错误信息
```

注意：

当发生异常时，在 try 语句块中异常发生点后的剩余语句永远不会被执行，解释器将寻找最近的 except 语句进行处理，如果没有找到合适的 except 语句，那么异常就会向上传递。如果在上一层中也没找到合适的 except 语句，该异常会继续向上传递直到找到合适的处理器。如果到达顶层仍然没有找到合适的处理器，那么就认为这个异常是未处理的，Python 解释器就会抛出异常，同时终止程序运行。

【示例 3】下面示例设计了一个多层嵌套的异常处理结构，演示异常传递的过程。

```
try:
    try:
        try:
            f = open("a.txt", "r")                  # 打开并不存在的文件
        except NameError as e:                      # 捕获未声明的变量的异常
            print("NameError")                      # 显示错误信息
    except IndexError as e:                         # 捕获索引超出列表范围的异常
        print("IndexError")                         # 显示错误信息
except  IOError as e:                               # 捕获输入/输出的异常
    print("IOError")                                # 显示错误信息
```

输出结果如下：

```
IOError
```

扫一扫，看视频

12.2.2 捕获多个异常

捕获多个异常有两种方式，具体说明如下。

- 在一个 except 子句中包含多个异常，多个异常以元组的形式进行设置。语法格式如下：

```
try:
    语句块                                          # 可能产生异常的代码
except (<异常名 1>, <异常名 2>,…) [as 别名]:
    语句块                                          # 对异常进行处理的代码
```

- 使用多个 except 子句处理多个异常，多个异常之间存在优先级。语法格式如下：

```
try:
    语句块                                        # 可能产生异常的代码
except <异常名 1> [as 别名 1]:
    语句块                                        # 对异常进行处理的代码
except <异常名 2> [as 别名 2]:
    语句块                                        # 对异常进行处理的代码
except <异常名 3> [as 别名 3]:
    语句块                                        # 对异常进行处理的代码
…
```

当使用多个 except 子句时，这种异常处理语法的解析过程如下：

第 1 步，执行 try 子句代码块，如果引发异常，则执行过程会跳到第 1 个 except 语句。

第 2 步，如果第 1 个 except 中定义的异常与引发的异常匹配，则执行该 except 中的代码。

第 3 步，如果引发的异常不匹配第一个 except 子句，则会寻找第二个 except 子句，如此类推。Python 允许编写的 except 子句数量没有限制。

第 4 步，如果所有的 except 子句都不匹配，则异常会向上传递。

【示例 1】下面示例使用 requests 模块爬取指定 URL 的网页源代码。在 except 子句中定义捕获多个异常，其中 ConnectionError 为内置异常，是与网络连接相关的异常基类，ReadTimeout 为 requests 模块自定义的超时异常。

第 1 步，打开 cmd 命令窗口，输入下面代码安装 requests 模块。

```
pip install requests
```

第 2 步，使用下面代码测试多重异常捕获。

```
import requests                                   # 导入 requests 模块
from requests import ReadTimeout                  # 导入 ReadTimeout 异常类
url = 'https://www.baidu.com'                     # 准备请求的网址
try:
    response = requests.get(url, timeout=1)       # 发出请求
    if response.status_code == 200:               # 如果请求成功
        print(response.text)                      # 则打印请求的网页源代码
    else:                                         # 如果请求失败，则打印响应的状态码
        print('Get Page Failed', response.status_code)
except (ConnectionError, ReadTimeout):            # 如果发生异常，则捕获并进行提示
    print('Crawling Failed', url)
```

【示例 2】使用多个 except 子句来捕获多个异常，并打印异常类型的字符串表示。

```
str1 = 'hello world'                              # 字符串
try:
    int(str1)                                     # 传入非法的值
except IndexError as e:                           # 捕获 IndexError 异常
    print(e.__str__)
except KeyError as e:                             # 捕获 KeyError 异常
    print(e.__str__)
except ValueError as e:                           # 捕获 ValueError 异常
    print(e.__str__)
```

输出结果为：

```
<method-wrapper '__str__' of ValueError object at 0x0363DD98>
```

结果显示第 3 个 ValueError 异常被捕获。

12.2.3　使用 else

扫一扫，看视频

可以在 try...except 语句后面添加一个可选的 else 子句，用来设计当 try 语句块没有发生异常时，需要执行的代码块。else 语句块在异常发生时，不会被执行。语法结构如下所示：

```
try:
    语句块                                          # 可能产生异常的代码
except
    语句块                                          # 当异常发生时执行
else:
    语句块                                          # 当异常未发生时执行
```

【示例】下面示例设计在 try 语句中打开文件，然后在 else 子句中读取文件内容。通过 else 子句把文件打开和读取操作分隔开，这样可以使程序结构设计更严谨。

```
try:
   f = open("test.txt","r")                         # 打开文件
except:
   print("出错了")
else:
   print(f.read())                                  # 读取文件内容
```

12.2.4　使用 finally

扫一扫，看视频

一个完整的异常处理结构还应该包括 finally 子句，它表示无论异常是否发生，最后都要执行 finally 语句块。语法结构如下：

```
try:
    语句块                                          # 可能产生异常的代码
except:
    语句块                                          # 当异常发生时执行
else:
    语句块                                          # 当异常未发生时执行
finally:
    语句块                                          # 不管异常是否发生，最后都要执行
```

一般在 finally 子句中可以设计善后处理工作。例如，关闭已经打开的文件、断开数据库连接、释放系统资源，或者保存文件，避免数据丢失等。

注意：

- try 语句必须跟随一个 except 子句，或者跟随一个 finally 子句，也可以同时跟随。
- else 子句是可选的，但是如果设计 else 子句，则必须至少设计一个 except 子句。
- try、except、else、finally 这 4 个关键字的位置顺序是固定的，不可随意调换。

【示例 1】下面示例尝试计算 10/0 时，产生一个除法运算错误，然后测试 except 和 finally 子句执行情况。

```
try:
    r = 10/0                                        # 除以 0
    print('result:', r)                             # 输出计算结果
except ZeroDivisionError as e:                      # 捕获 ZeroDivisionError 异常
    print('except:', e)                             # 打印异常信息
```

```
finally:
    print('finally…')                        # 善后处理工作
```

输出结果为：

```
except: division by zero
finally…
```

从输出可以看到，当错误发生时，后续语句 print('result:', r)不会被执行，except 由于捕获到 ZeroDivisionError 而被执行。最后，finally 语句被执行。接下来，程序继续按照流程往下走。如果没有发生异常，则 except 语句块不会被执行，但是如果有 finally 语句块，则一定会被执行。

【示例 2】使用 try...except 语句可以跨越多层函数调用实现异常捕获。例如，如果函数 c()调用函数 b()，函数 b()调用函数 a()，结果函数 a()出错了，这时只要在函数 c()体内捕获到异常，就可以妥善处理。

```
def a(s):                                    # 自定义函数 a
    return 10/int(s)
def b(s):                                    # 自定义函数 b
    return a(s) * 2                          # 调用函数 a
def c():                                     # 自定义函数 c
    try:
        b('0')                               # 调用函数 b
    except:                                  # 捕获所有异常
        print('Error!')
    finally:
        print('finally…')
c()                                          # 调用函数 c()
```

输出结果为：

```
Error!
Finally…
```

通过上面的示例可以看到，程序不需要在每个可能出错的地方都去捕获异常，只需要在合适的位置去捕获错误就可以了，这样可以降低异常处理的复杂性。

12.2.5 使用 raise

扫一扫，看视频

使用 raise 语句可以主动抛出一个异常，语法格式如下：

```
raise [Exception [, args [, traceback]]]
```

Exception 表示异常的类型，如 ValueError；args 是一个异常参数，该参数是可选的，默认为 None；traceback 表示跟踪异常的回溯对象，也是可选参数。

使用 raise 语句可以确保程序根据开发人员的设计逻辑进行运行，如果偏离了轨道，可以主动抛出异常，结束程序的运行。

【示例】设计一个函数，要求必须输入正整数。为了避免用户任意输入值，使用 try 监测输入值，如果为非数字的值，则主动抛出 TypeError 错误；如果输入小于等于 0 的数字，则主动抛出 ValueError 错误。

```
def test(num):
    try:
        if type(num) != int:                 # 如果为非数字的值，则抛出 TypeError 错误
            raise TypeError('参数不是数字')
        if num <= 0:                         # 如果为非正整数，则抛出 ValueError 错误
            raise ValueError('参数为大于 0 的整数')
        print(num)                           # 打印数字
```

```
    except Exception as e:
        print(e)                                    # 打印错误信息
test("1")
test(0)
test(2)
```

输出结果为：

```
参数不是数字
参数为大于 0 的整数
2
```

扫一扫，看视频

12.2.6 自定义异常类型

在 Python 中，异常也是一种类型，捕获异常就是获取它的一个实例。用户可以自定义异常类型，以适应个性化开发的需要。自定义异常类型应该直接或间接继承自 Exception 类。

【示例】自定义异常类型，设置基类为 Exception，方便在异常触发时输出更多的信息。

```
class MyError(Exception):                           # 自定义异常类型
    def __init__(self,msg):                         # 重写类型初始化函数
        self.msg=msg
    def __str__(self):                              # 重写类型标识函数
        return self.msg


try:
    raise MyError("自定义错误信息")                  # 主动抛出自定义错误
except MyError as e:
    print(e.args)                                   # 打印：自定义错误信息
```

扫一扫，看视频

12.2.7 使用 traceback 查看异常

Python 能够通过 traceback 对象跟踪异常，记录程序发生异常时有关函数调用的堆栈信息。具体用法格式如下：

```
import traceback                                    # 导入 traceback 模块
try:
   代码块
except:
   traceback.print_exc()                            # 打印回溯信息
```

使用 traceback 对象之前，需要导入 traceback 模块。调用 traceback 对象的 print_exc()方法可以在控制台打印详细的错误信息。

如果希望获取错误信息，可以使用 traceback 对象的 format_exc()方法，它会以格式化字符串的形式返回错误信息，与 print_exc()方法打印的信息完全相同。

【示例 1】设计一个简单的异常处理代码段。

```
try:
    1/0                                             # 制造错误
except Exception as e:                              # 捕获异常
    print(e)                                        # 打印异常信息
```

运行程序，输出结果如下：

```
division by zero
```

上面错误信息无法跟踪异常发生的位置：在哪个文件、哪个函数、哪一行代码出现异常。

【示例 2】针对示例 1，下面使用 traceback 模块来跟踪异常。

```
import traceback                                  # 导入 traceback 模块
try:
    1/0                                           # 制造错误
except Exception as e:                            # 捕获异常
    traceback.print_exc()                         # 打印 traceback 对象信息
```

运行程序，输出结果如下：

```
Traceback (most recent call last):
  File "d:/www_vs/test2.py", line 3, in <module>
    1/0                                           # 制造错误
ZeroDivisionError: division by zero
```

这样就可以帮助用户在程序中回溯到出错点的位置。

提示：

print_exc()方法可以把错误信息直接保存到外部文件中。语法格式如下：

```
traceback.print_exc(file=open('文件名', '模式', encoding='字符编码'))
```

【示例 3】以示例 2 为基础，修改最后一行代码，打开或创建一个名为 log.log 的文件，以追加形式填入错误信息。

```
traceback.print_exc(file=open('log.log', mode='a', encoding='utf-8'))
```

12.2.8　案例：根据错误类型捕获异常

扫一扫，看视频

所有异常都继承自 Exception，因此使用 Exception 异常能够捕获所有类型的异常。本节示例练习根据错误类型捕获不同的异常。示例代码如下所示：

```
li = []                                           # 定义空列表
try:
    print(c)                                      # 抛出 NameError 异常
    print (3 / 0)                                 # 抛出 ZeroDivisionError 异常
    li[2]                                         # 抛出 IndexError 异常
    a = 123 + 'hello world'                       # 抛出 TypeError 异常
except NameError as e:                            # 处理 NameError 异常
    print('出现 NameError 异常! ',e)               # 打印异常信息
except ZeroDivisionError as e:                    # 处理 ZeroDivisionError 异常
    print('出现 ZeroDivisionError 异常! ',e)       # 打印异常信息
except IndexError as e:                           # 处理 IndexError 异常
    print('出现 IndexError 异常! ',e)              # 打印异常信息
except TypeError as e:                            # 处理 TypeError 异常
    print('出现 TypeError 异常! ',e)               # 打印异常信息
except Exception as e:                            # 处理所有异常
    print('其他异常!',e)                           # 打印信息
finally:
    print('辛苦啦，排错完毕')
```

在一个 try 语句中只会抛出一个异常，因此也只能捕获一个异常，不能同时捕获所有异常。

在上面的代码中，当注释掉 print(c)的 NameError 异常时，将会捕获到 print(3/0)下的 ZeroDivisionError

异常；当注释掉 NameError 异常和 ZeroDivisionError 异常时，会捕获到 li[2]下的 IndexError 异常；当注释掉 NameError 异常、ZeroDivisionError 异常和 IndexError 异常，会捕获到 a = 123 + 'hello world'下的 TypeError 异常。

扫一扫，看视频

12.2.9 案例：比较条件排错和异常处理

在编写代码时，错误不可避免，有时可以通过条件检测来排错，采用这种方法存在很多问题，如不易阅读、不利于维护等。但是采用异常处理机制后编写代码就会很简单，代码结构也变得更简洁。下面结合一个演示示例进行比较说明。示例代码如下所示，演示效果比较如图 12.1 所示。

```
请输入你的年龄:hello
输入的是字符串
请输入你的年龄:hello
出现ValueError错误 invalid literal for int() with base 10: 'hello'
>>>
```

图 12.1 采用异常优势效果

【示例 1】 下面示例使用多个条件来检测用户输入的信息是否符合要求，如果不符合要求，则分别输出不同的错误信息。

```
age = input('请输入你的年龄:')
if age.isdigit():                      # 判断 age 是不是数字类型
    age = int(age)                     # 转换为 int 型
    if age < 0 or age > 140:           # 判断 age 数值是否合法
        print('输入的年龄不合法!')
elif age.isspace():                    # 判断 age 是不是空格
    print('输入的是空格!')
elif len(age) == 0:                    # 判断 age 是否有内容
    print('没有输入内容!')
elif isinstance(age,str):              # 判断 age 是不是字符串
    print('输入的是字符串')
else:                                  # 其他类型的错误
    print('其他错误!')
```

【示例 2】 针对示例 1，采用异常处理机制重新设计代码。

```
# 采用异常的方式修改代码
try:                                   # 捕获异常
    age = int(input('请输入你的年龄:'))  # age 可能会出现数据异常
    if age < 0 or age > 140:           # age 数值是否合法
        print('输入的年龄不合法!')
except ValueError as e:                # 抛出 ValueError 异常
    print('出现 ValueError 错误',e)
```

在示例 1 中，通过 if 语句判断输入是否错误非常复杂，需要多个分支语句，而且如果输入负数时，提示的错误信息是"输入的是字符串"，并不执行 if age.isdigit():之后的代码块。在示例 2 中，采用异常处理机制，不会出现该问题，而且通过异常处理机制，设计思路简单，代码更加简洁。

12.3 程序调试

程序免不了会出现各种错误，有的错误很明显，根据提示信息就可以解决；有的错误很复杂，需要

知道在出错状态下，相关变量的动态变化情况，哪些值是正确的，哪些值是错误的，以此分析出错的具体原因。本节简单介绍各种调试工具，帮助用户快速修复错误。

12.3.1　使用 print

扫一扫，看视频

使用 print()方法把可能有问题的变量打印出来，然后诊断变量的值是否符合逻辑。这是最简单、最直接的调试方法。

【示例】在本示例中，为了方便排错，在变量 n 赋值之后临时插入一行代码：print('>>> n = %d' % n)，打印出 n 的值，看能否找出具体出错的原因。

```
def foo(s):
    n = int(s)
    print('>>> n = %d' % n)                          # 临时打印 n 的值
    return 10/n
def main():
    foo('0')
main()
```

执行程序后，在输出中查找变量 n 的打印值。

```
>>> n = 0
Traceback (most recent call last):
  File "d:/www_vs/test1.py", line 9, in <module>
    main()
  File "d:/www_vs/test1.py", line 7, in main
    foo('0')
  File "d:/www_vs/test1.py", line 4, in foo
    return 10/n
ZeroDivisionError: division by zero
```

使用 print()方法的最大缺点是：临时插入与程序无关的代码，后期发布时还得删掉它，如果脚本中到处都是 print，后期清理就比较麻烦。

12.3.2　使用 assert

扫一扫，看视频

使用 assert 语句可以定义断言，断言用于判断一个表达式，在表达式条件为 False 时触发异常，而不必等待程序运行后出现崩溃的情况。具体用法如下：

```
assert expression
```

等价于

```
if not expression:
    raise AssertionError
```

assert 后面也可以设置参数，语法格式如下：

```
assert expression [, arguments]
```

等价于

```
if not expression:
    raise AssertionError(arguments)
```

提示：

凡是可以使用 print 来辅助查看的地方，都可以使用断言（assert）来替代。

【示例】针对上一小节示例，可以使用以下方式进行调试。

```
def foo(s):
    n = int(s)
    assert n != 0, 'n is zero!'                    # 设置断言
    return 10/n
def main():
    foo('0')
main()
```

执行程序后，打印信息如下：

```
Traceback (most recent call last):
  File "d:/www_vs/test1.py", line 9, in <module>
    main()
  File "d:/www_vs/test1.py", line 7, in main
    foo('0')
  File "d:/www_vs/test1.py", line 3, in foo
    assert n != 0, 'n is zero!'
AssertionError: n is zero!
```

assert 会检测表达式 n != 0 是否为 True，如果为 False，则诊断出错，assert 语句就会抛出 AssertionError 异常。

提示：

启动 Python 解释器时，可以使用-O 参数关闭 assert。

```
python -O test1.py
```

关闭之后，可以把所有的 assert 语句当成 pass 语句忽略掉。

扫一扫，看视频

12.3.3 使用 logging

logging（日志）模块用于跟踪程序的运行状态。它把程序的运行状态划分为不同的级别，按严重程度递增排序说明如下。

- DEBUG：调试状态。
- INFO：正常运行状态。
- WARNING：警告状态。在运行时遇到意外问题，如磁盘空间不足等，但是程序将会正常运行。
- ERROR：错误状态。在运行时遇到严重的问题，程序已不能执行部分功能了。
- CRITICAL：严重错误状态。在运行时遇到严重的异常，表明程序已不能继续运行了。

默认等级为 WARNING，这意味着仅在这个级别或以上的事件发生时才会反馈信息。用户也可以调整响应级别。

logging 提供了一组日志函数：debug()、info()、warning()、error()和 critical()。在代码中可以调用这些函数，当相应级别的事件发生时，将会执行该级别或以上级别的日志函数。日志函数被执行时，将会把事件发生的相关信息打印到控制台，或者写入到指定的文件中，方便开发人员在调试时进行参考。

【示例 1】本示例演示将日志信息打印在控制台上。

```
import logging                                   # 导入日志模块
logging.debug('debug 信息')
```

```
logging.warning('只有这个会输出…')
logging.info('info 信息')
```

由于默认设置的等级是 warning，所以只有 warning 的信息被输出到控制台上。打印信息如下：

```
WARNING:root:只有这个会输出…
```

【示例 2】 本示例使用 logging.basicConfig()方法设置日志信息的格式和日志函数响应级别。

```
import logging                                          # 导入日志模块
logging.basicConfig(format='%(asctime)s - %(pathname)s[line:%(lineno)d] - %
(levelname)s: %(message)s',level=logging.DEBUG)
logging.debug('debug 信息')
logging.info('info 信息')
logging.warning('warning 信息')
logging.error('error 信息')
logging.critical('critial 信息')
```

由于在 logging.basicConfig()中设置 level 的值为 logging.DEBUG，所以所有 debug、info、warning、error、critical 级别的日志信息都会打印到控制台上。打印信息如下：

```
2019-11-18 11:04:55,813 - d:/www_vs/test2.py[line:3] - DEBUG: debug 信息
2019-11-18 11:04:55,813 - d:/www_vs/test2.py[line:4] - INFO: info 信息
2019-11-18 11:04:55,814 - d:/www_vs/test2.py[line:5] - WARNING: warning 信息
2019-11-18 11:04:55,814 - d:/www_vs/test2.py[line:6] - ERROR: error 信息
2019-11-18 11:04:55,814 - d:/www_vs/test2.py[line:7] - CRITICAL: critial 信息
```

【示例 3】 本示例简单演示如何使用 logging 把日志信息输出到外部文件中。

```
import logging                                          # 导入 logging 模块
# 配置日志文件和日志信息的格式
logging.basicConfig(filename='test.log',
                    format='[%(asctime)s-%(filename)s-%(levelname)s:%
                    (message)s]', level=logging.DEBUG,
                    filemode='a',
                    datefmt='%Y-%m-%d%I:%M:%S %p')
s = '0'
n = int(s)
logging.info('n = %d' % n)                              # 保存 n 的值到日志文件中
print(10/n)
```

在上面示例中，使用 logging.basicConfig()函数设置要保存信息的日志文件，以及日志信息的输出格式、日志时间格式、事件级别等。具体参数说明如下。

- filename：指定文件名。
- format：设置日志信息的显示格式。本例设置的格式分别为时间+当前文件名+事件级别+输出的信息。
- level：事件级别，低于设置级别的日志信息将不会被保存到日志文件中。
- filemode：日志文件打开模式，'a'表示在文件内容尾部追加日志信息，'w'表示重新写入日志信息，即覆盖之前保存的日志信息。
- datefmt：设置日志的日期时间格式。

执行程序后，输出结果如下：

```
Traceback (most recent call last):
  File "d:/www_vs/test1.py", line 8, in <module>
    print(10/n)
ZeroDivisionError: division by zero
```

在当前目录中，可以看到新建的 test.log 文件，打开可以看到已经保存的日志信息如下：

```
[2020-11-1810:23:58 AM-test1.py-INFO:n = 0]
```

12.3.4 使用 pdb

pdb 是 Python 自带的一个包，为 Python 程序提供了一种交互的源代码调试功能，主要特性包括设置断点、单步调试、进入函数调试、查看当前代码、查看栈片段、动态改变变量的值等。pdb 提供了一些常用的调试命令，简单说明如表 12.1 所示。

表 12.1 pdb 常用命令

命　令	说　明
break 或 b	设置断点
continue 或 c	继续执行程序
list 或 l	查看当前行的代码段
step 或 s	进入函数
return 或 r	执行代码直到从当前函数返回
exit 或 q	中止并退出
next 或 n	执行下一行
pp	打印变量的值
help	帮助

【示例 1】本示例简单演示如何启动 pdb 调试器，并让程序以单步方式运行，可以随时查看运行状态。

第 1 步，新建 test1.py 文件，然后输入如下代码。

```
s = '0'
n = int(s)
print(10/n)
```

第 2 步，使用 cmd 命令打开 cmd 窗口。

第 3 步，使用 cd 命令进入到 test1.py 文件所在的目录。

第 4 步，输入下面一行代码，按 Enter 键启动 pdb 调试器，如图 12.2 所示。

```
python -m pdb test1.py
```

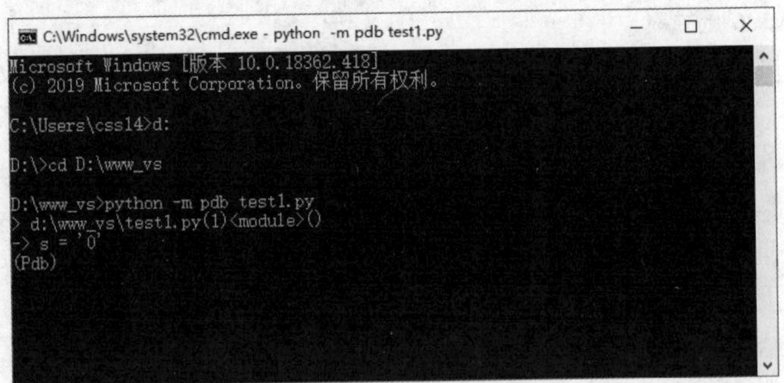

图 12.2 启动 pdb 调试器

以参数-m pdb 启动后，pdb 定位到下一步要执行的代码。

```
-> s = '0'。
```

第 5 步，输入命令 l 来查看示例源代码。

```
(Pdb) l
  1  -> s = '0'
  2     n = int(s)
  3     print(10/n)
[EOF]
```

第 6 步，输入命令 n 可以单步执行代码。

```
(Pdb) n
> d:\www_vs\test1.py(2)<module>()
-> n = int(s)
(Pdb) n
> d:\www_vs\test1.py(3)<module>()
-> print(10/n)
(Pdb) n
ZeroDivisionError: division by zero
```

第 7 步，任何时候都可以输入命令 p，然后按空格键，再输入变量名来查看变量的值。

```
(Pdb) p s
'0'
(Pdb) p n
0
```

第 8 步，输入命令 q 可以结束调试，退出程序。

```
(Pdb) q

D:\www_vs>
```

【示例 2】如果程序代码比较多，使用单步调试会很麻烦，这时可以使用 pdb.set_trace()方法。该方法也是用 pdb，但是不需要单步执行，只需要在源代码中输入 pdb，然后在可能出错的地方插入 pdb.set_trace()就可以设置一个断点。

```
import pdb

s = '0'
n = int(s)
pdb.set_trace()                                        # 运行到这里会自动暂停
print(10/n)
```

运行程序会自动在 pdb.set_trace()行暂停并进入 pdb 调试环境，如图 12.3 所示，然后就可以用命令 p 查看变量或者用命令 c 继续运行。

图 12.3　使用 pdb.set_trace()方法

```
(Pdb) p n
0
(Pdb) c
Traceback (most recent call last):
  File "test2.py", line 6, in <module>
    print(10/n)
ZeroDivisionError: division by zero
```

这种方式比直接启动 pdb 单步调试效率要高很多。

扫一扫，看视频

12.3.5　使用 IDLE

大多数集成开发工具都提供了程序调试功能，下面介绍如何使用 Python 自带的 IDLE 调试 Python 程序。

【操作步骤】

第 1 步，新建测试文件 test1.py，输入如下代码作为测试的对象。

```
def a(x, y):
    print(x)
    print(y)
def b(x, y):
    print("begin test…")
    a(1, 2)
    print(x)
    print(y)
b(3,4)
```

第 2 步，右击 test1.py，在弹出的快捷菜单中选择 Edit with IDLE→Edit with IDLE 3.8(32-bit)命令，进入 IDLE 界面。或者直接通过开始菜单启动 IDLE，然后在 Python Shell 主菜单中选择 File→Open...命令打开 test1.py 文件。

第 3 步，在 IDLE 窗口菜单栏中选择 Run→Run Module 命令，打开 Python Shell 窗口。

第 4 步，在 Python Shell 窗口菜单栏中选择 Debug→Debugger 命令，打开 Debug Control 界面，如图 12.4 所示。

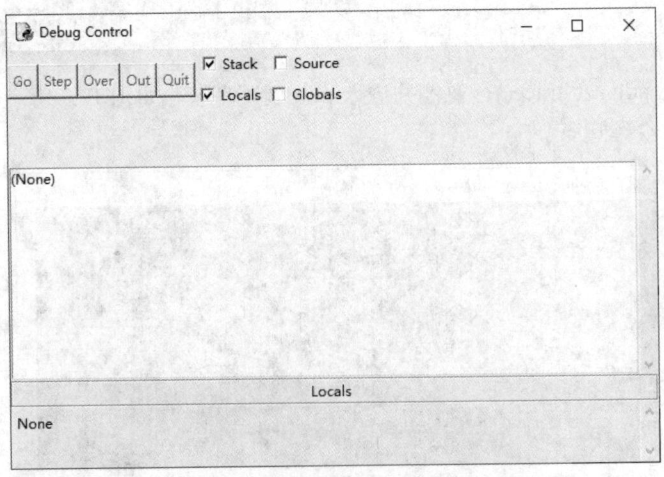

图 12.4　打开 Debug Control 界面

提示：

> 此时 Python Shell 窗口会提示如下信息，说明已经进入调试状态。
>
> [DEBUG ON]

第 5 步，开始调试。在 Python Shell 中输入如下测试代码，如图 12.5 所示。

```
>>> bt(5, 6)
```

第 6 步，在调试之前可以选择设置断点。例如，切换到 IDLE 界面，在 a(1, 2)或者任意想要查看的地方设置断点，方法是右击要设置的断点行，从弹出的快捷菜单中选择 Set Breakpoint 命令，如图 12.6 所示。

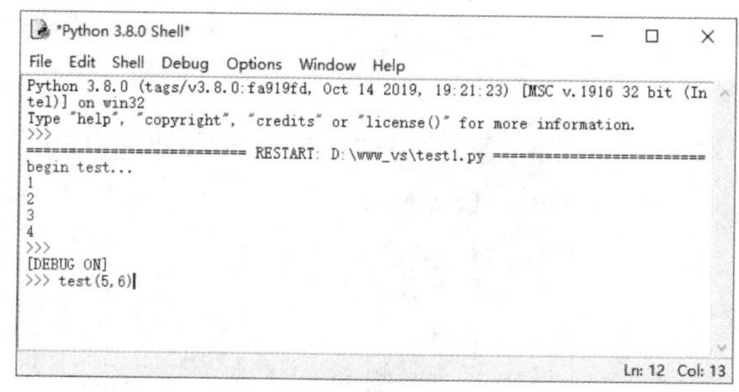

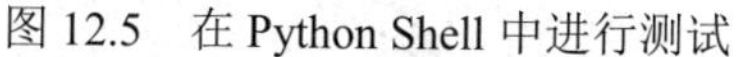

图 12.5 在 Python Shell 中进行测试

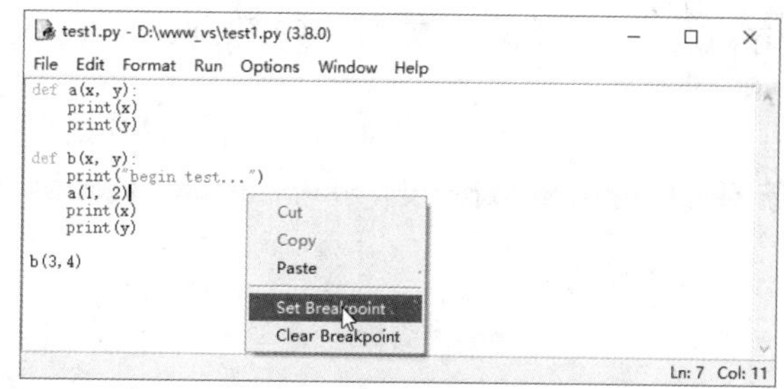

图 12.6 设置断点

第 7 步，切换到 Python Shell 界面，按 Enter 键运行程序，将看到在 Debug Control 窗口里显示 test1.py 的第 1 行，如图 12.7 所示。

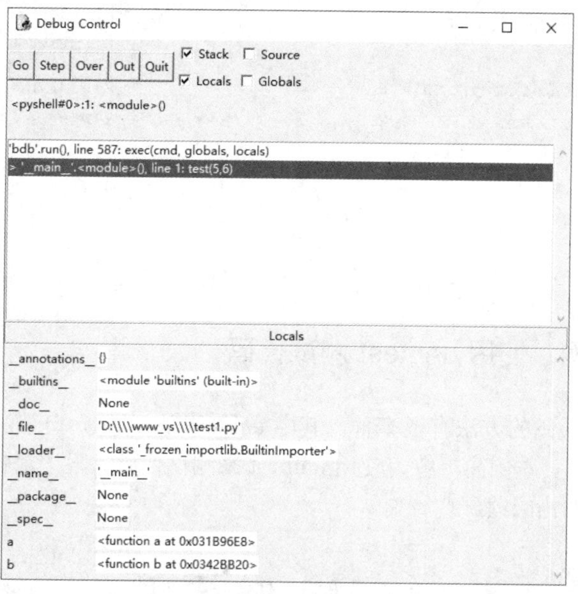

图 12.7 逐行测试

其中调试按钮的功能说明如下。

- Go：单击该按钮，将导致程序正常执行至终止，或到达下一个断点。
- Step：单击该按钮，将导致调试器执行下一行代码，然后再次暂停。如果遇到函数调用，将会进入函数内部进行调试，相当于单步执行。

- Over：与 Step 类似，但是如果遇到函数调用，将不会进入函数内部进行调试，而是直接执行完这个函数。
- Out：单击该按钮，将跳出当前运行的函数。
- Quit：单击该按钮，将立即终止调试。

第 8 步，通过使用这 5 个按钮，可以查看程序执行过程中每个变量值的变化，直至程序运行结束。

第 9 步，程序调试完毕，可以关闭 Debug Control 窗口，此时在 Python Shell 窗口中将显示如下信息，表示已经结束调试。

```
[DEBUG OFF]
```

扫一扫，看视频

12.3.6 案例：异常判断字符长度

使用自定义异常也可以设计函数功能。本例通过自定义异常类型，使用异常处理机制，监测用户输入的字符长度，并进行提示。代码如下所示，演示效果如图 12.8 所示。

```
class ArgumentError(Exception):                    # 定义字符参数异常类
    def __init__(self,string):                     # 初始化函数
        self.leng = len(string)                    # 变量赋值
    def prompt(self):                              # 定义提示函数
        if self.leng < 5:                          # 判断字符长度
            return "输入的字符长度至少为 5"
        else:
            return "字符长度符合要求"
string = input('请输入字符:')                        # 接收字符
try:                                               # 捕获异常
    raise ArgumentError(string)                    # 抛出异常
except ArgumentError as e:                         # 处理异常
    print (e.prompt())                             # 打印异常信息
```

```
请输入字符:java
输入的字符长度至少为5
>>> |
```

图 12.8　异常处理字符长度效果

扫描，拓展学习

12.3.7 案例：使用 unittest 测试代码

测试程序代码的方法有很多种，其中 unittest 是 Python 自带的一个单元测试框架，有断言功能，使用起来非常方便。本例简单练习使用 unittest 来测试代码。限于篇幅，本节示例源码、解析和演示将在线展示，请读者扫描阅读。

12.4 案例实战

扫一扫，看视频

12.4.1 文件异常的处理

操作文件时需要考虑各种异常情况，如打开不存在的文件，系统就会抛出异常。为避免

此类问题，一般都会使用异常处理机制进行处理，让程序运行更稳健。

本案例简单演示如何对文件操作进行异常处理，案例代码如下所示。演示效果如图 12.9 所示。

```
string = 'hello python'                          # 定义字符串
file_name = 'test1.txt'                          # 定义文件名
try:                                             # 捕获异常
    file_obj = open(file_name,'r')               # 以只读的方式打开文件
    content = file_obj.read()                    # 读取文件内容
    print(content)                               # 打印文件内容
except FileNotFoundError as e:                   # 当文件不存在时
    print('读取文件失败',e)                       # 打印信息
    file_obj = open(file_name,'w')               # 以写入的方式打开文件
    file_obj.write(string)                       # 将字符串写入文件中
    print('文件写入成功')
    file_obj.close()                             # 关闭文件
```

```
读取文件失败 [Errno 2] No such file or directory: 'test1.txt'
文件写入成功
>>>
```

图 12.9　文件异常处理效果

12.4.2　自定义异常

扫一扫，看视频

虽然 Python 中对各种常见异常都进行了处理，但是依然满足不了所有需求，这时用户需要自己定义异常，自定义异常使用起来比较灵活、方便。

本案例演示如何自定义异常及其应用，案例完整代码如下所示。演示效果如图 12.10 所示。

```
class Drink:                                     # 定义 Drink 类
    def taste(self):                             # 定义 taste()方法
        pass
    def getDrink(self,drinkType):                # 定义 getDrink()方法
        if drinkType == 1:                       # 类型为 1
            print('咖啡')
        if drinkType == 2:                       # 类型为 2
            print('啤酒')
        if drinkType == 3:                       # 类型为 3
            print('牛奶')
class Coffee(Drink):                             # 定义 Coffee 类，继承自 Drink
    def taste(self):                             # 重写 taste()方法
        print('我是咖啡，味道是苦的')
class Beer(Drink):                               # 定义 Beer()类，继承自 Drink
    def taste(self):                             # 重写 taste()方法
        print('我是啤酒，味道是涩的')
class Milk(Drink):                               # 定义 Milk()类，继承自 Drink
    def taste(self):                             # 重写 taste()方法
        print('我是牛奶，味道是甜的')
class DrinkNotFoundException(Exception):         # 自定义异常
    pass
coffee = Coffee()                                # 实例化 Coffee 类
coffee.taste()                                   # 调用方法
beer = Beer()                                    # 实例化 Beer 类
```

```
beer.taste()                                          # 调用方法
milk = Milk()                                         # 实例化 Milk 类
milk.taste()                                          # 调用方法
drink = Drink()                                       # 实例化 Drink 类
try:                                                  # 捕获异常
    drinkType = int(input('请输入一个饮料编号:'))      # 接收输入编号
    if drinkType <1 or drinkType> 3:                  # 当输入编号不在范围内时
        raise DrinkNotFoundException('你输入的编号所对应的饮料不存在')
                                            # 抛出异常，指定异常信息
    drink.getDrink(drinkType)               # 获取饮料编号
except ValueError as e:                     # 当输入类型不是整数时，捕获 ValueError 异常
    print('编号输入错误',e)                  # 打印异常信息
```

```
我是咖啡，味道是苦的
我是啤酒，味道是涩的
我是牛奶，味道是甜的
请输入一个饮料编号:4
Traceback (most recent call last):
  File "D:/Python/异常/12.1认识异常处理/test3.py", line 32, in <module>
    raise DrinkNotFoundException('你输入的编号所对应的饮料不存在')
DrinkNotFoundException: 你输入的编号所对应的饮料不存在
>>> |
```

图 12.10　自定义异常效果

扫一扫，看视频

12.4.3　访问 URL 异常处理

第 12.3.3 节介绍了 logging 模块的基本使用，本节将继续练习使用 logging 模块。logging 模块包括 Logger、Handler、Filter、Formatter 四个部分，简单说明如下。

- Logger：记录器，用于设置日志采集。
- Handler：处理器，将日志记录发送至合适的路径。
- Filter：过滤器，决定输出哪些日志记录。
- Formatter：格式化器，定义输出日志的格式。

下面示例使用上述 logging 对象设置日志信息输出格式和路径，在以后的学习中会使用到爬虫，在爬虫中经常需要访问 URL，当 URL 不存在时，就需要对异常进行处理。在 Python 中通过 urllib.request.urlopen() 的方法访问。

本案例代码如下所示，演示效果如图 12.11 所示。

```
from urllib.request import urlopen          # 导入 urlopen 函数
from urllib.error import HTTPError          # 导入 HTTPError 异常类型
import logging                              # 导入 logging 模块
logger = logging.getLogger()                # 创建 logger 对象，提供应用程序直接使用的接口
file_handler = logging.FileHandler('error.log')        # 定义文件输出流
formatter = logging.Formatter('%(asctime)s - %(name)s - %(levelname)s - %(levelno)
s - %(message)s')
# 定义日志的输出格式，%(asctime)s 字符串格式的当前日期
file_handler.setFormatter(formatter)                   # 设置日志输出格式
logger.addHandler(file_handler)                        # 将输出流添加到 logger 中
logger.setLevel(logging.INFO)                          # 设置日志输出格式
def getURL(url_list):                                  # 定义函数
    for url in url_list:                               # 遍历 url_list
        try:                                           # 捕获异常
```

```
        html = urlopen(url)                                    # 访问 url 域名
    except Exception as e:                                     # 捕获异常
        logging.error(e)                                       # 将异常信息写入日志文件中
        print(url,'could not be found',e)                      # 打印异常信息
    else:                                                      # 打印访问成功信息
        print(url,'count be found')
getURL(["http://www.python.org","http://www.123456789.com"])# 调用函数，传入 2 个 URL
```

```
http://www.python.org count be found
http://www.123456789.com could not be found HTTP Error 403: Forbidden
>>> |
```

```
error - 记事本
文件(F)  编辑(E)  格式(O)  查看(V)  帮助(H)
2019-09-16 21:45:52,003 - root - ERROR - 40 - HTTP Error 403: Forbidden
```

图 12.11　采用异常处理效果

12.5　在 线 支 持

扫描，拓展学习

第 13 章　文件和目录操作

在 Python 程序运行期间，可以使用变量临时存储数据，但是当程序运行结束后，所有数据都将丢失。如果要永久保存数据，需要用到数据库或者文件。数据库适合保存表格化、关联性的数据，而文件适合保存松散的文本信息，或者图片、音视频等独立文件。Python 内置了文件和目录操作模块，可以很方便地读、写文件内容，实现数据的长久保存。

【学习重点】

- 文件的创建、读写和修改。
- 文件的复制、删除和重命名。
- 文件内容的搜索和替换。
- 文件的比较。
- 配置文件的读写。
- 目录的创建和遍历。

13.1　认识 os 和 os.path 模块

在 Python 中可以通过如下途径对本地文件系统进行操作：

- 内置的 file 对象。
- os 模块。
- os.path 模块。
- stat 模块。

os 模块是一个与操作系统进行交互的接口，可以直接对操作系统进行操作，直接调用操作系统的可执行文件、命令。os 模块主要包括两部分：文件系统和进程管理，本章重点介绍文件系统部分。

os.path 模块提供了一些与路径相关的操作函数。stat 模块能够解析 os.stat()、os.fstat()、os.lstat()等函数返回的对象的信息，也就是能获取文件的系统状态信息（即文件属性）。

当使用 os 模块、os.path 模块时，需要先使用 import 语句将其导入，然后才可以调用相关函数或者变量。

```
import os                                   # 导入 os 模块
from os import path                         # 从 os 模块中导入 path 子模块
```

导入 os 模块后，也可以使用 os.path 模块，因为 os.path 是 os 的子模块。

os 模块常用属性说明如下。

- os.name：返回当前操作系统的类型，如 nt 表示 Windows 系统，posix 表示 Linux、UNIX 或者 Mac OS 系统。
- os.linesep：返回当前操作系统的换行符，如 Windows 系统返回\r\n。
- os.sep：返回当前操作系统的路径分隔符，如 Windows 系统返回\。
- os.curdir：返回当前目录（'.'）。
- os.pardir：返回上一层目录（'..'）。

os 模块常用方法说明如下。

- os.getcwd()：返回当前工作目录，即当前 Python 脚本工作的目录。
- os.chdir(path)：改变工作目录。
- os.listdir(path='.')：返回指定目录包含的所有文件名和子目录名，其中“.”表示当前目录，“..”表示上一级目录。
- os.mkdir(path)：创建目录，如果目录存在，则抛出异常。
- os.makedirs(path)：递归创建多层目录，如果目录存在，则抛出异常。
- os.rmdir(path)：删除目录，如果该目录为非空，则抛出异常。
- os.removedirs(path)：递归删除多层目录，从子目录到父目录逐层删除，遇到目录非空则抛出异常。
- os.rename(old,new)：重命名文件。
- os.remove(file)：删除指定的文件。
- os.stat(file)：获取指定文件的属性。
- os.close(fd)：关闭打开的文件。
- os.chmod(file, mode)：修改指定文件的权限。
- os.system(command)：运行操作系统命令，等效于运行 shell 命令。
- os.exit()：终止当前进程。
- os.walk()：遍历目录树，返回所有路径名、目录列表和文件列表。

os.path 模块常用方法说明如下。

- os.path.abspath(path)：返回绝对路径。
- os.path.basename(path)：返回文件名。
- os.path.dirname(path)：返回文件路径。
- os.path.join(path1[,path2[,...]])：将 path1、path2 各部分拼接为一个完整的路径。
- os.path.split(path)：分隔文件名与路径，返回一个元组，包含 dirname 和 basename。
- os.path.splitext(path)：分离文件名与扩展名，返回一个元组，包含文件名和扩展名。
- os.path.getsize(file)：返回指定文件的尺寸，单位是字节。
- os.path.getatime(file)、os.path.getctime(file)、os.path.getmtime(file)：返回指定文件的最近访问时间、创建时间、最近修改时间（浮点型小数）。

下面是文件和目录检测函数。

- os.path.exists(path)：检测指定的路径（目录或文件）是否存在。
- os.path.isabs(path)：检测指定路径是否为绝对路径。
- os.path.isdir(path)：检测指定路径是否为目录。
- os.path.isfile(path)：检测指定路径是否为文件。
- os.path.islink(path)：检测指定路径是否为链接。
- os.path.samefile(path1,path2)：检测 path1 和 path2 两个路径是不是指向同一个文件。

13.2 文件基本操作

Python 内置了文件对象，通过 open()函数可以获取一个文件对象，再通过文件对象的各种方法可以实现对文件的读、写、删等基本操作。

扫一扫，看视频

13.2.1 创建或打开文件

在全局作用域中，Python 3 移除了内置的 file()函数，把该函数创建文件的功能集成到 open()函数中。使用 open()函数可以打开或创建文件。基本用法如下：

```
fileObj = open( fileName, mode='r', buffering=-1, encoding=None,
        errors=None, newline=None, closefd=True, opener=None )
```

open()函数共包含 8 个参数，比较重要的是前 4 个参数，除了 fileName 参数外，其他参数都有默认值，可以省略。参数说明如下：

- fileName：必需，指定要打开的文件名称或文件句柄。文件名称包含所在的路径（相对或绝对路径）。
- mode：打开模式，即文件打开权限。默认值为'rt'，表示只读文本模式。文件的打开模式有十几种，简单说明如表 13.1 所示。

表 13.1 open()函数主要打开模式列表

模式	功能	说明
文件格式相关参数 本组参数可以与其他模式参数组合使用，用于指定打开文件的格式，需要根据要打开文件的类型进行选择		
't'	文本模式	默认，以文本格式打开文件。一般用于文本文件
'b'	二进制模式	以二进制格式打开文件。一般用于非文本文件，如图片等
通用读写模式相关参数 本组参数可以与文件格式参数组合使用，用于设置基本读、写操作权限，以及文件指针初始位置		
'r'	只读模式	默认。以只读方式打开一个文件，文件指针被定位到文件头的位置。如果该文件不存在，则会报错
'w'	只写模块	打开一个文件只用于写入。如果该文件已存在，则打开文件，清空文件内容，并把文件指针定位到文件头位置开始编辑。如果该文件不存在，则创建新文件，打开并编辑
'a'	追加模式	打开一个文件用于追加，仅有只写权限，无权读操作。如果该文件已存在，文件指针被定位到文件尾。新内容被写入到原内容之后。如果该文件不存在，则创建新文件并写入
特殊读写模式相关参数		
'+'	更新模式	打开一个文件进行更新，具有可读、可写权限。注意，该模式不能单独使用，需要与 r、w、a 模式组合使用。打开文件后，文件指针的位置由 r、w、a 组合模式决定
'x'	只写模式	新建一个文件，打开并写入内容，如果该文件已存在，则会报错
组合模式 文件格式与通用读写模式可以组合使用，另外通过组合+模式可以为只读、只写模式增加写、读的权限		
r 模式组合		
'r+'	文本格式读写	以文本格式打开一个文件用于读、写。文件指针被定位到文件头的位置。新写入的内容将覆盖掉原有文件部分或全部内容；如果该文件不存在，则会报错
'rb'	二进制格式只读	以二进制格式打开一个文件，只能够读取。文件指针被定位到文件头的位置。一般用于非文本文件，如图片等

续表

模　式	功　能	说　明
r 模式组合		
'rb+'	二进制格式读写	以二进制格式打开一个文件用于读、写。文件指针被定位到文件头的位置。新写入的内容将覆盖掉原有文件部分或全部内容；如果该文件不存在，则会报错。一般用于非文本文件
w 模式组合		
'w+'	文本格式写读	以文本格式打开一个文件用于写、读。如果该文件已存在，则打开文件，清空原有内容，进入编辑模式。如果该文件不存在，则创建新文件，打开并执行写、读操作
'wb'	二进制格式只写	以二进制格式打开一个文件，只能够写入。如果该文件已存在，则打开文件，清空原有内容，进入编辑模式。如果该文件不存在，则创建新文件，打开并执行只写操作。一般用于非文本文件
'wb+'	二进制格式写读	以二进制格式打开一个文件用于写、读。如果该文件已存在，则打开文件，清空原有内容，进入编辑模式。如果该文件不存在，则创建新文件，打开并执行写、读操作。一般用于非文本文件
a 模式组合		
'a+'	文本格式读写	以文本格式打开一个文件用于读、写。如果该文件已存在，则打开文件，文件指针被定位到文件尾的位置，新写入的内容添加在原有内容的后面。如果该文件不存在，则创建新文件，打开并执行写、读操作
'ab'	二进制格式只写	以二进制格式打开一个文件用于追加写入。如果该文件已存在，则打开文件，文件指针被定位到文件尾的位置，新写入的内容在原有内容的后面。如果该文件不存在，则创建新文件，打开并执行只写操作
'ab+'	二进制格式读写	以二进制格式打开一个文件用于追加写入。如果该文件已存在，则打开文件，文件指针被定位到文件尾的位置，新写入的内容在原有内容的后面。如果该文件不存在，则创建新文件，打开并执行写、读操作

提示：

以二进制模式打开的文件（包含'b'），返回文件内容为字节对象，而不进行任何解码。在文本模式（包含't'）时，返回文件内容为字符串，已经解码。

- buffering：设置缓冲方式。0 表示不缓冲，直接写入磁盘；1 表示行缓冲，缓冲区碰到\n 换行符时写入磁盘；如果为大于 1 的正整数，则缓冲区文件大小达到该数字大小时，写入磁盘。如果为负值，则缓冲区的缓冲大小为系统默认。
- encoding：指定文件的编码方式，默认为 utf-8。该参数只在文本模式下使用。
- errors：报错级别。
- newline：设置换行符（仅适用于文本模式）。
- closefd：布尔值，默认为 True，表示 fileName 参数为文件名（字符串型）；如果为 False，则 fileName 参数为文件描述符。
- opener：传递可调用对象。

由于读写模式的原因，文件操作很容易出现各种异常，出于安全考虑，建议使用下面两种方式创建或打开文件。

1．在异常处理语句中打开

使用异常处理机制打开文件的方法：在 try 语句块中调用 open()函数，在 except 语句块中妥善处理文件操作异常，在 finally 语句块中关闭打开的文件。

【示例 1】 如果需要创建一个新的文件，在 open()函数中可以使用 w+模式，用 w+模式打开文件时，如果该文件不存在，则会创建该文件，而不会抛出异常。

```
fileName = "test.txt"                                   # 创建的文件名
try:
   fp = open(fileName, "w+")                            # 创建文件
   print("%s 文件创建成功" % fileName)                  # 提示创建成功
except IOError:
   print("文件创建失败，%s 文件不存在" % fileName)      # 提示创建失败
finally:
   fp.close()                                           # 关闭文件
```

在上面示例中，将打开当前目录下的 test.txt 文件，如果当前目录下没有 test.txt 文件，open()函数将创建 test.txt 文件，如果当前目录下有 test.txt 文件，open()函数则会打开该文件，但文件原有内容将被清空。程序输出结果如下所示：

```
test.txt 文件创建成功
```

【示例 2】 r 模式只能打开已存在的文件，当打开不存在的文件时，open()函数会抛出异常。

```
fileName = "test1.txt"                                  # 要打开的文件名
try:
   fp = open(fileName, "r")                             # 用 r 模式打开不存在的文件
except IOError:
   print("文件打开失败，%s 文件不存在" % fileName)      # 提示打开失败
finally:
   fp.close()                                           # 关闭文件
```

当打开的文件名称不带路径时，open()函数会在 Python 程序运行的当前目录寻找该文件，在当前目录下如果没有找到该文件，open()函数将抛出异常 IOError。

2．在上下文管理器中打开

with 语句是一种上下文管理协议，也是文件操作的通用结构。它能够简化 try…except…finally 异常处理机制的流程。使用 with 语句打开文件的语法格式如下：

```
with open(文件) as file 对象:
   操作 file 对象
```

with 语句能够自动处理异常，并在结束时，自动关闭打开的文件。

【示例 3】 下面示例在 with 语句中打开文件，然后逐行读取字符串并打印出来。

```
with open("test1.txt","r", encoding="utf-8") as file:   # 打开文件
    for line in file.readlines():                       # 迭代每行字符串
        print(line)                                     # 打印每一行字符串
```

注意：

当打开的文件不再使用时，建议调用文件对象的 close()方法关闭文件。这样既可以释放内存资源，同时又可以保护文件，当调用 close()方法关闭文件时，系统会先刷新缓冲区中还没有写入的信息，然后再关闭文件，避免内容丢失。

13.2.2　读取文件

扫一扫，看视频

调用 open()函数后，将会返回一个 file 对象，file 对象包含很多方法，使用这些方法可以对打开的文件进行读写操作。方法列表与说明可以扫描右侧二维码了解。

文件的读取有多种方法，可以使用 file 对象的 readline()、readlines()或 read()方法读取文件。下面具体介绍这些函数的用法。

1. 按行读取

使用 readline()方法可以每次读取文件中的一行，包括"\n"字符。当文件指针移动到文件的末尾时，如果继续使用 readline()读取文件，将抛出异常，因此在逐行读取时需要使用条件语句，判断文件指针是否移动到文件的尾部，以便及时中断循环。

【示例 1】 本示例演示了 readline()方法的使用。

新建文本文件，保存为 test.txt，然后输入下面多行字符串，它们是 file 对象的可用方法，也可以直接参考本小节示例源码文件 test.txt。

```
file.close():                          # 关闭文件
file.flush():                          # 刷新文件
file.fileno():                         # 返回文件描述符
file.isatty():                         # 判断文件是否连接到终端设备
file.next():                           # 返回下一行
file.read([size]):                     # 读取指定字节数
file.readline([size]):                 # 读取整行
file.readlines([sizeint]):             # 读取所有行
file.seek(offset[,whence]):            # 设置当前位置
file.tell():                           # 返回当前位置
file.truncate([size]):                 # 截取文件
file.write(str):                       # 写入文件
file.writelines(sequence):             # 写入序列字符串
```

最后，使用下面代码逐行读取 test.txt 文件中的字符串并输出显示，如图 13.1 所示。

```
f = open("test.txt")                   # 打开文本文件
while True:                            # 执行无限循环
    line = f.readline()                # 读取每行文本
    if line:                           # 如果不是尾行，则显示读取的文本
        print(line)
    else:                              # 如果是尾行，则跳出循环
        break
f.close                                # 关闭文件对象
```

提示：

readline()方法包含一个可选参数，设置从文件中读取的字节数。如果把上面示例中第 3 行代码改为如下语句，读取的方式略有不同，但读取的内容完全相同。该行代码并不表示每行只读取 5 字节的内容，而是指每行每次读 5 字节，直到行的末尾。演示效果如图 13.2 所示。

```
line = f.readline(5)
```

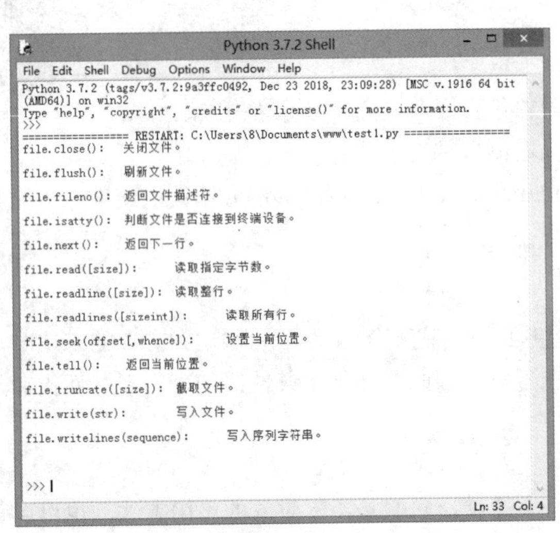

图 13.1　按行读取并显示

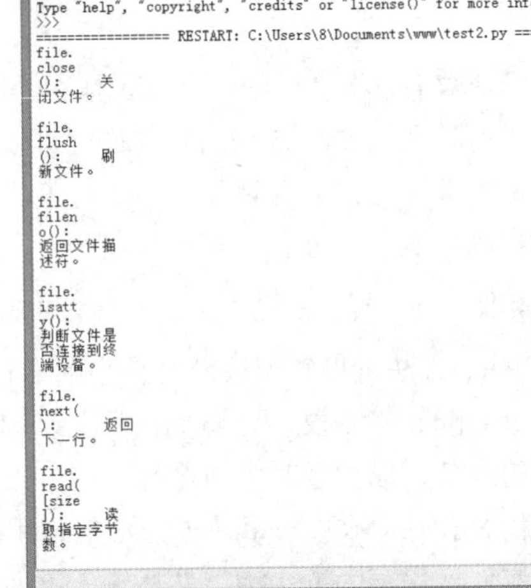

图 13.2　按字节读取并显示

2．多行读取

使用 readlines()方法可以一次性读取文件中的多行数据，然后返回一个列表，用户可以通过循环访问列表中的元素。

【示例 2】示例代码演示了 readlines()读取文件的方法。演示效果如图 13.1 所示。

```
f = open("test.txt")                    # 打开文本文件
lines = f.readlines()                   # 读取所有行
for line  in lines:                     # 从列表中读取每行并显示
    print(line)
f.close                                 # 关闭文件对象
```

在上面的代码中，第 2 行代码调用了 readlines()方法，把文件 test.txt 中包含的所有字符串都读取出来；第 3 行代码循环读取列表 lines 中的内容；第 4 行代码输出列表 lines 中每个元素的内容，最后手动关闭文件。

3．完整读取

读取文件最简单的方法是使用 read()方法，它能够从文件中一次性读出所有内容，并赋值给 1 个字符串变量。

【示例 3】本示例演示了 read()读取文件的方法。

```
f = open("test.txt")                    # 打开文本文件
all = f.read()                          # 读所有内容
print(all)                              # 显示所有内容
f.close                                 # 关闭文件对象
```

在上面的示例代码中，调用 read()方法把文件 test.txt 中所有的内容存储在变量 all 中，然后输出显示所有文件包含的内容。

提示：

read()方法包含一个可选的参数，用来设置返回指定字节的内容。

【示例 4】使用 read()方法分两次从 test.txt 文件中读取 13 字节和 5 字节内容。

```
f = open("test.txt")                    # 打开文本文件
str = f.read(13)                        # 读取 13 字节内容
print(str)                              # 显示内容
print(f.tell())                         # 获取文件对象的当前指针位置
str = f.read(5)                         # 读取 5 字节内容
print(str)                              # 显示内容
print(f.tell())                         # 获取文件对象的当前指针位置
f.close                                 # 关闭文件对象
```

输出结果如下：

```
file.close():
14
    关闭文件
23
```

第 1 次调用 f.read(13)读取文本文件中的 13 个字符，此时当前指针位置下移到第 14 字节位置。第 2 次调用 f.read(5)读取文本文件中的 5 个字符，此时当前指针位置下移到第 23 字节位置。由于拉丁字符都是单字节字符，所以 1 个字符等于 1 字节，而汉字都是双字节字符，1 个汉字等于 2 字节。

注意：

file 对象内部将记录文件指针的位置，以便下次操作。只要 file 对象没有执行 close()方法，文件指针就不会释放，也可以使用 file 对象的 seek()方法设置当前指针位置。用法如下：

```
fileObject.seek(offset[, whence])
```

fileObject 表示文件对象。参数 offset 表示需要移动偏移的字节数。参数 whence 表示偏移参照点，默认值为 0，表示文件的开头；当值为 1 时，表示当前位置；当值为 2 时，表示文件的结尾。

【示例 5】使用 read()方法分两次从 test.txt 文件中读取第 1 行的 file.close()和第 2 行的 file.flush()。

```
f = open("test.txt","rb")               # 使用 r 模式选项打开文本文件
str = f.read(12)                        # 读取 12 字节内容
print(str)                              # 显示内容
f.seek(15, 1)                           # 设置指针以当前位置为参照向后偏移 15 字节
str = f.read(12)                        # 读取 12 字节内容
print(str)                              # 显示内容
print(f.tell())                         # 获取文件对象的当前指针位置
f.close                                 # 关闭文件对象
```

输出结果如下：

```
b'file.close()'
b'file.flush()'
39
```

13.2.3　写入文件

扫一扫，看视频

使用文件对象的 write()和 writelines()方法可以为文件写入内容。

1．写入字符串

write()方法能够将传入的字符串写入文件，并返回写入的字符长度。

【示例 1】使用 open()函数以 w 模式创建并打开 test.txt 文件，然后在文件中写入字符串"Python"。

```
f = open("test.txt", "w")                 # 打开文件
str = "Python"                            # 定义字符串
n = f.write(str)                          # 写入字符
print(n)                                  # 显示写入字符的长度
f.close()                                 # 关闭文件
```

注意：

上述方法在写入前会清除文件中原有的内容，再重新写入新的内容，相当于“覆盖”的方式。如果需要保留文件中原有的内容，只是添加新的内容，可以使用 a 模式打开文件。

2. 写入序列

writelines()方法能够将一个序列的字符串写入文件。

【示例 2】使用 writelines()方法把字符串列表写入打开的 test.txt 文件。

```
f = open("test.txt", "w")                 # 打开文件
list = ["Python","Java","C"]              # 定义字符串列表
f.writelines(list)                        # 写入字符串列表
list = ["\nPython","\nJava","\nC"]        # 定义字符串列表，添加换行符
f.writelines(list)                        # 写入字符串列表
f.close()                                 # 关闭文件
```

执行程序之后，test.txt 文件内容如下：

```
PythonJavaC
Python
Java
C
```

注意：

writelines()方法不会换行写入每个元素，如果换行写入每个元素，就需要手动添加换行符\n。

提示：

使用 writelines()方法写入文件的速度更快。如果需要写入文件的字符串非常多，可以使用 writelines()方法提高效率。如果只需要写入少量的字符串，则直接使用 write()方法即可。

扫一扫，看视频

13.2.4 删除文件

删除文件需要使用 os 模块。调用 os.remove()方法可以删除指定的文件。

注意：

在删除文件之前需要先判断文件是否存在，如果文件不存在，直接进行删除，将抛出异常。调用 os.path.exists()方法可以检测指定的文件是否存在。

【示例】本示例尝试删除当前目录下的 test.txt，如果存在，则直接删除；否则提示不存在。

```
import os                                 # 导入 os 模块
f = "test.txt"                            # 指定操作的文件
if os.path.exists(f):                     # 判断文件是否存在
    os.remove(f)                          # 删除文件
    print("%s 文件删除成功" % f)
else:
    print("%s 文件不存在" % f)
```

13.2.5　复制文件

扫一扫，看视频

文件对象并没有提供直接复制文件的方法，但是使用 read()和 write()方法，可以间接实现复制文件的操作：先使用 read()方法读取原文件的全部内容，再使用 write()写入到目标文件中。

【示例】把 test1.txt 文件的内容复制给 test2.txt 文件。

```
# 创建 test1.txt，并添加内容
test1 = open("test1.txt", "w")
list = ["Python\n","Java\n","C\n"]                 # 定义字符串列表，添加换行符
test1.writelines(list)                             # 写入字符串列表
test1.close()                                      # 关闭文件

# 把 test1.txt 复制给 test2.txt
src = open("test1.txt", "r")                       # 以只读模式打开 test1.txt
dst = open("test2.txt", "a")                       # 以追加模式打开 test2.txt
dst.write(src.read())                              # 把 test1.txt 文件内容复制给 test2.txt

# 关闭文件
src.close()
dst.close()
```

在上面的示例中，通过 read()方法读取 test1.txt 的内容，然后使用 write()方法把这些内容写入 test2.txt 文件中。

提示：

shutil 模块是另一个文件、目录的管理接口，提供了一些用于复制文件、目录的方法。其中 copyfile()方法可以实现文件的复制。具体用法如下：

```
copyfile(src, dst)
```

该方法把 src 指向的文件复制到 dst 指向的文件。参数 src 表示源文件的路径；参数 dst 表示目标文件的路径，两个参数都是字符串类型。

13.2.6　重命名文件

扫一扫，看视频

使用 os 模块的 rename()方法可以对文件或目录进行重命名。

【示例 1】本示例演示了文件重命名的操作。如果当前目录下存在名为 test1.txt 的文件，则重命名为 test2.txt；如果存在 test2.txt 的文件，则重命名为 test1.txt。

```
import os                                          # 导入 os 模块
path = os.listdir(".")                             # 获取当前目录下所有文件或文件夹名称列表
print(path)                                        # 显示列表
if "test1.txt" in path:                            # 如果 test1.txt 存在
    os.rename("test1.txt", "test2.txt")            # 把 test1.txt 改名为 test2.txt
elif  "test2.txt" in path:                         # 如果 test2.txt 存在
    os.rename("test2.txt", "test1.txt")            # 把 test2.txt 改名为 test1.txt
```

在上面的示例中，“.”表示当前目录，os.listdir()方法能够返回指定的目录包含的文件和子目录的名字的列表。

提示：

在实际应用中，通常需要把某一类文件修改为另一种类型，即修改文件的扩展名。这种需求可以通过rename()方法和字符串查找函数实现。

【示例 2】把扩展名为 htm 的文件修改为以 html 为扩展名的文件。

```
import os                                          # 导入 os 模块
path = os.listdir(".")                             # 获取当前目录下所有文件或目录名称列表
for filename in path:                              # 遍历当前目录下所有文件
        pos = filename.find(".")                   # 获取文件扩展名前的点号下标位置
        if filename[pos+1:] == "htm":              # 如果文件扩展名为 htm
            newname = filename[:pos+1] + "html"    # 定义新的文件名，改扩展名为 html
            os.rename(filename,newname)            # 重命名文件
```

为了获取文件的扩展名，这里先查找“.”所在的位置，然后通过切片 filename[pos+1:]截取扩展名，也可以使用 os.path 模块的 splitext()方法实现，splitext()方法返回一个列表，列表中的第 1 个元素表示文件名，第 2 个元素表示文件的扩展名。

扫一扫，看视频

13.2.7　文件内容的搜索和替换

文件内容的搜索和替换可以结合字符串查找和替换来实现。

【示例 1】设计一个 test1.txt 文件，然后从中查找字符串“Python”，并统计“Python”出现的次数。

首先，新建 test1.txt 文件，包含以下字符串。

```
Python
Python  Python  Python
Python
Python
```

然后，编写 Python 代码来搜索指定的“Python”字符串。

```
import re                                     # 导入正则模块
f1 = open("test1.txt", "r")                   # 以只读模式打开 test1.txt 文件
count = 0                                     # 定义计数变量
for s in f1.readlines():                      # 读取 test1.txt 文件的每一行字符串，然后迭代
        li = re.findall("Python", s)          # 在每一行字符串中搜索字符串“Python”
        if len(li)>0:                         # 如果字符串长度大于 0，说明存在有指定字符串
            count = count + li.count("Python")        # 累积求和出现次数
print("查找到"+str(count) + "个 Python")              # 输出显示字符串出现的次数
f1.close()                                            # 关闭打开的文本文件
```

最后，测试程序，输出结果如下：

```
查找到 6 个 Python
```

在上面的示例代码中，变量 count 用于计算字符串“Python”出现的次数。第 4 行代码每次从文件 test1.txt 中读取 1 行到变量 s。然后，在 for 循环中调用 re 模块的函数 findall()查询变量 s，把查找的结果存储到变量 li 中。如果 li 中的元素个数大于 0，则表示查找到字符串“Python”。最后，调用字符串的 count()方法，统计当前行中“Python”出现的次数。

【示例 2】把 test1.txt 中的字符串“Python”全部替换为“python”，并把结果保存到文件 test2.txt 中。

```
f1 = open("test1.txt","r")                    # 以只读模式打开 test1.txt
f2 = open("test2.txt","w")                    # 以可写模式创建 test2.txt
for s in f1.readlines():                      # 读取 test1.txt 文件中每一行字符串，然后迭代
```

```
        f2.write(s.replace("Python","python"))
                                          # 使用"python"替换每一行中的"Python"
f1.close()                                # 关闭打开的 test1.txt
f2.close()                                # 关闭打开的 test2.txt
```

在上面的示例代码中，第 3 行代码从 test1.txt 中读取每行内容到变量 s 中。第 4 行代码先使用 replace()把变量 s 中的“Python”替换为“python”，然后把结果写入文件 test2.txt 中。

13.2.8　文件比较

扫一扫，看视频

Python 提供了模块 difflib 模块，用于对序列、文件进行比较。如果要比较两个文件，列出两个文件的异同，可以使用 difflib 模块的 SequenceMatcher 类实现。其中方法 get_opcodes()可以返回两个序列的比较结果。在调用 get_opcodes()方法之前，需要先生成 1 个 SequenceMatcher 对象。具体语法格式如下：

```
difflib.SequenceMatcher(isjunk=None, a='', b='', autojunk=True)
```

SequenceMatcher()是一个构造函数，主要创建任何类型序列的比较对象。参数 isjunk 用来设置过滤函数，例如，如果想丢掉 a 和 b 比较序列里特定的字符，就可以设置相应的函数，如不要空格和 tab 符，则可以设计 isjunk 如下：

```
lambda x: x in " \t"
```

参数 a 和 b 是比较序列。参数 autojunk 用来设置是否启用自动垃圾处理，可以设置为 false，即关闭该功能。

【示例】使用 SequenceMatcher()构造函数比较两个文件的异同。

首先，新建两个文本文件，然后输入简单的字符串，具体说明如下。

➘ test1.txt

```
one two 1 2
```

➘ test2.txt

```
2 3 two three
```

然后，输入下面的 Python 代码，尝试对两个文本文件进行简单的比较。

```
import difflib                            # 导入 difflib 模块
f1 = open("test1.txt", "r")               # 以只读模式打开 test1.txt
f2 = open("test2.txt", "r")               # 以只读模式打开 test2.txt
src = f1.read()                           # 读取 test1.txt 文件内容
dst = f2.read()                           # 读取 test2.txt 文件内容
print(src)
print(dst)
s = difflib.SequenceMatcher(lambda x: x == " ", src, dst)      # 比较两个文件
for tag, i1, i2, j1, j2 in s.get_opcodes():                    # 获取比较信息
    print("%s src [%d:%d]=%s dst[%d:%d]=%s" %
            (tag, i1, i2, src[i1:i2], j1, j2, dst[j1:j2]))
```

在上面示例中第 8 行代码生成 1 个序列匹配的对象 s，其中 lambda x: x == " "，表示忽略 test2.txt 中的换行符，如果 test2.txt 中有多余的换行，并不会作为不同点返回，然后，调用 get_opcodes()方法获取文件 test1.txt 与 test2.txt 的比较结果。最后测试程序，输出结果如下：

```
one two 1 2
2 3 two three
replace src [0:3]=one dst[0:3]=2 3
equal src [3:8]= two  dst[3:8]= two
replace src [8:11]=1 2 dst[8:13]=three
```

提示：

调用 SequenceMatcher()构造函数后，会生成一个序列比较对象，调用该对象的 get_opcodes()方法，将返回一个包含 5 个元素的元组，元组描述了从 a 序列变成 b 序列所经历的步骤。5 个元素的元组表示为（tag, i1, i2, j1, j2），其中 tag 表示动作，i1 表示序列 a 的开始位置，i2 表示序列 a 的结束位置，j1 表示序列 b 的开始位置，j2 表示序列 b 的结束位置。tag 表示的字符串如下。

- replace：表示 a[i1:i2]将要被 b[j1:j2]替换。
- delete：表示 a[i1:i2]将要被删除。
- insert：表示 b[j1:j2]将被插入到 a[i1:i1]中。
- equal：表示 a[i1:i2] == b[j1:j2]相同。

扫一扫，看视频

13.2.9 获取文件基本信息

当创建文件后，每个文件都会包含很多元信息，如创建时间、最新更新时间、最新访问时间、文件大小等。在 Python 中可以使用 os 模块的 stat()函数可以获取文件的基本信息。该函数的语法格式如下：

```
os.stat(path)
```

参数 path 表示文件的路径，可以是相对路径，也可以是绝对路径。stat()函数返回一个 stat 对象，该对象包含下面几个属性，通过访问这些属性，可以获取文件的基本信息。

- st_mode：inode 保护模式。
- st_ino：inode 节点号。
- st_dev：inode 驻留的设备。
- st_nlink：inode 的链接数。
- st_uid：所有者的用户 ID。
- st_gid：所有者的组 ID。
- st_size：普通文件以字节为单位的大小，包含等待某些特殊文件的数据。
- st_atime：最后一次访问的时间。
- st_mtime：最后一次修改的时间。
- st_ctime：最后一次状态变化的时间，即 inode 上一次变动的时间。

提示：

inode 就是存储文件元信息的区域，也称为索引节点。每一个文件都有对应的 inode，里面包含了与该文件有关的基本信息。

【示例 1】使用 stat()函数获取指定目录下特定文件的基本信息。

```
import os                                    # 导入 os 模块
path = "test/0.txt"
print(os.stat(path))                         # 获取全部文件基本信息
print(os.stat(path).st_mode)                 # 权限模式
print(os.stat(path).st_ino)                  # inode 节点号
print(os.stat(path).st_dev)                  # 驻留的设备
print(os.stat(path).st_nlink)                # 链接数
print(os.stat(path).st_uid)                  # 所有者的用户 ID
print(os.stat(path).st_gid)                  # 所有者组 ID
print(os.stat(path).st_size)                 # 文件的大小，以位为单位
```

```
print(os.stat(path).st_atime)                    # 文件最后访问时间
print(os.stat(path).st_mtime)                    # 文件最后修改时间
print(os.stat(path).st_ctime)                    # 文件创建时间
```

输出显示为：

```
os.stat_result(st_mode=33206, st_ino=585467951558244087, st_dev=4232052604, st_
nlink=1, st_uid=0, st_gid=0, st_size=1, st_atime=1562033172, st_mtime=1562463030,
st_ctime=1562033172)
33206
585467951558244087
4232052604
1
0
0
1
1562033172.7986898
1562463030.9145854
1562033172.7986898
```

【示例 2】通过示例 1 的输出结果可以看到，直接获取的文件大小以字节为单位，获取的时间都是毫秒数。下面的示例尝试对其进行格式化，让它们更直观地显示。

```
import os                                        # 导入 os 模块

def timeFormat(longtime):
    '''时间格式化
          longtime:时间或毫秒数
    '''
    import time                                  # 导入 time 模块
    return time.strftime('%Y-%m-%d %H:%M:%S', time.localtime(longtime))
                                                 # 把时间转换为本地时间，然后格式化为字符串返回

def byteFormat(longbyte):
    '''字节格式化
          longbyte:字节数
    '''
    _temp = ""                                   # 临时变量
    if longbyte < 1:                             # 小于 1 字节，返回 0 字节
        return "0 字节"
    if longbyte == 1:                            # 等于 1 字节，返回 1 字节
        return "1 字节"
    if longbyte >= 1024*1024*1024:               # 转换 GB
        _temp = "%dGB " %(longbyte//(1024*1024*1024))
        longbyte  = longbyte % (1024*1024*1024)
    if longbyte >= 1024*1024:                    # 转换 MB
        _temp = _temp + "%dMB " %(longbyte//(1024*1024))
        longbyte  = longbyte % (1024*1024)
    if longbyte >= 1024:                         # 转换 KB
        _temp = _temp + "%dKB " %(longbyte//(1024))
        longbyte  = longbyte % (1024)
    if longbyte < 1024:                          # 转换 B
```

```
        _temp = _temp + "%d 字节" %(longbyte)
    return _temp

path = "test/1.jpg"
print(byteFormat(os.stat(path).st_size))          # 文件的大小，以位为单位
print(timeFormat(os.stat(path).st_atime))         # 文件最后访问时间
print(timeFormat(os.stat(path).st_mtime))         # 文件最后修改时间
print(timeFormat(os.stat(path).st_ctime))         # 文件创建时间
```

输出显示为：

```
33KB 370 字节
2020-07-09 14:01:15
2020-07-09 14:01:06
2020-07-09 14:01:15
```

13.2.10 案例：音频文件的复制

扫一扫，看视频

复制当前目录下的音频文件“时间都去哪了.mp3”，播放复制后的文件，代码如下所示，演示效果如图 13.3 所示。

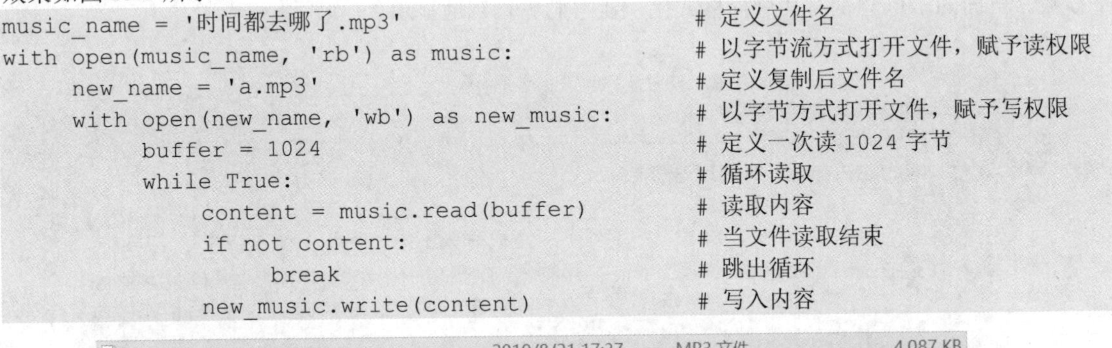

```
music_name = '时间都去哪了.mp3'                        # 定义文件名
with open(music_name, 'rb') as music:                 # 以字节流方式打开文件，赋予读权限
    new_name = 'a.mp3'                                # 定义复制后文件名
    with open(new_name, 'wb') as new_music:           # 以字节方式打开文件，赋予写权限
        buffer = 1024                                 # 定义一次读 1024 字节
        while True:                                   # 循环读取
            content = music.read(buffer)              # 读取内容
            if not content:                           # 当文件读取结束
                break                                 # 跳出循环
            new_music.write(content)                  # 写入内容
```

图 13.3 'wb'方式效果

将上面代码做如下修改，重新运行，演示效果如图 13.4 所示。

```
with open(new_name, 'ab') as new_music: # 以字节方式打开文件，赋予追加权限
```

图 13.4 'ab'方式效果

13.2.11 案例：文件操作过滤敏感词

扫一扫，看视频

创建敏感词文件，包含以下内容。

```
程序员
北京
上海
```

通过读入文件中敏感词与用户输入信息对比，将含有敏感词的内容用'*'代替，代码如下所示，演示效果如图 13.5 所示。

```
def filterwords(file_name):                          # 定义敏感词过滤函数
    with open(file_name,'r') as f:                   # 打开文件
        content = f.read()                           # 读取文件内容
        word_list = content.split('\n')              # 将文件内容转换成列表格式
        text = input('敏感词过滤:')                   # 输入测试内容
        for word in word_list:                       # 遍历敏感词列表
            if word in text:                         # 测试内容含有敏感词
                length = len(word)                   # 获取敏感词长度
                text = text.replace(word,'*'*length) # 用'*'替换敏感词
        return text                                  # 返回测试内容
file = 'filtered_words.txt'                          # 定义文件名
print (filterwords(file))                            # 打印结果
```

```
敏感词过滤:北京的程序员很厉害
**的***很厉害
>>> |
```

图 13.5　文件操作敏感词效果

13.3　目录基本操作

13.3.1　目录和路径

扫一扫，看视频

目录也称为文件夹，用以保存文件或者子目录。通过目录可以方便分类管理文件，也可以快速检索文件。

路径就是用于定位一个文件或目录的字符串，它有两种形式：相对路径和绝对路径。例如，在编写代码的时候经常会见到类似下面形式的路径字符串。

```
'news\content.txt'                 # 相对路径
'\news\content.txt'                # 绝对路径
'D:\\news\\content.txt'            # 绝对路径
```

1．相对路径

相对路径表示不完整的路径，是指相对于当前工作目录的路径。当前工作目录是指当前文件所在的目录，在 Python 中，可以通过 os.getcwd()函数获取当前工作目录。例如：

```
import os                          # 导入 os 模块
print(os.getcwd())                 # 输出显示当前工作目录
```

输出显示为：

```
c:\Users\8\Documents\www
```

如果在当前工作目录下，相对路径可以直接使用文件名进行访问。例如，要访问当前工作目录中的 test.txt 文件，直接使用 test.txt 即可。

如果访问子目录中的文件，相对路径可以使用“子目录/文件名”进行访问。例如，访问子目录 sub

中的 test.txt 文件，使用 sub/test.txt 即可。

同时，在相对路径中注意下面 3 个特殊符号表示。

提示：

在路径中，要注意下面 3 个特殊符号的语义。

- /：表示根目录，在 Windows 系统下表示某个盘的根目录，如“E:\”。
- .：表示当前目录，也可以写成“./”。在当前目录中可以直接写文件名或者下级目录。
- ..：表示上级目录，也可以写成“../”。

【示例 1】分别使用“/”“./”和“../”打开文本文件，然后执行写入操作。

```
f = open("test1.txt","w")                    # 当前目录
f.write("当前目录")
f.close()

f = open("/test2.txt","w")                   # 根目录
f.write("根目录")
f.close()

f = open("./test3.txt","w")                  # 当前目录
f.write("当前目录 1")
f.close()

f = open("../test4.txt","w")                 # 上级目录
f.write("上级目录")
f.close()
```

2．绝对路径

绝对路径是指文件的实际路径，也是完整的路径。它不受当前工作目录的影响，在任何位置都可以访问同一个绝对路径。在 Python 中，可以使用 os.path.abspath()函数获取一个文件的绝对路径。具体语法如下：

```
os.path.abspath(path)
```

参数 path 表示路径字符串，可以是文件，也可以是目录。

【示例 2】使用 os.path.abspath()函数获取“.”和“..”的绝对路径。

```
import os                                    # 导入 os 模块
path1 = os.path.abspath('.')                 # 表示当前所处文件夹的绝对路径
path2 = os.path.abspath('..')                # 表示当前文件夹的上一级文件夹的绝对路径
print(path1)
print(path2)
```

输出显示为：

```
c:\Users\8\Documents\www
c:\Users\8\Documents
```

提示：

在字符串中，'\'字符具有转义功能，因此在脚本中需要对路径字符串中的分隔符'\'进行转义，即使用'\\'替换'\'，也可以使用'/'代替'\'。但更简便的方法是：在路径字符串的前面加上 r 或者 R 前缀，定义原始字符串，那么路径中的分隔符可以不用转义了，如 r"test\0.txt"。

13.3.2 拼接路径

扫一扫，看视频

使用 os.path 子模块提供的 join()函数可以将两个或多个路径拼接成一个新的路径。基本语法如下：

```
os.path.join(path1[,path2[,…]])
```

参数 path1、path2 等表示路径字符串，多个参数通过逗号分隔。注意，该函数不负责检测路径的真实性。

提示：

在 Linux、UNIX 系统下，路径分隔符是斜杠' / '；在 Windows 系统下，路径分隔符是反斜杠' \ '，也可以兼容斜杠' /'；在苹果 Mac OS 系统中，路径分隔符是冒号' :'。因此，当把两个路径拼接为一个路径时，不要直接使用字符串连接，建议使用 os.path.join()函数，这样可以正确处理不同系统的路径分隔符。

【示例 1】本示例演示了如何使用 os.path.join()函数连接多个路径。

```
import os                                       # 导入 os 模块
Path1 = 'home'
Path2 = 'develop'
Path3 = 'code'
Path4 = Path1 + Path2 + Path3                   # 连接字符串
Path5 = os.path.join(Path1,Path2,Path3)         # 拼接路径
print ('Path4 = ',Path4)
print ('Path5 = ',Path5)
```

输出显示为：

```
Path4 =  homedevelopcode
Path5 =  home\develop\code
```

注意：

- 除了第一个参数外，如果参数的首字母不是'\'或'/'字符，则在拼接路径时会被加上分隔符'\'的前缀。
- 如果所有参数没有一个是绝对路径，那么拼接的路径将是一个相对路径。
- 如果有一个参数是绝对路径，则在它之前的所有参数均被舍弃，拼接的路径将是一个绝对路径。
- 如果有多个参数是绝对路径，则以参数列表中最后一个出现的绝对路径参数为基础，在它之前的所有参数均被舍弃，拼接的路径将是一个绝对路径。
- 如果最后一个参数为空字符串，则生成的路径将以'\'字符作为路径的后缀，表示拼接的路径是一个目录。

【示例 2】本示例设计当组成参数包含根路径，或者是绝对路径，或者最后一个参数为空，则使用 os.path.join()函数连接多个路径后的演示效果。

```
import os                                       # 导入 os 模块
Path1 = 'home'
Path2 = '\develop'
Path3 = ''
Path4 = Path1 + Path2 + Path3                   # 连接字符串
Path5 = os.path.join(Path1,Path2,Path3)         # 拼接路径
print ('Path4 = ',Path4)
```

```
print ('Path5 = ',Path5)
```

输出显示为：

```
Path4 =  home\develop
Path5 =  \develop\
```

在示例 2 中，Path1 = 'home'被舍弃，因为 Path2 = '\develop'包含了根目录，而 Path3 = ''表示最后一个参数为空，即显示为一个“\”分隔符。

13.3.3 检测目录

扫一扫，看视频

在文件操作中经常需要先检测给定的目录是否存在，这时可以使用 os.path 模块提供的 exists()函数。基本用法如下：

```
os.path.exists(path)
```

参数 path 为路径字符串，可以是绝对路径，也可以是相对路径。返回布尔值，如果指定的目录存在，则为 True；否则返回 False。

【示例】使用 os.path.exists()函数先检测当前目录下是否存在 test 文件夹。

```
import os                               # 导入 os 模块
b = os.path.exists("test")              # 判断当前目录下是否存在 test 文件夹
print(b)
```

输出显示为：

```
True
```

提示：

exists()函数除了可以检测目录，也可以检测文件。也就是说，该函数不区分路径是目录，还是文件。因此，如果要区分指定路径是目录、文件、链接，或者为绝对路径，那么可以使用下面的专用函数。

- os.path.isabs(path)：检测指定路径是否为绝对路径。
- os.path.isdir(path)：检测指定路径是否为目录。
- os.path.isfile(path)：检测指定路径是否为文件。
- os.path.islink(path)：检测指定路径是否为链接。

13.3.4 创建和删除目录

扫一扫，看视频

目录的创建和删除可以使用 mkdir()、makedirs()、rmdir()、removedirs()等函数实现。

【示例】本示例简单调用 mkdir()、makedirs()、rmdir()、removedirs()函数来创建和删除目录的操作过程。

```
import os                               # 导入 os 模块
os.mkdir("test")                        # 在当前目录下创建 test 文件夹
os.rmdir("test")                        # 在当前目录下删除 test 文件夹
os.makedirs("test/sub_test")            # 创建多级目录
os.removedirs("test/sub_test")          # 删除多级目录
```

在上面的示例中，第 2 行代码创建 1 个名为“test”的目录，第 3 行代码删除目录“test”。第 4 行代码创建多级目录，先创建目录“test”，再创建子目录“sub_test”，第 5 行代码删除目录“test”和“sub_test”。

注意：

如果需要一次性创建或删除多个目录，应使用函数 makedirs()和 removedirs()，而 mkdir()和 rmdir()一次只能创建或删除一个目录。

13.3.5 遍历目录

扫一扫，看视频

遍历是指从某个节点出发，按照一定的搜索路线，依次访问数据结构中的全部节点，且每个节点仅访问一次。遍历目录有两种方法：递归函数、使用 os.walk()。下面分别进行介绍。

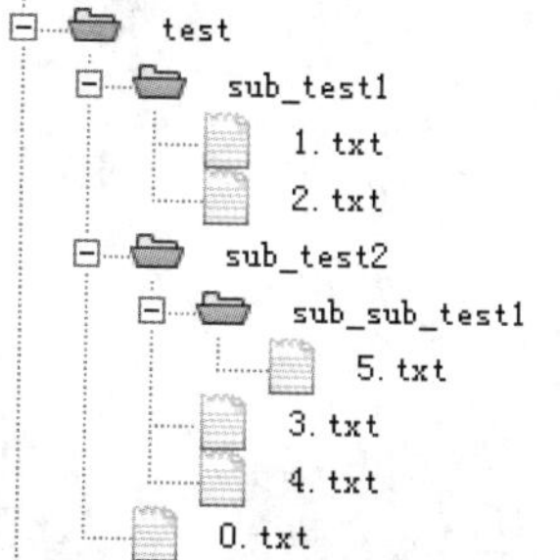

图 13.6 构建测试目录结构

1. 递归函数

递归函数就是在函数内直接或间接地调用函数本身。

【示例 1】本示例先定义一个遍历函数，该函数能够根据指定的目录，自动遍历该目录下所有包含的文件，并输出该目录下所有文件名称，以及子目录名称。

首先，在当前目录下构建测试目录结构，如图 13.6 所示。

然后，定义一个递归函数，用来遍历指定目录结构。

```
# 递归遍历目录
import os                                    # 导入 os 模块
def visitDir(path):
    li = os.listdir(path)                    # 获取指定目录包含的文件或文件夹名字的列表
    for p in li:                             # 遍历列表
        pathname = os.path.join(path, p)          # 拼接成完整的路径
        if not os.path.isfile(pathname):          # 检测当前路径是否为文件夹
            visitDir(pathname)                    # 递归调用函数，遍历子目录下的文件
        else:
            print(pathname)                       # 输出显示完整的路径
```

在上面的示例代码中，第 3 行代码定义了名为 visitDir 函数，该函数以目录路径作为参数。第 4 行代码返回当前路径下所有的目录名和文件名。第 6 行代码调用 os.path 模块的函数 join()，获取文件的完整路径，并保存到变量 pathname 中。第 7 行代码判断 pathname 是否为文件。如果 pathname 表示目录，则递归调用 visitDir 函数，继续遍历底层目录。否则，直接输出文件的完整路径。

最后，调用函数 visitDir()，遍历当前目录下 test 文件夹中的所有文件。

```
visitDir("test")
```

测试程序，输出结果如下：

```
test\0.txt
test\sub_test1\1.txt
test\sub_test1\2.txt
test\sub_test2\3.txt
test\sub_test2\4.txt
test\sub_test2\sub_sub_test1\5.txt
```

2. 使用 os.walk()

os 模块提供了 walk()函数，该函数可用于目录的遍历，功能类似于 os.path 模块的函数 walk()。

注意：

> os.path.walk()在 Python 3.0 中已经被移除。os.walk()不需要回调函数，更容易使用。

具体语法格式如下：

```
os.walk(top, topdown=True, onerror=None, followlinks=False)
```

- top：设置需要遍历的目录路径，即指定要遍历的树形结构的根目录。
- topdown：可选参数，设置遍历的顺序。默认值为 True，表示自上而下遍历，先遍历根目录下的文件，然后再遍历子目录，以此类推。当值为 False 时，则表示自下而上遍历，先遍历最后一级子目录下的文件，最后才遍历根目录。
- onerror：可选参数，默认值为 None，设置一个函数或可调用的对象，当遍历出现异常时，该对象被调用，用来处理异常。
- followlinks：可选参数，默认值为 False。如果为 True，则会遍历目录下的快捷方式，即在支持的系统上访问由符号链接指向的目录。

该函数返回 1 个元组，包含 3 个元素：每次遍历的路径名、目录列表和文件列表。

【示例 2】使用 os.walk()遍历示例 1 中创建的目录 test。

```
# 递归遍历目录
import os                                                    # 导入 os 模块
def visitDir(path):
    for root, dirs, files in os.walk(path):                  # 遍历目录
        for filepath in files:                               # 遍历文件
            print(os.path.join(root, filepath))              # 输出文件的完整路径
# 调用函数
visitDir("test")
```

使用 os 模块的函数 walk()只要提供 1 个参数 path，即待遍历目录树的路径。os.walk()实现目录遍历的输出结果和递归函数实现目录遍历的输出结果相同。

扫一扫，看视频

13.3.6 案例：查找文件

输入需要查找的文件路径，在该路径下查找指定文件，代码如下所示，演示效果如图 13.7 所示。

```
import os                                     # 导入 os 模块
def find_file():                              # 定义函数
    path = input('请输入查找文件目录:')        # 接收目录
    filename = input('请输入查找目标文件:')    # 接收文件名
    visit_dir(path, filename)                 # 调用遍历目录函数
def visit_dir(path, filename):                # 定义函数
    li = os.listdir(path)                     # 获取指定目录包含的文件或文件夹名字的列表
    for p in li:                              # 遍历列表
        pathname = os.path.join(path,p)       # 拼接成完整的路径
        if not os.path.isfile(pathname):      # 检测当前路径是否为文件夹
            visit_dir(pathname, filename)             # 递归调用函数，遍历子目录下文件
        else:
            if p == filename:                         # 查找到目标文件
                print(pathname)                       # 输出完整文件路径
            else:
                continue
find_file()                                           # 调用函数
```

```
请输入查找文件目录:d:\python
请输入查找目标文件:test.txt
d:\python\文件\test.txt
>>> |
```

图 13.7 查找路径下文件效果

13.3.7　案例：统计指定目录下文件类型

扫一扫，看视频

本例利用字典结构的特性，把扩展名设置为键名，同类型文件的个数设置为键值，然后遍历指定目录，获取所有文件，再根据键名快速统计同类型文件的个数。示例代码如下所示，演示效果如图 13.8 所示。

```
import os                                      # 导入 os 模块
def count_filetype(file_path):                 # 定义统计文件类型函数
        file_dict={}                           # 定义文件类型字典
        file_list = os.listdir(file_path)      # 获取指定目录包含的文件或文件夹名字的列表
        for file in file_list:                 # 遍历列表
              pathname = os.path.join(file_path, file)        # 拼接成完整的路径
              if os.path.isfile(pathname):              # 检测当前路径是否为文件夹
                   (file_name,file_extention)=os.path.splitext(file)
                                                        # 获取文件名和文件后缀
                   if file_dict.get(file_extention) == None:
                                                        # 检测字典中是否含有该后缀文件
                         count = 0                      # 没有该后缀文件，设置值为 0
                   else:
                         count = file_dict.get(file_extention)
                                                        # 有该后缀文件，获取该值
                   count += 1                           # 文件类型个数累加
                   file_dict.update({file_extention:count})   # 添加到字典中
         for key,count in file_dict.items():                  # 遍历字典
                   print('\"%s\"文件夹下共有类型为\"%s\"的文件%s 个'%(file_path,
                   key, count))
count_filetype(r'D:\Python\file')                            # 打印信息
```

```
"D:\Python\file"文件夹下共有类型为".mp3"的文件2个
"D:\Python\file"文件夹下共有类型为".py"的文件21个
"D:\Python\file"文件夹下共有类型为".txt"的文件6个
"D:\Python\file"文件夹下共有类型为".json"的文件1个
>>> |
```

图 13.8　统计路径下文件个数效果

13.4　案 例 实 战

13.4.1　分页读取文件信息

扫一扫，看视频

当文件信息很多时，如果一次性读取全部内容，会占用很多内存资源，而如果采用分页读取信息的方法进行显示，会更友好、更高效。本例通过循环读取每一行文本，结合条件检测控制每一次读取的次数，以此方法实现分页读取文件的信息，代码如下所示，演示效果如图 13.9 所示。

```
file = input('请输入文件名:')                     # 接收文件名或文件路径
with open(file ,'r') as f:                        # 打开文件
     flag = False                                 # 定义文件是否读取完毕，默认没有读完
     while True:                                  # 循环读取文件
          for i in range(20):                     # 定义一页显示 20 行
                content = f.readline()            # 读取一行
```

```
            if content:                           # 判断是否读取完毕
                print (content,end = '')          # 打印内容
            else:                                 # 读取完毕
                print('文件读取结束!')
                flag = True                       # 设置标记为 True
                break                             # 退出读入循环
        if flag:
            break                                 # 文件读取结束，退出整个循环
        choice = input('是否继续读入[y/n]:')       # 文件没有读完，判断是否继续读取
        if choice == 'n' or choice == 'N':        # 不读取
            break                                 # 退出
```

```
请输入文件名:test.txt
file.close():   关闭文件。
file.flush():   刷新文件。
file.fileno():  返回文件描述符。
file.isatty():  判断文件是否连接到终端设备。
file.next():    返回下一行。
file.read([size]):        读取指定字节数。
file.readline([size]):  读取整行。
file.readlines([sizeint]):        读取所有行。
file.seek(offset[,whence]):       设置当前位置。
file.tell():    返回当前位置。
file.truncate([size]):  截取文件。
file.write(str):          写入文件。
file.writelines(sequence):          写入序列字符串。
file.close():   关闭文件。
file.flush():   刷新文件。
file.fileno():  返回文件描述符。
file.isatty():  判断文件是否连接到终端设备。
file.next():    返回下一行。
file.read([size]):        读取指定字节数。
file.readline([size]):  读取整行。
是否继续读入[y/n]:y
file.readlines([sizeint]):        读取所有行。
file.seek(offset[,whence]):       设置当前位置。
file.tell():    返回当前位置。
file.truncate([size]):  截取文件。
file.write(str):          写入文件。
file.writelines(sequence):          写入序列字符串。

文件读取结束!
>>>
```

图 13.9　分页读取文件效果

扫一扫，看视频

13.4.2　json 文件操作用户登录

新建 user_info.json 文件，以字典格式保存用户名、登录密码和登录时间。格式信息如下：

```
{
    "admin": {
        "password": "123",
        "login_time": "2020-08-22 14:55:42"},
    "test": {
        "password": "456",
        "login_time": "2020-08-22 14:41:39"}
}
```

编写程序，通过获取 json 文件中的数据信息，对比用户输入信息来判断用户登录是否成功，并对用户登录时间进行更新。示例代码如下所示，演示效果如图 13.10 所示。

```
import time                                  # 导入 time 模块
import json                                  # 导入 json 模块
class User:                                  # 定义 User 类
    def __init__(self,json_file):            # 初始化函数
        self.json_file = json_file           # 定义 json 文件名
```

```
        self.user_dict = self.read()        # 调用 read 方法，打开 json 文件，获取数据
    def write(self):                        # 定义写入方法
        with open(self.json_file, 'w') as f:# 打开文件，赋予写入权限
            json.dump(self.user_dict,f)  # 将 json 数据格式写入文件中
    def read(self):                         # 定义读取方法
        with open(self.json_file, 'r') as f:# 打开文件
            user_dict = json.load(f)        # 获取 json 格式数据信息
            return user_dict                # 返回字典
    def login(self,username,password):      # 定义登录方法
        if username in self.user_dict and password == self.user_dict[username]
        ['password']:
                                            # 判断用户名是否在文件中，密码是否正确
            print('上次登录时间:',self.user_dict[username]['login_time'])
                                            # 文件中保存的登录时间字典信息
            time_now = time.strftime("%Y-%m-%d %H:%M:%S",time.localtime())
                                            # 获取当地时间并格式化日期
            self.user_dict[username]['login_time'] = time_now
                                            # 修改字典中登录时间信息
            print('登录成功!')
            self.write()                    # 将修改后的信息写入文件中
        else:                               # 用户名或密码不正确
            print('登录失败!')
json_file = 'user_info.json'                # 定义打开文件名
username = input('请输入用户名:')            # 输入用户名
password = input('请输入密码:')              # 输入密码
user = User(json_file)                      # 实例化类
user.login(username,password)               # 调用登录方法
```

```
请输入用户名:admin
请输入密码:123
上次登录时间: 2019-08-22 14:55:42
登录成功!
>>> |
```

图 13.10　json 文件效果

13.4.3　读取 Excel 文件

扫一扫，看视频

Python 操作 Excel 主要用到两个库：xlrd 和 xlwt，其中 xlrd 负责读取 Excel 数据，xlwt 负责写入 Excel。有两种安装方法，可以任选：

- 访问 https://pypi.org/project/xlrd/、https://pypi.org/project/xlwt/下载并安装模块。
- 使用 pip 命令快速安装，代码如下。

```
pip install xlrd
pip install xlwt
```

下面以 xlrd 模块为例简单介绍 Excel 文件操作的基本方法：

第 1 步，导入模块：import xlrd。

第 2 步，打开 Excel 文件读取数据：data = xlrd.open_workbook(filename)。

提示：

在 Excel 单元格中常用数据类型包括 0 empty（空值）、1 string（文本）、2 number（数字）、3 date（日期）、4 boolean（布尔）、5 error（错误）、6 blank（空白）。

扫描，拓展学习

第 3 步，主要针对 book 和 sheet（标签）进行操作。常用数据操作函数请扫描左侧二维码了解。

下面示例完整演示如何打开 Excel 文件，读取其中包含的数据，并打印出来，示例代码如下所示，演示效果如图 13.11 所示。

```
import xlrd                                          # 导入 xlrd 包
def read_excel(file_name):                           # 定义读 Excel 文件函数
    '''读取 Excel 文件'''
    workbook = xlrd.open_workbook(file_name)         # 打开 Excel 文件
    sheet = workbook.sheet_names()[0]                # 获取所有的 sheet
    sheet = workbook.sheet_by_index(0)               # 根据 sheet 索引获取 sheet
    row_num = sheet.nrows                            # 根据 sheet 获取行数
    col_num = sheet.ncols                            # 根据 sheet 获取列数
    # 打印 Excel 表的名称、行数和列数信息
    print("Excel 表名称：%s，行数：%d，列数：%d" %(sheet.name, row_num, col_num))
    # 打印出所有合并的单元格
    for (row,row_range,col,col_range) in sheet.merged_cells:
        print(sheet.cell_value(row,col))
    # 获取所有单元格内容
    excel_list = []                          # 定义空列表，用来保存所有单元格的内容
    for i in range(row_num):                 # 遍历行
        row_list = []                        # 定义空行列表
        for j in range(col_num):                     # 遍历列
            row_list.append(sheet.cell_value(i, j))
                                                     # 将行列值对应内容追加到行列表中
        excel_list.append(row_list)                  # 将行列表的值添加到总列表中
    # 输出所有单元格的内容
    for i in range(row_num):                         # 遍历行
        for j in range(col_num):                     # 遍历列
            print(excel_list[i][j], '\t', end="")    # 根据行列值，打印单元格中的值
        print()                                      # 换行输出
read_excel('myexcel.xls')                            # 调用函数
```

```
Excel表名称：sheet1，行数：12，列数：10
计算机学院2019年研究生复试成绩
10511912130.0	李华	拟录取	计算机科学与技术		计算机应用技术	79.86	397	80.94	全国统考
10511912130.0	张三	拟录取	计算机科学与技术		计算机系统结构	79.1	385	84	全国统考
10511912130.0	小红	拟录取	计算机科学与技术		计算机应用技术	79.03	386	83.3	全国统考
10511912130.0	赵六	拟录取	计算机科学与技术		计算机应用技术	78.29	376	85.5	全国统考
10511912141.0	王二	拟录取	计算机科学与技术		计算机应用技术	77.84	373	85.4	全国统考
10511912131.0	李一	拟录取	计算机科学与技术		计算机应用技术	76.96	368	84.8	全国统考
10511912130.0	李四	拟录取	计算机科学与技术		计算机应用技术	76.69	368	83.9	全国统考
10511912148.0	甘琪	拟录取	计算机科学与技术		计算机应用技术	76.56	364	85.32	全国统考
10511915197.0	吴海	拟录取	计算机科学与技术		计算机应用技术	75.68	361	83.8	全国统考
10511914386.0	陈九	拟录取	计算机科学与技术		计算机应用技术	75.35	373	77.1	全国统考
10511914309.0	余十	拟录取	计算机科学与技术		计算机应用技术	75.17	361	82.1	全国统考
>>> |
```

图 13.11　读取 Excel 表效果

13.5　在 线 支 持

扫描，拓展学习

3

编程应用

第 14 章　数据库编程

在应用程序中，数据有 3 种主要存储方式。

- 存储到内存或缓存到硬盘：优点是操作方便，读写速度快，适合保存临时、小型数据。缺点是无法长久保存。如果大量的数据存储在内存或缓存区，会占用系统资源，拖累程序的执行速度。
- 存储到文件：优点是能够永久保存，不易丢失。缺点是操作比较麻烦，读写、查询不方便，速度慢，数据安全性较低。
- 存储到数据库：优点是能够永久保存，操作和查询方便、速度快，数据安全性高。缺点是技术门槛较高，需要搭建配套的运行环境，对初级用户不友好。

数据库按规模大小可以分为四种类型：大型数据库（如 Oracle）、中型数据库（如 SQLServer）、小型数据库（如 MySQL）、微型数据库（如 SQLite）。本章将以 MySQL 和 SQLite 为例介绍数据库的基本操作，它们都是关系型数据库，可以触类旁通。另外，还有一类数据库：非关系型数据库，如 MongoDB 和 Redis 等，本章就不再涉及。

【学习重点】

- 了解数据存储方式。
- 安装 MySQL 数据库。
- 安装和使用 PyMySQL 模块。
- 创建 SQLite 数据库。

14.1　认识 DB API

14.1.1　什么是 DB API

DB API 表示数据库应用程序接口，通过该接口可以使用相同的方法连接、操作不同的数据库。DB API 的主要作用：兼容不同类型的数据库，降低编程难度。

在程序开发中，数据库的支持是必不可少的，但是数据库的种类繁多，每一种数据库的对外接口实现各不相同。如果一个项目为了适应不同的应用场景，需要频繁更换不同的数据库，则必须进行大量的源码修改工作，非常不方便，开发效率低、维护成本高。

为了方便对数据库进行统一的操作，大部分编程语言都提供了标准化的数据库接口，用户不需要去了解每一种数据库的接口实现细节，只需要简单的设置，就能够快速切换，操作不同的数据库，这样大大降低了编程难度。

在 Python Database API 2.0 中，规范了 Python 操作不同类型数据库的标准方法，以及组成部分。该 API 主要包括：

- 数据库连接对象
- 数据库交互对象
- 数据库异常类

在 Python 中，DB API 使用流程如下：

第 1 步，安装数据库驱动程序。

第 2 步，引入数据库 API 模块。

第 3 步，获取与数据库的连接。

第 4 步，执行 SQL 语句和存储过程。

第 5 步，关闭数据库连接。

14.1.2　安装数据库驱动程序

所有数据库驱动程序都在一定程度上遵守 Python DB API 规范，该规范定义了一系列对象和数据库存取方式，以便为各种数据库和数据库应用程序提供一致的访问接口。用户可以用相同的方法操作不同的数据库。

【示例】本示例演示如何使用 Python 连接 MySQL 数据库。

为了使用 DB API 编写 MySQL 脚本，必须确保已经安装了 MySQL 驱动。目前有两个 MySQL 的驱动，可以选择以下其中一个进行安装。

- MySQL-python：封装了 MySQL C 驱动的 Python 驱动。
- mysql-connector-python：MySQL 官方的纯 Python 驱动。

本节主要介绍如何安装 MySQL-python 驱动，即 MySQLdb 模块。在第 14.4 节中将详细介绍 mysql-connector-python 驱动的安装和使用，即 PyMySQL 模块。

命令行安装 MySQLdb 模块的方法：

```
pip install python-mysql
```

源码安装 MySQLdb 模块的方法：

第 1 步，访问 http://www.lfd.uci.edu/~gohlke/pythonlibs/，下载 mysqlclient-1.4.2-cp37-cp37m-win_amd64.whl，如图 14.1 所示。注意，应该根据个人系统和 Python 版本酌情选择。

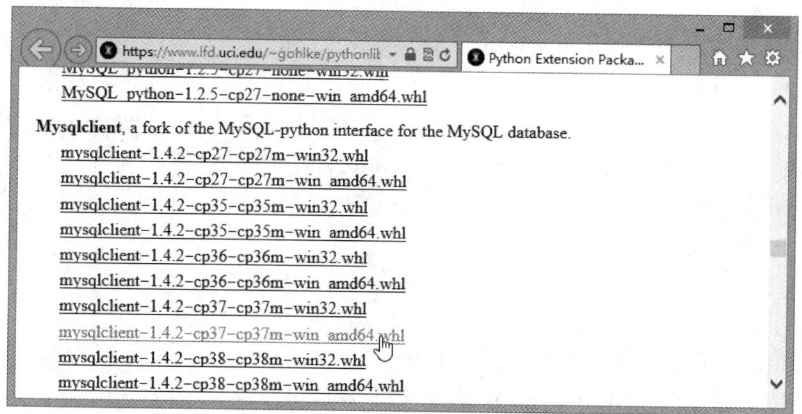

图 14.1　下载 MySQL 客户端驱动

提示：

在 mysqlclient-1.4.2-cp37-cp37m-win_amd64.whl 文件名中，1.4.2 表示 MySQL 客户端驱动的版本号，cp 后面的 37 表示支持的 Python 版本号，本示例安装的 Python 3.7，因此需要选择 cp37，win_amd64 表示 Windows 系统 64 位。

第 2 步，将下载的文件复制到 Python 安装目录下的 Scripts 目录下。

第 3 步，在 DOS 下使用 cmd 命令，打开命令行窗口，使用 cd 命令，切换到 Scripts 目录下。

第 4 步，输入下面命令，安装 MySQL 客户端驱动，如图 14.2 所示。

```
pip install mysqlclient-1.4.2-cp37-cp37m-win_amd64.whl
```

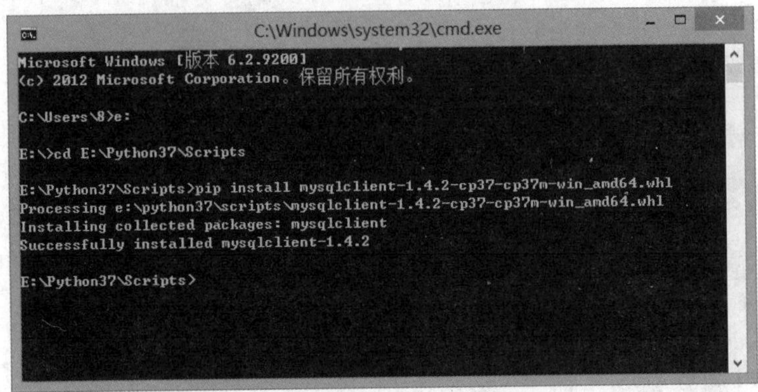

图 14.2　安装 MySQL 客户端驱动

第 5 步，安装成功之后，在 Python 命令行中输入下面代码，导入 MySQLdb，如果没有报错，则说明安装成功。

```
import MySQLdb
```

提示：

MySQLdb 用于 Python 连接 MySQL 数据库的接口，它实现了 Python 数据库 API 规范 V2.0，是基于 MySQL C API 上建立的。

14.1.3　连接数据库

安装数据驱动之后，就可以使用 Python DB API 规范的 connect()函数连接数据库。调用 connect ()函数会返回一个 connection 对象，通过 connection 对象可以连接数据库，然后访问数据库。

符合规范的数据驱动的接口都会支持 connection 对象及其连接方法。connect()函数包含多个参数，具体设置哪些参数，取决于使用的数据库类型。常用参数说明如下。

- user：登录数据库的用户名。
- password：登录数据库的用户密码。
- host：数据库服务器的主机名，本地数据库服务器一般为 localhost。
- database：数据库的名称。
- dsn：数据源名称。如果数据库支持时可以设置。

【示例】下面示例演示了使用 PyMySQL 驱动连接 MySQL 数据库的方法。

```
conn = pymysql.connect("localhost","root","11111111","python_test" )
```

如果知道 connect()函数的参数顺序，可以以位置参数的形式设置。上面代码中的参数分别为服务器的主机名、用户名、密码和数据库的名称，也可以以关键字参数的形式设置：

```
conn = pymysql.connect(host = "localhost",          # 主机名
                       user = "root",               # 用户名
                       password = "11111111",       # 密码
                       db = "python_test"           # 数据库名称
```

```
                    charset='utf8',                     # 字符编码
                  cursorclass=pymysql.cursors.DictCursor
                  # 返回的游标类型，设置 queryset 的字典类型，方便操作
                  )
```

如果数据库支持，还可以把多个参数以一个 DSN 字符串的形式提供：

```
connect(dsn='myhost:MYDB',
        user='username',
        password='123456')
```

注意：

不同数据库驱动程序对 Python DB API 规范的可能有些差异，并非都是严格按照规范进行实现。例如，MySQLdb 使用 db 参数，而不是规范推荐的 database 关键字参数访问数据库。

```
MySQLdb.connect(host='主机名', db='数据库的名称', user='用户名')  # MySQL 数据库
PgSQL.connect(database='数据库的名称')                           # PgSQL 数据库
psycopg.connect(database='数据库的名称', user='用户名')          # psycopg 数据库
sqlite3.connect('数据库文件位置')                                 # sqlite3 数据库
```

connect ()函数返回一个连接对象，该对象表示当前用户与数据库服务器建立的会话。通过连接对象支持的方法可以实现对数据库的读、写操作。connection 对象包含的主要方法说明如下：

- commit()：提交事务。在事务提交之前，所有对数据库进行的修改操作都不会同步到数据库，只有在提交事务之后，才会同步到数据库。有关事务的介绍请参考 14.4.4 节内容。
- rollback()：回滚事务。恢复数据库到操作之前的数据状态。
- cursor()：获取游标对象，通过游标对象来操作数据库。
- close()：关闭数据库连接。关闭后无法再进行操作，除非再次创建连接。

14.1.4 使用游标对象

游标（Cursor）本是数据库中的一个技术概念，它表示数据表或记录集中当前记录的指针，类似文件操作中的指针。在 Python DB API 中，游标是一个实现了迭代器（__iter__()）和生成器（yield）的 Cursor 类型，负责接收 SQL 字符串，执行数据查询，或者执行数据库操作命令，生成并维护着一个结果集。

cursor 对象不会立即返回执行结果。执行 SQL 命令后，cursor 对象还没有数据，只有等到调用 fetchone()、fetchmany()或 fetchall()方法时，才会返回一个元组，并支持 len()和 index()等属性，元组中每个元素以元组的形式保存一条记录。

为什么说 cursor 又是生成器呢？因为 cursor 只能往下读取，不能够往回读取。每读取一次之后，会记录当前游标指针的位置，等到下次再读取时，是从游标指针位置往下读取，而不是从头再来，一旦读取完所有的记录之后，不能再读取数据。如果要再读取数据，必须使用 scroll()方法回滚游标指针，相当于干预了 yield 表达式的返回值。

无论数据库是否真正支持游标，数据库驱动程序都必须实现游标对象。创建游标对象之后，就可以执行查询或命令，也可以从结果集中取出一条或多条记录。

使用连接对象的 cursor()方法可以返回游标对象。游标对象拥有很多属性和方法，可以扫描右侧二维码具体了解。

扫描，拓展学习

提示：

DB API 操作数据库的主要步骤如下：

第 1 步，使用 connect()函数创建 connection 对象。
第 2 步，使用 connection 对象创建 cursor 对象。
第 3 步，使用 cursor 对象执行 SQL 语句，查询数据库，或者执行 SQL 命令，操作数据库。
第 4 步，使用 cursor 对象从结果集中获取数据。
第 5 步，处理获取的数据。
第 6 步，关闭 cursor 对象。
第 7 步，关闭 connection 对象。

14.2 使用 MySQL

MySQL 是一个关系型数据库管理系统，由于其体积小、速度快，同时开放源代码，大部分中小型网站都选择了 MySQL 作为网站数据库。

扫一扫，看视频

14.2.1 安装 MySQL

访问 http://www.mysql.com/，单击 Downloads 菜单项，进入下载页面，选择合适的版本下载即可。推荐访问 http://downloads.mysql.com/archives/installer/页面选择下载不同的 MySQL 版本。安装 MySQL 的过程很简单，具体步骤可以扫描左侧二维码详细了解。

扫描，拓展学习

14.2.2 配置 MySQL

安装 MySQL 后，一般不需要特别设置即可使用。但是，如果希望个性化定制 MySQL，或者通过源代码的方法进行安装，就应该在 my.ini 中修改或添加配置项目。

- Linux 版本是 my.cnf，一般放在/etc/my.cnf、/etc/mysql/my.cnf 中。
- Windows 版本是 my.ini，一般在安装目录的根目录或者在 Data 目录下，如 C:\ProgramData\MySQL\MySQL Server 5.7。

如果使用免安装版，如 MySQL Community Server，则可以直接下载、解压到指定位置，如 D:\mysql-5.7.20-winx64。解压后没有 data 文件和 my.ini 配置文件，此时需要自己补充。免安装版还要设置环境变量。打开系统变量，配置 mysql 的环境变量。

针对免安装版来说，在 D:\mysql-5.7.20-winx64\bin 目录下用管理员打开命令提示符，然后运行 mysqld --initialize-insecure --user=mysql，返回目录就会发现安装了 data 目录。

创建 my.ini 文件，也可以下载或者复制 my.ini，根据需要设置以下选项。

```
[client]
port=3306
default-character-set=utf8
[mysqld]
basedir=D:\mysql-5.7.20-winx64                    # 设置 MySQL 的安装目录
datadir=D:\mysql-5.7.20-winx64\data               # 设置 MySQL 的数据目录
port=3306
character_set_server=utf8
sql_mode=NO_ENGINE_SUBSTITUTION,NO_AUTO_CREATE_USER
```

```
explicit_defaults_for_timestamp=true                    # 开启查询缓存
skip-grant-tables
```

完成上面两个文件的创建之后，在 D:\mysql-5.7.20-winx64\bin 下以管理员身份运行 cmd 窗口，在命令行提示符后输入命令 mysqld –install，如果显示 Service successfully installed，则说明注册成功。然后再运行 net start mysql 命令，启动 MySQL 命令。至此，就完成了 MySQL 的安装下载和配置操作。

14.3　使用 Navicat

在命令提示符下操作 MySQL 不是很方便，一般可以选择图形化管理工具来操作 MySQL，类似的工具有很多，本节将重点介绍 Navicat 工具软件的基本使用。

14.3.1　安装 Navicat

扫一扫，看视频

Navicat 是目前开发者用得最多的一款 MySQL 图形化用户管理工具，界面简洁，功能也非常强大，与微软的 SQL Server 管理器类似，简单易学，支持中文。安装步骤如下：

第 1 步，访问 Navicat 官网 https://www.navicat.com.cn/。

第 2 步，在首页菜单中单击“产品”项，在产品列表页面中单击下载 Navicat Premium，如图 14.3 所示。

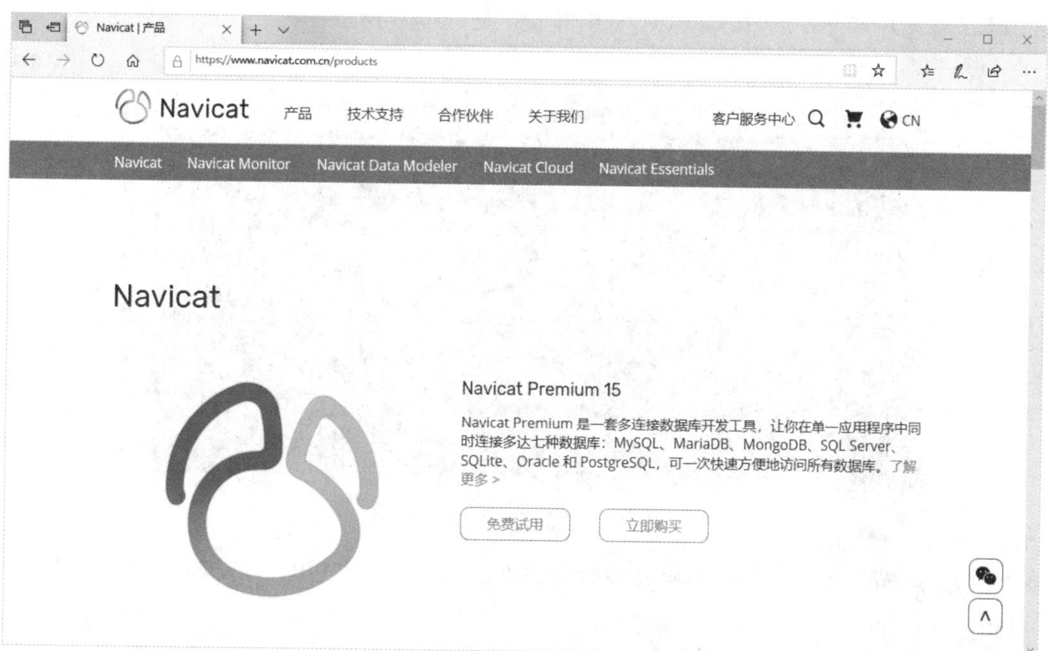

图 14.3　下载 Navicat Premium

提示：

Navicat Premium 是一套数据库开发工具，可以同时连接 MySQL、MariaDB、MongoDB、SQL Server、Oracle、PostgreSQL 和 SQLite 数据库。通过它可以快速轻松地创建、管理和维护数据库。

第 3 步，下载安装包 navicat150_premium_cs_x64.exe 之后，在本地单击安装即可。

14.3.2 管理 MySQL

扫一扫，看视频

本节简单演示如何使用 Navicat Premium 管理 MySQL。限于篇幅，本节操作步骤在线显示，如果需要，可以扫描左侧二维码了解。

14.4 使用 PyMySQL

在 14.1.2 小节中介绍了 MySQLdb 驱动的安装方法，本节将介绍 PyMySQL 驱动的安装和基本用法。

14.4.1 安装 PyMySQL

扫一扫，看视频

PyMySQL 是在 Python 3.0 版本中新增的用于连接 MySQL 服务器的一个库，在 Python 2.0 中仅能够使用 MySQLdb。PyMySQL 遵循 Python 的 DB API V2.0 规范，并包含了 MySQL 客户端库。

在使用 PyMySQL 之前，需要安装 PyMySQL。PyMySQL 下载地址为 https://github.com/PyMySQL/PyMySQL。安装 PyMySQL 的方法如下：

第 1 步，在 DOS 下使用 cmd 命令，打开命令行窗口。

第 2 步，输入下面的命令，安装 PyMySQL 模块，如图 14.4 所示。

```
pip install PyMySQL
```

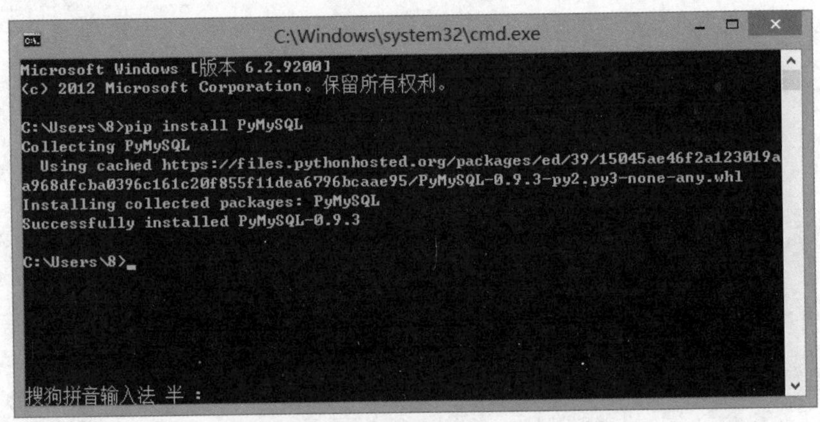

图 14.4 安装 PyMySQL 模块

第 3 步，安装成功之后，在 Python 命令行中输入如下代码，导入 PyMySQL，如果没有报错，则说明安装成功。

```
import pymysql
```

14.4.2 连接数据库

扫一扫，看视频

在连接数据库之前，应确保在 MySQL 中创建了数据库和数据表，可以使用 MySQL 命令行工具，或者使用 Navicat 等可视化操作工具来实现，实现过程本节就不再展开。

【示例】简单演示如何连接 MySQL 数据库。

第 1 步，使用 Navicat 在 MySQL 中新建数据库 python_test，再新建数据表 tb_test，表中包含两个字段：id 和 user，如图 14.5 所示。

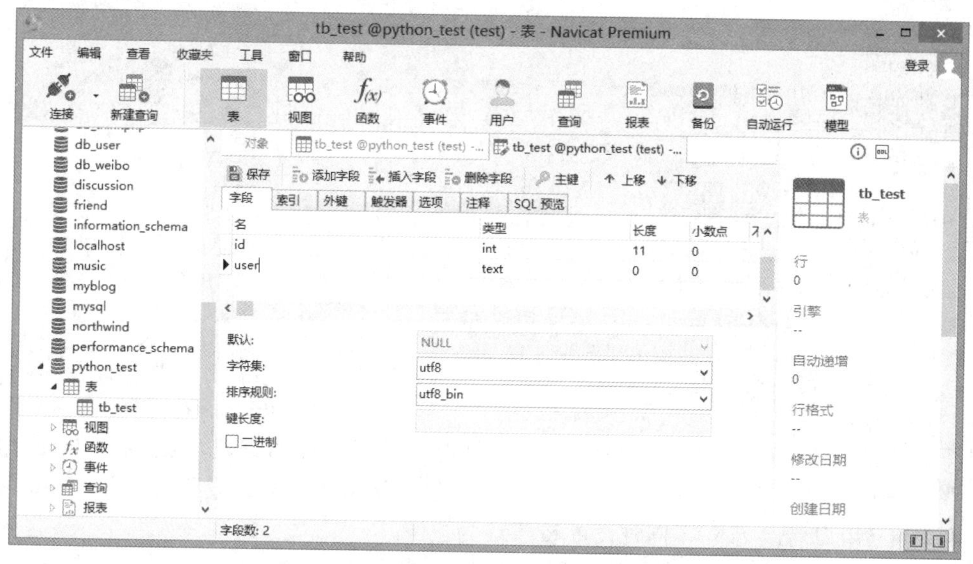

图 14.5　使用 Navicat 新建数据库和表

第 2 步，在脚本中导入 PyMySQL 模块。

```
import pymysql
```

第 3 步，建立 Python 与 MySQL 数据库的连接。

```
db = pymysql.connect("localhost","root","11111111","python_test")
```

因为 PyMySQL 也遵循 Python 的 DB API V2.0 规范，可以使用模块的 connect()方法连接 MySQL 数据库。其中，第 1 个参数表示主机名，第 2、3 个参数表示用户名和密码，第 4 个参数表示要连接的数据库名称。

第 4 步，调用连接对象的 cursor()方法获取游标对象，然后使用游标对象的 execute()方法执行 SQL 语句，本示例调用 VERSION()方法获取数据库的版本号，最后输出版本号信息，并关闭数据库连接。

完整代码如下：

```
import pymysql                                  # 导入 PyMySQL 模块
# 打开数据库连接
db = pymysql.connect("localhost","root","11111111","python_test")
cursor = db.cursor()                            # 使用 cursor()方法创建一个游标对象 cursor
cursor.execute("SELECT VERSION()")              # 使用 execute()方法执行 SQL 查询
data = cursor.fetchone()                        # 使用 fetchone()方法获取单条数据
print ("数据库的版本号: %s" % data)
db.close()                                      # 关闭数据库连接
```

第 5 步，执行代码，输出结果如下所示。

```
数据库的版本号: 5.7.13-log
```

14.4.3　建立数据表

扫一扫，看视频

连接数据库之后，可以使用 execute()方法为数据库创建表。下面结合一个示例进行演示说明。

【示例】本示例将在 python_test 数据库中创建一个 tb_new 数据表，包含 id（主键）和 user（用户名）两个字段。

```
import pymysql                              # 导入 PyMySQL 模块
# 打开数据库连接
db = pymysql.connect("localhost","root","11111111","python_test")
cursor = db.cursor()                        # 使用 cursor()方法创建一个游标对象 cursor
# 使用 execute()方法执行 SQL，如果表存在，则删除
cursor.execute("DROP TABLE IF EXISTS tb_new")
# 使用预处理语句创建表
sql = """CREATE TABLE tb_new (
        id  INT NOT NULL AUTO_INCREMENT,
        user text,
        PRIMARY KEY  (id))"""
cursor.execute(sql)                         # 使用 execute()方法执行 SQL 查询
db.close()                                  # 关闭游标对象
```

在上面示例的 SQL 字符串中，先检测数据库中是否存在 tb_new 数据表，如果存在，则使用 DROP TABLE 命令先删除。然后使用 CREATE TABLE 命令创建 tb_new 数据表。设置两个字段：id（整数，自动递增）和 user（用户名，文本）。同时设置 id 字段为主键。

执行代码，即可在 python_test 数据库中创建 tb_new 数据表。

使用 Navicat 在数据库 python_test 中查看新建数据表 tb_new，表中包含两个字段：id 和 user，如图 14.6 所示。

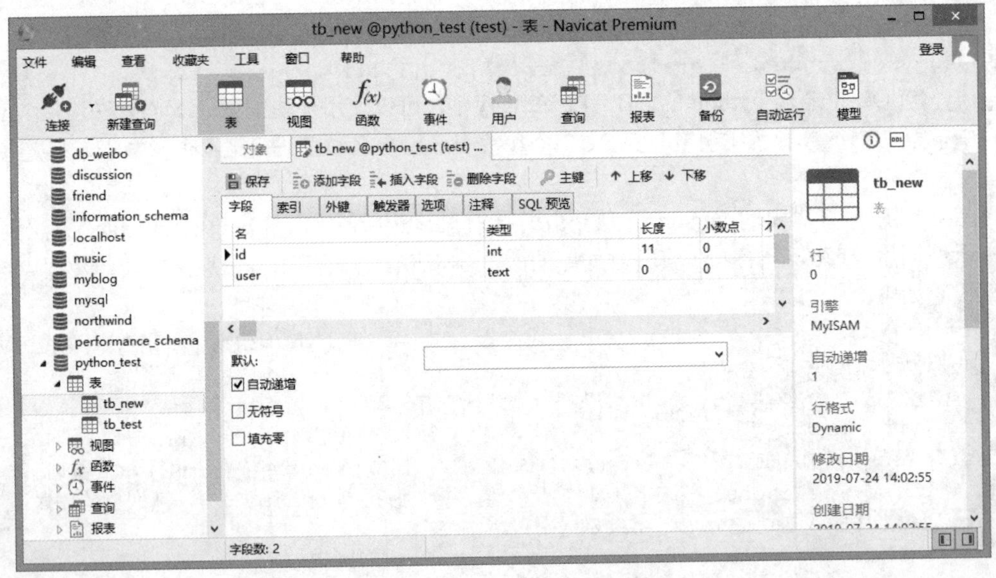

图 14.6　使用 Python 新建数据表

扫一扫，看视频

14.4.4　事务处理

在操作数据的过程中，为了确保数据的一致性和完整性，一般数据库都支持事务处理机制。

事务就是一个数据库操作序列，当一个事务被提交后，数据库要确保该事务中的所有操作都完成，

如果部分未完成，则事务中的所有操作都被回滚，恢复到事务执行前的数据状态。

【示例】假设 A 账户向 B 账户汇款 100 元，那么数据库需要完成 6 步操作。

第 1 步，从 A 账户中把余额读出来（500）。

第 2 步，对 A 账户号做减法操作（500-100）。

第 3 步，把结果写回 A 账户中（400）。

第 4 步，从 B 账户中把余额读出来（500）。

第 5 步，对 B 账户做加法操作（500+100）。

第 6 步，把结果写回 B 账户中（600）。

事务具有 4 个特性，下面结合上面示例分别进行具体描述。

- 原子性

事务中的所有操作不可分割，要么都执行，要么都不执行。

例如，针对上面示例，提交事务之后，如果执行到第 5 步时，B 账户突然不可用（如被注销），那么之前的所有操作都应该回滚到执行事务之前的数据状态。

- 一致性

事务要确保数据库中的数据总是处于一致性状态。

例如，在转账之前，A 和 B 的账户中共有 500+500=1000 元钱；在转账之后，A 和 B 的账户中还是 400+600=1000 元钱，不会无故增多，也不会无故减少。同时一致性还要保证账户余额不会变成负数等。

- 隔离性

一个事务的执行不能被其他事务干扰。并发执行的多个事务之间不能互相影响。

例如，在 A 向 B 转账的过程中，只要事务还没有提交（commit），查询 A 和 B 账户的钱数都不会变化。如果在 A 给 B 转账的同时，有另外一个事务执行了 C 给 B 转账的操作，那么当两个事务都结束的时候，B 账户里面的钱应该是 A 转给 B 的钱加上 C 转给 B 的钱，再加上自己原有的钱。

- 持久性

一个事务一旦提交，它对数据库中数据的改变就应该是永久性的。

例如，一旦转账成功（事务提交），A 和 B 两个账户的钱数会真的发生变化，不会因为网络延迟或不同步等原因，而出现账户的钱数没有改变等情况。

Python 在 DB API V2.0 规范中支持事务处理机制，提供了两个基本方法：commit()和 rollback()。当执行事务时，可以使用数据库连接对象的 commit()方法进行提交，如果事务处理成功，则不可撤销；如果事务处理失败，则可以使用数据库连接对象的 rollback()进行回滚，恢复数据库在操作之前的状态。

【示例】一般把事务处理放置于 try…except 调试语句中执行。如果事务处理失败，则可以在 except 子句中使用 rollback()方法回滚操作，恢复操作前的状态。

```
import pymysql                                      # 导入 PyMySQL 模块
# 打开数据库连接
db = pymysql.connect("localhost","root","11111111","python_test" )
cursor = db.cursor()                                # 使用 cursor()方法创建一个游标对象 cursor
# 事务处理
try:                                                # 定义 SQL 插入语句
    sql = """INSERT INTO tb_new(id, user) VALUES (10, 'test')"""
    cursor.execute(sql)                             # 执行 sql 语句
    db.commit()                                     # 提交事务，同步数据库数据
```

```
except:
  db.rollback()                                    # 如果发生错误，则回滚事务
cursor.close()                                     # 关闭游标对象
db.close()                                         # 关闭数据库连接
```

注意：

在 Python 数据库编程中，当游标建立时，就会自动开始一个隐形的数据库事务。

扫一扫，看视频

14.4.5 插入记录

插入记录可以在数据表中写入一条或多条数据，主要使用 SQL 的 INSERT INTO 语句实现。

【示例 1】使用 SQL 的 INSERT INTO 语句向表 tb_new 中插入一条记录。

```
import pymysql                                     # 导入 PyMySQL 模块
# 打开数据库连接
db = pymysql.connect("localhost","root","11111111","python_test")
# 使用 cursor()方法创建一个游标对象 cursor
cursor = db.cursor()
# 定义 SQL 插入语句
sql = """INSERT INTO tb_new(id, user)
         VALUES (1, 'zhangsan')"""
try:
    cursor.execute(sql)                            # 执行 sql 语句
    # 提交到数据库执行
    db.commit()                                    # 提交事务，同步数据库数据
except:
    db.rollback()                                  # 如果发生错误，则回滚
cursor.close                                       # 关闭游标对象
db.close()                                         # 关闭数据库连接
```

提示：

在执行插入记录操作中，为了避免操作失败，可以使用 try 语句进行异常跟踪，如果发生异常，则回滚操作，恢复数据库在操作之前的数据状态。

注意：

在涉及数据库的写入操作时，还应该使用 commit()方法提交事务，确保数据操作的完整性和一致性。

【示例 2】可以使用 executemany(sql, data)方法批量插入数据，演示代码如下。

```
import pymysql                          # 导入 PyMySQL 模块
# 打开数据库连接
db = pymysql.connect("localhost","root","11111111","python_test" )
cursor = db.cursor()                    # 使用 cursor()方法创建一个游标对象 cursor
sql = 'insert into tb_new(id,user) values(%s,%s)'        # 定义要执行的 sql 语句
data = [
    (2, 'lisi'),
    (3, 'wangwu'),
    (4, 'zhaoliu')
```

```
]
try:
    cursor.executemany(sql, data)                    # 批量执行 sql 语句
    db.commit()                                      # 提交事务，同步数据库数据
except:
    db.rollback()                                    # 如果发生错误，则回滚事务
cursor.close()                                       # 关闭游标对象
db.close()                                           # 关闭数据库连接
```

14.4.6　查询记录

扫一扫，看视频

查询记录主要使用 SQL 的 SELECT 语句实现，使用 cursor 对象的 execute()方法执行查询后，再通过下面的方法从结果集中读取数据。

- fetchall()：获取结果集中下面所有行。
- fetchmany(size=None)：获取结果集中下面 size 条记录。如果 size 大于结果集中行的数量，则返回 cursor.arraysize 条记录。
- fetchone()：获取结果集中下一行记录。
- rowcount：只读属性，返回执行 execute()方法后影响的行数。

【示例】查询 tb_new 表中 id 字段大于 1 的所有数据。

```
import pymysql                               # 导入 PyMySQL 模块
# 打开数据库连接
db = pymysql.connect("localhost","root","11111111","python_test")
cursor = db.cursor()                         # 使用 cursor()方法创建一个游标对象 cursor
# SQL 查询语句
sql = "SELECT * FROM tb_new  WHERE id > %s" % (1)
try:
    cursor.execute(sql)                                  # 执行 SQL 语句
    results = cursor.fetchall()                          # 获取所有记录列表
    for row in results:
        id = row[0]
        user = row[1]
        print ("id=%s,user=%s" %(id, user))              # 打印结果
except:
    print ("Error: unable to fetch data")
db.close()                                               # 关闭数据库连接
```

输出结果如下：

```
id=2,user=lisi
id=3,user=wangwu
id=4,user=zhaoliu
```

14.4.7　更新记录

扫一扫，看视频

更新记录可以修改数据表中的数据，主要使用 SQL 的 UPDATE 语句实现。

【示例】将 tb_new 表中 id 为 2 的 user 字段修改为'new_name'。

```
import pymysql                                           # 导入 PyMySQL 模块
```

```
# 打开数据库连接
db = pymysql.connect("localhost","root","11111111","python_test")
cursor = db.cursor()                          # 使用 cursor()方法创建一个游标对象 cursor
# SQL 更新语句
sql = "UPDATE tb_new SET user = 'new_name' WHERE id = 2"
try:
    cursor.execute(sql)                       # 执行 SQL 语句
    db.commit()                               # 提交事务，同步数据库数据
except:
    db.rollback()                             # 发生错误时回滚事务
db.close()                                    # 关闭数据库连接
```

执行程序，然后使用 Navicat 在数据库 python_test 中查看更新的记录，效果如图 14.7 所示。

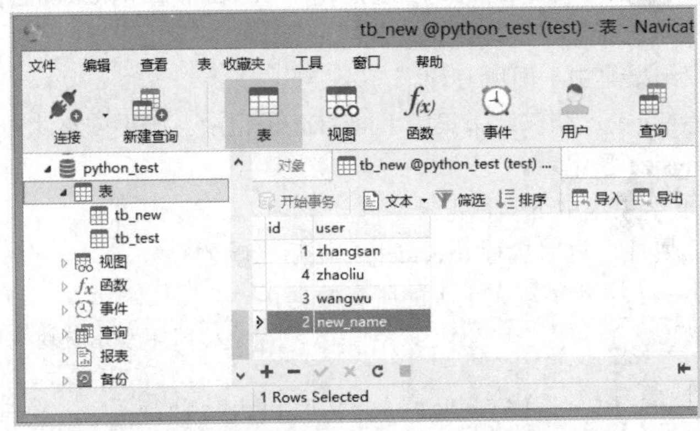

图 14.7　更新记录效果

扫一扫，看视频

14.4.8　删除记录

删除记录可以删除数据表中的数据，主要使用 SQL 的 DELETE FROM 语句实现。

【示例】将 tb_new 表中 id 为 2 的记录删除。

```
import pymysql                                # 导入 PyMySQL 模块
# 打开数据库连接
db = pymysql.connect("localhost","root","11111111","python_test")
cursor = db.cursor()                          # 使用 cursor()方法创建一个游标对象 cursor
sql = "DELETE FROM tb_new WHERE id = 2"       # SQL 删除语句
try:
    cursor.execute(sql)                       # 执行 SQL 语句
    db.commit()                               # 提交到数据库执行
except:
    db.rollback()                             # 发生错误时回滚事务
db.close()                                    # 关闭数据库连接
```

14.5　使用 SQLite

大部分数据库都是数据管理系统，由客户端和服务器两部分构成。而 SQLite 是一种嵌入式数据库，

一个数据库就是一个文件，不需要服务器支持。Python 内置了 SQLite 3，可以直接使用 SQLite，不需要安装。

14.5.1　创建数据库文件

扫一扫，看视频

SQLite 遵循 Python DB API V2.0 标准，用法与 MySQL 基本相同。使用 SQLite 步骤如下。

第 1 步，创建或者打开数据库文件，新建一个 connection 对象。

提示：

> SQLite 数据库文件扩展名为.db，在一个数据库文件中，会包含数据库中全部内容，如表、索引、数据自身等。

第 2 步，使用连接对象打开一个 cursor 对象。

第 3 步，调用游标对象的方法，执行 SQL 命令，如查询、更新、删除、插入等操作。

第 4 步，使用游标对象的 fetchone()、fetchmany()或 fetchall()方法读取结果。

第 5 步，分别关闭 cursor、connection 对象，结束整个操作。

【示例】 在当前目录中创建一个 test.db 数据库文件，然后新建 user 数据表，表中包含 id 和 name 两个字段。然后，在数据表中插入一条记录。最后，可以看到 cursor.rowcount 返回值为 1，同时在当前目录中新建 test.db 文件。

```
import sqlite3                            # 导入 SQLite 模块
conn = sqlite3.connect('test.db')         # 连接到 SQLite 数据库。数据库文件是 test.db,
                                          # 若不存在，则会自动创建
cursor = conn.cursor()                    # 创建一个 cursor
try:                                      # 执行一条 SQL 语句：创建 user 表
   cursor.execute('create table user(id varchar(20) primary key,name
varchar(20))')
   # 插入一条记录
   cursor.execute('insert into user (id, name) values (\'1\', \'Michael\')')
   # 通过 rowcount 获得插入的行数
   conn.commit()                          # 提交事务
except:
   conn.rollback()                        # 回滚事务
print(cursor.rowcount)                    # 影响的行数：1
cursor.close()                            # 关闭 Cursor
conn.close()                              # 关闭 connection
```

14.5.2　从 SQLite 查询数据

扫一扫，看视频

在数据库操作中，使用最频繁的应该是 SELECT 查询语句。该语句的基本语法格式如下：

```
SELECT 列名 FROM 表名 WHERE 限制条件
```

打开本节提供的示例数据库 Northwind_cn.db，针对“产品”数据表练习 SELECT 查询语句的各种查询功能。

【示例】 在查询数据过程中，可以为 SQL 字符串传递变量。在 SQL 字符串中可以使用“?”定义占位符，在 execute()方法的第 2 个参数中，可以以元组的格式传递一个或多个值。

```
import sqlite3                                      # 导入 SQLite 模块
conn = sqlite3.connect('Northwind_cn.db')           # 连接到 SQLite 数据库
cursor = conn.cursor()                              # 创建一个 cursor
cursor.execute('select * from 产品 where ID =?', ('1',))    # 执行查询语句
values = cursor.fetchall()                  # 使用 fetchall 获得结果集（list）
for i in values:
    print(i)                                # 返回结果
cursor.close()                              # 关闭游标
conn.close()                                # 关闭连接
```

执行程序，输出结果如下：

```
('4', 1, 'NWTB-1', '苹果汁', None, 5.0, 30.0, 10, 40, '10 箱 x 20 包', 0, 10, '饮料
', '')
```

➘ 设置查询的字段

在使用 SELECT 语句时，应先确定所要查询的列，多列之间通过逗号进行分隔，*表示所有列。如果针对多个数据表进行查询，则在指定的字段前面添加表名和点号前缀，这样就可以防止表之间字段重名而造成的错误。

➘ 比较查询

SELECT 语句一般需要使用 WHERE 限制条件，用于达到更加精确的查询。WHERE 限制条件可以设置精确的值或者查询值的范围（=、<、>、>=、<=）。例如，查询价格高于 50 的产品。

```
"SELECT 产品名称,列出价格 FROM 产品 WHERE 列出价格>50"
```

➘ 多条件查询

使用关键字 AND 和 OR 可以筛选同时满足多个限定条件，或者满足其中一个限定条件。例如，筛选出价格在 30 以上，且成本小于 10 的记录。

```
"SELECT * FROM 产品 WHERE 列出价格>=30 AND 标准成本<10"
```

➘ 范围查询

使用关键字 IN 和 NOT IN 可以筛选在或者不在某个范围内的结果。例如，筛选产品类别不为'调味品'和'干果和坚果'的记录。

```
"SELECT * FROM 产品 WHERE 类别 NOT IN ('调味品','干果和坚果')"
```

➘ 模糊查询

使用关键字 LIKE 可以实现模糊查询，常见于搜索功能中。在模糊查询中还可以使用通配符，代表未知字符。其中“_”代表一个未指定字符，“%”代表不定个未指定字符。例如，查询产品名称中包含“肉”字的记录。

```
"SELECT * FROM 产品 WHERE 产品名称 LIKE '%肉%'"
```

➘ 结果排序

使用 ORDER BY 关键字可以排序查询的结果集。使用关键字 ASC 和 DESC 可以指定升序或降序排序，默认是升序排列。例如，筛选所有调味品，并按价格由高到低进行排序。

```
"SELECT * FROM 产品 WHERE 类别 = '调味品' ORDER BY 列出价格 DESC"
```

SELECT 语句功能强大，除了上面介绍的功能外，它还可以实现多表查询、汇总计算、限定输出、查询分组等。限于篇幅，本节仅介绍常用的查询功能。

提示：

在 SQL 语句中可以使用占位符，SQLite3 模块支持两种占位符：问号和命名占位符。例如，下面两行代码分别使用问号和命名占位符为 SQL 字符串传入参数。

```
# 以问号格式定义占位符，传值时可以使用序列对象
```

```
cursor.execute("SELECT * FROM 产品 WHERE
            列出价格>=? AND 标准成本<?",  (30, 20) )
# 以命名格式定义占位符（名字占位符前面要加:前缀），传值时必须使用字典进行映射
cursor.execute("SELECT * FROM 产品 WHERE
            列出价格>=:price AND 标准成本<:cost ", {"price": 30, "cost": 20})
```

14.5.3　操作 SQLite 数据

扫一扫，看视频

本小节介绍如何使用 SQL 语句在 SQLite 中插入记录、更新记录和删除记录。

1. 插入记录

在数据表中插入记录的 SQL 语法格式如下：

```
INSERT INTO 数据表 (字段 1, 字段 2,...) VALUES (值 1, 值 2,...)
```

【示例 1】 创建或打开数据库 test.db，然后检测是否存在 company 表，如果没有，则新建 company 表，该表包含 5 个字段：id、name、age、address、salary。然后使用 INSERT INTO 子句插入 4 条记录。最后使用 SELECT 子句查询所有记录，并打印出来。

```
import sqlite3                               # 导入 SQLite 模块
conn = sqlite3.connect('test.db')            # 连接到 SQLite 数据库，数据库文件是 test.db
cursor = conn.cursor()                       # 创建一个 cursor
try:                                         # 创建数据表，如果存在，则不创建，否则创建
    cursor.execute('''create table  if not exists  company
        (id int primary key    not null,
        name          text    not null,
        age           int     not null,
        address        char(50),
        salary         real);''')
except:
    pass
try:
    # 插入 4 条记录
    cursor.execute("insert into company (id,name,age,address,salary) values (1,
'张三', 32, '北京', 20000.00)")
    cursor.execute("insert into company (id,name,age,address,salary) values (2,
'李四', 25, '上海', 15000.00)")
    cursor.execute("insert into company (id,name,age,address,salary)  values (3,
'王五', 23, '广州', 20000.00)")
    cursor.execute("insert into company (id,name,age,address,salary)  values (4,
'赵六', 25, '深圳 ', 65000.00)")
    conn.commit()                            # 提交事务，完成数据写入操作
except:
    conn.rollback()                          # 如果操作异常，则回滚事务
cursor.execute('select * from company')      # 查询所有数据
values = cursor.fetchall()                   # 使用 fetchall 获得结果集（list）
print(values)                                # 打印结果
cursor.close()                               # 关闭游标
conn.close()                                 # 关闭连接
```

执行程序，输出结果如下：

```
[(1, '张三', 32, '北京', 20000.0), (2, '李四', 25, '上海', 15000.0), (3, '王五', 23,
'广州', 20000.0), (4, '赵六', 25, '深圳 ', 65000.0)]
```

2. 更新记录

更新记录可以使用 UPDATE 语句，语法格式如下：

```
UPDATE 数据表 SET 字段 1=值 1 [, 字段 2=值 2 ...] [WHERE 限定条件]
```

其中，SET 子句指定要修改的列和列的值；WHERE 子句是可选的，如果省略该子句，则将对所有记录中的字段进行更新。

【示例 2】针对示例 1 插入的 4 条记录，更新 id 为 1 的记录，修改该记录的 salary 字段值为 25000.00，然后查询修改后的该条记录，并打印出来。

```
import sqlite3                                  # 导入 SQLite 模块
conn = sqlite3.connect('test.db')               # 连接到 SQLite 数据库，数据库文件是 test.db
cursor = conn.cursor()                          # 创建一个 cursor
try:                                            # 更新记录
    cursor.execute("update company set salary = 25000.00 where id=1")
    conn.commit()                               # 提交事务，执行更新操作
except:
    conn.rollback()                             # 如果操作异常，则回滚事务
# 查询记录
results = conn.execute("select id, name, address, salary from company  where id=1")
for row in results:                             # 打印记录
    print("id = ", row[0])
    print("name = ", row[1])
    print("address = ", row[2])
    print("salary = ", row[3], "\n")
cursor.close()                                  # 关闭游标
conn.close()                                    # 关闭连接
```

3. 删除记录

删除记录可以使用 DELETE 语句，语法格式如下：

```
DELETE FROM 数据表 [WHERE 限定条件]
```

在执行删除操作时，如果没有指定 WHERE 子句，则将删除所有的记录，因此在操作时务必慎重。

【示例 3】使用 DELETE 语句删除 company 表中 id 为 1 的记录，然后查询所有记录，仅显示 3 条记录。

```
import sqlite3                                  # 导入 SQLite 模块
conn = sqlite3.connect('test.db')               # 连接到 SQLite 数据库，数据库文件是 test.db
cursor = conn.cursor()                          # 创建一个 cursor
try:                                            # 删除记录
    cursor.execute("delete from company where id=1")
    conn.commit()                               # 提交事务，执行更新操作
except:
    conn.rollback()                             # 如果操作异常，则回滚事务
# 查询记录
results = conn.execute("select id, name, address, salary from company")
```

```
for row in results:                        # 打印记录
    print("id = ", row[0])
    print("name = ", row[1])
    print("address = ", row[2])
    print("salary = ", row[3], "\n")
cursor.close()                             # 关闭游标
conn.close()                               # 关闭连接
```

14.6 案例实战

扫一扫，看视频

作为一款轻型数据库管理系统，SQLite 适合 Python 初学者学习数据库编程。本例以练习为目的简单封装 SQLite 操作，借此机会强化训练面向对象的程序设计，也可以把它作为一个模块，方便导入操作 SQLite 数据库。

【设计思路】

在当前目录下新建 Model 文件夹，专门用来存放所有模型代码。新建 DBModel.py 文件，专门用来编写数据库操作的相关模型代码，然后保存到 Model 文件夹中。

在 DBModel.py 文件中导入 sqlite3 模块，然后定义 DBTool 类，在该类中封装 SQLite 数据库操作的相关函数，主要包括：创建指定的数据库和数据表，以及数据的常规操作，如插入、更新、删除、查询等，也可以指定表的结构，表的结构以 SQL 字符串的格式指定。格式如下：

```
"字段名 类型，字段名 类型，…"
```

【封装代码】

DBTool 类的完整代码如下：

```
import sqlite3                                    # 导入 sqlite3 模块
class DBTool(object):
    def __init__(self, name):                     # 初始化函数
        """
        创建数据库连接
        :param name: 数据库文件的路径和名称
        """
        try:
            self.conn = sqlite3.connect(name)     # 创建或打开数据库
            self.curs = self.conn.cursor()        # 获取游标对象
        except:
            print('创建或打开数据库失败！')
            return None
    def __call__(self, table, fields):            # 调用实例对象
        """
        创建数据表
        :param table: 数据表的名称
        :param fields: SQL 字符串，字段列表
        """
        try:                                      # 判断是否存在指定的表，否则创建表和结构
            create_tb = 'create table if not exists %s ( %s )' % ( table, fields)
            self.conn.execute(create_tb)
```

```
        except Exception as e:
            print('创建表失败！')
            print('错误类型：', e)
    def exec(self, sql, args=[]):
        """
        数据库基本操作，可执行插入、修改、删除操作
        :param sql: SQL 字符串
        :param args: SQL 字符串的参数列表
        :return: 返回操作成功与否
        """
        try:                                    # 如果参数 args 为嵌套序列，则批量处理
            if (isinstance(args,(list, tuple)) and len(args) > 0  and
                isinstance(args[0],(list, tuple, dict)) and len(args[0]) > 0):
                self.curs.executemany(sql, args)
            else:                               # 否则执行单个 SQL 字符串
                self.curs.execute(sql, args)
            i = self.conn.total_changes         # 被修改、插入或删除的数据总行数
            self.conn.commit()                  # 提交事务
        except Exception as e:
            print('错误类型：', e)
            self.conn.rollback()                # 回滚事务
            return False
        if i > 0:                               # 根据操作反馈结果，返回布尔值
            return True
        else:
            return False
    def query(self, sql, args=[]):
        """
        数据查询
        :param sql: SQL 字符串
        :param args: SQL 字符串的参数列表
        :return: 返回查询结果
        """
        result = self.curs.execute(sql, args)  # 执行查询
        return result                           # 返回查询结果对象
    def close(self):
        """
        关闭连接
        :return:
        """
        self.curs.close()                       # 关闭游标对象
        self.conn.close()                       # 关闭数据库连接
```

【测试代码】

第 1 步，新建测试文件 test1.py，然后导入 DBTool 类。

```
from Model.DBModel import DBTool
```

第 2 步，实例化 DBTool 类，指定要创建的数据库名称 test.db。

```
db = DBTool("test.db")
```

第 3 步，调用实例对象，指定新建数据表的名称和表结构。

```
db("user", "name text, age int")
```

第 4 步，调用相关的数据库操作函数，实现对 SQLite 数据库的操作。

```
# 插入一条记录
sql = 'insert into user (name, age) values (?, ?)'
while True:
    name = input('请输入名称：')
    age = input('请输入年龄：')
    ob = [(name, age)]
    T = db.exec(sql, ob)
    if T:
        print('插入成功！')
    else:
        print('插入失败！')
    go = input("是否继续插入（y/n）：")                    # 询问是否继续输入
    if go == "n" or go == "N":
        break                                              # 跳出循环
# 查询插入的所有记录
sql = 'select * from user'
results = db.query(sql)                                    # 获取所有记录列表
for row in results:
    print("name=%s,age=%s" % (row[0], row[1]))             # 打印结果
db.close()                                                 # 关闭对象
```

第 5 步，执行程序，则根据提示输入用户名和年龄，最后打印所有记录。

14.7　在线支持

扫描，拓展学习

第 15 章　Python 界面编程

用惯了窗口加鼠标的操作，会不适应于命令行的操作，不过 Python 支持 GUI 编程。tkinter 是 Python 自带的用于 GUI 编程的模块，是对图形库 TK 的封装，通过 tkinter 可以调用 TK 进行图形界面开发。

与其他图形开发库相比，TK 不是最强大的，组件也不是最丰富的，但是它使用简单，能够满足常规开发需求，支持跨平台，在 Windows 下编写的程序，可以直接移植到 Linux、UNIX 等系统下运行，Python 自带的 IDLE 编辑器就是使用 tkinter 开发的。本章将详细讲解 tkinter 模块的使用和简单的 GUI 程序设计。

【学习重点】

- 了解 GUI 程序开发。
- tkinter 概述。
- 使用 tkinter 组件。
- 正确布局 tkinter 组件。
- 处理 tkinter 组件事件。

15.1　认识 GUI

15.1.1　什么是 GUI

GUI 是图形用户界面（Graphical User Interface）的首字母缩写，是指采用图形方式显示的用户操作界面。例如，用户通过窗口、按钮、文本框、菜单等图形组件向计算机发出指令，接收指令后，计算机再通过图形界面反馈操作的结果。

20 世纪 70 年代，美国施乐公司的研究人员开发出第一个图形用户界面，使计算机实现从字符界面向图形界面的转变，此后微软、苹果等公司抢滩跟进，两家主流操作系统的不断推陈出新，图形界面设计也渐趋标准化。随着科学技术的发展，图形用户界面又不断普及到智能手机、家用电器等电子产品中。

传统的字符界面操作复杂，非专业的用户不易理解和操作。在图形用户界面中，用户不需要识记复杂的指令，只需操作图形对象，计算机收到操作指令后，反馈的结果（即用户接收到的信息）也是图形对象，因此用户无须具备专业知识和操作技能就能够与计算机进行互动。

提示：

人机交互是从人适应计算机，到计算机不断适应人的发展过程，经历如下 5 个阶段：

- 早期手工阶段：使用二进制机器代码操纵计算机。主要用户是计算机研究人员。输入方式主要是纸带，基本没有交互。
- 命令行用户接口（CLI）阶段：简称命令行，使用批处理命令或者交互式命令与计算机进行问答式的交互。主要用户是程序员，输入方式主要是键盘，输出形式为字符界面。
- 图形用户界面（GUI）阶段：使用事件响应与计算机进行情景化的交互。主要用户是计算机相关从业者，输入方式主要是键盘和鼠标，输出形式为图形化界面，所见即所得。由于 GUI 简明易学，让不懂计算机的普通人也有机会使用，使得计算机应用得到空前的发展。

- 网络用户界面阶段：使用 HTTP 协议和 HTML 语言与计算机进行超越时、空的互动。主要用户是网民，输入方式主要是鼠标、键盘、音视频接口，输出形式为网络浏览器界面。互联网时代提升了人机交互的广度和深度，培育出以流量为核心竞争力的新经济，如网络游戏、搜索引擎、平台、社区、即时通信等。
- 智能人机交互阶段：使用智能设备与计算机互动。主要用户是个人，输入方式主要是触摸手势、语音、摄像头等设备，输出形式为网络化、虚拟现实界面。以手持电脑、智能手机为代表的计算机新设备，正在突破以鼠标和键盘为代表的 GUI 技术的局限。

15.1.2 GUI 设计思路

相信大家都用过很多软件，如看图软件、播放器、Word 办公软件、IE 浏览器等，这些都属于图形界面程序。主界面上包含很多功能块，如窗口、菜单、按钮、文本框、复选框等。

一个 GUI 程序就是由各种不同功能的组件组成的，主窗口包括所有的组件，组件自身也可以作为容器，包含其他的组件，如下拉框。这种包含其他组件的为父组件，被其他组件包含的为子组件。对于多层包含的界面，父组件与子组件应为直接包含的结构关系。

完成界面组件的构建，还需要给每一个组件添加功能。用户在使用 GUI 程序时，会进行各种操作，如鼠标移动、按下以及松开鼠标按键、按下键盘按键等，这些操作被称为事件。GUI 程序就是由一整套的事件所驱动，当程序启动之后，会一直监听所有组件绑定的事件。

一个事件发生后，GUI 程序会捕获该事件，并进行响应处理。例如，设计一个计算器，当输入算式，在界面中单击“=”按钮，产生一个事件，程序捕获之后，开始进行计算，并在界面中显示结果。这个计算、显示结果的过程被称为回调。当为程序需要的每一个事件都添加回调处理函数之后，整个 GUI 程序就完成了。

15.1.3 GUI 程序结构

一个完整的 GUI 程序实际包含两部分：组件和事件。

- 组件

组件包括容器组件和基本组件，大部分组件都是可见的、有形的对象。

  - 容器组件：可以存储基本组件和容器组件的组件。
  - 基本组件：可以使用的功能组件，依赖于容器组件。

- 事件

事件就是将要发生的事情，如鼠标单击、键盘输入、页面初始化、加载完毕、移动窗口等，是图形用户交互的基础，它通过一套完整的事件监听机制实现。包含三个要素。

  - 事件源：事件发生的对象，如窗口、按钮、菜单栏、文本框等。
  - 事件处理器：针对可能发生的事情做出的处理方案，简单说就是事件回调函数。
  - 事件监听器：把事件源和事件关联起来，如鼠标单击按钮、在文本框中输入字符等。

15.1.4 GUI 库

自 Python 语言诞生起，就先后出现了不少优秀的 GUI 库。常用的 GUI 库有以下 4 种。

- tkinter

tkinter 是 TK 图形用户界面工具包标准的 Python 接口。TK 是一个轻量级的跨平台图形用户界面开发工具。tkinter 是 Python 标准库的一部分，所以使用它进行 GUI 编程不需要另外安装第三方库。

- wxPython

wxPython 是 Python 对跨平台的 GUI 工具集 wxWidgets 的包装，作为 Python 的一个扩展模块实现。wxPython 也是比较流行的 tkinter 替代品，在各种平台下的表现都挺好。

- PyQt

PyQt 是 Python 对跨平台的 GUI 工具集 Qt 的包装。作为 Python 的插件，其功能非常强大，用 PyQt 开发的界面效果与用 Qt 开发的界面效果相同。

- PySide

PySide 是另一个 Python 对跨平台 GUI 工具集 Qt 的包装，捆绑在 Python 中。

此外，还有一些其他的 GUI 库，如 PyGTK、AnyGui 等。

15.2 使用 tkinter

tkinter 是 Python 内置模块，可以直接导入，导入后使用 tkinter 可以创建完整的 GUI 程序。

扫一扫，看视频

15.2.1 创建程序

使用 tkinter 创建和运行 GUI 程序需要以下 5 步。

第 1 步，导入 tkinter 模块。

第 2 步，创建一个顶层窗口。

第 3 步，构建 GUI 组件。

第 4 步，将每一个组件与底层程序代码关联起来。

第 5 步，执行主循环。

导入 tkinter 模块有两种方法。

- 方法一

```
import tkinter as tk
```

导入 tkinter 模块并重命名为 tk。使用的时候需要添加 tk.前缀，如 tk.Button。

优点：不需要一次性导入所有的组件，只在需要的时候导入对应的组件，减小系统开销。

缺点：每次使用组件的时候都要使用 tk.或 tkinter.前缀，不方便，代码不简洁。

- 方法二

```
from tkinter import *
```

将 tkinter 中的所有组件一次性导入，之后编写代码的时候可以直接使用。

优点：方便直接使用组件，代码简洁。

缺点：一次性导入所有组件，系统开销比较大。

使用 Tk()函数可以创建顶层主窗口对象。

【示例】创建一个顶层窗口，并设置窗口标题为“顶层窗口”。

```
from tkinter import *             # 把 tkinter 模块内所有函数导入
root = Tk()                       # 生成 root 主窗口
root.title("顶层窗口")            # 给窗口自定义名称，否则默认显示为 k
root.mainloop()                   # 进入消息循环，否则运行时将一闪而过，看不到界面
```

运行代码，创建了一个顶层窗口，效果如图 15.1 所示。

图 15.1　创建顶层窗口

tkinter 会调用系统的窗口样式，所以在不同的系统下会拥有与该系统一致的界面。目前创建的是一个空窗口，什么组件都没有添加。

在命令行下，运行 Tk()后进入消息循环，可以显示顶层窗口。如果运行 Python 文件，要调用 mainloop()方法进入消息循环，否则窗口一闪而逝，看不到运行结果。

15.2.2　案例：设计第一个窗口

扫一扫，看视频

使用 tkinter 模块时，先要调用 tkinter.Tk()函数生成一个主窗口，然后为主窗口添加组件，最后调用 mainloop()方法进行消息循环，显示主窗口。

【示例】下面代码设计一个包含标签和按钮组件的主窗口。

```
import tkinter                                              # 导入 tkinter 模块
root=tkinter.Tk()                                           # 生成 root 主窗口
label = tkinter.Label(root, text="第一个界面示例")           # 生成标签
label.pack()                                                # 将标签添加到 root 主窗口中
button1 = tkinter.Button(root, text="按钮 1")               # 生成 button1
button1.pack(side=tkinter.LEFT)                             # 将 button1 添加到 root 主窗口中
button2=tkinter.Button(root, text="按钮 2")                 # 生成 button2
button2.pack(side=tkinter.RIGHT)                            # 将 button2 添加到 root 主窗口中
root.mainloop()                                             # 进入消息循环
```

在上面的示例代码中，直接实例化 tkinter 库中的一个标签（Label）组件和两个按钮组件（Button），然后调用其 pack()方法，将它们添加至主窗口中。演示效果如图 15.2 所示，运行后的主窗口中显示了一个标签和两个按钮。

图 15.2　在界面中添加组件

Tk()使用布局包管理器来管理所有的组件。当定义完组件之后，需要调用 pack()方法来控制组件的显示方式，如果不调用 pack()方法，组件将不会显示，调用 pack()方法时，还可以给 pack()方法传递参数来控制显示方式。

运行上面示例后，单击两个按钮均无反应，这是因为本例还没有为按钮绑定事件。关于组件的事件处理，将在 15.5 节中详细讲解。

15.2.3　tkinter 组件分类

tkinter 模块包含 20 种组件，简单说明如表 15.1 所示。用户可以根据需要选择使用。

表 15.1 tkinter 模块包含组件简要列表

tkinter 类	组 件	说 明
Button	按钮	类似标签，但提供额外的功能，单击时执行一个动作，如光标移过、按下、释放，以及键盘操作等事件
Canvas	画布	提供绘图功能，如直线、椭圆、多边形、矩形等，可以包含图形或位图
Checkbutton	复选按钮	允许用户勾选或取消选择，一组复选框可以成组，允许选择任意个。类似 HTML 中的 checkbox 组件
Entry	单行文本框	单行文本域，显示一行文本，用来收集键盘输入。类似 HTML 中的 text 组件
Frame	框架	用来承载放置其他 GUI 元素，就是一个容器
Label	标签	用于显示不可编辑的文本、图片等信息
LabelFrame	容器控件	一个简单的容器控件，常用于复杂的窗口布局
Listbox	列表框	一个选项列表，用户可以从中进行选择
Menu	菜单	按下菜单按钮后弹出的一个选项列表，用户可以从中进行选择
Menubutton	菜单按钮	用来包含菜单的组件，有下拉式、层叠式等
Message	消息框	类似于标签，但可以显示多行文本
OptionMenu	选择菜单	下拉菜单的改版，弥补了 Listbox 无法定义下拉列表框的遗憾
PanedWindow	窗口布局管理	一个窗口布局管理的插件，可以包含一个或者多个子控件
Radiobutton	单选按钮	允许用户从多个选项中选取一个按钮，一组按钮中只有一个可被选择。类似 HTML 中的 radio 组件
Scale	滑块组件	线性“滑块”组件，可设定起始值和结束值，会显示当前位置的精确值
Scrollbar	滚动条	对其支持的组件（如文本域、画布、列表框、文本框）提供滚动功能
Spinbox	输入控件	与 Entry 类似，但是可以指定输入范围值
Text	多行文本框	多行文本区域，显示多行文本，可用来收集或显示用户输入的文字。类似于 HTML 中的 textarea 组件
Toplevel	顶层	容器组件，类似框架，为其他控件提供单独的容器
MessageBox	消息框	用于显示应用程序的消息框。在 Python 2 中为 tkMessageBox

15.3 tkinter 常用组件

组件是 GUI 程序开发的基石，是构成 GUI 程序的最小组成。tkinter 提供了比较丰富的组件，完全能够满足基本的 GUI 程序设计需求。本节将介绍一些常用的组件，每种组件的详细用法可以参考官方文档。

扫一扫，看视频

15.3.1 标签

标签（Label）是提供在窗口中显示文本或图片的组件。使用 tkinter.Label()构造函数可以创建标签组件。基本语法格式如下：

```
Label(master=None, **options)
```

参数 master 表示父组件，可变控制参数**options 设置组件参数。常用控制参数如表 15.2 所示。

表 15.2　标签组件的常用控制参数

参　　数	说　　明
anchor	指定标签上文本的位置
background (bg)	指定标签的背景色
bitmap	指定标签上显示的位图
borderwidth (bd)	指定标签边框的宽度
font	指定标签上文本的字体
foreground(fg)	指定标签的前景色
height	指定标签的高度
image	指定标签上显示的图片
justify	指定标签中多行文本的对齐方式
text	指定标签上显示的文本
width	指定标签的宽度

【示例】下面使用 Label 编写一个文本显示的程序，在程序主体中显示“设计标签组件”。

```
from tkinter import *                         # 导入 tkinter 模块
root = Tk()                                   # 生成主窗口
root.title('使用标签组件')                      # 定义窗口标题
# 定义标签并设置样式
label = Label(root,
        anchor = E,                           # 右侧显示
        bg = '#eef',                          # 浅灰背景色
        fg = 'red',                           # 红色字体
        text = '设计标签组件',                  # 显示的文本
        font=('隶书', 24),                     # 字体类型和大小
        width = 20,                           # 标签的宽度，单位为字体大小
        height = 3                            # 标签的高度，单位为字体大小
)
label.pack()                                  # 调用 pack()方法，添加到主窗口
root.mainloop()                               # 进入主循环
```

运行程序，演示效果如图 15.3 所示。

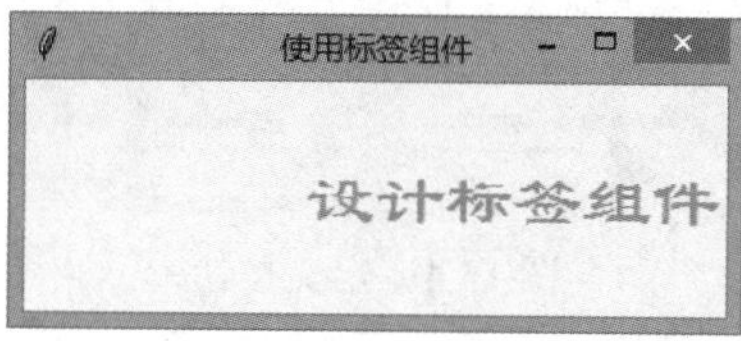

图 15.3　定义标签

15.3.2　按钮

按钮（Button）是提供人机交互的常用组件，专用于捕获键盘和鼠标事件，并且做出相关相应的标签。基本语法格式如下：

```
Button(master=None, **options)
```

参数 master 表示父组件，可变控制参数**options 设置组件参数。常用控制参数如表 15.3 所示。按钮常用的参数如下：

```
tkinter.Button(window, text="显示文本", command=回调函数或命令)
```

参数 window 表示显示按钮的窗口；text 用于设置按钮文本；command 用于设置按钮响应的回调函数或命令。

表 15.3　按钮组件常用控制参数

参　数	说　明
anchor	指定按钮上文本的位置
background (bg)	指定按钮的背景色
bitmap	指定按钮上显示的位图
borderwidth (bd)	指定按钮边框的宽度
command	指定按钮的回调函数
cursor	指定光标移动到按钮上的指针样式
font	指定按钮上文本的字体
foreground(fg)	指定按钮的前景色
height	指定按钮的高度
image	指定按钮上显示的图片
state	指定按钮的状态
text	指定按钮上显示的文本
width	指定按钮的宽度

【示例 1】下面代码演示了按钮的基本用法，演示界面如图 15.4 所示。

```
from tkinter import *                                    # 导入 tkinter 模块
root =Tk()                                               # 生成主窗口
root.title('使用按钮组件')                                # 定义窗口标题
# 使用 state 参数设置按钮的状态
Button(root, text='禁用', state=DISABLED).pack(side=RIGHT)
Button(root, text='取消').pack(side=LEFT)
Button(root, text='确定').pack(side=LEFT)
Button(root, text='退出', command=root.quit).pack(side=RIGHT)
root.mainloop()                                          # 进入主循环
```

图 15.4　定义按钮

在上面的代码中，state=DISABLED 表示定义禁用按钮，command= root.quit 表示为按钮绑定了退出主窗口的命令。

从图 15.4 可以看到，“禁用”按钮的样式与其他按钮的样式不同，它是不能进行任何操作的。在单击“退出”按钮时，程序会退出，而单击“取消”和“确定”按钮则没有任何反应，这是因为“退出”按钮绑定了回调 root.quit，这是系统内置回调命令，表示退出整个主循环，自然整个程序就退出了；而由于没有为“取消”和“确定”按钮绑定任何回调，所以单击这两个按钮没有任何事情发生。

使用 tkinter.Button 时，可以传递参数用于设置按钮的属性。例如，可设置按钮上文本的颜色、按钮的颜色、按钮的大小及按钮的状态等。

可以为每一个按钮绑定一个回调函数，当按钮被按下时，系统会自动调用绑定的函数。按钮可以禁用，禁用之后的按钮不能进行单击等任何操作。如果将按钮放进 Tab 键中，就可以使用 Tab 键来进行跳转和定位。

【示例 2】本示例在窗口中添加一个标签组件和一个按钮组件。当用户单击按钮时，将调用自定义函数 hit_me()，将改写标签显示的文本。演示效果如图 15.5 所示。

```
import tkinter as tk                          # 使用 tkinter 前需要先导入
# 第 1 步，实例化 object，建立窗口 window
window = tk.Tk()
# 第 2 步，给窗口的可视化起名字
window.title('设计可以响应的按钮')
# 第 3 步，设定窗口的大小(长 × 宽)
window.geometry('240x100')                    # 这里的乘号是小写字母 x
# 第 4 步，在图形界面上设定标签
var = tk.StringVar()                          # 将 label 标签的内容设置为字符类型，用 var 来
                                              # 接收 hit_me 函数的返回值，用以显示在标签上
l = tk.Label(window, textvariable=var, bg='blue', fg='white', font=('Arial', 16),
width=20, height=2)
# 说明：bg 为背景，fg 为字体颜色，font 为字体，width 为长，height 为高，这里的长和高是字符的
# 长和高，如 height=2，就是标签有两个字符高
l.pack()
# 定义一个函数功能（代码可以自由编写），供单击 Button 按钮时调用，调用命令参数 command=函数名
on_hit = False
def hit_me():
    global on_hit
    if on_hit == False:
        on_hit = True
        var.set('你单击按钮啦')
    else:
        on_hit = False
        var.set('')
# 第 5 步，在窗口界面设置放置 Button 按钮
b = tk.Button(window, text='测试按钮', font=('Arial', 12), width=10, height=1,
command=hit_me)
b.pack()
# 第 6 步，主窗口循环显示
window.mainloop()
```

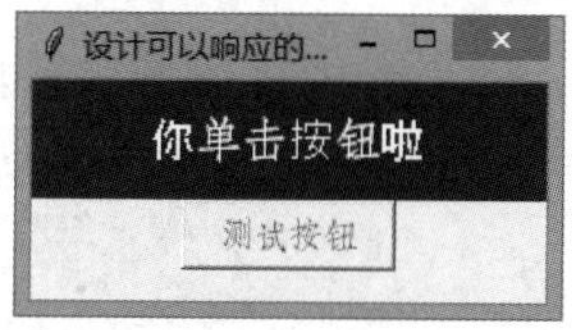

图 15.5　定义可响应的按钮

15.3.3　文本框

文本框主要用来接收用户输入。使用 tkinter.Entry 和 tkinter.Text 组件都可以创建输入文本框。具体区别如下。

- tkinter.Entry：创建单行文本框。
- tkinter.Text：创建多行文本框。

通过向其传递参数可以设置文本框的背景色、大小、状态等。tkinter.Entry 和 tkinter.Text 常用控制参数如表 15.4 所示。

表 15.4　文本框常用控制参数

参　　数	说　　明
background (bg)	指定文本框的背景色
borderwidth (bd)	指定文本框边框的宽度
font	指定文本框中显示文本的字体
foreground(fg)	指定文本框的前景色
selectbackground	指定选定文本的背景色
selectforeground	指定选定文本的前景色
show	指定文本框中显示的字符。如果为“*”，表示文本框为密码框
state	指定文本框的状态
width	指定文本框的宽度

【示例 1】下面代码演示了在主窗口中显示创建密文形式和明文形式的单行文本框

```
import tkinter as tk                                          # 使用 tkinter 前需要先导入
# 第 1 步，实例化 object，建立窗口 window
window = tk.Tk()
# 第 2 步，给窗口的可视化起名字
window.title('设计单行文本框')
# 第 3 步，设定窗口的大小(长 × 宽)
window.geometry('280x100')                                    # 这里的乘号是小写字母 x
# 第 4 步，在图形界面上设定输入框控件 Entry 并放置控件
e1 = tk.Entry(window, show='*', font=('Arial', 14))           # 显示成密文形式
e2 = tk.Entry(window, show=None, font=('Arial', 14))          # 显示成明文形式
e1.pack()
e2.pack()
# 第 5 步，主窗口循环显示
window.mainloop()
```

运行程序，演示效果如图 15.6 所示。

【示例 2】可以为文本框设置默认值，也可以禁止用户输入。如果禁止输入，用户就不能改变输入框中的值了。

本示例使用 state="disabled"禁用文本框；使用 state="readonly"设置文本框只读；使用 textvariable = value 设置文本框的默认值，其中 value 为一个变量，接收 StringVar 对象，再通过 StringVar 对象设置默认值。演示效果如图 15.7 所示。

```
import tkinter as tk                                          # 使用 tkinter 前需要先导入
# 第 1 步，实例化 object，建立窗口 window
window = tk.Tk()
# 第 2 步，给窗口的可视化起名字
window.title('设计文本框状态属性')
# 第 3 步，设定窗口的大小(长 × 宽)
window.geometry('280x100')                                    # 这里的乘号是小写字母 x
# 第 4 步，定义 StringVar()对象
```

```
value1 = tk.StringVar()
value2 = tk.StringVar()
# 第 5 步，在图形界面上设定输入框控件 Entry 并放置控件
e1 = tk.Entry(window, state="disabled", textvariable = value1, font=('Arial', 14))
                                    # 禁用文本框，也可以设置为 state=tk.DISABLED
e2 = tk.Entry(window, state="readonly", textvariable = value2, font=('Arial', 14))
                                    # 只读文本框
# 第 6 步，设置默认值
value1.set("禁用文本框的默认值")
value2.set("只读文本框的默认值")
# 第 7 步，把文本框绑定到窗口上
e1.pack()
e2.pack()
# 第 8 步，主窗口循环显示
window.mainloop()
```

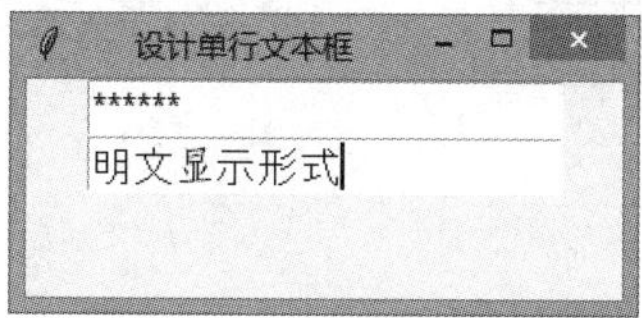

图 15.6 定义单行文本框

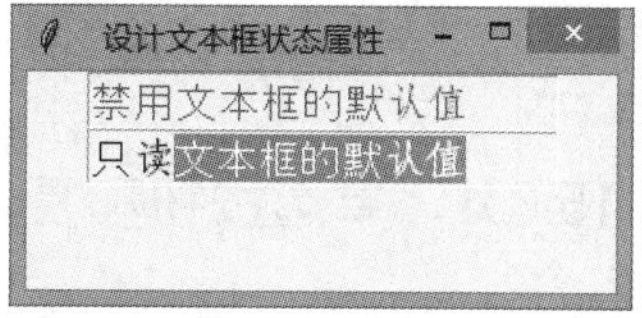

图 15.7 设置文本框的状态属性

【示例 3】 对于禁用文本框来说，用户不能进行输入操作，但是无论禁用文本框，还是只读文本框，输入框中的内容都可以在回调方法中获取。

本示例在窗口中放置两个文本框，一个是单行文本框 e，另一个是多行文本框 t。再放置两个按钮，绑定回调函数，实现当单击按钮时，读取单行文本框的值，然后分别插入到多行文本框的焦点位置和尾部位置。演示效果如图 15.8 所示。

```
import tkinter as tk                        # 使用 tkinter 前需要先导入
# 第 1 步，实例化 object，建立窗口 window
window = tk.Tk()
# 第 2 步，给窗口的可视化起名字
window.title('读取文本框中的值')
# 第 3 步，设定窗口的大小(长 × 宽)
window.geometry('360x160')                  # 这里的乘号是小写字母 x
# 第 4 步，在图形界面上设定输入框控件 Entry 框
e = tk.Entry(window, show = None)           # 显示成明文形式
e.pack()
# 第 5 步，定义两个触发事件时的函数 insert_point 和 insert_end
# 注意：因为 Python 的执行顺序是从上往下，所以函数一定要放在按钮的上面
def insert_point():                         # 在光标焦点处插入输入内容
    var = e.get()
    t.insert('insert', var)
def insert_end():                           # 在文本框内容最后接着插入输入内容
    var = e.get()
    t.insert('end', var)
# 第 6 步，创建并放置两个按钮分别触发以下两种情况
b1 = tk.Button(window, text='在光标位置插入', width=20, height=2, command=insert_
point)
b1.pack()
```

```
b2 = tk.Button(window, text='在文本尾部插入', width=20, height=2, command=insert_end)
b2.pack()
# 第 7 步，创建并放置一个多行文本框 Text 用以显示
# 指定 height=3 为文本框是 3 个字符高度
t = tk.Text(window, height=3)
t.pack()
# 第 8 步，主窗口循环显示
window.mainloop()
```

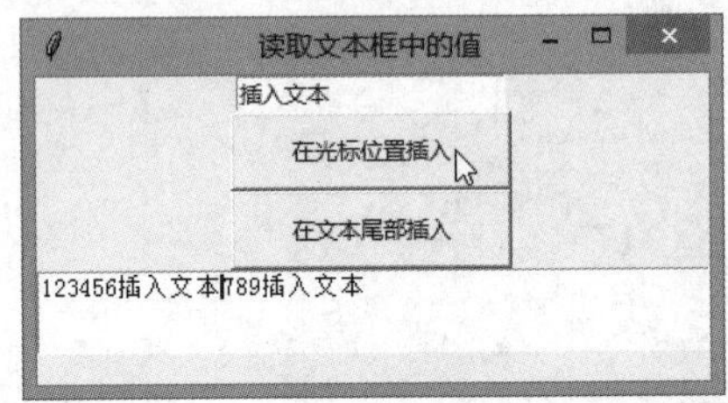

图 15.8　读取单行文本框的值并插入到多行文本框中

扫一扫，看视频

15.3.4　单选按钮和复选按钮

单选按钮（Radiobutton）是一组排他性的选择框，只能从该组中选择一个选项，当选择了其中一项之后便会取消其他选项的选择。

与按钮组件一样，单选按钮可以使用图像或者文本。要想使用单选按钮，必须将这一组单选按钮与一个相同的变量关联起来，由用户为这个变量选择不同的值。

与单选按钮相对的是复选按钮（Checkbutton），复选按钮表示两种不同的状态，即被选中表示一种状态，未被选中表示另一种状态。复选按钮之间没有互斥作用，可以一次选择多个选项。

同样的，每一个复选按钮都需要跟一个变量相关联，并且每一个复选按钮关联的变量都是不一样的。如果像单选按钮一样，关联的是同一个按钮，则当选中其中一个时，会将所有按钮都选上。可以给每一个复选按钮绑定一个回调函数，当该选项被选中时，执行回调函数。

使用 tkinter.Radiobutton 和 tkinter.Checkbutton 可以分别创建单选按钮和复选按钮。通过向其传递参数可以设置单选按钮和复选按钮的背景色、大小、状态等。以下是 tkinter.Radiobutton 和 tkinter.Checkbutton 共有的控制参数，如表 15.5 所示。

表 15.5　单选按钮和复选按钮常用控制参数

参　数	说　明
anchor	指定文本的位置
background (bg)	指定背景色
bitmap	指定显示的位图
borderwidth (bd)	指定边框的宽度
command	指定回调函数
font	指定文本的字体
foreground(fg)	指定前景色
height	指定组件的高度
image	指定显示的图片
justify	指定组件中多行文本的对齐方式

续表

参　数	说　明
text	指定显示的文本
value	指定组件被选中后关联变量的值
variable	指定组件所关联的变量

【示例 1】在窗口中插入 3 个按钮，然后把它们绑定为一组，当用户点选某个选项时，则在顶部的标签中动态显示被选中项的提示信息。

```
import tkinter as tk                              # 使用 tkinter 前需要先导入
# 第 1 步，实例化 object，建立窗口 window
window = tk.Tk()
# 第 2 步，给窗口的可视化起名字
window.title('设计单选按钮组')
# 第 3 步，设定窗口的大小(长 × 宽)
window.geometry('240x140')                        # 这里的乘号是小写字母 x
# 第 4 步，在图形界面上创建一个标签 label 用以显示并放置
var = tk.StringVar()          # 定义一个 var 用来将 radiobutton 的值和 Label 的值联系在一起
l = tk.Label(window, bg='yellow', width=20, text='')
l.pack()
# 第 5 步，定义选项触发函数功能
def print_selection():
    l.config(text='被选项为：' + var.get())
# 第 6 步，创建 3 个 radiobutton 选项，其中 variable=var, value='a'的意思就是，当选中了其中
# 1 个选项，把 value 的值 a 放到变量 var 中，然后赋值给 variable
r1 = tk.Radiobutton(window, text='A', variable=var, value='a', command=print_
selection)
r1.pack()
r2 = tk.Radiobutton(window, text='B', variable=var, value='b', command=print_
selection)
r2.pack()
r3 = tk.Radiobutton(window, text='C', variable=var, value='c', command=print_
selection)
r3.pack()
# 第 7 步，主窗口循环显示
window.mainloop()
```

运行程序，演示效果如图 15.9 所示。

【示例 2】设计复选按钮组，使用 onvalue=1 设置被选中时的值，使用 offvalue=0 设置未被选中时的值，定义 var1 和 var2 整型变量用来存放选择行为返回值，然后为每个复选按钮绑定单击事件，定义事件处理函数为 print_selection()，该函数获取复选按钮当前的状态值，并在顶部标签组件中显示提示信息。

```
import tkinter as tk                              # 使用 tkinter 前需要先导入
# 第 1 步，实例化 object，建立窗口 window
window = tk.Tk()
# 第 2 步，给窗口的可视化起名字
window.title('设计复选按钮组')
# 第 3 步，设定窗口的大小(长×宽)
window.geometry('300x100')                        # 这里的乘号是小写字母 x
# 第 4 步，在图形界面上创建一个标签 label 用以显示信息
l = tk.Label(window, bg='yellow', width=20, text='')
```

```
l.pack()
# 第 5 步，定义触发函数功能
def print_selection():
    if (var1.get() == 1) & (var2.get() == 0): # 如果选中第 1 个选项，未选中第 2 个选项
        l.config(text='勾选了 Python')
    elif (var1.get() == 0) & (var2.get() == 1):# 如果选中第 2 个选项，未选中第 1 个选项
        l.config(text='勾选了 C++')
    elif (var1.get() == 0) & (var2.get() == 0):          # 如果两个选项都未选中
        l.config(text='什么都没有勾选')
    else:
        l.config(text='全部勾选')                         # 如果两个选项都选中
# 第 6 步，定义两个 Checkbutton 选项并放置
var1 = tk.IntVar()                    # 定义 var1 和 var2 整型变量用来存放选择行为返回值
var2 = tk.IntVar()
c1 = tk.Checkbutton(window, text='Python',variable=var1, onvalue=1, offvalue=0,
command=print_selection)              # 传值原理类似于 radiobutton 部件
c1.pack()
c2 = tk.Checkbutton(window, text='C++',variable=var2, onvalue=1, offvalue=0,
command=print_selection)
c2.pack()
# 第 7 步，主窗口循环显示
window.mainloop()
```

运行程序，演示效果如图 15.10 所示。

图 15.9　设计单选按钮组

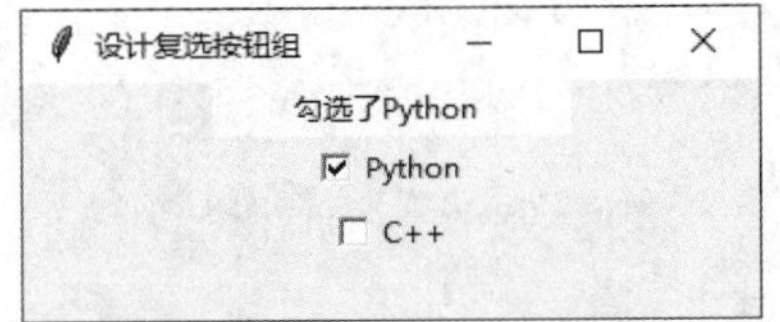

图 15.10　设计复选按钮组

注意：

对于单选按钮和复选按钮来说，variable 是比较关键的参数。由 variable 指定的变量应使用 tkinter.IntVar 或 tkinter.StringVar 生成。其中，tkinter.IntVar 生成一个整型变量，而 tkinter.StringVar 将生成一个字符串变量。

当使用 tkinter.IntVar 或者 tkinter.StringVar 生成变量后，可以使用 set()方法设置变量的初始值。如果该初始值与组件的 value 所指定的值相等，则该组件处于被选中状态。如果其他组件被选中，则变量值将被更改为该组件 value 所指定的值。

扫一扫，看视频

15.3.5　菜单

菜单用来实现下拉式或弹出式菜单，单击菜单后便弹出一个选项列表，用户可以从中进行选择。一般的应用程序界面都需要提供菜单选项功能。

注意：

在 tkinter 中，菜单组件的添加与其他组件有所不同。菜单要使用创建的主窗口的 config()方法添加到窗口中。

【示例 1】创建一个顶级菜单，先创建一个菜单实例，然后使用 add()方法将命令和其他子菜单添加进去。演示效果如图 15.11 所示。

```
import tkinter as tk                                    # 使用tkinter前需要先导入
# 第 1 步，实例化 object，建立窗口 window
window = tk.Tk()
# 第 2 步，创建一个顶级菜单
menubar = tk.Menu(window)
menubar.add_command(label = "Hello")
# 第 3 步，显示菜单
window.config(menu = menubar)
# 第 4 步，主窗口循环显示
window.mainloop()
```

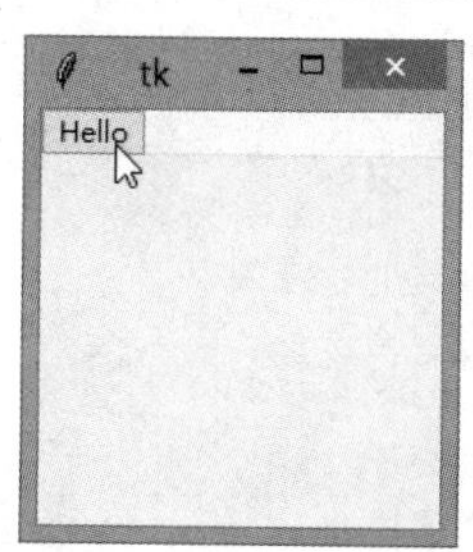

图 15.11 设计顶级菜单

创建一个顶级菜单，需要先使用 Menu()构造函数创建一个菜单实例，然后使用 add()方法将命令和其他子菜单添加进去。Menu()构造函数的用法如下：

```
Menu(master=None, **options)
```

参数 master 表示一个父组件；**options 用于设置组件参数，各个参数的具体含义和用法可以参考 15.7 节在线支持。

创建菜单实例之后，可以调用 add()方法添加具体组件，该方法用法如下：

```
add(type, **options)
```

参数 type 指定添加的菜单类型，可以是 command（命令）、cascade（父菜单）、checkbutton（复选按钮）、radiobutton（单选按钮）或 separator（分隔线），还可以通过 options 选项设置菜单的属性。例如：

- label：指定菜单项显示的文本。
- menu：该选项仅在 cascade 类型的菜单中使用，用于指定它的下级菜单。
- command：将该选项与一个方法相关联，当用户单击该菜单项时将自动调用此方法。

options 可以使用的选项和具体含义可以参考 15.7 节在线支持。

下面说明几个专用方法。

- add_cascade(**options)：表示添加一个父菜单，相当于 add("cascade", **options)。
- add_checkbutton(**options)：表示添加一个复选按钮的菜单项，相当于 add("checkbutton", **options)。
- add_command(**options)：表示添加一个普通的命令菜单项，相当于 add("command", **options)。
- add_radiobutton(**options)：表示添加一个单选按钮的菜单项，相当于 add("radiobutton", **options)。

- add_separator(**options)：表示添加一条分隔线，相当于 add("separator", **options)。

【示例 2】 创建一个下拉菜单或者其他子菜单，方法与示例 1 大同小异，最主要的区别是它们最后需要添加到主菜单中，而不是窗口中。下面示例演示如何在主窗口中添加下拉菜单。

```
import tkinter as tk                              # 使用 tkinter 前需要先导入
# 第 1 步，实例化 object，建立窗口 window
window = tk.Tk()
# 第 2 步，给窗口的可视化起名字
window.title('设计菜单')
# 第 3 步，设定窗口的大小(长×宽)
window.geometry('250x150')                        # 这里的乘号是小写字母 x
# 第 4 步，创建一个菜单栏，这里可以理解为一个容器，在窗口的上方
menubar = tk.Menu(window)
# 第 5 步，创建一个文件菜单项
filemenu = tk.Menu(menubar, tearoff=0)
# 将上面定义的空菜单命名为文件放在菜单栏中，就是装入那个容器中
menubar.add_cascade(label='文件', menu=filemenu)
# 在文件中加入新建、打开、保存子菜单，即下拉菜单
filemenu.add_command(label='新建')
filemenu.add_command(label='打开')
filemenu.add_command(label='保存')
# 第 6 步，创建菜单栏完成后，配置让菜单栏 menubar 显示出来
window.config(menu=menubar)
# 第 7 步，主窗口循环显示
window.mainloop()
```

运行程序，演示效果如图 15.12 所示。

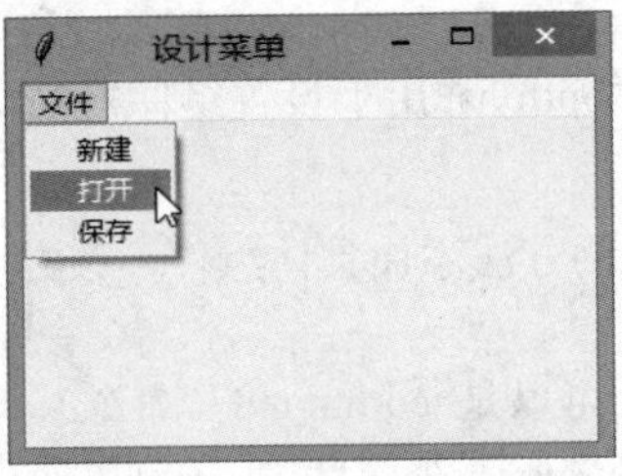

图 15.12　设计下拉菜单

在上面代码的第 5 步中：filemenu = tk.Menu(menubar, tearoff=0)，tearoff=0 表示关闭菜单独立功能。如果设置为 1 或者 True，则开启菜单独立功能，此时菜单上面会显示出一条虚线，单击虚线，能够让该菜单独立悬浮显示，如图 15.13 所示。

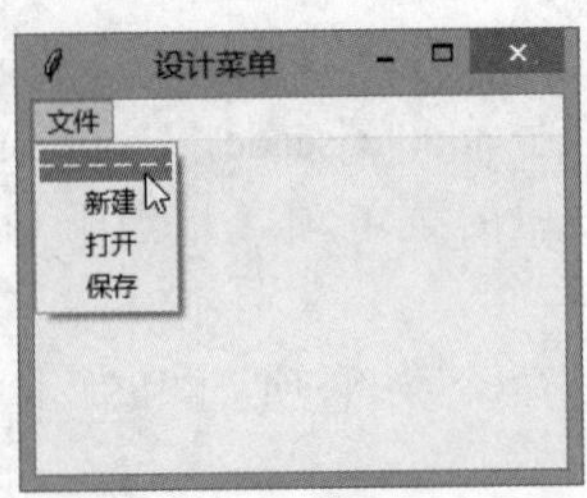

（a）开启 tearoff

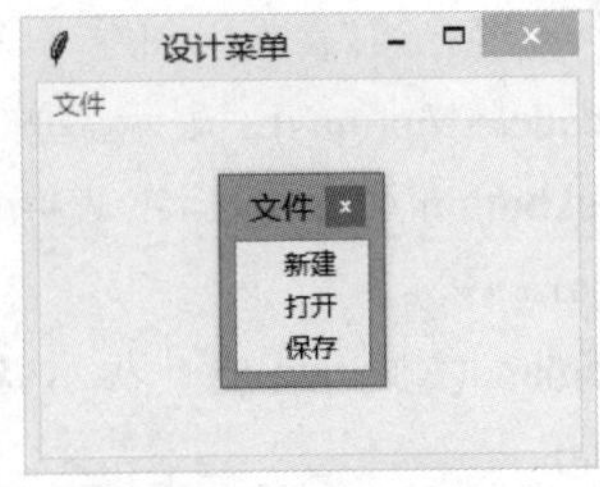

（b）单击之后独立显示

图 15.13　开启独立菜单功能

【示例 3】创建弹出菜单方法与上面示例方法相同，不过需要使用 post()方法明确地将其显示出来。下面示例设计一个右键快捷菜单，并为菜单项绑定功能：简单记录用户单击快捷菜单项目的次数。

```
import tkinter as tk                                    # 使用 tkinter 前需要先导入
# 第 1 步，实例化 object，建立窗口 window
window = tk.Tk()
# 第 2 步，给窗口的可视化起名字
window.title('设计菜单')
# 第 3 步，设定窗口的大小(长×宽)
window.geometry('300x200')                              # 这里的乘号是小写字母 x
# 第 4 步，在图形界面上创建一个标签用于显示用户操作次数
l = tk.Label(window, text='操作次数：0', bg='yellow')
l.pack()
# 第 5 步，定义一个计数器函数，用来代表菜单选项的功能
counter = 1
def callback():
    global counter
    l.config(text='操作次数：'+ str(counter))
    counter += 1
# 第 6 步，创建一个弹出菜单
menu = tk.Menu(window, tearoff=False)
menu.add_command(label="撤销", command=callback)
menu.add_command(label="重做", command=callback)
# 第 7 步，定义弹出菜单
def popup(event):
    menu.post(event.x_root, event.y_root)
# 第 8 步，绑定鼠标右键
window.bind("<Button-3>", popup)
# 第 9 步，主窗口循环显示
window.mainloop()
```

运行程序，演示效果如图 15.14 所示。

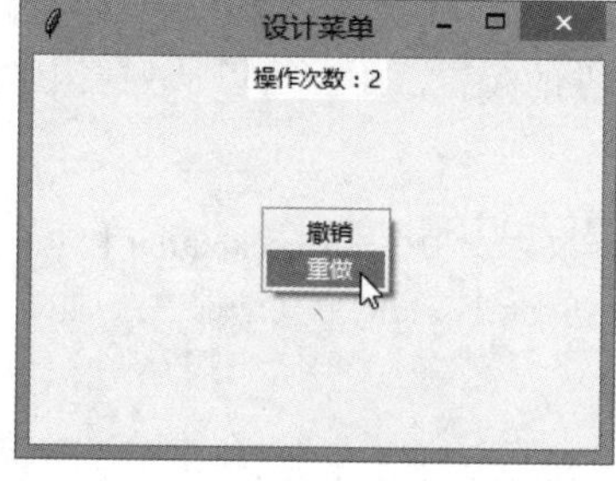

图 15.14　设计弹出菜单

15.3.6　消息

扫一扫，看视频

消息（Message）组件用来展示短消息，与标签组件功能类似，但是展示文字比 Label 更灵活。例如，Message 组件可以改变字体，而 Label 组件只能使用一种字体；Message 组件提供了一个换

行对象，可以使文字多行显示，并支持文字的自动换行、对齐等排版样式。

创建消息组件的方法如下：

```
Message (master=None, **options)
```

参数 master 表示一个父组件；**options 用于设置组件参数，各个参数的具体含义和用法可以参考 15.7 节在线支持。

【示例】使用 Message 组件设计一个简单的消息显示。

```
from tkinter import *                                        # 导入 Message 模块
# 第 1 步，实例化对象，建立窗口 window
window=Tk()
# 第 2 步，创建一个 Message
whatever_you_do = "消息（Message）组件用来展示一些文字短消息，与标签组件类似，但在展示文字方面比 Label 更灵活。"
msg = Message(window, text = whatever_you_do)                # 创建实例
msg.config(bg='lightgreen', font=('宋体', 16, 'italic'))     # 设置消息显示属性
msg.pack()                                                   # 显示消息
# 第 3 步，主窗口循环显示
window.mainloop()
```

运行程序，演示效果如图 15.15 所示。

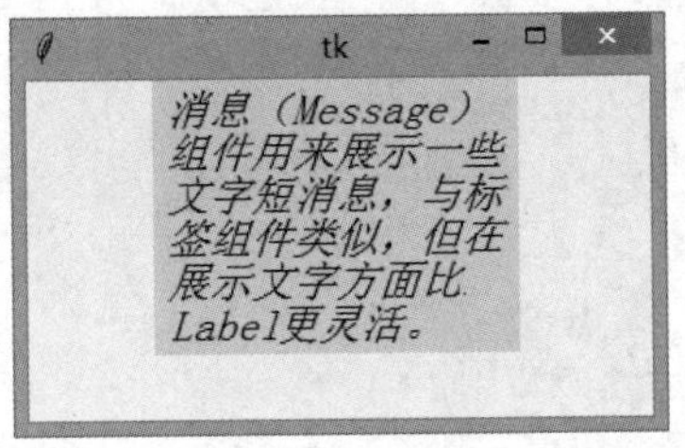

图 15.15　显示多行消息

15.3.7　列表框

列表框（Listbox）组件用于显示一个选择列表，只能包含文本项目，并且所有的项目都需要使用相同的字体和颜色。根据组件的配置，用户可以从列表中选择一个或多个选项。

提示：

Listbox 组件通常被用于显示一组文本选项，与 Checkbutton 和 Radiobutton 组件类似，不过 Listbox 是以列表的形式来提供选项的，而后面两个是通过按钮的形式来提供选项的。

创建列表框组件的方法如下：

```
Listbox(master=None, **options)
```

参数 master 表示一个父组件；**options 用于设置组件参数，各个参数的具体含义和用法可以参考 15.7 节在线支持。

当创建一个 Listbox 组件实例之后，它是一个空的容器，所以第一件事就是添加一行或多行文本选项。可以使用 insert()方法添加文本。该方法有两个参数：第 1 个参数是插入的索引号，第 2 个参数是插入的字符串。索引号通常是项目的序号，0 表示列表中第 1 项的序号。

【示例 1】创建一个列表框，并添加 3 个列表项目。演示效果如图 15.16 所示。

```
from tkinter import *                          # 导入 tkinter 模块
root=Tk()                                      # 创建顶级窗口
lb=Listbox(root)                               # 创建列表框
for item in ['Python','Java','C']:             # 添加列表项目
    lb.insert(END,item)
lb.pack()                                      # 显示列表框
root.mainloop()                                # 主窗口循环显示
```

【示例 2】使用 selectmode=MULTIPLE 设置列表框多选，代码如下所示。演示效果如图 15.17 所示。

```
from tkinter import *                          # 导入 tkinter 模块
root=Tk()                                      # 创建顶级窗口
lb=Listbox(root, selectmode=MULTIPLE)          # 创建列表框
for item in ['Python','Java','C']:             # 添加列表项目
    lb.insert(END,item)
lb.pack()                                      # 显示列表框
root.mainloop()                                # 主窗口循环显示
```

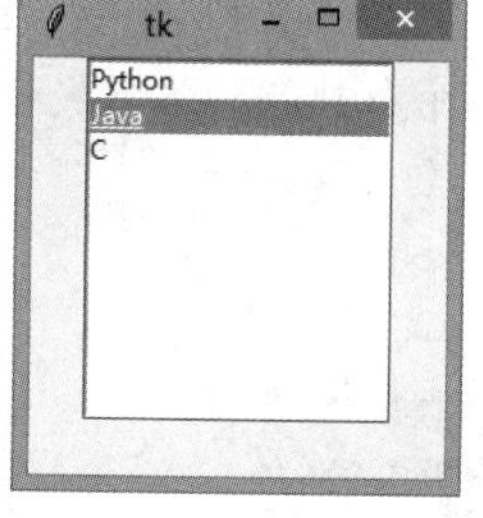

图 15.16　设计简单的列表框

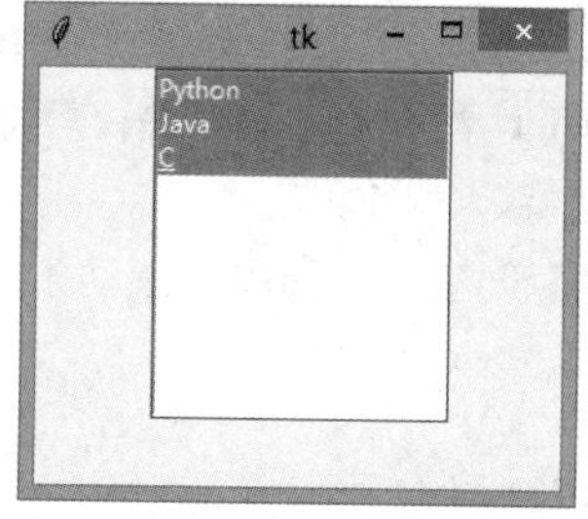

图 15.17　设计多选列表框

selectmode 决定选择的模式，有 4 种不同的选择模式：single（单选）、browse（也是单选，但拖动鼠标或通过方向键可以直接改变选项）、multiple（多选）和 extended（也是多选，但需要同时按住 Shift 键或 Ctrl 键或拖曳鼠标实现），默认值是 browse。

lb.insert(END,item)表示在列表框中插入一个项目，第一个参数指定插入点位置，0 表示在起始位置插入，END 表示在结尾位置插入，ACTIVE 表示在当前元素位置为索引插入。

【示例 3】为列表项目绑定鼠标双击事件，跟踪用户的选择，并把用户的选择项目显示在窗口顶部的标签中。演示效果如图 15.18 所示。

```
from tkinter import *                          # 导入 tkinter 模块
root=Tk()                                      # 创建顶级窗口
l = Label(root, bg='yellow', width=20, text='')  # 定义一个提示信息显示的标签
l.pack()
def printList(event):                          # 定义选项触发函数功能
    l.config(text='被选项为: ' + lb.get(lb.curselection()))
lb=Listbox(root)                               # 定义列表框
lb.bind('<Double-Button-1>',printList)         # 绑定鼠标双击事件
for i in range(10):                            # 插入列表项目
    lb.insert(END,str(i*100))
lb.pack()                                      # 显示列表框
root.mainloop()                                # 主窗口循环显示
```

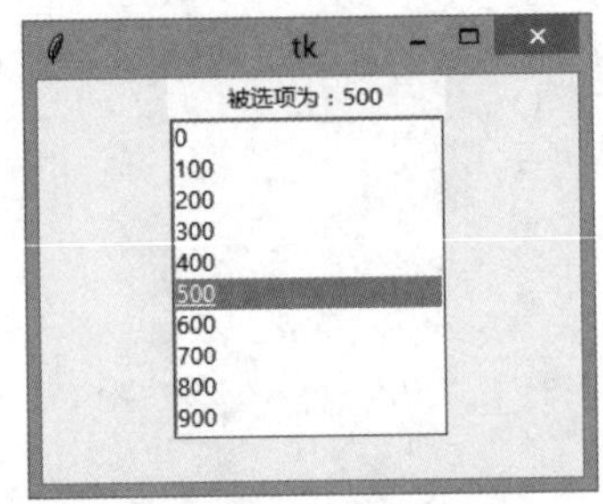

图 15.18　为列表绑定事件

扫一扫，看视频

15.3.8　滚动条

滚动条（Scrollbar）组件用于滚动一些组件的可见范围，根据方向可分为垂直滚动条和水平滚动条。Scrollbar 组件通常与 Text 组件、Canvas 组件和 Listbox 组件一起使用，水平滚动条还可以与 Entry 组件配合。

创建滚动条组件的方法如下：

```
Scrollbar (master=None, **options)
```

参数 master 表示一个父组件；**options 用于设置组件参数，各个参数的具体含义和用法可以参考 15.7 节在线支持。

【示例 1】创建一个简单的滚动条并显示在窗口中。演示效果如图 15.19 所示。

```
from tkinter import *                        # 导入 tkinter 模块
root=Tk()                                    # 创建顶级窗口
sb=Scrollbar(root)                           # 创建滚动条
sb.pack()                                    # 显示滚动条
root.mainloop()                              # 主窗口循环显示
```

【示例 2】创建一个滚动条，设置水平显示并设置滑块的位置。演示效果如图 15.20 所示。

```
from tkinter import *                        # 导入 tkinter 模块
root=Tk()                                    # 创建顶级窗口
sb=Scrollbar(root, orient=HORIZONTAL)        # 创建滚动条，并设置水平显示
sb.set(0.5,1)                                # 设置滑块的位置
sb.pack()                                    # 显示滚动条
root.mainloop()                              # 主窗口循环显示
```

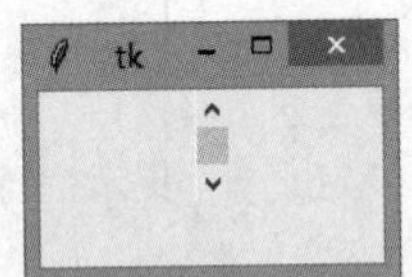

图 15.19　创建简单的滚动条

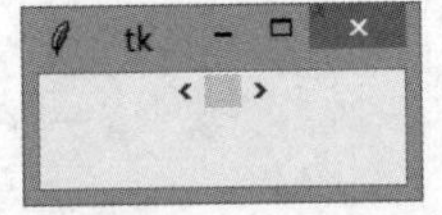

图 15.20　设置滚动条

在上面的示例中，orient=HORIZONTAL 设置滚动条的显示方向为水平，取值包括 HORIZONTAL（水平滚动条）和 VERTICAL（垂直滚动条），默认值为 VERTICAL。

set(*args)方法用于设置当前滚动条的位置，包含两个参数 (first, last)，first 表示当前滑块的顶端或左端的位置，last 表示当前滑块的底端或右端的位置，取值范围为 0.0~1.0。

【示例 3】创建一个滚动条，并把它绑定到列表框组件上。演示效果如图 15.21 所示。

```
from tkinter import *                          # 导入 tkinter 模块
root=Tk()                                      # 创建顶级窗口
lb=Listbox(root)                               # 创建列表框
sb=Scrollbar(root)                             # 创建滚动条
sb.pack(side=RIGHT,fill=Y)                     # 显示滚动条
lb['yscrollcommand']=sb.set                    # 把滚动条绑定到列表框
for i in range(100):                           # 为列表框插入列表项目
    lb.insert(END,str(i))
lb.pack(side=LEFT)                             # 显示列表框
sb['command']=lb.yview                         # 绑定事件
root.mainloop()                                # 主窗口循环显示
```

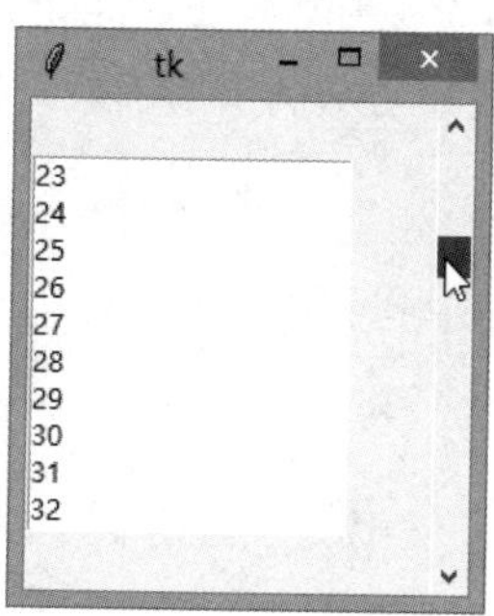

图 15.21　绑定滚动条

在 sb.pack(side=RIGHT,fill=Y)语句中，side 指定滚动条的显示位置，这里设置为右侧显示；fill 指定填充整个区域。lb['yscrollcommand']=sb.set 用于指定 Listbox 的 yscrollbar 的事件处理函数为 Scrollbar 的 set。sb['command']=lb.yview 用于指定 Scrollbar 的 command 的事件处理函数为 Listbox 的 yview。

15.3.9　框架

扫一扫，看视频

相对于其他组件来说，框架（Frame）只是一个容器，在屏幕上创建一块矩形区域，多作为界面布局窗体，一般可包含一组组件，并且可以定制外观。框架没有方法，但是它可以捕获键盘和鼠标的事件来进行回调。

【示例 1】 设计一个简单的框架，在框架中绑定两个标签。演示效果如图 15.22 所示。

```
from tkinter import *                          # 导入 tkinter 模块
root=Tk()                                      # 创建顶级窗口
root.title('设计框架')                          # 设置主体窗口的名称
root.geometry('600x500')                       # 设置主体窗口的大小
# 1. 创建 Frame
# 注意这个创建 Frame 的方法与其他创建控件的方法不同，第一个参数不是 root
fm=Frame(height=200, width=200, bg='green',border=2)
fm.pack_propagate(0)             # 固定 frame 大小，如果不设置，frame 会随着标签大小改变
fm.pack()                                      # 显示框架
# 2. 在 Frame 中添加组件
Label(fm, text='左侧标签').pack(side='left')
Label(fm, text='右侧标签').pack(side='right')
root.mainloop()                                # 主窗口循环显示
```

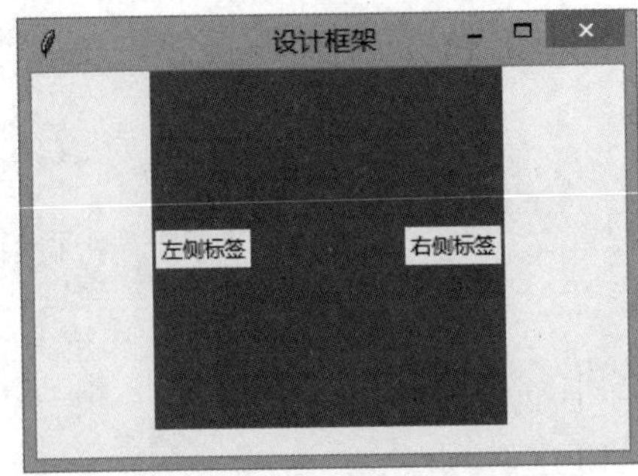

图 15.22　设计框架

【示例 2】在 tkinter 8.4 以后，Frame 又添加了一类 LabelFrame，添加了 Title 的支持。针对示例 1，可以使用 LabelFrame 来快速设计。演示效果与示例 1 演示效果相同。

```
from tkinter import *                                # 导入 tkinter 模块
root=Tk()                                            # 创建顶级窗口
root.title('设计框架')                                # 设置主体窗口的名称
root.geometry('600x500')                             # 设置主体窗口的大小
# 创建 LabelFrame
lbfm=LabelFrame(height=200, width=200,bg='green')
lbfm.pack_propagate(0)          # 固定 frame 大小，如果不设置，frame 会随着标签大小改变
lbfm.pack()                                          # 显示框架
Label(lbfm, text='左侧标签').pack(side='left')
Label(lbfm, text='右侧标签').pack(side='right')
root.mainloop()                                      # 主窗口循环显示
```

【示例 3】框架也可以嵌套，设计多层布局效果。本示例设计一个框架，然后再嵌套两个子框架，在子框架中设计两个标签。演示效果如图 15.23 所示。

```
from tkinter import*                                 # 导入模块
window = Tk()                                        # 初始化 Tk()
window.title('设计框架')                              # 设置标题
# 设置窗口大小
width = 380
height = 300
# 获取屏幕尺寸以计算布局参数，使窗口居屏幕中央
screenwidth = window.winfo_screenwidth()
screenheight = window.winfo_screenheight()
alignstr = '%dx%d+%d+%d' % (width, height, (screenwidth-width)/2, (screenheight-height)/2)
window.geometry(alignstr)
# 设置窗口是否可变长、宽，True 为可变，False 为不可变
window.resizable(width=False, height=True)
# 定义主框架
frame_root = Frame(window)
# 定义嵌套框架
frame_l = Frame(frame_root)
frame_r = Frame(frame_root)
# 创建 4 个标签，并在窗口中显示
Label(frame_l, text="北京", bg="#eef", width=10, height=4).pack(side=TOP)
Label(frame_l, text="上海", bg="#efe", width=10, height=4).pack(side=TOP)
```

```
Label(frame_r, text="广州", bg="#fee", width=10, height=4).pack(side=TOP)
Label(frame_r, text="深圳", bg="#eef", width=10, height=4).pack(side=TOP)
# 布局嵌套框架
frame_l.pack(side=LEFT)
frame_r.pack(side=RIGHT)
frame_root.pack()
window.mainloop()                                       # 进入消息循环
```

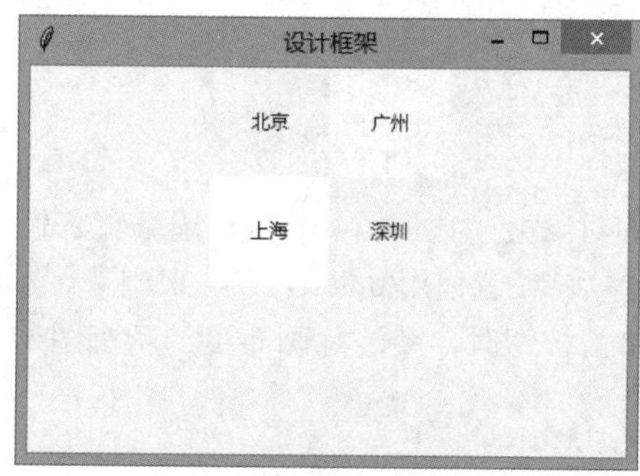

图 15.23　设计嵌套框架

15.3.10　画布

画布（Canvas）组件为 tkinter 的图形绘制提供了基础。Canvas 是一个通用的组件，通常用于显示和编辑图形。可以用它来绘制线段、圆形、多边形，甚至绘制其他组件。

创建画布组件的方法如下：

```
Canvas(master=None, **options)
```

参数 master 表示一个父组件；**options 用于设置组件参数，各个参数的具体含义和用法可以参考 15.7 节在线支持。

Canvas 组件支持的对象说明如下。

- arc：弧形、弦或扇形。
- bitmap：内建的位图文件或 XBM 格式的文件。
- image：BitmapImage 或 PhotoImage 的实例对象。
- line：线。
- oval：圆或椭圆形。
- polygon：多边形。
- rectangle：矩形。
- text：文本。
- window：组件。

其中，弦、扇形、椭圆形、圆形、多边形和矩形这些“封闭式”图形都是由轮廓线和填充颜色组成的，但都可以设置为透明（传入空字符串表示透明）。

在 Canvas 组件上绘制对象，可以使用 create_xxx()方法（xxx 表示对象类型），如线段（line）、矩形（rectangle）、文本（text）等。

【示例 1】使用 Canvas 组件绘制一块画布，然后绘制矩形和线段。演示效果如图 15.24 所示。

```
from tkinter import *                                   # 导入 tkinter 模块
root=Tk()                                               # 创建顶级窗口
```

```
root.title('使用画布')                                    # 设置主体窗口的名称
# 创建画布
w = Canvas(root, width =200, height = 100)
w.pack()                                                  # 显示画布
# 画一条黄色的横线
w.create_line(0, 50, 200, 50, fill = "yellow")
# 画一条红色的竖线（虚线）
w.create_line(100, 0, 100, 100, fill = "red", dash = (4, 4))
# 中间画一个蓝色的矩形
w.create_rectangle(50, 25, 150, 75, fill = "blue")
root.mainloop()                                           # 主窗口循环显示
```

【示例 2】添加到 Canvas 上的对象会一直保留。如果希望编辑它们，可以使用 coords()、itemconfig() 和 move() 方法来移动画布上的对象，或者使用 delete()方法来删除。本示例在示例 1 的基础上新添加一个按钮组件来绑定事件，设计当单击按钮时，会清除画布上的所有图形。演示效果如图 15.25 所示。

```
from tkinter import *                                     # 导入 tkinter 模块
root=Tk()                                                 # 创建顶级窗口
root.title('使用画布')                                    # 设置主体窗口的名称
# 创建画布
w = Canvas(root, width =200, height = 100)
w.pack()    # 显示画布
# 画一条黄色的横线
w.create_line(0, 50, 200, 50, fill = "yellow")
# 画一条红色的竖线（虚线）
w.create_line(100, 0, 100, 100, fill = "red", dash = (4, 4))
# 中间画一个蓝色的矩形
w.create_rectangle(50, 25, 150, 75, fill = "blue")
# 定义按钮，绑定事件，单击删除所有绘图
Button(root, text = "删除全部", command = (lambda x = "all" : w.delete(x))).pack()
root.mainloop()                                           # 主窗口循环显示
```

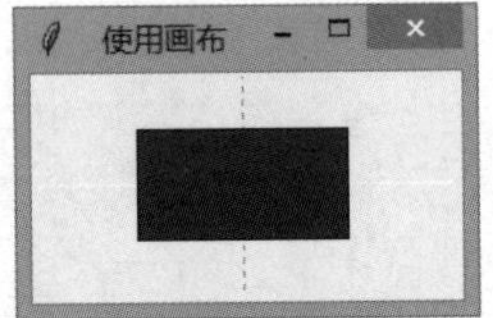

图 15.24　绘制简单的图形

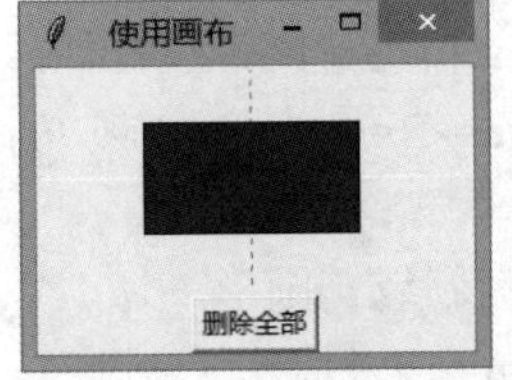

图 15.25　清除画布上的图形

【示例 3】使用 create_text()方法可以在 Canvas 上显示文本。演示效果如图 15.26 所示。

```
from tkinter import *                                     # 导入 tkinter 模块
root=Tk()                                                 # 创建顶级窗口
root.title('使用画布')                                    # 设置主体窗口的名称
# 创建画布
w = Canvas(root, width =200, height = 100)
w.pack()                                                  # 显示画布
# 中间画一个蓝色的矩形
w.create_rectangle(50, 25, 150, 75, fill = "blue")
# 绘制文本
```

```
w.create_text(100, 50, text = "Python")
root.mainloop()                                        # 主窗口循环显示
```

【示例 4】使用 create_oval()方法可以绘制椭圆形或圆形。本示例绘制一个简单的椭圆并插入文本。演示效果如图 15.27 所示。

```
from tkinter import *                                  # 导入 tkinter 模块
root=Tk()                                              # 创建顶级窗口
root.title('使用画布')                                  # 设置主体窗口的名称
w = Canvas(root, width =200, height = 100)             # 创建画布
w.pack()                                               # 显示画布
w.create_rectangle(40, 20, 160, 80, dash = (4, 4))     # 绘制矩形
w.create_oval(40, 20, 160, 80, fill = "pink")          # 绘制椭圆
w.create_text(100, 50, text = "Python")                # 插入文字
root.mainloop()                                        # 主窗口循环显示
```

图 15.26　插入文本

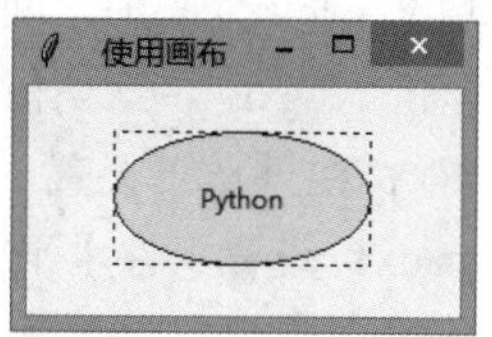

图 15.27　绘制椭圆

【示例 5】使用 create_polygon()方法可以绘制多边形，本示例使用 create_polygon()方法绘制一个简单的矩形。演示效果如图 15.28 所示。

```
from tkinter import *                                  # 导入 tkinter 模块
root=Tk()                                              # 创建顶级窗口
root.title('使用画布')                                  # 设置主体窗口的名称
w = Canvas(root, width =200, height = 100)             # 创建画布
w.pack()                                               # 显示画布
points = [10,10,10,100,100,100,100,10]
w.create_polygon(points, outline = "green", fill = "yellow")
                                                       # fill 默认是 black，黑色填充
root.mainloop()                                        # 主窗口循环显示
```

图 15.28　绘制多边形

15.4　tkinter 组件布局

tkinter 提供了 3 个布局管理器：pack（包）、grid（网格）、place（位置），它们均用于管理同一个父组件下所有组件的布局。

- pack：按添加顺序排列组件。

- grid：按行、列格式排列组件。
- place：可以准确设置组件的大小和位置。

扫一扫，看视频

15.4.1 pack 布局

pack 使用简单，适用于少量组件的排列。使用组件的 pack()方法可以将组件添加到窗口中，还可以通过参数设置组件在容器中的位置。常用参数及其取值说明如下。

- anchor：控制组件在 pack 分配的空间中的位置，取值包括"n"（北）、"ne"（东北）、"e"（东）、"se"（东南）、"s"（南）、"sw"（西南）、"w"（西）、"nw"（西北）、"center"（居中），默认值为"center"。
- expand：是否填充父组件的额外空间，默认值为 False。
- fill：填充 pack 分配的空间，取值包括"x"（水平填充）、"y"（垂直填充）、"both"（水平和垂直填充）和"NONE"，默认值为 NONE，表示保持子组件的原始尺寸。
    - ✧ side：组件放置位置，取值包括"left"、"bottom"、"right"、"top"，默认值为"top"。
    - ✧ ipadx：设置组件水平方向上的内边距。
    - ✧ ipady：设置组件垂直方向上的内边距。
    - ✧ padx：设置组件水平方向上的外边距。
- pady：设置组件垂直方向上的外边距。
- in_：将组件放到该参数指定的组件中，指定的组件必须是父组件。

【示例】下面示例在窗口中插入两个标签，然后使用 pack()方法设置第一个标签靠左显示，设置第二个标签靠右显示。演示效果如图 15.29 所示。

```
from tkinter import *                           # 把 tkinter 模块内所有函数导入到全局作用域下
tk=Tk()                                          # 生成 root 主窗口
# 标签组件，显示文本和位置
Label(tk,text="左侧对齐").pack(side="left")                # 显示在左侧
Label(tk,text="右侧对齐").pack(side="right")               # 显示在右侧
mainloop()                                                  # 主事件循环
```

扫一扫，看视频

15.4.2 grid 布局

grid 是 tkinter 三大布局管理器中最灵活多变的。使用组件的 grid()方法可以以网格化方式设置组件的位置，主要参数说明如下。

- column：设置组件所在的列，默认值为 0，表示第 1 列。
- columnspan：组件跨列显示，设置要跨的列数。
- row：设置组件所在的行，0 表示第 1 行。
- rowspan：组件跨行显示，设置要跨的行数。
- sticky：设置组件在 grid 分配的空间中的位置，取值包括"n"、"e"、"s"、"w"，以及它们的组合来定位，使用加号（+）表示拉长填充，类似 pack 的 anchor 和 fill 两个参数的功能，如"n"+"s"表示将组件垂直拉长填充网格。
- ipadx：设置组件水平方向上的内边距。

- ipady：设置组件垂直方向上的内边距。
- padx：设置组件水平方向上的外边距。
- pady：设置组件垂直方向上的外边距。
- in_：将组件放到该参数指定的组件中，指定的组件必须是父组件。

【示例】下面示例在上节示例基础上，再添加两个文本输入组件，然后使用 grid()方法设置它们分别在第一行的第二列和第二行的第二列显示。演示效果如图 15.30 所示。

```
from tkinter import *                           # 把 tkinter 模块内所有函数导入到全局作用域下
tk=Tk()                                         # 生成 root 主窗口
# 标签组件，显示文本和位置
Label(tk,text="姓名").grid(row=0)               # 显示在第一行
Label(tk,text="密码").grid(row=1)               # 显示在第二行
# 设计输入组件，分别在第一行的第二列和第二行的第二列显示
Entry(tk).grid(row=0,column=1)
Entry(tk).grid(row=1,column=1)
mainloop()                                      # 主事件循环
```

图 15.29　设置标签组件水平并列显示

图 15.30　设置组件多行多列显示

15.4.3　place 布局

扫一扫，看视频

使用 place()方法可以精确定义组件的位置和大小。可用参数说明如表 15.6 所示。一般不建议使用 place 布局，它仅适合在特殊情况下精确定位。

表 15.6　place 参数

参　　数	说　　明
anchor	控制组件在分配的空间中的位置。具体说明可参考 pack()的 anchor 参数项
x	组件的水平偏移位置（像素）
y	组件的垂直偏移位置（像素）
relx	组件相对于父组件的水平位置，取值范围为 0.0~1.0 之间的小数
rely	组件相对于父组件的垂直位置，取值范围为 0.0~1.0 之间的小数
width	组件的宽度（像素）
height	组件的高度（像素）
relwidth	组件相对于父组件的宽度，取值范围为 0.0~1.0 之间的小数
relheight	组件相对于父组件的高度，取值范围为 0.0~1.0 之间的小数
in_	将组件放到该参数指定的组件中，指定的组件必须是父组件

【示例】下面示例在窗口中央位置创建一个按钮，设计按钮被点击后，会自动计数，记录按钮被点击的次数。演示效果如图 15.31 所示。

```
import tkinter as tk                           # 导入框架
root = tk.Tk()                                 # 创建主窗口
name = tk.StringVar()                          # 定义一个字符串型动态变量
name.set("点我")                               # 设置动态变量的初始值
```

```
n = 0                                         # 计时器初始值
def callback(e):                              # 事件处理函数，参数 event 为 Event 事件对象
    global n                                  # 设置为全局变量
    n += 1                                    # 递增计数器
    name.set("我被点击了 %d 次"%n)            # 修改动态变量的值
btn = tk.Button(root, textvariable = name)    # 创建一个按钮组件，标签名绑定到动态变量
btn.bind('<Button-1>', callback)              # 绑定事件处理函数
btn.place(relx=0.5, rely=0.5, anchor="center")# 精确定位按钮在窗口中居中显示
root.mainloop()                               # 主事件循环
```

图 15.31　设置组件多行多列显示

15.5　事 件 处 理

在图形界面中，除了组件外，另一个重要的事情就是定义事件、绑定事件，为组件增加功能。

15.5.1　事件序列

事件序列是以字符串的形式表示一个或多个相关联的事件。它包含在尖括号（<>）中，语法格式如下：

```
<modifier-type-detail>
```

- type：用于描述通用事件类型，如鼠标点击、键盘按键点击等。
- modifier：可选项，用于描述组合键，如 Ctrl+C 表示同时按下 Ctrl 和 C 键。
- detail：可选项，用于描述具体的按键，如 Button-1 表示鼠标左键。

例如，下面分别定义 3 个事件序列。

```
<Button-1>                        # 用户点击鼠标左键
<KeyPress-H>                      # 用户点击 H 按键
<Control-Shift-KeyPress-H>        # 用户同时点击 Ctrl+Shift+H 组合键
```

提示：

也可以使用短格式表示事件。例如，<1>等同于<Button-1>，<x>等同于<KeyPress-x>。对于大多数的单字符按键，还可以忽略“<>”符号，但是空格键和尖括号键不能省略，正确表示分别为<space>、<less>。

15.5.2　事件绑定

事件绑定的方法有如下 4 种：

➘ 在创建组件对象时指定

在创建组件对象实例时，可以通过其命名参数 command 指定事件处理函数。例如，为 Button 控件绑定单击事件，当组件被单击时执行 clickhandler()处理函数。

```
b = Button(root, text='按钮', command=clickhandler)
```

➘ 实例绑定

调用组件对象的 bind()方法，可以为指定组件绑定事件。语法格式如下：

```
w.bind('<event>', eventhandler, add='')
```

w 表示组件对象，参数<event>为事件类型，eventhandler 为事件处理函数，可选参数 add 默认为空'',表示事件处理函数替代其他绑定，如果为“+”，则加入事件处理队列。

例如，下面代码为 Canvas 组件实例 c 绑定鼠标右键单击事件，处理函数名称为 eventhandler。

```
c=Canvas(); c.bind('Button-3', eventhandler)
```

➘ 类绑定

调用组件对象的 bind_class()方法，可以为特定类绑定事件。语法格式如下：

```
w.bind_class('Widget', '<event>', eventhandler, add='')
```

参数 Widget 为组件类，<event>为事件，eventhandler 为事件处理函数。

例如，为 Canvas 组件类绑定方法，使得所有 Canvas 组件实例都可以处理鼠标中键事件。

```
c = Canvas();
c.bind_class('Canvas', '<Button-2>', eventhandler)
```

➘ 程序界面绑定

调用组件对象的 bind_all()方法，可以为所有组件类型绑定事件。语法格式如下：

```
w.bind_all('<event>', eventhandler, add='')
```

其中参数<event>为事件，eventhandler 为事件处理函数。

例如，将 PrintScreen 键与所有组件绑定，使得程序界面能处理打印屏幕的键盘事件。

```
c = Canvas(); c.bind('<Key-Print>', printscreen)
```

【示例】下面示例在窗口中定义一个文本框，然后为其绑定两个事件：鼠标经过和鼠标离开，设计当鼠标经过时，背景色为红色，鼠标离开时，背景色为白色。演示效果如图 15.32 所示。

```
import tkinter as tk                          # 导入框架
root = tk.Tk()                                # 创建主窗口
entry = tk.Entry(root)                        # 单行文本输入框
# 事件处理函数
def f1(event):                                # 通过事件对象获取得到组件
    event.widget['bg'] = 'red'                # 鼠标进入组件变红
def f2(event):
    event.widget['bg'] = 'white'              # 鼠标离开组件变白
# 绑定事件
entry.bind('<Enter>',f1)
entry.bind('<Leave>',f2)
entry.pack()                                  # 渲染组件
root.mainloop()                               # 主窗口循环显示
```

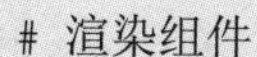

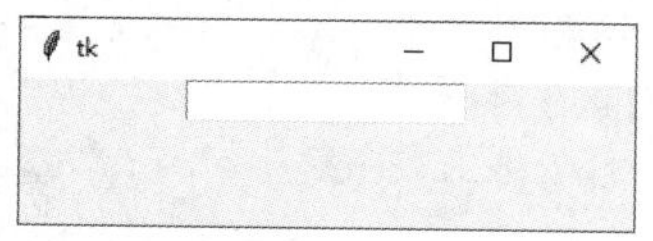

（a）鼠标离开时状态

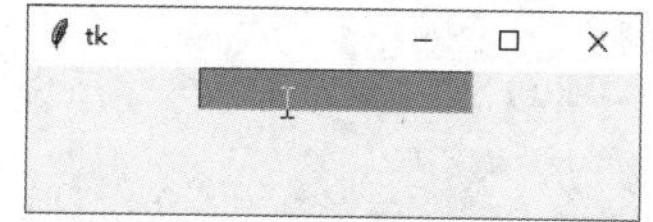

（b）鼠标经过时状态

图 15.32 设计组件交互样式

扫一扫，看视频

15.5.3 事件处理函数

对于通过 command 传入的函数，不用指定第一个参数为 event。但是通过 bind()、bind_class()、bind_all()方法绑定时，事件处理可以定义为函数，也可以定义为对象的方法，两者都带一个参数 event。触发事件调用处理函数时，将传递 Event 对象实例。

```
# 函数定义
def handlerName(event):                    # event 为默认参数，表示事件对象，传递参数
    # 事件处理
# 类中定义方法
def handlerName(self, event):              # event 为默认参数，表示事件对象，传递参数
    # 事件处理
```

【示例】下面示例在窗口中嵌入一个框架组件，然后为其绑定鼠标单击事件，在事件处理函数中获取鼠标点击位置的坐标，并在控制台打印出来。演示效果如图 15.33 所示。

```
import tkinter as tk                       # 导入框架
root = tk.Tk()  # 创建主窗口
def callback(event):                       # 事件处理函数，参数 event 为 Event 事件对象
    print("点击位置：", event.x, event.y)
frame = tk.Frame(root, width=200, height= 200)      # 定义框架，并嵌入到主窗口中
frame.bind("<Button-1>", callback)                  # 绑定鼠标单击事件
frame.pack()                                        # 渲染窗口
root.mainloop()                                     # 主窗口循环显示
```

扫一扫，看视频

15.5.4 事件对象

通过传入的 Event 事件对象，可以访问该对象属性，获取事件发生时相关参数，以备程序使用。常用的 Event 事件参数有如下几种。

- widget：事件源，即产生该事件的组件。
- x, y：当前鼠标指针的坐标位置（相对于窗口左上角，单位为像素）。
- x_root, y_root：当前鼠标指针的坐标位置（相对于屏幕左上角，单位为像素）。
- keysym：按键名。
- keycode：按键码。
- num：按钮数字（鼠标事件专属）。
- width, height：组件的新尺寸（Configure 事件专属）。
- type：事件类型。

【示例】下面示例演示如何获取键盘响应。只有当组件获取焦点的时候，才能接收键盘事件（Key），使用 focus_set()方法可以获得焦点，也可以设置 Frame 的 takefocus 选项为 True，然后使用 Tab 将焦点转移上来。演示效果如图 15.34 所示。

```
import tkinter as tk                       # 导入框架
root = tk.Tk()                             # 创建主窗口
def callback(event):                       # 事件处理函数，参数 event 为 Event 事件对象
    print("点击的键盘字符为：", event.char)
frame = tk.Frame(root, width=200, height= 200)      # 定义框架，并嵌入到主窗口中
frame.bind("<Key>", callback)              # 绑定鼠标单击事件
```

```
frame.focus_set()                         # 获取焦点，接收键盘响应
frame.pack()                              # 渲染窗口
root.mainloop()                           # 主窗口循环显示
```

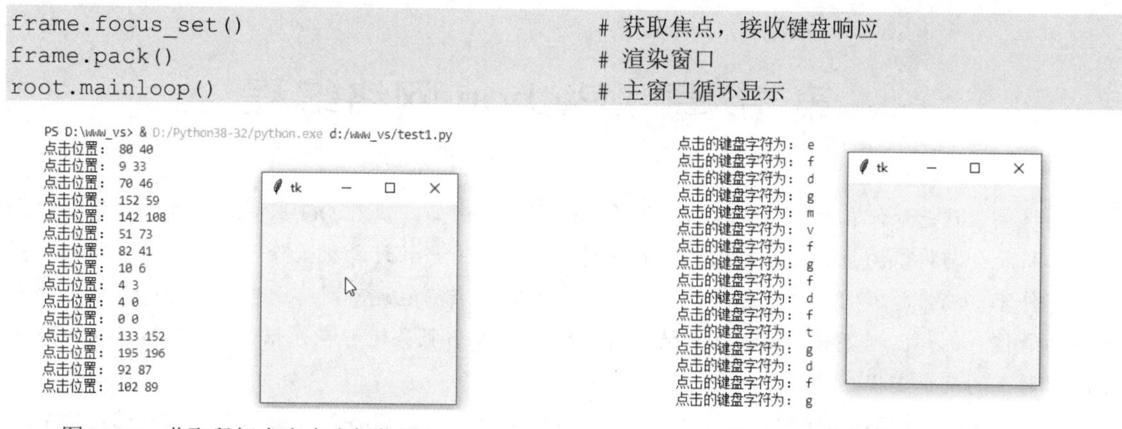

图 15.33　获取鼠标点击点坐标位置　　　　图 15.34　获取点击的键名

15.6　案例实战

本案例设计一个目录浏览器，从当前目录开始，提供一个文件列表。双击列表中任意其他目录就会切换到新目录中，用新目录中的文件列表代替旧文件列表。本案例主要应用了列表框、文本框和滚动条，增加了鼠标单击、键盘按下、滚动操作等事件。案例演示效果如图 15.35 所示。

扫描，拓展学习

图 15.35　设计的文件浏览器演示效果

限于篇幅，本节案例源码、注解将在线展示，请读者扫描阅读和练习，也可以参考本节案例源码文件 test1.py。

15.7　在线支持

扫描，拓展学习

第 16 章　Python 网络编程

网络编程就是如何在程序中实现两台计算机的通信。例如，使用 QQ 客户端程序进行聊天时，用户的计算机就会与腾讯的某台服务器通过互联网进行通信。用户的计算机上除了 QQ，还会有浏览器、微信、邮件客户端等，不同的程序连接的计算机也会不同。准确地说，网络通信是两台计算机上两个进程之间的通信。例如，浏览器进程和百度服务器上的某个 Web 服务进程在通信，而 QQ 进程是和腾讯的某个服务器上的某个进程在通信。

使用 Python 进行网络编程，就是在 Python 程序的进程内，连接到其他服务器进程的通信端口进行通信。本章将详细介绍 Python 网络编程的概念和两种主要网络类型的编程。

【学习重点】

- 了解通信协议。
- 了解 TCP/IP、UDP 和 socket。
- 能够实现简单的 socket 编程。
- 能够实现 TCP 编程。
- 正确使用 UDP 编程。

16.1　认识网络通信

如今网络无处不在，单机版程序逐渐失去市场，而网络版程序大行其道。本节简单介绍网络通信和协议相关的基础知识。

16.1.1　什么是通信协议

假设编写两个 Python 文件：a.py 和 b.py，如果希望在这两个文件之间传递数据，如何实现？

这个问题以现有的知识就可以解决。例如，可以先创建一个文本文件，把 a.py 想要传递的内容写入该文件中，然后 b.py 从这个文本文件中读取内容就可以了。

如果 a.py 和 b.py 分别位于不同的计算机上，又该如何实现？

这时就需要计算机之间能够相互通信，而实现计算机通信，就需要一套协议来保障。通信协议相当于计算机之间的一种交流语言，它规定了不同计算机进行通信需要遵守的基本规则。交流什么、怎样交流、何时交流，都必须遵循规则，这个规则就是通信协议。

早期的网络，都是由各厂商自己规定一套协议，如 IBM、Cisco 和 HP 等公司都有私有网络协议，但是互不兼容，也无法互联互通，类似各种方言。

网络的核心就是协议，没有协议就没有互联网。为了把全世界所有的不同硬件配置、不同操作系统的计算机都连接起来，就必须制订一套全球通用的标准协议。1973 年，卡恩与瑟夫开发出了 TCP/IP 中最核心的两个协议：TCP 协议和 IP 协议。1983 年，TCP/IP 协议正式替代 NCP，从此以后 TCP/IP 成为互联网共同遵守的一种网络规则。

目前互联网上使用的协议有 100 多个，统称为 TCP/IP 协议族，TCP/IP 协议族被分为四层：应用层、传输层、网络层、接口层，如图 16.1 所示。

- 应用层协议有 HTTP、FTP、SMTP 等，用来接收来自传输层的数据或者按不同应用要求及方式将数据传输至传输层。
- 传输层协议有 UDP、TCP，实现数据传输与数据共享。
- 网络层协议有 ICMP、IP、IGMP，主要负责网络中数据包的传送等。
- 接口层协议有 ARP、RARP，主要提供链路管理、错误检测、对不同通信媒介有关信息细节问题进行有效处理等。

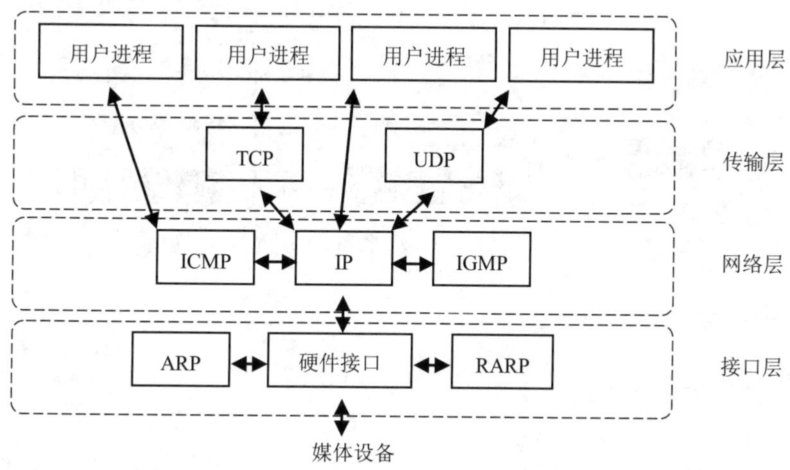

图 16.1　TCP/IP 协议族在网络中的位置及其组成

16.1.2　网络通信框架

1984 年，ISO（国际标准组织）发布了著名的 ISO/IEC 7498 标准，它定义了网络互联的 7 层框架，也就是 OSI（开放式系统互联）参考模型。具体说明如下：

第 1 层，物理层。包含布线、光纤、网卡、集线器等网络通信的硬件设备。

第 2 层，数据链路层。运行以太网等协议，包含 MAC 地址、交换机、网桥、网卡和驱动程序等概念。负责把数据帧转换成二进制位供第 1 层处理。

第 3 层，网络层。负责选择合适的网间路由和交换结点，确保数据及时传送。该层将数据链路层提供的帧组成数据包。包含 IP、路由协议和地址解析协议（ARP）等概念。

第 4 层，传输层。提供端对端的通信管理。数据单元也称为数据包，但在 TCP 中称为段，在 UDP 中称为数据报。该层负责跟踪每个数据单元，并获取全部信息。包括 TCP、UDP 协议。

第 5 层，会话层。在会话层及以上层中，数据传送的单位统称为报文。会话层不参与具体的传输，仅提供包括访问验证、会话管理在内的建立和维护应用之间通信的机制。

第 6 层，表示层。解决用户信息的语法表示问题，提供格式化的表示和转换数据服务。负责数据的压缩和解压缩、加密和解密等工作。

第 7 层，应用层。专门用于应用程序，提供网络与应用程序之间的接口服务。包括 HTTP、FTP、SMTP、DNS、HTTPS、POP3 等协议。

1~4 层被认为是低层，低层与数据移动密切相关。5~7 层是高层，包含应用程序级的数据。每一层负责一项具体的工作，然后把数据传送到下一层。

TCP/IP 在 OSI 参考模型基础上先后提出了五层模型和四层模型。在五层模型中，把第 5、6、7 层合并为应用层，第 1、2、3、4 层与 OSI 保持一致。在四层模型中，以五层模型为参考，把第 1、2 层合并为网络接口层。关系如图 16.2 所示。

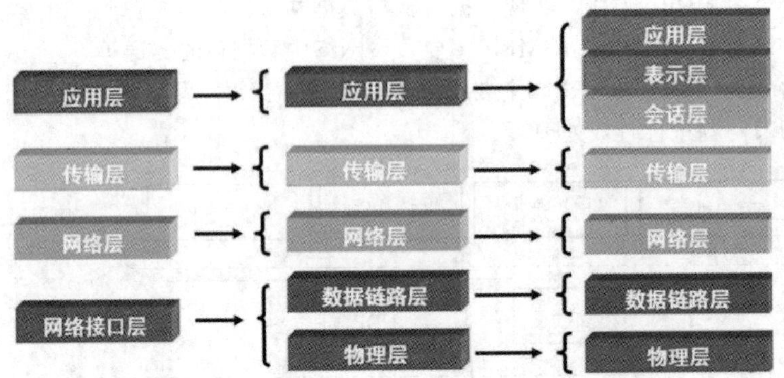

图 16.2　TCP/IP 四层、五层模型和 OSI 七层参考模型

16.1.3　网络应用类型

网络版应用程序包含两种不同的开发架构。

- C/S 架构

C/S 就是 Client 与 Server 的简称，即客户端与服务器端架构。这里的客户端一般泛指客户端应用程序，程序需要先安装，才能运行在用户的计算机上，对用户的系统环境依赖较大，如 QQ、微信、网盘、优酷等软件或 APP。一般应用程序多为 C/S 架构。

- B/S 架构

B/S 就是 Browser 与 Server 的简称，即浏览器端与服务器端架构。Browser 浏览器其实也是一种 Client 客户端，只是这个客户端不需要用户安装什么应用程序，只需在浏览器上通过 HTTP 请求服务器端相关的资源（网页资源），客户端 Browser 浏览器就能进行浏览、编辑或通信等。

16.2　socket 编程

16.2.1　什么是 socket

socket 的英文原意是孔或插座，在 UNIX 的进程通信机制中被称为套接字。套接字由一个 IP 地址和一个端口号组成。socket 正如其英文原意那样，像一个多孔插座，一台主机犹如布满各种插座（IP 地址）的房间，每个插座有很多插口（端口），通过这些插口接入电源线（进程），我们就可以烧水、看电视、玩电脑等。

从面向对象编程的角度来分析：socket 是应用层与传输层、网络层之间进行通信的中间软件抽象层，它是一组接口，把复杂的 TCP/IP 协议隐藏在 socket 接口后面，如图 16.3 所示。对用户来说，一组简单的接口就是全部，调用 socket 接口函数去组织数据，以符合指定的协议，这样网络间的通信也就简单了许多。

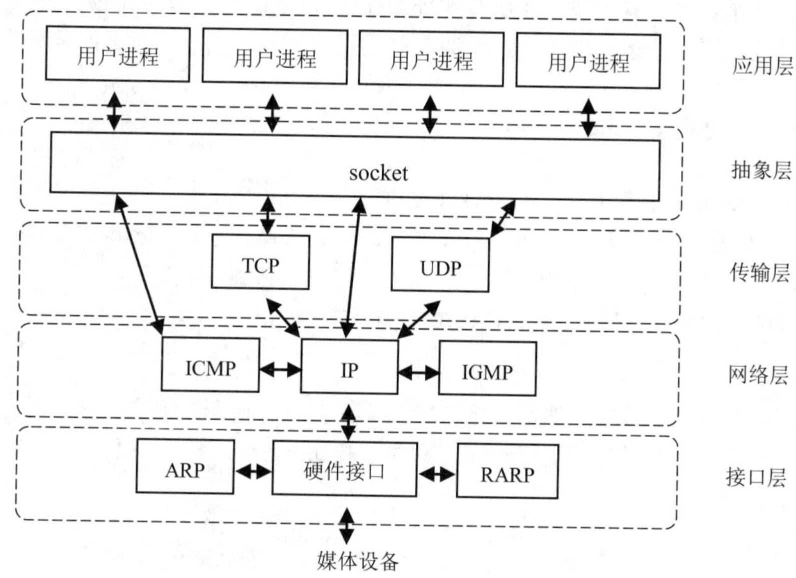

图 16.3 socket 在 TCP/IP 协议族中的位置

16.2.2 为什么需要 socket

在标准的 OIS 模型中并没有 socket 层，也就是说不使用 socket 也能实现网络通信。

在 socket 出现之前，编写一个网络应用程序，开发人员需要花费大量的时间来解决网络协议之间的衔接问题。为了从这种重复、枯燥的底层代码编写中解放出来，于是就有人专门把协议实现的复杂代码进行封装，从而诞生了 socket 接口层。

有了 socket 以后，开发人员无须自己编写代码实现 TCP 三次握手、四次挥手、ARP 请求、数据打包等任务，socket 已经封装好了，只需要遵循 socket 接口的规定，写出的应用程序自然也遵循 TCP、UDP 标准。

应用程序通过 socket 层向网络发送请求，或者应答网络请求。socket 能够区分不同的应用程序进程，当一个进程绑定了本机 IP 的某个端口，那么传送至这个 IP 地址和端口的所有数据都会被系统转送至该进程的应用程序来进行处理。

16.2.3 socket 的历史

套接字起源于 20 世纪 70 年代加利福尼亚大学伯克利分校版本的 UNIX，即 BSD UNIX。因此，也有人把套接字称为“伯克利套接字”或“BSD 套接字”。刚开始，套接字被设计用在同一台计算机上多个应用程序之间的通信，这也被称为进程间通信（IPC）。

套接字有两个种族，分别是基于文件型和基于网络型。

- 基于文件类型的套接字家族，名字为 AF_UNIX。在 UNIX 系统中，一切皆文件，基于文件的套接字，调用的就是底层的文件系统来读取数据，两个套接字进程运行在同一台主机上，可以通过访问同一个文件系统间接完成通信。
- 基于网络类型的套接字家族，名字为 AF_INET。也有 AF_INET6，被用于 IPv6 版本，还有一些其他的地址家族，不过，它们要么是只用于某个平台，要么是已经被废弃，或者是很少被使用，或者是根本没有实现。在所有地址家族中，AF_INET 是使用最广泛的一个，Python 支持很多种地址家族，但是由于大部分通信都是网络通信，所以大部分时候使用 AF_INET。

扫一扫，看视频

16.2.4 使用 socket

Python 提供了两个基本的 socket 处理模块。

- socket：提供标准的 BSD Sockets API，可以访问底层操作系统 socket 接口的全部方法。
- socketserver：提供了服务器中心类，可以简化网络服务器的开发。

下面结合 Python 的 socket 模块讲解 socket 编程的基本步骤。

1. 服务器

服务器端进程需要申请套接字，然后绑定该套接字，并进行监听。当有客户端发送请求，则接收数据并进行处理，处理完成后对客户端进行响应。具体步骤如下。

第 1 步，创建套接字。

```
import socket                              # 导入 socket 模块
s1=socket.socket(family, type)             # 实例化 socket 对象
```

提示：

socket 模块的 socket()构造函数能够创建 socket 对象。语法格式如下：

```
socket.socket([family[, type[, proto]]])
```

参数说明如下。

- family：设置套接字地址，包括 AF_UNIX（用于同一台机器进程间通信）和 AF_INET（用于 Internet 进程间通信），常用 AF_INET 选项。
- type：设置套接字类型，包括 SOCK_STREAM（流式套接字，主要用于 TCP 协议）和 SOCK_DGRAM（数据报套接字，主要用于 UDP 协议）。
- protocol：协议类型，默认为 0，一般不填。

扫描，拓展学习

调用 socket()函数之后，生成 socket 对象，socket 对象主要方法可以扫描左侧二维码了解。

第 2 步，绑定套接字。

```
s1.bind(address)
```

由 AF_INET 所创建的套接字，address 地址必须是一个元组：(host, port)，其中 host 表示服务器主机域名，port 表示端口号。

第 3 步，监听套接字。

```
s1.listen(backlog)
```

参数 backlog 指定最多允许多少个客户端连接到服务器。参数值至少为 1。收到连接请求后，所有请求排队等待处理，如果队列已满，就拒绝请求。

第 4 步，等待接受连接。

```
connection, address = s1.accept()
```

调用 accept()方法后，socket 对象进入等待状态，也就是处于阻塞状态。如果客户端发起连接请求时，accept()方法将建立连接，并返回一个元组：(connection,address)，其中 connection 表示客户端的 socket 对象，服务器必须通过它与客户端进行通信；address 表示客户端网络地址。

第 5 步，处理阶段。

```
connection.recv(bufsize[,flag])
```

接收客户端发送的数据。数据以字节串格式返回，参数 bufsize 指定最多可以接收的数量。参数 flag 提供有关消息的其他信息，一般可以忽略。

```
connection.send(string[,flag])
```

将参数 string 包含的字节流数据发送给连接的客户端套接字。返回值是已发送的字节数量，该数量可能小于 string 的字节大小，即可能未能把 string 包含的内容全部发送。

第 6 步，传输结束，可以根据需要选择关闭连接。

```
s1.close()
```

2. 客户端

客户端只需要申请一个套接字，然后通过这个套接字连接到服务器端，建立连接之后就可以相互通信。具体步骤如下。

第 1 步，创建 socket 对象。

```
import socket                          # 导入 socket 模块
s2= socket.socket()                    # 实例化 socket 对象
```

第 2 步，连接到服务器端。

```
s2.connect(address)
```

参数 address 为元组：(host, port)，分别表示服务器端套接字绑定的主机域名和端口号。

第 3 步，处理阶段。

```
s2.recv(bufsize[,flag])
```

接收数据以字节串形式返回，参数 bufsize 指定最多可以接收的数量。flag 提供有关消息的其他信息，一般可以忽略。

```
s2.send(string[,flag])
```

将参数 string 包含的字节串发送到服务器端。返回值表示已经发送的字节数量，该数量可能小于 string 的字节大小，即可能未能把 string 包含的内容全部发送。

第 4 步，连接结束，可以根据需要选择关闭套接字。

```
s2.close()
```

16.2.5 案例：构建 socket 网络服务

扫一扫，看视频

下面通过一个简单的示例演示使用 socket 模块构建一个网络通信服务。

第 1 步，新建 Python 文件，保存为 server.py。作为服务器端响应文件，然后输入下面代码：

```
import socket                                    # 导入 socket 模块
# 创建服务端服务
server = socket.socket(socket.AF_INET,socket.SOCK_STREAM)
server.bind(('localhost',6999))                  # 绑定要监听的端口，本地计算机 6999 端口
server.listen(5)                                 # 开始监听，参数表示可以使用 5 个连接排队
while True:
    # conn 表示客户端套接字对象，addr 为一个元组，包含客户端的 IP 地址和端口号
    conn,addr = server.accept()
    print(conn,addr)                             # 输出连接信息
    try:
        data = conn.recv(1024)                   # 接收数据
        print('recive:',data.decode())           # 打印接收到的数据，注意解码
        conn.send(data.upper())                  # 然后再发送数据
        conn.close()                             # 关闭连接
```

```
    except:
        print('关闭了正在占线的连接！')
        break                                # 如果出现异常，则跳出接收的状态
```

第 2 步，新建 Python 文件，保存为 client.py。作为客户端请求文件，然后输入下面代码。

```
# 客户端发送一个数据，再接收一个数据
import socket                                # 导入 socket 模块
# 声明 socket 类型，同时生成套接字对象
client = socket.socket(socket.AF_INET,socket.SOCK_STREAM)
                                             # 建立一个连接，连接到本地的 6969 端口
client.connect(('localhost',6999))           # 可以使用 strip 去掉字符串的头尾空格
msg = '欢迎新同学！'                          # 发送一条信息，Python 3 只接收字节流
client.send(msg.encode('utf-8'))             # 应使用 encode()方法把字符串转换为字节流
                                             # 接收信息，并指定接收的大小为 1024 字节
data = client.recv(1024)                     # 输出接收的信息
print('recv:',data.decode())                 # 关闭这个连接
client.close()
```

第 3 步，在“运行”对话框中执行 cmd 命令，打开命令行窗口，输入类似下面命令，进入到当前程序所在的目录。提示，读者应该根据实际情况调整路径。

```
cd C:\Users\8\Documents\www
```

第 4 步，输入下面命令，执行 server.py 文件，如图 16.4 所示。此时，服务器开始不断监听客户端的请求。

```
python server.py
```

第 5 步，模仿第 3、4 步操作，重新打开一个命令行窗口，使用 cd 命令进入当前程序所在的目录。然后，输入下面命令，执行 client.py 文件，如图 16.5 所示。

```
python client.py
```

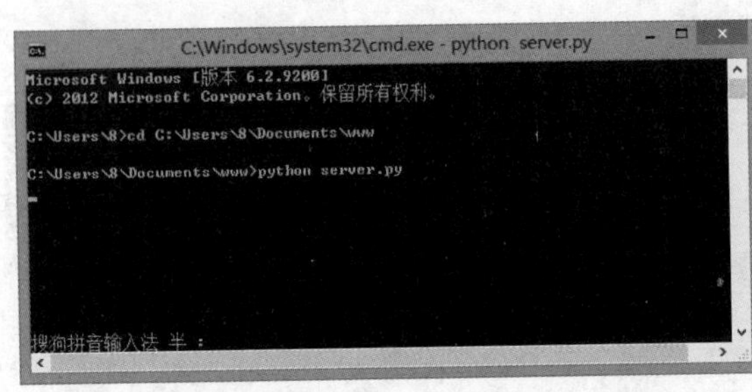

图 16.4　运行服务器端文件

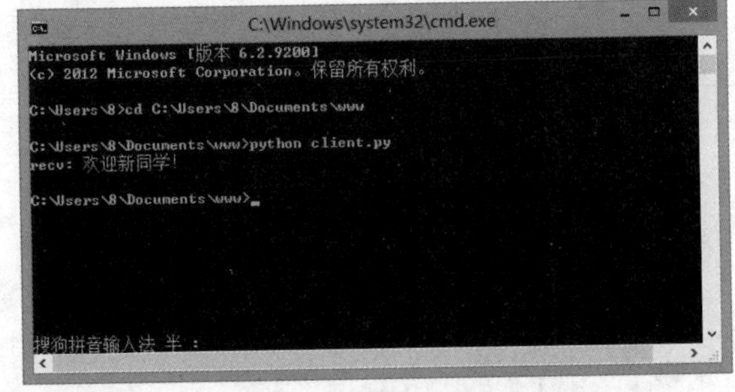

图 16.5　运行客户端文件

此时，客户端向服务器端发送一个请求，并接收响应信息。

```
C:\Users\8>cd C:\Users\8\Documents\www
C:\Users\8\Documents\www>python client.py
recv: 欢迎新同学！
```

可以看到客户端文件 client.py 文件，接收到一条字节流信息，然后把它打印在屏幕中。

第 6 步，切换到第一个打开的命令行窗口，可以看到服务器端 server.py 文件也接收到一条请求信息，并打印在屏幕上，如图 16.6 所示。

```
C:\Users\8>cd C:\Users\8\Documents\www
C:\Users\8\Documents\www>python server.py
<socket.socket fd=292, family=AddressFamily.AF_INET, type=SocketKind.SOCK_STREAM,
```

```
proto=0, laddr=('127.0.0.1', 6999), raddr=('127.0.0.1', 54714)> ('127.0.0.1',
54714)
recive: 欢迎新同学！
```

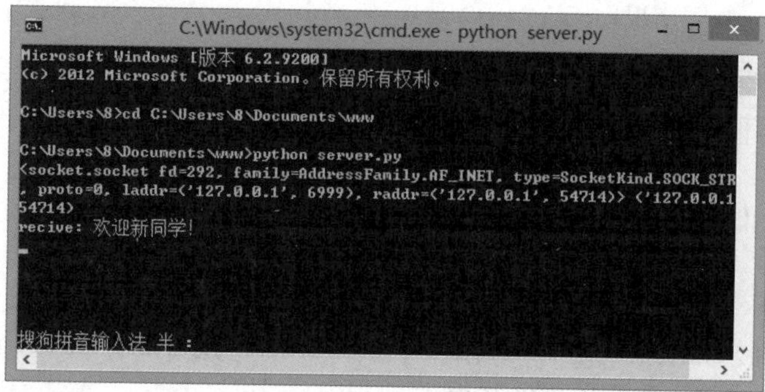

图 16.6　服务器端文件接收的信息

16.2.6　使用 socketserver

使用 Python 编写简单的网络程序很方便，但是对于复杂的网络程序就应该选择网络框架。这样就可以专心设计事务逻辑，而不去关心套接字的各种细节。socketserver 模块简化了编写网络服务程序的任务，同时也是 Python 标准库中很多服务器框架的基础。

socketserver 模块封装了 socket 模块和 select 模块，使用多线程来处理多个客户端的连接，使用 select 模块来处理高并发访问。socketserver 模块包含两种类型。

- 服务类：服务类提供了建立连接的过程，如绑定、监听、运行等。
- 请求处理类：专注于如何处理用户发送的数据。

一般情况下，所有的服务都是先建立连接，即创建一个服务类的实例，然后开始处理用户请求，即创建一个请求处理类的实例。

1．服务类

服务类包含 5 种类型，继承关系如图 16.7 所示。

- BaseServer：不直接对外服务。
- TCPServer：针对 TCP 套接字流。
- UDPServer：针对 UDP 数据报套接字。
- UnixStreamServer 和 UnixDatagramServer：针对 UNIX 域套接字，不常用。

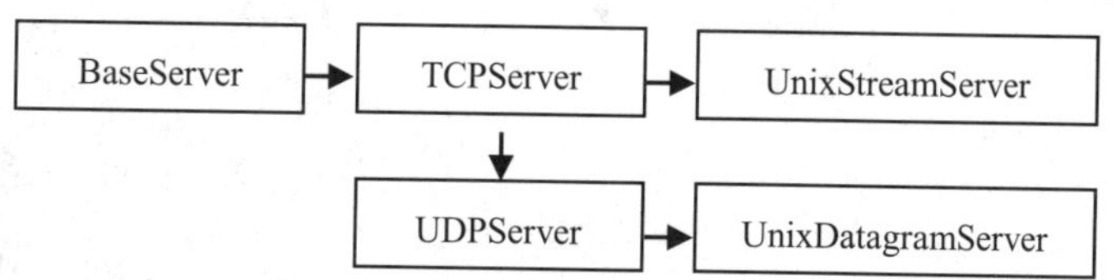

图 16.7　socketserver 服务类继承关系

2．请求处理类

socketserver 模块提供请求处理类 BaseRequestHandler，以及派生类 StreamRequestHandler 和 DatagramRequestHandler。其中 StreamRequestHandler 处理流式套接字，DatagramRequestHandler 处理数据报套接字。请求处理类有 3 个常用方法。

- setup()：在 handle()之前被调用，执行处理请求前的初始化操作。默认不会做任何事情。
- handle()：执行与处理请求相关的工作。默认不做任何事情。默认实例参数如下。
  - self.request：套接字对象。
  - self.client_address：客户端地址信息。
  - self.server：包含调用处理程序的实例。
- finish()：在 handle()方法之后调用，执行处理完请求后的清理操作，默认不做任何事。

扫一扫，看视频

16.2.7　案例：构建 socketserver 网络服务

使用 socketserver 创建一个服务的步骤如下。

第 1 步，创建一个请求处理类，选择 StreamRequestHandler 或 DatagramRequestHandler 作为父类，也可以选用 BaseRequestHandler 作为父类，并重写 handle()方法。

第 2 步，实例化一个服务类对象，并将服务的地址和第 1 步创建的请求处理类传递给它。

第 3 步，调用服务类对象的 handle_request()或 serve_forever()方法开始处理请求。

下面通过一个简单的示例演示使用 socketserver 模块构建一个网络通信服务。

第 1 步，新建 Python 文件，保存为 server.py。作为服务器端响应文件，然后输入下面的代码：

```
import socketserver                                       # 导入 socketserver 模块
class MyTCPHandler(socketserver.BaseRequestHandler):      # 自定义请求处理类
    def handle(self):                                     # 重写 handle()方法
        try:
            while True:                                   # 无限循环
                self.data=self.request.recv(1024)         # 接收数据
                print("{} 发送的信息：".format(self.client_address),self.data)
                                                          # 打印数据
                if not self.data:                         # 如果没有接收到数据
                    print("连接丢失")                       # 提示信息
                    break                                 # 结束轮询
                self.request.sendall(self.data.upper())   # 向客户端响应数据
        except Exception as e:                    # 如果发生异常，则打印错误提示信息
            print(self.client_address,"连接断开")
        finally:                                  # 关闭连接
            self.request.close()
    def setup(self):                              # 重写 setup()方法
        print("在 handle()调用前执行,连接建立：",self.client_address)
    def finish(self):                             # 重写 finish()方法
        print("在 handle()调用后执行，完成运行")
if __name__=="__main__":
    HOST,PORT = "localhost",9999                  # 设置主机和端口号
    server=socketserver.TCPServer((HOST,PORT),MyTCPHandler) # 创建 TCP 服务
    server.serve_forever()                        # 持续循环运行，监听并开始处理请求
```

第 2 步，新建 Python 文件，保存为 client.py。作为客户端请求文件，然后输入下面的代码：

```
import socket                                     # 导入 socket 模块
client=socket.socket()                            # 创建 socket 对象
client.connect(('localhost',9999))                # 连接到服务器
while True:
    cmd=input("是否退出(y/n)>>").strip()           # 是否退出
```

```
    if len(cmd)==0:
        continue
    if cmd=="y" or cmd=="Y":                          # 退出交流
        break
    client.send(cmd.encode())                         # 发送信息
    cmd_res=client.recv(1024)                         # 接收响应信息
    print(cmd_res.decode())                           # 打印响应的信息
client.close()                                        # 关闭连接
```

第 3 步，分别打开不同的命令行窗口，独立运行 server.py 和 client.py，然后就可以在两个窗口间进行交流。演示效果如图 16.8 所示。

```
python server.py                                      # 命令行窗口 1
python client.py                                      # 命令行窗口 2
```

```
C:\Windows\system32\cmd.exe - python server....
Microsoft Windows [版本 10.0.18363.900]
(c) 2019 Microsoft Corporation。保留所有权利。

C:\Users\css14>d:

D:\>cd www_vs

D:\www_vs>python server.py
在handle()调用前执行，连接建立： ('127.0.0.1', 56415)
('127.0.0.1', 56415) 发送的信息： b'hi,python'
('127.0.0.1', 56415) 发送的信息： b'socketserver'
('127.0.0.1', 56415) 发送的信息： b''
连接丢失
在handle()调用后执行，完成运行
```

（a）服务器

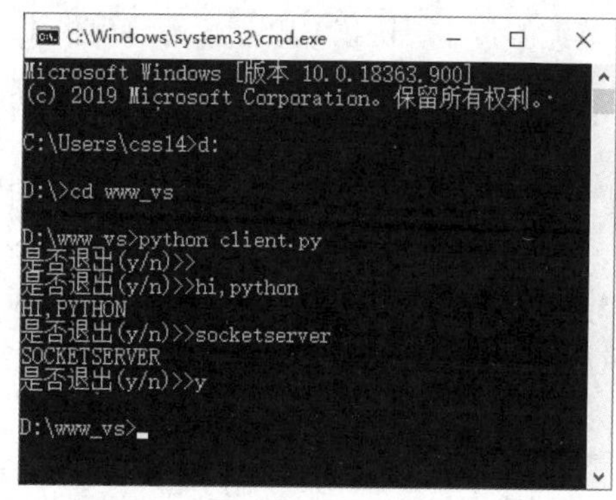

（b）客户端

图 16.8　服务器与客户端交互信息

socketserver 服务类都是同步处理请求，一个请求没处理完不能处理下一个请求。如果想支持异步模型，可以使用 ThreadingTCPServer（多线程）和 ForkingTCPServer（多进程），示例可以参考本节示例源码。

16.3　TCP 编程

用 TCP 协议进行 socket 编程比较简单：对于客户端来说，要主动连接服务器的 IP 和指定端口；对于服务器来说，要首先监听指定端口，然后对每一个新的连接创建一个线程或进程来处理。通常，服务器程序会无限运行下去。

16.3.1　什么是 TCP

TCP 和 IP 是互联网中最核心的两个协议，下面简单认识一下。

1．IP

IP 是 Internet Protocol（互联网协议）的缩写，在 TCP/IP 框架中属于网络层协议。主要包含三方面内容：IP 编址方案、分组封装格式、分组转发规则。根据端到端的设计原则，IP 只为主机提供一种无连接、不可靠的、尽力而为的数据报传输服务。

在网络通信中，首先需要对互联网中每台计算机进行唯一标识：IP 地址，通用 IP 地址是一个 32 位的数字，分成四组，以字符串表示类似于 255.255.255.255 的样式。IP 地址可以精确定位一台计算机，但是网络通信还需要指定端口号，端口号可以精确找到计算机中运行的程序。

IP 协议负责把数据从一台计算机通过网络发送到另一台计算机。数据被分割成小块，通过 IP 打包发送出去。由于互联网链路复杂，两台计算机之间经常有多条线路，因此，路由器就负责决定如何把一个 IP 包转发出去。IP 包的特点是按块发送，途经多个路由，但不保证能到达，也不保证按顺序到达。

IP 协议有两个版本：IPv4 和 IPv6。IPv6 具有更大的地址空间、更小的路由表，这样就解决了 IP 地址匮乏的问题，同时也提高了路由器转发数据包的速度。目前，比较流行的依然为 IPv4。

2．TCP

TCP 是 Transmission Control Protocol（传输控制协议）的缩写，是一种面向连接的、安全可靠的、基于字节流的传输层协议。IP 层仅能够提供不可靠的包交换。TCP 协议通过 3 次握手在两台计算机之间建立稳定的连接，然后对每个 IP 包编号，确保对方按顺序收到，如果包丢掉了，就会自动重发，最后再通过 4 次挥手结束连接。当然，反复确认的过程会适当影响传输效率。

很多高级的协议都是建立在 TCP 协议基础上的，如用于浏览器的 HTTP 协议、发送邮件的 SMTP 协议、文件传输的 FTP 协议等。

扫一扫，看视频

16.3.2 创建 TCP 客户端

在 Python 程序中，创建 TCP 连接时，主动发起连接的叫作客户端，被动响应连接的叫作服务器。TCP 的通信流程与打电话的过程非常相似，开发 TCP 服务可以按如下步骤实现。

第 1 步，使用 socket()构造函数创建一个套接字对象。类似购买手机。

第 2 步，调用 bind()方法绑定服务器的 IP 和端口号。类似绑定手机卡。

第 3 步，调用 listen()为套接字对象建立被动连接，监听客户请求。类似待机状态。

第 4 步，使用 accept()方法等待客户端的连接。类似来电显示，接受通话。

第 5 步，调用 recv()或 send()方法接收或发送数据。类似通话中的听和说。

第 6 步，调用 close()方法关闭连接。类似挂断电话。

TCP 客户端和服务器通信过程示意如图 16.9 所示。

【示例】下面示例演示创建一个基于 TCP 的客户端 socket 对象，并向百度的 Web 服务器请求网页信息。

第 1 步，创建客户端套接字连接。

```
import socket                                              # 导入 socket 模块
s = socket.socket(socket.AF_INET, socket.SOCK_STREAM)      # 创建一个 socket 对象
s.connect(('www.baidu.com.cn', 80))             # 建立连接，参数为元组，包含地址和端口号
```

创建 socket 对象时，AF_INET 指定使用 IPv4 协议，如果要使用更先进的 IPv6 协议，可以指定为 AF_INET6。SOCK_STREAM 指定使用面向流的 TCP 协议。

客户端要主动发起 TCP 连接，必须知道服务器的 IP 地址和端口号。百度网站的 IP 地址可以使用域名 www.baidu.com.cn，域名服务器会自动把它转换为 IP 地址。

作为服务器，提供什么样的服务，端口号必须固定。百度提供网页服务的服务器端口号固定为 80，因为 80 是 Web 服务的标准端口。其他服务都有对应的标准端口号。例如，SMTP 服务是 25，FTP 服务

是 21 等。端口号小于 1024 的是 Internet 标准服务的端口，端口号大于 1024 的可以自由使用。

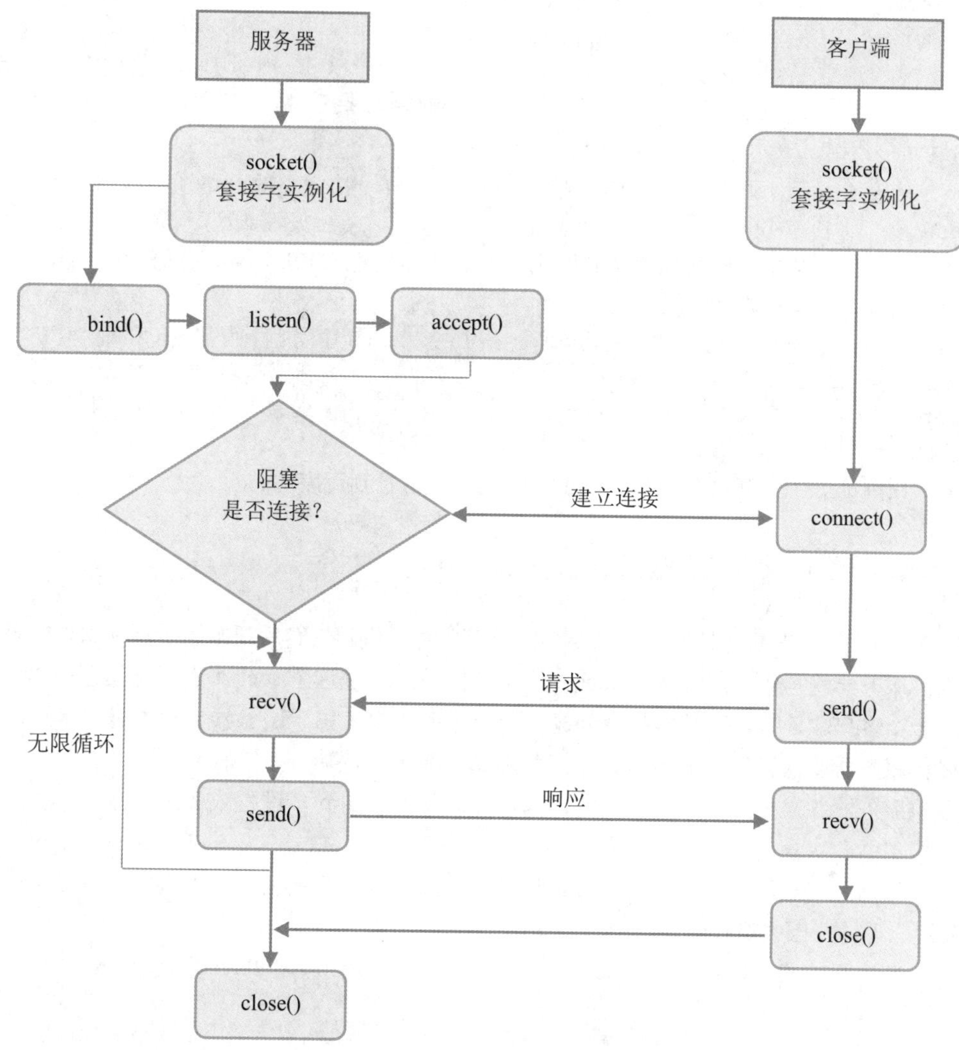

图 16.9　TCP 通信过程示意图

第 2 步，建立 TCP 连接后，可以向百度 Web 服务器发送请求，要求返回首页内容。

```
s.send(b'GET / HTTP/1.1\r\n\r\n\r\n')                    # 发送数据
```

TCP 创建的连接是双向通道，双方都可以同时给对方发数据。但是谁先发，谁后发，怎么协调，要根据具体的协议来决定。例如，HTTP 协议规定客户端必须先发请求给服务器，服务器收到后才发数据给客户端。

第 3 步，发送的文本必须符合 HTTP 标准，如果格式没问题，就可以接收到百度服务器返回的数据。如果发送的格式不对，则会接收不到响应，或者接收到其他响应内容。

```
# 接收数据
buffer = []                                              # 临时列表，初始为空
while True:
    d = s.recv(1024)                                     # 每次最多接收 1KB
    if d:                                                # 如果接收到数据
```

```
        buffer.append(d)                                  # 把数据推入列表中
    else:
        break                                             # 接收完毕，跳出循环
data = b''.join(buffer)                                   # 把接收的所有数据连接为一个字符串
```

接收数据时，调用 recv(max)方法，同时设置一次最多接收的字节数，然后在 while 循环中反复接收，直到 recv()返回空数据，表示接收完毕，退出循环。

第 4 步，接收数据后，调用 close()方法关闭 socket，这样一次完整的网络通信就结束了。

```
s.close()                                                 # 关闭连接
```

第 5 步，接收到的数据包括 HTTP 头和网页本身，还需要把 HTTP 头和网页分离一下，把 HTTP 头打印出来，把网页内容保存到文件。

```
header, html = data.split(b'\r\n\r\n', 1)                 # 分割 HTTP 头和网页内容
print(header.decode('utf-8'))                             # 在控制台打印消息头
with open('baidu.html', 'wb') as f:                       # 把接收的数据写入文件
    f.write(html)
```

第 6 步，在浏览器中打开这个 baidu.html 文件，就可以看到百度的首页。

扫一扫，看视频

16.3.3 创建 TCP 服务器

创建 TCP 服务器时，首先要绑定一个服务器端口，然后开始监听该端口，如果接收到客户端的请求，服务器就与该客户端建立 socket 连接，接下来通过这个 socket 连接与其进行通信。

每建立一个客户端连接，服务器都会创建一个 socket 连接。由于服务器会有大量来自不同的客户端请求，所以，服务器要区分每一个 socket 连接分别属于哪个客户端。

如果希望服务器并发处理多个客户端的请求，那么就需要用到多进程或多线程技术，否则，在同一段时间内，服务器一次只能服务一个客户端。

【示例】下面练习编写一个简单的服务器程序，用来接收客户端请求，把客户端发过来的字符串加上 Hello 前缀，再转发回去进行响应。

第 1 步，新建服务器文件，保存为 server.py。导入 socket、time 和 threading 模块。

```
import socket                                             # 导入 socket 模块
import time                                               # 导入时间模块
import threading                                          # 导入多线程模块
```

第 2 步，创建一个基于 IPv4 和 TCP 协议的 socket 对象。

```
s = socket.socket(socket.AF_INET, socket.SOCK_STREAM)     # 创建套接字对象
```

第 3 步，绑定监听的地址和端口。

```
s.bind(('127.0.0.1', 9999))                               # 绑定 IP 和端口
```

服务器可能有多块网卡，可以绑定到某一块网卡的 IP 地址上，也可以用 0.0.0.0 绑定到所有的网络地址，还可以用 127.0.0.1 绑定到本机地址。

提示：

> 127.0.0.1 是一个特殊的 IP 地址，表示本机地址，如果绑定到这个地址，客户端必须同时在本机运行才能连接，也就是说，外部的计算机无法连接进来。

指定端口号。因为本例服务不是标准服务，所以用 9999 这个端口号。注意，小于 1024 的端口号必

须要有管理员权限才能绑定。

第 4 步，调用 listen()方法开始监听端口，传入的参数指定等待连接的最大数量。

```
s.listen(5)                                          # 监听端口
print('Waiting for connection...')                   # 打印提示信息
```

第 5 步，服务器程序通过一个无限循环来不断监听来自客户端的连接，accept()会等待并返回一个客户端的连接。

```
while True:
    sock, addr = s.accept()                          # 接受一个新连接
    # 创建新线程来处理 TCP 连接
    t = threading.Thread(target=tcplink, args=(sock, addr))
    t.start()                                        # 开启线程
```

第 6 步，每个连接都必须创建新线程（或进程）来处理，否则，单线程在处理连接的过程中，无法接受其他客户端的连接。有关线程和进程知识请参考第 20 章内容。

```
def tcplink(sock, addr):                             # TCP 连接函数
    print('Accept new connection from %s:%s...' % addr)  # 打印提示信息
    sock.send(b'Welcome!')                           # 发送问候信息
    while True:
        data = sock.recv(1024)                       # 接收信息
        time.sleep(1)                                # 延迟片刻
        if not data or data.decode('utf-8') == 'exit':   # 如果接收到退出或者接收完毕
            break                                    # 跳出循环
        sock.send(('Hello, %s!' % data.decode('utf-8')).encode('utf-8'))
                                                     # 响应信息
    sock.close()                                     # 关闭连接
    print('Connection from %s:%s closed.' % addr)    # 提示结束信息
```

第 7 步，建立连接之后，服务器首先发一条欢迎消息，然后等待客户端数据，如果接收到客户端数据，则加上 Hello，再发送给客户端。如果客户端发送了 exit 字符串，就直接关闭连接。

第 8 步，编写一个客户端程序，保存为 client.py，用来测试服务器程序。

```
import socket                                        # 导入 socket 模块
s = socket.socket(socket.AF_INET, socket.SOCK_STREAM)  # 创建套接字对象
s.connect(('127.0.0.1', 9999))                       # 建立连接
print(s.recv(1024).decode('utf-8'))                  # 接收欢迎消息
for data in [b'Michael', b'Tracy', b'Sarah']:        # 循环请求，批量发送多个信息
    s.send(data)                                     # 发送数据
    print(s.recv(1024).decode('utf-8'))              # 打印接收的信息，注意编码
s.send(b'exit')                                      # 发送结束命令
s.close()                                            # 关闭连接
```

第 9 步，分别打开两个命令行窗口，一个运行服务器程序，另一个运行客户端程序，就可以进行通信了。

注意：

客户端程序运行完毕可以退出，而服务器程序会永远运行下去，按 Ctrl+C 键可以强制退出程序。另外，同一个端口只能够绑定一个 socket。

扫一扫，看视频

16.3.4 案例：B/S 通信

下面示例设计一个请求/响应的 TCP 连接，由服务器向客户端发送问候语：Hello World，使用网页浏览器接收问候信息，并显示在页面中。

第 1 步，新建 test1.py 文件，输入下面的代码。

```
import socket                                         # 导入 socket 模块
host = "127.0.0.1"                                    # 设置本地 IP
port = 12345                                          # 设置端口
s = socket.socket()                                   # 创建 socket 对象
s.bind((host, port))                                  # 绑定端口
s.listen(5)                                           # 等待客户端连接
print ('服务器处于监听状态中...')
while True:
    c,addr = s.accept()                               # 建立客户端连接
    data = c.recv(1024).decode()                      # 获取客户端请求数据
    print( data )                                     # 打印客户端请求的数据
    head = 'HTTP/1.1 200 OK\r\n\r\n'
    body = '<html><head><title>客户端请求</title></head><body><meta
charset="utf-8"><h1>Hello World</h1></body></html>'
    html = head + body
    c.sendall(html.encode())                          # 向客户端发送数据
    c.close()                                         # 关闭连接
```

注意：

在发送给客户端的字符串中，需要添加'HTTP/1.1 200 OK\r\n\r\n'前缀，设置 HTTP 头部消息。同时，使用 encode()方法把字符串转换为字节流，响应给客户端浏览器。

第 2 步，在“运行”对话框中执行 cmd 命令，打开命令行窗口，输入类似下面的命令，进入到当前程序所在的目录。提示，读者应该根据实际情况调整路径。

```
cd C:\Users\8\Documents\www
```

第 3 步，输入下面的命令，执行 test1.py 文件，此时服务器开始不断监听客户端的请求。

```
python test1.py
```

第 4 步，打开浏览器，在地址栏中输入 IP 地址和端口号，则可以看到服务器发送的信息，如图 16.10 所示。

图 16.10　在浏览器中查看服务器响应信息

16.3.5 案例：TCP 聊天

扫一扫，看视频

下面示例设计一个简单的客户端与服务器无限聊天。客户端和服务器建立连接之后，客户端可以向服务器发送请求文字，服务器可以响应，客户端接收到响应信息之后，可以继续发送请求，然后服务器可以继续响应，如此往返重复。

第 1 步，设计服务器程序。新建 server.py 文件，输入下面的代码。

```
import socket                                                    # 导入 socket 模块
host = socket.gethostname()                                      # 获取主机地址
port = 8888                                                      # 设置端口号
s = socket.socket(socket.AF_INET,socket.SOCK_STREAM)             # 创建 TCP/IP 套接字
s.bind((host,port))                                              # 绑定地址到套接字
s.listen(5)                                                      # 设置最多连接数量
print ('服务器处于监听状态中...\r\n')
sock,addr = s.accept()                                           # 被动接受 TCP 客户端连接
print('已连接到客户端.')
print('**提示，如果要退出，请输入 esc 后回车.\r\n')
info = sock.recv(1024).decode()                                  # 接收客户端数据
while info != 'esc':                                             # 判断是否退出
    if info :
        print('客户端说:'+info)
    send_data = input('服务器说：')                              # 发送消息
    sock.send(send_data.encode())                                # 发送 TCP 数据
    if send_data =='esc':                                        # 如果发送 exit，则退出
        break
    info = sock.recv(1024).decode()                              # 接收客户端数据
sock.close()                                                     # 关闭客户端套接字
s.close()                                                        # 关闭服务器端套接字
```

第 2 步，新建 Python 文件，保存为 client.py。作为客户端请求文件，然后输入下面的代码。

```
import socket                                                    # 导入 socket 模块
s= socket.socket()                                               # 创建套接字
host = socket.gethostname()                                      # 获取主机地址
port = 8888                                                      # 设置端口号
s.connect((host,port))                                           # 连接 TCP 服务器
print('已连接到服务器.')
print('**提示，如果要退出，请输入 esc 后回车.\r\n')
info = ''
while info != 'esc':                                             # 判断是否退出
    send_data=input('客户端说：')                                # 输入内容
    s.send(send_data.encode())                                   # 发送 TCP 数据
    if send_data =='esc':                                        # 判断是否退出
        break
    info = s.recv(1024).decode()                                 # 接收服务器端数据
    print('服务器说:'+info)
s.close()                                                        # 关闭套接字
```

第 3 步，分别打开不同的命令行窗口，独立运行 server.py 和 client.py，然后就可以在两个窗口间进

行交流。演示效果如图 16.11 所示。

```
python server.py                                    # 命令行窗口 1
python client.py                                    # 命令行窗口 2
```

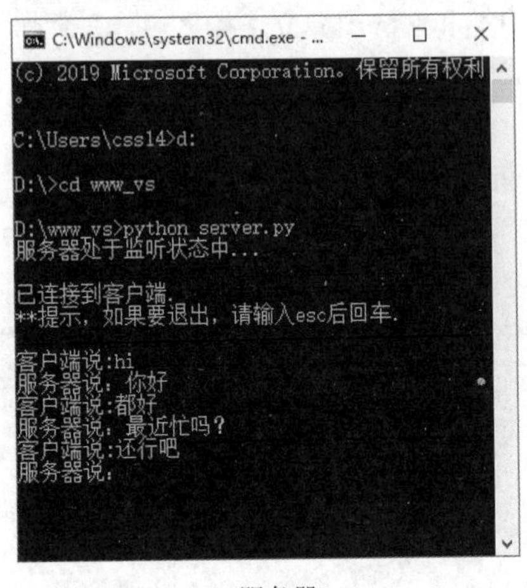

（a）服务器

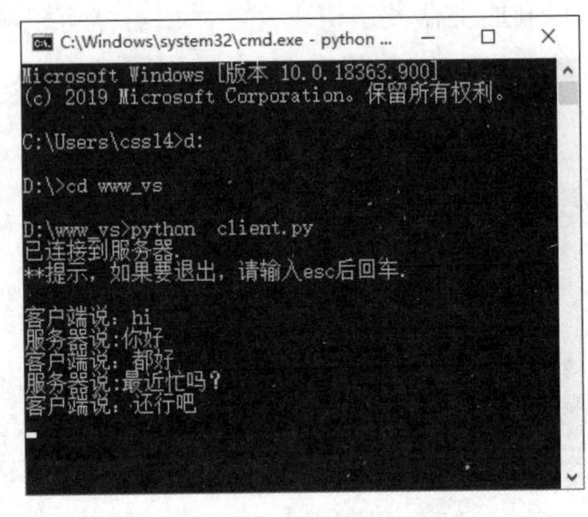

（b）客户端

图 16.11　TCP 聊天演示

16.4　UDP 编程

16.4.1　什么是 UDP

UDP（User Datagram Protocol，用户数据报协议）是一种无连接的通信协议，在 TCP/IP 协议族中，与 TCP 同属于传输层协议。

在传输数据之前，客户端与服务器不需要建立稳定的连接，只需要知道对方的 IP 地址和端口号。在传输数据的时候，也不需要维护连接状态，包括收发状态等，一台服务器可以同时向多个客户端推送消息。

在传递数据时，服务器只需要简单地抓取来自应用程序的数据，并尽可能快地把它扔到网络上，不管哪个客户端、多少个客户端、什么时候接收到数据。在发送端，UDP 传送数据的速度仅受限于应用程序生成数据的速度、计算机的运算能力和传输带宽；在接收端，UDP 把每个消息包放在队列中，应用程序每次从队列中读取一个消息包。

1．UDP 协议的特点

资源消耗小，处理速度快；传输效率高，发送前时延小；可以一对一、一对多、多对一、多对多；面向报文，尽最大努力服务，无拥塞控制。

2．TCP 协议与 UDP 协议比较

- TCP 是面向连接的传输控制协议，UDP 是无连接的数据报服务协议。
- TCP 具有高可靠性，确保传输数据的正确性，不出现丢失或乱序等问题；UDP 在传输数据前不建立连接，不对数据报进行检查和修改，无须等待对方的应答，所以会出现分组丢失、重复、乱序等问题。

- UDP 具有较好的实时性，工作效率比 TCP 高。
- UDP 数据结构比 TCP 数据结构简单，因此网络开销也小。
- TCP 协议可以保证接收端毫无差错地接收到发送端发出的字节流，为应用程序提供可靠的通信服务。对可靠性要求高的通信系统往往使用 TCP 传输数据，如 HTTP 运用 TCP 进行数据的传输。
- UDP 是面向消息的协议，一般应用于多点通信和实时数据服务。因为它们即使偶尔丢失一两个数据包，也不会对接收结果产生太大影响，如视频直播就是使用 UDP 协议进行传输。

3. UDP 应用场景

UDP 应用场景包括视频会议、视频直播、语音通话、网络广播、TFTP（简单文件传送）、SNMP（简单网络管理协议）、RIP（路由信息协议，如股票、航班、车次信息等）、DNS（域名解析）等。

16.4.2 创建 UDP 服务器和客户端

扫一扫，看视频

UDP 通信不需要建立连接，只需要发送数据即可。UDP 客户端和服务器通信过程示意如图 16.12 所示。

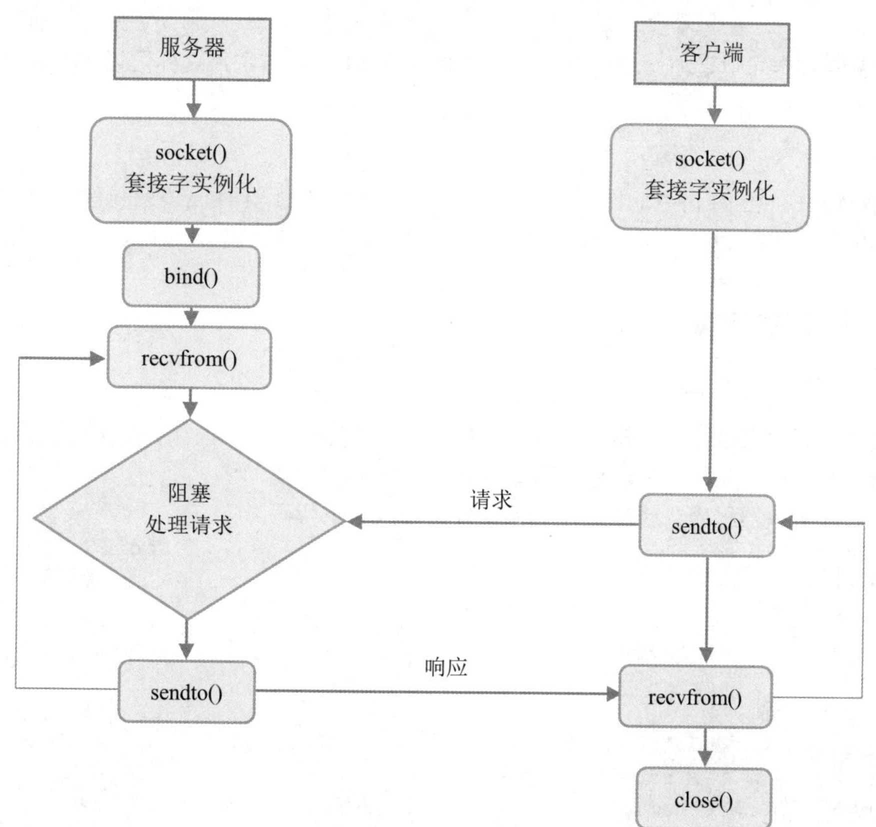

图 16.12 UDP 通信过程示意图

1. 服务器

UDP 服务器首先需要绑定端口，代码如下所示：

```
s = socket.socket(socket.AF_INET, socket.SOCK_DGRAM)
s.bind(('127.0.0.1', 9999))                                    # 绑定端口
```

创建 socket 时，SOCK_DGRAM 指定 socket 的类型是 UDP。绑定端口和 TCP 一样，但是不需要调用 listen()方法进行监听，而是直接接收来自任何客户端的数据。

```
while True:
   data, addr = s.recvfrom(1024)                               # 接收数据
   print(addr)                                                 # 打印地址
   s.sendto(b'Hello, %s!' % data, addr)                        # 发送数据
```

recvfrom()方法返回数据、客户端的地址和端口号，当服务器收到客户端的消息之后，直接调用 sendto()方法就可以把数据发给客户端。

2. 客户端

客户端使用 UDP 时，首先创建基于 UDP 的 socket；然后，不需要调用 connect()方法连接服务器，直接调用 sendto()方法给指定的主机端口号发送数据即可。代码如下所示：

```
s = socket.socket(socket.AF_INET, socket.SOCK_DGRAM)
for data in [b'a', b'b', b'c']:
   s.sendto(data, ('127.0.0.1', 9999))                         # 发送数据
   print(s.recv(1024).decode('utf-8'))                         # 接收数据
s.close()                                                      # 关闭连接
```

从服务器接收数据可以调用 recv()方法，建议使用 recvfrom()方法，这样可以同时获取服务器的 IP 地址和端口号。

提示：

服务器绑定 UDP 端口和 TCP 端口可以相同，但互不冲突。例如，UDP 的 8888 端口与 TCP 的 8888 端口可以各自绑定。

16.4.3　案例：网络运算

本节示例设计一个简单的客户端与服务器之间的网络运算。客户端接收用户输入的数字之后，向服务器发送请求，服务器根据用户输入的数字计算该数字的阶乘，然后把计算结果返回给客户端，客户端接收到响应信息之后，输出显示，完成网络协同运算操作。

第 1 步，设计服务器程序。新建 server.py 文件，输入如下代码。

```
import socket                                                  # 导入模块
def factorial(num):                                            # 定义阶乘函数
    j = 1
    for i in range(1,num+1):
          j = j*i
    return j
s = socket.socket(socket.AF_INET, socket.SOCK_DGRAM)           # 创建 UDP 套接字
s.bind(('127.0.0.1', 8888))                                    # 绑定地址
data, addr = s.recvfrom(1024)                                  # 接收数据
data = factorial(int(data))                                    # 调用阶乘函数，计算阶乘结果
send_data = str(data)                                          # 把数字转换为字符串
print('Received from %s:%s.' % addr)                           # 打印客户端信息
s.sendto(send_data.encode(), addr)                             # 发送给客户端
s.close()                                                      # 关闭服务器端套接字
```

第 2 步，新建 Python 文件，保存为 client.py。作为客户端请求文件，输入如下代码。

```
import socket                                              # 导入 socket 模块
s = socket.socket(socket.AF_INET, socket.SOCK_DGRAM)      # 创建 UDP 套接字
data = int(input("请输入阶乘数字："))
s.sendto(str(data).encode(), ('127.0.0.1', 8888))          # 发送数据
print("计算结果：", s.recv(1024).decode())                  # 打印接收数据
s.close()                                                  # 关闭套接字
```

第 3 步，分别打开不同的命令行窗口，独立运行 server.py 和 client.py，然后就可以在两个窗口间进行交流。演示效果如图 16.13 所示。

```
python server.py                                           # 命令行窗口 1
python client.py                                           # 命令行窗口 2
```

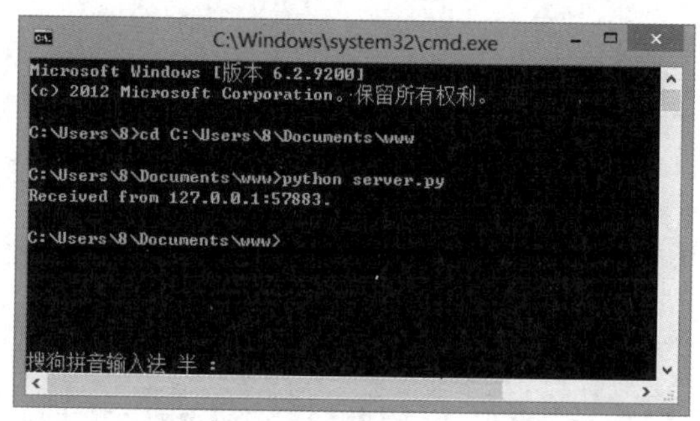

（a）服务器

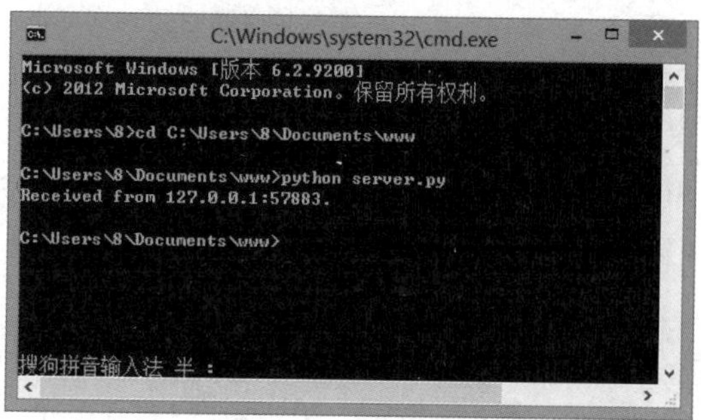

（b）客户端

图 16.13　UDP 通信

16.4.4　案例：网络广播

扫一扫，看视频

本示例使用 UDP 设计一个网络广播，实现广播的发送和接收功能，结合多线程技术，满足多用户并发收听广播，解决一对一、一对多、多对一和多对多的消息推送与共享。

程序设计流程：创建接收端 socket ->创建发送端 socket ->启动接收端 socket ->启动发送端 socket ->等待广播->接收并推送广播->广播消息的显示。

提示：如果要实现 UDP 广播功能，需要为 socket 对象设置相关属性，可以使用 setsockopt() 方法完成，该方法的用法和参数说明，可以扫描右侧二维码了解。

扫描，拓展学习

第 1 步，设计服务器程序。新建 server.py 文件，输入下面的代码。服务器程序使用自定义类 Broadcast，能够发送广播，也能够接收广播，结合多线程能够满足多人并发收听广播。

```
import socket, time, threading                  # 导入 socket、time 和 threading 模块
class Broadcast:
    def __init__(self):                         # 全局参数配置
        self.encoding = "utf-8"                 # 字符编码
        self.broadcastPort = 7788               # 广播端口
        # 创建广播接收器
        self.recvSocket = socket.socket(socket.AF_INET, socket.SOCK_DGRAM)
        self.recvSocket.setsockopt(socket.SOL_SOCKET, socket.SO_REUSEADDR, 1)
        self.recvSocket.bind(("", self.broadcastPort))
        # 创建广播发送器
        self.sendSocket = socket.socket(socket.AF_INET, socket.SOCK_DGRAM)
```

```
        self.sendSocket.setsockopt(socket.SOL_SOCKET, socket.SO_BROADCAST, 1)
        self.threads = []                             # 多线程列表
    def send(self):                                   # 发送广播
        print("UDP 发送器启动成功，可以发送广播...\n")
        self.sendSocket.sendto("***进入广播室".encode(self.encoding),
('255.255.255.255', self.broadcastPort))
        while True:
            sendData = input("发送消息>>> ")
            self.sendSocket.sendto(sendData.encode(self.encoding),
('255.255.255.255', self.broadcastPort))
            time.sleep(1)
    def recv(self):                                   # 接收广播
        print("UDP 接收器启动成功，可以收听广播...\n")
        while True:
            recvData = self.recvSocket.recvfrom(1024) # 接收数据格式：(data, (ip, port))
            t =  (
                time.strftime("%Y-%m-%d %H:%M:%S", time.localtime()),
                recvData[1][0], recvData[1][1],
                recvData[0].decode(self.encoding).replace("***进入广播室", "%s 进入广
播室"%recvData[1][1])
            )
            print("\n【广播时间】%s\n【广播来源】IP:%s  端口:%s\n【广播内容】\n %s \n" % t)
            time.sleep(1)
    def start(self):                                  # 启动线程
        t1 = threading.Thread(target=self.recv)       # 创建广播接收多线程
        t2 = threading.Thread(target=self.send)       # 创建广播发送多线程
        self.threads.append(t1)                       # 添加到线程列表
        self.threads.append(t2)                       # 添加到线程列表
        for t in self.threads:                        # 排队执行队列
            t.setDaemon(True)                         # 主线程执行完毕后会将子线程回收掉
            t.start()                                 # 启动线程
        while True:                                   # 等待收发广播，避免程序结束
            pass
if __name__ == "__main__":
    test = Broadcast()                                # 实例化类
    test.start()                                      # 启动线程
```

提示：

255.255.255.255 是一个受限的广播地址，路由器不转发目的地址为受限的广播地址的数据报，这样的数据报仅出现在本地网络中。如果要实现全网广播，可以在服务器端记录每个客户端的 IP 地址、端口号及相关信息，通过循环逐一向他们推送广播信息。

第 2 步，新建 Python 文件，保存为 client.py。作为客户端收听接口，输入下面的代码。客户端仅能够收听广播，不能够发送广播。

```
import socket, time                                   # 导入 socket、time 模块
# 创建广播接收器
recvSocket = socket.socket(socket.AF_INET, socket.SOCK_DGRAM)
recvSocket.setsockopt(socket.SOL_SOCKET, socket.SO_REUSEADDR, 1)
```

```
recvSocket.bind(('', 7788))
print("UDP 接收器启动成功，准备收听广播...\n")
while True:
    recvData = recvSocket.recvfrom(1024)          # 接收数据格式：(data, (ip, port))
    print("【广播时间】%s"% (time.strftime("%Y-%m-%d %H:%M:%S", time.localtime())))
    print("【广播来源】IP:%s  端口:%s" % (recvData[1][0], recvData[1][1]))
    print("【广播内容】\n %s\n" % recvData[0].decode("utf-8").replace("***进入广播
室", "%s 进入广播室"%recvData[1][1] ))
```

第 3 步，分别打开不同的命令行窗口，独立运行 server.py 和 client.py，就可以在 server 窗口发送广播，在多个客户端 client 中同时收听广播。演示效果如图 16.14 所示。

```
python server.py                                # 命令行窗口 1
python client.py                                # 命令行窗口 2
python client.py                                # 命令行窗口 3
```

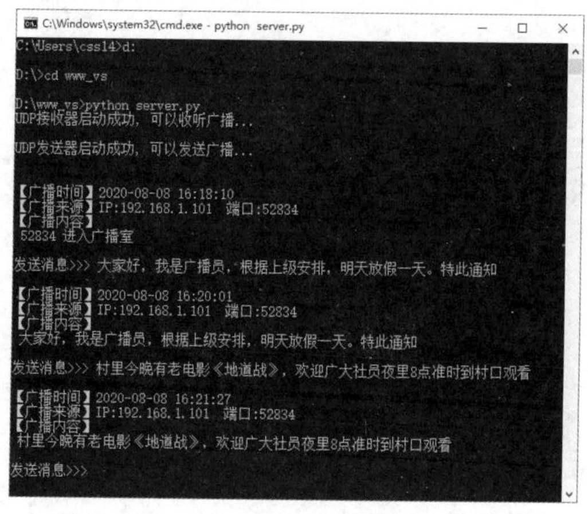

（a）服务器

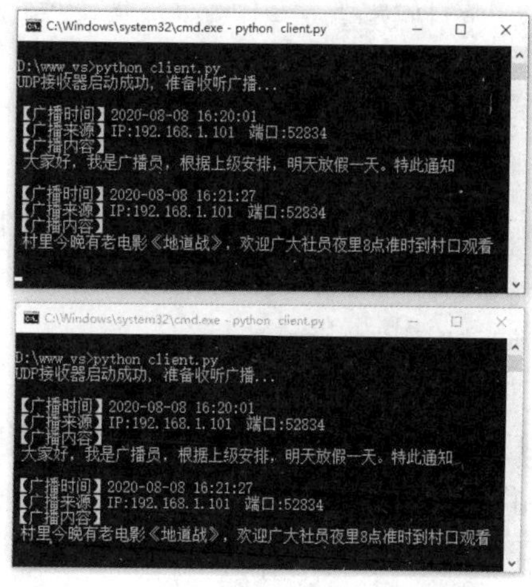

（b）多客户端

图 16.14　UDP 广播

16.5　在线支持

扫描，拓展学习

第 17 章　Python Web 编程

Python 适合从简单到复杂地开发各种 Web 项目，由于 Python 代码简洁、扩展能力强，被广泛应用于旅行、医疗保健、交通运输、金融等领域，成为 Web 开发和测试，脚本编写和生成的重要工具。越来越多的互联网公司选用 Python 作为 Web 开发的技术，如知乎、网易、腾讯、搜狐、金山、豆瓣等，国外有 YouTube、Google 等。本章介绍 Web 开发基础，以及使用 CGI 编写简单的 Web 程序。

【学习重点】

- HTML 基础。
- URL 的处理，包括解析、拼合和分解等。
- URL 的编码和解码。
- 使用 CGI 编程。

17.1　认识 HTTP

17.1.1　什么是 HTTP

HTTP 是 HyperText Transfer Protocol（超文本传输协议）的缩写，是基于 B/S 架构进行通信的应用层协议。作为万维网（WWW）的基础，是互联网上应用最为广泛的一种网络协议。

HTTP 是一种简单的请求/响应的协议，运行在 TCP 协议之上。HTTP 指定了浏览器发送给 Web 服务器的消息的格式和规则，以及 Web 服务器响应给浏览器的消息的格式和规则。

当在浏览器中输入 URL，浏览器会根据 URL 向指定 Web 服务器发送请求，Web 服务器收到请求之后会做出响应。这个过程类似于打电话，当要打电话时，首先要知道对方的电话号码，然后进行拨号，打通电话后可以进行通话，通话需要使用相同的语言，这个电话号码相当于 IP 地址，而这个语言就相当于 HTTP 协议。

17.1.2　Web 服务器

Web 服务器（Web Server）也称为网页服务器、网站服务器，主要功能是提供网上信息浏览服务。可以放置网站文件，让全世界浏览；可以放置数据文件，让全世界下载。目前最主流的三大 Web 服务器是 Apache、Nginx、IIS。

Web 服务器可以解析 HTTP 协议。当 Web 服务器接收到一个 HTTP 请求（request）时，会返回一个 HTTP 响应（response），如返回一个 HTML 页面。为了处理一个请求，Web 服务器可以响应一个静态网页、图片，进行页面跳转，或者把动态响应的内容委托给一些其他的程序，如 CGI 脚本、JSP 脚本、PHP 脚本、Python 脚本、JavaScript 脚本等，这些服务器端的程序通常会生成一个 HTML 类型的文档，响应给客户端，方便浏览器浏览。

17.1.3 HTTP 工作原理

HTTP 协议工作于 B/S 架构之上。浏览器作为 HTTP 客户端通过 URL 向 HTTP 服务端（Web 服务器）发送所有请求。Web 服务器根据接收到的请求向客户端发送响应信息。HTTP 协议通信流程如图 17.1 所示。HTTP 默认端口号为 80，也可以为 8080 或者其他端口。

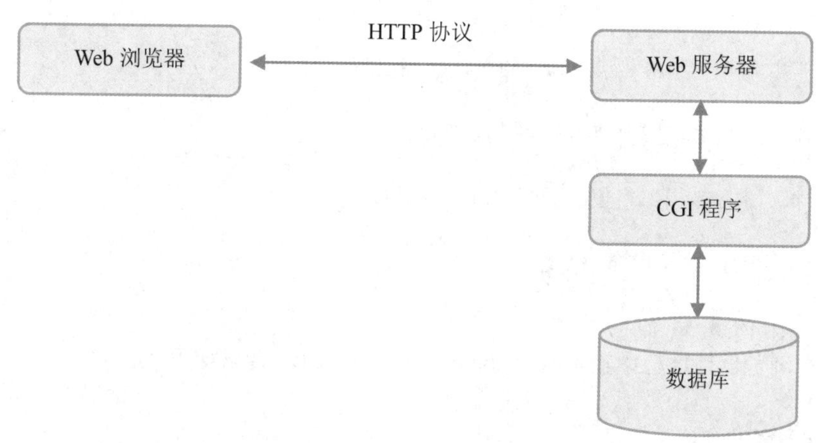

图 17.1　HTTP 协议通信流程

17.1.4 HTTP 特性

HTTP 具有以下三个特性，简单说明如下。

- 无连接

无连接就是限制每次连接只处理一个请求。服务器处理完客户的请求并收到客户的应答后，即断开连接。采用这种方式可以节省传输时间。

- 无状态

HTTP 协议是无状态协议。无状态是指协议对于事务处理没有记忆能力。缺少状态意味着如果后续处理需要前面的信息，则它必须重传，这样可能导致每次连接传送的数据量增大。另外，在服务器不需要先前信息时，它的应答就较快。

- 媒体独立

HTTP 要求客户端和服务器仅知道处理数据的基本方法，因此任何类型的数据都可以通过 HTTP 发送。客户端和服务器会根据 MIME 类型使用合适的应用程序对数据进行处理。

17.1.5 HTTP 消息结构

浏览器发送一个 HTTP 请求到服务器，请求消息包括请求行（request line）、请求头部（header）、空行和请求数据。请求报文的一般格式如下：

```
# 请求行:
            请求方法 [空格] URL [空格] 协议版本 [回车符] [换行符]
# 请求头部:
            头部字段名  [:] 值  [回车符] [换行符]
```

```
        …
        头部字段名  [:] 值  [回车符] [换行符]
# 空行：
        [回车符] [换行符]
# 请求数据：
        具体的请求数据
```

HTTP 响应也由 4 个部分组成，分别是状态行、消息报头、空行和响应正文。响应报文的一般格式如下：

```
# 状态行：
        协议版本 [空格] 状态码 [回车符] [换行符]
# 消息报头：
        报头字段名  [:] 值  [回车符] [换行符]
        …
        报头字段名  [:] 值  [回车符] [换行符]
# 空行：
        [回车符] [换行符]
# 响应正文：
        具体的响应正文
```

【示例 1】在浏览器地址栏中输入 www.baidu.com，则 GET 请求如下：

```
GET/HTTP/1.1
Host: www.baidu.com
User-Agent: Mozilla/5.0 (compatible; MSIE 10.0; Windows NT 6.2; WOW64; Trident/6.0)
Connection: Keep-Alive
```

请求行的第 1 部分说明了该请求方法是 GET 请求。该行的第 2 部分是一个斜杠（/），用来说明请求的是百度域名的根目录。该行的最后一部分说明使用的是 HTTP 1.1 版本，另一个可选项是 HTTP 1.0。

第 2 行是请求的第 1 个消息报头，Host 头部指出请求的域名。结合 HOST 头部和上一行中的统一资源标识符（即斜杠），就可以确定请求服务器的具体地址。

第 3 行包含的是 User-Agent 头部，服务器端和客户端脚本都能够访问它，该头部包含的信息由浏览器来定义，并且在每个请求中将会自动发送。客户端和服务器通过 User-Agent 头部信息可以了解客户端的本地情况。

最后一行是 Connection 头部，通常将浏览器操作设置为 Keep-Alive，在最后一个头部后有一个空行（即使不存在请求主体）。

【示例 2】下面是一个 HTTP 响应的示例。

```
HTTP/1.1 200 OK
Date: Wed, 08 Apr 2019 03:35:50 GMT
Content-Type: text/html;charset=gb2312
Content-Length: 1700

<html>
  <head>
    <title>百度一下，你就知道</title>
  </head>
  <body>
    <!-- body -->
  </body>
</html>
```

在状态行之后是消息头。一般服务器会返回一个名为 Date 的信息，用来说明响应生成的日期和时间。接下来就是与 POST 请求中一样的 Content-Type 和 Content-Length。响应主体所包含的就是所请求资源的 HTML 源文件。

17.1.6 请求方法

根据 HTTP 标准，HTTP 可以使用多种请求方法，具体说明如表 17.1 所示。

- HTTP 1.0 定义了 3 种请求方法：GET、POST 和 HEAD。
- HTTP 1.1 新增了 6 种请求方法：OPTIONS、PUT、PATCH、DELETE、TRACE 和 CONNECT。

表 17.1 HTTP 的请求方法

方　法	说　明
GET	请求指定的页面信息，并返回实体主体
HEAD	类似于 GET 请求，只不过返回的响应中没有具体的内容，用于获取报头
POST	向指定资源提交数据进行处理请求（例如提交表单或者上传文件）。数据被包含在请求体中，POST 请求可能会导致新资源的建立和/或已有资源的修改
PUT	从客户端向服务器传送的数据取代指定文档的内容
DELETE	请求服务器删除指定的页面
CONNECT	HTTP 1.1 协议中预留给能够将连接改为管道方式的代理服务器
OPTIONS	允许客户端查看服务器的性能
TRACE	回显服务器收到的请求，主要用于测试或诊断
PATCH	对 PUT 方法的补充，用来对已知资源进行局部更新

17.1.7 HTTP 状态码

当浏览者访问网页时，浏览器会向所属服务器发送请求。当浏览器接收并显示网页内容之前，服务器会返回一个包含 HTTP 状态码的消息头，具体说明可以参考 17.1.5 节介绍。

HTTP 状态码由 3 个十进制数字组成，第 1 个十进制数字定义了状态码的类型，后两个数字没有分类的作用。HTTP 状态码共分为以下 5 种类型。

- 1**：信息，服务器收到请求，需要请求者继续执行操作。
- 2**：成功，操作被成功接收并处理。
- 3**：重定向，需要进一步的操作以完成请求。
- 4**：客户端错误，请求包含语法错误或无法完成请求。
- 5**：服务器错误，服务器在处理请求的过程中发生了错误。

下面是常见的 HTTP 状态码。

- 200：请求成功。
- 301：资源（网页等）被永久转移到其他 URL。
- 404：请求的资源（网页等）不存在。
- 500：内部服务器错误。

17.1.8 MIME 类型

MIME 是 Multipurpose Internet Mail Extensions（多用途互联网邮件扩展类型）的缩写，用来定义某

种扩展名的文件用一种应用程序来打开的方式类型，当该扩展名文件被访问的时候，浏览器会自动使用指定应用程序来打开。

MIME 类型经过互联网（IETF）组织协商，大多数的 Web 服务器和用户代理（如浏览器）都支持。媒体类型通常通过 HTTP 协议，由 Web 服务器通知浏览器，它使用 Content-Type 头部消息字段来定义，如 Content-Type:text/HTML 表示 HTML 类型的文档。

通常只有在互联网上获得广泛应用的格式才会获得一个 MIME 类型，如果是某个客户端自定义的格式，一般只能以 application/x-的形式来定义。

17.2 URL 编程

在互联网上的每个文件都有一个唯一的 URL（统一资源定位符），它包含的信息指出文件的位置，以及浏览器应该怎么处理它。URL 是互联网上标准资源的地址。

17.2.1 URL 基础

扫一扫，看视频

URL 以字符串的形式描述一个资源在互联网上的地址，一个 URL 唯一标识一个 Web 资源。常用的 URL 格式如下：

```
协议类型://服务器地址[:端口号]/路径/文件名[?参数 1=值 1&参数 2=值 2…] | [#ID]
```

在上述结构中，[]部分是可选的。如果端口号与相关协议默认值不同，则需包含端口号。常用协议类型包括 http、mailto、file、ftp 等，具体说明如下。

- http：超文本传输协议资源。
- https：用安全套接字层传送的超文本传输协议。
- ftp：文件传输协议。
- mailto：电子邮件地址。
- file：当地计算机或网上分享的文件。
- news：Usenet 新闻组。

【示例】本示例使用 HTTP 协议访问万维网上的一个资源的 URL。

```
http://website.com/goods/search.php?term=apple
```

其中，website.com 表示服务器的域名，search.php 是服务器端的一个脚本文件，之后紧跟脚本执行所需要的参数 term，而 apple 为用户输入与参数 term 对应的参数值。

除上述的绝对形式外，也可以使用相对某一特殊主机或主机上的一个特殊路径指定的 URL，即相对路径，例如：

```
search.php?term=apple
```

在 Web 页面上常用相对路径描述 Web 站点或应用程序中的导航。

17.2.2 解析 URL

扫一扫，看视频

在 Python 3 中用来对 URL 字符串进行解析的模块是 urllib.parse，在 Python 2 中为 urlparse 模块。调用该模块下的 urlparse()方法可以解析 URL 字符串，语法格式如下：

```
urllib.parse.urlparse(urlstring,scheme='',allow_fragments=True)
```

参数说明如下。

- urlstring：必填项，即待解析的 URL 字符串。
- scheme：可选参数，设置默认协议，如 http、https 等。
- allow_fragments：可选参数，设置是否忽略 fragment，默认值为 True。如果为 False，fragment 部分会被忽略，它会被解析为 path、params、query 的一部分，而 fragment 为空。

urlparse()方法将返回一个包含 6 个元素的、可迭代的 ParseResult 对象，对象的属性在 URL 字符串中的位置示意如下所示：

```
scheme://netloc/path;params?query#fragment
```

每个属性的值都是字符串，如果在 URL 中不存在对应的元素，则属性的值为空字符串。使用 urlparse()方法返回的对象的属性说明如表 17.2 所示。

提示：有些组成部分没有进一步解析，如域名和端口仅作为一个字符串来表示。

表 17.2 使用 urlparse()方法返回的对象属性

属　性	索 引 值	值	如果不包含的值
scheme	0	协议	空字符串
netloc	1	域名（服务器地址）	空字符串
path	2	访问路径	空字符串
params	3	参数	空字符串
query	4	查询条件	空字符串
fragment	5	锚点	空字符串
username		用户名	None
password		密码	None
hostname		主机名	None
port		端口	None

实际上，netloc 属性值包含了表 17.2 中最后 4 个属性值。

在解析 URL 时，所有的%转义符都不会被处理。另外，分隔符将会去掉，除了在路径当中的第一个起始斜线以外。

【示例】本示例简单演示了使用 urlparse()方法进行 URL 的解析，然后输出解析结果类型、结果字符串，以及如何读取属性的值。

```
from urllib.parse import urlparse                    # 导入 urlparse 方法
result=urlparse('http://www.baidu.com/index.html;user?id=5#comment')
                                                     # 解析 URL 字符串
print(type(result))                                  # 输出解析结果的类型
print(result)                                        # 输出解析结果
print(result[0])                                     # 输出第 1 个元素的值
print(result.path)                                   # 输出第 3 个元素的值
```

输出结果如下：

```
<class 'urllib.parse.ParseResult'>
ParseResult(scheme='http', netloc='www.baidu.com', path='/index.html', params=
'user', query='id=5', fragment='comment')
http
/index.html
```

分析 URL 字符串'http://www.baidu.com/index.html;user?id=5#comment'可以发现，urlparse()方法将其拆分为以下 6 个部分。

- scheme='http'：代表协议。
- netloc='www.baidu.com'：代表域名。
- path='/index.html'：代表 path，即访问路径。
- params='user'：代表参数。
- query='id=5'：代表查询条件，一般用于 GET 方法的 URL。
- fragment='comment'：代表锚点，用于直接定位页面内的位置。

扫一扫，看视频

17.2.3 拼接 URL

【示例 1】拼接 URL 字符串的最简单方法是使用加号运算符。

```
url='http://baidu.com/'
path='api/user/login'
result = url + path
print(result)
```

输出结果如下：

```
http://baidu.com/api/user/login
```

当然，如果两个 URL 字符串不规则，拼接时就会出现错误。

【示例 2】在'api/user/login'字符串前面添加一个斜杠。

```
url='http://baidu.com/'
path='/api/user/login'
result = url + path
print(result)
```

输出结果如下：

```
http://baidu.com//api/user/login
```

因此，对于不确定的 URL 字符串拼接，建议使用 urljoin()方法。基本用法格式如下：

```
urljoin(base, url[, allow_fragments])
```

该方法将以参数 base 作为基地址，与参数 url 相对地址相结合，返回一个绝对地址的 url。

【拼接规律】

- 如果参数 base 不以'/'结尾，如'http://baidu.com/a'，参数 url 不以'/'开头，如'b/c'。那么 base 最右边的文件名及其后面部分被删除，然后与 url 直接连接，将返回'http://baidu.com/b/c'。
- 如果参数 base 以'/'结尾，如'http://baidu.com/a/'，参数 url 不以'/'开头，如'b/c'。那么 base 与 url 直接连接，将返回'http://baidu.com/a/b/c'。
- 如果参数 url 以'/'开头，如'/b/c'。那么 base 将删除路径部分及其后面字符串，如'http://baidu.com/a?n=1#id'，再与 url 直接连接，将返回'http://baidu.com/b/c'。
- 如果参数 url 以'../'开头，如'../b/c'。那么 base 将删除文件名及其后面部分，以及其父目录字符串，如'http://baidu.com/sup/sub/a?n=1#id'，再与 url 直接连接，将返回'http://baidu.com/sup/b/c'。

【示例 3】针对示例 2，使用 urljoin()方法就可以避免示例 2 出现的错误。

```
from urllib.parse import urljoin                    # 导入 urljoin 方法
url='http://baidu.com/'
path='/api/user/login'
result = urljoin(url,path)                          # 拼接 URL 字符串
print(result)
```

输出结果如下：

```
http://baidu.com/api/user/login
```

【示例 4】使用 urljoin()方法拼接复杂的 URL 字符串。

```
from urllib.parse import urljoin                              # 导入 urljoin 方法
result = urljoin("http://www.baidu.com/sub/a.html", "b.html")
print(result)
result = urljoin("http://www.baidu.com/sub/a.html", "/b.html")
print(result)
result = urljoin("http://www.baidu.com/sub/a.html", "sub2/b.html")
print(result)
result = urljoin("http://www.baidu.com/sub/a.html", "/sub2/b.html")
print(result)
result = urljoin("http://www.baidu.com/sup/sub/a.html", "/sub2/b.html")
print(result)
result = urljoin("http://www.baidu.com/sup/sub/a.html", "../b.html")
print(result)
```

输出结果如下：

```
http://www.baidu.com/sub/b.html
http://www.baidu.com/b.html
http://www.baidu.com/sub/sub2/b.html
http://www.baidu.com/sub2/b.html
http://www.baidu.com/sub2/b.html
http://www.baidu.com/sup/b.html
```

17.2.4 分解 URL

扫一扫，看视频

使用 urlsplit()方法可以分解 URL 字符串，返回一个包含 5 个元素的、可迭代的 SplitResult 对象，其用法和功能与 urlparse()方法相似，不同点是 urlsplit()方法在分割时，path 和 params 属性不被分割。

【示例】简单比较 urlsplit()和 urlparse()方法的返回值异同。

```
from urllib.parse import urlsplit, urlparse
url = "https://username:password@www.baidu.com:80/index.html;parameters?name=
tom#example"
print(urlsplit(url))
print(urlparse(url))
```

输出结果如下：

```
SplitResult(
    scheme='https',
    netloc='username:password@www.baidu.com:80',
    path='/index.html;parameters',
    query='name=tom',
    fragment='example'
)
ParseResult(
    scheme='https',
    netloc='username:password@www.baidu.com:80',
    path='/index.html',
```

```
    params='parameters',
    query='name=tom',
    fragment='example'
)
```

提示：

使用 urlparse.urlunsplit(parts)方法可以将通过 urlsplit()方法生成的 SplitResult 对象组合成一个 URL 字符串。这两个方法组合在一起可以有效地格式化 URL，特殊字符可以在这个过程中得到转换。

扫一扫，看视频

17.2.5 编码和解码 URL

在 URL 中使用的是 ASCII 字符集中的字符。如果需要使用不在这个字符集中的字符时，就需要对此字符进行编码，特别是对于亚洲地区的字符，如中文。

编码的规则：百分号+两个十六进制的数字，与其在 ASCII 字符表中的对应位置相同。

例如，一般情况下不能在 URL 中使用空格字符，如果使用，将会出错。这时就可以将空格符编码成%20，代码如下：

```
http://www.python.org/advanced%20search.html
```

在上面的 URL 中，可以看到用%20 替代了空格符。实际上，这个 URL 将从主机 www.python.org 上获取 advanced search.html 页面。

另外，还有些字符可能会使得 URL 非法，或者会导致上下文歧义。这些字符被称为保留字符和不安全字符。

- 保留字符：指那种不能在 URL 中出现的字符。例如，斜线字符将会用来分隔路径，如果需要使用斜线字符，而不是将其作为路径的分隔符，则需要对其进行转义。保留字符如表 17.3 所示。

表 17.3 URL 编码中的保留字符

保 留 字 符	URL 编码	保 留 字 符	URL 编码	保 留 字 符	URL 编码
;	%3B	:	%3A	&	%26
/	%2F	@	%40		
?	%3F	=	%3D		

- 不安全字符：指那些虽然在 URL 中没有特殊的意义，而可能在 URL 的上下文中有特殊含义的字符。例如，双引号在标签中是用来分开属性和值的，如果在 URL 中包含双引号，则可能使得在浏览器解析时发生错误。此时，可以通过使用%22 来编码双引号，进而解决这种冲突。不安全字符如表 17.4 所示。

表 17.4 URL 编码中的不安全字符

不安全字符	URL 编码	不安全字符	URL 编码	不安全字符	URL 编码
<	%3C	{	%7B	~	%7E
>	%3E	}	%7D	[	%5B
“	%22	|	%7C	]	%5D
#	%23	\	%5C	‘	%60
%	%25	^	%5E		

提示：

对于非字母和数字的字符，如果不知道是否需要编码，建议都进行一次编码。即使是字母表中的字符进行编码也是没有问题的，但是当字符具有特定含义时，不应进行编码。例如，在 HTTP 协议中对协议字段上的斜线进行编码是不对的，这会阻止浏览器对 URL 的正确访问。

在 urllib.parse 模块中有一套可以对 URL 进行编码和解码的方法，简单说明如下。

- quote()：对 URL 字符串进行编码。
- unquote()：对 URL 字符串进行解码。
- quote_plus()：与 quote()方法相同，会进一步将空格表示成+符号。
- unquote_plus()：与 unquote()方法相同，会进一步将+符号变成空格。

quote()方法的语法格式如下：

```
quote (string, safe='/', encoding=None, errors=None)
```

参数说明如下：

- string：表示待编码的字符串。
- safe：设置不需要转码的字符，以字符列表的形式传递，默认不对“/”字符进行转码。
- encoding：指定转码的字符的编码类型，默认为 UTF-8。
- errors：设置发生异常时的回调函数。

【示例 1】调用 quote()方法对 URL 字符串进行编码，然后再解码。

```
from urllib.request import quote, unquote        # 导入 quote()和 unquote()方法
url = "https://www.baidu.com/s?wd=住院"
res1 = quote(url)                                # 编码
print(res1)          # https%3A//www.baidu.com/s%3Fwd%3D%E4%BD%8F%E9%99%A2
res2 = unquote(res1)                             # 解码
print(res2)                                      # https://www.baidu.com/s?wd=住院
```

【示例 2】也可以仅对 URL 查询字符串中进行编码，然后再解码。

```
from urllib.request import quote, unquote        # 导入 quote()和 unquote()方法
url = "https://www.baidu.com/s?wd=住院"
res1 = quote(url, safe=";/?:@&=+$,", encoding="utf-8")        # 编码
print(res1)          # https://www.baidu.com/s?wd=%E4%BD%8F%E9%99%A2
res2 = unquote(res1, encoding='utf-8')           # 解码
print(res2)                                      # https://www.baidu.com/s?wd=住院
```

17.2.6 编码查询参数

扫一扫，看视频

使用 urllib.parse 模块的 urlencode()方法可以对查询参数进行编码，即将字典类型的数据格式化为查询字符串，以“键=值”的形式返回，方便在 HTTP 中进行传递。

【示例 1】下面示例设计一个 URL 附带请求参数：http://www.baidu.com/s?k1=v1&k2=v2。如果在脚本中，请求参数为字典类型，如 data = {k1:v1, k2:v2}，且参数中包含中文或者“?”、“=”等特殊字符时，通过 urlencode()编码，将 data 格式化为 k1=v1&k2=v2，并且将中文和特殊字符编码。

```
from urllib import parse                        # 导入 urllib.parse 模块
url = 'http://www.baidu.com/s?'                 # URL 字符串
dict1 ={'wd': '百度翻译'}                        # 字典对象
url_data = parse.urlencode(dict1) # unlencode()将字典{k1:v1,k2:v2}转化为 k1=v1&k2=v2
print(url_data)                   # wd=%E7%99%BE%E5%BA%A6%E7%BF%BB%E8%AF%91
```

```
url_org = parse.unquote(url_data)                    # 解码 url
print(url_org)                                       # wd=百度翻译
```

urlencode()方法包含一个可选的参数，默认为 False，设置当查询参数的值为序列对象的时候，将调用 quote_plus()方法对序列对象进行整体编码，并作为键值对的值。如果该参数为 True，urlencode()方法会将键名与值序列中的每个元素配成键值对，返回多个键值对的组合形式。

【示例 2】比较 urlencode()方法的可选参数为 False 和 True 时，编码的结果异同。

```
import urllib.parse                                  # 导入 urllib.parse 模块
key = 'key'                                          # 键名
val= ('val1','val2')                                 # 键值，元组数据
dvar = {                                             # 键值对，字典类型
   key:val
}
incode = urllib.parse.urlencode(dvar)                # 整体编码
print (incode)           # 输出为 key=%28%27val1%27%2C+%27val2%27%29
incode = urllib.parse.urlencode(dvar,True)           # 逐个编码
print (incode)                                       # 输出为 key=val1&key=val2
```

在上面代码中，对 val 为元组的查询数据进行了编码。从输出结果可以看到，urlencode()方法将其作为一个整体来看待，元组被 quote_plus()方法编码为一个字符串。第二次调用 urlencode()方法时，设置参数为 True。此时将 key 与元组中每个元素配成键值对，输出结果为 key=val1&key=val2。

17.3 CGI 编程

17.3.1 什么是 CGI

CGI（Common Gateway Interface）表示公共网关接口，它本身不是一种编程语言，也不是一种网络协议，它仅仅定义了 HTTP 服务器与外部程序之间交互信息的规范。CGI 脚本可以使用任何语言来编写，当然可以使用 Python 语言。

CGI 是一种简单、独立的动态网页编程技术，由 HTTP 服务器提供，功能类似于 ASP、PHP、JSP 脚本。只要 HTTP 服务器支持 CGI 规范，即可运行相应的脚本。现在流行的 HTTP 服务器都支持 CGI。但是，CGI 规范存在以下两个问题。

- 性能问题。由于每个 CGI 脚本都需要调用外部程序来执行，工作效率低，频繁调用外部程序会加重服务器的运行负担。
- 安全性问题。通过 CGI 脚本可以直接调用系统程序，执行系统操作和访问系统文件。在这种情况下，CGI 脚本将成为系统安全的隐患。

在性能方面，现在已经有一些改进的技术，如使用 mod_python 模块可以有效地提高 Apache 服务器对于 Python 脚本文件的响应速度。

在安全性方面，一般 HTTP 服务器将会限制 CGI 脚本在特定的文件夹中执行，如 cgi-bin 目录。这样就阻止了将 CGI 脚本暴露给外界。只有经过确认的 CGI 脚本，才可以放入特定的文件夹中，从而提高安全性。

在默认状态下，Apache 服务器已经开启了对于 CGI 的支持。保存 CGI 脚本文件的目录为 cgi-bin。使用 Python 编写 CGI 脚本时，需要在第一行中指定 Python 执行程序的位置。只有这样，Apache 才能够

找到特定的应用程序并运行 CGI 脚本。

CGI 脚本通过环境变量、命令行参数和标准输入输出与 HTTP 服务器进行通信，传递有关参数并进行处理。当方法为 GET 时，CGI 通过环境变量来获取客户端提交的数据；而当方法为 POST 时，CGI 将通过标准输入流和环境变量来获取客户端的数据。在 CGI 脚本返回处理结果给客户端时，则通过标准输出流将数据输出到服务器进程中。

当客户端请求一个 CGI 脚本时，CGI 需要输出信息声明请求的 MIME 类型，并通过服务器传递给客户端。CGI 的环境变量 HTTP_ACCEPT 提供了可以被客户端和服务器端接收的 MIME 类型列表。当含有多个类型时，使用逗号分隔开来，如 image/gif、text/html 和*/*等。常用的 MIME 类型简单说明如下。

- text/html：超文本标记语言文本，如.html。
- text/plain：普通文本，如.txt。
- application/rtf：RTF 文本，如.rtf。
- image/gif：GIF 图形，如.gif。
- image/jpeg：JPEG 图形，如.jpeg、.jpg。
- audio/basic：au 声音文件，如.au。
- audio/midi、audio/x-midi：MIDI 音乐文件，如.mid、.midi。
- audio/x-pn-realaudio：RealAudio 音乐文件，如.ra、.ram。
- video/mpeg：MPEG 文件，如.mpg、.mpeg。
- video/x-msvideo：AVI 文件，如.avi。
- application/x-gzip：GZIP 文件，如.gz。
- application/x-tar：TAR 文件，如.tar。

17.3.2 配置 CGI 程序

扫一扫，看视频

本小节以 Apache 服务器为基础，介绍如何配置 Apache 服务器，以便能够正确运行 CGI 程序。

【操作步骤】

第 1 步，搭建 Apache 服务器。下载、安装 Apache 运行文件包，然后配置和运行 Apache 服务器。具体步骤可以参考 18.4 节内容讲解。

第 2 步，在运行 CGI 程序之前，确保 Web 服务器支持 CGI。打开配置文件 httpd.conf，确认是否导入 CGI 模块，默认是开启的。

```
LoadModule cgi_module modules/mod_cgi.so
```

第 3 步，在配置文件 httpd.conf 中，设置 CGI 目录。找到<IfModule alias_module>模块，然后设置 CGI 目录。

```
<IfModule alias_module>
   ScriptAlias /cgi-bin/ "D:/Apache24/cgi-bin/"
</IfModule>
```

提示：CGI 目录也称为虚拟目录，默认为 cgi-bin，将被映射到本地物理目录中，通过 URL（域名+CGI 目录）可以访问本地物理目录中的脚本文件。

注意：CGI 文件的扩展名为.cgi，Python 脚本也可以使用.py 作为扩展名。

第 4 步，设置<Directory "D:/Apache24/cgi-bin">模块，为本地物理目录设置服务器操作权限。

```
<Directory "D:/Apache24/cgi-bin">
   Options ExecCGI                         # 允许使用 mod_cgi 模块执行该目录的 CGI 脚本
   Require all granted                     # 允许所有访问
</Directory>
```

第 5 步，在 AddHandler 中添加.py 后缀，允许访问.py 结尾的 Python 脚本文件。在 httpd.conf 配置文件中找到<IfModule mime_module>模块，在 AddHandler 中添加.cgi、.py 后缀，这样就可以访问以.cgi、.py 结尾的脚本文件。

```
<IfModule mime_module>
    …
    AddHandler cgi-script .cgi .pl .py
    …
</IfModule>
```

扫一扫，看视频

17.3.3 执行 CGI 程序

本小节设计输出 HTML 文档，介绍如何正确使用 CGI 程序运行 Python 脚本。

【操作步骤】

第 1 步，新建 Python 脚本文件，命名为 test1.py。在第一行输入以下字符串。

```
#!D:\Python37\python.exe
```

这是一条 Python 注释行，不会被 Python 解析，但是 CGI 程序能够解析它，根据这一句注释找到解析本文件代码的脚本程序 Python。

第 2 步，对于 CGI 脚本输出的内容，包括两部分：文件头和文件信息。在文件头部分设置 MIME 类型是 text/html。

```
print("Content-Type:text/html")
print()
```

在上面的代码中，第 1 行代码用来设置输出文件的类型为 HTML 文档。当客户端接收到响应信息之后，就可以使用特定的渲染方法来显示文档。第 2 行代码打印一个空行，用来表示文件头的结束。

拓展：

"Content-Type:text/html"为 HTTP 头部的一部分，它会告诉浏览器文件的内容类型。HTTP 头部的格式如下：

```
HTTP 字段名：字段内容
```

例如：

```
Content-type: text/html
```

下面为 CGI 程序中 HTTP 头部经常使用的信息。

- Content-type：请求与实体对应的 MIME 信息，如 Content-type:text/html。
- Expires: Date：响应过期的日期和时间。
- Location: URL：用来重定向接收方到非请求 URL 的位置来完成请求或标识新的资源。
- Last-modified: Date：请求资源的最后修改时间。
- Content-length: N：请求的内容长度。
- Set-Cookie: String：设置 HTTP Cookie。

第 3 步，设计文件信息。可以使用 print()方法输出完整的 HTML 文档结构和信息。对于 HTML 5 文档来说，可以直接输出文档类型和要显示的标签信息。

```
print("<!doctype html>")
print("<h1>CGI 程序</h1>")
```

整个 test1.py 文件的代码如下：

```
#!D:\Python37\python.exe

print("Content-Type:text/html")
print()
print("<!doctype html>")
print("<h1>CGI 程序</h1>")
```

第 4 步，把 test1.py 文件放置到 Apache 服务器的 cgi-bin 目录下面。例如：

```
D:\Apache24\cgi-bin
```

第 5 步，在浏览器地址栏中输入如下 URL，按 Enter 键即可看到如图 17.2 所示的显示信息。

```
http://localhost/cgi-bin/test1.py
```

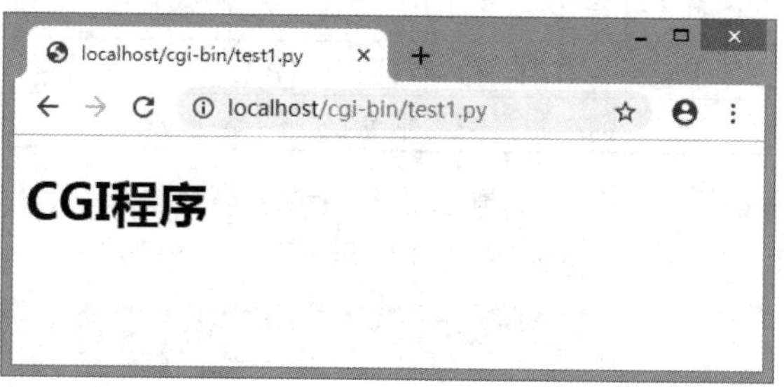

图 17.2　执行 CGI 程序

17.3.4　CGI 环境变量

CGI 程序继承了系统的环境变量，CGI 的环境变量在 CGI 程序启动时初始化，结束时销毁。当一个 CGI 程序不是被 HTTP 服务器调用时，其环境变量基本是系统的环境变量。当属于 HTTP 服务器调用时，环境变量就会多了以下关于 HTTP 服务器、客户端、CGI 传输过程等项目。

CGI 环境变量有三种：与请求相关的环境变量、与服务器相关的环境变量，以及与客户端相关的环境变量。常用 CGI 环境变量说明如表 17.5 所示。

表 17.5　常用 CGI 环境变量说明

环 境 变 量	说　明
CONTENT_TYPE	如果表单使用 POST 递交，值为 application/x-www-form-urlencoded；在上传文件的表单中，值为 multipart/form-data
CONTENT_LENGTH	使用 POST 递交的表单，标准输入口的字节数
HTTP_ACCEPT	浏览器能直接接收的 Content-type
HTTP_COOKIE	客户机内的 COOKIE 内容
HTTP_USER_AGENT	递交表单浏览器的名称、版本，以及其他平台性的附加信息
HTTP_REFERER	递交表单文本的 URL，不是所有的浏览器都发出这个信息，不要依赖它
PATH_INFO	附加的路径信息，由浏览器通过 GET 方法发出
PATH_TRANSLATED	在 PATH_INFO 中系统规定的路径信息

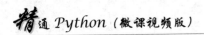

续表

环 境 变 量	说　　明
QUERY_STRING	如果服务器与 CGI 程序信息的传递方式是 GET，这个环境变量的值即是所传递的信息。这个信息经常跟在 CGI 程序名的后面，两者中间用一个问号“?”分隔
REMOTE_ADDR	递交脚本的主机 IP 地址
REMOTE_HOST	递交脚本的主机名，这个值不能被设置
REQUEST_METHOD	提供脚本被调用的方法，如 GET 和 POST
REMOTE_USER	递交脚本的用户名
SCRIPT_FILENAME	CGI 脚本的完整路径
SCRIPT_NAME	CGI 脚本的名称
QUERY_STRING	包含 URL 中问号后面的参数
SERVER_NAME	CGI 脚本运行时的主机名和 IP 地址
SERVER_SOFTWARE	调用 CGI 程序的 HTTP 服务器的名称和版本号，如 Apache/2.2.14(UNIX)
GATEWAY_INTERFACE	运行的 CGI 版本
SERVER_PROTOCOL	服务器运行的 HTTP 协议，如 HTTP 1.0
SERVER_PORT	服务器运行的端口号，通常 Web 服务器是 80

【示例】使用 os 模块的 os.environ.keys()方法获取系统环境变量集合，然后使用 for 语句遍历所有可用环境变量，并将其显示出来。演示效果如图 17.3 所示。

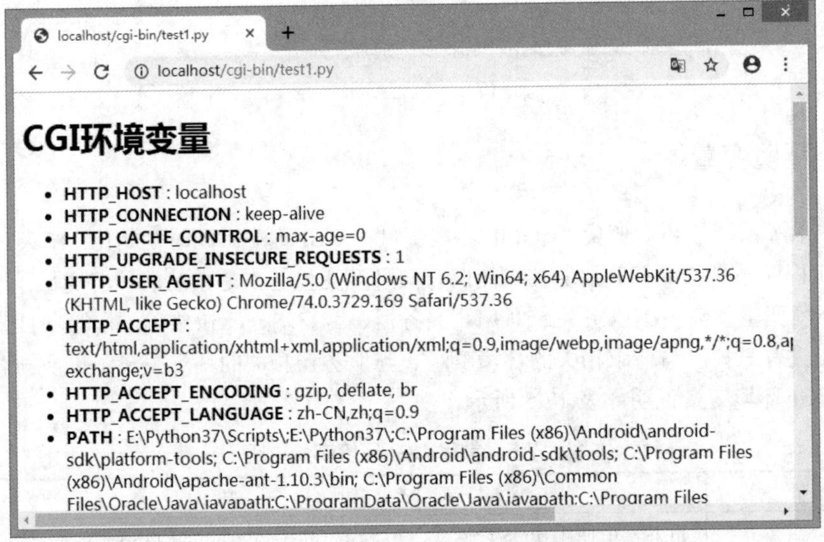

图 17.3　显示当前环境中可用 CGI 环境变量及其值

示例完整代码如下：

```
#!D:\Python37\python.exe
import os                                  # 导入 os 系统模块
print("Content-Type:text/html")            # 定义 MIME 类型
print()                                    # 换行，区分头部和文件主体信息
print("<!doctype html>")                   # 输出 HTML 类型
print("<h1>CGI 环境变量</h1>")             # 输出标题
print("<ul>")
```

```
for key in os.environ.keys():                    # 遍历系统环境变量
    print("<li><b>%30s </b>: %s</li>" % (key,os.environ[key]))
print("</ul>")
```

17.3.5 处理 GET 信息

扫一扫，看视频

使用 GET 方法发送信息到服务端，数据被附加在 URL 的后面，以“?”问号分隔。例如：

```
http://localhost/cgi-bin/test1.py?key1=value1&key2=value2
```

注意：

使用 GET 方法处理信息时，需要注意下面几点特性。

- GET 请求可被缓存。
- GET 请求保留在浏览器历史记录中。
- GET 请求可被收藏为书签。
- GET 请求不要包含敏感信息，避免被泄露。
- GET 传递的信息有长度限制。
- GET 方法不是传输数据的主要通道，常用于获取响应数据。

【示例】设计一个简单的表单页面，在表单中当用户输入姓名并提交表单之后，CGI 程序通过 GET 方法获取用户的姓名，然后做出响应，显示针对该用户的欢迎界面。

第 1 步，新建 test.html 文档，在该文档中设计一个简单的表单结构，包含一个文本框和一个“提交”按钮。页面完整代码如下：

```
<!DOCTYPE html>
<html>
  <head>
    <meta charset="utf-8">
  </head>
  <body>
    <form action="/cgi-bin/test1.py" method="get">
        输入你的姓名 <input type="text" name="name">
        <input type="submit" value="确 定" />
    </form>
  </body>
</html>
```

第 2 步，把 test.html 文件放到本地站点根目录下。

第 3 步，设计 CGI 程序。新建 test1.py 文档，输入如下代码。

```
#!D:\Python37\python.exe
import cgi                                # 导入 CGI 处理模块
form = cgi.FieldStorage()                 # 创建 FieldStorage 的实例化
name = form.getvalue('name')              # 获取 GET 数据
print("Content-Type:text/html")           # 定义 MIME 类型
print()                                   # 换行，区分头部和文件主体信息
print("<!doctype html>")                  # 输出 HTML 类型
print("<h1>%s: </h1><p>欢迎光临。</p>" % (name))
```

第 4 步，把 test1.py 文件放到 cgi-bin 目录下。

第 5 步，使用浏览器访问 http://localhost/test.html，在网页表单中输入用户名，然后提交，即可跳转到 CGI 处理页面，并返回响应页面，显示用户提示信息。演示效果如图 17.4 所示。

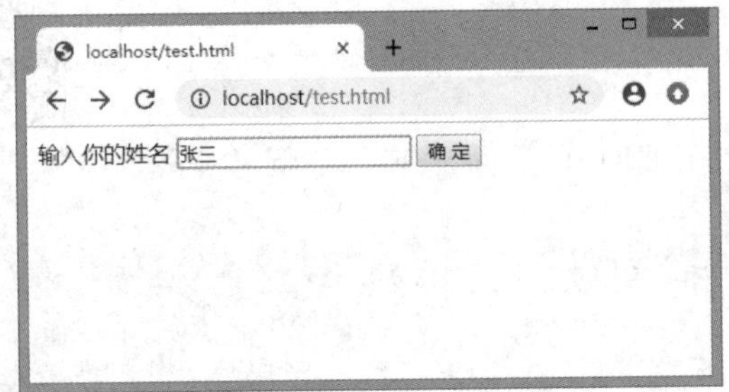

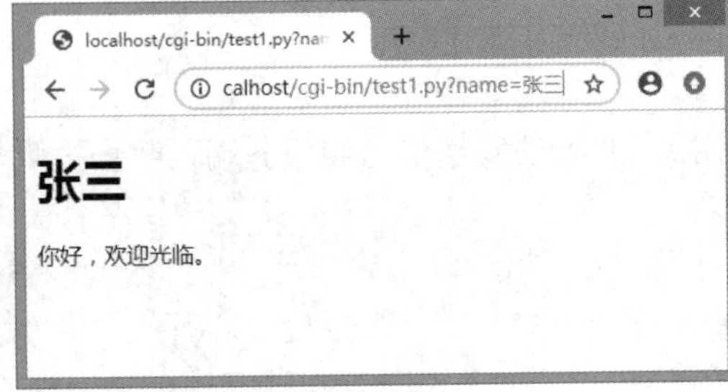

图 17.4　处理 GET 信息

扫一扫，看视频

17.3.6　处理 POST 信息

使用 POST 方法向服务器传递数据是比较安全可靠的，对于一些敏感信息，如用户密码或二进制数据，都需要使用 POST 传输数据。

【示例】设计一个用户登录表单，由于涉及密码提交，本示例使用 POST 方法提交用户名和密码。

第 1 步，新建 test.html 文档，设计表单结构，包含 2 个文本框和 1 个“提交”按钮。页面完整代码如下：

```
<!DOCTYPE html>
<html>
  <head>
    <meta charset="UTF-8">
  </head>
  <body>
    <form action="./cgi-bin/test1.py" method="post">
        <label>用户名：<input type="text" name="username"></label><br><br>
        密 码：<input type="password" name="password"><br><br>
        <input type="submit">
    </form>
  </body>
</html>
```

第 2 步，把 test.html 文件放到本地站点根目录下。

第 3 步，设计 CGI 程序。新建 test1.py 文档，输入如下代码。

```
#!D:\Python37\python.exe
import cgi                                    # 导入 CGI 处理模块
print("Content-Type:text/html")               # 定义 MIME 类型
print()                                       # 换行，区分头部和文件主体信息
fs = cgi.FieldStorage()                       # 使用 CGI 获取 web form 提交过来的数据
inputs = {}
for key in fs.keys():                         # 将CGI从web获取到的数据存入字典inputs
```

```
    inputs[key] = fs[key].value
for k,v in inputs.items():                         # for in 循环打印字典 inputs 中的数据
    print(k,'-->',v)
    print('<br/>')
```

第 4 步，把 test1.py 文件放到 cgi-bin 目录下。

第 5 步，使用浏览器访问 http://localhost/test.html，在网页表单中输入用户名和密码，然后提交，即可跳转到 CGI 处理页面并返回响应页面，显示用户名和密码。演示效果如图 17.5 所示。

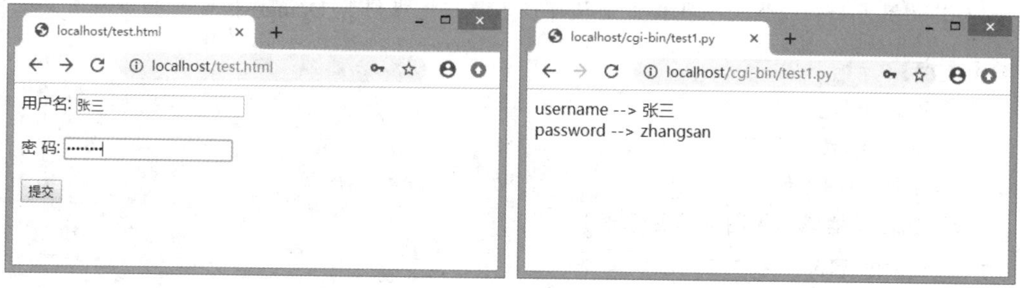

图 17.5　处理 POST 信息

17.4　案例实战

17.4.1　提取 URL 关键字

当在不同的网站提交关键字时，URL 中包含的关键字的格式是不同的。本示例通过代码解析，设计针对不同搜索引擎提取 URL 关键字的一般方法。限于篇幅，本节示例源码、解析和演示将在线展示，请读者扫描阅读。

扫描，拓展学习

17.4.2　设计 Web 调查表

本例设计一个调查表，用来调查学生信息，调查结果被存储到 SQLite 数据库，同时在网页中打印调查信息。本例使用 Python+CGI 技术，配合 SQLite 完成数据库的读写操作。限于篇幅，本节示例源码、解析和演示将在线展示，请读者扫描阅读。

扫描，拓展学习

17.5　在线支持

扫描，拓展学习

第 18 章　Python Web 框架

随着 Web 技术及应用的不断升级，Web 项目开发也越来越难，而且需要花费更多的时间。灵活运用 Web 框架能够减少工作量，缩短开发时间。Python 第三方库中有大量的 Web 框架供开发者选用，其中 Django 因其易用性和功能强大而获得广泛认可。本章将重点讲解 Django 框架的初步使用。

【学习重点】

- 了解 Web 框架。
- 了解 MVC 模式和原理。
- Django 开发环境的搭建。
- 设计 Django 框架的视图和模板系统。
- 设计 Django 框架的路由系统。

18.1　认识 Web 框架

18.1.1　什么是 Web 框架

为了使开发人员更加关注于应用业务的逻辑，而不是底层的代码，出现了各种 Web 开发框架。Web 框架是指提供一组 Python 包，它能够使开发者专注于网站应用业务逻辑的开发，而无须处理网络应用底层的协议、线程、进程等内容。这样大大提高开发者的工作效率，同时提高网络应用程序的代码质量。

大部分 Web 框架都进行分层设计，使得业务逻辑可以细化到不同的逻辑层次，从而实现组件化。通过使用框架，可以快速开发出具有类似模板，而设计出不同业务逻辑的系统。Web 框架的出现使得网站开发变得更加简单、便捷。

18.1.2　常用 Web 框架

目前大大小小的 Python Web 框架有上百种，逐个学习它们显然不现实。但是这些框架在系统架构和运行环境中有很多相通之处。我们在选择学习和应用框架时，应当谨记：世上没有最好的框架，只有最适合自己的框架。下面简单介绍四大主流 Python 网络框架。

➘ Django

Django 是企业级 Web 开发框架，特点是开发速度快、代码少、可扩展性强。Django 采用 MTV（Model、Template、View）模型组织资源，框架功能丰富，模板扩展选择最多。对于专业人员来说，Django 是当之无愧的 Python 排名第一的 Web 开发框架。

➘ Tornado

Tornado 是一个基于异步网络功能库的 Web 开发框架，它能够支持几万个开放连接，Web 服务高效稳定。因此，Tornado 适合高并发场景下的 Web 系统，开发过程需要采用 Tornado 提供的框架，灵活性较差。

➘ Flask

Flask 是一个年轻的 Web 开发微框架。严格来说，它仅提供 Web 服务器支持，不提供全栈开发支持。

Flask 轻量、简单，可以快速搭建 Web 系统，特别适合小微、原型系统的开发。花很少的时间、生产可用的系统，选择 Flask 是最佳选择。

- Twisted

以上 3 个 Python Web 框架都是围绕着应用层 HTTP 展开的，而 Twisted 是一个例外。Twisted 是一个用 Python 语言编写的事件驱动的网络框架，对于追求服务器程序性能的应用，Twisted 框架是一个很好的选择。

一般全栈网络框架都使用 MVC 架构开发 Web 应用。所谓全栈网络框架，是指除了封装网络和线程操作外，还提供 HTTP 栈、数据库读写管理、HTML 模板引擎等一系列功能的网络框架。Django、Tornado 和 Flask 是全栈网络框架的典型代表，而 Twisted 更加专注于网络底层的高性能封装，而不提供 HTML 模板引擎等界面功能，所以不能称为全栈框架。

18.1.3 MVC 模式

MVC（Model View Controller）模式最早于 1978 年被提出，在 20 世纪 80 年代是程序语言 Smalltalk 的一种内部架构。后来 MVC 被其他语言所借鉴，成了软件工程中的一种软件架构模式。MVC 把 Web 应用系统分为 3 个基本部分。

- 模型（Model）：负责处理应用程序的数据逻辑，Model 只提供功能性的接口，不依赖于 View 和 Controller，调用 Model 的接口方法可以访问数据。有些 Model 还提供了事件通知机制，为注册的 View 或 Controller 提供实时数据更新。
- 视图（View）：负责数据的显示和呈现，对用户直接输出。一个 Model 可以为多个 View 提供服务。为了获取 Model 的实时更新数据，View 应注册到 Model 中。
- 控制器（Controller）：负责从客户端收集用户输入，当用户的输入导致 View 发生变化时，这种变化必须是通过 Model 反映给 View 的。在 MVC 架构下，Controller 一般不能与 View 直接通信，这样提高了业务数据的一致性，即以 Model 作为数据中心。

这 3 个基本部分互相分离，在改进和升级界面及用户交互流程时，不需要重写业务逻辑及数据访问代码。MVC 模式如图 18.1 所示。

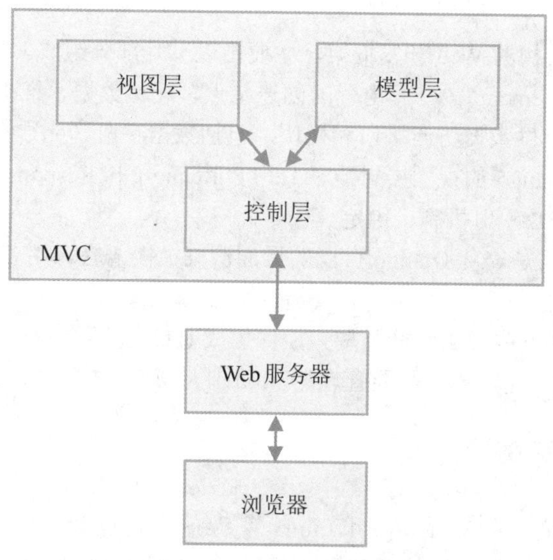

图 18.1 Web 应用中的 MVC 模式

18.2 搭建 Django 开发环境

18.2.1 Django 框架概述

Django 于 2003 年诞生于美国堪萨斯州，最初用来制作在线新闻 Web 站点，于 2005 年成为开源网络框架。Django 根据比利时爵士音乐家 Django Reinhardt 命名而来，希望 Django 能优雅地演奏（开发）功能丰富的乐曲（Web 应用）。

相对于 Python 的其他 Web 框架，Django 的功能是最完整的，也是最成熟的网络框架。Django 的主要特点如下。

- 完善的文档：经过 10 多年的发展和完善，Django 有广泛的应用和完善的在线文档，开发者遇到问题时可以搜索在线文档寻求解决方案。
- 集成数据访问组件：Django 的 Model 层自带数据库 ORM 组件，使开发者无须学习其他数据库访问技术。
- 强大的 URL 映射技术：Django 使用正则表达式管理 URL 映射，因此给开发者带来了极高的灵活性。
- 后台管理系统自动生成：开发者只需通过简单的几行配置和代码就可以实现完整的后台数据管理 Web 控制台。
- 错误信息非常完整：在开发调试过程中如果出现运行异常，则 Django 可以提供非常完整的错误信息帮助开发者定位问题，这样可以使开发者马上改正错误。

Django 采用 MVC 模式进行设计，于 2008 年 9 月发布了第一个正式版本 1.0，目前最新版本为 Django 3.1。注意，Django 从 2.0 版本开始放弃对 Python 2 版本的支持，Django 1.11 是最后一个支持 Python 2.7 的版本。

18.2.2 Django 的组成结构

Django 是遵循 MVC 架构的 Web 开发框架，主要由以下几部分组成。

- 管理工具（Management）：一套内置的创建站点、迁移数据、维护静态文件的命令工具。
- 模型（Model）：提供数据访问接口和模块，包括数据字段、元数据、数据关系等定义及操作。
- 视图（View）：Django 的视图层封装了 HTTP Request 和 Response 的一系列操作和数据流，其主要功能包括 URL 映射机制、绑定模板等。
- 模板（Template）：是一套 Django 自己的页面渲染模板语言，用若干内置的 Tags 和 Filters 定义页面的生成方式。
- 表单（Form）：通过内置的数据类型和控件生成 HTML 表单。
- 管理站（Admin）：通过声明需要管理的 Model，快速生成后台数据管理网站。

18.2.3 安装 Django 框架

Django 可以很方便地安装在 Windows 和 Linux 等系统平台上。由于 Django 框架使用 Python 开发，且框架中已经实现了 Web 开发所需的组件，因此安装 Django 框架的基本条件是系统中已经安装了

Python 即可。

Django 项目主页为 https://www.djangoproject.com/，当前最新版本为 3.1。最常见的安装方式是在其主页下载源码文件并安装。这种方式对于 Windows 和 Linux 平台都是适合的。

【操作步骤】

第 1 步，访问官网 https://www.djangoproject.com/download/，或者 https://github.com/django/django.git，下载 django-master.zip。

第 2 步，将下载的源码包解压。

第 3 步，在命令行下，进入刚解压的 Django 目录。

第 4 步，输入如下命令，按 Enter 键开始安装，如图 18.2 所示。

```
python setup.py install
```

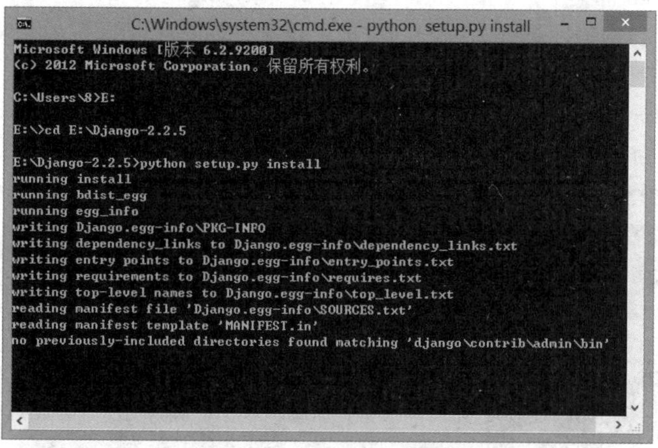

图 18.2　安装 Django

提示：

对于特定的系统平台，可以针对特定平台来安装 Django。例如，在 Ubuntu 和 Debian 等发行版的 Linux 中可以使用 apt 程序来安装。如果安装在 Linux 系统下，还需要具有安装的权限。

```
apt-get install django
```

如果要使用一些新的特性，则可以安装 Django 的开发版本。可以使用如下的方式来获取开发版本，并按照上面源码的安装方式安装。

```
git clone https://github.com/django/django.git
```

git 为版本管理工具 Git 的命令工具，后面的 URL 地址为其开发版本的下载地址。可以从官网 https://github.com/django/下载。

注意：

也可以在命令行下使用 pip 命令快速下载和安装 Django 框架。

```
pip install Django==3.1.0
```

第 5 步，安装完 Django 框架之后，可以通过如下方式来测试是否安装成功。

```
import django
print(django.VERSION)
```

在上面的代码中，先导入 django 模块。如果 Django 安装成功，则此语句将运行成功；否则表示安装失败，然后输出当前框架的版本号。输出结果如下：

```
(3, 1, 0, 'alpha', 0)
```

18.3 使用 Django

使用 Django 框架应该从命令行执行开始，下面分步进行介绍。

扫一扫，看视频

18.3.1 创建项目

在 Django 框架中，一个网站可以包含多个 Django 项目，一个 Django 项目又包含一组特定的对象，如 URL 设计、数据库设计，以及其他选项设置。创建项目的基本步骤如下。

【操作步骤】

第 1 步，在本地系统中新建文件夹用来存放项目，如 E:\test。

第 2 步，使用 cmd 命令打开命令行窗口，使用 cd 命令切换到 test 目录下，如图 18.3 所示。

图 18.3　进入 test 目录

第 3 步，输入如下命令，在当前目录中新建一个项目，项目名称为 mysite，如图 18.4 所示。

```
django-admin startproject mysite
```

```
Microsoft Windows [版本 6.2.9200]
(c) 2012 Microsoft Corporation。保留所有权利。

C:\Users\8>e:

E:\>cd test

E:\test>django-admin startproject mysite

E:\test>
```

图 18.4　新建 mysite 项目

Django 框架提供了一个实用工具 django-admin 用来对 Web 应用进行管理。当 Django 安装成功后，在 Python 安装目录下的 Scripts 子目录中将会包含 django-admin.exe 和 django-admin-script.py 文件。另外，如果是在 Linux 下使用安装包的方式安装，则会创建 django-admin 的链接。

注意：

如果在执行 django-admin startproject mysite 命令时，提示类似如下的错误信息。

```
pkg_resources.DistributionNotFound: The 'sqlparse' distribution was not found
and is required by Django
```

则说明当前 Python 运行环境中缺乏 sqlparse 包，可以使用如下命令安装该包。

```
python -m pip install sqlparse
```

凡遇到 DistributionNotFound 错误，都可以通过类似方式安装对应的包。

第 4 步，打开 test 文件夹，可以看到 Django 框架将在当前目录下，使用 startproject 命令选项生成一个项目，项目名称为 mysite，如图 18.5 所示。

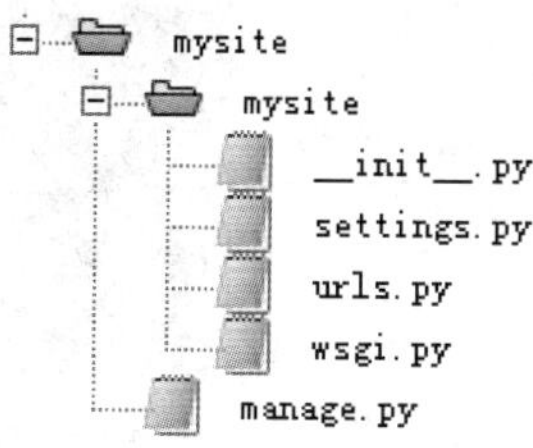

图 18.5 mysite 项目结构

从图 18.5 中可以看到，使用 startproject 命令选项后，Django 框架生成了一个 mysite 的目录。其中包含一个与项目名称相同的子目录和 Python 文件 manage.py。在子目录 mysite 中包含一个基本 Web 应用所需要的文件集合。简单介绍如下。

- mysite：表示项目名称。
- manage.py：Django 管理主程序，也是实用的命令行工具，方便管理 Django 项目，同时方便用户以各种方式与该 Django 项目进行交互。
- __init__.py：一个空文件，告诉 Python 该目录是一个 Python 包。
- settings.py：全局配置文件。包括 Django 模块应用配置、数据库配置、模板配置等。
- urls.py：路由配置文件，包含 URL 的配置文件，也是用户访问 Django 应用的方式。
- wsgi.py：一个与 WSGI 兼容的 Web 服务器入口，以便项目运行，相当于网络通信模块。

这些文件仅仅包含一个最简单的 Web 应用所需的代码。当 Web 应用变得复杂时，将会对这些代码进行扩充。

注意：

由于 Django 的项目是作为 Python 的包来处理的，所以在项目命名时尽量不要和已有的 Python 模块名冲突，否则在实际使用时有可能出错。另外，尽量不要将网站的代码放在 Web 服务器的根目录下，这有可能带来安全问题。

18.3.2 启动服务器

扫一扫，看视频

Django 框架包含了一个轻量级的 Web 应用服务器，可以在开发时使用。启动内置 Web 服务器的步骤如下。

【操作步骤】

第 1 步，以上一小节创建的 mysite 项目为例，使用 cmd 命令打开命令行窗口，使用 cd 命令切换到 test 目录下 mysite 项目目录。

第 2 步，输入如下命令，启动 Web 服务器，如图 18.6 所示。

```
python manage.py runserver
```

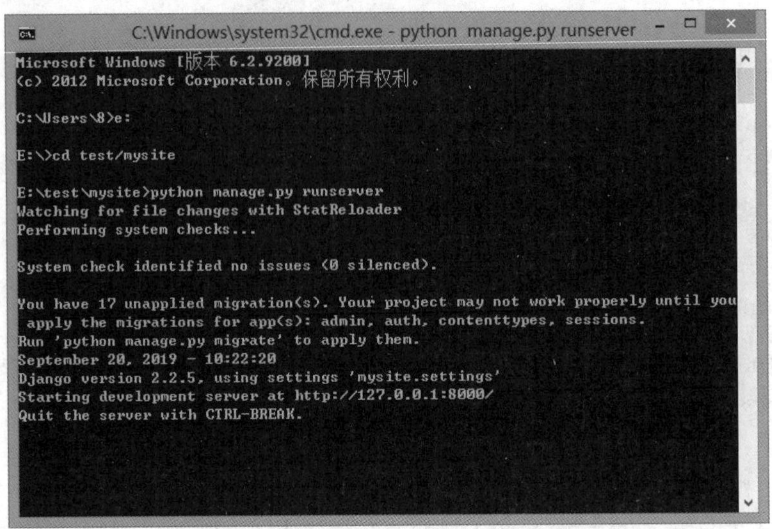

图 18.6　启动 Web 服务器

提示：

在默认情况下，使用 python manage.py runserver 将会在本机的 8000 端口监听。当 8000 端口被占用时，可以使用如下命令来监听其他端口。

```
python manage.py runserver 8002
```

上面代码将设置本机的 8002 端口进行监听。

一般情况下，Django 只接收本机连接。在多人开发 Django 项目的情况下，可能需要从其他主机来访问 Web 服务器。此时，可以使用如下命令来接收来自其他主机的请求。

```
python manage.py runserver 0.0.0.0:8000
```

上面代码将对本机的所有网络接口监听 8000 端口，这样可以满足多人合作开发和测试 Django 项目的需求。这样就可以从其他主机来访问该 Web 服务器。

第 3 步，在启动内置的 Web 服务器时，Django 会检查配置的正确性。如果配置正确，将使用 settings.py 文件中的配置启动服务器。此时，在命令行窗口中会显示如下提示信息。

```
C:\Users\8>e:
E:\>cd test/mysite
E:\test\mysite>python manage.py runserver
Watching for file changes with StatReloader
Performing system checks…

System check identified no issues (0 silenced).

You have 17 unapplied migration(s). Your project may not work properly until you
 apply the migrations for app(s): admin, auth, contenttypes, sessions.
Run 'python manage.py migrate' to apply them.
September 20, 2019 - 10:22:20
```

```
Django version 2.2.5, using settings 'mysite.settings'
Starting development server at http://127.0.0.1:8000/
Quit the server with CTRL-BREAK.
```

第 4 步，打开浏览器，在地址栏中输入 http://127.0.0.1:8000/，连接该 Web 服务器，可以显示 Django 项目的初始化显示，如图 18.7 所示。

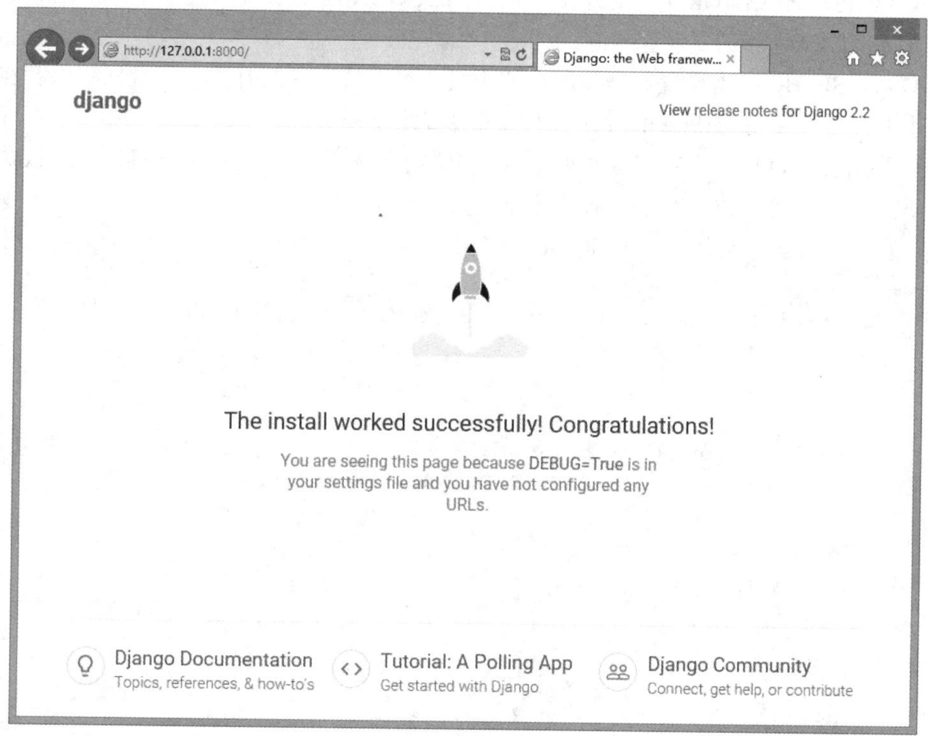

图 18.7　访问 Web 服务器

从图 18.7 中可以看到，Django 已经正确安装，并且已经生成了一个项目。在这个起始页面中，还介绍了更多的操作。

第 5 步，连接服务器时，在控制台中还会显示如下信息。

```
[20/Sep/2019 10:45:36] "GET/HTTP/1.1" 200 16348
```

该输出信息显示了连接的时间和响应信息。在输出响应中，显示出 HTTP 的状态码为 200，表示此连接已经成功。

第 6 步，如果要中断该服务器，使用快捷键 Ctrl+C 或者 Ctrl+Break 即可。

18.3.3　创建数据库

在 Web 开发中，大部分的数据需要保存到数据库中。Django 内置 SQLite 数据库，同时支持更多数据库，如 MySQL、PostgreSQL 等。

对于每个 Django 应用，其目录中都包含一个 setttings.py 文件，可以用来实现对数据库的配置。在 setting.py 文件中，可以通过设置下面的属性值来设置 Django 对数据库的访问。

- DATABASE_ENGINE：设置数据库引擎的类型。其中可以设置的类型包括 SQLite3、

MySQL、PostgreSQL 和 Ado_msSQL 等。

- DATABASE_NAME：设置数据库的名字。如果数据库引擎使用的是 SQLite，需要指定全路径。
- DATABASE_USERNAME：设置连接数据库时候的用户名。
- DATABASE_PASSWORD：设置使用用户 DATABASE_USER 的密码。当数据库引擎使用 SQLite 的时候，不需要设置此值。
- DATABASE_HOST：设置数据库所在的主机。当此值为空的时候表示数据将保存在本机中。当数据库引擎使用 SQLite 的时候，不需要设置此值。
- DATABASE_PORT：设置连接数据库时使用的端口号。当为空的时候将使用默认端口。同样的，此值不需要在 SQLite 数据库引擎中设置。

【示例 1】在 setting.py 文件中配置 SQLite 数据库。

```
# Database
# https://docs.djangoproject.com/en/2.2/ref/settings/#databases

DATABASES = {
    'default': {
        'ENGINE': 'django.db.backends.sqlite3',
        'NAME': os.path.join(BASE_DIR, 'db.sqlite3'),
    }
}
```

【示例 2】下面代码配置 MySQL 数据库。

```
DATABASES = {
    'default': {
        'ENGINE':'django.db.backends.mysql',
        'NAME':'webapp',                          # 数据库名
        'USER':'test1',                           # 用户名
        'PASSWORD':'123456',                      # 密码
        'HOST':'127.0.0.1',                       # 域名
        'PORT':'3306',                            # 端口号
    }
}
```

如果要选用其他数据库，可能还要设置 DATABASE_USER 和 DATABASE_PASSWORD 等选项。

设置完数据库之后，使用 manage.py 生成数据库，具体操作步骤如下。

【操作步骤】

第 1 步，运行 cmd 命令，打开命令行窗口，使用 cd 命令进入到 test 目录下 mysite 子目录。

第 2 步，输入如下命令，生成数据库，如图 18.8 所示。

```
python manage.py migrate
```

或者

```
python manage.py makemigrations
```

提示：

在 Django 1.9 及其前面版本应该使用如下命令生成数据库。

```
python manage.py syncdb
```

```
C:\Windows\system32\cmd.exe
Microsoft Windows [版本 6.2.9200]
(c) 2012 Microsoft Corporation。保留所有权利。

C:\Users\8>e:

E:\>cd test/mysite

E:\test\mysite>python manage.py migrate
Operations to perform:
  Apply all migrations: admin, auth, contenttypes, sessions
Running migrations:
  Applying contenttypes.0001_initial... OK
  Applying auth.0001_initial... OK
  Applying admin.0001_initial... OK
  Applying admin.0002_logentry_remove_auto_add... OK
  Applying admin.0003_logentry_add_action_flag_choices... OK
  Applying contenttypes.0002_remove_content_type_name... OK
  Applying auth.0002_alter_permission_name_max_length... OK
  Applying auth.0003_alter_user_email_max_length... OK
  Applying auth.0004_alter_user_username_opts... OK
  Applying auth.0005_alter_user_last_login_null... OK
  Applying auth.0006_require_contenttypes_0002... OK
  Applying auth.0007_alter_validators_add_error_messages... OK
  Applying auth.0008_alter_user_username_max_length... OK
  Applying auth.0009_alter_user_last_name_max_length... OK
  Applying auth.0010_alter_group_name_max_length... OK
  Applying auth.0011_update_proxy_permissions... OK
  Applying sessions.0001_initial... OK

E:\test\mysite>_
```

图 18.8　生成数据库

第 3 步，在命令行窗口可以看到数据库的迁移过程。

```
E:\test\mysite>python manage.py migrate
Operations to perform:
  Apply all migrations: admin, auth, contenttypes, sessions
Running migrations:
  Applying contenttypes.0001_initial… OK
  Applying auth.0001_initial… OK
  Applying admin.0001_initial… OK
  Applying admin.0002_logentry_remove_auto_add… OK
  Applying admin.0003_logentry_add_action_flag_choices… OK
  Applying contenttypes.0002_remove_content_type_name… OK
  Applying auth.0002_alter_permission_name_max_length… OK
  Applying auth.0003_alter_user_email_max_length… OK
  Applying auth.0004_alter_user_username_opts… OK
  Applying auth.0005_alter_user_last_login_null… OK
  Applying auth.0006_require_contenttypes_0002… OK
  Applying auth.0007_alter_validators_add_error_messages… OK
  Applying auth.0008_alter_user_username_max_length… OK
  Applying auth.0009_alter_user_last_name_max_length… OK
  Applying auth.0010_alter_group_name_max_length… OK
  Applying auth.0011_update_proxy_permissions… OK
  Applying sessions.0001_initial… OK
```

提示：

Django 默认帮助用户做了很多事情，例如，User、Session 都需要创建表来存储数据，Django 已经把这些模块准备好了，用户只需要执行数据库同步，把相关表生成出来即可。

第 4 步，打开配置文件 mysite\mysite\settings.py，该命令会在 INSTALLED_APPS 域中添加如下设置，在数据库中创建了特定的应用。

```
INSTALLED_APPS = [
    'django.contrib.admin',
    'django.contrib.auth',
    'django.contrib.contenttypes',
    'django.contrib.sessions',
    'django.contrib.messages',
    'django.contrib.staticfiles',
]
```

django.contrib 是一套庞大的功能集，它是 Django 基本代码的组成部分。

第 5 步，在执行了这个子命令之后，在 mysite 文件夹中可以看到生成的 db.sqlite3 文件。在该文件中将保存生成的数据库表，使用 SQLite 可视化工具可以看到结果，如图 18.9 所示。

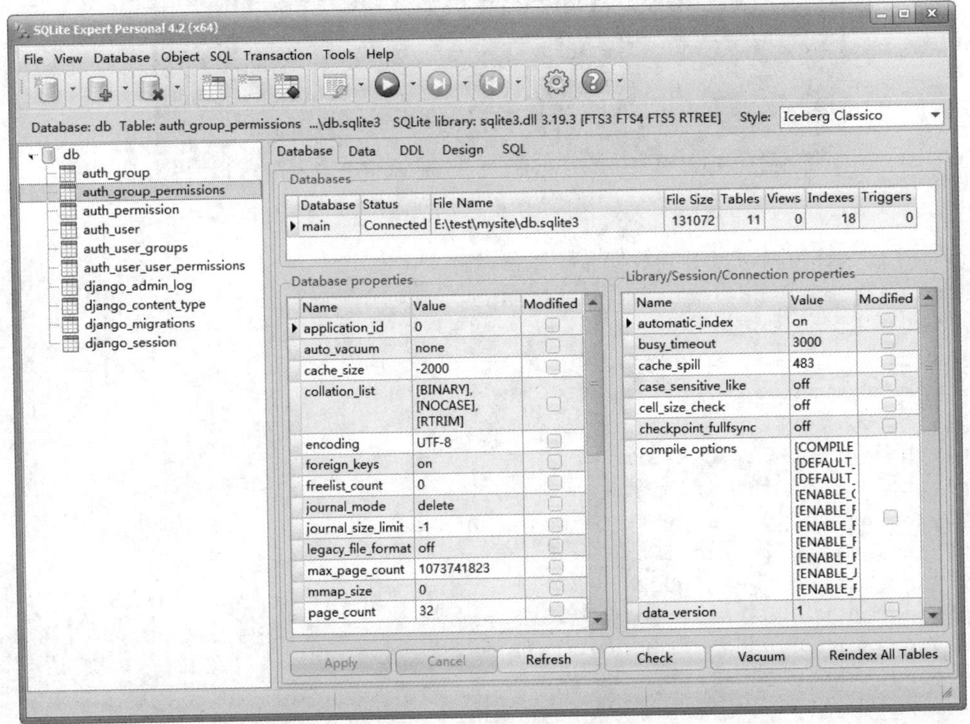

图 18.9　查看 SQLite 数据库结构和信息

扫一扫，看视频

18.3.4　创建应用

Django 规定：如果要使用模型，必须先要创建一个应用（app）。一个 Django 项目可以包含多个 Django 应用。使用 manage.py 的 startapp 子命令能够生成一个 Django 应用。一个应用中可以包含一个数据模型和相关的处理逻辑。

【操作步骤】

第 1 步，运行 cmd 命令，打开命令行窗口。使用 cd 命令，进入到 test\mysite 子目录。

第 2 步，输入如下命令，使用 startapp 子命令生成 Web 应用，TestModel 表示应用的名称如图 18.10 所示。

```
python manage.py startapp TestModel
```

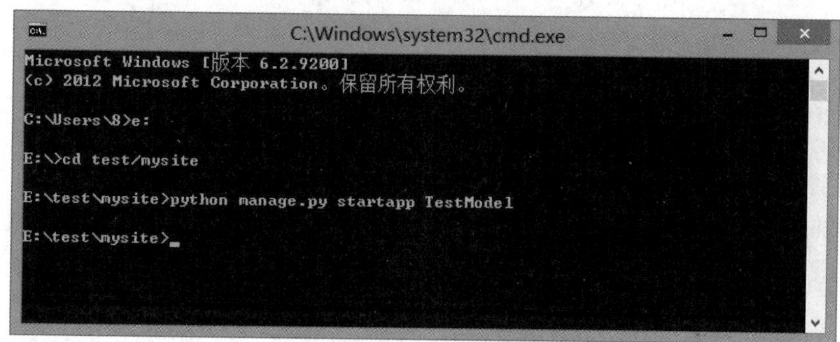

图 18.10　生成应用

第 3 步，在 mysite 目录下生成了一个 TestModel 目录，该目录中的文件信息定义了应用的数据模型信息和处理方式。其中包含如下 1 个文件夹和 6 个文件。

- migrations：该文件夹用于在之后定义引用迁移功能。
- _init_.py：一个空文件，在这里是必需的。用来将整个应用作为一个 Python 模块加载。
- admin.py：管理站点模型，用于编写 Django 自带的后台相关操作，默认为空。
- apps.py：定义应用信息。
- models.py：设置数据模型，即定义数据表结构。
- tests.py：用于编写测试代码的文件。
- views.py：包含视图模型的相关操作，即定义业务逻辑。

18.3.5　创建模型

扫一扫，看视频

当创建 Django 应用之后，则需要定义保存数据的模型，也就是数据表和表中各种字段。在 Django 中，数据模型通过一组相关的对象来定义，包括类、属性和对象之间的关系等。可以通过修改 models.py 文件来实现创建数据模型。

【操作步骤】

第 1 步，在应用功能模块文件夹下（如 E:\test\mysite\TestModel），打开 models.py 文件，然后添加如下代码，可以创建数据表格对应的数据模型。

```
from django.db import models

class Test(models.Model):
    username = models.CharField(primary_key=True, max_length=20)
    password = models.CharField(max_length=20)
```

第 1 行代码表示引用数据库创建模块。

```
from django.db import models
```

从 django.db 模块中导入 models 对象。可以在后面定义多个类，每个类都表示一个类对象，也就是数据库中的一个表。

第 2 行代码定义表结构。

```
class Test(models.Model):
```

定义了一个 Test 类，此类从 models 中的 Model 类继承而来。Test 表示数据表的表名，models.Model 表示继承的类名。

第 3、4 行代码定义字段列表。

```
username = models.CharField(primary_key=True, max_length=20)
password = models.CharField(max_length=20)
```

在 Test 类的主体部分中，定义了两个域用来描述用户登录的相关信息，包括账号的名字和密码。username 和 password 表示数据表的字段名，models.CharField 定义字段类型（相当于 varchar），这里使用了 models 中的 CharField 域，表示该对象为字符域，其构造函数中包含字段的设置参数，primary_key=True 表示设置主键，max_length=20 表示定义字段的最大长度限制。更多的域模型可以参看 Django 文档。

提示：

每一个数据类型对应的都是数据库中的一张表格。数据模型相当于数据的载体，用来完成开发人员对表格数据的增加、删除、修改和查询操作。

第 2 步，当创建了数据模型之后，可以在 mysite\settings.py 文件中加入此应用。

```
INSTALLED_APPS = [
    'django.contrib.admin',
    'django.contrib.auth',
    'django.contrib.contenttypes',
    'django.contrib.sessions',
    'django.contrib.messages',
    'django.contrib.staticfiles',
    'TestModel',                                          # 添加该设置项
]
```

在 INSTALLED_APPS 最后面加入 TestModel 值，将刚刚生成的应用加入 Django 项目中。

第 3 步，将该应用加入项目中之后，可以继续使用 migrate 在数据库中生成未创建的数据模型。参考 18.3.3 小节操作步骤，在命令窗口中使用 cd 命令进入 E:\test\mysite 目录下，然后输入如下命令创建表结构。

```
python manage.py migrate                                  # 创建表结构
```

第 4 步，输入如下命令，让 Django 知道在数据模型中有一些变更，如图 18.11 所示。

```
python manage.py makemigrations TestModel
```

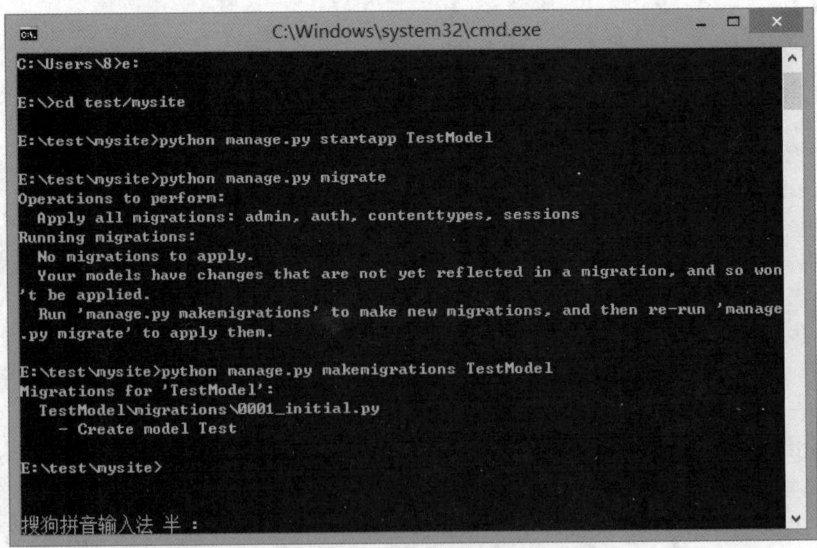

图 18.11　注册更新

第 5 步，输入如下命令，创建 TestModel 数据表结构。

```
python manage.py migrate TestModel
```

第 6 步，显示如下提示信息，说明数据表创建成功。

```
E:\test\mysite>python manage.py migrate TestModel
Operations to perform:
  Apply all migrations: TestModel
Running migrations:
  Applying TestModel.0001_initial… OK
```

第 7 步，使用 SQLite 可视化工具（如 SQLite Expert Personal）可以看到新创建的数据表结果，如图 18.12 所示。

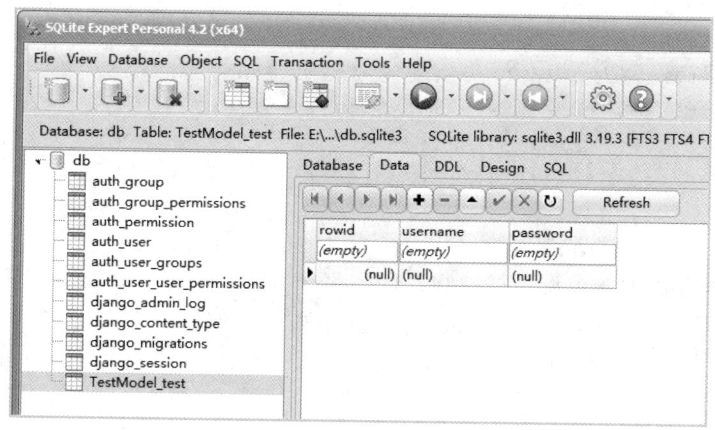

图 18.12　查看新增加的数据表

从图 18.12 中可以看到，新添加的表名组成结构为应用名_类名，如 TestModel_test，类名小写。

注意：

如果没有在 models 中给表设置主键，Django 会自动添加一个 rowid 作为主键。

18.3.6　设计路由

扫一扫，看视频

Django 提倡使用简洁、优雅的 URL，在 URL 中不会显示.php 或.py 等后缀，也不会使用 1234、1-2-3468、?id=10 等无意义的字符串，用户可以随心所欲地设计自己的 URL，不受框架束缚。而这些想法和功能都是由路由系统来实现的。

路由就是根据不同的 URL 分发不同的数据。路由的处理就是在服务器端接收到 HTTP 请求之后，能够对请求的路径字符串进行匹配处理，并根据 URL 调用相应的应用程序。

例如，设计一个简单的路由需求：当路径为“/”时，返回欢迎信息；当路径为“/python”时，返回“Hello Python”；当为其他路径时，返回 404 页面。

URLconf（URL 配置）是纯 Python 代码，该模块是 URL 路径表达式与 Python 函数（视图）之间的映射。URLconf 基本格式如下：

```
from django.conf.urls import url

urlpatterns = [
    url(正则表达式, views 视图函数, 参数, 别名),
]
```

参数说明如下。

- 正则表达式：一个正则表达式字符串。
- views 视图函数：一个可调用对象，通常为一个视图函数或者一个指定视图函数路径的字符串。
- 参数：可选的要传递给视图函数的默认参数（字典形式）。
- 别名：一个可选的 name 参数。

【示例 1】在 E:\test\mysite\mysite 中打开 urls.py 文件，可以添加或者编辑 urlpatterns 元素值。

```
from django.conf.urls import url
from app_xx import views

urlpatterns = [
    url(r'^articles/2018/$', views.special_case_2018),
    url(r'^articles/([0-9]{4})/$', views.year_archive),
    url(r'^articles/([0-9]{4})/([0-9]{2})/$', views.month_archive),
    url(r'^articles/([0-9]{4})/([0-9]{2})/([0-9]+)/$', views.article_detail),
]
```

在 urlpatterns 元素中，将按照书写顺序从上往下逐一匹配正则表达式，一旦匹配成功，则不再继续。在正则表达式中不需要添加一个反斜杠前缀，因为每个 URL 都有。例如，应该是 ^articles 而不是 ^/articles。每个正则表达式前面的 r 是可选的，但是建议加上。例如：

- /articles/2019/03/：将与列表中的第 3 个条目匹配。Django 会调用 views.month_archive(request, '2019', '03')。
- /articles/2019/3/：不匹配任何 URL 模式，因为列表中的第 3 个条目需要两个月的数字。
- /articles/2018/：将匹配列表中的第 1 个模式而不是第 2 个模式。Django 会调用 views.special_case_2018(request)。
- /articles/2018：不匹配任何模式，因为每个模式都要求 URL 以斜杠结尾。
- /articles/2018/03/03/：匹配第 4 个模式。Django 会调用 views.article_detail(request, '2018', '03', '03')。

提示：

正则表达式应使用^和$严格匹配请求 URL 的开头和结尾，以便匹配唯一的字符串。

- 域名、端口、参数不参与匹配。
- 先在项目下 urls.py 进行匹配，再到应用的 urls.py 匹配。
- 自上而下的匹配。
- 匹配成功的 URL 部分会去掉，剩下的部分继续匹配。
- 匹配不成功提示 404 错误。

【示例 2】下面结合一个具体完整的、可操作的示例演示路由配置的方法和步骤。本示例以 18.3.4 小节创建的应用为基础进行说明。

第 1 步，打开 TestModel 应用中的 views.py 文件（test\mysite\TestModel\views.py），然后输入如下代码。

```
from django.http import HttpResponse            # 导入 HTTP 响应模块

def hi(request):                                # 定义视图函数
    return HttpResponse("Hi, Python!")          # 设计响应内容，函数的返回值为响应信息
```

第 2 步，编写路由。打开 mysite 项目中的 urls.py 文件（test\mysite\mysite\urls.py），然后添加如下代码，绑定 URL 与视图函数。

```
from django.contrib import admin
from django.urls import path

from TestModel import views                    # 添加该行代码，导入视图模块

urlpatterns = [
    path('admin/', admin.site.urls),
    path('hi/', views.hi),                     # 添加一个元素，定义路由
]
```

正则表达式 hi/将匹配 URL 字符串中末尾为 hi/的请求，如果匹配成功，将调用 views.py 文件中的 hi()函数，然后把返回的内容响应给用户。

第 3 步，参考 18.3.2 小节中的操作步骤，启动服务器。

第 4 步，在浏览器地址栏中输入如下地址进行请求，然后就可以看到页面响应的内容，如图 18.13 所示。

```
http://127.0.0.1:8000/hi/
```

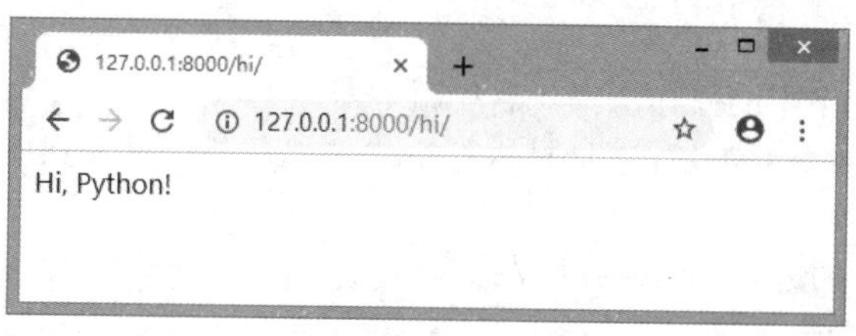

图 18.13　响应内容

18.3.7　设计视图

视图就是一个简单的 Python 函数或类，它接收 Web 请求，并返回 Web 响应。响应内容可以是 HTML 网页、重定向、404 错误信息，或者是一个 XML 文档或图片等。

无论视图包含什么代码，都要返回响应；无论视图代码放置于哪儿，只要在当前项目目录下即可，一般是将视图放在项目或应用目录的 views.py 文件中。

提示：

当浏览器向服务端发送请求时，Django 将创建一个 HttpRequest 对象，该对象包含关于请求的元数据，然后 Django 加载相应的视图，将这个 HttpRequest 对象作为第一个参数传递给视图函数，每个视图函数负责返回一个 HttpResponse 对象。

【示例 1】设计一个动态新闻界面，新闻内容将根据捕获的 URL 中的值进行动态显示。假设请求的 URL 格式如下：

```
http://127.0.0.1:8000/show_news/1/2                # /show_news/新闻类别/页码
```

【技术问题】如何捕获 URL 中代表新闻类别和页码的值，并传给视图函数进行处理。

【解决思路】把 URL 中需要获取的值设置为正则表达式的一个组。Django 在进行 URL 匹配时，就会自动把匹配成功的内容作为参数传递给视图函数。URL 中的正则表达式组（位置参数）与视图函数中

的参数一一对应，视图函数中的参数名可以自定义。

【操作步骤】

第 1 步，继续以 18.3.4 小节创建的应用为基础进行说明。打开 TestModel 应用中的 views.py 文件（test\mysite\TestModel\views.py），然后输入如下代码。

```
from django.http import HttpResponse                      # 导入 HTTP 响应模块

def show_news(request, a, b):
    """显示新闻界面"""
    return HttpResponse("<h1>新闻界面</h1><p>新闻类别 <b>%s</b></p><p>当前页面 <b>%s
    </b></p>" % (a, b))
```

第 2 步，编写路由。打开 mysite 项目中的 urls.py 文件（test\mysite\mysite\urls.py），然后添加如下代码，绑定 URL 与视图函数。

```
from django.conf.urls import url                          # 导入 url()函数
from TestModel import views                               # 添加该行代码，导入视图模块

urlpatterns = [
    # 位置参数：新闻查看/新闻类别/第几页
    url(r'^show_news/(\d+)/(\d+)$', views.show_news),
]
```

第 3 步，参考 18.3.2 小节中的操作步骤，启动服务器。

第 4 步，在浏览器地址栏中输入如下地址进行请求，然后就可以看到页面响应的内容，如图 18.14 所示。

```
http://127.0.0.1:8000/show_news/5/8
```

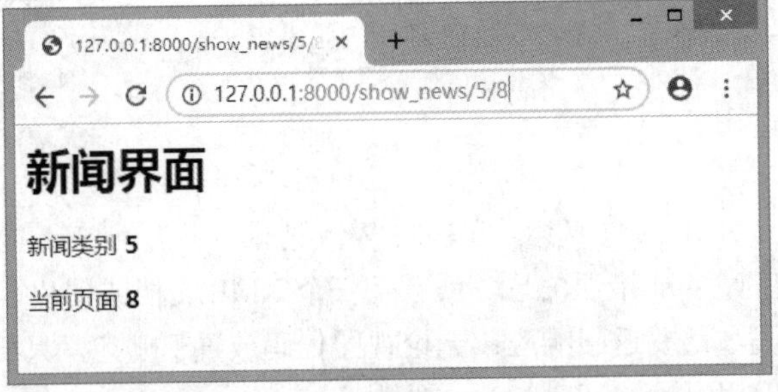

图 18.14　新闻界面响应内容

提示：

Django 内置了处理 HTTP 错误的视图（在 django.views.defaults 包下），主要错误及视图包括如下 3 类。

- 404 错误：page_not_found 视图，找不到界面。
- 500 错误：server_error 视图，服务器内部错误。
- 403 错误：permission_denied 视图，权限拒绝。

Django 视图可以分为以下两种。

- FBV：基于函数的视图。
- CBV：基于类的视图。

示例 1 演示了基于函数的视图设计，而对于基于类的视图，服务器端不用判断请求方式是 GET，还是 POST。在视图类中，定义了 get()方法就是设计 GET 请求的逻辑；定义了 post()方法就是设计 POST

请求逻辑。

【示例 2】通过比较演示 Django 两种视图的设计方法。

第 1 步，继续以 18.3.4 小节创建的应用为基础进行说明。打开 TestModel 应用中的 views.py 文件（test\mysite\TestModel\views.py），然后输入如下代码。

```
from django.shortcuts import render                           # 导入 render 方法
from django.views import View                                 # 导入 View 基类
from django.shortcuts import redirect                         # 导入 redirect 方法
class LoginView(View):                                        # CBV 基于类的视图
     def get(self,request,*args, **kwargs):                   # GET 请求处理
          return render(request,"login.html")

     def post(self,request,*args, **kwargs):                  # POST 请求处理
          return redirect('/index/')
def  index(request):                                          # FBV 基于函数的视图
     return render(request,"index.html")
```

第 2 步，编写路由。打开 mysite 项目中的 urls.py 文件（test\mysite\mysite\urls.py），然后添加如下代码，绑定 URL 与视图函数。

```
from django.urls import path                                  # 导入 path()函数
from TestModel import views                                   # 添加该行代码，导入视图模块
urlpatterns = [
     path('admin/', admin.site.urls),
     path('login/', views.LoginView.as_view()),               # CBV 基于类的视图
     path('index/', views.index),                             # FBV 基于函数的视图
]
```

第 3 步，设计模板页面 index.html，放置在当前应用下的 templates 目录中，代码如下：

```
<!DOCTYPE html>
<html>
  <head>
    <meta charset="utf-8">
  </head>
  <body>
    index.html
  </body>
</html>
```

第 4 步，设计模板页面 login.html，放置在当前应用下的 templates 目录中，代码如下：

```
<!DOCTYPE html>
<html>
  <head>
    <meta charset="utf-8">
  </head>
  <body>
    login.html
  </body>
</html>
```

第 5 步，参考 18.3.2 小节中的操作步骤，启动服务器。

第 6 步，在浏览器地址栏中输入如下地址进行请求，然后就可以看到页面响应的内容，如图 18.15 所示。

```
http://127.0.0.1:8000/index/
```

第 7 步，在浏览器地址栏中输入如下地址进行请求。然后就可以看到页面响应的内容，如图 18.16 所示。

```
http://127.0.0.1:8000/login/
```

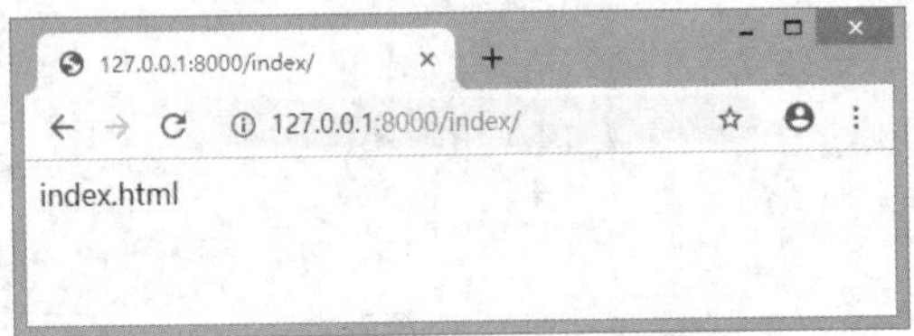

图 18.15　函数视图的响应内容

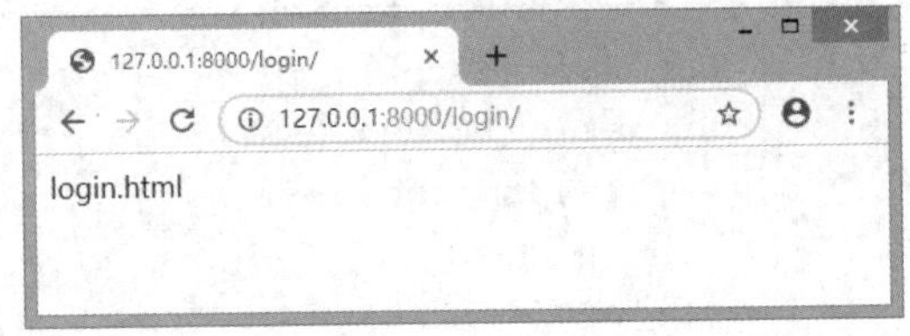

图 18.16　类视图的响应内容

扫一扫，看视频

18.3.8　设计模板

Django 支持模板用于编写 HTML 代码。模板包含以下部分。

- 静态部分：包含 HTML、CSS、JS。
- 动态部分：就是模板语言。

提示：

Django 模板语言简写为 DTL，定义在 django.template 包中。创建项目后，在“项目名称/settings.py”文件中可以定义有关模板的配置。代码如下：

```
TEMPLATES = [
    {
        'BACKEND': 'django.template.backends.django.DjangoTemplates',
        'DIRS': [],
        'APP_DIRS': True,
        'OPTIONS': {
            'context_processors': [
                'django.template.context_processors.debug',
                'django.template.context_processors.request',
                'django.contrib.auth.context_processors.auth',
                'django.contrib.messages.context_processors.messages',
            ],
        },
    },
]
```

DIRS 配置项定义了一个目录列表，模板引擎会按列表顺序搜索这些目录，以查找模板文件，通常在项目的根目录下创建 templates 目录。

Django 处理模板分为以下两个阶段。

- 加载：根据 DIRS 和路由系统给定的路径找到模板文件，编译后放在内存中。
- 渲染：使用上下文数据对模板插值，并返回生成的字符串。Django 使用 render()函数来调用模板，并进行渲染。

【示例 1】 设计一个静态模板，并应用到项目中。

第 1 步，继续以 18.3.4 小节创建的应用为基础进行说明。在 TestModel 应用根目录下新建 templates 文件夹，用于存放模板页。

第 2 步，新建 search_form.html 页面，保存到 test\mysite\TestModel\templates 目录中。

第 3 步，打开 search_form.html 文档，设计一个简单的表单页面，HTML 代码结构如下：

```
<!DOCTYPE html>
<html>
  <head>
    <meta charset="utf-8">
  </head>
  <body>
    <form action="/search" method="get">
        <input type="text" name="q">
        <input type="submit" value="搜索">
    </form>
  </body>
</html>
```

第 4 步，打开 TestModel 应用中的 views.py 文件（test\mysite\TestModel\views.py），然后输入如下代码，定义两个视图函数。

```
from django.shortcuts import render
from django.http import HttpResponse                # 导入 HTTP 响应模块
def search_form(request):                           # 表单视图
    return render(request,'search_form.html')

def search(request):                                # 接收请求数据
    request.encoding='utf-8'
    if 'q' in request.GET and request.GET['q']:
        message = '你搜索的内容为: ' + request.GET['q']
    else:
        message = '你提交了空表单'
    return HttpResponse(message)
```

第 5 步，编写路由。打开 mysite 项目中的 urls.py 文件（test\mysite\mysite\urls.py），然后添加如下代码，绑定 URL 与视图函数。

```
from django.conf.urls import url                   # 导入 url() 函数
from TestModel import views                         # 添加该行代码，导入视图模块

urlpatterns = [
    url(r'^search-form$', views.search_form),
    url(r'^search$', views.search),
]
```

第 6 步，参考 18.3.2 小节中的操作步骤，启动服务器。

第 7 步，在浏览器地址栏中输入如下地址进行请求，将打开搜索表单模板页，然后，输入关键字之后提交表单，将会显示响应内容，如图 18.17 所示。

```
http://127.0.0.1:8000/search-form
```

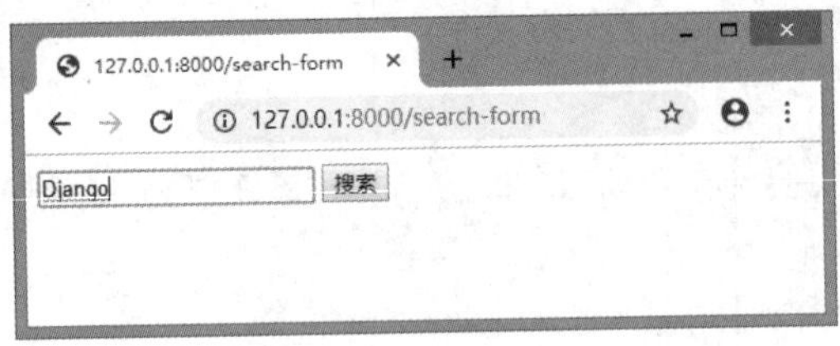

（a）表单模板页

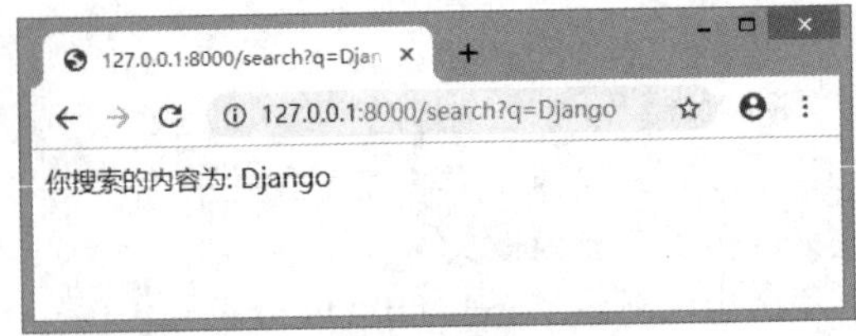

（b）响应页面

图 18.17　搜索表单互动页面

Django 模板语言包括以下 4 种类型。

- 变量：{{变量}}。
- 标签：{%代码段%}。
- 过滤器：变量|过滤器:参数。
- 注释：{#单行注释#}、{%comment%}多行注释{%endcomment%}。

【示例 2】使用变量来传递数据，实现在模板页中嵌入动态值。

第 1 步，以示例 1 的 Web 应用为基础。打开 TestModel\views.py 文件，创建视图 temp。

```
from django.shortcuts import render                    # 导入 render()函数

class Book():                                          # 定义空类型
    pass

def temp(request):                                     # 视图函数
    dict={'title':'字典键值'}                          # 定义字典数据
    book=Book()                                        # 定义对象数据
    book.title='对象属性'
    context={'dict':dict,'book':book}
    return render(request,'temp.html',context)
```

第 2 步，编写路由。打开 mysite 项目中的 urls.py 文件（test\mysite\mysite\urls.py），然后添加如下代码，绑定 URL 与视图函数。

```
from django.conf.urls import url                       # 导入 url()函数
from TestModel import views                            # 添加该行代码，导入视图模块

urlpatterns = [
    url(r'^temp/$', views.temp),
]
```

第 3 步，创建模板页 temp.html，使用{{dict.title}}和{{book.title}}在 HTML 文档中嵌入动态值，然后把模板文档保存到 TestModel\templates 目录下，页面完整代码如下：

```
<!DOCTYPE html>
<html>
  <head>
    <meta charset="utf-8">
  </head>
  <body>
    模板变量：<br/>
    {{dict.title}}<br/>
```

```
    {{book.title}}<br/>
  </body>
</html>
```

第 4 步，参考 18.3.2 小节中的操作步骤，启动服务器。

第 5 步，在浏览器地址栏中输入如下地址进行请求，将会显示动态响应内容，如图 18.18 所示。

```
http://127.0.0.1:8000/temp/
```

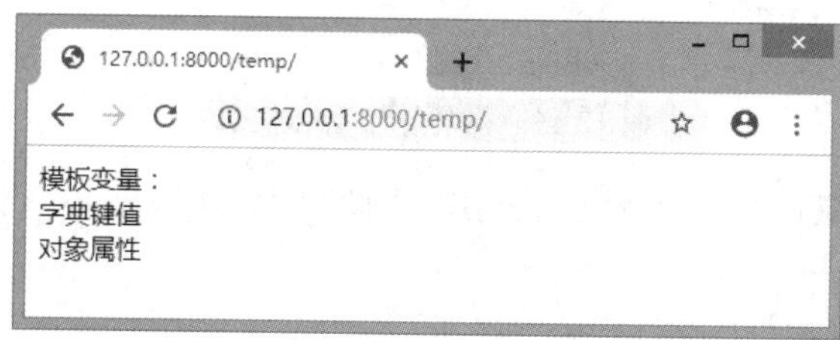

图 18.18　动态响应页面

【示例 3】 练习标签语法的使用。本示例在示例 2 的基础上进行操作。

第 1 步，修改视图函数，打开 TestModel\views.py 文件，重置代码如下：

```
from django.shortcuts import render                        # 导入 render()函数

def temp(request):                                         # 视图函数
    books=["Python","Java","C++","Perl"]                   # 定义图书列表
    context={'books':books}
    return render(request,'temp.html',context)
```

第 2 步，打开模板页 temp.html，使用{%代码段%}语法在 HTML 文档中嵌入 Python 代码片段，使用 for 语句循环输出图书列表，页面完整代码如下：

```
<!DOCTYPE html>
<html>
  <head>
    <meta charset="utf-8">
  </head>
  <body>
    图书列表如下：
    <ul>
        {%for book in books%}
            <li>{{book}}</li>
        {%empty%}
            <li>对不起，没有图书</li>
        {%endfor%}
    </ul>
  </body>
</html>
```

在上面的代码中，{%empty%}表示如果列表 books 为空，将输出以下信息。

第 3 步，参考 18.3.2 小节中的操作步骤，启动服务器。

第 4 步，在浏览器地址栏中输入如下地址进行请求，将会显示动态响应内容，如图 18.19 所示。

```
http://127.0.0.1:8000/temp/
```

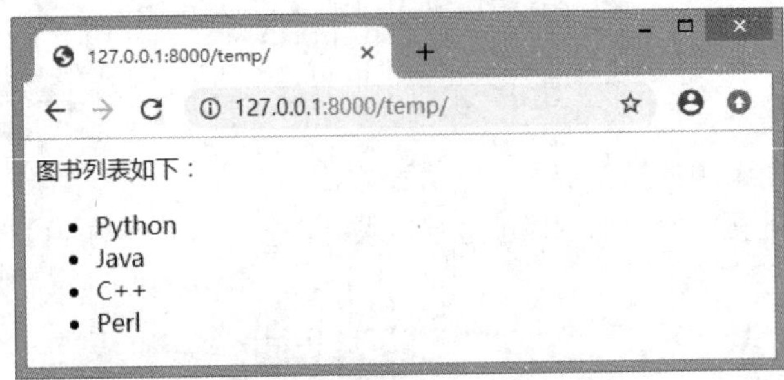

图 18.19　循环输出动态信息

【示例 4】以示例 3 为基础练习使用过滤器语法，设计过滤出大于 4 个字符的书名进行显示。演示效果如图 18.20 所示。

打开 temp.html 文档，在模板的循环代码中添加一个过滤条件。

```
<!DOCTYPE html>
<html>
  <head>
     <meta charset="utf-8">
  </head>
  <body>
     图书列表如下：
     {%for book in books%}
         {%if book|length > 4%}
             <li>{{book}}</li>
         {%endif%}
     {%endfor%}
  </body>
</html>
```

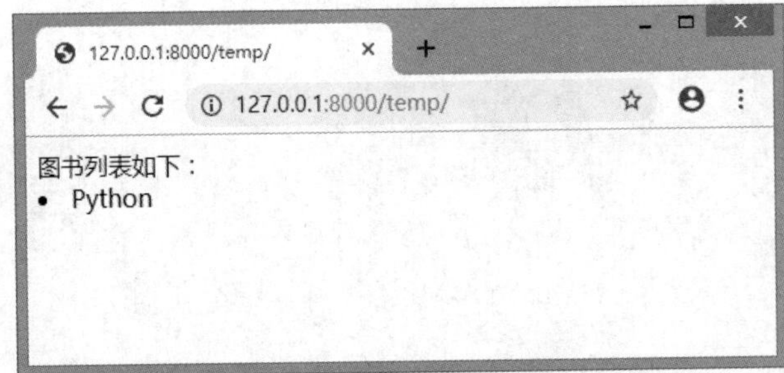

图 18.20　过滤出大于 4 个字符的书名进行显示

提示：

在过滤器语法中：

变量 | 过滤器 : 参数

使用管道符号“|”来应用过滤器，用于进行计算、转换操作，可以使用在变量、标签中。如果过滤器需要参数，则使用冒号“:”来传递参数。长度 length 返回字符串包含字符的个数或列表、元组、字典的元素个数。

18.4 发布项目

扫描，拓展学习

在 Django 框架中，使用 manage.py 的 runserver 命令可以运行 Django 应用，但仅适用于开发环境，当项目真正部署上线的时候，这种做法就不行了，必须将 Django 项目部署到特定的 Web 服务器上。本节主要介绍如何在 Apache 服务器上进行部署。限于篇幅，本节内容将在线展示，请读者扫描阅读。

18.5 案例实战

扫描，拓展学习

本案例设计一个简单的表单页面，允许用户提交用户信息，同时会在当前页面显示用户的信息列表。限于篇幅，本节示例源码、解析和演示将在线展示，请读者扫描阅读。

18.6 在线支持

扫描，拓展学习

第 19 章　网 络 爬 虫

不论工程领域还是研究领域，数据已经成为必不可少的一部分，而数据的获取很大程度上依赖于爬虫的爬取，所以爬虫也逐渐火爆起来。早期爬虫主要用于搜索引擎，随着大数据时代的到来，聚焦网络爬虫的应用需求越来越大，经常需要在海量数据的互联网中搜集一些特定的数据，并对其进行分析，使用网络爬虫对这些特定的数据进行爬取，并对一些无关的数据进行过滤，将目标数据筛选出来。本章将介绍如何使用 Python 开发网络爬虫，从网页中提取数据。

【学习重点】

- 了解网络爬虫。
- 了解常用网络爬虫框架。
- 使用 urllib 模块。
- 使用 requests 模块。
- 使用 BeautifulSoup 库。

19.1　认识网络爬虫

19.1.1　什么是网络爬虫

随着网络的迅速发展，万维网成为大量信息的载体，如何有效地提取并利用这些信息成为一个巨大的挑战。因此，搜索引擎作为一个辅助人们检索信息的工具，成为用户访问万维网的入口和指南。

网络爬虫就是通过网页的链接地址来寻找网页，从网站某一个页面开始读取网页的内容，找到在网页中的其他链接地址，然后通过这些链接地址寻找下一个网页，这样一直循环下去，直到按照某种策略把互联网上所有的网页都抓取完为止的技术。

19.1.2　网络爬虫分类

根据系统结构和实现技术分类，网络爬虫大致可以分为以下 3 种类型。

1．通用网络爬虫

通用网络爬虫又称全网爬虫，主要为门户网站搜索引擎和大型 Web 服务提供商采集数据。这类网络爬虫的爬行范围和数量巨大，对爬行速度和存储空间要求较高，对爬行页面的顺序要求相对较低。

2．主题网络爬虫

主题网络爬虫又称聚焦网络爬虫，是指选择性地爬行那些与预先定义好的主题相关页面的网络爬虫。与通用网络爬虫相比，主题网络爬虫并不追求大的覆盖率，也不是全盘接收所有的网页和 URL，它根据既定的抓取目标，有选择地访问万维网上的网页与相关的链接，获取所需要的信息。

3．深度网络爬虫

Web 页面按存在方式可以分为表层网页和深层网页。表层网页是指传统搜索引擎可以索引的页面，以超链接可以到达的静态网页为主构成的 Web 页面。深层网页是那些大部分内容不能通过静态链接获取的、隐藏在搜索表单后的、只有用户提交一些关键词才能获得的 Web 页面。

常规的网络爬虫在运行中无法发现隐藏在普通网页中的信息和规律，缺乏一定的主动性和智能性。例如，需要输入用户名和密码的页面或者包含页码导航的页面均无法爬行。深度爬虫的设计针对常规网络爬虫的这些不足，将其结构加以改进，增加了表单分析和页面状态保持两个部分，通过分析网页的结构并将其归类为普通网页或存在更多信息的深度网页，针对深度网页构造合适的表单参数并且提交，以得到更多的页面。

19.1.3 网络爬虫工作流程

根据预先设定的一个或若干个初始种子 URL 开始，以此获得初始网页上的 URL 列表，在爬行的过程中不断地从 URL 队列中获得一个 URL，进而访问并下载该页面。当页面下载后，页面解析器去掉页面上的 HTML 标记后得到页面内容，将摘要、URL 等信息保存到 Web 数据库中，同时抽取当前页面上新的 URL，保存到 URL 队列，直到满足系统停止条件。流程示意如图 19.1 所示。

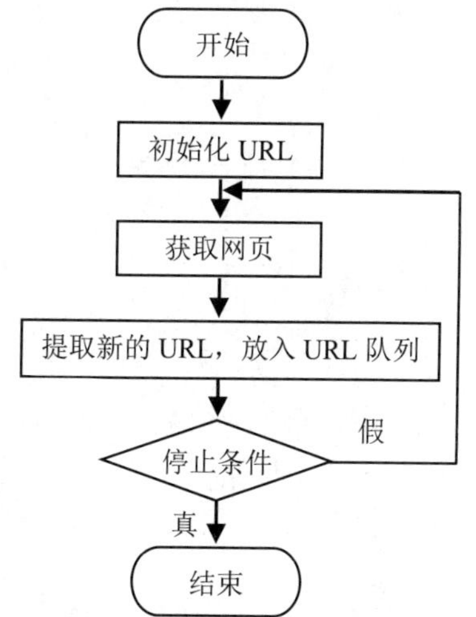

图 19.1 通用网络爬虫工作流程示意图

19.2 使用 urllib

urllib 是 Python 中请求 URL 连接的官方标准库，在 Python2 中分为 urllib 和 urllib2，在 Python3 中整合成了 urllib。urllib 中一共有四个模块。

- urllib.request：主要负责构造和发起网络请求，定义了适用于在各种复杂情况下打开 URL 的函数和类。
- urllib.error：异常处理。
- urllib.parse：解析各种数据格式。
- urllib.robotparser：解析 robots.txt 文件。

urllib3 是非内置模块，可以通过 pip install urllib3 快速安装，urllib3 服务于升级的 HTTP 1.1 标准，拥有高效 HTTP 连接池管理和 HTTP 代理服务的功能库。

扫一扫，看视频

19.2.1 发起请求

使用 urllib.request 模块的 urlopen()方法可以模拟浏览器发起一个 HTTP 请求。具体用法如下：

```
urllib.request.urlopen(url, data=None, [timeout, ]*, cafile=None, capath=None, context=None)
```

参数说明如下。

- url：字符串类型，必设参数，指定请求的路径。
- data：bytes 类型，可选参数，可以使请求方式变为 POST 方式提交表单，即使用标准格式 application/x-www-form-urlencoded。可以通过 bytes()函数转化为字节流。
- timeout：设置请求超时时间，单位是秒。
- cafile 和 capath：设置 CA 证书和 CA 证书的路径。如果使用 HTTPS，则需要用到。
- context：ssl.SSLContext 类型，指定 SSL 设置。

该方法也可以单独传入 urllib.request.Request 对象，返回结果是一个 http.client.HTTPResponse 对象。

【示例 1】使用 urllib.request.urlopen()请求百度，并获取页面源代码。

```
import urllib.request                                 # 导入 request 模块
url = "http://www.baidu.com"
response = urllib.request.urlopen(url)                # 请求百度首页
html = response.read()                                # 获取页面源代码
print(html.decode('utf-8'))                           # 转化为 utf-8 编码
```

【示例 2】有些请求可能因为网络原因无法即时响应，可以手动设置超时时间。当请求超时，可以进一步采取措施，如选择直接丢弃该请求，或者再请求一次。

```
import urllib.request                                 # 导入 request 模块
url = "http://www.baidu.com"
response = urllib.request.urlopen(url, timeout=1)     # 请求百度首页，并设置超时为 1 秒
html = response.read()                                # 获取页面源代码
print(html.decode('utf-8'))                           # 转化为 utf-8 编码
```

扫一扫，看视频

19.2.2 提交数据

在发起请求时，有些网页可能需要用户数据，此时可以使用 data 参数提交数据。

【示例】本示例向百度发送请求时，尝试提交两个值。

```
import urllib.parse                                   # 导入 urllib.parse 子模块
import urllib.request                                 # 导入 urllib.request 子模块
url = "http://www.baidu.com/"
params = {                                            # 设置参数字典对象
  'name':'python',
  'author':'admin'
}
data = bytes(urllib.parse.urlencode(params), encoding='utf-8')
```

```
                                                    # 将参数对象转换为字节流
response = urllib.request.urlopen(url, data=data)    # 提交数据并发送请求
print(response.read().decode('utf-8'))               # 转化为 utf-8 编码
```

参数对象需要被转码成字节流。在上面的代码中，params 是一个字典，需要使用 urllib.parse.urlencode()将字典转化为 URL 字符串，再使用 bytes()转为字节流。最后使用 urlopen()发起请求，请求是模拟用 POST 方式提交表单数据。

注意：

当 URL 地址含有中文或者"/"时，需要使用 urlencode()进行编码转换，该方法的参数是字典对象，它可以将键值对转换成查询字符串格式。

19.2.3 设置请求头

扫一扫，看视频

使用 urlopen()方法可以发起简单的请求，但是如果请求中需要加入 headers（请求头）、指定请求方式等信息，就需要使用 Request 类来构建一个请求。具体用法如下：

```
urllib.request.Request(url, data=None, headers={}, origin_req_host=None,
unverifiable=False, method=None)
```

参数说明如下。

- data：与 urlopen()方法中的 data 参数用法相同。
- headers：指定发起 HTTP 请求的头部信息。headers 是一个字典，它除了在 Request 中添加，还可以通过调用 Request 实例的 add_header()方法来添加请求头。
- origin_req_host：设置请求方的 host 名称或者 IP 地址。
- unverifiable：表示请求是否无法验证，默认为 False，即用户没有足够权限来选择接收这个请求的结果。例如，请求一个 HTML 文档中的图片，但是用户没有自动抓取图像的权限，这时就要将 unverifiable 的值设置成 True。
- method：设置发起 HTTP 请求的方式，如 GET、POST、DELETE、PUT 等。

【示例】使用 Request 伪装成浏览器发起 HTTP 请求。如果不设置 headers 中的 User-Agent，默认 User-Agent 为 Python-urllib/3.5，一些网站可能会拦截爬虫请求，所以需要伪装成浏览器发起请求。本示例设置 User-Agent 为 Chrome 浏览器。

```
import urllib.request                                  # 导入 urllib.request 子模块
url = "http://www.baidu.com/"
# 修改 User-Agent 为 Chrome 的 UA 进行伪装
headers = {
    'User-Agent': 'Mozilla/5.0 (Windows NT 6.1; Win64; x64) AppleWebKit/537.36
    (KHTML, like Gecko) Chrome/56.0.2924.87 Safari/537.36'
}
request = urllib.request.Request(url=url, headers=headers)    # 发送请求
response = urllib.request.urlopen(request)                     # 获取响应
print(response.read().decode('utf-8'))                         # 转化为 utf-8 编码
```

提示：

打开浏览器（如谷歌浏览器），按 F12 键可以打开开发者工具，找到网络选项，然后访问网页，选择一项资源 URL，就可以看到请求的头部信息，复制其中的 User-Agent 即可，如图 19.2 所示。

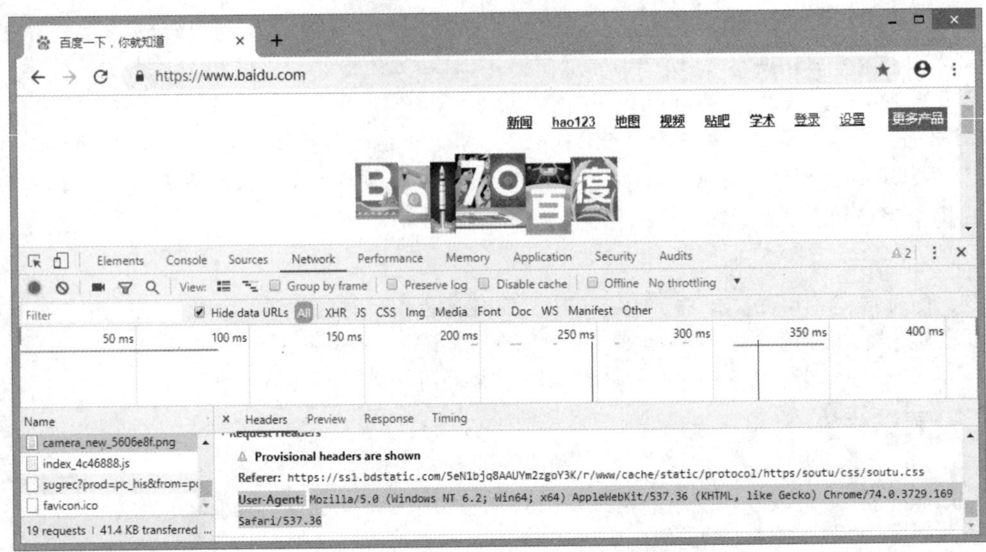

图 19.2　在谷歌浏览器中打开开发者工具

扫一扫，看视频

19.2.4　使用代理

如果需要在请求中添加代理、处理请求的 Cookies，就需要用到 Handler 和 OpenerDirector。

Handler 能处理请求（HTTP、HTTPS、FTP 等）中的各种事项。具体实现由 urllib.request.BaseHandler 基类负责，它包含多个子类，具体说明如下。

- ProxyHandler：为请求设置代理。
- HTTPCookieProcessor：处理 HTTP 请求中的 Cookies。
- HTTPDefaultErrorHandler：处理 HTTP 响应错误。
- HTTPRedirectHandler：处理 HTTP 重定向。
- HTTPPasswordMgr：用于管理密码，它维护了用户名密码的表。
- HTTPBasicAuthHandler：用于登录认证，一般与 HTTPPasswordMgr 结合使用。

OpenerDirector 可以简称为 Opener。例如，urlopen()方法就是 urllib 模块提供的一个 Opener。使用 build_opener(handler)方法可以创建 opener 对象，使用 install_opener(opener)方法可以创建自定义的 opener。install_opener 实例化会得到一个全局的 OpenerDirector 对象。

【示例】有些网站会限制浏览频率，如果请求该网站频率过高，会被封 IP，禁止访问。用户可以为 HTTP 请求设置代理，突破 IP 被封的难题。

```
import urllib.request                                   # 导入 urllib.request 子模块
url = "http://tieba.baidu.com/"
headers = {                                             # 定义请求头用户代理信息
    'User-Agent': 'Mozilla/5.0 AppleWebKit/537.36 Chrome/56.0.2924.87 Safari/
    537.36'
}
proxy_handler = urllib.request.ProxyHandler({           # 定义代理信息
    'http': '125.71.212.17:9000',
    'http': '113.123.28.103:9999'
})
opener = urllib.request.build_opener(proxy_handler)     # 创建代理
```

```
urllib.request.install_opener(opener)                              # 安装代理
request = urllib.request.Request(url=url, headers=headers)        # 发起请求
response = urllib.request.urlopen(request)                         # 获取响应
print(response.read().decode('utf-8'))                             # 转换字符编码
```

提示：

由于示例中的代理 IP 是免费的，由第三方服务器提供，IP 质量不高，所以使用的时间不固定，超出使用时间范围内的地址将失效。读者可以在网上搜索一些代理地址。

19.2.5 认证登录

扫一扫，看视频

有些网站需要登录之后才能继续浏览网页。认证登录的步骤如下：

第 1 步，使用 HTTPPasswordMgrWithDefaultRealm()实例化一个账号密码管理对象。

第 2 步，使用 add_password()函数添加账号和密码。

第 3 步，使用 HTTPBasicAuthHandler()得到 handler。

第 4 步，使用 build_opener()获取 opener 对象。

第 5 步，使用 opener 的 open()函数发起请求。

【示例】使用模拟账号和密码请求登录博客园。

```
import urllib.request                                          # 导入 urllib.request 子模块
url = "http://cnblogs.com/xtznb/"
user = 'user'
password = 'password'
pwdmgr = urllib.request.HTTPPasswordMgrWithDefaultRealm()      # 实例化账号密码管理对象
pwdmgr.add_password(None,url,user,password)                    # 添加账号和密码
auth_handler = urllib.request.HTTPBasicAuthHandler(pwdmgr)     # 获取 handler 对象
opener = urllib.request.build_opener(auth_handler)             # 获取 opener 对象
response = opener.open(url)                                    # 发起请求
print(response.read().decode('utf-8'))                         # 读取响应信息并转码
```

19.2.6 设置 Cookies

扫一扫，看视频

如果请求的页面每次都需要身份验证，可以使用 Cookies 来自动登录，免去重复登录验证的操作。获取 Cookies 的具体步骤如下：

第 1 步，使用 http.cookiejar.CookieJar()实例化一个 Cookies 对象。

第 2 步，使用 urllib.request.HTTPCookieProcessor 构建 handler 对象。

第 3 步，使用 opener 的 open()函数发起请求。

【示例】获取请求百度贴吧的 Cookies 并保存到文件中。

```
import http.cookiejar                                   # 导入 http.cookiejar 子模块
import urllib.request                                   # 导入 urllib.request 子模块
url = "http://tieba.baidu.com/"
fileName = 'cookie.txt'
cookie = http.cookiejar.CookieJar()                     # 实例化一个 Cookies 对象
handler = urllib.request.HTTPCookieProcessor(cookie)    # 构建 handler 对象
opener = urllib.request.build_opener(handler)           # 获取 opener 对象
response = opener.open(url)                             # 发起请求
```

```
f = open(fileName,'a')                          # 新建或打开 cookie.txt 文件
for item in cookie:                             # 逐条写入 cookie 信息
    f.write(item.name+" = "+item.value+'\n')
f.close()                                       # 关闭 cookie.txt 文件
```

运行程序，在当前目录下新建 cookie.txt 文件并写入 cookie 信息，如图 19.3 所示。

图 19.3　写入 cookie 信息

19.3　使用 requests

requests 模块是在 Python 内置模块 urllib 的基础上进行了高度封装，从而使得 Python 进行网络请求时变得更加简洁和人性化，比使用 urllib 更方便。

扫一扫，看视频

19.3.1　安装 requests 模块

安装 requests 模块比较简单，在命令行窗口中使用 pip 命令安装即可，代码如下所示。

```
pip install requests
```

安装完毕，在命令行窗口中输入 python 命令进入 Python 运行环境，再输入如下命令，尝试导入 requests 模块，如果没有抛出异常，则说明安装成功。

```
import requests
```

扫一扫，看视频

19.3.2　GET 请求

使用 requests 模块的 get()方法可以发送 GET 请求。具体用法如下：

```
get(url, params=None, **kwargs)
```

参数说明如下。

- url：请求的 URL 地址。
- params：字典或字节序列，作为参数增加到 URL 中。
- **kwargs：控制访问的参数。

【示例 1】本示例简单演示了 GET 请求方法。

```
import requests                                 # 导入 requests 模块
response = requests.get('http://www.baidu.com')
```

提示：

get()方法将返回一个 Response 对象，利用该对象提供的各种属性和方法可以获取详细的响应内容。演示代码如下所示。

```
import requests                                 # 导入 requests 模块
response = requests.get('http://www.baidu.com')
```

```
print(response.url)                                          # 请求 URL
print(response.cookies)                                      # cookie 信息
print(response.encoding)                                     # 获取当前的编码
print(response.encoding = 'utf-8')                           # 设置编码
print(response.text)                    # 以 encoding 解析返回内容，字符串方式的响应体会
                                        # 自动根据响应头部的字符编码进行解码
print(response.content)                 # 以字节形式（二进制）返回。字节方式的响应体会
                                        # 自动解码 gzip 和 deflate 压缩
print(response.headers)                 # 以字典对象存储服务器响应头，但是这个字典比较特
                                        # 殊，字典键不区分大小写，若键不存在，则返回 None
print(response.status_code)             # 响应状态码
print(response.raw)                     # 返回原始响应体，也就是 urllib 的 response 对象，
                                        # 使用 print(response.raw)
print(response.ok)                      # 查看 print(response.ok)的布尔值，便可以知道
                                        # 是否登录成功
print(response.requests.headers)        # 返回发送到服务器的头信息
print(response.history)                 # 返回重定向信息，可以在请求中加上
                                        # allow_redirects = false 阻止重定向
# *特殊方法* #
print(response.json())                  # requests 中内置的 json 解码器，以 json 形式返回
                                        # 前提：返回的内容确保是 json 格式的，不然解析出错
                                        # 会抛出异常
print(response.raise_for_status())      # 失败请求（非 200 响应）抛出异常
```

【示例 2】发送带参数的请求。方法一：可以手工构建 URL，以键/值对的形式附加在 URL 后面，通过问号分隔，如 www.baidu.com/?key=val。方法二：Requests 允许使用 params 关键字参数，以一个字符串字典来提供这些参数。

```
import requests                                                  # 导入 requests 模块
payload = {'key1': 'value1', 'key2': 'value2'}                   # 字符串字典
r = requests.get("http://www.baidu.com/", params=payload)
print(r.url)
# 输出 http://www.baidu.com/?key1=value1&key2=value2
payload = {'key1': 'value1', 'key2': ['value2', 'value3']}       # 将一个列表作为值传入
r = requests.get('http://www.baidu.com/', params=payload)
print(r.url)
 # 输出 http://www.baidu.com/?key1=value1&key2=value2&key2=value3
```

【示例 3】定制请求头。如果为请求添加 HTTP 头部，只需要传递一个 dict 给 headers 参数即可。

```
import requests                                                  # 导入 requests 模块
url = 'http://www.baidu.com/s?wd=python'
headers = {
        'Content-Type': 'text/html;charset=utf-8',
        'User-Agent' : 'Mozilla/5.0 (Windows NT 10.0; Win64; x64)'
}
r = requests.get(url,headers=headers)
print(r.headers)                                                 # 打印头信息
```

【示例 4】使用代理。与 headers 用法相同，使用 proxies 参数可以设置代理，代理参数也是一个 dict。

```
import requests                                                  # 导入 requests 模块
```

```
url = 'http://www.baidu.com/'
proxy = {                                                    # 设置代理网站键值
    'http': '120.25.253.234:812',
    'https': '163.125.222.244:8123'
}
heads = {}
heads['User-Agent'] = 'Mozilla/5.0 (Windows NT 10.0; WOW64) AppleWebKit/537.36
(KHTML, like Gecko) Chrome/49.0.2623.221 Safari/537.36 SE 2.X MetaSr 1.0'
                                                             # 设置请求头信息
req = requests.get(url, headers=heads,proxies=proxy)         # 发送请求
```

提示：

可以使用 timeout 参数设置延时时间，使用 verify 参数设置证书验证，使用 cookies 参数传递 cookie 信息等。

扫一扫，看视频

19.3.3 POST 请求

HTTP 协议规定 POST 提交的数据必须放在消息主体（entity-body）中，但协议并没有规定数据必须使用什么编码方式。服务端根据请求头中的 Content-Type 字段来获知请求中的消息主体是用何种方式进行编码，再对消息主体进行解析。具体的编码方式包括以下几种。

- 以 form 表单形式提交数据。

```
application/x-www-form-urlencoded
```

- 以 json 字符串提交数据。

```
application/json
```

- 上传文件。

```
multipart/form-data
```

发送 POST 请求，可以使用 requests 的 post()方法，该方法的用法与 get()方法完全相同，也返回一个 Response 对象。

【示例 1】 以 form 形式发送 POST 请求。requests 支持以 form 表单形式发送 POST 请求，只需要将请求的参数构造成一个字典，然后传给 requests.post()的 data 参数即可。

```
import requests                                              # 导入 requests 模块
payload = {'key1': 'value1',
           'key2': 'value2'
}
r = requests.post("http://httpbin.org/post", data=payload)
print(r.text)
```

输出为：

```
{
  "args": {},
  "data": "",
  "files": {},
  "form": {
    "key1": "value1",
    "key2": "value2"
  },
  "headers": {
```

```
    "Accept": "*/*",
    "Accept-Encoding": "gzip, deflate",
    "Content-Length": "23",
    "Content-Type": "application/x-www-form-urlencoded",
    "Host": "httpbin.org",
    "User-Agent": "python-requests/2.22.0"
  },
  "json": null,
  "origin": "116.136.20.179, 116.136.20.179",
  "url": "https://httpbin.org/post"
}
```


【示例 2】以 json 格式发送 POST 请求可以将一个 json 串传给 requests.post()的 data 参数。

```
import requests                                              # 导入 requests 模块
import json                                                  # 导入 json 模块
url = 'http://httpbin.org/post'
payload = {'key1': 'value1', 'key2': 'value2'}
r = requests.post(url, data=json.dumps(payload))
print(r.headers.get('Content-Type'))                         # 输出为 application/json
```

在上面的示例中，使用 json 模块中的 dumps()方法将字典类型的数据转换为 json 字符串。

【示例 3】以 multipart 形式发送 POST 请求。requests 也支持以 multipart 形式发送 POST 请求，只需将文件传给 requests.post()的 files 参数即可。

本示例新建文本文件 report.txt，输入一行文本 Hello world，从请求的响应结果可以看到数据已上传到服务端中。

```
import requests                                              # 导入 requests 模块
url = 'http://httpbin.org/post'
files = {'file': open('report.txt', 'rb')}
r = requests.post(url, files=files)
print(r.text)
```

输出为：


```
{
  "args": {},
  "data": "",
  "files": {
    "file": "Hello world"
  },
  "form": {},
  "headers": {
    "Accept": "*/*",
    "Accept-Encoding": "gzip, deflate",
    "Content-Length": "157",
    "Content-Type": "multipart/form-data; boundary=ac7653667ac71d8b6d131d1d6dab
    3333",
    "Host": "httpbin.org",
    "User-Agent": "python-requests/2.22.0"
  },
  "json": null,
```

```
    "origin": "116.136.20.179, 116.136.20.179",
    "url": "https://httpbin.org/post"
}
```

提示：

requests 不仅提供了 GET 和 POST 请求方式，还提供了更多请求方式。用法如下：

```
import requests                                          # 导入 requests 模块
requests.get("https://github.com/timeline.json")          # GET 请求
requests.post("http://httpbin.org/post")                  # POST 请求
requests.put("http://httpbin.org/put")                    # PUT 请求
requests.delete("http://httpbin.org/delete")              # DELETE 请求
requests.head("http://httpbin.org/get")                   # HEAD 请求
requests.options("http://httpbin.org/get")                # OPTIONS 请求
```

【比较】

GET 和 POST 都是 HTTP 常用的请求方法，GET 主要用于从指定的资源请求数据，而 POST 主要用于向指定的资源提交要被处理的数据。两者详细比较如表 19.1 所示。

表 19.1　GET 和 POST 方法比较

比 较 项 目	GET 方法	POST 方法
后退或刷新操作	无害	数据会被重新提交（浏览器应该告知用户数据会被重新提交）
书签	可收藏书签	不可收藏书签
缓存	能够被缓存	不能够被缓存
编码类型	application/x-www-form-urlencoded	application/x-www-form-urlencoded 或 multipart/form-data，为二进制数据使用多重编码
历史	参数保留在浏览器历史中	参数不会保留在浏览器历史中
数据类型限制	只允许 ASCII 字符	没有限制，也可以使用二进制数据
安全性	较差，发送的数据显示在 URL 字符串中	较安全，发送的数据不会保存在浏览器历史或者 Web 服务器日志中
可见性	数据在 URL 中可见	数据不会显示在 URL 中

19.4　使用 BeautifulSoup

使用 requests 模块仅能够抓取一堆网页源码，但是如何对源码进行筛选、过滤，精准找到需要的数据，就需要用到 BeautifulSoup。BeautifulSoup 是一个可以从 HTML 或 XML 文件中提取数据的 Python 库。

扫一扫，看视频

19.4.1　安装 BeautifulSoup

BeautifulSoup 最新版本是 BeautifulSoup 4.9.1，在命令行窗口下输入如下命令即可安装 BeautifulSoup 第三方库。

```
pip install beautifulsoup4
```

提示：

如果安装最新版本的 BeautifulSoup，可以访问 https://pypi.org/project/beautifulsoup4/，下载 BeautifulSoup 4.9.1，下载后解压，在命令行下进入该目录，然后输入下面命令安装即可。

```
python setup.py install
```

注意：

BeautifulSoup 需要调用 HTML 解析器，因此根据需要还要安装解析器。命令如下所示。

- 安装 html5lib 模块

```
pip install html5lib
```

- 安装 lxml 模块

```
pip install lxml
```

HTML 解析器模块具体说明请参考下一小节介绍。

19.4.2 使用 BeautifulSoup 模块

扫一扫，看视频

下面结合一个简单示例介绍 BeautifulSoup 模块的基本使用。

【操作步骤】

第 1 步，新建 HTML 5 文档，保存到当前目录下，命名为 test.html。

第 2 步，打开 test.html 文件，输入如下代码，构建 HTML 文档结构。

```
<!doctype html>
<html>
    <head>
        <meta charset="utf-8">
        <title>Hello,World</title>
    </head>
    <body>
        <div class="book">
            <span><!--这里是注释的部分--></span>
            <a href="https://www.baidu.com">百度一下,你就知道</a>
            <img src="https://a.jpg"/>
            <p class="a">这是一个示例</p>
        </div>
    </body>
</html>
```

第 3 步，从 bs4 库中导入 BeautifulSoup 模块。

```
from bs4 import BeautifulSoup
```

第 4 步，继续输入如下代码，生成 BeautifulSoup 对象。

```
from bs4 import BeautifulSoup                          # 从 bs4 库中导入 BeautifulSoup 模块

f = open('test.html','r',encoding='utf-8')             # 打开 test.html
html = f.read()                                        # 读取全部源代码
f.close()                                              # 关闭文件
soup = BeautifulSoup(html, "html5lib")                 # 创建 BeautifulSoup
print(type(soup))                                      # 打印 BeautifulSoup 类型
```

输出为：

```
<class 'bs4.BeautifulSoup'>
```

在进行内容提取之前，需要将获取的 HTML 字符串转换成 BeautifulSoup 对象，后面所有的内容提取都基于这个对象。

在 BeautifulSoup(html, "html5lib")一行代码中，使用了 html5lib 解析器，在构造 BeautifulSoup 对象时，需要指定具体的解析器。BeautifulSoup 支持 Python 自带的解析器和少数第三方解析器，具体比较说明如表 19.2 所示。

表 19.2 HTTP 的请求方法

解 析 器	使 用 方 法	优 势	劣 势
Python 标准库	BeautifulSoup(html,"html.parser")	Python 的内置标准库，执行速度适中，文档容错能力强	Python 3.2.2 前的版本文档容错能力差
lxml HTML 解析器	BeautifulSoup(html, "lxml")	速度快，文档容错能力强	需要安装 C 语言库
lxml XML 解析器	BeautifulSoup(html, ["lxml","xml"]) BeautifulSoup(html, "xml")	速度快，唯一支持 XML 的解析器	需要安装 C 语言库
html5lib	BeautifulSoup(markup,"html5lib")	最好的容错性，以浏览器的方式解析文档生成 HTML 5 格式的文档	速度慢，但不依赖外部扩展

一般来说，对于速度或性能要求不太高的场景，可选用 html5lib 来进行解析，当解析规模达到一定程度时，解析速度就会影响到整体项目的快慢，此时推荐使用 lxml 进行解析。

扫一扫，看视频

19.4.3 节点对象

BeautifulSoup 将复杂的 HTML 文档转换成一个树状的结构，每个节点都是一个 Python 对象，所有的对象都可以归纳为 4 类：Tag、NavigableString、BeautifulSoup、Comment。

- Tag 对象：就是 HTML 标签，使用 name 属性可以访问标签名称，也可以使用字典一样的方法访问标签属性。使用 get_text()方法或 string 属性可以获取标签包含的文本内容。
- NavigableString 对象：可以遍历的字符串，一般为被标签包裹的文本。
- BeautifulSoup 对象：通过解析网页所得到的对象。
- Comment 对象：网页中的注释及特殊字符串。

【示例】本示例读取 test.html 并进行解析，读取 p 元素名称、class 属性值和包含文本。

```
from bs4 import BeautifulSoup                        # 从 bs4 库中导入 BeautifulSoup 模块

f = open('test.html','r',encoding='utf-8')           # 打开 test.html
html = f.read()                                      # 读取全部源代码
f.close()                                            # 关闭文件
soup = BeautifulSoup(html, "html5lib")               # 创建 BeautifulSoup

tag = soup.p                                   # 读取 p 标签
print(tag.name)                                # 获取 p 标签的名称，返回 p
print(tag["class"])                            # 获取 class 属性值，返回['a']
print(tag.get_text())                          # 获取 p 标签包含的文本，返回：这是一个示例
```

19.4.4 文档遍历

扫一扫，看视频

Tag 是 BeautifulSoup 中最重要的对象，通过 BeautifulSoup 来提取数据大部分都围绕该对象进行操作。一个节点可以包含多个子节点和多个字符串。除了根节点外，每个节点都包含一个父节点。遍历节点所要用到的属性说明如下。

- contents：获取所有子节点，包括里面的 NavigableString 对象。返回的是一个列表。
- children：获取所有子节点，返回的是一个迭代器。
- descendants：获得所有子孙节点，返回的是一个迭代器。
- string：获取直接包含的文本。
- strings：获取全部包含的文本，返回一个可迭代对象。
- parent：获取上一层父节点。
- parents：获取所有父辈节点，返回一个可迭代对象。
- next_sibling：获取当前节点的下一个兄弟节点。
- previous_sibling：获取当前节点的上一个兄弟节点。
- next_siblings：获取下方所有的兄弟节点。
- previous_siblings：获取上方所有的兄弟节点。

【示例】本示例遍历<head>标签包含的所有子节点，然后输出显示。

```
from bs4 import BeautifulSoup                              # 从 bs4 库中导入 BeautifulSoup 模块

f = open('test.html','r',encoding='utf-8')                 # 打开 test.html
html = f.read()                                            # 读取全部源代码
f.close()                                                  # 关闭文件
soup = BeautifulSoup(html, "html5lib")                     # 创建 BeautifulSoup

tags = soup.head.children                                  # 获取 head 的所有子节点
print(tags)
for tag in tags:
    print(tag)
```

输出为：

```
<list_iterator object at 0x000000719B476630>


<meta charset="utf-8"/>


<title>Hello,World</title>


```

19.4.5 文档搜索

扫一扫，看视频

为了适应复杂的场景，BeautifulSoup 提供了 find_all()方法，用于搜索整个文档树，该方法基本适用于任何节点。举例如下。

- 通过 name 搜索：soup.find_all('a')、soup.find_all(['a','p'])。
- 通过属性搜索：soup.find_all(attrs={'class':'book'})。
- 通过文本搜索：soup.find_all("a", text="百度一下,你就知道")。
- 限制查找范围：将 recursive 参数设置为 False，则可以将搜索范围限制在直接子节点中，如 soup.find_all("a",recursive=False)。
- 使用正则表达式：可以与 re 模块配合，将 re.compile 编译的对象传入 find_all()方法，如 soup.find_all(re.compile("b"))。

【示例】使用正则表达式匹配文档中包含字母 a 的所有节点对象。

```
from bs4 import BeautifulSoup                    # 从 bs4 库中导入 BeautifulSoup 模块
import re                                        # 导入 re 模块
f = open('test.html','r',encoding='utf-8')       # 打开 test.html
html = f.read()                                  # 读取全部源代码
f.close()                                        # 关闭文件
soup = BeautifulSoup(html, "html5lib")           # 创建 BeautifulSoup
tags = soup.find_all(re.compile("a"))            # 使用正则表达式匹配所有 a 字母的对象
print(tags)
```

输出为：

```
[<head>
        <meta charset="utf-8"/>
        <title>Hello,World</title>
    </head>, <meta charset="utf-8"/>, <span><!--这里是注释的部分--></span>, <a href=
    "https://www.baidu.com">百度一下,你就知道</a>]
```

扫一扫，看视频

19.4.6 CSS 选择器

使用 select()方法可以通过 CSS 选择器语法查找节点对象，该方法允许传入一个 CSS 选择器字符串。

【示例】使用 select()方法匹配类名为 a 的标签。

```
from bs4 import BeautifulSoup                    # 从 bs4 库中导入 BeautifulSoup 模块
import re                                        # 导入 re 模块
f = open('test.html','r',encoding='utf-8')       # 打开 test.html
html = f.read()                                  # 读取全部源代码
f.close()                                        # 关闭文件
soup = BeautifulSoup(html, "html5lib")           # 创建 BeautifulSoup
tags = soup.select(".a")                         # 使用 CSS 选择器
print(tags)
```

输出为：

```
[<p class="a">这是一个示例</p>]
```

19.5 网络爬虫常用框架

对于简单的设计需求，直接使用 requests 和 bs4 就可以。如果设计比较大型的项目，使用框架会更便于管理和扩展。下面简单介绍常用的 Python 网络爬虫框架。

➘ Scrapy

Scrapy 是一套比较成熟的 Python 爬虫框架，使用 Python 开发可以高效爬取 Web 页面，并提取出结构化数据。

Scrapy 框架是一套开源框架，应用范围广泛，如爬虫开发、数据挖掘、数据监测、自动化测试等。

➘ PySpider

由国内高手开发，使用 Python 编写的一个功能强大的网络爬虫框架，主要特性如下：

- ✧ 强大的 WebUI，包含脚本编辑器、任务监控器、项目管理器和结果查看器。
- ✧ 多数据库支持，包括 MySQL、MongoDB、Redis、SQLite、Elasticsearch、PostgreSQL with SQLAlchemy 等。
- ✧ 使用 RabbitMQ、Beanstalk、Redis 和 Kombu 作为消息队列。
- ✧ 支持任务优先级设定、定时任务、失败后重试等。
- ✧ 支持分布式爬虫。

➘ Crawley

Crawley 也是使用 Python 开发的一款爬虫框架，该框架致力于改变人们从互联网中提取数据的方式，可以更高效地从互联网中爬取对应内容，主要特点如下：

- ✧ 高速爬取对应网站内容。
- ✧ 可以将爬取到的内容存储到数据库中，如 Postgres、MySQL、Oracle、SQLite 等。
- ✧ 可以将爬取到的数据导出为 JSON、XML 等格式。
- ✧ 支持非关系型数据库，如 Mongodb、Couchdb 等。
- ✧ 支持使用命令行工具。
- ✧ 可以使用喜欢的工具提取数据，如 xpath、pyquery 等。
- ✧ 支持使用 cookie 登录并访问那些只有登录才能够访问的网页。
- ✧ 简单易学。

19.6 案例实战

19.6.1 下载单张图片

扫一扫，看视频

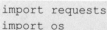

本案例设计下载单张图片，并保存到本地磁盘当前目录下的 test 文件夹中。

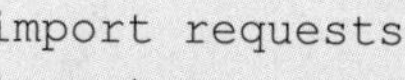

```
import requests                                  # 导入 requests 模块
import os                                        # 导入 os 模块

# 下载图片 URL
url = 'https://ss0.bdstatic.com/5aV1bjqh_Q23odCf/static/superman/img/logo/bd_
logo1_31bdc765.png'
path = "test//"                                  # 保存地址

down = path + url.split('/')[-1]                 # 构造下载图片 URL
try:
    if not os.path.exists(path):                 # 判断目录是否存在，若不存在，则新建文件夹
        os.mkdir(path)
    if not os.path.exists(down):                 # 如果 URL 不存在，则开始下载图片
```

```
            r = requests.get(url)                          # 请求图片
            print(r)                                       # 响应状态
            with open(down,'wb') as f:                     # 开始写入文件，wb 代表写二进制文件
                f.write(r.content)                         # 图片以二进制形式保存（r.content）
            print("图片下载成功")
        else:
            print("图片已经存在")
    except Exception as e:
        print("爬取失败:",str(e))
```

运行本案例程序，将在当前目录下创建 test 文件夹，然后把互联网上指定的图片下载并保存到本地 test 文件夹中。

扫一扫，看视频

19.6.2　抓取岗位数量

本案例设计从 51job 网站的 Python 岗位页面抓取岗位数量的信息，设计流程如下：

第 1 步，确定要抓取的 URL，并设置请求头信息。

第 2 步，获取响应，抓取指定 URL 的源代码。

第 3 步，创建 bs4 对象。

第 4 步，熟悉该页面结构，找到岗位数量标签的类名，并提取该标签包含的信息。

案例源代码如下：

```
import requests
from bs4 import BeautifulSoup

headers = {                                               # 设置请求头
    "User-Agent": "Mozilla/5.0 (Windows NT 10.0; Win64; x64) AppleWebKit/537.36
    (KHTML, like Gecko) Chrome/65.0.3325.181 Safari/537.36"}

# 设置获取 python 岗位数量的 url
url = "https://search.51job.com/list/030200,000000,0000,00,9,99,python,2,1.html"

response = requests.get(url,headers=headers)          # 获取响应
html = response.content.decode('gbk')                 # 解码
soup = BeautifulSoup(html,'lxml')                     # 创建 bs4 对象
# 获取岗位标签，通过类名 rt 找到岗位数量标签
jobNum = soup.select('.rt')[0].text
print(jobNum.strip())
```

返回信息：

```
共 3826 条职位
```

【补充】

在录制本节视频过程中，发现 51job 网站已经改版，为了防止爬虫盗取数据，51job 网站全部采用 JavaScript 脚本动态生成。如果继续采用上面示例源码爬取，将返回空。此时，可以采用 PyQt 界面库配合 QtWebEngine 引擎库模拟渲染页面，然后获取渲染后的 HTML 结构，再使用 BeautifulSoup 抓取指定标签包含的数据。

第 1 步，安装 PyQt 库，直接在线安装，代码如下。如果失败，可以多次重复安装，或者访问 https://pypi.org/project/PyQt5/#files 下载到本地离线安装。

```
pip install pyqt5
```

第 2 步，安装 PyQtWebEngine 库，直接在线安装，代码如下。如果失败，可以多次重复安装，或者访问 https://pypi.org/project/PyQtWebEngine/#files 下载到本地离线安装。

```
pip install PyQtWebEngine
```

第 3 步，编写如下代码，使用 QtWebEngine 渲染页面，获取渲染后的 HTML 结构，然后使用 BeautifulSoup 抓取指定标签包含的文本。

```
import sys
from PyQt5.QtCore import QUrl
from PyQt5.QtWidgets import QApplication
from PyQt5.QtWebEngineWidgets import QWebEnginePage, QWebEngineView
from bs4 import BeautifulSoup
class Render(QWebEngineView):                          # 子类 Render 继承父类
QWebEngineView
    def __init__(self, url):
        self.html = ''
        self.app = QApplication(sys.argv)              # 初始应用程序
        QWebEngineView.__init__(self)                  # 子类构造函数继承父类
super().__init__()
        self.loadFinished.connect(self._loadFinished)  # 页面加载完成后调用回调函数
        self.load(QUrl(url))                           # 加载页面
        self.app.exec_()                               # 进入主循环，执行渲染应用
    def _loadFinished(self):                           # 页面加载完成后回调函数
        self.page().toHtml(self.callable)              # 把页面生成 HTML 结构
    def callable(self, data):                          # 回调函数
        self.html = data                     # 把 HTML 结构源码保存到 html 变量中
        self.app.quit()                      # 退出应用
# 设置获取 python 岗位数量的 url
url = "https://search.51job.com/list/030200,000000,0000,00,9,99,python,2,1.html"
r = Render(url)
result = r.html
soup = BeautifulSoup(result,'lxml')                  # 创建 bs4 对象
# 获取岗位标签，通过类名 rt 找到岗位数量标签
jobNum = soup.select('.rt')[1].text
print(jobNum.strip())
```

19.6.3 抓取基金数据

本例将抓取证券之星网站（http://quote.stockstar.com/）股票型基金列表中前两页的数据，包括基金代码、基金名称、访问接口和净值。限于篇幅，本节示例源码、解析和演示将在线展示，请读者扫描阅读。

扫描，拓展学习

19.7 在线支持

扫描，拓展学习

第 20 章　Python 进程和线程

在网络开发中，一台服务器在同一时间内往往需要服务成千上万个客户端，因此并发编程应运而生，并发是大数据运算和网络编程必须考虑的问题。实现并发的方式有多种，如多进程、多线程等。Python支持多进程、多线程技术，能够实现在同一时间内运行多个任务。本章将介绍Python进程和线程的工作机制和基本应用。

【学习重点】

- 了解什么是进程和线程。
- 掌握正确创建进程的方法。
- 了解队列、管道机制。
- 使用进程池设计多并发任务。
- 掌握正确创建线程的方法。
- 使用线程锁。
- 熟悉线程之间的通信方式。

20.1　认识进程

进程起源于操作系统，它是操作系统最核心的概念。早期的计算机只有一个 CPU，同一时间只能够处理一个任务，为了实现并发处理的能力，系统将一个单独的 CPU 设计成多个虚拟的 CPU，以便实现多任务并发处理的能力。

一个进程就是一个正在运行的任务。例如，对于单核 CPU 来说，同一时间只能处理一个任务，如果要实现多个任务的并发处理，可以在多个任务之间轮换执行，这样可以保证在同一个很短的时间段中每个任务都在执行，模拟出多个任务并发处理的效果。

1．进程和程序

程序只是一堆静态的代码，而进程指的是程序的运行过程。同一个程序执行两次，就是两个进程，如打开两个暴风影音窗口，虽然是同一个软件，但是它们分别属于不同的进程，都可以播放视频。

2．并发和并行

并行和并发都是同时运行的意思，区别如下。

- 并发：伪并行，即看起来是同时运行，实际上仍然为串行。单个 CPU 利用多道技术可以模拟出并行效果。
- 并行：同时运行，与串行相对应。只有具备多核 CPU 的系统才能实现并行。

在单核下，可以利用多道技术模拟并行处理；在多核下，每个核都可以利用多道技术模拟并行处理。

例如，有四核的 CPU，处理 6 个任务，这样同一时间有 4 个任务被执行，假设 4 个任务分别被分配给了 CPU1、CPU2、CPU3、CPU4，一旦任务 1 遇到 I/O 就被迫中断执行，此时任务 5 就拿到 CPU1 的时间片去执行，这就是单核下的多道技术，而一旦任务 1 的 I/O 结束了，操作系统会重新调用它，可能被分配给 4 个 CPU 中的任意一个去执行。

现代计算机经常会在同一时间做很多件事，一个用户的计算机，无论单核 CPU，还是多核 CPU，都可以同时运行多个任务，一个任务可以理解为一个程序。例如：

- 启动一个进程来杀毒（360 软件）。
- 启动一个进程来看电影（暴风影音）。
- 启动一个进程来聊天（腾讯 QQ）。

所有这些进程都需要被管理，于是一个支持多进程的多道程序管理系统是至关重要的。所谓多道技术，就是在内存中同时存入多道（多个）程序，CPU 从一个进程快速切换到另外一个，使每个进程各自运行几十或几百毫秒，虽然在某一个瞬间，一个 CPU 只能执行一个任务，但在 1 秒内，CPU 却可以运行多个进程，这就使人产生了并行的错觉，即伪并发，以此来区分多处理器操作系统的真正硬件并行，即多个 CPU 共享同一个物理内存。

20.2 使用进程

multiprocessing 是多进程管理包，也是 Python 的标准模块，使用它可以编写多进程。

20.2.1 创建进程

扫一扫，看视频

Process 是 multiprocessing 的子类，用来创建简单的进程。在 multiprocessing 中，每一个进程都用一个 Process 类来表示，具体用法如下：

```
multiprocessing.Process(group=None, target=None, name=None, args=(), kwargs={})
```

参数说明如下。

- group：线程组，目前还没有实现，参数值必须为 None。
- target：表示当前进程启动时要执行的调用对象，一般为可执行方法或函数。
- name：进程名称，相当于给当前进程取一个别名。
- args：表示传递给 target 函数的位置参数，格式为元组，例如 target 是函数 a，它有两个参数 m、n，那么 args 就传入(m, n)即可。
- kwargs：表示传递给 target 函数的关键字参数，格式为字典。

【示例 1】本示例演示如何使用 multiprocessing.Process 创建 5 个子进程，并分别执行。

```
import multiprocessing                                          # 导入进程管理模块
def worker(num):                                                # 定义任务处理函数
    print('Worker:', num)
if __name__ == '__main__':                                      # 主进程
     for i in range(5):                                         # 连续创建 5 个子进程
          p = multiprocessing.Process(target=worker, args=(i+1,))
          p.start()                                             # 执行子进程
```

提示：

Process 对象包含的实例方法如下：

- is_alive()：判断进程实例是否还在执行。
- join([timeout])：阻塞进程执行，直到进程终止，或者等待一段时间，具体时间由 timeout（可选参数）设置，单位为秒。
- start()：启动进程实例。

- run()：如果没有设置 target 参数，调用 start()方法时，将执行对象的 run()方法。
- terminate()：不管任务是否完成，立即停止进程。

Process 对象包含的常用属性如下：

- name：进程名称。
- pid：进程 ID，在进程被创造前返回 None。
- exitcode：进程的退出码，如果进程没有结束，那么返回 None；如果进程被信号 N 终结,则返回负数-N。
- authkey：进程的认证密钥，为一个字节串。当多进程初始化时，主进程被使用 os.urandom()指定一个随机字符串。当进程被创建时，从它的父进程中继承认证密钥，尽管可以通过设定密钥来更改它。
- sentinel：当进程结束时变为 ready 状态，可用于同时等待多个事件，否则用 join()更简单些。
- daemon：与线程的 setDaemon 功能一样。将父进程设置为守护进程，当父进程结束时，子进程也结束。

【示例 2】每个 Process 实例都有一个名称，其默认值可以在创建进程时更改。命名进程对于跟踪它们非常有用，尤其是在同时运行多种类型进程的应用程序中。

```
import multiprocessing                              # 导入 multiprocessing 模块
import time                                         # 导入 time 模块
def worker():                                       # 处理任务
    name = multiprocessing.current_process().name  # 获取进程的名称
    print(name, 'Starting')
    time.sleep(4)                                   # 睡眠 4 秒
    print(name, 'Exiting')
def my_service():                                   # 处理任务
    name = multiprocessing.current_process().name  # 获取进程的名称
    print(name, 'Starting')
    time.sleep(5)                                   # 睡眠 4 秒
    print(name, 'Exiting')
if __name__ == '__main__':                          # 主进程
    service = multiprocessing.Process(              # 创建子进程 1
        name='my_service',                          # 修改进程名称
        target=my_service,                          # 调用对象
    )
    worker_1 = multiprocessing.Process(             # 创建子进程 2
        name='worker 1',                            # 修改进程名称
        target=worker,                              # 调用对象
    )
    worker_2 = multiprocessing.Process(             # 创建子进程 3，保持默认的进程名称
        target=worker,                              # 调用对象
    )
    worker_1.start()                                # 启动进程 1
    worker_2.start()                                # 启动进程 2
    service.start()                                 # 启动进程 3
```

输出结果如下：

```
worker 1 Starting
Process-3 Starting
my_service Starting
worker 1 Exiting
Process-3 Exiting
my_service Exiting
```

20.2.2　自定义进程

扫一扫，看视频

对于简单的任务，直接使用 multiprocessing.Process 实现多进程，而对于复杂的任务，通常会自定义 Process 类，以便扩展 Process 功能。下面结合示例演示说明如何自定义 Process 类。

【示例】自定义 MyProcess，继承于 Process，然后重写构造函数__init__和 run()函数。

```
from multiprocessing import Process                  # 导入 Process 类
import time,os                                       # 导入 time 和 os 模块
class MyProcess(Process):                            # 自定义进程类，继承自 Process
    def __init__(self,name):                         # 重写初始化函数
        super().__init__()                           # 调用父类的初始化函数
        self.name = name                             # 重写 name 属性值
    def run(self):                                   # 重写 run 方法
        print('%s is running'%self.name,os.getpid()) # 打印子进程信息
        time.sleep(3)
        print('%s is done' % self.name,os.getpid())  # 打印子进程信息
if __name__ == '__main__':
    p = MyProcess('子进程 1')                          # 创建子进程
    p.start()                                        # 执行进程
    print('主进程',os.getppid())                      # 打印主进程 ID
```

输出结果为：

```
主进程 9868
子进程 1 is running 11580
子进程 1 is done 11580
```

提示：

派生类应该重写基类的 run()方法以完成其工作。os.getppid()可以获取父进程 ID，而 os.getpid()可以获取子进程 ID。

20.2.3　进程通信

扫一扫，看视频

Pipe 是 multiprocessing 的一个子类，可以创建管道，常用于在两个进程之间进行通信，两个进程分别位于管道的两端。具体语法格式如下：

```
Pipe([duplex])
```

该方法将返回两个连接对象(con1,con2)，代表管道的两端。参数 duplex 为可选，默认值为 True。

- 如果 duplex 为 True，那么该管道是全双工模式，即 con1 和 con2 均可收发消息。
- 如果 duplex 为 False，con1 只负责接收消息，con2 只负责发送消息。

实例化的 Pipe 对象拥有 connection 的方法，以下为常用方法。

- send(obj)：发送数据。
- recv()：接收数据。如果没有消息可接收，recv()方法会一直阻塞。如果管道已经被关闭，那么 recv()方法会抛出 EOFError 错误。
- poll([timeout])：查看缓冲区是否有数据，可设置时间。如果 timeout 为 None，则会无限超时。
- send_bytes(buffer[, offset[, size]])：发送二进制字节数据。
- recv_bytes([maxlength])：接收二进制字节数据。

【示例 1】使用 Pipe()方法创建两个连接对象，然后通过管道功能，一个对象可以发送消息，另一个

对象可以接收消息。

```
from multiprocessing import Pipe                    # 导入 Pipe 类
a,b = Pipe(True)                                    # 实例化管道对象
a.send("hi,b")                                      # 从管道的一端发送消息
print(b.recv())                                     # 从管道的另一端接收消息

a,b = Pipe(False)                                   # 实例化管道对象，禁止全双工模式
b.send("hi,a")                                      # 只能够在 b 端发送消息
print(a.recv())                                     # 只能够在 a 端接收消息
```

【示例 2】调用 multiprocessing.Pipe()方法创建一个管道，管道两端连接两个对象 con1 和 con2，然后使用 multiprocessing.Process()方法创建两个进程，在进程中分别绑定 con1 和 con2 两个对象，那么通过 send()和 recv()方法，就可以在两个通道之间进行通信。

```
from multiprocessing import Process, Pipe           # 导入 Process 和 Pipe 类
def send(pipe):                                     # 调用进程函数 1
    pipe.send("发送端的消息")                        # 在管道中发出一个消息
    pipe.close()                                    # 关闭连接对象
def recv(pipe):                                     # 调用进程函数 2
    reply = pipe.recv()                             # 接收管道中的消息
    print('接收端:', reply)                          # 打印消息

if __name__ == '__main__':
    (con1, con2) = Pipe()                           # 创建管道对象
    # 创建进程 1
    sender = Process(target = send, name = 'send', args = (con1,))
    sender.start()                                  # 开始执行调用对象
    # 创建进程 2
    child = Process(target = recv, name = 'recv', args = (con2,))
    child.start()                                   # 开始执行调用对象
```

输出结果为：

```
接收端：发送端的消息
```

【示例 3】利用管道的特性实现生产者—消费者模型设计。

```
import multiprocessing                              # 导入 multiprocessing
import random                                       # 导入随机数模块
import time                                         # 导入时间模块
import os                                           # 导入 os 模块
def producer(pipe):                                 # 生产者函数
    while True:
        time.sleep(1)                               # 睡眠
        item = random.randint(1, 10)                # 生成随机数
        print('产品编号:{}'.format(item))            # 打印产品信息
        pipe.send(item)                             # 发送消息
        time.sleep(1)                               # 睡眠
def consumer(pipe):                                 # 消费者函数
    while True:
        time.sleep(1)                               # 睡眠
        item = pipe.recv()                          # 接收消息
        print('接收产品:{}'.format(item))            # 显示消息
        time.sleep(1)                               # 睡眠
if __name__ == "__main__":
```

```
    pipe = multiprocessing.Pipe()                              # 实例化通道对象
    process_producer = multiprocessing.Process(                # 创建进程 1
        target=producer, args=(pipe[0],))
    process_consumer = multiprocessing.Process(                # 创建进程 2
        target=consumer, args=(pipe[1],))
    process_producer.start()                                   # 执行进程 1
    process_consumer.start()                                   # 执行进程 2
    process_producer.join()                                    # 阻塞进程 1
    process_consumer.join()                                    # 阻塞进程 2
```

输出结果如下：

```
产品编号:6
接收产品:6
产品编号:5
接收产品:5
产品编号:10
接收产品:10
……
```

20.2.4　进程队列

扫一扫，看视频

Queue 是 multiprocessing 的一个子类，可以创建共享的进程队列。使用 Queue 能够实现多进程之间的数据传递。底层队列使用管道和锁定实现。具体语法格式如下：

```
Queue([maxsize])
```

参数 maxsize 表示队列中允许的最大项数。如果省略该参数，则无大小限制。

Queue 实例对象的常用方法说明如下。

- empty()：如果队列为空，返回 True；否则返回 False。
- full()：如果队列满了，返回 True；否则返回 False。
- put(obj[, block[, timeout]])：写入数据。如果设置 block:true,timeout:None，将持续阻塞，直到有可用的空槽。timeout 表示等待时间，为正值，如果在指定时间内依然没有可用空槽，就抛出 full 异常。
- get([block[, timeout]])：获取数据。参数说明与 put()相同，但是如果队列为空，获取数据时将抛出 empty 异常。
- put_nowait()：相当于 put(obj,False)。
- get_nowait()：相当于 get(False)。
- close()：关闭队列，不能再有数据添加进来，垃圾回收机制启动时自动调用。
- qsize()：返回队列的大小。

【示例 1】队列操作原则：先进先出，后进后出。下面示例将创建一个队列，然后向队列中添加数字，再逐一读取出来。

```
from multiprocessing import Queue                    # 导入 Queue 类
q = Queue()                                          # 创建一个队列对象
# 使用 put()方法往队列里面放值
q.put(1)                                             # 添加数字 1
q.put(2)                                             # 添加数字 2
```

```
q.put(3)                                    # 添加数字 3
# 使用 get 方法从队列里面取值
print(q.get())                              # 打印 1
print(q.get())                              # 打印 2
print(q.get())                              # 打印 3
q.put(4)                                    # 添加数字 4
q.put(5)                                    # 添加数字 5
print(q.get())                              # 打印 4
```

提示：

get()方法将从队列里面取值，并且把队列内被取出来的值删掉。get()在没有参数的情况下就是默认一直等着取值，就算是队列里面没有可取的值时，程序也不会结束，即卡在那里，一直等着。

【示例 2】 multiprocessing 模块支持进程间通信的两种主要形式为管道和队列，它们都是基于消息传递实现的。下面再通过一个示例演示队列的进出操作。

```
from multiprocessing import Queue           # 导入 Queue 类
q = Queue(3)                                # 创建一个队列对象，设置最大项数为 3
# 使用 put()方法往队列里面放值
q.put(1)                                    # 添加数字 1
q.put(2)                                    # 添加数字 2
q.put(3)                                    # 添加数字 3
# q.put(4)              # 如果队列已经满了，程序就会停在这里，等待数据被人取走，再将数据放入队列
                        # 如果队列中数据不被取走，程序就会永远停在这里
try:
    q.put_nowait(3)                 # 可以使用 put_nowait()方法，如果队列满了不会阻塞，但是会
                                    # 因为队列满了而报错
except:                             # 因此可以用一个 try 语句来处理这个错误
                                    # 这样程序不会一直阻塞下去，但是会提示这个消息
    print('队列已经满了')
# 因此在放入数据之前，可以先看一下队列的状态，如果已经满了，就不继续 put 了
print(q.full())                     # 提示满了
print(q.get())                      # 打印 1
print(q.get())                      # 打印 2
print(q.get())                      # 打印 3
# print(q.get())                    # 同 put()方法一样，如果队列已经空了，那么继续取就会出现阻塞
try:
    q.get_nowait(3)                 # 可以使用 get_nowait()方法，如果队列满了不会阻塞
                                    # 但是会因为没取到值而报错
except:                             # 使用 try 处理错误。这样程序就不会一直阻塞下去
    print('队列已经空了')
print(q.empty())                    # 提示空了
```

【示例 3】 设计通过队列，从子进程向父进程发送数据。

```
from multiprocessing import Process, Queue      # 导入 Process、Queue 类
def f(q, name, age):                            # 进程函数
    q.put([name, age])                          # 调用主函数中 p 进程传递过来的进程参数
                                                # 使用 put 向队列中添加一条数据

if __name__ == '__main__':
```

```
    q = Queue()                                      # 创建一个 Queue 对象
    p = Process(target=f, args=(q, '张三', 18))      # 创建一个进程
    p.start()                                        # 执行进程
    print(q.get())                                   # 打印消息，输出为['张三', 18]
    p.join()                                         # 阻塞进程
```

这是一个 Queue 的简单应用，使用队列 q 对象调用 GET 来取得队列中最先进入的数据。

【示例 4】使用队列设计一个生产者—消费者模型。在多线程开发中，生产者就是生产数据的线程，消费者就是消费数据的线程。如果生产者处理速度很快，而消费者处理速度很慢，那么生产者就必须等待消费者处理完，才能继续生产数据。同样的道理，如果消费者的处理能力大于生产者的处理能力，那么消费者就必须等待生产者。

```
from multiprocessing import Process, Queue          # 导入 Process、Queue 类
import time                                          # 导入时间模块
import random                                        # 导入随机生成器模块
def producer(q, name, food):                         # 生产者函数
    for i in range(3):
            print(f'{name}生产了{food}{i}')
            time.sleep((random.randint(1, 3)))       # 随机阻塞一点时间
            res = f'{food}{i}'
            q.put(res)                               # 在队列中添加数据
def consumer(q, name):                               # 消费者函数
    while True:
            res = q.get(timeout=5)
            if res == None:
                break                        # 判断队列拿出的是不是生产者放的结束生产的标识，
                                             # 如果是，则不取，直接退出，结束程序
            time.sleep((random.randint(1, 3)))       # 随机阻塞一点时间
            print(f'{name}吃了{res}')                # 打印消息
if __name__ == '__main__':
    q = Queue()                              # 为的是让生产者和消费者使用同一个队列
                                             # 使用同一个队列进行通信
    # 多个生产者进程
    p1 = Process(target=producer, args=(q, '张三', '巧克力'))
    p2 = Process(target=producer, args=(q, '李四', '冰激凌'))
    p3 = Process(target=producer, args=(q, '王五', '可乐'))
    # 多个消费者进程
    c1 = Process(target=consumer, args=(q, '小朱'))
    c2 = Process(target=consumer, args=(q, '小刘'))
    # 告诉操作系统启动生产者进程
    p1.start()
    p2.start()
    p3.start()
    # 告诉操作系统启动消费者进程
    c1.start()
    c2.start()
    # 阻塞进程
    p1.join()
    p2.join()
```

```
    p3.join()
    # 结束生产，几个消费者就 put 几次
    q.put(None)
    q.put(None)
```

执行程序，输出结果如下：

```
张三生产了巧克力 0
李四生产了冰激凌 0
王五生产了可乐 0
李四生产了冰激凌 1
张三生产了巧克力 1
小朱吃了冰激凌 0
王五生产了可乐 1
张三生产了巧克力 2
小刘吃了巧克力 0
李四生产了冰激凌 2
小朱吃了可乐 0
王五生产了可乐 2
小刘吃了巧克力 1
小刘吃了可乐 1
小朱吃了冰激凌 1
小刘吃了巧克力 2
小朱吃了冰激凌 2
小刘吃了可乐 2
```

扫一扫，看视频

20.2.5 进程池

在使用 Python 进行系统管理时，特别是同时操作多个文件目录或者远程控制多台主机，并行操作可以节约大量的时间。当操作的对象数目不大时，可以直接使用 Process 类动态地生成多个进程，但是如果有成百上千个进程，那么手动管理进程就显得特别烦琐，此时进程池就派上用场了。

Pool 是 multiprocessing 的一个子类，可以提供指定数量的进程供用户调用，当有新的请求提交到 Pool 中时，如果进程池还没有满，就会创建一个新的进程来执行请求。如果进程池已满，请求就会告知先等待，直到进程池中有进程结束，才会创建新的进程来执行这些请求。具体语法格式如下：

```
Pool([processes[, initializer[, initargs[, maxtasksperchild[, context]]]]])
```

参数简单说明如下。

- processes：设置可工作的进程数。如果为 None，会使用运行环境的 CPU 核心数作为默认值，可以通过 os.cpu_count()查看。
- initializer：如果 initializer 不为 None，那么每一个工作进程在开始时会调用 initializer(*initargs)。
- maxtasksperchild：工作进程退出之前可以完成的任务数，完成后用一个新的工作进程来替代原进程，让闲置的资源被释放。maxtasksperchild 默认是 None，意味着只要 Pool 存在，工作进程就会一直存活。
- context：用来指定工作进程启动时的上下文，一般使用 multiprocessing.Pool()或者一个 context 对象的 Pool()方法来创建一个进程池，两种方法都会被适当设置 context。

Pool 常用实例方法说明如下。

- apply(func[, args=()[, kwds={}]])：执行进程函数，并传递不定参数，主进程会被阻塞，直到函

数执行结束。

- apply_async：与 apply 用法一致，但是非阻塞，且支持结果返回后进行回调。
- map(func, iterable[, chunksize=None])：使进程阻塞直到结果返回，参数 iterable 是一个迭代器。该方法将 iterable 内的每一个对象作为单独的任务提交给进程池。
- map_async()：与 map 用法一致，但它是非阻塞的。
- close()：关闭进程池（pool），使其不再接收新的任务。
- terminal()：结束工作进程，不再处理未处理的任务。
- join()：主进程阻塞等待子进程的退出，join 方法必须在 close 或 terminate 之后使用。

【示例 1】使用进程池并发完成 4 个任务，但是设置进程池的工作进程数为 3，则只有当结束一个工作进程之后，才开始最后一个进程。

```
import multiprocessing                                 # 导入 multiprocessing 包
import time                                            # 导入时间模块
def func(msg):                                         # 处理进程函数
     print("开始进程：", msg)
     time.sleep(3)                                     # 阻塞 3 秒
     print("结束进程：", msg)
if __name__ == "__main__":                             # 主进程
     pool = multiprocessing.Pool(processes = 3)        # 创建进程池
     for i in range(4):
            msg = "ID %d" %(i)
            # 应用非阻塞进程
            pool.apply_async(func, (msg,))             # 维持执行的进程总数为 processes
                                                  # 当一个进程执行完毕，再添加新的进程进去
     print("并发执行：")
     pool.close()                                 # 关闭进程池
     pool.join()                                  # 调用 join 之前，先调用 close 函数，否则会出错
                                                  # 执行完 close 后，不会有新的进程加入 pool 中
                                                  # join 函数等待所有子进程结束
   print("子进程全部结束")
```

输出结果为：

```
并发执行：
开始进程：ID 0
开始进程：ID 1
开始进程：ID 2
结束进程：ID 0
开始进程：ID 3
结束进程：ID 1
结束进程：ID 2
结束进程：ID 3
子进程全部结束
```

在上面的示例中，创建一个进程池 pool，并设定进程的数量为 3，range(4)会相继产生 4 个对象[0, 1, 2, 4]，4 个对象被提交到 pool 中。因 pool 指定进程数为 3，所以 0、1、2 会直接送到进程中执行，当其中一个执行完后才空出一个进程处理对象 3，所以会出现上述输出结果。因为为非阻塞，主函数会自己执行自己的，不搭理进程的执行，所以运行完 for 循环后直接输出提示信息，主程序在 pool.join()处等待

各个进程的结束。

注意：

如果把示例 1 中的 pool.apply_async(func, (msg,))修改为 pool.apply(func, (msg,))，则输出结果如下。因为 apply_async()方法是非阻塞操作，所以可以实现并发执行，而 apply()方法是阻塞操作，所以只能够设计串行操作。

```
开始进程：ID 0
结束进程：ID 0
开始进程：ID 1
结束进程：ID 1
开始进程：ID 2
结束进程：ID 2
开始进程：ID 3
结束进程：ID 3
并发执行：
子进程全部结束
```

【示例 2】本示例通过进程池创建多个进程并发处理，与顺序执行比较处理同一数据所花费的时间差别。

```
import time                                          # 导入时间模块
from multiprocessing import Pool                     # 导入 Pool 类
def run(n):                                          # 进程处理函数
    time.sleep(1)                                    # 阻塞 1 秒
    return n*n                                       # 返回浮点数的平方
if __name__ == "__main__":                           # 主进程
    testFL = [1, 2, 3, 4, 5, 6]                      # 待处理的数列
    print('顺序执行:')                               # 顺序执行，也就是串行执行，单进程
    s = time.time()                                  # 计时开始
    for fn in testFL:
        run(fn)
    e1 = time.time()                                 # 计时结束
    print("顺序执行时间: ", int(e1 - s))             # 计算所用时差
    print('并行执行:')                               # 创建多个进程并行执行
    pool=Pool(6)                                     # 创建拥有 6 个进程数量的进程池
    # testFL 是要处理的数据列表，run 是处理 testFL 列表中数据的函数
    rl=pool.map(run, testFL)                         # 并发执行运算
    pool.close()                                     # 关闭进程池，不再接收新的进程
    pool.join()                                      # 主进程阻塞等待子进程的退出
    e2=time.time()                                   # 计时结束
    print("并行执行时间: ", int(e2-e1))              # 计算所用时差
    print(rl)                                        # 打印计算结果
```

输出结果为：

```
顺序执行:
顺序执行时间: 6
并行执行:
并行执行时间: 1
[1, 4, 9, 16, 25, 36]
```

从结果可以看出，并发执行的时间明显比顺序执行快很多，但是进程是耗资源的，所以平时工作中，进程数也不能开太大。

程序中的 r1 表示全部进程执行结束后返回的全部结果集。run 函数有返回值，所以一个进程对应一个返回结果，这个结果存在一个列表中，也就是一个结果堆中，实际上是采用了队列的原理，等待所有进程都执行完毕，就返回这个列表。

对 Pool 对象调用 join()方法会等待所有子进程执行完毕，调用 join()之前必须先调用 close()，让其不再接收新的 Process。

20.3 使用线程

进程是执行着的应用程序，而线程是进程内部的一个执行序列。一个进程可以有多个线程。线程也称为轻量级进程。多线程运行有以下优点。

- 使用线程可以把长时间占据程序中的任务放到后台去处理。
- 用户界面可以更加吸引人，如用户单击了一个按钮触发某些事件的处理，可以弹出一个进度条来显示处理的进度。
- 程序的运行速度可能加快。
- 对于实现需要等待的任务，如用户输入、文件读写和网络收发数据等，线程就比较有用。在这种情况下可以释放一些珍贵的资源，如内存占用等。

20.3.1 创建线程

扫一扫，看视频

threading 是多线程管理包，也是 Python 的标准模块，使用它可以用来编写多线程。

Thread 是 threading 模块最核心的类，每个 Thread 对象代表一个线程，在每个线程中可以让程序处理不同的任务，这就是多线程编程。

创建 Thread 对象的语法格式如下：

```
Thread(group=None, target=None, name=None, args=(), kwargs={})
```

参数简单说明如下。

- group：设置线程组，参数值必须为 None，目前还没有实现，为以后拓展 ThreadGroup 类实现而保留。
- target：表示当前线程启动时要执行的调用对象，一般为可执行的方法或函数。默认为 None，意味着没有对象被调用。
- name：线程名称。默认形式为“Thread-N”的唯一的名字被创建，其中 N 是比较小的十进制数。
- args：表示传递给调用对象的位置参数，格式为元组，默认为空元组()。
- kwargs：表示传递给调用对象的关键字参数，格式为字典，默认为{}。

【示例 1】本示例设计一个单线程运算。

```
# 单线程运算
import time                                          # 导入时间模块
def work(n):                                         # 任务函数
```

```
    print("单线程运算_", n)
    time.sleep(1)                                    # 模拟任务执行的过程

if __name__ == "__main__":                           # 主进程
    start_time = time.time()                         # 开始计时
    for i in range(5):                               # 执行 5 次任务
        work(i+1)
    end_time = time.time()                           # 结束计时
    print('花费时间:%.2fs' % (end_time - start_time))
```

执行程序，输入结果如下：

```
单线程运算_ 1
单线程运算_ 2
单线程运算_ 3
单线程运算_ 4
单线程运算_ 5
花费时间:5.00s
```

【示例 2】利用线程技术重写示例 1 代码，借助多线程来执行任务。

```
# 多线程运算
import threading                                     # 导入 threading 模块
import time                                          # 导入时间模块

def work(n):                                         # 线程处理函数
    print("多线程运算_", n)
    time.sleep(1)                                    # 模拟任务执行的过程

start_time = time.time()                             # 开始计时
for i in range(5):                                   # 创建 5 个线程，同时执行运算
    t = threading.Thread(target=work, args= (i+1,))
    t.start()                                        # 开始运算
end_time = time.time()                               # 结束计时
print('花费时间:%.2fs' % (end_time - start_time))
```

执行程序，输入结果如下：

```
多线程运算_ 1
多线程运算_ 2
多线程运算_ 3
多线程运算_ 4
多线程运算_ 5
花费时间:0.00s
```

提示：

threading 提供了多个类型函数，简单说明如下。

- active_count()：返回当前存活的线程类 Thread 对象。
- current_thread()：返回当前对应调用者的控制线程的 Thread 对象。
- get_ident()：返回当前线程的“线程标识符”，为一个非零的整数。
- enumerate()：以列表形式返回当前所有存活的 Thread 对象。
- main_thread()：返回主 Thread 对象。一般情况下，主线程是 Python 解释器开始时创建的线程。
- settrace(func)：为所有 threading 模块开始的线程设置追踪函数。在每个线程的 run()方法被调用前，func 会被传递给 sys.settrace()。

- setprofile(func)：为所有 threading 模块开始的线程设置性能测试函数。在每个线程的 run()方法被调用前，func 会被传递给 sys.setprofile()。
- stack_size([size])：返回创建线程时用的堆栈大小。

【示例 3】简单调用 threading 类型函数，可以查看当前程序的线程状态和信息。

```
import threading
def main():
    print(threading.active_count())                # 活动线程数
    print(threading.enumerate())                   # 存活的线程对象列表
    print(threading.get_ident())                   # 返回当前线程的"线程标识符"
    print(threading.current_thread())              # 返回当前调用的线程对象
    print(threading.main_thread())                 # 主线程
    print(threading.stack_size())                  # 线程的堆栈大小
if __name__ == "__main__":
    main()
```

【补充】

Thread 对象也包含多个实例方法，简单说明如下。

- run()：用以表示线程活动的方法。
- start()：启动线程活动。
- join([time])：等待至线程中止或者指定的时间，时间由参数指定，单位为秒。
- isAlive()：返回线程是否处于活动状态。
- getName()：返回线程名称。
- setName()：设置线程名称。

【示例 4】本示例完整展示了一个线程的创建过程。

```
import time                                        # 导入时间模块
import threading                                   # 导入 threading 模块
# 第 1 步，定义线程的工作
def work():                                        # 线程函数
    print(f'线程{threading.current_thread().name}正在运行!')
    n = 0
    while n < 5:
        n = n + 1
        print(f'线程{threading.current_thread().name} >>> {n}')
        time.sleep(1)
    print(f'线程{threading.current_thread().name}结束运行')

# 第 2 步，添加线程
add_thread = threading.Thread(target=work, name="Thread-01")
# 第 3 步，启动线程
add_thread.start()                                 # 执行线程
# 第 4 步，等待线程运行结束
add_thread.join()                                  # 阻塞线程
```

20.3.2 自定义线程

扫一扫，看视频

上一小节介绍了直接初始化一个 Thread，本小节介绍如何自定义一个 Thread 的子类，然后重写 run()方法。

【示例】本示例演示了如何自定义 Thread 类，并重写 run()方法。

```
import time                                         # 导入时间模块
import threading                                    # 导入 threading 模块

# 继承的方式实现线程创建
class TestThread(threading.Thread):
    def __init__(self, name):                       # 重写初始化函数
        super(TestThread, self).__init__()
        self.name = name
    def run(self):                                  # 重写 run 函数
        print(f'线程{self.name}正在运行!')
        n = 0
        while n < 5:
            n = n + 1
            print(f'线程{self.name} >>> {n}')
            time.sleep(1)
        print(f'线程{self.name}结束运行')
# 实例化线程对象
t1 = TestThread("Thread-01")
t2 = TestThread("Thread-02")
# 执行线程
t1.start()
t2.start()
```

执行程序，输出结果如下：

```
线程 Thread-01 正在运行!
线程 Thread-01 >>> 1
线程 Thread-02 正在运行!
线程 Thread-02 >>> 1
线程 Thread-02 >>> 2
线程 Thread-01 >>> 2
线程 Thread-02 >>> 3
线程 Thread-01 >>> 3
线程 Thread-02 >>> 4
线程 Thread-01 >>> 4
线程 Thread-02 >>> 5
线程 Thread-01 >>> 5
线程 Thread-02 结束运行
线程 Thread-01 结束运行
```

TestThread 类定义了__init__()初始化方法，并且在__init__()方法中调用了父类的__init__()方法，所以当实例化 TestThread 类时会自动调用父类的__init__()方法进行初始化。当然，是否使用__init__()初始化方法，取决于实例化类时是否需要传递参数。

扫一扫，看视频

20.3.3　线程锁

在多线程中，线程之间可以共享变量，所有变量都可以被任何一个线程修改。因此，线

程之间共享数据最大的危险在于多个线程同时或者随意修改一个变量，影响其他线程的运行。

【示例 1】本示例演示了当多线程同时操作一个变量时，由于没有锁定操作，当反复、频繁操作时，会发现变量的值发生了意外改变。

```
import time                                 # 导入时间模块
import threading                            # 导入 threading 模块
deposit = 0                                 # 定义变量，初始为存款余额
def run_thread(n):                          # 线程处理函数
    global deposit                          # 声明为全局变量
    for i in range(1000000):                # 无数次重复操作，对变量执行先存后取相同的值
        deposit = deposit + n
        deposit = deposit - n
# 创建两个线程，并分别传入不同的值
t1 = threading.Thread(target=run_thread, args=(5,))
t2 = threading.Thread(target=run_thread, args=(8,))
# 开始执行线程
t1.start()
t2.start()
# 阻塞线程
t1.join()
t2.join()
print(f'存款余额为：{deposit}')
```

每次执行上面的示例代码时，会发现变量 deposit 的值都会不同，并不是初始值 0。分析原因，是因为修改 deposit 需要多条语句，而执行这几条语句时，线程可能中断，从而导致多个线程把同一个对象的内容改乱了。

Lock 是 threading 的子类，能够实现线程锁的功能。一旦一个线程获得一个锁，当线程正在执行更改数据时，该线程因为获得了锁，其他线程就不能同时执行修改功能，只能等待，直到锁被释放，获得该锁以后才能执行更改。Lock 对象有以下两个基本方法。

- acquire()：可以阻塞或非阻塞地获得锁。
- release()：释放一个锁。

【示例 2】针对示例 1，使用 Lock 锁定线程函数中修改变量的过程，避免多个线程同时操作。这样就可以保证变量 deposit 的值永远都是 0，而不是其他值。

```
import time                                 # 导入 time 模块
import threading                            # 导入 threading 模块
deposit = 0                                 # 定义变量，初始为存款余额
lock = threading.Lock()                     # 创建 Lock 对象
def run_thread(n):                          # 线程处理函数
    global deposit                          # 声明为全局变量
    for i in range(1000000):                # 无数次重复操作，对变量执行先存后取相同的值
        lock.acquire()                      # 获取锁
        try:                                # 执行修改
            deposit = deposit + n
            deposit = deposit - n
        finally:
            lock.release()                  # 释放锁
```

```
# 创建两个线程，并分别传入不同的值
t1 = threading.Thread(target=run_thread, args=(5,))
t2 = threading.Thread(target=run_thread, args=(8,))
# 开始执行线程
t1.start()
t2.start()
# 阻塞线程
t1.join()
t2.join()
print(f'存款余额为：{deposit}')
```

提示：

线程锁的优点：确保某段关键代码只能由一个线程从头到尾完整地执行。

线程锁的缺点如下：

- 阻止了多线程的并发执行，包含锁的某段代码实际上只能以单线程模式执行，大大降低了效率。
- 由于可以存在多个锁，不同的线程持有不同的锁，并试图获取对方持有的锁时，可能会造成死锁，导致多个线程全部挂起，既不能执行，也无法结束，只能靠操作系统强制终止。

扫一扫，看视频

20.3.4 递归锁

在 threading 模块中，可以定义两种类型的锁：threading.Lock 和 threading.RLock。它们的区别是：Lock 不允许重复调用 acquire()方法来获取锁，否则容易出现死锁；而 RLock 允许在同一线程中多次调用 acquire()，不会阻塞程序，这种锁也称为递归锁。

注意：

在一个线程中，acquire 和 release 必须成对出现，即调用了 n 次 acquire()方法，就必须调用 n 次的 release()方法，这样才能真正释放所占用的锁。

【示例】针对上一小节示例 2，使用 RLock 来锁定线程，则可以反复获取锁，而不会发生阻塞。

```
import time                                       # 导入 time 模块
import threading                                  # 导入 threading 模块
deposit = 0                                       # 定义变量，初始为存款余额
rlock = threading.RLock()                         # 创建递归锁
def run_thread(n):                                # 线程处理函数
    global deposit                                # 声明为全局变量
    for i in range(1000000):                      # 无数次重复操作，对变量执行先存后取相同的值
        rlock.acquire()                           # 获取锁
        rlock.acquire()                           # 在同一线程内，程序不会堵塞
        try:                                      # 执行修改
            deposit = deposit + n
            deposit = deposit - n
        finally:
            rlock.release()                       # 释放锁
            rlock.release()                       # 释放锁
# 创建两个线程，并分别传入不同的值
t1 = threading.Thread(target=run_thread, args=(5,))
```

```
t2 = threading.Thread(target=run_thread, args=(8,))
# 执行线程
t1.start()
t2.start()
# 阻塞线程
t1.join()
t2.join()
print(f'存款余额为：{deposit}')
```

20.3.5　同步协作

扫一扫，看视频

Condition 是 threading 模块的一个子类，用于维护多个线程之间的同步协作。一个 Condition 对象允许一个或多个线程在被其他线程通知之前进行等待。其内部使用的也是 Lock 或者 RLock，同时增加了等待池功能。Condition 对象包含以下方法。

- acquire()：请求底层锁。
- release()：释放底层锁。
- wait(timeout=None)：等待直到被通知或发生超时。
- wait_for(predicate, timeout=None)：等待，直到条件计算为真。参数 predicate 为一个可调用对象，而且它的返回值可被解释为一个布尔值。
- notify(n=1)：默认唤醒一个等待这个条件的线程。这个方法唤醒最多 n 个正在等待这个条件变量的线程。
- notify_all()：唤醒所有正在等待这个条件的线程。

【示例】 使用 Condition 来协调两个线程之间的工作，实现两个线程的交替说话。对话模拟效果如下：

```
张三：床前明月光
李四：疑是地上霜
张三：举头望明月
李四：低头思故乡
```

如果只有两句，可以使用锁机制，让某个线程先执行，本示例有多句话交替出现，适合使用 Condition。示例完整代码如下：

```
import threading                              # 导入 threading 模块
class ZSThread(threading.Thread):             # 张三线程类
    def __init__(self, name, cond):           # 初始化函数，接收说话人的姓名和 Condition 对象
        super(ZSThread, self).__init__()
        self.name = name
        self.cond = cond
    def run(self):
        # 必须先调用 with self.cond，才能使用 wait()、notify()方法
        with self.cond:
            # 讲话
            print("{}:床前明月光".format(self.name))
            # 等待李四的回应
            self.cond.notify()        # 通知
```

```
            self.cond.wait()                                  # 等待状态
            # 讲话
            print("{}:举头望明月".format(self.name))
            # 等待李四的回应
            self.cond.notify()                                # 通知
            self.cond.wait()                                  # 等待状态

class LSThread(threading.Thread):                             # 李四线程类
    def __init__(self, name, cond):
        super(LSThread, self).__init__()
        self.name = name
        self.cond = cond
    def run(self):
        with self.cond:
            # wait()方法不仅能获得一把锁，并且能够释放 cond 的大锁
            # 这样张三才能进入 with self.cond 中
            self.cond.wait()
            print(f"{self.name}:疑是地上霜")
            # notify()释放 wait()生成的锁
            self.cond.notify()                                # 通知
            self.cond.wait()                                  # 等待状态
            print(f"{self.name}:低头思故乡")
            self.cond.notify()                                # 通知

cond = threading.Condition()                                  # 创建条件对象
zs = ZSThread("张三", cond)                                   # 实例化张三线程
ls = LSThread("李四", cond)                                   # 实例化李四线程
ls.start()                                                    # 李四开始说话
zs.start()                                                    # 张三接着说话
```

提示：

ls.start()和 zs.start()的启动顺序很重要，必须先启动李四，让他在那里等待，因为先启动张三时，他说了话就发出了通知，但是当时李四的进程还没有启动，并且 Condition 外面的大锁也没有释放，李四也没法获取 self.cond 这把大锁。

Condition 有两层锁，一把底层锁在线程调用了 wait()方法时就会释放，每次调用 wait()方法后，都会创建一把锁放进 Condition 的双向队列中，等待 notify()方法的唤醒。

执行程序，输出结果如下：

```
张三：床前明月光
李四：疑是地上霜
张三：举头望明月
李四：低头思故乡
```

扫一扫，看视频

20.3.6 事件通信

Event 是 threading 模块的一个子类，用于在线程之间进行简单通信。一个线程发出事件

信号，而其他线程等待该信号。Event 对象包含以下几个方法。

- is_set()：当且仅当内部标志为 True 时返回 True。
- set()：将内部标志设置为 True。所有正在等待这个事件的线程将被唤醒。当标志为 True 时，调用 wait()方法的线程不会被阻塞。
- clear()：将内部标志设置为 False。之后调用 wait()方法的线程将会被阻塞，直到调用 set()方法将内部标志再次设置为 True。
- wait(timeout=None)：等待设置标志。

【示例】本示例模拟红绿灯交通。其中标志位设置为 True，代表绿灯，直接通行；标志位被清空，代表红灯；wait()等待变绿灯。

```
import threading,time                                    # 导入 threading 和 time 模块
event=threading.Event()                                  # 创建 Event 对象
def lighter():                                           # 红绿灯处理线程函数
    '''0<count<2 为绿灯，2<count<5 为红灯，count>5 重置标志'''
    event.set()                                          # 设置标志位为 True
    count=0                                              # 递增变量，初始为 0
    while True:
        if count>2 and count<5:
            event.clear()                                # 将标志设置为 False
            print("\033[1;41m 现在是红灯 \033[0m")
        elif count>5:
            event.set()                                  # 设置标志位为 True
            count=0                                      # 恢复初始值
        else:
            print("\033[1;42m 现在是绿灯 \033[0m")
        time.sleep(1)
        count+=1                                         # 递增变量

def car(name):                                           # 小车处理线程函数
    '''红灯停，绿灯行'''
    while True:
        if event.is_set():                               # 当标志位为 True 时
            print(f"[{name}] 正在开车...")
            time.sleep(0.25)
        else:                                            # 当标志位为 False 时
            print(f"[{name}] 看见了红灯,需要等几秒")
            event.wait()
            print(f"\033[1;34;40m 绿灯亮了,[{name}]继续开车 \033[0m")
# 开启红绿灯
light = threading.Thread(target=lighter,)
light.start()
# 开始行驶
car = threading.Thread(target=car,args=("张三",))
car.start()
```

在 Visual Studio Code 中测试效果如图 20.1 所示。

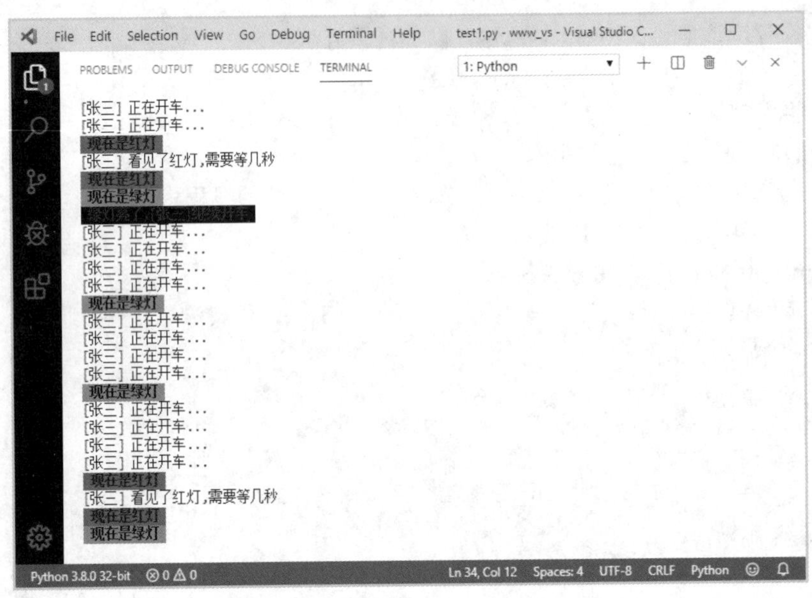

图 20.1　红绿灯和行车通信演示效果

20.4　案 例 实 战

20.4.1　并行处理指定目录下文件

扫描，拓展学习

本示例演示并行处理指定某个目录下文件中的字符个数和行数，然后把统计信息存入 sum.txt 文件中，每个文件一行，信息格式为文件名 行数 字符数。限于篇幅，本节示例源码、解析和演示将在线展示，请读者扫描阅读。

20.4.2　多线程在爬虫中的应用

扫描，拓展学习

在爬取博客文章的时候，一般都是先爬取列表页，然后根据列表页的爬取结果再来爬取文章详情内容。而且列表页的爬取速度肯定要比详情页的爬取速度快。因此，可以设计线程 A 负责爬取文章列表页，线程 B、线程 C、线程 D 负责爬取文章详情。A 将列表 URL 结果放到一个类似全局变量的结构里，线程 B、C、D 从这个结构里取结果。本例使用 threading 负责线程的创建、开启等操作，使用 queue 负责维护那个类似于全局变量的结构。限于篇幅，本节示例源码、解析和演示将在线展示，请读者扫描阅读。

20.5　在 线 支 持

扫描，拓展学习

第 21 章　Python 游戏编程

在游戏开发领域，Python 获得越来越广泛的应用。借助于第三方开源项目，Python 可以开发 2D、3D 游戏，其中首选项目就是 Pygame。Pygame 是一组功能强大而有趣的游戏开发库，可用于管理图形、动画、声音，可以很轻松地开发复杂的游戏。使用 Pygame 来处理绘图等任务，不用考虑烦琐的编码工作，只需将重心放在游戏逻辑的设计上。

【学习重点】

- 安装 Pygame。
- 正确使用 Pygame。
- 掌握 Pygame 的基本用法。
- 使用 Pygame 开发简单的游戏案例。

21.1　Pygame 基础

21.1.1　认识 Pygame

Pygame 是一个基于 SDL 编写的游戏库。SDL（Simple DirectMedia Layer）是一个开源的、跨平台的多媒体开发库，使用 C 语言编写，它与微软的 DirectX 编程接口功能类似，已被用于数百种商业和开源游戏。Pygame 项目官方网址为 https://www.pygame.org/。

Pygame 由 Pete Shinner 编写，最初他被 Python 和 SDL 的简洁、优雅所打动，决定将 Python 和 SDL 结合起来，开发一个真正利用 Python 的项目，设计目标是让做简单的事情变得容易，让困难的事情变得简单。该项目于 2000 年 10 月启动，6 个月后，pygame 1.0 发布。目前，最新版本为 pygame 1.9.6。

21.1.2　安装 Pygame

扫一扫，看视频

安装 Pygame 的方法有以下两种。

方法一，在命令行窗口直接输入下面一行命令进行快速安装。

```
pip install pygame
```

方法二，访问 https://www.lfd.uci.edu/~gohlke/pythonlibs/#pygame，下载与 Python 版本对应的版本，例如，pygame-1.9.6-cp37-cp37m-win_amd64.whl，如图 21.1 所示。

也可以访问 https://pypi.org/project/pygame/#files 下载，目前最新版本为 pygame-1.9.6，cp37 表示对应的 Python 3.7 版本，win_amd64 表示 64 位的 Windows 操作系统。

打开命令行窗口，输入下面的命令安装 Pygame，如图 21.2 所示。

```
pip install pygame-1.9.6-cp37-cp37m-win_amd64.whl
```

安装完 Pygame 框架之后，可以通过以下方式来测试是否安装成功。

```
import pygame
print(pygame.ver)
```

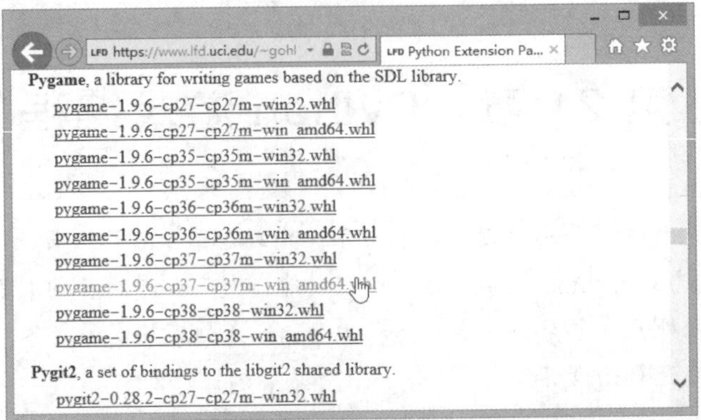

图 21.1　下载 Pygame

```
C:\Windows\system32\cmd.exe
Microsoft Windows [版本 6.2.9200]
(c) 2012 Microsoft Corporation。保留所有权利。

C:\Users\8>e:

E:\>pip install pygame-1.9.6-cp37-cp37m-win_amd64.whl
Processing e:\pygame-1.9.6-cp37-cp37m-win_amd64.whl
Installing collected packages: pygame
Successfully installed pygame-1.9.6

E:\>

搜狗拼音输入法 半 ：
```

图 21.2　安装 Pygame

在上面的代码中，先导入 pygame 模块。如果 pygame 安装成功，则此语句将运行成功；否则表示安装失败，然后输出当前框架的版本号。

输出结果如下：

```
1.9.6
```

21.1.3　Pygame 功能模块分类

Pygame 提供了很多功能模块，通过这些模块来操控各种底层设备，其中常用模块如表 21.1 所示。

表 21.1　Pygame 常用模块

模　块　名	功　　能
pygame.cdrom	访问光驱
pygame.cursors	加载光标
pygame.display	访问显示设备
pygame.draw	绘制形状、线和点
pygame.event	管理事件
pygame.font	使用字体
pygame.image	加载和存储图片
pygame.joystick	使用游戏手柄或者类似的东西
pygame.key	读取键盘按键
pygame.mixer	声音

续表

模 块 名	功　能
pygame.mouse	鼠标
pygame.movie	播放视频
pygame.music	播放音频
pygame.overlay	访问高级视频叠加
pygame.rect	管理矩形区域
pygame.scrap	本地剪贴板访问
pygame.sndarray	操作声音数据
pygame.sprite	操作移动图像
pygame.surface	管理图像和屏幕
pygame.surfarray	管理点阵图像数据
pygame.time	管理时间和帧信息
pygame.transform	缩放和移动图像

提示：

有些模块可能在某些平台上不存在，可以使用如下代码进行测试。

```
if pygame.font is None:
    print "The font module is not available!"
    exit()
```

21.1.4　案例：设计第一个游戏

扫一扫，看视频

下面结合一个具体的案例来学习 Pygame 的基本用法。本案例创建一个游戏窗口，然后在窗口内创建一个小球，以一定的速度移动小球，当小球碰到游戏窗口的边缘时弹回，继续运动。演示效果如图 21.3 所示。

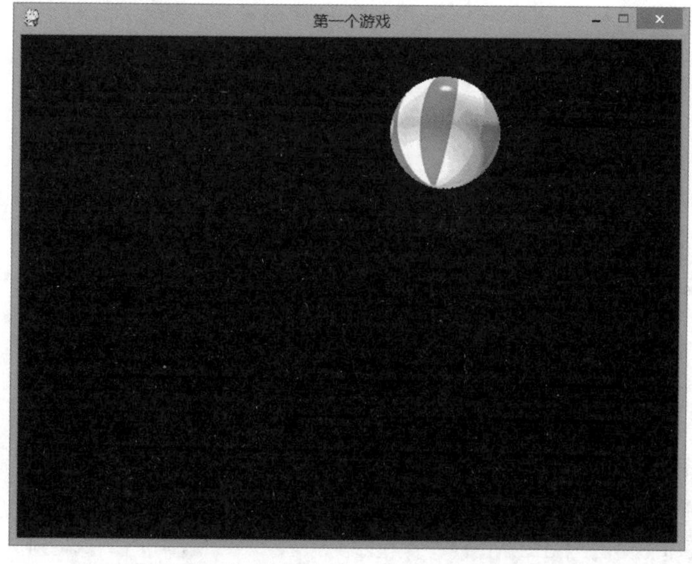

图 21.3　设计在窗口中弹跳的小球

【操作步骤】

第 1 步，创建一个游戏窗口，宽和高设置为 640×480。

```
import pygame                                     # 导入 pygame 库
import sys                                        # 导入 sys 模块

pygame.init()                                     # 初始化 pygame
size = width, height = 640, 480                   # 设置窗口大小
screen = pygame.display.set_mode(size)            # 显示窗口
```

在上面的代码中，首先导入 pygame 模块，调用 init()方法初始化 pygame，然后使用 display 子模块的 set_mode()方法设置窗口的宽和高。

display 模块常用方法简单说明如下。

- pygame.display.init()：初始化 display。
- pygame.display.quit()：结束 display。
- pygame.display.get_init()：如果 display 已经被初始化，则返回 True。
- pygame.display.set_mode()：初始化一个准备显示的界面。
- pygame.display.get_surface()：获取当前的 Surface 对象。在 Pygame 中，Surface 是屏幕的一部分，用于显示游戏元素。
- pygame.display.flip()：更新整个待显示的 Surface 对象到屏幕上。
- pygame.display.update()：更新部分内容显示到屏幕上，如果没有参数，则与 flip()方法的功能相同。

第 2 步，保持窗口显示。如果运行第 1 步的代码，会发现一个一闪而过的黑色窗口，这是因为程序执行完成后会自动关闭。如果想要让窗口一直显示，需要使用 while True 让程序一直执行。如果要关闭窗口，还需定义一个事件监听“关闭”按钮，允许用户手动关闭窗口。

```
while True:                                       # 死循环确保窗口一直显示
    for event in pygame.event.get():              # 遍历所有事件
        if event.type == pygame.QUIT:             # 如果单击“关闭”按钮，则退出窗口
            sys.exit()

pygame.quit()                                     # 退出 pygame
```

在上面的代码中，添加了一个轮询事件的检测。pygame.event.get()方法能够获取事件队列，使用 for 语句遍历事件队列，根据 type 属性判断事件类型。如果 event.type 等于 pygame.QUIT，表示检测到关闭 pygame 窗口事件。类似的还有 pygame.KEYDOWN，表示键盘按下事件；pygame.MOUSEBUTTONDOWN，表示鼠标按下事件等。

第 3 步，加载游戏图片。先准备好一张 ball.png 图片，然后加载该图片，最后将图片显示在窗口中。

```
…
color = (0, 0, 0)                                 # 设置颜色
ball = pygame.image.load('ball.png')              # 加载图片
ballrect = ball.get_rect()                        # 获取矩形区域
while True:                                       # 死循环确保窗口一直显示
    …
    screen.fill(color)                            # 填充颜色
    screen.blit(ball, ballrect)                   # 将图片画到窗口上
    pygame.display.flip()                         # 更新全部显示
```

在上面的代码中，使用 image 子模块的 load()方法加载图片，返回值 ball 是一个 Surface 对象。Surface 是用来代表图片的 pygame 对象，可以对一个 Surface 对象进行涂画、变形、复制等各种操作。事实上，屏幕也只是一个 Surface，pygame.display.set_mode()就返回了一个屏幕 Surface 对象。如果将 ball 这个 Surface 对象画到屏幕 Surface 对象上，需要使用 blit()方法，最后使用 display 子模块的 flip()方法更新整个待显示的 Surface 对象到屏幕上。

第 4 步，移动图片。ball.get_rect()方法返回值 ballrect 是一个 rect 对象，该对象有一个 move()方法可以用于移动矩形。move(x, y)函数有两个参数，第 1 个参数是 x 轴移动的距离，第 2 个参数是 y 轴移动的距离。窗口的左上角是(0, 0)，如果是 move(100, 50)，就是左移 100 像素、下移 50 像素。为实现小球不停地移动，将 move 函数添加到 while 循环内。

```
…
speed = [5, 5]                                   # 设置移动的 x 轴、y 轴
while True:                                      # 死循环确保窗口一直显示
    …
    ballrect = ballrect.move(speed)              # 移动小球
    …
…
```

第 5 步，碰撞检测。运行上述代码，发现小球在屏幕中一闪而过，此时小球并没有真正消失，而是移动到窗体之外。因此，还需要添加碰撞检测的功能。当小球与窗体任一边缘发生碰撞，则更改小球的移动方向，让它反向运动。

```
while True:                                      # 死循环确保窗口一直显示
    …
    ballrect = ballrect.move(speed)              # 移动小球
    # 碰到左右边缘
    if ballrect.left < 0 or ballrect.right > width:
        speed[0] = -speed[0]
    # 碰到上下边缘
    if ballrect.top < 0 or ballrect.bottom > height:
        speed[1] = -speed[1]
```

在上面的代码中，添加了碰撞检测功能。如果碰到左右边缘，更改 x 轴数据为负数；如果碰到上下边缘，更改 y 轴数据为负数。

第 6 步，限制移动速度。运行上一步代码，会发现小球在窗口中运行非常快，这是因为运行上述代码的时间非常短。先创建一个 clock 对象，然后在 while 循环中设置运行一次的时间。

```
…
clock = pygame.time.Clock()                      # 设置时钟
while True:                                      # 死循环确保窗口一直显示
    clock.tick(60)                               # 每秒执行 60 次
    …
```

完整代码请参考本小节示例源代码。

21.2 使用 Pygame

21.2.1 Surface

扫一扫，看视频

Surface 表示一块矩形的平面对象，仅存于内存中，是将要被渲染到屏幕上的局部或全部

画面。可以通过调用 Pygame 绘图函数，设置 Surface 对象的每个像素的颜色，然后显示到屏幕上。

1．创建 Surface 对象

创建 Surface 对象有多种方法，常用方法如下。

- 使用 pygame.image.load 函数

使用 pygame.image.load 函数加载图片时，返回一个 Surface 对象，Surface 对象与加载的图片具有相同的尺寸和颜色，然后可以对 Surface 对象进行涂画、变形、复制等操作。

- 使用 pygame.display.set_mode 函数

屏幕也是一个 Surface 对象。调用 pygame.display.set_mode 函数将返回一个屏幕形式的 Surface 对象。绘制到 Surface 对象上的任何内容，当调用 pygame.display.update 函数时，都会显示到窗口上。

注意：

窗口的边框、标题栏和按钮不属于 Surface 对象的一部分。

有关 pygame.display.set_mode 函数的具体说明请参考下一小节内容。

- 使用 pygame.Surface 函数

pygame.Surface()是 pygame.Surface 类型的构造函数，它可以根据指定的尺寸创建一个空的 Surface 对象。具体用法如下：

```
Surface((width, height), flags=0, depth=0, masks=None)
```

参数说明如下。

- (width, height)：以元组的形式设置 Surface 对象的宽度和高度。
- flags：设置额外功能掩码。其中 HWSURFACE 将创建的 Surface 对象存放在显存中；SRCALPHA 将每个像素包含一个 Alpha 通道。
- depth：设置颜色深度。
- masks：颜色遮罩，格式为（R, G, B, A），将与每个像素的颜色进行按位与计算。

【示例 1】创建一个大小为 256×256 像素的 Surface 对象。

```
import pygame                                          # 导入 pygame 库
# 创建一个空的 Surface 对象
bland_surface = pygame.Surface((256, 256))
```

2．操作 Surface 对象

Surface 对象的常用方法简单说明如下。

- pygame.surface.blit()：将一个图像画到另一个图像上。
- pygame.surface.convert()：转换图像的像素格式。
- pygame.surface.convert_alpha()：转化图像的像素格式，包含 alpha 通道的转换。
- pygame.surface.fill()：使用颜色填充 Surface。
- pygame.surface.get_rect()：获取 Surface 的矩形区域。
- pygame.surface.set_clip()：裁切矩形区域。
- pygame.surface.set_at()：设置指定坐标点的像素颜色。
- pygame.surface.get_at()：获取指定坐标点的像素颜色。
- pygame.surface.lock()：锁定 Surface 对象的内存区域，使其可以进行像素访问。
- pygame.surface.unlock()：解锁 Surface 对象的内存，使其无法进行像素访问。

【示例 2】随机在屏幕上画点，产生一种不断变幻的迷彩效果。演示效果如图 21.4 所示。

```
import pygame                                          # 导入 pygame 库
```

```
from pygame.locals import *                          # 从 pygame.locals 子模块导入本地所有成员
from sys import exit                                 # 从 sys 模块中导入 exit 函数
from random import randint                           # 从 random 模块中导入 randint 函数

pygame.init()                                                    # 初始化 pygame
screen = pygame.display.set_mode((640, 480), 0, 32)              # 定义窗口大小和背景色
while True:
    for event in pygame.event.get():                             # 监测退出事件
        if event.type == QUIT:
            exit()
    # 随机生成颜色
    rand_col = (randint(0, 255), randint(0, 255), randint(0, 255))
    for _x in range(100):
        rand_pos = (randint(0, 639), randint(0, 479))            # 随机定位
        screen.set_at(rand_pos, rand_col)                        # 在随机位置设置随机颜色
    pygame.display.update()                                      # 显示屏幕效果
```

图 21.4　设计变幻的迷彩屏幕效果

21.2.2　显示

扫一扫，看视频

在 Pygame 中通过 pygame.display 子模块来控制窗口和屏幕的显示。其中 pygame.display.set_mode 函数可以初始化一个准备显示的窗口或屏幕。具体用法如下：

```
set_mode(resolution=(0,0), flags=0, depth=0)
```

该函数将创建一个 Surface 对象的显示界面。传入的参数用于指定显示类型。最终创建出来的显示界面将最大可能地匹配当前操作系统。

resolution 参数是一个二元组，表示宽和高。flags 参数是附件选项的集合。depth 参数表示使用的颜色深度。其中 flags 参数可选值说明如下。

- pygame.FULLSCREEN：创建一个全屏显示。
- pygame.DOUBLEBUF：双缓冲模式，推荐和 HWSURFACE 或 OPENGL 一起使用。

- pygame.HWSURFACE：硬件加速，只有在 FULLSCREEN 下可以使用。
- pygame.OPENGL：创建一个 OPENGL 渲染的显示。
- pygame.RESIZABLE：创建一个可调整尺寸的窗口。
- pygame.NOFRAME：创建一个没有边框和控制按钮的窗口。

【示例 1】设计窗口全屏显示。当 set_mode 函数的第 2 个参数为 FULLSCREEN 时，可以得到一个全屏窗口。本示例设计窗口默认显示为 540×360，按下 F 键可以让显示模式在窗口和全屏之间切换。

```
background_image_filename = 'bg.png'                   # 准备背景图像
import pygame                                          # 导入 pygame 库
from pygame.locals import *                            # 导入 pygame 中所有本地常量
from sys import exit                                   # 导入 exit 函数

pygame.init()                                          # 初始化 pygame
screen = pygame.display.set_mode((540, 360), 0, 32)    # 初始化显示窗口
background = pygame.image.load(background_image_filename).convert()  # 加载背景图像

Fullscreen = False                                     # 标志变量
while True:
    for event in pygame.event.get():                   # 监听关闭窗口事件
        if event.type == QUIT:
            exit()
    if event.type == KEYDOWN:                          # 监听键盘按下事件
        if event.key == K_f:                           # 如果按下 F 键
            Fullscreen = not Fullscreen                # 为标志变量取反布尔值
            if Fullscreen:                             # 全屏显示
                screen = pygame.display.set_mode((540, 360), FULLSCREEN, 32)
            else:                                      # 指定大小窗口显示
                screen = pygame.display.set_mode((540, 360), 0, 32)
    screen.blit(background, (0,0))                     # 将背景图像绘制到窗口中
    pygame.display.update()                            # 更新窗口显示
```

【示例 2】设计可变尺寸的显示。在默认状态下，pygame 的显示窗口是不变的，不过使用 RESIZABLE 参数值可以改变这个默认行为。本示例设计一个可变窗口，同时在标题栏动态提示当前窗口的实时大小。演示效果如图 21.5 所示。

图 21.5　可变窗口及其动态提示

```
background_image_filename = 'bg.png'                   # 准备背景图像
import pygame                                          # 导入 pygame 库
from pygame.locals import *                            # 导入 pygame 中所有本地常量
from sys import exit                                   # 导入 exit 函数
```

```
SCREEN_SIZE = (540, 360)                                    # 初始窗口大小
pygame.init()                                               # 初始化 pygame
screen = pygame.display.set_mode(SCREEN_SIZE, RESIZABLE, 32)    # 初始化显示窗口
background = pygame.image.load(background_image_filename).convert()  # 加载背景图像

while True:
    event = pygame.event.wait()                             # 等待并从队列中获取一个事件
    if event.type == QUIT:                                  # 监测关闭事件
        exit()
    if event.type == VIDEORESIZE:                           # 监测窗口大小变化事件
        SCREEN_SIZE = event.size                            # 获取调整后的窗口大小
        screen = pygame.display.set_mode(SCREEN_SIZE, RESIZABLE, 32)
                                                            # 重新初始化窗口显示
        pygame.display.set_caption("当前窗口大小："+str(event.size))
                                                            # 动态设置窗口标题信息
    screen_width, screen_height = SCREEN_SIZE
    # 使用背景图重新填满窗口
    for y in range(0, screen_height, background.get_height()):
        for x in range(0, screen_width, background.get_width()):
            screen.blit(background, (x, y))                 # 将背景图像绘制到窗口中
    pygame.display.update()                                 # 更新窗口显示
```

21.2.3 字体

扫一扫，看视频

Pygame 可以直接调用系统字体，也可以使用 TTF 字体。在使用字体之前，需要使用 pygame.font 子模块提供的方法创建一个 Font 对象。

一般使用系统字体创建一个字体对象的方法如下：

```
SysFont(name, size, bold=False, italic=False)
```

参数 name 指定系统字体名；参数 size 设置字体大小；bold 和 italic 分别设置粗体和斜体。如果找不到合适的系统字体，该函数将会回退并加载默认的 pygame 字体。

提示：

也可以通过一个字体文件来创建字体对象。

```
pygame.font.Font(filename, size)
pygame.font.Font(object, size)
```

参数 filename 表示字体文件的路径；object 表示字体文件的列表。

返回字体对象之后，就可以调用字体对象的方法完成字体操作，简单说明如下。

- render()：在一个新 Surface 对象上绘制文本。
- size()：确定多大的空间用于表示文本。
- set_underline()：控制文本是否用下划线渲染。
- set_bold()：启动粗体字渲染。
- set_italic()：启动斜体字渲染。
- metrics()：获取字符串参数每个字符的参数。
- get_underline()：检查文本是否绘制下划线。

- get_bold()：检查文本是否使用粗体渲染。
- get_italic()：检查文本是否使用斜体渲染。
- get_linesize()：获取字体文本的行高。
- get_height()：获取字体的高度。
- get_ascent()：获取字体顶端到基准线的距离。
- get_descent()：获取字体底端到基准线的距离。

【示例】设计一个 80 号宋体的“Pygame”字符串，让其在窗口中间水平滚动。演示效果如图 21.6 所示。

```
import pygame                                         # 导入 pygame 库
from pygame.locals import *                           # 导入 pygame 中所有本地常量
from sys import exit                                  # 导入 exit 函数
pygame.init()                                         # 初始化 pygame
screen = pygame.display.set_mode((640, 480), 0, 32)             # 初始化显示窗口
font = pygame.font.SysFont("宋体", 80)                # 定义字体对象，指定类型为宋体，大小为 80
text_surface = font.render(u"Pygame", True, (0, 0, 255))       # 渲染字体
# 字体显示坐标
x = 0
y = (480 - text_surface.get_height())/2
background = pygame.image.load("bg.jpg").convert()             # 加载背景图片
clock = pygame.time.Clock()                                     # 设置时钟
while True:
    clock.tick(60)                                              # 每秒执行 60 次
    for event in pygame.event.get():                            # 检测关闭窗口事件
        if event.type == QUIT:
            exit()
    screen.blit(background, (0, 0))                             # 显示背景图片
    x -= 1                                                      # 每次文字滚动的距离
    if x < -text_surface.get_width():                           # 定义循环滚动显示
        x = 640 - text_surface.get_width()
    screen.blit(text_surface, (x, y))                           # 在窗口中显示字体
    pygame.display.update()                                     # 更新窗口显示
```

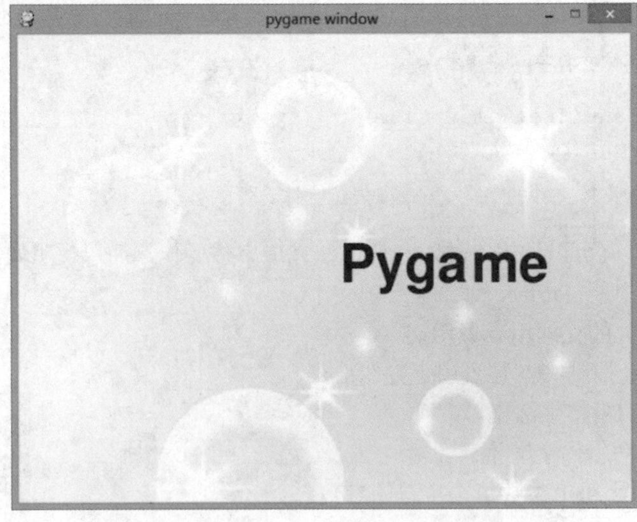

图 21.6　设计水平滚动的字符串

21.2.4　颜色

扫一扫，看视频

Pygame 使用 pygame.color 子模块来管理颜色。通过 pygame.Color 构造函数可以创建颜色对象，具体用法如下：

```
Color(name)
Color(r, g, b, a)
Color(rgbvalue)
```

参数可以是一个颜色名，或者一个 HTML 颜色格式的字符串，一个十六进制数的字符串，或者一个整型像素值。具体说明如下：

- r、g、b、a 颜色值的取值范围为 0~255。如果没有设置 alpha 的值，默认是 255（不透明）。
- HTML 格式为“#rrggbbaa”，其中“rr”“gg”“bb”“aa”为两位的十六进制数。代表 alpha 的“aa”是可选的。
- 十六进制数的字符串组成形式为“0xrrggbbaa”。

颜色对象包含很多属性和方法，用于对颜色进行操作，简单说明如下。

- r：获取或设置 Color 对象的红色值。
- g：获取或设置 Color 对象的绿色值。
- b：获取或设置 Color 对象的蓝色值。
- a：获取或设置 Color 对象的 alpha 值。
- cmy：获取或设置 Color 对象表示的 CMY 值。
- hsva：获取或设置 Color 对象表示的 HSVA 值。
- hsla：获取或设置 Color 对象表示的 HSLA 值。
- i1i2i3：获取或设置 Color 对象表示的 I1I2I3 值。
- normalize()：返回 Color 对象的标准化 RGBA 值。
- correct_gamma()：应用一定的伽马值调整 Color 对象。
- set_length()：设置 Color 对象的长度（成员数量）。

【示例】设计一个简单的调色板，演示效果如图 21.7 所示。

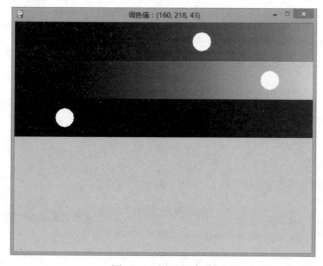

图 21.7　设计调色库

```
import pygame                                              # 导入 pygame 库
from pygame.locals import *                                # 导入 pygame 中所有本地常量
from sys import exit                                       # 导入 exit 函数
pygame.init()                                              # 初始化 pygame
screen = pygame.display.set_mode((640, 480), 0, 32)       # 初始化显示窗口
# 绘制指定高度的渐变条
def create_scales(height):
     # 创建 3 个 Surface 对象
    red_scale_surface = pygame.surface.Surface((640, height))
    green_scale_surface = pygame.surface.Surface((640, height))
    blue_scale_surface = pygame.surface.Surface((640, height))
    # 渲染渐变色
    for x in range(640):
        c = int((x/640)*255)                      # 计算每一点的原色浓度（百分比比重）
        # 配置三原色
        red = (c, 0, 0)
        green = (0, c, 0)
        blue = (0, 0, c)
        line_rect = Rect(x, 0, 1, height)         # 绘制 1 像素宽的矩形
        # 逐条绘制渐变色块的颜色
        pygame.draw.rect(red_scale_surface, red, line_rect)
        pygame.draw.rect(green_scale_surface, green, line_rect)
        pygame.draw.rect(blue_scale_surface, blue, line_rect)
    # 返回三原色渐变条的 Surface 对象
    return red_scale_surface, green_scale_surface, blue_scale_surface

red_scale, green_scale, blue_scale = create_scales(80)   # 创建红、绿、蓝三原色渐变条
color = [127, 127, 127]                                    # 初始圆形按钮居中显示
while True:
    for event in pygame.event.get():                       # 检测关闭窗口事件
        if event.type == QUIT:
            exit()
    screen.fill((0, 0, 0))                                 # 填充窗口背景色为黑色
    screen.blit(red_scale, (0, 00))                        # 显示红色渐变条
    screen.blit(green_scale, (0, 80))                      # 显示绿色渐变条
    screen.blit(blue_scale, (0, 160))                      # 显示蓝色渐变条
    x, y = pygame.mouse.get_pos()                          # 获取鼠标坐标
    if pygame.mouse.get_pressed()[0]:                      # 如果按下鼠标左键
        for component in range(3):                         # 分别遍历 3 个渐变色条
            if y > component*80 and y < (component+1)*80:
                                                  # 如果光标指针在渐变色块内
                color[component] = int((x/639)*255)
                                                  # 获取当前点颜色，并存入 color 数组中
        pygame.display.set_caption("调色值："+str(tuple(color)))
                                                  # 在标题栏中显示当前颜色值
    for component in range(3):                    # 逐个读取三原色渐变色块中的当前值
        pos = (int((color[component]/255)*639), component*80+40)
        pygame.draw.circle(screen, (255, 255, 255), pos, 20)  # 绘制 3 个原色控制按钮
    pygame.draw.rect(screen, tuple(color), (0, 240, 640, 240))
```

```
                                          # 在窗口底部区域根据红、绿、蓝的值绘制颜色
    pygame.display.update()               # 更新窗口像素颜色
```

21.2.5　绘图

扫一扫，看视频

在 Pygame 中，pygame.draw 子模块负责绘制简单的图形。主要绘图函数说明如下。

- pygame.draw.rect()：绘制矩形。
- pygame.draw.polygon()：绘制多边形。
- pygame.draw.circle()：根据圆心和半径绘制圆形。
- pygame.draw.ellipse()：根据限定矩形绘制一个椭圆形。
- pygame.draw.arc()：绘制弧线。
- pygame.draw.line()：绘制线段。
- pygame.draw.lines()：绘制多条连续的线段。
- pygame.draw.aaline()：绘制抗锯齿的线段。
- pygame.draw.aalines()：绘制多条连续的线段（抗锯齿）。

pygame.draw 子模块用于在 Surface 对象上绘制一些简单的形状，因此第 1 个参数必须指定一个 Surface 对象。

然后设置 color 颜色参数，传入一个表示 RGB 颜色值的三元组，或者 RGBA 四元组。其中的 A 是 Alpha 的意思，用于控制透明度。

部分函数需要设置系列绘图坐标。大部分函数用 width 参数指定图形边框的大小，如果 width = 0，则表示填充整个图形。

所有函数返回值都是一个 Rect 对象，包含实际绘制图形的矩形区域。

1．矩形

pygame.draw.rect 函数的用法如下：

```
rect(Surface, color, Rect, width=0)
```

在 Surface 对象上绘制一个矩形。Rect 参数指定矩形的位置和尺寸；width 参数指定边框的宽度，如果设置为 0，则表示填充该矩形。

【示例 1】 使用 pygame.draw.rect 函数绘制矩形，演示效果如图 21.8 所示。

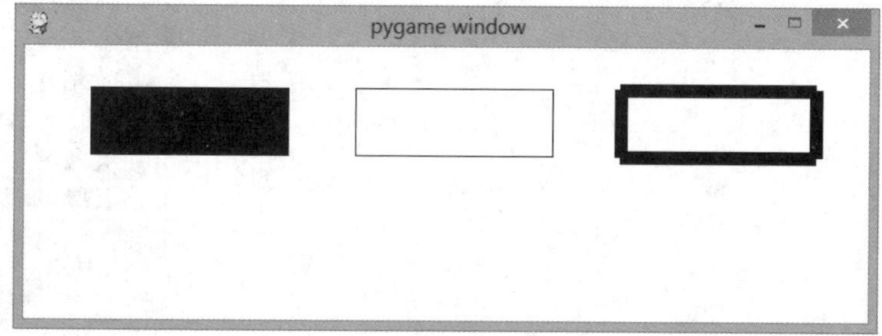

图 21.8　设计矩形

```
import pygame                             # 导入 pygame 库
from pygame.locals import *               # 导入 pygame 中所有本地常量
from sys import exit                      # 导入 exit 函数
pygame.init()                             # 初始化 pygame
```

```
screen = pygame.display.set_mode((640, 200))                      # 初始化显示窗口
WHITE = (255, 255, 255)                                             # 定义白色
BLACK = (0, 0, 0)                                                   # 定义黑色
while True:
    for event in pygame.event.get():                                # 检测关闭窗口事件
        if event.type == QUIT:
            exit()
    screen.fill(WHITE)
    pygame.draw.rect(screen, BLACK, (50, 30, 150, 50), 0)           # 填色
    pygame.draw.rect(screen, BLACK, (250, 30, 150, 50), 1)          # 描边，细边
    pygame.draw.rect(screen, BLACK, (450, 30, 150, 50), 10)         # 描边，粗边
    pygame.display.update()                                         # 更新窗口像素颜色
```

2. 多边形和圆形

pygame.draw.polygon 函数的用法如下：

```
polygon(Surface, color, pointlist, width=0)
```

pointlist 参数指定多边形的各个顶点，以数组形式提供多个顶点坐标，顶点坐标以元组形式提供。

pygame.draw.circle()函数的用法如下：

```
circle(Surface, color, pos, radius, width=0)
```

pos 参数指定圆心的位置；radius 参数指定圆的半径。

【示例 2】绘制一个同心圆，同时使用多边形函数 polygon 绘制一个鱼形。演示效果如图 21.9 所示。

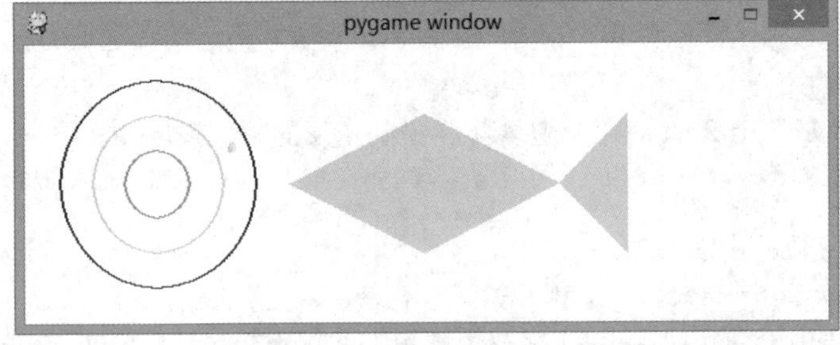

图 21.9　设计圆形和多边形

```
import pygame                                               # 导入 pygame 库
from pygame.locals import *                                 # 导入 pygame 中所有本地常量
from sys import exit                                        # 导入 exit 函数
pygame.init()                                               # 初始化 pygame
screen = pygame.display.set_mode((600, 200))                # 初始化显示窗口
WHITE = (255, 255, 255)                                     # 定义白色
GREEN = (0, 255, 0)                                         # 定义绿色
RED = (255, 0, 0)                                           # 定义红色
BLUE = (0, 0, 255)                                          # 定义蓝色
# 定义多个坐标点的数组
points = [(200, 100), (300, 50), (400, 100), (450, 50), (450, 150), (400, 100), (300,
150)]
while True:
    for event in pygame.event.get():                        # 检测关闭窗口事件
        if event.type == QUIT:
            exit()
```

```
    screen.fill(WHITE)                                          # 背景色为白色
    pygame.draw.circle(screen, RED, (100, 100), 25, 1)         # 绘制同心圆的内圆
    pygame.draw.circle(screen, GREEN, (100, 100), 50, 1)       # 绘制同心圆的中圆
    pygame.draw.circle(screen, BLUE, (100, 100), 75, 1)        # 绘制同心圆的外圆
    pygame.draw.polygon(screen, GREEN, points, 0)              # 绘制多边形
    pygame.display.update()                                     # 更新窗口像素颜色
```

3. 椭圆和圆弧

pygame.draw.ellipse 函数用于定义椭圆形，用法如下：

```
ellipse(Surface, color, Rect, width=0)
```

Rect 参数指定椭圆外围的限定矩形。Rect 是一个包含 4 个元素的元组，分别定义 x 轴、y 轴坐标、宽度和高度。其他参数与上面函数的参数用法相同。

pygame.draw.arc 函数用于绘制弧线，用法如下：

```
arc(Surface, color, Rect, start_angle, stop_angle, width=1)
```

start_angle 和 stop_angle 参数指定弧线的开始和结束位置。其他参数与上面函数的参数用法相同。

【示例 3】本示例绘制一个椭圆和一个圆形，同时在下面绘制一个椭圆圆弧和一个圆形圆弧。演示效果如图 21.10 所示。

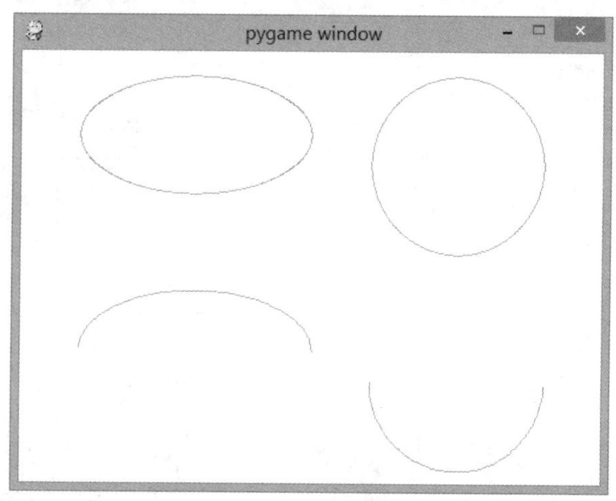

图 21.10　设计椭圆和圆弧

```
import pygame                                          # 导入 pygame 库
from pygame.locals import *                            # 导入 pygame 中所有本地常量
from sys import exit                                   # 导入 exit 函数
import math                                            # 导入 math 模块
pygame.init()                                          # 初始化 pygame
screen = pygame.display.set_mode((500, 360))           # 初始化显示窗口
WHITE = (255, 255, 255)                                # 定义白色
RED = (255, 0, 0)                                      # 定义红色
while True:
    for event in pygame.event.get():                   # 检测关闭窗口事件
        if event.type == QUIT:
            exit()
    screen.fill(WHITE)                                 # 背景色为白色
    pygame.draw.ellipse(screen, RED, (50, 20, 200, 100), 1)    # 绘制椭圆
```

```
    pygame.draw.ellipse(screen, RED, (300, 20, 150, 150), 1)     # 绘制圆形
    pygame.draw.arc(screen, RED, (50, 200, 200, 100), 0, math.pi, 1)
                                                                   # 绘制椭圆圆弧
    pygame.draw.arc(screen, RED, (300, 200, 150, 150), math.pi, math.pi * 2, 1)
                                                                   # 绘制圆形圆弧
    pygame.display.update()                                        # 更新窗口像素颜色
```

4．线段

通过 pygame.draw.line 函数可以绘制线段，用法如下：

```
line(Surface, color, start_pos, end_pos, width=1)
```

start_pos 和 end_pos 参数设置两个端点坐标。

通过 pygame.draw.lines 函数可以绘制多条连续的线段，用法如下：

```
lines(Surface, color, closed, pointlist, width=1)
```

pointlist 参数是一系列端点数组。如果 closed 参数设置为 True，则绘制首尾相连。

【示例 4】本示例监测鼠标按键，如果按下鼠标按钮，将会绘制一个点，连续单击，把这些点连接起来，形成多个连续的线段，如果按任意键盘键将会清屏，恢复默认状态。演示效果如图 21.11 所示。

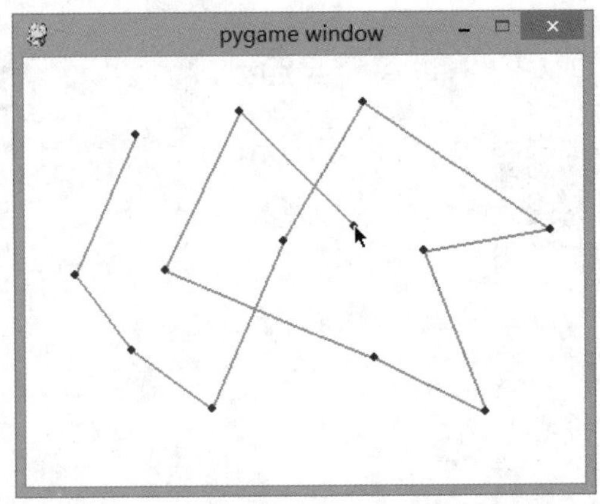

图 21.11　设计连续线段

```
import pygame                                      # 导入 pygame 库
from pygame.locals import *                        # 导入 pygame 中所有本地常量
from sys import exit                               # 导入 exit 函数
pygame.init()                                      # 初始化 pygame
screen = pygame.display.set_mode((400, 300))       # 初始化显示窗口
screen.fill((255,255,255))                         # 设置屏幕白色显示
points = []                                        # 初始鼠标单击点坐标数组
while True:
    for event in pygame.event.get():               # 检测关闭窗口事件
        if event.type == QUIT:
            exit()
        if event.type == KEYDOWN:              # 按任意键盘键，可以清屏并把点恢复到原始状态
            points = []                        # 清空鼠标单击坐标
            screen.fill((255,255,255))         # 设置屏幕白色显示
        if event.type == MOUSEBUTTONDOWN:# 按下任意鼠标键
            screen.fill((255,255,255))         # 设置屏幕白色显示
```

```
        x, y = pygame.mouse.get_pos()          # 获得当前鼠标单击位置
        points.append((x, y))                  # 把当前鼠标坐标位置添加到坐标数组中
        # 画单击轨迹图
        if len(points) > 1:
            pygame.draw.lines(screen, (255, 0, 0), False, points, 2)
        # 与轨迹图基本一样，只不过是闭合的，因为会覆盖
        #if len(points) >= 3:
        #    pygame.draw.polygon(screen, (255, 0, 0), points, 2)
        # 把每个单击点放大显示
        for p in points:
            pygame.draw.circle(screen, (0, 0, 255), p, 3)
pygame.display.update()                        # 更新显示
```

21.2.6 事件

扫一扫，看视频

Pygame 可以接受各种操作，如按键盘、移动鼠标等。当用户执行操作时，便会产生一个或多个事件。事件随时可能发生，而且量也可能会很大，Pygame 把一系列的事件存放在一个队列中，然后按顺序逐个处理。

Pygame 使用 pygame.event 子模块来处理事件、管理事件队列。事件队列依赖于 pygame.display 子模块。如果 display 没有被初始化，显示模式没有被设置，那么事件队列就不会开始工作。

Pygame 支持的事件类型如表 21.2 所示。

表 21.2 Pygame 常用事件类型

事件类型	产生途径	参数
QUIT	用户按下关闭按钮	none
ACTIVEEVENT	Pygame 被激活或者隐藏	gain、state
KEYDOWN	键盘被按下	unicode、key、mod
KEYUP	键盘被放开	key、mod
MOUSEMOTION	鼠标移动	pos、rel、buttons
MOUSEBUTTONDOWN	鼠标按下	pos、button
MOUSEBUTTONUP	鼠标放开	pos、button
JOYAXISMOTION	游戏手柄（Joystick 或 Pad）移动	joy、axis、value
JOYBALLMOTION	游戏球（Joy Ball）移动	joy、axis、value
JOYHATMOTION	游戏手柄（Joystick）移动	joy、axis、value
JOYBUTTONDOWN	游戏手柄按下	joy、button
JOYBUTTONUP	游戏手柄放开	joy、button
VIDEORESIZE	Pygame 窗口缩放	size、w、h
VIDEOEXPOSE	Pygame 窗口部分公开（expose）	none
USEREVENT	触发了一个用户事件	code

pygame.event 子模块提供了多个函数方便用户管理事件队列，简单说明如下。

- pygame.event.pump()：让 Pygame 内部自动处理事件。
- pygame.event.get()：从队列中获取事件。

- pygame.event.poll()：从队列中获取一个事件。
- pygame.event.wait()：等待并从队列中获取一个事件。
- pygame.event.peek()：检测某类型事件是否在队列中。
- pygame.event.clear()：从队列中删除所有的事件。
- pygame.event.event_name()：通过 id 获得该事件的字符串名字。
- pygame.event.set_blocked()：控制哪些事件禁止进入队列。
- pygame.event.set_allowed()：控制哪些事件允许进入队列。
- pygame.event.get_blocked()：检测某一类型的事件是否被禁止进入队列。
- pygame.event.set_grab()：控制输入设备与其他应用程序的共享。
- pygame.event.get_grab()：检测程序是否共享输入设备。
- pygame.event.post()：放置一个新的事件到队列中。
- pygame.event.Event()：创建一个新的事件对象。
- pygame.event.EventType：代表 SDL 事件的 Pygame 对象。

1. 鼠标事件

MOUSEMOTION 事件在鼠标移动时发生，MOUSEBUTTONDOWN 和 MOUSEBUTTONUP 在鼠标按下和松开时发生。

使用 pygame.mouse 子模块提供的方法可以获取鼠标设备当前的状态，简单说明如下。

- pygame.mouse.get_pressed()：获取鼠标按键的情况（是否被按下）。
- pygame.mouse.get_pos()：获取光标的位置。
- pygame.mouse.get_rel()：获取鼠标一系列的活动。
- pygame.mouse.set_pos()：设置光标的位置。
- pygame.mouse.set_visible()：隐藏或显示光标。
- pygame.mouse.get_focused()：检查程序界面是否获得光标焦点。
- pygame.mouse.set_cursor()：设置光标在程序内的显示图像。
- pygame.mouse.get_cursor()：获取光标在程序内的显示图像。

【示例 1】本示例利用 pygame.mouse.get_pressed()和 pygame.mouse.get_pos()来跟踪用户按下什么鼠标键，以及光标位置。当光标在窗口内移动时，会获取当前位置的坐标，然后以该坐标值设置窗口的颜色，同时按下鼠标按键，可以在窗口标题栏中进行提示。演示效果如图 21.12 所示。

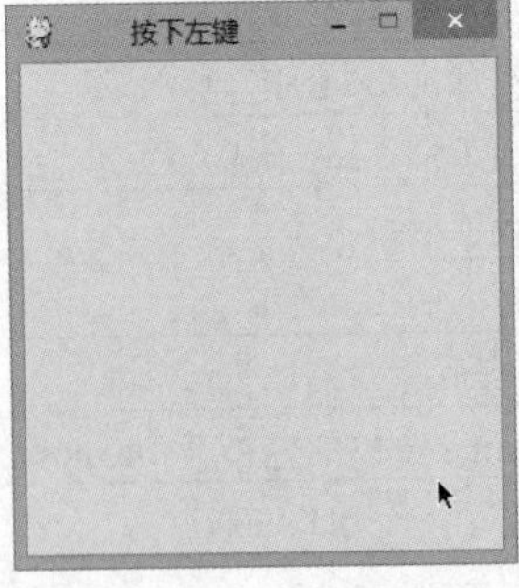

图 21.12　鼠标事件的应用

```
import pygame                                          # 导入 pygame 库
from pygame.locals import *                            # 导入 pygame 中所有本地成员
```

```
from sys import exit                                        # 导入exit函数
pygame.init()                                               # 初始化pygame
screen = pygame.display.set_mode((255, 255))                # 初始化显示窗口
screen.fill((255, 255, 255))                                # 设置窗口为白色
mouse_x, mouse_y = 0, 0                                     # 初始化鼠标坐标点
while True:
    for event in pygame.event.get():                        # 监测关闭窗口事件
        if event.type == QUIT:
            exit()
        elif event.type == MOUSEBUTTONDOWN:                 # 监测鼠标按钮事件
            pressed_array = pygame.mouse.get_pressed()
            for index in range(len(pressed_array)):
                if pressed_array[index]:
                    if index == 0:                          # 按下左键
                        pygame.display.set_caption("按下左键")
                                                            # 在标题栏中显示提示
                    elif index == 1:                        # 按下中间键
                        pygame.display.set_caption("按下滑轮")
                    elif index == 2:                        # 按下右键
                        pygame.display.set_caption("按下右键")
        elif event.type == MOUSEMOTION:                     # 监测鼠标移动事件
            # 当前光标的位置
            pos = pygame.mouse.get_pos()
            mouse_x = pos[0]
            mouse_y = pos[1]
    screen.fill((mouse_x, mouse_y, 0))                      # 使用光标坐标值设置窗口颜色
    pygame.display.update()                                 # 更新窗口像素颜色
```

2. 键盘事件

KEYDOWN 和 KEYUP 事件在键盘键被按下和松开时发生。Pygame 使用 K_xxx 表示键。例如，字母 a 为 K_a，K_SPACE 表示空格键，K_RETURN 表示 Enter 键等。

pygame.key 子模块负责管理键盘，它提供多个函数用于操作键盘键，简单说明如下。

- pygame.key.get_focused()：当窗口获得键盘的输入焦点时返回 True。
- pygame.key.get_pressed()：获取键盘上所有按键的状态。
- pygame.key.get_mods()：检测是否有组合键被按下。
- pygame.key.set_mods()：临时设置某些组合键为被按下状态。
- pygame.key.set_repeat()：控制重复响应持续按下按键的时间。
- pygame.key.get_repeat()：获取重复响应按键的参数。
- pygame.key.name()：获取按键标识符对应的名字。

【示例 2】使用 pygame.mouse.get_pressed()和 pygame.mouse.get_pos()来跟踪用户按下什么鼠标键，以及光标位置。当光标在窗口内移动时，会获取当前位置的坐标，然后以该坐标值设置窗口的颜色，同时按下鼠标按键，可以在窗口标题栏中进行提示。演示效果如图 21.13 所示。

```
import pygame                                               # 导入pygame库
from pygame.locals import *                                 # 导入pygame中所有本地成员
from sys import exit                                        # 导入exit函数
pygame.init()                                               # 初始化pygame
screen = pygame.display.set_mode((600, 400))                # 初始化显示窗口
```

```
background_image_filename = 'bg.jpg'                  # 设置物体图
background = pygame.image.load(background_image_filename).convert()
x, y = 0, 0                                           # 初始物体位置
move_x, move_y = 0, 0                                 # 初始不移动物体
while True:
    for event in pygame.event.get():                  # 监测关闭窗口事件
        if event.type == QUIT:
            exit()
        if event.type == KEYDOWN:                     # 监测键盘事件
            # 根据按下的 4 个方向键移动物体
            if event.key == K_LEFT:                   # 向左移动 10 像素
                move_x = -10
            elif event.key == K_RIGHT:                # 向右移动 10 像素
                move_x = 10
            elif event.key == K_UP:                   # 向上移动 10 像素
                move_y = -10
            elif event.key == K_DOWN:                 # 向下移动 10 像素
                move_y = 10
        elif event.type == KEYUP:
            # 如果松开键盘键，不再移动
            move_x = 0
            move_y = 0
        # 计算出新的坐标
        x+= move_x
        y+= move_y
        screen.fill((255,255,255))                    # 填充白色背景
        screen.blit(background, (x,y))                # 绘制移动物体
        pygame.display.update()                       # 在新的位置上画图
```

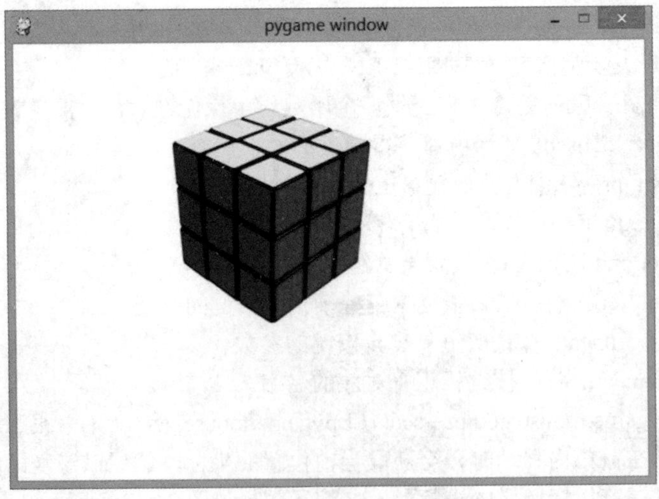

图 21.13　使用方向键移动物体

扫一扫，看视频

21.2.7　动画

人的眼睛看到一幅画面或一个物体后，在 0.34 秒内不会消失，这种现象被称为视觉暂

留。利用该原理在一幅画面还没有消失前播放下一幅画面，就会形成一种流畅的视觉变化效果。

在视频或动画中，帧速率就是每秒显示帧的数量（Frames per Second，FPS）。高的帧速率可以得到更流畅、更逼真的动画。当帧速率高于 24 的时候，视觉变化会比较连贯；而超过 75 时，一般就不容易察觉到有明显的流畅度提升了。

程序每秒钟绘制图像的数目用 FPS 或帧/秒来度量。修改 FPS 常量，将其设置为一个较低的值会使程序运行得很慢，较低的帧速率会使动画看上去抖动或卡顿。将其设置为一个较高的值，会使程序运行得很快。

在 Pygame 中，控制动画帧速率主要使用 pygame.time.Clock 函数，该函数返回一个时钟对象，该对象会在循环的每一次迭代上都设置一个小小的暂停，从而确保程序不会运行得太快。如果没有暂停，程序可能会按照计算机所能够运行的速度去运行。调用 Clock 对象的 tick(FPS)方法，确保程序根据参数 FPS 设置的帧速率运行。

提示：

也可以使用 time 模块的 sleep 函数暂缓主程序的循环。

```
import time
time.sleep(0.2)                                    # 程序停止 0.2s
```

【示例 1】 设计一个简单的直线运动动画，演示效果如图 21.14 所示。

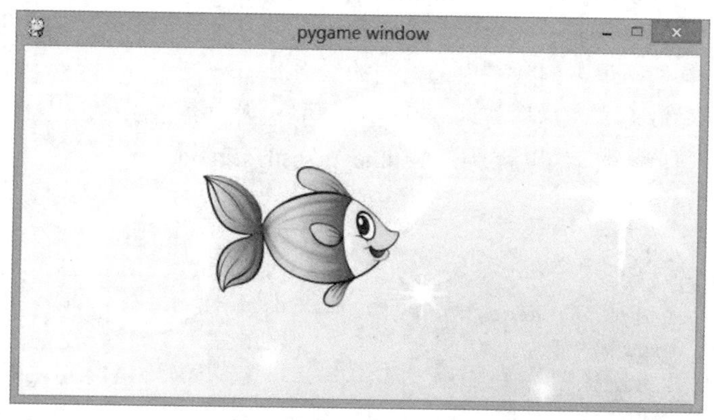

图 21.14　设计简单的直线运动动画

```
# 准备素材
background_image_filename = 'bg.jpg'
sprite_image_filename = 'fish.png'
from sys import exit                               # 导入 exit 函数
from pygame.locals import *                        # 导入 pygame 中所有本地成员
import pygame                                      # 导入 pygame 库
pygame.init()                                      # 初始化 pygame
screen = pygame.display.set_mode((600, 300))       # 初始化显示窗口
background = pygame.image.load(background_image_filename).convert()  # 加载背景图片
sprite = pygame.image.load(sprite_image_filename)  # 加载动画精灵
# sprite 的起始 x 坐标
x = 0.
while True:
    for event in pygame.event.get():               # 监测关闭窗口事件
        if event.type == QUIT:
```

```
            exit()
    screen.blit(background, (0, 0))                # 显示背景图片
    screen.blit(sprite, (x, 100))                  # 显示动画精灵
    x += 10.                                       # 递加 x 轴坐标值
    # 如果移出屏幕，则恢复开始位置继续
    if x > 640.:
        x = 0.
    pygame.display.update()                        # 在新的位置上画图
```

在上面的示例代码中，可以通过调节“x += 10.”来让这条鱼游得自然一点，不过本示例动画的帧速率没有设置，程序会按最快的速度运行，所以会看到鱼一闪而过，跑得非常快。

【示例 2】示例 1 的帧速率过快，需要使用 pygame.time 子模块的 Clock 对象来解决这个问题。

```
clock = pygame.time.Clock()
time_passed = clock.tick()
time_passed = clock.tick(30)
```

第 1 行代码可以初始化一个 Clock 对象。

第 2 行代码能够返回一个距离上一次调用的时间（以毫秒计），该方法会每帧调用一次。

第 3 行代码非常有用，放在每一个循环中。如果给 tick()方法设置参数，就可以定义游戏绘制的最大帧速率。当然，如果 CPU 性能不足或者动画太复杂，实际的帧速率达不到这个值。

本示例设计通过一种更有效的手段来控制动画效果，努力设置一个恒定的速度。这样，从起点到终点的运动时间点总是一样的，最终的效果也是相同的。

假设小鱼每秒游动 200 像素，这样游动 600 像素的屏幕大约需要 3 秒。从上一帧开始到当前帧，小鱼应该游动的像素等于速度×时间，也就是 200×time_passed_second。

示例完整代码如下：

```
# 准备素材
background_image_filename = 'bg.jpg'
sprite_image_filename = 'fish.png'
from sys import exit                               # 导入 exit 函数
from pygame.locals import *                        # 导入 pygame 中所有本地成员
import pygame                                      # 导入 pygame 库
pygame.init()                                      # 初始化 pygame
screen = pygame.display.set_mode((600, 300))       # 初始化显示窗口
background = pygame.image.load(background_image_filename).convert()  # 加载背景图片
sprite = pygame.image.load(sprite_image_filename)  # 加载动画精灵
x = 0.                                             # sprite 的起始 x 坐标

clock = pygame.time.Clock()                        # Clock 对象
speed = 200.                                       # 速度（像素/秒）

while True:
    for event in pygame.event.get():               # 监测关闭窗口事件
        if event.type == QUIT:
            exit()
    screen.blit(background, (0, 0))                # 显示背景图片
    screen.blit(sprite, (x, 100))                  # 显示动画精灵
    time_passed = clock.tick()                     # 距离上一次调用的时间（以毫秒计）
```

```
    time_passed_seconds = time_passed/1000.0                # 转换为秒数
    distance_moved = time_passed_seconds * speed            # 计算每一次移动的距离
    x += distance_moved                                     # 移动坐标

    if x > 640.:
        x -= 640.
    pygame.display.update()                                 # 在新的位置上画图
```

【示例 3】设计小鱼环绕窗口游动，演示效果如图 21.15 所示。

```
import pygame                                               # 导入 pygame 库
import sys                                                  # 导入 sys 模块
from pygame.locals import *                                 # 导入所有本地成员
pygame.init()                                               # 初始化 pygame
FPS = 60                                                    # 设置帧率（屏幕每秒刷新的次数）
fpsClock = pygame.time.Clock()                              # 获得 pygame 的时钟
DISPLAYSURF = pygame.display.set_mode((450, 350), 0, 32)         # 设置窗口大小
pygame.display.set_caption('设计动画')                      # 设置标题
WHITE = (255, 255, 255)                                     # 定义一个颜色（白色）
fishImg = pygame.image.load('fish.png')                     # 加载动画图片
# 初始化鱼的位置
fishx = 10
fishy = 10
direction = 'right'                                         # 初始化鱼的移动方向
while True:                                                 # 程序主循环
    DISPLAYSURF.fill(WHITE)                                 # 每次都要重新绘制背景白色
    # 判断移动的方向，并对相应的坐标做加减
    if direction == 'right':
        fishx += 2
        if fishx == 280:
            direction = 'down'
    elif direction == 'down':
        fishy += 2
        if fishy == 220:
            direction = 'left'
    elif direction == 'left':
        fishx -= 2
        if fishx == 10:
            direction = 'up'
    elif direction == 'up':
        fishy -= 2
        if fishy == 10:
            direction = 'right'
    DISPLAYSURF.blit(fishImg, (fishx, fishy))           # 该方法用于将图片绘制到相应的坐标中
    for event in pygame.event.get():                    # 检测窗口关闭事件
        if event.type == QUIT:
            pygame.quit()
            sys.exit()
    pygame.display.update()                             # 刷新屏幕
    fpsClock.tick(FPS)                                  # 设置 pygame 时钟的间隔时间
```

图 21.15　设计小鱼环绕游动动画

在设计动画时，本示例主要用到以下几个方法。

- pygame.image.load(filename)：加载动画需要的图片。
- pygame.Surface.blit(source, dest, area=None, special_flags = 0)：将图片绘制到屏幕相应的坐标上。
- pygame.time.Clock()：获得 pygame 时钟。
- pygame.time.Clock.tick(FPS)：设置 pygame 时钟的频率。

【示例 4】 设计小鱼自由游动，模拟屏保动画效果，碰到了窗口边框会反弹，反弹就是把速度取反即可。演示效果如图 21.16 所示。

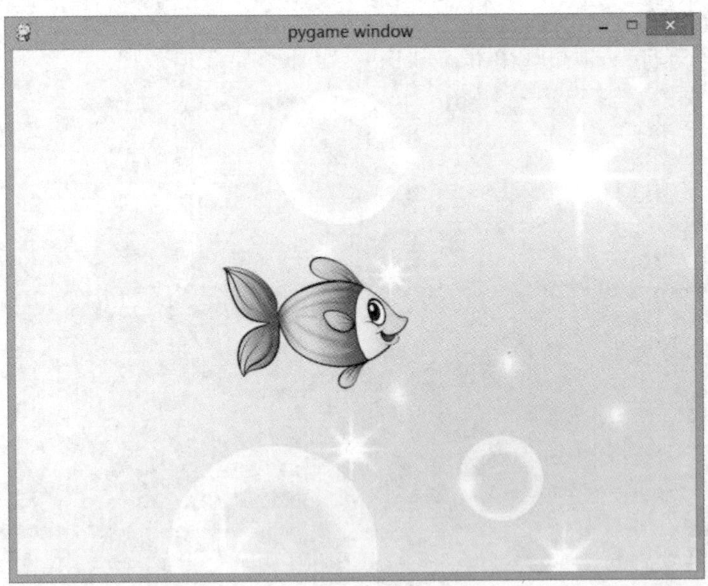

图 21.16　设计小鱼自由游动动画

```
# 准备素材
background_image_filename = 'bg.jpg'
sprite_image_filename = 'fish.png'
from sys import exit                                # 导入 exit 函数
from pygame.locals import *                         # 导入 pygame 中所有本地成员
```

```
import pygame                                                    # 导入pygame库
pygame.init()                                                    # 初始化pygame
screen = pygame.display.set_mode((640, 480))                     # 初始化显示窗口
background = pygame.image.load(background_image_filename).convert()  # 加载背景图片
sprite = pygame.image.load(sprite_image_filename)                # 加载动画精灵
clock = pygame.time.Clock()                                      # 获得pygame的时钟
x, y = 100., 100.                                                # sprite的起始x坐标
speed_x, speed_y = 133., 170.                                    # 定义x轴和y轴运行速度
while True:
    for event in pygame.event.get():                             # 监测关闭窗口事件
        if event.type == QUIT:
            exit()
    screen.blit(background, (0, 0))                              # 显示背景图片
    screen.blit(sprite, (x, y))                                  # 显示动画精灵
    time_passed = clock.tick(30)                                 # 设置帧频
    time_passed_seconds = time_passed/1000.0                     # 转换为秒
    # 计算每一次x轴和y轴的移动距离
    x += speed_x * time_passed_seconds
    y += speed_y * time_passed_seconds
    # 到达边界则将速度反向
    if x > 640 - sprite.get_width():
        speed_x = -speed_x
        x = 640 - sprite.get_width()
    elif x < 0:
        speed_x = -speed_x
        x = 0.
    if y > 480 - sprite.get_height():
        speed_y = -speed_y
        y = 480 - sprite.get_height()
    elif y < 0:
        speed_y = -speed_y
        y = 0
    pygame.display.update()                                      # 刷新屏幕
```

21.3 案例实战

21.3.1 接小球游戏

扫描，拓展学习

本案例设计一款简单的运动类型游戏，演示效果如图21.17所示。

游戏功能：定义小球从屏幕顶部随机位置垂直落下，用户需要按左、右方向键，左、右移动底部的挡板，目的是接住下落的小球，如果没有接住小球，小球触碰底部窗口边框，则游戏失败，退出游戏，并在控制台打印显示分数。每接住一次，累计增加1分。

设计要点：实时捕获小球运动状态，能够控制挡板左、右移动，正确判断小球与挡板的碰撞时机。限于篇幅，本节示例源码、解析和演示将在线展示，请读者扫描阅读。

图 21.17　设计游戏效果

21.3.2　弹性运动

上一节示例演示了如何使用方向键左右移动挡板，本案例在此基础上进一步设计弹性运动。演示效果如图 21.18 所示。本案例动画具有如下特点：

扫描，拓展学习

- 小球碰到窗口边框会自动反弹。
- 使用方向键可以长按加速运动。
- 当方向键松开后，设计惯性，让小球继续往前运动一段距离。
- 按 F11 键可以全屏显示。
- 可以改变窗口大小。

图 21.18　设计弹性运动效果

21.4　在 线 支 持

扫描，拓展学习

项目实战（线上资源，扫码阅读）

第 22 章　项目 1：界面应用

扫描，拓展学习

22.1　计　算　器

本案例模拟 Windows 计算器经典界面，使用 Tkinter 框架构建界面，主要用到标签、按钮和文本框、菜单等组件。涉及知识点：Python Tkinter 界面编程、计算器逻辑运算实现。

扫描，拓展学习

22.2　记　事　本

本案例模拟 Windows 记事本基本界面，使用 Tkinter 框架构建界面，主要用到文本框、菜单等组件。涉及知识点：Python Tkinter 界面编程、菜单功能实现。本案例实现了基本的文件新建、打开、保存等文件操作功能，可以执行复制、剪贴、恢复、重做、选择和查找等文本编辑功能。

扫描，拓展学习

22.3　登录和注册

本案例设计一个用户登录和注册模块，使用 Tkinter 框架构建界面，主要用到画布、文本框、按钮等组件。涉及知识点：Python Tkinter 界面编程、pickle 数据存储。本案例实现了基本的用户登录和注册互动界面，并提供用户信息存储和验证。

22.4　在 线 支 持

扫描，拓展学习

第 23 章　项目 2：游戏开发

扫描，拓展学习

23.1　2048

2048 是一款比较流行的数字游戏。游戏规则：每次可按上、下、左、右方向键滑动数字，每滑动一次，所有数字都会往滑动方向靠拢，同时在空白位置随机出现一个数字，相同数字在靠拢时会相加。不断叠加最终拼出 2048 数字算成功。

扫描，拓展学习

23.2　贪　吃　蛇

贪吃蛇是一款经典的益智游戏，通过上、下、左、右方向键控制蛇的方向，寻找吃的东西，每吃一口就能增加积分，蛇的身子会越吃越长。游戏是基于 PyGame 框架制作。

扫描，拓展学习

23.3　俄罗斯方块

俄罗斯方块是由 4 个小方块组成不同形状的板块，随机从屏幕上方落下，按方向键调整板块的位置和方向，在底部拼出完整的一行或几行。这些完整的横条会消失，给新落下来的板块腾出空间，并获得分数奖励。没有被消除掉的方块不断堆积，一旦堆到顶端便告失败，游戏结束。

扫描，拓展学习

23.4　连　连　看

连连看是一款流行的识图游戏。当点击两个相同的方块，且方块之间连接线不受阻碍，则两个方块会自动消失。把所有的图案全部消除即可获得胜利。

23.5　在 线 支 持

扫描，拓展学习

第 24 章　项目 3：网站开发

扫描，拓展学习

24.1　个 人 主 页

Django 是最适合开发 Web 应用的完美框架。本案例讲解快速搭建一个个人博客网站，中间会涉及很多知识点，读者可以结合第 18 章来详细学习，通过一步步操作感性认识 Django 实战能力。

扫描，拓展学习

24.2　博 客 网 站

本案例将使用 Django Web 框架快速开发一个漂亮的博客网站。整个网站布局大气，内容呈现灵活，文章管理功能强大。

扫描，拓展学习

24.3　多媒体网站

本案例以多媒体网站为例，介绍 Django 在实际项目开发中的应用，该网站包含 6 个功能模块：网站首页、音乐排行榜、音乐播放、音乐点评、曲目搜索和用户管理。通过本例练习，掌握 Django 后台数据管理，以及前台静态页面模板化。

24.4　在 线 支 持

扫描，拓展学习

第 25 章　项目 4：爬虫开发

25.1　抓取主题图片

扫描，拓展学习

本案例使用网络爬虫技术抓取百度图片，根据指定的关键字搜索相关主题的图片，然后把图片下载到本地指定的文件夹中。

25.2　抓取房源信息

扫描，拓展学习

本案例使用网络爬虫技术抓取指定网站的房源信息，然后通过地图服务把这些信息呈现在地图上。

25.3　网站分词索引与站内搜索

扫描，拓展学习

本案例使用 Python 建立一个指定网站专用的 Web 搜索引擎，它能爬取所有指定的网页信息，然后准确地进行中文分词，创建网站分词索引，从而实现对网站信息的快速检索展示。

25.4　爬取有道翻译信息

扫描，拓展学习

本案例分别使用 userlib 和 requests 爬取有道翻译的信息，要求输入英文后获取对应的中文翻译信息。

25.5　爬取 58 同城租房信息

扫描，拓展学习

本案例分页爬取 58 同城的租房信息。信息内容要求有“标题、图片、户型、价格”，并且获取指定页的所有租房信息。

25.6　爬取猫眼电影榜单信息

扫描，拓展学习

本案例爬取猫眼电影榜单栏中 TOP100 的所有电影信息，抓取字段包括序号、图片、电影名称、主演、时间、评分，并将信息写入文件中。

扫描，拓展学习

25.7 爬取豆瓣图书信息

本案例分页爬取豆瓣网图书 TOP250 信息，然后使用三种网页信息解析方法，并将信息写入文件中。本案例主要练习网页信息解析库的使用、Fiddler 抓包工具、浏览器伪装、Ajax 信息爬取和验证码识别。

扫描，拓展学习

25.8 使用 Scrapy 爬虫框架

Scrapy 是一个使用 Python 开发的，为了爬取网站数据，提取结构性数据而编写的应用框架。可以应用在数据挖掘、信息处理或存储历史数据等一系列的程序中。

扫描，拓展学习

25.9 爬取新浪分类导航信息

本案例使用 Scrapy 框架爬取新浪网的分类导航信息。通过 Scrapy 框架的深入学习，学会使用 Selector 选择器解析网页的信息，掌握 Scrapy 框架结构、运行原理和框架内部各个组件的使用。

扫描，拓展学习

25.10 爬取当当网图片信息

本案例使用 Scrapy 爬取当当网站所有关于 python 关键字的图片信息，将图书图片下载存储到指定目录，而图书信息写入到数据库中。通过练习，掌握自定义 Spider 类爬取处理信息。

25.11 在 线 支 持

扫描，拓展学习

第 26 章　项目 5：API 应用

扫描，拓展学习

26.1　在 线 翻 译

本案例借助百度翻译开放平台提供的 API，实现在线翻译功能，可以翻译单词或句子，能够将英文翻译成中文，也可以将中文翻译成英文或者其他语言。

扫描，拓展学习

26.2　二维码生成和解析

本案例主要演示使用 Python 生成和解析二维码的基本方法。

扫描，拓展学习

26.3　验　证　码

PIL 是图像处理的模块，主要的类包括 Image、ImageFont、ImageDraw、ImageFilter。使用 Python 生成随机验证码，需要使用 PIL 模块。本案例结合示例演示 Python 常规验证码的生成方法。

26.4　在 线 支 持

扫描，拓展学习

第 27 章　项目 6：自动化运维

扫描，拓展学习

27.1　获取系统信息

plutil 用于在 Python 中检索有关运行进程和系统资源利用率的信息，如 CPU、内存、磁盘、网络等。主要用于系统监视，分析和限制系统资源及运行进程的管理。

扫描，拓展学习

27.2　IP 处理

IPy 是用于处理 IPv4 和 IPv6 地址和网络的工具，提供了包括网段、网络掩码、广播地址、子网数、IP 类型的处理等功能。

扫描，拓展学习

27.3　DNS 处理

dnspython 是 Python 的 DNS 工具包，支持几乎所有的记录类型。可以用于查询，区域传输和动态更新。它支持 TSIG 认证消息和 EDNS0（扩展 DNS）。

扫描，拓展学习

27.4　文件内容比较

difflib 作为 Python 的标准库模块，无须安装，作用是对比文件之间的差异，且支持输出可读性比较强的 HTML 文档，使用 difflib 可以对比代码、配置文件的差别，在版本控制方面是非常有用。

扫描，拓展学习

27.5　文件目录比较

filecmp 可以实现文件、目录、遍历子目录的差异对比功能。例如，报告中输出目标比原始多出的文件或子目录，即使文件同名也会判断是否为同一个文件等，Python2.3 或更高版本默认自带 filecmp 模块，无须额外安装。

扫描，拓展学习

27.6　接发电子邮件

Python 发送邮件需要用到 smtplib 和 email 内置模块。直接导入，无须下载。smtplib 提供了一种很方便的途径发送电子邮件，它对 SMTP 协议进行了简单的封装。

27.7　探测 Web 服务

扫描，拓展学习

pycurl 是 libcurl 的 Python 接口。pycurl 可用于从 Python 程序获取 URL 标识的对象，类似于 urllib 模块。 libcurl 是一个免费且易于使用的客户端 URL 传输库，支持 FTP、FTPS、HTTP、HTTPS 等协议。

27.8　在 线 支 持

扫描，拓展学习

第 28 章　项目 7：数据处理

扫描，拓展学习

28.1　NumPy 与矩阵运算

NumPy 是 Numeric Python 的缩写，是一个开源的数值计算的 Python 扩展，可用来存储和处理大型矩阵，比 Python 自身的嵌套列表结构要高效的多，提供了许多高级的数值编程工具，如矩阵数据类型、矢量处理，以及精密的运算库。

扫描，拓展学习

28.2　Pandas 数据处理

Pandas 是一个强大的结构化数据分析工具集，它使用 NumPy 提供高性能的矩阵运算为基础，用于数据挖掘和数据分析，同时也提供数据清洗功能。

扫描，拓展学习

28.3　Matplotlib 数据可视化

Matplotlib 是一个强大的 Python 画图工具。如果手中有很多数据，可是不知道该怎么呈现这些数据，可以使用 Matplotlib 绘制线图、散点图、等高线图、条形图、柱状图、3D 图形，甚至设计图形动画等。

扫描，拓展学习

28.4　数 据 清 洗

原始数据不能直接用来分析，因为它们会有各种问题，如包含无效信息，列名不规范、格式不一致，存在重复值、缺失值、异常值等。数据清洗就是清理掉数据中各种问题，方便后期数据的精准分析。

扫描，拓展学习

28.5　数 据 分 析

本案例尝试从不同角度分析指定项目中某个 API 的调用情况，数据采用时间为每分钟一次，包括调用次数、响应时间等信息，数据量大约有 18 万条。

扫描，拓展学习

28.6　清洗爬取的网站数据

本案例爬取豆瓣读书的图书数据，大约包含 6 万多条，然后尝试对这些数据进行清洗。

28.7　分析爬取的网站数据

扫描，拓展学习

本案例针对上一示例所抓取的豆瓣读书数据，经过上一节数据清洗之后，本节尝试对数据进行分析，分析图书销量、出版时间、评价、定价等关系。

28.8　Excel 数据分析

扫描，拓展学习

本案例主要实现对淘宝销售数据的分析，数据比较有针对性，除了多表合并功能不要求 Excel 表格格式，其他功能建议使用本案例自带的数据进行演示。

28.9　在 线 支 持

扫描，拓展学习

第 29 章　项目 8：人工智能

扫描，拓展学习

29.1　Keras 深度学习

深度学习是机器学习的一个新领域，Keras 是搭建在 theano/tensorflow 基础上的深度学习框架，是一个高度模块化的神经网络库。本案例简单介绍 Keras 框架，并结合示例演示如何通过 Keras 训练自动识别手写文字。

扫描，拓展学习

29.2　基于 TensorFlow 实现手写识别

本案例在上节知识基础上，通过 TensorFlow 库实现手写体自动识别，以便深入理解卷积神经网络的实战应用。

扫描，拓展学习

29.3　使用 Tesseract 识别文字

Tesseract 是一个免费、开源的 OCR 组件，主要针对的是打印体的文字识别，支持多国语言（如中文、英文、日文、韩文等），对手写的文字识别能力较弱，但需要样本训练。本节主要介绍 Tesseract-OCR 的安装和基本使用。

扫描，拓展学习

29.4　使用 jTessBoxEditor 识别手写体

本案例使用 jTessBoxEditor 进行训练，帮助 Tesseract-OCR 提高手写文字识别准确率。为了方便介绍，本案例仅针对数字样本进行演示训练。

扫描，拓展学习

29.5　验证码识别和自动登录

本案例使用深度学习技术实现验证码识别，具体演示如何成功识别验证码，并自动登录一个网站，获取登录页面信息。

扫描，拓展学习

29.6　基于 KNN 的验证码识别

本案例使用 Python 实现基于 KNN 算法的验证码识别。经过图片处理、切割、标注和训练，然后使用 KNN 训练结果识别新的验证码。

29.7　基于百度 AI 识别表情包

扫描，拓展学习

本案例先爬取网络表情图像，然后利用百度 AI 识别表情包上的说明文字，并利用表情文字重命名文件。这样当发表情包时，不需要逐个打开图像查找表情，直接根据文件名选择表情并发送。

29.8　车牌识别和收费管理

扫描，拓展学习

本案例设计一个停车管理系统，主要功能包括：自动识别车牌号，自动计费，实现车辆进出、停泊等基本功能管理。

29.9　设计网评词云

扫描，拓展学习

本案例先爬取豆瓣电影中最新电影的影评，经过数据清理和词频统计后对最新一部电影的影评信息进行词云展示。

如何设计词云以及 wordcloud 库的使用请参考 29.10 节在线支持。

29.10　在 线 支 持

扫描，拓展学习